深水油气地质学概论

An Introduction to the Petroleum Geology of Deepwater Settings

■ 张功成 屈红军 冯杨伟 等/著

科学出版社

北京

内 容 简 介

本书论述全球海洋深水盆地"三竖两横"的基本分布格局；阐述海洋深水区烃源岩、储集层、盖层、圈闭、运移与保存等油气地质要素特征；揭示主要海洋深水区盆地群区域油气地质特征；预测未来海洋深水区油气勘探的重大领域。

本书内容翔实、图文并茂，可供油气地质研究者、勘探工作者和勘探决策者等参考，同时也可作为有关大中专院校师生的参考用书。

图书在版编目(CIP)数据

深水油气地质学概论=An Introduction to the Petroleum Geology of Deepwater
Settings / 张功成, 屈红军, 冯杨伟著. —北京: 科学出版社, 2015
　ISBN 978-7-03-044027-3

Ⅰ.①深… Ⅱ.①张… ②屈… ③冯… Ⅲ.①海上油气田–石油地质学 Ⅳ.①P618.130.2

中国版本图书馆CIP数据核字(2015)第064743号

责任编辑：吴凡洁 / 责任校对：郭瑞芝
责任印制：张　倩 / 封面设计：黄华斌

科 学 出 版 社 出版
北京东黄城根北街 16 号
邮政编码：100717
http://www.sciencep.com
中国科学院印刷厂 印刷
科学出版社发行 各地新华书店经销

*

2015年9月第　一　版　　开本：787×1092　1/16
2015年9月第一次印刷　　印张：30 3/4
字数：692 000

定价：198.00元

(如有印装质量问题，我社负责调换)

序

国际上一般将水深超过 300~500m 海域的油气资源定义为深水油气。国外深水油气勘探始于 1968 年，相关国家和诸多国际大油公司在此领域投入巨大，取得了一系列重大发现。自 1975 年英荷皇家壳牌公司首次在密西西比峡谷水深约 313m 处发现 Cognac 油田以来，截至 2012 年，全球已发现深水油气田 1178 个，近年来的发现更为迅猛。截至目前，深水油气勘探获得重大突破的深水海域主要有：①滨大西洋两侧的巴西、西非、墨西哥湾和挪威海域，它们集中了当前世界大约 84% 的深水油气钻探活动，也集中了全球绝大部分深水探井和新发现储量；②东非沿岸鲁伍马盆地等；③新特提斯海域的澳大利亚西北大陆架深水区、孟加拉湾、地中海；④环北极的众多盆地。全球 21 世纪以来的油气大发现揭示，海上主要的油气发现一半以上位于深水区。2012 年全球新增十个重大发现均在深水。墨西哥湾、巴西、西非等深水油气产量已经超过其浅水区。深水区已成为全球热点领域，是未来全球油气战略接替的主要领域之一。

全球的深水油气多位于被动大陆边缘深水区，且由于成藏条件优越，有效烃源岩指标高、品质好、规模大，深水扇和灰岩是主要储层，盐构造发育，发现了多个数十亿吨甚至百亿吨的油区和万亿大气区。经过 40 多年的发展完善，被动大陆边缘深水区油气成藏理论和勘探技术已基本形成。另外，活动大陆边缘和转换大陆边缘深水区也有重大进展。

深水盆地油气勘探的每一次重大发现，无不伴随着石油地质科学认识的提高与深入。开展已证实深水含油气盆地成藏规律的再认识，分析未来深水盆地有利勘探领域，促进深水盆地油气勘探取得更加瞩目的成就，在当前尤为重要。

经典的石油地质学和天然气地质学主要是根据陆地的勘探成果凝练升华而来的，不能完全代表深水区特征。而截至目前，全世界关于深水油气地质的论文已数以千计，但这些论文往往只是针对某个地区的某个专题开展研究，或对全球深水区某一项专题展开讨论，在深水储层方面尤其显著。相关著作也主要以论述深水沉积作用与储层形成为主。

由中海油研究总院张功成教授级高级工程师和西北大学屈红军教授等合著的《深水油气地质学概论》是全世界第一本系统研究全球深水油气地质特征的论著。著作以全球不同深水盆地的大量资料为基础，通过对经向的滨大西洋深水盆地群（巴西东部大陆边缘、西非被动大陆边缘、墨西哥湾、挪威中部陆架等）、东非东部大陆边缘、西太平深水盆地群，纬向的新特提斯深水盆地群、环北极深水盆地群等主要全球深水盆地的区域地质、石油地质特征的综合分析，论述了全球海洋深水盆地"三竖两横"的基本分布格局，阐述了海洋深水区烃源岩、储集层、盖层、圈闭、运移与保存等油气地质要素特征，揭示了主要海洋深水区盆地群区域油气地质特征，预测了未来海洋深水区油气勘探的重大领域，丰富和发展了经典石油地质学和天然气地质学理论，对促进勘探事业向深水区发展有重要作用。

该书的出版，必将为我国深水油气勘探进程起到积极的推动作用，其成果认识不仅对我国南海深水盆地油气勘探具有指导意义和实用价值，还对全球深水盆地油气勘探的研究也具有指导意义和实用价值。为此，在该书出版之际以此序做贺！

中国工程院院士

2015 年 4 月 9 日

FOREWORD

Internationally, deepwater oil and gas is generally defined as marine petroleum resources with water depth over 300m to 500m. In abroad, deepwater oil and gas exploration began in 1968. Many countries and international oil companies have invested heavily in this field, and made a series of great discoveries. In 1975, Royal Dutch Shell, for the first time, discovered Cognac Field at Mississippi Valley with water depth of approximately 313m. As of 2012, 1178 deepwater oil and gas fields have been discovered all over the world. So far, the seas and oceans, where deepwater oil and gas exploration have made major breakthroughs, are as followed: ① Brazil, west Africa, Gulf of Mexico and Norway (all located along both sides of the Atlantic Ocean); 84% of the global deepwater oil and gas drillings occur in these areas, as well as most of the deepwater wells and new discoveries in the world. ② The east Africa Coast, such as Rovuma Basin, etc. ③ Northwest Shelf deepwater areas of Australia, Bengal Bay and Mediterranean Sea (all located at the neo-Tethys ocean). ④ Basins located around the Arctic Ocean. Since the 21st century, more than half of the worldwide major discoveries of oil and gas came from deepwater areas. In 2012, all the 10 major discoveries were coming from deepwater areas. In Gulf of Mexico, Brazil and West Africa, oil and gas production of deepwater is now more than the shallow water. Deepwater area has become global hotspot, which can be considered as the major fields of global oil and gas strategy replacement in the future.

Deepwater Petrolem geology are different from continents and shallow sea areas. Whether the regional structure frame, basin evolution, petroleum generation, migration and accumulation, or the reservoir evaluation, there are amount of basic features.

The deepwater oil and gas field all over the world are more likely located in the deepwater areas at passive continental margins. Both the petroleum accumulation conditions and the qualities and scales of effective source rocks are good. Deepwater fans and limestone are the main reservoirs. And the salt tectonics are developed. With combinations of all these conditions, there are several oil fields with billions tons grade and gas fields with trillions grade been discoveries. After over 40 years of development, the petroleum accumulation theories and exploration technologies of deepwater areas at passive continental margins have been basically established.

The important discoveries of oil and gas exploration in deepwater basin are all accompanied by the improvements of petroleum geological theories. It's more and more important to reconsider oil and gas accumulation principles, analyze favorable exploration areas and promote exploration achievements in deepwater basins.

The classic petroleum geology are mainly based on the achievements of continental exploration, but it can not represent the feature of deepwater areas. So far, there are thousands of deepwater oil and gas geological papers. But these papers usually focus on specific subjects or specific regions, especially in those papers of deepwater reservoir study. Reference books are also aiming at deepwater sedimentation and reservoirs.

An Introduction to the Petroleum Geology of Deepwater Settings is the first book focused on global deep water oil and gas geological features by Professor Zhang Gongcheng who works in CNOOC and Professor Qu Hongjun who works at Northwest University. Based on a large amount of data and information of different deepwater basins all around the world, combined with both domestic and overseas exploration experiences of China, this book has analyzed the regional geological conditions and petroleum geological characteristics of global major deepwater basins, including: ① longitudinally distributed deepwater basin groups at Atlantic Ocean (continental margin of east Brazil, passive continental margin of West Africa, Gulf of Mexico and shelf of central Norway, etc), continental margin of East Africa and West Pacific Ocean; ② latitudinally distributed basin groups at Neo-Tethys and Arctic. The book has also discussed the basic distribution patterns of global deepwater basins as "three longitudinal zones and two latitudinal zones", as well as the petroleum geological features including source rocks, reservoirs, seals, traps, migrations and preservations in deepwater areas. The prediction of petroleum explorations in deepwater areas has been made in this book. And the book has enriched and supplemented classic petroleum geology and also made a great contribution to accelerate the development of deepwater explorations.

The publication of this book will certainly give a push of deepwater oil and gas exploration in China. The results will provide guidance for deepwater exploration not only in South China Sea, but also in the world. Therefore, at the time of the book publication, the forword is for celebration.

Wenzhi Zhao

Academician of China Engineering Academy

April 9th, 2015

前　　言

全球油气勘探领域从地貌上分为陆地、浅水区和深水区。目前大部分国家将水深大于 300～500m 作为"深水区"的下限。例如，中国和巴西把水深超过 300m 的海域称为深水区，美国把水深超过 305m 的海域称为深水区，法国把水深超过 400m 的海域作为深水区，墨西哥、澳大利亚和英国把水深超过 500m 的海域作为深水区。各个国家普遍将 1500m 水深以上称为超深水区。

20 世纪 80 年代，国际油气勘探已由浅水区转向了深水区，近年来深水区油气勘探已成为当今世界油气勘探的热点和油气增储上产最重要的领域之一，深水区也是未来相当长时期内油气勘探的重大领域之一。

全球深水区已发现的油气田主要呈"三竖两横"的格局分布，分别为南北向分布的大西洋大陆边缘深水区、东非陆缘深水区、西太平洋大陆边缘深水区，以及近东西向分布的环北极深水区和新特提斯深水区。

截至目前，深水油气勘探活动与发现主要集中在近南北向的大西洋大陆边缘深水区的墨西哥湾、巴西与西非沿海，被称为深水油气勘探的"金三角"。它们集中了当前世界大约 84% 的深水油气钻探活动，其中墨西哥湾最多，占 32%；其次为巴西，占 30%；第三为西非，集中了全球绝大部分深水探井和新发现储量。此外，大西洋大陆边缘深水区的其他区域，如挪威、英国、加拿大、摩洛哥、毛里塔尼亚和纳米比亚、南非和阿根廷也有重要发现。

东非陆缘深水区勘探活动虽启动较晚，但近年来发现了巨量的天然气储量。

西太平洋大陆边缘深水区也在积极开展深水油气勘探活动，并有一批重要发现。如俄罗斯的鄂霍次克海、日本海、南海等都在积极开展深水勘探或开发活动。

环北极深水区资源潜力巨大，已在欧亚大陆北部大陆边缘和北美大陆边缘深水区有重大发现，并将是勘探的下一个热点。

新特提斯深水区，如地中海沿岸的以色列及土耳其、东非沿岸、印度、澳大利亚、新西兰都取得了突破性进展，勘探活动非常活跃。

目前，全球深水区发现油气储量累计约 206×10^8t 油当量，2010 年全球深水油气产量约 4.5×10^8t 油当量。深水区已成为 21 世纪以来全球巨型、大型油气田发现最现实、潜力最大的领域。

全球深水油气的分布特征受其特殊的石油天然气地质条件控制，在成盆、成烃和成藏方面有其独到的规律。

全球深水盆地群分布呈"三竖两横"格局。"三竖"分别指近南北走向的滨大西洋深水盆地群（包括巴西东部陆缘七大深水盆地、墨西哥湾深水盆地、西非陆缘深水区 11个盆地、挪威中部陆架以及北海盆地等）、东非陆缘深水盆地群和滨西太平洋深水盆地群（包括鄂霍次克海盆地、日本海盆地、澳大利亚东南部吉普斯兰盆地等），"两横"分别是近东西走向的环北极深水盆地群（包括巴伦支海盆地、喀拉海盆地和拉普捷夫海盆地等）和新特提斯构造域深水盆地群（包括澳大利亚西北陆架深水区四大盆地、孟加拉湾和阿拉伯湾等）。

全球深水区主要含油气盆地烃源岩从志留纪到新近纪都有分布，但主要集中在白垩纪和古近纪，其次为侏罗纪，侏罗纪之前的地层中的烃源岩较少。例如，大西洋深水盆地群呈"南晚北早"的特点，即南部的巴西东部大陆边缘及非洲中南部主力烃源岩主要以早白垩世为主，而挪威中部陆架、墨西哥湾及西非北部主力烃源岩主要分布在侏罗纪。又如，新特提斯深水盆地群呈"古近纪为主"的特点，即孟加拉湾及地中海（尼罗河三角洲）的烃源岩主要分布在古近纪；澳大利亚西北陆架的烃源岩主要分布在早中侏罗世—早白垩世，其中布劳斯盆地主力烃源岩主要分布在早白垩世，北卡那封盆地和波拿巴盆地的主力烃源岩主要分布在早—中侏罗世。

世界深水含油气盆地的烃源岩发育于海陆过渡相、海相、湖相三种沉积相类型，其中以湖相为主，其次为海相和海陆过渡相。例如，大西洋深水盆地群呈"南湖北海"的分布格局，即南部的巴西东部大陆边缘及非洲中南部主力烃源岩主要以湖相为主，而挪威中部陆架、墨西哥湾及西非北部主力烃源岩主要为海相。又如，新特提斯深水盆地群以"海陆过渡相"为主，即澳大利亚西北陆架地区主力烃源岩主要以海陆过渡相为主，而孟加拉湾的主力烃源岩以海相为主。

大西洋深水盆地群的墨西哥湾、巴西东部大陆边缘和非洲西海岸的烃源岩以Ⅰ–Ⅱ型干酪根为主，只有西非北部的阿尤恩–塔尔法亚盆地、塞内加尔盆地及挪威中部陆架的部分区域存在Ⅱ–Ⅲ型干酪根。新特提斯深水盆地群的澳大利亚西北陆架、地中海（尼日尔三角洲）及孟加拉湾的烃源岩以Ⅱ–Ⅲ型干酪根为主。

全球深水区含油气盆地的储层在各个构造演化阶段都有分布。如大西洋深水区多以漂移期占绝对优势，漂移早期主要为滨浅海–三角洲相的砂岩及其碳酸盐岩、生物礁，漂移晚期主要为深海浊积砂及其水道砂岩，裂谷期及其前裂谷期的陆相砂岩及碎屑岩储层较少。

世界深水含油气盆地的储层沉积相类型包括深海浊积砂岩、台地碳酸盐岩和生物礁、滨浅海砂岩、河流–三角洲砂岩四种类型，其中以深海浊积砂岩和河流–三角洲砂岩为主。如大西洋深水盆地群主力储层以浊积砂岩为主，即南部的巴西东部大陆边缘及非洲中南部主力储层以深海浊积砂岩为主，只有巴西桑托斯盆地主力储层为盐下浅水碳酸盐岩，而挪威中部陆架主要为滨浅海砂岩，墨西哥湾盆地及西非北部部分区域主力储层为碳酸盐岩。再如新特提斯深水盆地群以三角洲相砂岩为主，即澳大利亚西北陆架地区主力储层以河流–三角洲相砂岩为主，而孟加拉湾和地中海（尼罗河三角洲）的主力储层以三角洲–滨浅海相砂岩为主。又如西太平洋南海以深海浊积砂岩、碳酸盐岩和生物礁为主。

全球主要深水盆地有多种储盖组合。如大西洋深水盆地主要发育三种生储盖组合类型：①裂谷期生储盖组合；②裂谷期生或混生漂移期储盖组合；③漂移期生储盖组合。其裂谷期生储盖组合烃源岩主要为断陷期和断拗期富有机质的陆相煤层或湖泊相页岩和海陆过渡相烃源岩，储层主要为三角洲骨架砂体、河口坝、席状砂等陆相沉积体，盖层为互层沉积的泥页岩或裂谷期形成的海相蒸发岩，主要为陆生陆储陆盖型和陆生陆储海盖型生储盖组合。其裂谷期生烃或混生漂移期储盖的生储盖组合类型的烃源岩主要为盐下断陷期和断拗期富有机质的陆相和海陆过渡相烃源岩，储层主要为漂移早期沉积的滨浅海相砂岩、碳酸盐岩及漂移晚期的浊积砂岩储层，特别是盆地深水区热沉降层序中的浊积岩体，是深水储层的主要类型；盖层为湖相页岩盖层及海相泥岩盖层。其漂移期生储盖组合指烃源岩主要为热沉降期海相烃源岩，储层主要为漂移早期沉积的滨浅海相砂岩、碳酸盐岩及其漂移晚期的深海相浊积砂岩，盖层为漂移期形成的海相泥岩盖层。

在全球主要深水盆地共识别出八种圈闭类型，其中构造圈闭与地层圈闭各三类，复合圈闭两类。构造圈闭类型包括背斜圈闭、断层圈闭和盐体刺穿圈闭；复合圈闭类型包括构造－地层复合圈闭和构造－岩性复合圈闭；地层圈闭类型包括沉积尖灭圈闭、生物礁圈闭和侵蚀削截圈闭。深水盆地中构造圈闭所占比例较大，为70%；其次是复合圈闭，为18%；地层圈闭仅占12%。如裂谷层序中发育的圈闭类型均是拉张背景下形成的背斜圈闭和断层圈闭等构造圈闭，主要发育于西非大陆边缘地区、澳大利亚西北陆架地区、北大西洋地区及巴西等深水区。漂移层序中发育的圈闭类型有所不同，巴西东部大陆边缘盆地（坎波斯盆地、桑托斯盆地）、墨西哥湾盆地及西非被动大陆边缘地区盆地（塞内加尔盆地、阿尤恩－塔尔法亚盆地、加蓬盆地、下刚果盆地、里奥穆尼盆地、宽扎盆地）在过渡期均发育了盐岩沉积。澳大利亚西北陆架地区盆地及孟加拉湾盆地为非含盐盆地；澳大利亚西北陆架盆地主要发育裂谷期构造圈闭，基本不发育漂移期圈闭；孟加拉湾盆地漂移期主要发育拉张、挤压及剪切背景下的构造圈闭。

全球深水油气勘探开发活动目前十分活跃，已发现的油气资源不过是"冰山一角"，还有更多的油气储量待发现，勘探潜力巨大。

国外深水油气勘探取得了许多突破性进展，积累了大量的地质资料及成功经验，研发了多项勘探技术，走过了漫长的道路，其经验值得借鉴，特别是墨西哥湾深水区、巴西东海岸深水区、非洲西海岸、澳大利亚西北陆架深水区已经成为当前世界石油供应的主要产地之一。

我国未来深水油气勘探的地区包括国内和海外两大领域。建立全球深水油气地质学理论体系对于开展我国深水区油气勘探意义重大，对于在海外从事深水勘探相关工作也有重大指导意义。

全书共六篇合计21章，第一篇总论部分（第一至六章）由张功成、屈红军、冯杨伟负责编写，第二篇大西洋深水盆地群油气地质部分（第七至十章）由屈红军、徐建、赵俊峰、郑艳荣负责编写，第三篇东非陆缘深水区油气形成条件与分布部分（第十一至十四章）由张功成、冯杨伟、屈红军负责编写，第四篇西太平洋深水盆地群油气地质部分（第十五至十七章）由张功成、赵虹、冯杨伟和沈怀磊负责编写，第五篇新特提斯深水盆地群油气地质部分（第十八、十九章）由冯杨伟、赵虹负责编写，第六篇环北极深水盆地群油气地质部分（第二十、二十一章）由屈红军、范玉海、关利群负责编写；最后全书由张功成、屈红军审核统稿。

诚挚感谢中国工程院赵文智院士百忙之中为本书作序，同时向在资料收集、文章编写及出版过程中提供大力支持的各位专家和朋友表示衷心的感谢，感谢西北大学陈雅晖硕士研究生对全书书稿图件及文本编辑的辛勤工作。

由于书稿内容涉及全球深水区二十多个主要盆地，内容很多，鉴于笔者水平有限，书中不足之处，敬请各位专家学者批评指正。

张功成

中海油研究总院、中国海洋石油总公司级专家

屈红军

西北大学教授

2015 年 4 月 9 日

PREFACE

From geomorphic perspective, land, shallow water and deepwater areas are three fields of petroleum exploration in the world. At present, most countries defined the areas in which the water is deeper than 300m to 500m as deepwater area. For example, the water depth more than 300m in China and Brazil, 305m in USA, 400m in France, and 500m in Mexico, Australia and Britain is considered as the deepwater areas. However, each country defined the areas where the water depth is more than 1500m as the supra-deepwater areas.

In 1980s, the international petroleum exploration frontier had transferred from shallow water to deepwater areas. In recent years, petroleum exploration in deepwater areas have become the hotspot and one of the most important field of oil-gas increase in reserves and production all over the world. The deepwater area is also one of the major fields of global petroleum exploration in a long time of future.

The distributional patterns of global oil-gas fields discovered in deepwater areas are three longitudinal zones and two latitudinal zones, and the former include the deepwater areas along continental margin of Atlantic Ocean, continental margin of East Africa and continental margin of West Pacific Ocean. The two latitudinal zones include deepwater areas surrounding Arctic and Neo-Tethys tectonic region.

Exploration activities and discovered oil-gas fields mainly distributed in deepwater areas in the Gulf of Mexico, coast of Brazil and West Africa, which located in the continental margin of Atlantic Ocean. These three areas named the Golden Triangle concentrated 84% of the global exploration activities in deepwater areas, and the activities in the Gulf of Mexico is the most, then Brazil and West Africa. Their proportion of global exploration activities is 32%, 30% and 20% respectively, and the three areas also own most of the exploratory wells and most of the discovered reserves in the world at recent years. Also, there are important oil-gas discoveries in other deepwater areas located in the margin of Atlantic Ocean, such as Norway, Britain, Canada, Morocco, Mauritania, Namibia, South Africa, and Argentina.

Although exploration in deepwater area of East Africa started late, massive sums of natural gas reserves have been found recently.

Exploration activities in the continental margin of West Pacific Ocean are also proceeding and a series of oil-gas fields were found, such as Okhotsk Sea of Russia, Japan Sea and South China Sea.

The resource in deepwater areas surrounding Arctic is enormous, some important oil-gas fields have been found in deepwater areas of the north margin of Euro-Asia continent and North America. And the surrounding Arctic deepwater areas will be the next hotspot of petroleum exploration.

Exploration in deepwater areas of Neo-Tethys region also made a great breakthrough, such as Israel, East Africa, India, Australia and New Zealand, and the exploration in these areas are also very active.

The accumulative reserves discovered in deepwater areas in the world are about 20.6 billion tons of oil equivalent, and total production in deepwater areas in 2010 was 450 million tons of oil equivalent. The deepwater areas have become the most realistic and potential fields of petroleum exploration in 21st century.

Distributions of global oil-gas in deepwater areas were controlled by special petroleum geological conditions, which include the formation of basins, hydrocarbon and its accumulation.

The global distribution of deepwater basins can be divided into three longitudinal and two latitudinal zones. The longitudinal zones include deepwater basins along the Atlantic Ocean (including 7 deepwater basins in eastern continental margins of Brazil, the Gulf of Mexico, 11 basins in continental margin of West Africa, Middle shelf of Norway and North Sea Basin), continental margin of East Africa and continental margin of West Pacific Ocean (Okhotsk Sea Basin, Japan Sea Basin, Gippsland Basin of southeastern of Australia) respectively. The two latitudinal zones are deepwater basins surrounding Arctic and the deepwater basins located in Neo-Tethys tectonic region, and the former include the Barents Sea Basin, Kara Sea Basin, Laptev Sea Basin, the latter include four basins situated in northwestern shelf of Australia, the Bay of Bengal and Arab Gulf.

Source rocks of oil-gas bearing basins in deep water can be discovered from Silurian to Neogene, and mainly developed in Cretaceous and Palaegene, then the Jurassic, and a few of source rocks can be found in pre-Jurassic stratum. For example, source rocks in the basins of eastern continental margin of Brazil and middle-south part of Africa mainly occurred in Cretaceous. But in middle shelf of Norway, the Gulf of Mexico and north part of West Africa, source rocks occurred in Jurassic, which were earlier than the basins situated in South of Atlantic Ocean. Source rocks in deepwater basin of Neo-Tethys region, like the Bay of Bengal and Mediterranean, mainly sedimented in Palaegene stratum. Early-middle Jurassic–early Cretaceous were the main period that source rocks formed in deepwater basins of Northwestern shelf of Australia, and the source rocks in Browse Basin formed in early Cretaceous and primary source rocks in North Carnarvon Basin and Bonaparte Basin distributed in early-middle Jurassic.

The source rocks in deepwater basins all over the world sedimented in three types of depositional environments, lacustrine, marine and marine-continental transitional zones. Lacustrine source rocks were primary, then marine and transitional zone. For example, the source rocks in the basins of eastern continental margin of Brazil and the Middle-South part of Africa mainly deposited in Lacustrine. But in middle shelf of Norway, the Gulf of Mexico and north part of West Africa, source rocks deposited in marine environment. Source rocks in deepwater basin of Neo-Tethys region deposited in transitional environments, like the basins of Northwestern shelf of Australia. The primary source rocks in the Bay of Bengal deposited in marine.

The kerogens in deepwater basins were types of I–II in the Gulf of Mexico, Eastern continental margin of Brazil and coast of West Africa, and II–III kerogens only existed in Al Uyun-Tarfaya Basin, Senegal Basin and some parts of the Middle shelf of Norway. The kerogens were of II–III in Northwestern shelf of Australia, Mediterranean and the Bay of Bengal which located in the Neo-Tethys region, which mainly produced natural gas.

Reservoirs of oil-gas bearing basins in the deep water were discovered in different tectonic evolution stages. As deepwater areas of Atlantic Ocean, reservoirs predominantly occurred during early stage of drifting, including sandstones formed in shore-shallow marine and carbonate rocks and reefs formed in clean marine water. During late stage of drifting, sandstone reservoirs were mainly from turbidite in deep water. A few of sandstones formed in stage of rifting and pre-rifting.

The depositional facies of reservoirs included deepwater turbidite, carbonate platform and reef, shore-shallow marine, fluvial-delta. And deepwater turbidite and fluvial-delta were the main facies. For example, the main reservoirs in deepwater areas of Atlantic Ocean were turbidite sandstones except the Santos Basin, in which the main reservoirs were carbonate rocks formed in clean shallow marine. Sandstones in middle shelf of Norway formed in shore-shallow marine environments. The main reservoirs in the Gulf of Mexico and north part of West Africa were carbonate rocks. Deltaic sandstones were the main reservoirs in Neo-Tethys tectonic region, which include the northwestern shelf of Australia, the Bay of Bengal and Mediterranean. Reservoirs in deepwater areas of West Pacific Ocean mainly included turbidite sandstones, carbonate rocks and reefs.

Multiple combinations of reservoir and cap rocks existed in deepwater basins. Three types of combinations developed in deepwater basins of Atlantic Ocean: ① the combination in stage of rifting; ② source rocks in rifting and reservoirs and cap rocks in drifting; ③ combination of source-reservoir-cap rocks in drifting. The source rocks of combination ① included terrestrial coal beds in stage of rifting and rifting-depression and mudstones in transitional environments. And reservoirs of combination ① included distributary channel sandstones, mouth bar sandstones and sheet sandstone by delta. Cap rocks of combination of ① were mudstone-shale and the marine evaporate rocks was in stage of rifting. The source rocks of combination ② , which were under the salt, deposited in terrestrial and transitional environments, reservoirs were sandstones deposited in shore-shallow marine and carbonate rocks in early stage of drifting and turbidite sandstones in late stage of drifting, cap rocks were lacustrine shale and marine mudstone. The source rocks of combination ③ were marine mudstones which were rich in organic matter and formed during thermal subsidence. And reservoirs of combination ③ included shore-shallow marine sandstones formed in early stage of drifting, and carbonate rocks and deepwater turbidite sandstones in late stage of drifting. Cap rocks of combination ③ were marine mudstones deposited in stage of drifting.

Eight types of traps were discovered in deepwater basins all over the world. And structural traps included anticline, fault and salt diapir. Composite traps included structural-stratigraphic trap and structural-lithological trap. Stratigraphic traps included sedimentary thinning-out traps, reef traps and erosive traps. Structural traps accounted for 70% of the total traps in deepwater basins, then composite traps (18%) and stratigraphic traps (12%). For example, anticline traps and fault traps of rifting sequence were main types in deepwater areas of continental margin of West Africa, northwestern shelf of Australia, North Atlantic Ocean and Brazil developed under the extensive background. Traps of drifting sequence were different from that of rifting sequence, and halite deposited during transitional stage in continent marginal basins of Eastern Brazil (Campos Basin, Santos Basin), Gulf of Mexico Basin, and passive continental margin basins (Senegal Basin, Al Uyun-Tarfaya Basin, Gabon Basin, Bas-Congo Basin, Rio muni Basin, Kwanza Basin). There were no halite occurred in basins of northwestern shelf of Australia and the Bay of Bengal. The traps in northwestern shelf of Australia were structural traps developed during rifting, and few developed during drifting. Structural traps in the Bay of Bengal developed during stage of drifting under extensive, compressive and shearing stress background.

Recently, exploration activities in deepwater areas are very active all over the world, reserves discovered are only the tip of the iceberg, and more oil-gas reserves are need to be found, and exploration potential in deepwater areas is enormous.

Petroleum exploration of deep water in abroad has come a long way, and made some breakthrough. A lot of geological datum, successful experiences and techniques were obtained, and offered many experiences for future exploration, especially these successful experiences in deepwater areas of Gulf of Mexico, east coast of Brazil, west coast of Africa, northwestern shelf of Australia.

Deep water oil-gas exploration in China includes domestic and foreign areas in the future. The establishment of global geological systems of deepwater petroleum will not only be important to deepwater exploration in China, but also make positive guiding for those who participate in deepwater exploration overseas.

We arranged this book to cover 6 parts and 21 chapters. The first part (Chapter1-6) were written and compiled by Zhang Gongcheng, Qu Hongjun and Feng Yangwei. And the second part (Chapter7-10) of petroleum geology of deep water basins in Atlantic Ocean by Qu Hongju, Xu Jian, Zhao Junfeng and Zheng Yanrong. And the third part of oil-gas occurrence and distribution in deep water of Eastern Africa continental margin (Chapter 11-14) by Zhang Gongcheng, Feng Yangwei, Qu Hongjun. And the fourth part of petroleum geology of deepwater basins in West Pacific Ocean (Chapter15-17) by Zhang Gongcheng, Zhao Hong, Feng Yangwei and Shen Huailei. And the fifth part about petroleum geology of deepwater basins in Neo-Tethys region (Chapter18-19) was by Feng Yangwei and Zhao Hong. The sixth part (Chapter20-21) about petroleum geology of deepwater basins surrounding Arctic was by Qu Hongjun, Fan Yumei and Guan Liqun. The whole book was reviewed and verified by Zhang Gongcheng and Qu Hongjun.

We acknowledge Zhao Wenzhi, Academician of Chinese Academy of Engineering, for his prologue. We are very grateful to all experts and friends for their supporting at collection of datum, compiling of papers and other things during pressing. We also thank Master Chen Yahui for his edit of this book. This book covers more than 20 basins in deep water all over the world, and deficiencies in this book may be inevitable because of abundant context and information, and we hope all expert and scholars can give us criticism and advice.

Zhang Gongcheng
CNOOC Research Institute, expert of CNOOC
Prof. Qun Hongjun
Northwest University
April 9th, 2015

目　　录

第三篇　东非陆缘深水区油气形成条件与分布

第四篇　西太平洋深水盆地群油气地质

Contents

Section 3   Occurrence and Distribution of Oil-gas in Epicontinental Deepwater Areas, East Africa

Section 4   Petroleum Geology in Deepwater Basins of Western Pacific Ocean

Section 5　Petroleum Geology in Deepwater Basins of Neo-Tethys Region

Section 6   Petroleum Geology in Deepwater Basins around the Arctic Pole

第一篇

总　论

第一章 全球深水含油气盆地分布

第一节 深水盆地分布

全球深水盆地主要分布在环大西洋区域、东非陆缘海域、西太平洋区域，以及环北极区域和新特提斯区域五大主要区域。前三者呈近南北向分布，后者呈近东西向分布，总体呈"三竖两横"格局（图 1-1）（张功成等，2011）。

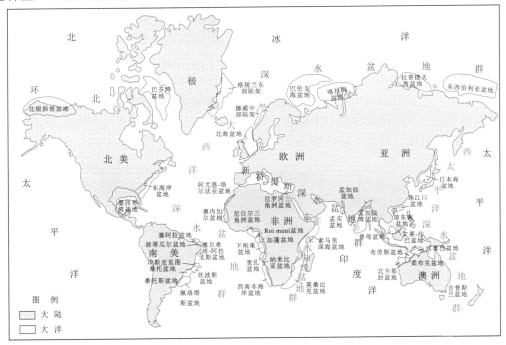

图 1-1 全球主要深水盆地分布概要图（据张功成等，2011，修改）

大西洋深水盆地群和东非陆缘深水盆地群构造类型为典型的被动大陆边缘盆地，处于伸展背景；西太平洋深水盆地群是指在太平洋板块向欧亚板块俯冲背景下形成的区域伸展构造环境中形成的盆地。

新特提斯深水盆地群盆地发育在非洲板块、欧亚板块和澳大利亚板块之间的区域，主体处于被动大陆边缘和俯冲大陆边缘等背景；环北极深水盆地群总体处于伸展背景。

一、大西洋深水盆地群

近南北走向的大西洋深水盆地群构造类型为典型的被动大陆边缘盆地，形成于伸展背景（图 1-1），主要包括：西非被动大陆边缘的尼日尔三角洲盆地、赤道几内亚盆地、下刚果盆地、加蓬盆地、里奥穆尼盆地、宽扎盆地、纳米比亚盆地、西南非海岸盆地、塞内加尔盆地及阿尤恩–塔尔法亚盆地等（刘剑平等，2008）；巴西东部陆架的坎波斯盆地、桑托斯盆地、福斯杜亚马盆地、马腊若盆地、巴雷里尼亚斯盆地、南塞阿拉盆地、北费那多盆地、圣路易斯盆地、波蒂瓜尔盆地、吐卡洛盆地、塞尔希培–阿拉戈斯盆地和雷康卡沃盆地等（Забанбарк，2002）；墨西哥湾的墨西哥湾盆地；挪威中部陆架的 Vøring 盆地及 Møre 盆地等（Graue，1992；Brekke et al.，2000）；北海区域的北海盆地；格陵兰岛东部被动大陆边缘的北丹马沙盐盆地、南丹马沙盆地、詹姆森岛盆地、西蒂斯盆地、利物浦岛盆地及东格陵兰裂谷盆地等和格陵兰岛西部被动大陆边缘的巴芬高尔夫盆地及拉布拉多海盆地等（USGS，2007）。

（一）西非被动大陆边缘

西非海岸盆地群形成于中—新生代联合大陆裂解过程，和北美板块与南美板块和非洲板块的裂谷作用和持续扩张作用有关，它们是冈瓦纳大陆解体和大西洋扩张形成的大陆裂谷和被动陆缘盆地。在非洲，盆地群沿着西非海岸分布，从北向南分为三段：北段包括阿尤恩–塔尔法亚盆地、塞内加尔、拉尔法盆地、索维拉盆地和科纳克里盆地五个盆地；中段包括尼日尔三角洲盆地、里奥穆尼盆地、加蓬海岸盆地、下刚果盆地和宽扎盆地以及阿比让盆地六个盆地；南段包括纳米比亚盆地和西南非海岸盆地，其中，中段盆地群油气最为丰富（图 1-2）。

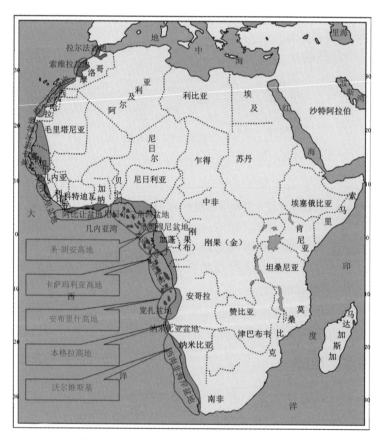

图 1-2　西非被动大陆边缘深水盆地分布图（据李国玉等，2005）

沿西非海岸线走向，上述盆地间一般以构造高地分隔。加蓬盆地和下刚果盆地之间以 Casamaria 高地分割（刘剑平等，2008），下刚果盆地和宽扎盆地间以 Ambriz 高地分隔，宽扎盆地与南侧的纳米比亚盆地以本格拉高地分隔，纳米比亚盆地与南侧的西南非海岸盆地间以大型沃尔维斯脊火山岩带为界。

1. 阿尤恩 – 塔尔法亚盆地

阿尤恩 – 塔尔法亚盆地主要分布在摩洛哥境内，它与塞内加尔盆地接壤，东南部以前寒武系基底为界，东部边界是廷杜夫（Tindouf）盆地的古生界和北北东 – 南南西走向的赞莫（Zemmour）断裂带，东北边界是前寒武纪的逆 – 阿特拉斯（Anti-Atlas）山脉，西部边界是现今陆架的边缘。

2. 塞内加尔盆地

塞内加尔盆地（Senegal Basin）分布在毛里塔尼亚、北塞内加尔、冈比亚、南塞内加尔、几内亚比绍、几内亚境内，北起毛里塔尼亚，向南延伸至几内亚（图 1-2）。盆地主体分布在塞内加尔境内，包括陆上和海上两部分，30% 的面积位于陆上，70% 位于海上，东西宽 400 ~ 800km，南北长达 1500km，面积大约为 $104.2 \times 10^4 km^2$。

3. 尼日尔三角洲盆地

尼日尔三角洲盆地位于非洲西部中段大陆边缘，盆地主体位于尼日利亚境内，南段延伸到喀麦隆西部和赤道几内亚的比奥科岛海域，北段延伸到贝宁、多哥海域的贝宁湾，盆地东部以尼日利亚陆上的安纳布拉次盆为界。盆地总面积为 $30 \times 10^4 km^2$，其中陆地面积约为 $8 \times 10^4 km^2$，海域面积为 $22 \times 10^4 km^2$，是西非目前主要勘探的深水盆地，也是目前深水区勘探的重点区域（侯高文等，2005）。

4. 里奥穆尼盆地

里奥穆尼盆地主要位于赤道几内亚境内，并有一小部分位于加蓬和喀麦隆境内，其面积为 $1.95 \times 10^4 km^2$，主要位于海上（面积为 $1.67 \times 10^4 km^2$），陆上面积仅为 $0.27 \times 10^4 km^2$。其海域盆地范围从加蓬最北边一直延伸到喀麦隆的南部，展布距离 250km，在陆上部分主要位于赤道几内亚，并沿海岸展布有 150km 长。陆上部分平均宽度为 20km，海域部分宽度为 100km，并一直延伸到水深 2000m 的海域。里奥穆尼盆地属于被动大陆边缘盆地，南部以方（Fang）断裂为界与北加蓬盆地相邻，北临杜阿拉盆地，东北是非洲中央地盾，西部则毗邻洋壳的东界，盆地海域最东部的边界为洋壳初始出露点。

5. 加蓬盆地

加蓬盆地为西非中南段众多的阿普特期盐盆之一，分布在北纬 1° 和南纬 4° 之间，包括陆上和近海地区（图 1-2）。其东部边界为基底露头，西界大致在陆壳与洋壳的交界处，北界为方断层带，南界为马永巴断裂带。盆地主要位于加蓬境内，盆地宽度可达 300km，东部边界为前寒武系结晶基底露头，西部以洋壳的出露点为界。盆地总面积为 128376km²，其中海上面积为 81909km²，陆上面积为 46467km²。

6. 下刚果盆地

下刚果盆地位于加蓬、刚果、安哥拉（卡宾达省）、刚果（金）及安哥拉海域，盆地北部以马永巴隆起与加蓬海岸盆地为邻，南部以安布里什隆起与宽扎盆地为邻，东界为前寒武系基底，西界为陆架边缘（图 1-2）。盆地面积为 $16.9 \times 10^4 km^2$，主要位于海上（面积为 $15 \times 10^4 km^2$），陆上面积仅为 $1.9 \times 10^4 km^2$。下刚果盆地是西非地区的主要油气富集区之一，在西非中段沿海盆地中占有重要位置，有着较好的油气成藏条件。除在陆缘发现大量油气田外，在下刚果盆地也发现了一系列超深水区的油气田，这些油田多距离海岸 140 ~ 150km，水深多超过 1500m。

7. 宽扎盆地

宽扎盆地属西非海岸阿普特期盐盆之一，主要位于安哥拉大西洋沿岸，大部分位于海上。盆地总面积为 $16.2 \times 10^4 km^2$，其中海上面积为 $13.3 \times 10^4 km^2$，陆上面积仅为 $2.9 \times 10^4 km^2$（图 1-2）。盆地北以安布里什隆起为界，南以 Morroliso 隆起为界，东以前寒武纪基底为界，西以阿普特阶盐岩西部界限（大致等同于陆壳与洋壳的界限）为界。

8. 纳米比亚盆地

纳米比亚（Namibe）盆地位于非洲西海岸的中南部，盆地 95% 的面积位于安哥拉，5% 的面积位于纳米比亚。北边为宽扎盆地，南边以沃尔维斯脊为界与西南非海岸盆地相连，整体为一个狭长的、长条形南北走向的盆地（图 1-2），面积为 46857km²，其中陆上面积为 7615.2km²，海域面积为 39242.1km²。

9. 西南非海岸盆地

西南非海岸盆地位于纳米比亚近海和南非开普省（Cape Province）的西部，盆地面积为 497859km²。主要包括三个次盆，北部靠近沃尔维斯脊为沃尔维斯次盆（156346km²），中部为吕德里茨次盆（93021km²），南部为奥兰治次盆（248492km²）。

（二）巴西东部陆架

在巴西东部大陆边缘范围内可识别出 11 个含油气沉积盆地，它们沿海岸线从北向南展布并占据了陆地和海区（图 1-3），这些盆地被背斜隆起和巨大的基底突起隔开。巴西大陆边缘盆地主要形成于早、晚白垩世以来，在该区的深部结构中还明显地表现出地垒 - 地堑构造。实际上，在每一个巴西大陆边缘盆地中可追踪到被相对隆起地段隔开的大致平行的地堑或地堑链系统（Забанбарк，2002）。

1. 巴雷里尼亚斯盆地

巴雷里尼亚斯盆地主要由中—新生代海洋、碳酸盐 - 陆源岩石组成，厚度约 7km。在这个面积达 45000km² 的盆地中共钻 90 口井。由于研究少，盆地的含油气前景暂时还不大，现已发现一个油气工业性聚集——埃斯皮冈气田。

2. 塞阿拉盆地

塞阿拉盆地由厚达 7km 的中—新生代岩石组成，成分大致和前一盆地相同。已查明盆地中有含大量黏土底辟的地堑 - 地垒构造。盆地中已发现了六个油气田，其中克萨柳、苏里玛和埃斯皮多三个油气田位于海区，但是含油气性的前景与古近纪的浊积砂岩有关，而这里的生油层也被认为是白垩纪的沉积物。利用地震勘探确定了现在水深

2500m 处是潜在含油的巨大构造。目前盆地的可采储量估计为 $1200 \times 10^4 t$。

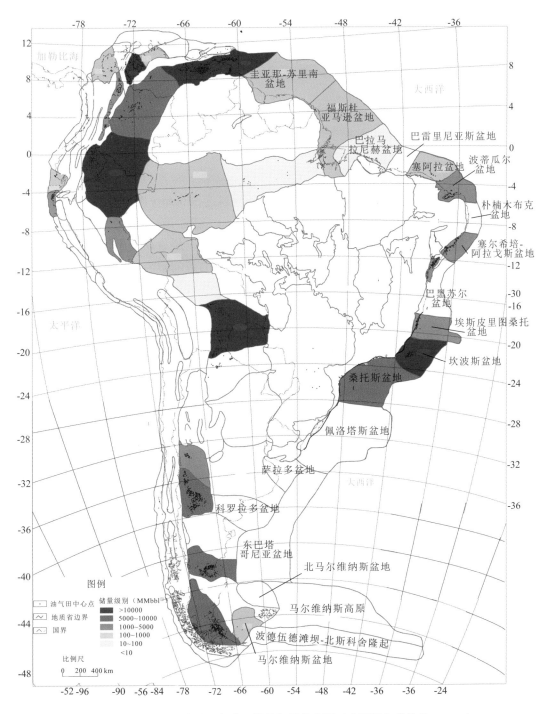

图 1-3　南美洲东部陆缘含油气盆地储量规模分布图（白国平和秦美珍，2009）

---

① 1bbl=1.58987×10²dm³。

3. 波蒂瓜尔盆地

波蒂瓜尔盆地位于塞阿拉盆地以南，两者之间被不大的福塔莱萨隆起隔开，由 7km 厚大致与巴雷里尼亚斯盆地成分相同的中—新生代岩石组成（图 1-3）。盆地中已知有大量小油气田，但最大的是位于 100m 左右浅水区的乌巴拉纳和厄加勒斯油气田。石油是从构造遮挡的油层中采到的，该油层是白垩纪的陆相和过渡相砂岩以及裂谷后浊积岩。

4. 伯南布哥－帕拉伊巴盆地

对伯南布哥－帕拉伊巴盆地研究不够，规模不大的普查勘探工作暂时未提供肯定的结果。但是近年来的地震勘探工作在水深大于 1500m 处发现了浊积物。这一发现大大地提高了盆地的油气远景。

5. 塞尔希培－阿拉戈斯盆地

塞尔希培－阿拉戈斯盆地沿巴西东部海岸延伸超过 550km（图 1-3）。盆地由两个凹陷组成，西南部为塞尔希培凹陷，东北部是阿拉果亚斯凹陷。在盆地中，厚度超过 3km 的晚侏罗世—尼欧克姆世时期的陆源冲积－湖泊沉积覆盖在古生代沉积层之上，是裂谷建造的砂岩和黏土，它们覆盖了阿普特期形成的含陆源岩石夹层的卡莫波利斯石盐－碳酸盐岩系。向上不整合地覆盖着石灰岩，按其岩相成分和厚度在很多方面类似于更南部盆地同时代的形成物。沿剖面向上，中白垩世的碳酸盐系列主要被陆源沉积层取代。白垩系剖面的总厚度为 6.5km。新生代沉积物为砂岩和黏土，在陆上不厚（不超过 500m），在陆架和陆坡上，厚度达 1.5km 甚至更厚。

6. 埃斯皮里图桑托盆地

埃斯皮里图桑托盆地与博约盆地之间被伊塔卡里横向隆起隔开（图 1-3），并被厚度为 6 ~ 7km 的中—新生代沉积岩充填，在白垩纪的碳酸盐－陆源岩层组分中有礁灰岩。在它们之间埋藏着盐层，其厚度向盆地的南部和东部增加，这里出现了盐丘隆起。在盆地的陆上和浅海区已知的油气田达数十个，在海区开采的只有卡萨约油气田。虽然按石油地质资料，它很像邻近的坎波斯盆地，但这里暂时尚未进行大规模的普查。

7. 坎波斯盆地

坎波斯盆地是典型的被动边缘型盆地，以维多利亚隆起为界，南临桑托斯盆地，以卡布弗里乌隆起为界，90% 位于海上（图 1-3）。盆地沉积向东呈厚楔形，与洋壳的分界在厚盐层以东。侏罗纪—早白垩世是裂谷的形成期。裂谷体系从非洲大陆南部开始发育，沿着阿根廷北部边缘推进，直至巴西东南部边缘，最终导致了大西洋的张裂。在整个裂谷形成期间，溢流玄武岩覆盖了整个盆地。尼欧克姆世—阿普特期是裂谷的发展期，裂谷体系向北推进，进入南大西洋中部。在其发展的早期阶段，堆积了冲积－三角洲和洪积沉积物。随着裂谷的扩张和下沉，湖泊开始扩大，沉积了富含有机质的碳酸盐岩和页岩的 Lagoa Feia 组。晚阿普特期裂谷之后出现了一次过渡沉积期，沉积物由硅质碎屑岩、碳酸盐岩和蒸发岩组成，组成了 Lagoa Feia 组的上部。阿尔布期，盆地进入开阔海阶段并持续至今。阿尔布期—土伦期沉积了 Macae 组浅水碳酸盐岩，形成了原始陆架。康尼亚克期至今，沉积了与坎波斯盆地同名的坎波斯组。其下部为含透镜体的 Carapebus 组深海页岩，上部为向海进积的 Ubatuba 组浊积岩。

8. 桑托斯盆地

桑托斯盆地在佩洛塔斯盆地以北，与相邻的坎波斯盆地的构造和地层剖面非常类似。在盆地的剖面中发现了广泛分布的厚层蒸发岩沉积层以及作为优质生油层的赛诺曼期—圣托期的海相页岩。20 世纪在盆地中发现 4 个石油和天然气田，包括科拉、梅尔卢扎和卡拉韦拉斯油田。2000 年以来该盆地在盐下层系取得了重大突破（图 1-3）。

9. 佩洛塔斯盆地

佩洛塔斯盆地位于坎波斯盆地以南。在陆上，沉积层厚度小，地层为中新世、上新世和更新世沉积。在盆地的海洋部分，新生代沉积层之下揭露了上白垩统和下白垩统的岩石，沉积盖层的总厚度为 8km。在陆架范围内用地震方法发现的大断裂似乎将盆地分成西部（沉积厚度不大）和东部（厚度达 8km 或更大）。在大陆边缘的水下部分划分出佩洛塔斯盆地，该处发现了巴西所有边缘盆地中最巨大的沉积盖层。白垩纪和新生代沉积层的碳酸盐和碎屑物质可以作为生油岩（图 1-3）。

（三）墨西哥湾

墨西哥湾为地球上第九大海盆，被北美大陆和古巴岛环绕。它的边界在东北、北部和西北到达美国海湾岸带，西南和南部为墨西哥，东南为古巴（图 1-4）。墨西哥湾为大西洋的一部分，以美国和古巴之间的佛罗里达海峡与大西洋相连，以墨西哥和古巴之间的尤卡坦海峡与加勒比海相通。这两个海峡均宽约 160km。盆地的形状大体呈卵形，东西长约 1609km，南北宽约 1287km，面积 $160 \times 10^4 km^2$，是仅次于孟加拉湾的地球上第二大海湾。平均水深 1512m，最大水深为 4384m，位于锡格斯比海沟（Sigsbee Deep）这个长约 550km 的海槽中。

美国的墨西哥湾盆地位于墨西哥湾北部、格兰德河以东，包括得克萨斯州东南部、路易斯安那州、阿肯色州南部、密西西比州、亚拉巴马州及佛罗里达州西部（图 1-4）。盆地向南伸入墨西哥湾，总面积约 $90 \times 10^4 km^2$。

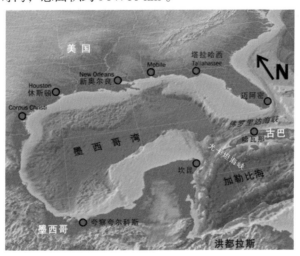

图 1-4 墨西哥湾地理位置图

（四）挪威中部陆架

挪威中部陆架是挪威海靠近挪威大陆的一个近海陆架，位于北纬 62° ~ 68°，南邻法罗 – 设得兰盆地，西南为北海（图 1-5）（Orvik et al.，2001），北部为罗弗敦海盆和熊岛，东北方为巴伦支海，海水深度在 200 ~ 1500m（Gernigon et al.，2009），是挪威油气规模仅次于北海的一个产区。

（五）北海

北海为大西洋东北部边缘海，位于大不列颠岛、斯堪的纳维亚半岛、日德兰半岛和荷比低地之间。北海西以大不列颠岛和奥克尼群岛为界，北为设得兰群岛，东临挪威和丹麦，南接德国、荷兰、比利时、法国，西南经多佛尔海峡和英吉利海峡通大西洋。北海北部以开阔水域与大西洋连成一片，东经斯卡格拉克海峡、卡特加特海峡和厄勒海峡与波罗的海相通。北海海域南北长 965.4km，东西宽 643.6km，面积为 $57.5 \times 10^4 km^2$（图 1-5）。盆地位于西欧大陆架上，除靠近斯堪的纳维亚半岛西南端有一平行于海岸线宽 28 ~ 37km、水深为 200 ~ 600m 的海槽，大部分海域水深不超过 100m，南部水深小于 40m。北海属于陆缘海，整个海盆都位于陆壳之上。

图 1-5　北大西洋区域盆地群分布图（地球在线，2010）

二、东非陆缘深水盆地群

东非地区北临红海、亚丁湾，东临印度洋，西接苏丹、中非共和国和刚果（金）、埃塞俄比亚、索马里、肯尼亚、乌干达、坦桑尼亚、莫桑比克、马达加斯加等国。东非被动大陆边缘是指索马里以南的东非海岸盆地，包括索马里盆地、拉穆盆地、坦桑尼亚盆地、鲁伍马盆地、莫桑比克盆地、穆伦达瓦盆地和马任加盆地等（图 1-6）。2010 年发现东非深水大型气田 Barquentine 1 气田，随后在该区域发现了 12 个大气田，平均水深约 1650m，累计探明储量为 $2.7 \times 10^{12} m^3$。

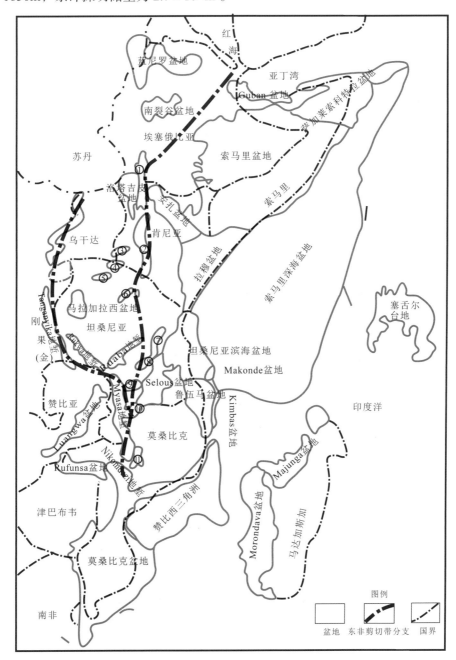

图 1-6　东非地区沉积盆地分布图

①图尔卡纳地堑；②苏瓜塔 – 玛格迪地堑；③尼扬扎地堑；④ Ulimbere 地堑；⑤斯皮克地堑；⑥埃亚西 -Manyana 地堑；⑦基罗萨地堑；⑧ Lokumeru 地堑；⑨鲁胡胡地堑；⑩马胡阿姆巴地堑；⑪ Chihwa 地堑。以上均为东非剪切带东支盆地（部分名称暂无标准中文翻译）

三、西太平洋深水盆地群

西太平洋深水盆地群是指在太平洋板块向欧亚板块俯冲背景下形成的区域伸展构造环境中形成的盆地，主要包括鄂霍次克海、日本海盆地、南海、澳大利亚东南部的吉普斯兰盆地等。

1. 日本海盆地

日本海位于日本列岛和亚洲大陆的朝鲜与西伯利亚之间，是西北太平洋一个半封闭的边缘海，面积为 $100 \times 10^4 km^2$，平均水深为 1350m，最大水深为 3700m（图1-7）（刘福寿，1995；Cha H-J et al.，2007；傅恒等，2010）。

日本海盆地由三个水深超过 2000m 的深海盆地组成，分别为日本盆地、大和盆地和对马盆地。日本盆地为主要海盆，位于大和海脊的西北边，面积达日本海的一半，最大水深达 3780m，该盆地被大和海脊一分为二，东南部夹于大和海隆和本州岛弧之间的部分称为大和海盆，水深约 2500m，比日本海盆浅，沉积物薄一些，其下的地壳构造属于洋陆过渡性。位于朝鲜半岛与大和海脊之间，大和海隆西南边的海盆为对马（郁陵）海盆，水深约 2000m（图1-7），也具有大洋型地壳。对马盆地西北边的隆起为朝鲜海底高原，对马海盆和大和海盆的分界是位于隐岐岛和大和海隆之间的北隐岐堆，具有大陆地壳性质（傅恒等，2010）。

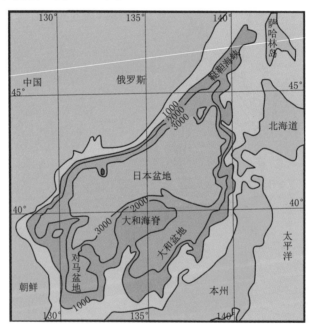

图 1-7 日本海水深及地理位置分布图（据傅恒等，2010）

2. 南海

南海（South China Sea）是我国最深、最大的海，也是仅次于珊瑚海和阿拉伯海的地球上第三大陆缘海，是西太平洋最大的边缘海之一。南海处于赤道—北纬 22° 与东经 106° ~ 121° 之间，北依中国大陆，东临中国台湾、菲律宾群岛，南至加里曼丹岛和苏门答腊岛，西以马来半岛和中南半岛为界（图 1-8）（地球在线，2010）。

南海是亚洲具有极好油气远景的地区，是继波斯湾、中东和里海之后的世界第四大油气聚集中心，享有"第二个波斯湾"的美誉（陈洁等，2007）。目前南海探明石油储量位居世界海洋石油的第五位，天然气探明储量位居第四位，已成为地球上一个新的重要含油气区（张功成等，2010）。

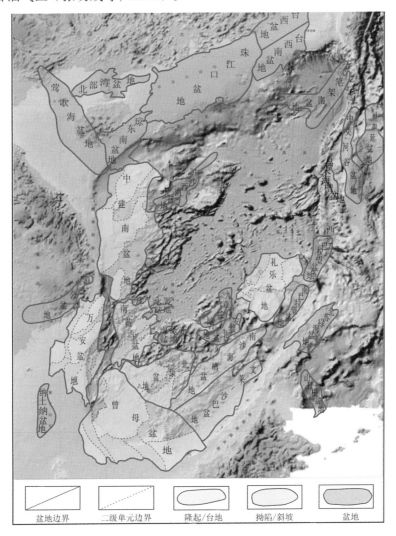

图 1-8 南海海域沉积盆地分布图（据张功成等，2010）

南海海域沉积盆地非常发育，有二十多个，总面积超过一百多万平方公里，主要分布在大陆架和大陆坡上（图 1-8）。盆地充填地层时代为新生代，部分区域有中生代残余盆地。南海主要的盆地有：北缘自西向东依次为莺歌海盆地、琼东南盆地、珠江口盆地，台西南盆地；西缘自北而南有中建南盆地、万安盆地；南部有南薇西盆地、北康盆地、曾母盆地、文莱－沙巴盆地、南沙海槽盆地；东缘有礼乐盆地、西北巴拉望盆地等（图 1-8）。这些盆地多横跨深、浅水两大领域。

1）珠江口盆地

珠江口盆地北依广东大陆，南临西沙、中沙和南沙诸岛，西靠海南岛，东邻澎湖列岛。盆地大部分坐落在大陆架区域，部分在陆坡区域。盆地呈北东向展布，长约 800km，宽 100～300km，面积为 17.5km² （《沿海大陆架及毗邻海域油气区》编写组，1990）。

盆地基底为前新生界，盆地盖层为新生界，地层最大厚度大于 15km。该盆地分为北部断阶带、北部拗陷带、中央隆起带、南部拗陷带。截至目前，发现北部珠一拗陷和珠三拗陷及其相邻的隆起区绝大多数都是油田，只在文昌凹陷内部发现几个中小型气田，在探明油气储量当量中，原油占 90% 以上，属于富油带。珠二拗陷与珠一拗陷不同，渐新世裂谷作用强烈，沉降与沉积幅度都比较大，属于叠合断陷，热流值高，以生气为主，目前在其北部番禺低隆起和东部发现一批大中型气田群（朱伟林等，2007）。总之，北部拗陷带属于油拗，南部珠二拗陷为气拗，呈现"北油南气"分布格局（张功成等，2010）。

2）琼东南盆地

琼东南盆地位于南海北部大陆架西部，海南岛以南，盆地面积约 9×10⁴km²。盆地基底为前寒武纪变质岩和中生代火山岩，盆地盖层为新生代沉积，最大地层厚度大于 10km。盆地分为北部拗陷、中部隆起、中央拗陷等。该盆地主力烃源岩是渐新统下部海陆过渡相含煤地层，烃源岩热演化程度高，以生气为主。截至目前，共发现两个商业性天然气田，其中崖 13-1 大气田储量近千亿立方米（《沿海大陆架及毗邻海域油气区》编写组，1990）。气田分布在中部拗陷西北缘崖南凹陷西部崖城 13 构造带和中部隆起西端崖城凸起上。勘探与研究成果均显示了琼东南盆地是个气盆（朱伟林等，2007；张功成等，2009；张功成，2010）。

3）中建南盆地

该盆地位于南海西部的中建岛以南，主体位于印支半岛的陆架和陆坡区，为走滑拉张型盆地，呈北北东走向，面积为 13.1×10⁴km²。根据地质构造特征，盆地划分为西北部隆起、北部拗陷、北部隆起、中部拗陷、南部隆褶带和南部拗陷六个二级构造单元，构造单元呈北东或北北东向相间排列，具有明显的雁列结构（姚伯初等，2004；王建桥等，2005）。

4）万安盆地

万安盆地位于万安海域西部，属于扭张盆地，总面积约 8.5×10⁴km²，在我国传统海疆线内面积为 4.6×10⁴km²。盆地基底为中生代晚期侵入岩、火山岩和前新生代副变质岩（姚伯初等，2004），盖层由始新统—第四系地层组成，新生界厚度最大处大于 12km。

万安盆地由 10 个二级构造单元组成，即西部拗陷、西南斜坡、西北断阶、北部拗陷、北部隆起、中部拗陷、中部隆起、南部拗陷、东部隆起和东部拗陷等（刘伯土和陈长胜，2002；杨木壮等，2003；金庆焕等，2004；姚伯初和刘振湖，2006）。盆地内的二级构造单元主要受北东向断层控制，拗陷一般呈东断西斜的箕状，局部呈东、西断的地堑型，低隆起或隆起在盆地边部为古隆起斜坡，在盆地中部为断隆。北部拗陷沉积中心位于拗陷南部断层一侧，呈东断西斜的箕状。中部拗陷北部厚，南部薄，拗陷呈北东向，沉积厚度一般为 8 ~ 12.5km，南部沉积较薄，为 3 ~ 8km。南部拗陷位于盆地的东南部，拗陷的中 – 北部为北东向，呈西斜东断的箕状，沉积厚度为 4 ~ 11km，拗陷南部为北西向，呈西断东斜的箕状，沉积厚度较薄，为 3000 ~ 5600m。东部拗陷位于盆地东部，呈北北东向，为东断西斜的箕状，沉积中心位于东部断层一侧，沉积厚度为 5000 ~ 8000m（彭学超和陈玲，1995）。

5）曾母盆地

曾母盆地位于南沙海域南部的巽他陆架上，其西北部已达上陆坡，面积为 $16.8 \times 10^4 km^2$，新生代沉积物厚度为 3 ~ 16km，最厚处达 19km，烃源岩热演化程度高。盆地基底为早白垩世花岗闪长岩和古新世—始新世变质岩，盆地盖层为渐新世及其以来的新生代沉积，最大地层厚度大于 15km。根据地震反射特征，可将沉积盖层分为三个构造层：下构造层地层时代为古新世—中始新世，是盆地断陷期层系，最大厚度可达 5000m，以河流相砂岩夹泥岩沉积为主，地层大多已褶皱变形，与上覆地层及下伏基底均呈角度不整合接触；中构造层是盆地沉降期层系，时代从晚始新世—中中新世，以海相及滨海 – 浅海相沉积为特征，与下伏地层呈角度不整合接触，与上覆地层呈顶超接触关系；上构造层为浅海 – 半深海相披覆型层系，时代为晚中新世—第四纪。

曾母盆地是一叠合盆地，在盆地北部和中部，古新世—早、中始新世间属于被动陆缘沉积，未变质；在盆地南部，由于南沙地块和加里曼丹地块在晚始新世至早渐新世发生强烈碰撞，这套沉积已变质为板岩，仅存在晚渐新世—第四纪前陆盆地沉积。盆地分为八个二级构造单元，即东巴林坚拗陷、南康台地、西巴林坚隆起、塔陶垒堑、拉奈隆起、索康拗陷、康西拗陷和西部斜坡。综合研究表明，位于东南部的东巴林坚拗陷以生油为主，南康台地及康西拗陷以生气为主。截至 2007 年，该盆地累计发现油气田上百个，探明储量很大，气储量占总储量的 6/7 左右（刘宝明和金庆焕，1997；陈玲，2002；王立飞，2002；邱燕等，2005；姚永坚等，2008）。

6）文莱 – 沙巴盆地

文莱 – 沙巴盆地位于沙巴与南沙海槽之间，廷贾断裂以东，沙巴岸外及文莱沿海一带，北东走向，面积约 $9.4 \times 10^4 km^2$，属我国传统海域的面积达 $3.3 \times 10^4 km^2$，盆地大部分水深小于 500m，新生代沉积厚达 12500m（蔡乾忠，2005）（图 1-7）。

盆地西部和东部在基底性质、沉积和构造特征方面存在差异，盆地东部（文莱区）的基底为已经褶皱变形的晚渐新世—早中新世梅利甘组—麦瑙组—坦布龙组的三角洲平原 – 深水页岩地层，盆地西部（沙巴区）的基底为褶皱的晚始新世—早中新世克拉克组深海复理石。沉积盖层为早中新世或中中新世—第四纪地层，其沉积环境以从南向北呈北西向靠近物源区的海岸平原逐渐过渡为浅海环境至开阔海环境的海退为主，纵向上表现为后期的较粗沉积物依次叠置在前期较细沉积物之上。在地质构造上，西部主要以近北西向至北东向生长断层为主，并发育与之相伴生的滚动背斜、挤压背斜，东部以北东向断层为主，断层多具有走滑断层性质，并发育有扭动构造、泥刺穿构造和背斜。渐新统和下—中中新统地层是盆地的主要生烃岩，产层为中新统砂岩。该盆地目前是文莱和马来西亚的重要产油区（王建桥等，2005）。

7）北康盆地

北康盆地是位于南沙中部海域的大型新生代沉积盆地，面积为 $6.2 \times 10^4 km^2$，其西南部以北西走向的廷贾断裂带与曾母盆地相邻，其东部和北部以宽窄不一的隆起带与文莱 – 沙巴盆地、南沙海槽盆地、安渡北盆地、南薇东盆地和南薇西盆地相隔，水深 100 ～ 2000m。盆地基底主体为火成岩体，部分为前新生代变质岩，沉积盖层由第四系、上新统、上中新统、中中新统、下中新统—上渐新统、下渐新统 – 上始新统和中始新统七套地层组成，厚度最大可超过 13km。盆地演化经历了古新世—中始新世断陷期，晚始新世 – 中中新世断拗 – 走滑、挤压隆升期，晚中新世—第四纪区域沉降期，形成了六个二级构造单元，即西部拗陷、中部隆起、东北拗陷、东南拗陷、东北和东部隆起等。北康盆地发现一个气田（王宏斌等，2001；王嘹亮等，2002；张莉等，2004）。

8）南薇西盆地

位于曾母盆地西北部，北康盆地北部，面积为 $3.26 \times 10^4 km^2$。新生代沉积最厚达 8km。根据地质构造、沉积特征，南薇西盆地可进一步划分为北部拗陷、北部隆起、中部拗陷、中部隆起和南部拗陷五个二级构造单元。

9）西北巴拉望盆地

巴拉望盆地位于菲律宾群岛西部巴拉望岛的西部沿海，其西界为南沙海槽，东界为巴拉望岛，盆地南北约 600km，东西宽 30km，水深 50 ～ 300m，面积约 $3 \times 10^4 km^2$。

巴拉望盆地呈北东向展布，并以乌鲁根断裂为界将其分为南北两部分。西北巴拉望盆地位于乌鲁根断裂以北的巴拉望岛和卡拉绵岛西北大陆架及大陆坡上，水深 50 ～ 300m，面积约 $1.68 \times 10^4 km^2$。西北巴拉望盆地和礼乐盆地同属于裂离陆块上的张裂型盆地。盆地基底由晚古生代—中生代变质岩、沉积岩和酸性深成岩所组成，沉积盖层为上侏罗统—白垩系海相碎屑岩、凝灰质页岩、古新统碎屑岩、上始新统—第四系海相碎屑岩、碳酸盐岩等地层，碳酸盐岩主要发育于上渐新统—下中新统及中、上中新统和第四系地层中。断层以北东向为主，北西向断层少量，并发育地垒、地堑和断背斜构造。目前，已发现马拉巴亚、西林纳帕肯 A、西林纳帕肯 B、卡马哥、奥克顿、卡兰努特六个油气田。

10）礼乐盆地

礼乐盆地位于南沙群岛东北边缘的礼乐滩附近，呈北东走向，属于陆缘裂离断块的张裂型盆地。盆地以北东向反向正断裂为构造格架，可划分为三拗一隆，即西北拗陷、东部拗陷、南部拗陷和中部隆起四个二级构造单元。

3. 吉普斯兰盆地

该盆地位于巴斯海峡东部，面积约 $6.6 \times 10^4 km^2$，4/5 的面积位于海上，是澳大利亚主要产油气盆地之一（Geoscience Australia，2010），盆地北部主要产气，西部主要产油（图1-9）。基底为下古生界变质岩，早白垩世发生裂陷，下白垩统为冲积相的杂砂岩及页岩并夹少量煤层，厚度达 3500m。盆地的生储油层为晚白垩世至始新世河流相三角洲平原沉积，内含叠置砂岩并夹碳质页岩及煤。渐新世起主要是海相沉积，含海相页岩和泥灰岩，向中新统则逐渐过渡成以碳酸盐岩为主，构成盆地的盖层。从晚始新世至渐新世，盆地受剪切变形的影响，形成雁行排列构造。这些构造和经侵蚀的残体构成盆地的主要油气圈闭（Boreham et al.，2001；李国玉等，2005）。

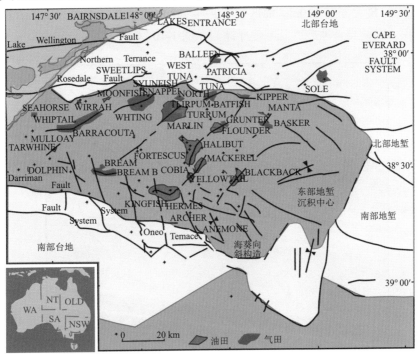

图 1-9 澳大利亚吉普斯兰盆地区划和油气分布图（据 Boreham et al.，2001）

四、环北极深水盆地群

环北极深水盆地群处于伸展背景，主要包括巴伦支海盆地、喀拉海盆地、拉普捷夫海盆地、东西伯利亚海、楚科奇海、白令海、阿拉斯加湾、波弗特海和巴芬湾等（图 1-10）。

1. 巴伦支海

巴伦支海（Barents）位于挪威与俄罗斯北方，是北冰洋的陆缘海之一（图 1-10）。由于海流关系，南部海面终年不结冰，9 月全面解冻。巴伦支海在斯堪的那维亚半岛东北部，南接俄罗斯，北接斯匹次卑尔根群岛，东北为法兰士约瑟夫地（Franz Josef Land）群岛，东至新地岛，西起熊岛（Bear Island（Bjornoya））一线（Werner and Torsvik，2010），面积约 $140.5 \times 10^4 km^2$，平均水深为 229m，最深处为 600m（Shipilov and Vernikousky，2010），海域南部大陆一侧为大陆架，面积达 $127 \times 10^4 km^2$，中西部横亘着熊岛海沟等几个深切海沟，水深 480～960m，北部局部海底有台地，东南多浅滩。

巴伦支海陆架从东向西分成四个大的区域：新地岛盆地和 Admiralty 弧、东巴伦支盆地（科尔古耶夫阶地、北巴伦支盆地、南巴伦支盆地、Ludlov 鞍状构造）、巴伦支台地（巴伦支台地北、巴伦支台地南）和西巴伦支边缘（Barrère，2009）。

2. 喀拉海

喀拉海（Kaka Sea，俄语称 Karskoye More、Karskoe More 或 Karskoje More）是北

冰洋的边缘海，位于亚洲大陆西北部沿岸和新地岛、北地群岛之间。喀拉海西通巴伦支海，东连拉普捷夫海，北接北冰洋，长约 1450km，宽约 970km，水域面积 88×10⁴km²，平均水深 118m，最大深度 620m。海区位于北纬 70° 以北的北极圈内，一年中有 3～5 个月极夜现象。气候异常寒冷，几乎终年冰封（图 1-10）。

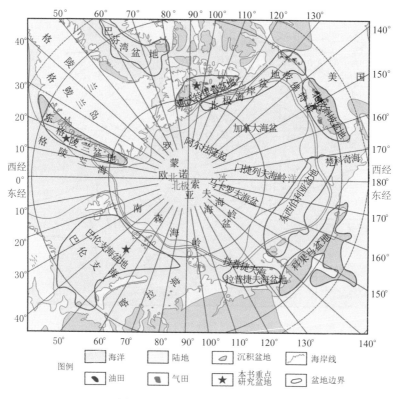

图 1-10 环北极深水盆地群分布图

3. 拉普捷夫海

拉普捷夫海是北冰洋边缘海（俄语称 More Laptevykh），位于西伯利亚沿岸的泰梅尔半岛、北地群岛、新西伯利亚群岛之间。东连东西伯利亚海，西经海峡通喀拉海，北临北冰洋，其北界由北极角（81°13′ N，95°15′ E）开始，向东延伸至 139° 为止（图 1-10）。

拉普捷夫海面积约 67.2×10⁴km²，平均水深 519m，最大水深为 3358m。北深南浅，海域有 3/4 面积位于大陆架上。

拉普捷夫海气候恶劣，南部地区极夜持续 3 个月，北部极夜长达 5 个月。一年之中大部分时间海面覆盖冰雪，冬季常见暴风雪，夏季有雪雹和雾。1 月平均气温 –34～–31℃，最低为 –50℃。7 月北部平均气温仅略高于 0℃，南部约 6℃，最高时为 10℃。北部海域一年中有 11 个月气温在 0℃ 以下，南部海域亦有 9 个月如此。表层水温冬季一般在 –1.8～–0.8℃，夏季则高于 0℃。

4. 东西伯利亚海

东西伯利亚海（East Siberian Sea，俄语称 Vostochno-sibirskoye More）是北冰洋内

的一个半封闭海，位于北面的北极角（Arctic Cape）和南面的西伯利亚之间。东面隔弗兰格尔岛（Wrangel Island）和楚科奇海相邻，西侧则以新西伯利亚群岛与拉普捷夫海分隔开来（图1-10）。

东西伯利亚海面积为 $93.6 \times 10^4 km^2$，平均深度 45m，北面较深，最大深度 358m。大陆架宽达 600～900km，海区几乎全部位于大陆架上。

由于海域位于北纬 70° 以北，气候非常严寒，结冰期长达 9 个月，航行困难，7～9月可借破冰船航行。海区南部受较暖海水影响通常无冰或短期结冰。同时因有因迪吉尔卡河、科雷马河等河注入，盐度在 15‰～30‰。

5. 楚科奇海

楚科奇海（Chukchi Sea，俄语称 Chukotskoye More）是北冰洋的一部分。西以弗兰格尔岛（Wrangel Island）为界，南止于西伯利亚东北部和阿拉斯加西部，东与波弗特海（Beaufort Sea）相邻，北为北冰洋陆坡（图1-10）。

楚科奇海面积达 $58.2 \times 10^4 km^2$，平均水深 88m，56% 面积的水深小于 50m，最大水深 1256m。海域位于北极圈内，气候严寒，冬季多暴风雪，海水结冰，受太平洋流入的较暖海水影响，结冰期 7 个多月，7～10 月可以通航，夏季多雾。

6. 白令海

白令海（Bering Sea，俄语称 Beringovo More）是太平洋沿岸最北的边缘海，介于 66°31′N、51°22′E 之间，海区呈三角形。白令海北以白令海峡与北冰洋相通，南隔阿留申群岛与太平洋相连，位于太平洋最北端的水域。它将亚洲大陆（西伯利亚东北部）与北美洲大陆（阿拉斯加）分隔开（图1-10）。

白令海面积达 $230.4 \times 10^4 km^2$，平均水深 1636m，最大水深 4773m，并经白令海峡连接北极海。

白令海东部和北部属副极地气候，冬季气温 –45～–35℃，风强，时有暴风雪，海水几乎全部来自太平洋。海域北部为宽阔的大陆架，约占总面积的 44%，中西部深水盆地约占总面积的 43%，其余是大陆坡。白令海底部沉积层主要由陆源物质组成，在海岸附近，海底覆盖着由砂砾、贝壳等组成的粗砂，离岸渐远逐渐被杂质泥所代替，在深海处由灰绿色黏土泥和冰水沉积的砂砾所覆盖。

7. 阿拉斯加湾

阿拉斯加湾（Gulf of Alaska）是北太平洋一宽阔海湾，在美国阿拉斯加州南岸。西邻阿拉斯加半岛和科迪亚克（Kodiak）岛，东界为斯宾塞角（Cape Spencer），面积约 $153.3 \times 10^4 km^2$，平均水深 2431m，最大水深 5659m。

8. 波弗特海

波弗特海（Beaufort Sea）是北冰洋边缘海，位于美国阿拉斯加州北部和加拿大西北部沿岸以北至班克斯岛之间，北极群岛以西，楚科奇海以东。海中岛屿稀少，有无岛海之称。从阿拉斯加的巴罗角（Point Barrow）向东北延伸至帕特里克王子岛（Prince Patrick Island）的终端地角，东起班克斯岛（Banks Island），西起楚科奇海（Chukchi Sea）。

波弗特海面积为 $47.6 \times 10^4 km^2$，平均深度 1004m，最大深度 4683m。海区北部开阔，沿岸大陆架宽 100 ～ 150km，为北冰洋边缘海域大陆架最狭窄的地段（图 1-10）。

9. 巴芬湾

巴芬湾（Baffin Bay）是北冰洋属海（图 1-10），位于北美洲东北部巴芬岛、埃尔斯米尔岛与格陵兰岛之间，1616 年英国航海家巴芬进入该海湾考察而得名。海湾南经戴维斯海峡通大西洋，北经史密斯海峡、罗伯逊海峡连北冰洋，西经琼斯海峡和兰开斯特海峡进入加拿大北极群岛水域。

海湾长 1126km，宽 112 ～ 644km，面积为 $68.9 \times 10^4 km^2$，平均水深 861m，最大水深 2744m。海湾四周为格陵兰和加拿大大陆架，中央是巴芬凹地，深度达 2700m。海湾出口处有暗礁。海底沉积了淤泥、砂砾、石砾等陆源物质。

10. 格陵兰东部陆架

格陵兰东部陆架属被动大陆边缘，是北大西洋裂解时格陵兰与挪威分裂的产物。美国地质调查局 2007 年将该区分为南北向—内外侧共七个构造单元（图 1-10），分别为：①北丹马沙盐盆；②南丹马沙盆地；③詹姆森岛盆地；④詹姆森岛盆地次火山区；⑤西蒂斯盆地；⑥东北格陵兰岛火山区；⑦利物浦岛盆地。

五、新特提斯深水盆地群

该构造域主要包括澳大利亚西北陆架被动大陆边缘的北卡那封盆地、波拿巴盆地、布劳斯盆地及柔布克盆地、缅甸湾深水盆地、孟加拉湾深水盆地、阿拉伯湾深水盆地和地中海深水盆地群等。

（一）澳大利亚西北陆架

澳大利亚西北陆架位于澳大利亚的西北部海域，是边缘海型被动大陆边缘，西南延伸到大约南纬 22°，东北大致到东经 131°。区域上包括四个陆缘盆地和一个造山带，自西南到东北依次为北卡那封盆地、柔布克盆地、布劳斯盆地、波拿巴盆地和帝汶 – 班达褶皱带（图 1-11），盆地总面积约 $120 \times 10^4 km^2$（白国平和殷进垠，2007；张建球等，2008；Thomas，2010；冯杨伟等，2012）。北卡那封盆地中重要的二级构造单元为巴罗次盆、丹皮尔次盆、埃克斯茅斯次盆、Investigator 次盆和埃克斯茅斯台地等；波拿巴盆地重要的二级构造单元有皮特尔次盆、武尔坎次盆、Sahul 台地、Flamingo 高地、Nancar 槽谷、Kelp-Sunrise 高地和 Mallta 地堑等；布劳斯盆地重要的二级构造单元为卡斯威尔次盆、Yampi 陆架等；柔布克盆地重要的二级构造单元为 Rowley 次盆和 Bedout 次盆等（图 1-11）（Longley et al.，2002；白国平和殷进垠，2007；张建球等，2008；冯杨伟等，2012）。

1. 北卡那封盆地

该盆地位于澳大利亚西北陆架区域西南端，面积约 $54 \times 10^4 km^2$（白国平和殷进垠，2007）。油气分布为内侧为油、外测为气，是一个世界级的富气盆地，已发现天然气储量（折油当量）为 107.405Tcf[①]，石油储量为 $7.218 \times 10^8 m^3$（Geoscience Australia，

---

① $1Tcf = 1 \times 10^{12} ft^3 = 2.8317 \times 10^{10} m^3$。

2010a，2010b）。东缘超覆在早寒武世地盾上，古生代时为平缓沉降的大陆架，沉积了河流相砂岩、粉砂岩、白云岩、硬石膏、盐岩和碳酸盐岩。早侏罗世—早白垩世是裂谷期，由于伸展断层作用形成了一系列地垒和洼陷，这时在盆地北部沿西北大陆架有一个裂谷复合体。油气田都分布在这条裂谷复合体内，上覆早白垩世页岩和晚白垩世—古近纪碳酸盐岩。气和凝析油的产层多为上三叠统与中—下侏罗统砂岩，如深水区的 Jansz 巨型气田产层为中侏罗统的水道砂岩，巴罗岛油田产层为中、上侏罗统—白垩系底部砂岩，圈闭则是平缓的背斜（Felton et al.，1992；Bradshaw MT et al.，1994；Bradshaw，2008）。

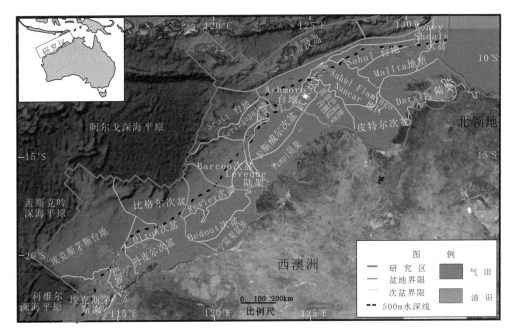

图 1-11 澳大利亚西北陆架被动陆缘构造单元划分图（据冯杨伟等，2012）

2. 布劳斯盆地

该盆地位于澳大利亚西北陆架，北波拿巴盆地和西南边柔布克（Roebuck）盆地之间，面积约 $14 \times 10^4 km^2$，天然气储量（折油当量）为 33.586Tcf，石油储量为 $2.098 \times 10^8 m^3$（Geoscience Australia，2010a，2010b）。盆地边界由不整合面地貌特征构成，其东部和东南部为澳大利亚金伯利克拉通，西部为 Scott 海底高原，西北部延伸至大陆边缘。盆地为一近圆形盆地，显生宙沉积物厚达 15km。盆地基底为前中生代前裂谷层系，在局部地区有火山岩发育。上覆侏罗系—下白垩统裂谷层系，主要为一套海陆过渡相和陆源海相三角洲沉积，早白垩世凡兰吟期至今为被动陆缘层序，为海相碳酸盐岩和浊积砂岩沉积（Cadman and Temple，2003）。

3. 波拿巴盆地

该盆地位于澳大利亚北部帝汶海海域，覆盖了西澳大利亚金伯利地区以北的陆上和海上区域（张建球等，2008）。盆地主体位于海上，称为北波拿巴盆地，面积

约 $25 \times 10^4 km^2$。盆地南部的陆上部分为西澳大利亚地区金伯利古老克拉通盆地，称为南波拿巴盆地，面积约 $2 \times 10^4 km^2$（张建球等，2008）。天然气储量为（折油当量）24.333Tcf，石油储量为 $2.316 \times 10^8 m^3$（Geoscience Australia，2010a，2010b）。盆地以古生代—中生代冈瓦纳大陆破裂解体为基础，由破碎的陆块从西北陆架分裂出去形成。盆地基底为早中生代北西—南东向断裂控制的前裂谷层系，在古生界残留盆地中有盐岩层发育。上覆侏罗系—早白垩世裂谷层系主要为一套海陆过渡相和陆源海相三角洲沉积，早白垩世凡兰吟期至今为被动陆缘层序，为海相碳酸盐岩和浊积砂岩沉积（Lavering and Pain，1991；Bradshaw MT et al.，1994；Kennard et al.，2002）。

（二）孟加拉湾

孟加拉湾（Bay of Bengal）属于印度洋的一个海湾。西嵌斯里兰卡（锡兰），北邻印度，东以缅甸和安达曼 - 尼科巴海脊为界，南以斯里兰卡南端之栋德拉高角与苏门答腊西北端之乌累卢埃角的连线为界。

孟加拉湾具有地球上最大的深海扇系统——孟加拉深海扇（又名恒河深海扇），地处印度洋东北部的孟加拉湾及南延地带，从恒河 - 布拉马普特拉河三角洲（以下简称恒河三角洲）向南延伸两千多千米，一直到斯里兰卡以南水深 5000m 的锡兰深海平原，长约 2000km，宽约 1000km，面积约 $200 \times 10^4 km^2$，最大厚度达 12km 以上，总体积约 $500 \times 10^4 km^3$（李大伟等，2007）。

孟加拉湾周边主要包括三个继续向海湾区延伸的沉积盆地：孟加拉盆地、Cauvery 盆地和克里希纳 - 哥达瓦里盆地（Забаибарк，2005）。

1. 孟加拉盆地

孟加拉盆地位于印度次大陆东北部，位于印度地盾和印尼 - 缅甸（印缅）山脉间，孟加拉湾的头部。主要跨越孟加拉国和印度两个国家，面积约 $40.34 \times 10^4 km^2$，其中陆上 $15.156 \times 10^4 km^2$，海上 $25.184 \times 10^4 km^2$。盆地呈长条形，长轴沿北—南方向伸展（Mukherjee et al.，2009）。盆地位于印度板块和欧亚板块之间，其构造演化和沉积充填特征变化强烈（Morley，2002）。

2. Cauvery 盆地

Cauvery 盆地位于印度东海岸，属被动陆缘盆地（Bhowmick，2005）。盆地面积为 $11.7 \times 10^4 km^2$，包括约 $3.3 \times 10^4 km^2$ 的陆上部分和约 $8.3 \times 10^4 km^2$ 的海上部分（延伸至 2000m 等深线）。在近岸区，约有 $5.5 \times 10^4 km^2$ 位于印度的领海，其余部分则位于斯里兰卡海域。

3. Krishna-Godavari 盆地

Krishna-Godavari 盆地位于印度的东海岸，侧向延伸 500km，从海岸到深海延伸超过 200km。盆地面积为 $7 \times 10^4 km^2$（陆上 $2.8 \times 10^4 km^2$，多被冲积层覆盖；海上为 $4.2 \times 10^4 km^2$），主要在孟加拉湾海区范围内。盆地主要由 Krishna 和 Godavari 两条河流系统组成，附属许多小的支流。盆地的沉积厚度超过 7km，其中古生界和中生界厚 3km，古近系和新近系厚 4km（图 1-12）（Bastia and Nayak，2006）。

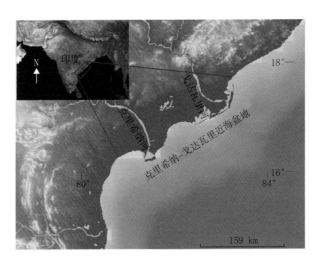

图 1-12　印度东海岸 Krishna-Godavari 三角洲位置简图（据 Bastia and Nayak，2006）

第二节　深水含油气盆地分布

一、已发现深水富油盆地群

全球已发现深水富油盆地群主要分布在环大西洋区域深水盆地群，重点区域包括巴西东部陆架、西非海岸深水盆地群、墨西哥湾盆地和挪威中部陆架等（图 1-1）。

巴西东部大陆边缘的油气储量主要在深水区，尤以坎波斯盆地和桑托斯盆地资源最为丰富，其中大部分油气资源位于水深 400～2000m 的深水区。坎波斯盆地面积为 $10 \times 10^4 km^2$，石油可采储量 23455MMbbl，油当量合计 25127MMbbl，其中石油占 93.3%，天然气占 6.7%。20 世纪 60 年代后期即投入开发，累计发现包括 Albacora 油田、Marlim 油田等世界级大油田在内的一百多个油气田（白国平和秦养珍，2009）。桑托斯盆地面积约 $35 \times 10^4 km^2$，盆地从 90 年代初期开始生产油气，2006 年以来在该盆地深水区盐下相继发现了一系列巨型油气田，包括 Tupi 油田、Bem-Te-Vi 油田、Carioca 油田、Guara 气田、Jupiter 油田及 Iara 气田等（白国平和秦养珍，2009）。

西非深水盆地群根据美国地质调查局 2010 年公布的西非各深水盆地油气储量来看（表 1-1），尼日利亚、安哥拉、加蓬和刚果是西非地区油气资源最丰富的四个国家。西非已探明油气储量 $166.478 \times 10^8 t$，其中石油储量约 $114.16 \times 10^8 t$，天然气储量为 122.570Tcf（折合油当量 $34.708 \times 10^8 t$），液化天然气储量为 $17.61 \times 10^8 t$（关增森和李剑，2007）。

墨西哥湾盆地总面积约 $150 \times 10^4 km^2$，其中深水区面积约 $90 \times 10^4 km^2$（Darnell and Defenbaugh，1990）。2000 年美国墨西哥湾深水区的年产油量（271MMbbl）首次超过浅水区（252MMbbl），之后浅水区的产油量逐年下滑，而深水区逐年增加。2007 年深水区和浅水区的年产油量分别为 328MMbbl 和 140MMbbl，深水区的石油和天然气产量分别占美国墨西哥湾总产量的 70% 和 36%（MMS，2009）。截止 2008 年年底，在美国的墨西哥湾水域，有 141 个生产项目位于深水区。2007 年墨西哥在墨西哥湾生产的原油总量为

1099.8MMbbl，约占墨西哥石油总产量的98%（SENER，2008）。据墨西哥能源部预测，墨西哥湾大于500m的深水区（面积约57.5×10^{4}km^2）的石油储量约为300×10^{8}bbl，占墨西哥石油总储量的55%（SENER，2007）。雷马油田（Thunder Horse Oil Field）是墨西哥湾最大的生产油田，水深1844m，据报道有10×10^{8}bbl的储量[①]（MMS，2009）。

表1-1　西非深水盆地油气储量

盆地	石油		天然气		液化天然气（NGL）		资料来源
	MMbbl	10^{8}t	Tcf	10^{8}t	MMbbl	10^{8}t	
尼日尔三角洲盆地	15534.00	24.696	58.221	16.486	6326.00	10.057	
西非中部盆地群	49736.00	79.072	75.790	21.462	2877.00	4.574	
西南非海岸盆地	116.18	0.185	3.603	1.020	162.58	0.259	USGS，2010
Guinea 湾盆地群	4071.00	6.472	34.461	9.758	1145.00	1.820	
塞内加尔盆地	2350.00	3.736	18.706	5.297	567.00	0.902	
总计	71807.18	114.16	122.570	34.708	11077.58	17.612	
	166.478×10^{8}t（油当量）						

北大西洋油气生产主要位于北海，其次为挪威中部陆架（刘增洁，2006）。北海盆地油气分布呈现北部富油南部富气的格局，探明控制储量为205.22×10^{8}t，其中北北海盆地的总油气资源量为135.63×10^{8}t，占整个北海油气资源量的66.1%，南北海盆地的油气资源量为69.59×10^{8}t，占33.9%（叶德燎等，2004）。挪威中部陆架目前油气生产规模较小，只占挪威油气生产的19%（Soderbergh et al.，2009）。

二、已发现深水富气盆地群

全球已发现深水富气盆地群主要分布在新特提斯区域（Stow and Mayall，2000），重点区域为澳大利亚西北陆架、孟加拉湾、地中海深水盆地群等（图1-13）。西太平洋深水盆地群也有重要发现。

澳大利亚西北陆架被动陆缘盆地区域总面积约120×10^{4}km^2（白国平和殷进垠，2007；张建球等，2008；冯杨伟等，2012），总体富气贫油，近岸油远岸气。根据澳洲科学2010年最新资源能源报告，深水区天然气地质储量为165.42Tcf（4.6×10^{12}m^{3}可采），浅水区石油地质储量为7665.51MMbbl，天然气（折油当量）和石油的地质储量比值近于4：1。近年来天然气产量维持在约1.100Tcf，原油产量大约80MMbbl。靠近大陆的近岸浅水区以产油为主，靠近大洋一侧的深水远岸带以产气为主，内侧为油、外侧为气（Kopsen，2002；冯杨伟等，2011）。大型、超大型气田主要分布在深水区，近岸带主要为中小型油田（张建球等，2008；Geoscience Australia，2010）。

孟加拉湾深水区含油气盆地是南亚巨型含油气盆地之一，位于印度地盾和印缅山脉之间，孟加拉湾主要由 Cauvery、Krishina-Godavari 和 Bengle 三个盆地组成，面积达40×10^{4}km^2，其

[①] http://www.petroleumnews.com/pntruncate/882142741.shtml。

中 $15 \times 10^4 km^2$ 以上面积位于孟加拉湾海区（Rao，2001；забапбчрк，2005）。

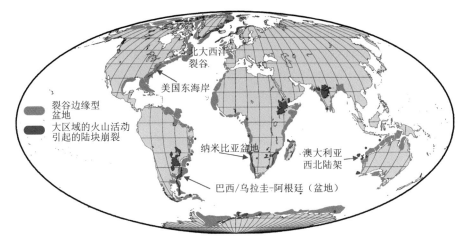

图 1-13　全球已发现深水富气盆地分布图（据 Coffin et al.，2007，修编）

东非陆缘盆地群整体油气勘探程度较低，目前的油气发现以天然气为主。油气发现主要在索马里盆地、莫桑比克盆地、坦桑尼亚盆地和穆伦达瓦盆地中，天然气探明储量当量 $2.38 \times 10^8 t$，占总油气当量的 97%，索马里盆地、莫桑比克盆地和坦桑尼亚盆地中天然气所占比例超过了 98%（孙海涛等，2010）（表 1-2）。

表 1-2　东非陆缘盆地群探明储量统计表（据孙海涛等，2010）

地区	盆地	盆地类型	探明储量	
			石油 /10^8t	天然气 /10^8m³
东非	莫桑比克（Mozambique）	不含盐被动大陆边缘	0.02	1192.85
	索马里（Somali）	不含盐被动大陆边缘	0.02	1134.86
	坦桑尼亚（Tanzania）	不含盐被动大陆边缘	0	217.76
	穆伦达瓦（Morondava）	不含盐被动大陆边缘	0.02	21.96
	安比卢贝（Ambilobe）	不含盐被动大陆边缘	0	0
	古班（Guban）	不含盐被动大陆边缘	0	0
	拉穆（Lamu）	不含盐被动大陆边缘	0	0
	萨加勒（Sagaleh）	不含盐被动大陆边缘	0	0
	索克特拉（Socotra）	不含盐被动大陆边缘	0	0
	马任加（Majunga）	不含盐被动大陆边缘	0	0
	鲁伍马（Ruvuma）	不含盐被动大陆边缘	0	0
	赞比西三角洲（Zambezi Delta）	三角洲	0	0
	塞舌尔－马克科林（Sey-chells Mas-carene）	不含盐被动大陆边缘	0	0
	纳塔尔（Natal Trough）	不含盐被动大陆边缘	0	0

西太平洋深水盆地群南海海域深水盆地群重要的含油气盆地为珠江口盆地、琼东南

盆地、曾母盆地、文莱–沙巴盆地和万安盆地以及巴拉望盆地等,油气总体上呈"外油内气"环带状有序分布,油田主要分布在靠近陆地的陆架区或其上倾部位,主要位于浅水区,天然气主要分布在陆坡区及陆架区下倾部位,主要位于深水区(张功成等,2010)。

南海北部珠江口盆地北部珠一拗陷和珠三拗陷及其相邻的隆起区绝大多数都是油田,东沙隆起上的流花 11-1 油田是我国目前最大的海上生物礁型油田。在文昌凹陷内部发现几个中小型气田,在探明油气储量当量中,原油占 90% 以上,属于富油带。深水区的珠二拗陷和南部隆起带富气,目前在白云凹陷中有重大油气发现,其中荔湾 3-1 气田是我国首个发现的深水气田。北部番禺低隆起和东部发现一批大中型气田群(朱伟林等,2007;张功成等,2009)。琼东南盆地截至目前,共发现三个商业性天然气田:东方 1-1、崖 13-1 大气田和陵水 17-2,其中崖 13-1 大气田储量近千亿立方米,气田分布在中部拗陷西北缘崖南凹陷西部崖城 13 构造带和中部隆起西端崖城凸起上(《沿海大陆架及毗邻海域油气区》编写组,1990)。2011 年在盆地深水区陵水凹陷的上新统浊积水道砂岩中获得厚约 60m 的气层,该水道延伸长约 400km,宽度数百米到数公里,储集层物性良好,潜力巨大。

南海南部曾母盆地油气勘探开发工作主要集中在东巴林坚拗陷、南康台地及西部斜坡,油气分布呈现北气南油的分布格局,即东巴林坚拗陷为含油区,南康台地和西部斜坡为主要含气区。东巴林坚拗陷目前已发现 39 个油气田,其中 18 个为气田。南康台地已发现 30 多个气田,西部斜坡已发现 1 个大气田(姚伯初和刘振湖,2006)。累计发现油气田 26 个,油气田分布以中部拗陷为中心,包括北部隆起、西北断阶带和中部隆起等构造单元,均获得了高产工业油气流。礼乐盆地目前已钻井 7 口,发现一个含气构造(Sampaguita),已有 2 口井见气(姚伯初和刘振湖,2006)。

第二章 全球深水盆地烃源岩

全球的深水油气藏主要富集于具被动大陆边缘的区域构造动力学地质背景下，油气则主要来自于断陷期和断拗期富有机质的陆相和海陆过渡相烃源岩以及热沉降拗陷期发育的海相烃源岩。

本章以大量资料为基础，对墨西哥湾、巴西东部大陆边缘（坎波斯盆地、桑托斯盆地）、西非被动大陆边缘（阿尤恩－塔尔法亚盆地、塞内加尔盆地、尼日尔三角洲盆地、里奥穆尼盆地、加蓬盆地、下刚果盆地、宽扎盆地、纳米比亚盆地、西南非盆地）、澳大利亚西北陆架（卡那封盆地、布劳斯盆地、波拿巴盆地）、挪威中部陆架、孟加拉湾的主要油气地质特征进行综合分析，归纳总结这些深水含油气盆地中烃源岩特征，探讨其分布规律。

第一节 主要深水盆地烃源岩特征

一、西非被动陆缘盆地

通过对大量的资料分析，发现西非被动陆缘盆地中储层所含的油气通常是由储层下部更老的烃源岩产生的。目前，西非的绝大部分油气来自三套烃源岩（表 2-1）：即裂谷期盐下下白垩统湖相页岩（Ⅱ-Ⅲ型，TOC 值 1% ~ 5.9%，低成熟－成熟－过成熟）、被动陆缘期盐上晚白垩世—古近纪早期盐上浅海/半深海相及开放海陆架内/斜坡盆地海相页岩（Ⅱ型，TOC 值 3% ~ 10%，低成熟）以及新近纪盐上海相－三角洲相（或前三角洲斜坡）泥页岩（Ⅱ型，TOC 值 3% ~ 10%，未成熟－低成熟）。最重要的烃源岩是裂谷期盐下湖相页岩或泥岩以及被动陆缘期盐上局部海相泥页岩，其中以裂谷期的烃源岩为主（Burwood，1999；Turner，1999；Cole et al.，2000；Katz et al.，2000）。

表 2-1 西非被动大陆边缘主要烃源岩特征（Braecini et al.，1997；Burwood，1999；Jacquin，1999；Turner，1999；Cole et al.，2000；Katz et al.，2000；林卫东等，2008）

地区	盆地	时代	构造背景	沉积相	类型及地化指标
西非北部	阿尤恩－塔尔法亚盆地	早白垩世	被动陆缘期	海相	页岩，Ⅱ-Ⅲ型，TOC 为 1% ~ 5.9%
		中晚侏罗世[*]	被动陆缘期	海相	泥质灰岩，Ⅱ-Ⅲ型，TOC 为 1.47% ~ 2.49%，R_o>0.7%，生气
	塞内加尔盆地	晚白垩世[*]	被动陆缘期	海相	页岩，主要为Ⅱ型，TOC 为 3% ~ 10%
		志留纪	前裂谷期	湖相	页岩，主要为Ⅱ型，TOC 为 1.0% ~ 5.5%
西非中部	尼日尔三角洲盆地	古近纪[*]	被动陆缘期	海相	页岩，Ⅰ-Ⅱ型，TOC 为 0.5% ~ 4.4%，平均 1.7%
	里奥穆尼盆地	早白垩世[*]	裂谷晚期	湖相	页岩，Ⅰ-Ⅱ型，TOC 为 2% ~ 4%

续表

地区	盆地	时代	构造背景	沉积相	类型及地化指标
西非中部	加蓬盆地	晚白垩世	被动陆缘期	海相	页岩，Ⅰ-Ⅱ型，TOC 为 3% ~ 5%
		早白垩世*	裂谷期	湖相	泥岩，Ⅰ-Ⅱ型，TOC 为 1.0% ~ 2.5%，生油
	下刚果盆地	晚白垩世—古近纪	被动陆缘期	海相	页岩，Ⅱ型，TOC 为 4% ~ 10%
		早白垩世*	裂谷期	湖相	泥岩，Ⅰ-Ⅱ型，TOC 为 20% ~ 30%
	宽扎盆地	早白垩世*	裂谷早期	湖相	泥岩，Ⅱ型，TOC>2%
西非南部	纳米比亚盆地	晚白垩世	被动陆缘期	海相	页岩，Ⅱ型，TOC 可达 5%
		早白垩世*	裂谷期	湖相	页岩，Ⅱ型，TOC 平均 2%
	西南非海岸盆地	早白垩世*	裂谷期	湖相	页岩，Ⅱ型，TOC 达 1.61% ~ 2.6%，HI 为 180 ~ 800mgHC/gTOC

* 为主力烃源。

二、巴西东部大陆边缘

巴西东部盆地群包括坎波斯和桑托斯等盆地。

坎波斯盆地主力烃源岩为巴雷姆阶 Lagoa Feia 组，由含钙质的黑色湖相页岩组成（含19%方解石的薄层页岩），层状页岩和碳酸盐岩呈互层，该段厚达 100 ~ 300m（Figueiredo et al.，1985；Mello et al.，1988；Guardado et al.，1989；Mello et al.，1994），是该盆地的主力烃源岩。坎波斯盆地中晚白垩世的 Lagoa Feia 地层有着很高的生油潜力，TOC 一般为 2.0% ~ 6.0%，最高达 9.0%，HI 最高达 900mgHC/gTOC，干酪根为Ⅰ型，它们于始新世进入生油窗，至今仍处于生油窗之内（Carroll and Bohacs，2001；Jackson et al.，2000）（表 2-2）。

桑托斯盆地主要的烃源岩分布在 Guaratiba 组的前盐丘层序内，是巴雷姆阶—阿尔布阶的 Guaratiba 组，但收集到的地化数据很少。缺氧沉积物沉积在 Rio Grande-Walvis Bay 火山北部的局限裂谷内。烃类的成熟度随盆地的横断面而变化。在水深较浅处（<400m），上白垩统至古近系后期盐丘沉积物覆盖很厚，下—中白垩统烃源岩埋深达 7 ~ 8km，已达到成熟或过成熟。这一地区可采油气的油质较轻，为气、凝析油及轻质油，其比重大于 40°API，稠油预计出现在更大的水深范围内，其上的后期盐覆盖比较薄（表 2-2）。

表 2-2 巴西东部大陆边缘主要烃源岩特征（Guardado et al.，2000；Martin et al.，2000；Carroll and Bohacs，2001；吴时国和袁圣强，2005）

地区	盆地	时代	构造背景	沉积相	类型及地化指标
巴西东部大陆边缘	坎波斯盆地	早白垩世*	裂谷期	湖相	黑色页岩，Ⅰ-Ⅱ型，主要为Ⅱ型，TOC 为 5.0%±、生烃潜力 7 ~ 50kgHC/t，HI（烃指数）为 850mgHC/gTOC，生油
	桑托斯盆地	早白垩世*	裂谷期	湖相	泥页岩，Ⅰ-Ⅱ型，主要为Ⅱ型，TOC5.0%±，生油

* 为主力烃源。

三、墨西哥湾

墨西哥湾盆地是一个典型的中生代—新生代裂谷盆地，形成于北美克拉通南部边缘，大部分时间处于持续而稳定的沉降作用过程中。自晚侏罗世以来持续稳定的沉降形成了中生代富有机质的海相碳酸盐岩、钙质页岩和泥灰岩等优质烃源岩。

近来的研究显示，墨西哥墨西哥湾沿岸含油气盆地共有三套主要烃源岩（表2-3）（Dow et al., 1990; Leslie et al., 2001; Mario et al., 2001）：第一套为晚侏罗世提塘阶海相泥灰岩和牛津阶海相泥灰岩及海相碳酸盐岩；第二套是白垩系海相碳酸盐岩–蒸发岩；第三套为古近系海相三角洲硅质碎屑岩（Colling et al., 2001; Guzman-Vega et al., 2001）。

表 2-3　墨西哥湾主要烃源岩特征（Dow et al., 1990; Nehring, 1991; Salvador, 1991a; Leslie et al., 2001; Mario et al., 2001; 陈国威等, 2010; 成海燕等, 2010; 龚建明等, 2010; 孙萍和王文娟, 2010）

地区	盆地	时代	构造背景	沉积相	类型及地化指标
墨西哥湾	墨西哥湾盆地	古—始新世	被动陆缘期	海相	硅质碎屑岩，Ⅱ-Ⅲ型，TOC 值 1.5% ~ 2.7%
		晚白垩世	被动陆缘期	海相	页岩，TOC>1%，Ⅰ-Ⅱ型，油性干酪根
		中—晚侏罗世*	被动陆缘期	海相	钙质页岩、灰质泥岩，TOC 达 1% ~ 2%，Ⅰ-Ⅱ型，为富氢油源岩

* 为主力烃源岩。

四、挪威中部陆架

挪威中部陆架烃源岩主要有两套（表2-4）：下侏罗统三角洲平原相泥页岩及煤层；上侏罗统海相泥页岩（Karlsen et al., 1995）。

表 2-4　挪威中部陆架主要烃源岩特征（Karlsen et al., 1995; Odden et al., 1998）

地区	盆地	时代	构造背景	沉积相	类型及地化指标
挪威中部陆架	Vøring 盆地和 Møre 盆地	上侏罗统*	裂谷期	海相	高放射性泥页岩，Ⅱ型，TOC 为 5% ~ 8%，HI 达 800mgHCs/gTOC，生油气
		下侏罗统	裂谷期	海陆过渡相	煤及页岩，Ⅲ型，生凝析油

* 为主力烃源岩。

1. 下侏罗统三角洲平原相泥页岩及煤层

下侏罗统三角洲平原相泥页岩及煤层主要指下侏罗统 Båt 群的 Åre 组地层。晚三叠世瑞替阶到下侏罗统普林斯巴阶 Åre 组地层为砂岩、页岩和煤层沉积，地层厚约490m（Karlsson, 1984; Heum et al., 1986; Ehrenberg et al., 1992; Whitley, 1992），主要产凝析油，但也产石油天然气和沼气。

2. 上侏罗统海相泥页岩

上侏罗统海相泥页岩主要指 Viking 群的 Melke 组和 Spekk 组地层。Melke 组和 Spekk 组地层为海相页岩沉积，从中侏罗世末开始一直持续到早白垩世。

五、澳大利亚西北陆架

澳大利亚西北陆架含油气盆地区域发育四套主要的烃源岩（表 2-5）。

表 2-5　澳大利亚西北陆架主要烃源岩特征（Thomas and Smith，1974；Powell，1976；Beston，1986；Warren et al.，1993；Barber，1994；Maung et al.，1994；McGilvery et al.，1997；Longley et al.，2002；Ambrose，2004；Jablonski and Saltta，2004；白国平和殷进垠，2007；Dawson et al.，2007；张建球等，2008）

地区	盆地	时代	构造背景	沉积相	类型及地化指标
澳大利亚西北陆架	北卡那封盆地	早—中侏罗世*	裂谷期	海陆过渡相	页岩，Ⅱ-Ⅲ型，R_o 为 0.31% ~ 2.17%，生气为主
		三叠纪	前裂谷期	湖相	页岩，Ⅲ型，TOC 约为 7%，生气
	布劳斯盆地	早白垩世*	裂谷期	海陆过渡相 – 海相	页岩，Ⅱ型，TOC 为 1% ~ 5%，HI 为 100 ~ 400mg/gTOC，生气
		早—中侏罗世	裂谷期	海陆过渡相	泥岩，碳质泥岩，Ⅲ型，TOC 为 1.0% ~ 3.5%，HI 为 100 ~ 600mg/gTOC
	波拿巴盆地	晚侏罗世—早白垩世	裂谷期	海陆过渡相	页岩，Ⅱ型为主，少量为Ⅲ型，TOC 为 1% ~ 3%
		早—中侏罗世*	裂谷期	海陆过渡相	页岩，Ⅰ型或Ⅲ型，TOC 为 2.2% ~ 13%，R_o 为 0.44% ~ 0.7%，生油气

* 为主力烃源岩。

第一套烃源岩为三叠系湖相泥页岩，以生气为主，生油次之（白国平和殷进垠，2007；张建球等，2008）。该套烃源岩发育于北卡那封盆地到布劳斯盆地的广大区域，且从北卡那封盆地到布劳斯盆地生油气潜力减弱（Thomas and Smith，1974；Maung et al.，1994；Jablonski and Saltta，2004；Dawson et al.，2007）。在北卡那封盆地为 Locker 页岩 –Mungaroo 组烃源岩系（白国平和殷进垠，2007；张建球等，2008），在布劳斯盆地三叠系页岩为次要烃源岩（Jablonski and Saltta，2004；Dawson et al.，2007）。

第二套烃源岩最重要，为下—中侏罗统海相、海陆交互相碳质泥岩和煤系，发育于整个西北大陆架，生气为主，生油次之，干酪根类型为Ⅱ或Ⅲ型。在北卡那封盆地为 Athol 组，生气（Dawson et al.，2007）。在布劳斯盆地为 Plover 组，生气和凝析油为主（Powell，1976；Barber，1994）。在波拿巴盆地为 Plover 组，生油（McGilvery et al.，1997）。

第三套烃源岩为上侏罗统海相页岩，发育于整个西北大陆架（Beston，1986；Warren et al.，1993；Longley et al.，2002）。在北卡那封盆地为 Dingo 组泥岩，生油（Longley et al.，2002）。在布劳斯盆地和波拿巴盆地均为裂谷期低能环境下的下 Vulcan 组海相页岩（Maung et al.，1994；Dawson et al.，2007）。

第四套烃源岩为下白垩统海相泥页岩，在整个西北大陆架广泛发育（Thomas and Smith，1974；Jablonski and Saltta，2004）。在北卡那封盆地为 Forstier 组泥岩 -Muderong 组页岩，生油（Thomas and Smith，1974；Maung et al.，1994）。在布劳斯盆地和波拿巴盆地均为裂谷晚期的 Echuca Shoals 海相泥岩，富含有机质，生油（Dawson et al.，2007）。

六、孟加拉湾

孟加拉湾地区主要发育四套烃源岩：

第一套为晚石炭世—中晚二叠世河湖相煤系地层，以Ⅲ型干酪根为主，少量Ⅱ型，主要生气，主要在克里希纳－戈达瓦里盆地中发育。

第二套为白垩世阿普特阶、阿尔布阶陆架相泥页岩，Ⅲ型干酪根，生油、气，主要在克里希纳－戈达瓦里盆地及科罗曼德尔盆地中发育。

第三套为新近纪始新世外陆架－半深海－深海相泥岩，以Ⅲ型干酪根为主，少量Ⅱ型，主要生油，主要在克里希纳－戈达瓦里盆地中发育。

第四套是中新世浅海－深海相泥岩，主要生气，主要在孟加拉盆地中发育。

其中断拗期上古新世到渐新世 Vadaparru 组半深海泥岩是主要的烃源岩，干酪根类型为Ⅱ－Ⅲ型，产气为主（Gupta et al.，2000；Curiale.，2002；Bhowmick，2005；Gupta，2006；Frielingsdorf et al.，2008）。

第二节　深水盆地烃源岩的发育规律

一、深水盆地烃源岩的分布时代

大量的资料分析发现，全球深水主要含油气盆地烃源岩从志留纪到古近纪都有分布，但主要集中在白垩纪和古近纪，其次为侏罗纪，侏罗纪之前的地层中的烃源岩较少（图2-1）。

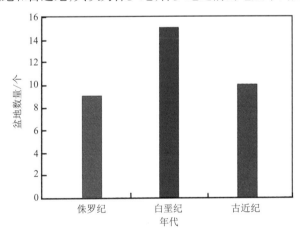

图 2-1　全球深水含油气盆地主力烃源岩分布时代图

大西洋深水盆地群呈"南晚北早"的特点，即南部的巴西东部大陆边缘及非洲中南部主力烃源岩以早白垩世为主，而挪威中部陆架、墨西哥湾及西非北部主力烃源岩主要分布在侏罗；新特提斯构造域烃源岩时代以中新生界为主，孟加拉湾及地中海（尼罗河三角洲）的烃源岩主要分布在古近纪；澳大利亚西北陆架的烃源岩主要分布在早中侏罗世—早白垩世，其中布劳斯盆地主力烃源岩主要分布在早白垩世，北卡那封盆地和波拿巴盆地的主力烃源岩主要分布在早中侏罗世。南海深水区盆地烃源岩以渐新世—中新世为主。

二、深水盆地烃源岩的构造背景

离散大陆边缘盆地的发育一般都经历了前裂谷期（裂前期）、裂谷期（裂陷期）、断拗期以及被动陆缘期（热沉降期或漂移期）的构造演化阶段。全球深水含油气盆地的烃源岩在各个构造演化阶段都有分布，其中裂谷期占绝对优势，其次为断拗期及被动陆缘期，只有地中海为大陆边缘，处在前陆盆地期（图2-2）。

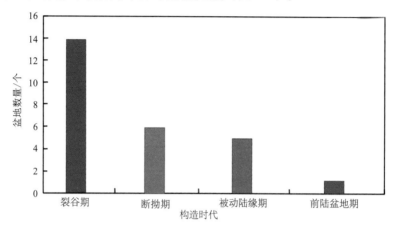

图 2-2　全球深水含油气盆地主力烃源岩形成时的构造背景柱状图

大西洋深水盆地群中部的墨西哥湾、西非北部及西非中部的尼日尔三角洲主要为被动陆缘期烃源岩；巴西东部大陆边缘、非洲中南部、挪威中部陆架及澳大利亚西北陆架主力烃源岩以裂谷期烃源岩为主；孟加拉湾主要烃源岩为断拗期海陆过渡相泥岩。

三、深水盆地烃源岩的沉积相类型

全球深水含油气盆地的烃源岩发育海陆过渡相、海相、湖相三种沉积相类型，不同区域各有特色（图2-3）。

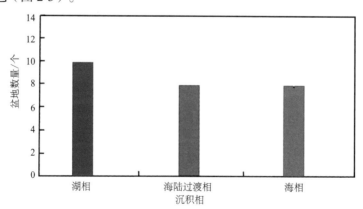

图 2-3　全球深水含油气盆地主力烃源岩沉积相类型柱状图

大西洋深水盆地群呈"南湖北海"的分布格局，即南部的巴西东部大陆边缘及非洲中南部主力烃源岩以湖相为主，而挪威中部陆架、墨西哥湾及西非北部主力烃源岩主要为海相；新特提斯深水盆地群以"海陆过渡相"为主，澳大利亚西北陆架地区主力烃源岩主要以海陆过渡相为主，而孟加拉湾和地中海（尼罗河三角洲）的主力烃源岩以海陆过渡相和海相为主。

四、深水盆地烃源岩的类型、地化指标

不同沉积环境形成的烃源岩，干酪根类型不同。生油为主的Ⅰ-Ⅱ型干酪根和生气为主的Ⅱ-Ⅲ型干酪根在全球深水盆地中都有分布（图2-4）。

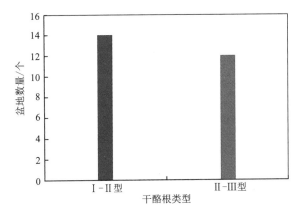

图 2-4　全球深水含油气盆地主力烃源岩干酪根类型柱状图

北大西洋深水盆地群的墨西哥湾、巴西东部大陆边缘和非洲西海岸的烃源岩以Ⅰ-Ⅱ型干酪根为主，只有西非北部的阿尤恩-塔尔法亚盆地、塞内加尔盆地及挪威中部陆架的部分区域存在Ⅱ-Ⅲ型干酪根；新特提斯深水盆地群的澳大利亚西北陆架及孟加拉湾的烃源岩以生气的Ⅱ-Ⅲ型干酪根为主，只有澳大利亚西北陆架的波拿巴盆地存在Ⅰ-Ⅱ型干酪根。

第三章 全球深水盆地储层

全球的深水油气藏主要富集于具被动大陆边缘的区域构造动力学地质背景下，油气主要储集于深海相浊积砂岩储层中。

以大量资料为基础，对墨西哥湾、巴西东部大陆边缘（坎波斯盆地、桑托斯盆地）、西非被动大陆边缘（阿尤恩－塔尔法亚盆地、塞内加尔盆地、尼日尔三角洲盆地、里奥穆尼盆地、加蓬盆地、下刚果盆地、宽扎盆地、纳米比亚盆地、西南非盆地）、澳大利亚西北陆架（北卡那封盆地、布劳斯盆地、波拿巴盆地）、挪威中部陆架、孟加拉湾的主要油气地质特征进行综合分析，归纳总结这些深水含油气盆地中储层特征，探讨其分布规律。

第一节 主要深水区储层特征

一、西非被动陆缘盆地

西非被动陆缘盆地储层从晚侏罗世到上新世都有分布（表 3-1），西非北段主要为漂移早期晚侏罗世浅海陆架相碳酸盐岩，西非中南段主力储层多为晚白垩世—古近纪的漂移晚期的深海浊积砂岩（Watts and Stewart，1998；谯汉生和于兴河，2004）。

西非被动陆缘盆地储层主要包括三套：第一套为裂谷期盐下侏罗系和下白垩统河流－三角洲相和滨浅海相砂岩储层，孔隙度为 10% ~ 29%，主要发育在加蓬盆地及下刚果盆地（Brink，1974；Davison，2005）；第二套为漂移早期盐上上白垩统滨岸砂、潮道等多种类型的砂体以及碳酸盐储层，孔隙度为 8% ~ 35%，主要发育在西非北段的阿尤恩－塔尔法亚盆地（Ranke et al.，1982）；第三套漂移晚期古近纪储层为西非最重要的储层段，主要为浊积砂，也有滨岸－三角洲相砂岩储层，孔隙度为 15% ~ 50%，古近纪浊积砂岩在西非大部分区域都有分布（Watts and Stewart，1998；谯汉生和于兴河，2004），滨岸－三角洲相砂岩只在尼日尔三角洲发育（侯高文等，2005）。从油气产出的岩性来看，油气主要产出于砂岩储层中，碳酸盐岩储层居于次要地位（表 3-1）（Brice et al.，1982；Ranke et al，1982；Dale et al.，1992；侯高文等，2005）。

表 3-1 非洲西部大陆边缘主要深水盆地储层综合特征（Belmonte et al.，1965；Brink，1974；Brice et al.，1982；Mello and Nepomuceno，1992；Watts and Stewart，1998；谯汉生和于兴河，2004；Davison，2005；侯高文等，2005）

地区	盆地	构造期次	储层时代	沉积相	储层岩性	孔隙度/%	渗透率 /mD**
西非北段	阿尤恩－塔尔法亚盆地	漂移早期	晚侏罗世*	浅海陆架相	Puerto Cansado 组碳酸盐岩	7 ~ 25	—
	塞内加尔盆地	漂移晚期	始新世末—中新世	深水浊积扇沉积	浊积砂体	—	—

续表

地区	盆地	构造期次	储层时代	沉积相	储层岩性	孔隙度/%	渗透率/mD**
西非北段	塞内加尔盆地	漂移早期	晚白垩世三冬期*	边缘海相	砂岩	15～35	—
			侏罗系—早白垩世	陆架沉积	碳酸盐岩	10～23	—
西非中段	尼日尔三角洲盆地	漂移晚期	始新世—上新世*	三角洲前缘亚相	砂岩	22～32	500～1000
			渐新世—中新世	深水浊积扇沉积	浊积水道砂、席状砂	15～37	>1
	里奥穆尼盆地	漂移晚期	白垩世*	浊积水道、浊积扇	浊积砂岩	20～35	1～1000
	加蓬盆地	漂移晚期	晚白垩世—古近纪*	深水浊积扇沉积	浊积砂体	10～24	5～700
		漂移早期	晚白垩世	滨浅海相	碳酸盐岩	—	—
		裂谷期	早白垩世晚期*	河流–三角洲相	Gamba/Dentale组砂岩	10～30	50～5000
	下刚果盆地	漂移晚期	古新世、始新世及中新世*	深水浊积扇沉积	浊积岩	16.5～23	50～139
		漂移早期	晚白垩世早期	滨海相	砂岩	8～35	300～1550
			早白垩世晚期	滨海相	高能浅滩碳酸盐岩	—	—
		裂谷期	早白垩世早期*	陆相及湖相	碎屑岩	1～30	1～700
	宽扎盆地	漂移晚期	渐新世—早中新世	滨岸沉积–三角洲	砂岩	4～25	18～37
		漂移早期	早白垩世末期	蒸发台地及滨浅海相	碳酸盐岩及砂岩	5～15	1～1000
		裂谷期	早白垩世早期	陆相及湖相	石英砂岩	平均10	7～20
西非南段	纳米比亚盆地	裂谷期	早白垩世晚期	海相至过渡相	砂岩	10～13	0.1～438
			早白垩世中期	滨浅海相	砂岩	1～20	0.1～100
	西南非海岸盆地	漂移早期	白垩纪晚阿普特期—晚赛诺曼期*	滨浅海相	砂岩	9～26	79～296
		裂谷期	白垩纪巴雷姆期	陆相	风成砂岩	1～20	0.1～767
			白垩纪凡兰吟期—欧特里沃期	河流三角洲/湖相	砂岩	10～15	0.1～438

* 为主力储层。

**1mD=0.986923×10^{-3}μm^2。

二、巴西东部大陆边缘

巴西东部陆架储层从早白垩世到中新世都有分布（表3-2），巴西坎波斯主力储层为漂移晚期晚白垩世浊积砂岩及渐新世深水浊积扇砂岩（Weimer et al., 2000），大于 200m 水深的油田 90% 是以始新世以来沉积的浊积岩为储层（Bruhn et al., 2003；马玉波等，2008）。白垩系块状砂岩是中等-细粒的砂岩，孔隙度 20%～33%，渗透率为 1000～4000mD（Pereira and Macedo，1990），渐新统浊积砂岩厚达 150m，孔隙度 25%～30%，渗透率可达 5400mD（Guardado et al., 2000；马玉波等，2008）；桑托斯盆地下白垩统巴雷姆阶（Barremian）—阿普特阶（Aptian）的 Guaratiba 组被认为是盐下最主要的储集层，主要为裂谷阶段的湖相碳酸盐岩沉积（Anjos et al., 2003；Carminatti et al., 2009）。

表 3-2　巴西东部大陆边缘主要深水盆地储层综合特征（Anjos et al., 2003；Bruhn et al., 2003；Nicole，2005；马玉波等，2008；Carminatti et al., 2009；郭建宇等，2009）

地区	盆地	构造期次	储层时代	沉积相	储层岩性	孔隙度 /%	渗透率 /mD
巴西东部大陆边缘	坎波斯盆地	漂移晚期	中新世	深水浊积扇	浊积扇和水道砂	—	—
			渐新世*	深水浊积扇	浊积砂岩	25～30	5400
			始新世*	深水浊积扇	浊积砂岩	24.4～27.0	700～1700
			晚白垩世晚期*	深水浊积扇	浊积砂岩	20～33	1000～4000
		漂移期	晚白垩世早期*	海相	灰岩和浊积砂岩	33	1000 左右
		裂谷期	早白垩世	滨浅海相	介壳灰岩	15	120
	桑托斯盆地	漂移晚期	古近纪	陆棚至深水沉积	浊积砂岩	—	—
			晚白垩三冬期	浅水沉积	细至粗砂岩	—	—
			晚白垩世晚土仑期	深水浊积扇	浊积砂岩	10～27	较低
		漂移早期	早白垩世阿尔布期	浅滩相	粒状灰岩、泥粒灰岩及粒泥灰岩	12～24	高渗
		裂谷期	早白垩世*	浅水相	碳酸盐岩	—	—

* 为主力储层。

三、墨西哥湾

墨西哥湾含油气盆地储层从上侏罗统的基末利阶到更新统均有分布，岩性包括钙质岩、碳酸盐碎屑角砾岩、灰岩、砂岩以及硅质碎屑岩等（Magoon et al., 2001；Sweet and Sumpter，2007；Hernandez-Mendoza et al., 2008；Ortuno et al., 2009a），其中，漂移晚期中新世及更年轻地层中的水下河道-浊积砂岩是墨西哥湾北部含油气盆地主要的储层（Ehrenberg et al., 2008），而在墨西哥湾南部，主力储层为漂移早期的陆架边缘浅水相碳酸盐岩、礁灰岩及鲕状灰岩和粗晶白云岩。不同时代储层的分布范围、岩性及物性各有差别，墨西哥湾盆地 10% 的油储集于上侏罗统钙质岩，38% 在中白垩统的碳酸盐岩，28% 在中新统的砂岩储集岩中（Magoon et al., 2001）。墨西哥湾北部的新生界砂岩储层，其平均孔隙度为 24%～32%，渗透率为 100～2000mD，为典型的高孔、高渗型储层（Ehrenberg et al., 2008）（表 3-3）。

表 3-3　墨西哥湾主要深水盆地储层综合特征（Galloway et al.，1991；Grajales-Nishimura et al.，2000；Magoon et al.，2001；Montgomery et al.，2002；Hentz and Zeng，2003；Ambrose et al.，2005；Milkov et al.，2007；Hernandez-Mendoza et al.，2008）

地区	盆地	构造期次	储层时代	沉积相	储层岩性	孔隙度	渗透率 /mD
墨西哥湾	墨西哥湾盆地	漂移晚期	更新世	深水浊积扇	砂岩	30% 左右	约 1000
			中新世[*]	深水浊积扇和水道砂	砂岩	14%～34%，平均 27%	2～6130
			渐新世	深水浊积扇和水道砂	砂岩	11%～37%	1～9000
		漂移早期	晚白垩世	深水碳酸岩相	灰岩	—	—
			早白垩世[*]	陆架边缘浅水碳酸盐岩相	礁灰岩	平均 19%	—
			早白垩世[*]	陆架边缘浅水碳酸盐岩相	鲕状灰岩及粗晶白云岩	8%～19%	20～30

＊为主力储层。

四、挪威中部陆架

挪威中部陆架储层从侏罗纪—古近纪都有分布（表 3-4），主要储层有两套（Færseth and Lien，2002）：第一套为中侏罗统裂谷期滨浅海相砂岩，特别是 Garn 组的砂岩孔隙度约为 22%，渗透率较好，埋深约为 4.7km，是被证实的良好储层（Karlsson，1984；Rønnevik，2000）；第二套为白垩系—古近系浊积砂岩储层，是被证实了的砂岩储层（Kittelsen et al.，1999；Petter et al.，2005），挪威中部陆架最大的气田—Ormen Lange 气田储层主要为早古新世丹尼阶的 Tang 组浊积砂岩（Dalland et al.，1988）。

表 3-4　挪威中部陆架主要深水盆地储层综合特征（Ellenor and Mozetic，1986；Dalland et al.，1988；Ehrenberg et al.，1992；Blystad et al.，1995；Karlsen et al.，1995；Færseth and Lien，2002；Petter et al.，2005）

地区	盆地	构造期次	储层时代	沉积相	储层岩性	孔隙度 /%	渗透率 /mD
挪威中部陆架	Vøring 盆地和 Møre 盆地	漂移晚期	古近纪	深海相	浊积砂	—	—
		裂谷期	中侏罗世[*]	滨浅海相	砂岩	22	—

＊为主力储层。

五、澳大利亚西北陆架

澳大利亚西北陆架含油气盆地主要储层集中在中生界（表 3-5）（张建球等，2008）：第一套储集层为裂谷期下—中侏罗统三角洲相砂岩，广布于西北大陆架（Crostella and Barter，1980；Jablonski，1997；白国平和殷进垠，2007），为布劳斯盆地和波拿巴盆地的主力储层，布劳斯盆地为 Plover 组近海的三角洲砂岩沉积，是盆地最主要的储层（Hull and Griffiths，2002；张建球等，2008），波拿巴盆地为 Plover 组砂岩，是盆地最主要的油气储集层，占总储量的 75% 以上（Dawson et al.，2007）；第二套储集层为中—上

三叠统三角洲 – 边缘海相砂岩，在北卡那封盆地为 Mungaroo 组粗砂岩，遍及全盆，是最主要的储集层（Crostella and Barter，1980；Dawson et al.，2007），波拿巴盆地也有发育（Müller et al.，2005；Dawson et al.，2007）。

表 3-5　澳大利亚西北陆架主要深水盆地储层综合特征（Crostella，1976；Bradshaw J et al.，1994；Blevin et al.，1998；Keall and Smith，2000；Hill and Nick，2002；Ambrose，2004；白国平和殷进垠，2007；周蒂等，2007；Dawson et al.，2007；张建球等，2008）

地区	盆地	构造期次	储层时代	沉积相	储层岩性	孔隙度 /%	渗透率 /mD
澳大利亚西北陆架	北卡那封盆地	漂移期	早白垩世	深水重力流、水下扇	砂岩	—	—
			晚侏罗世	深水重力流、水下扇	砂岩	—	—
		裂谷期	早—中侏罗世	三角洲相	砂岩	5 ~ 28	2 ~ 740
			早侏罗世	三角洲相	砂岩	7 ~ 23	56 ~ 580
		前裂谷期	中—晚三叠世*	三角洲 – 边缘海相	粗砂岩	15 ~ 34	45 ~ 7000
	布劳斯盆地	漂移期	晚白垩世—古近纪	水下扇、斜坡扇和三角洲相	碎屑岩	15 ~ 32	—
			白垩纪	低位斜坡扇、远端浊积	砂岩	—	—
		裂谷期	晚侏罗世末期—早白垩世早期	三角洲 – 滨岸相	砂岩	7 ~ 20	—
			早—中侏罗世*	河流 – 三角洲相*	砂岩	21 ~ 22	平均 2000
			晚三叠世—早侏罗世	河流 – 三角洲相	砂岩	11 ~ 14	—
	波拿巴盆地	裂谷期	早—中侏罗世*	三角洲相至边缘海相	砂岩	16 ~ 25	10 ~ 202
		前裂谷期	二叠纪—早三叠世	河流 – 三角洲 – 边缘海相	砂岩	11 ~ 34	110 ~ 7000

* 为主力储层。

六、孟加拉湾

　　孟加拉湾盆地的主要储集层是晚渐新世—中新世漂移早期苏尔玛组的 Bhuban 和 Boka Bil 地层，其中物性良好的储集层出现在大型的河流、分流河道和海侵的障壁沙坝地带及薄层潮汐 / 三角洲单元（表 3-6）（Gupta et al.，2000；Islam，2009）。

表 3-6　孟加拉湾主要深水盆地储层综合特征（Gupta et al.，2000；Gupta，2006；Jain，2007；Frielingsdorf et al.，2008；汇编）

地区	盆地	构造期次	储层时代	沉积相	储层岩性	孔隙度 /%	渗透率 /mD
孟加拉湾	孟加拉湾盆地	漂移晚期	晚渐新世—中新世*	三角洲及滨浅海沉积	砂岩	—	—
		漂移早期	晚始新世—早渐新世	滨浅海相	碳酸盐岩	—	—

* 为主力储层。

第二节 深水盆地储层的发育规律

一、深水盆地储层的分布时代

大量的资料分析表明，全球深水主要含油气盆地储层从三叠纪到新近纪都有分布，但主力储层集中在白垩纪、古近纪，侏罗纪及其以前的地层中主力储层较少（图 3-1）。

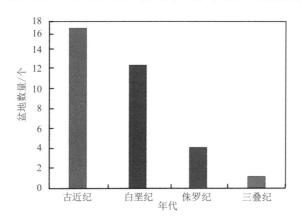

图 3-1 全球深水含油气盆地主力储层分布时代柱状图

大西洋深水盆地群主力储层分布范围较广，从侏罗纪到新近纪都有分布，大西洋北段的挪威中部陆架、墨西哥湾及其西非北段阿尤恩－塔尔法亚盆地主力储层一般较早，大多集中在侏罗纪—早白垩世，大西洋南部的主力储层大都为晚白垩世及其古近纪的盐上浊积砂岩，只有巴西的桑托斯盆地为盐下早白垩世碳酸盐岩。新特提斯深水盆地群呈"古近纪为主"的特点，即孟加拉湾及地中海（尼罗河三角洲）的主力储层主要分布在古近纪；澳大利亚西北陆架的储层主要分布在三叠纪—早中侏罗世三角洲相的砂岩，其中北卡那封盆地主力储层为三叠纪，波拿巴盆地和布劳斯盆地的主力储层主要分布在早中侏罗世。

二、深水盆地储层的构造背景

离散大陆边缘盆地的发育一般都经历了前裂谷期（裂前期）、裂谷期（裂陷期）以及漂移期的构造演化阶段。全球深水含油气盆地的储层在各个构造演化阶段都有分布，其中漂移期占绝对优势（漂移早期主要为滨浅海－三角洲相的砂岩及其碳酸盐岩、生物礁，漂移晚期主要为深海浊积砂及其水道砂岩，浊积砂储层占全球深水盆地储量的 85% 左右），裂谷期及其前裂谷期的陆相砂岩及碎屑岩储层较少（图 3-2）。

大西洋深水盆地群主力储层有"北裂南漂"的特点，北大西洋主要为裂谷期滨浅海相砂岩，南大西洋主力储层为漂移期，大西洋北段的挪威中部陆架为裂谷期滨浅海相砂岩，墨西哥湾及其西非北段阿尤恩－塔尔法亚盆地主力储层为漂移早期的陆架边缘浅水碳酸盐岩和漂移晚期的浊积砂岩，巴西东部的坎波斯盆地和西非中南部主要为漂移晚期深海相浊积砂岩，只有巴西东部桑托斯盆地主力储层为裂谷期早白垩世的碳酸盐岩。新特提斯深水盆地群主力储层多为漂移早期的三角洲－滨浅海相砂岩、碳酸盐岩及其生物礁灰岩。澳大利亚西北陆架含油气盆地区域储层主要集中在裂谷期，但北卡那封盆地的主力储层为前裂谷期中—上三叠统三角洲－边缘海相砂岩，布劳斯盆地和波拿巴盆地主力储层都为裂谷期下—中侏罗统近海的三角洲砂岩。

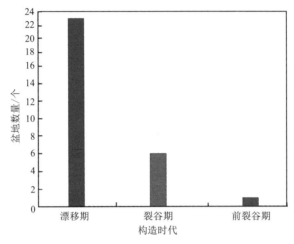

图 3-2　全球深水含油气盆地主力储层形成时的构造背景柱状图

三、深水盆地储层的沉积相类型

全球深水含油气盆地的沉积相类型包括深海浊积砂岩、碳酸盐岩和生物礁、滨浅海相砂岩、河流－三角洲砂岩四种类型，其中以深海浊积砂岩和河流－三角洲砂岩为主，其次为碳酸盐岩和生物礁，滨浅海相砂岩储层相对较少（图 3-3）。

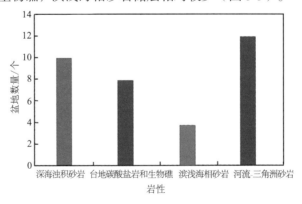

图 3-3　全球深水含油气盆地主力储层沉积相类型柱状图

　　大西洋深水盆地群主力储层呈"北部滨浅海相砂岩、南部深海浊积砂"的分布格局，即南部的巴西东部大陆边缘及非洲中南部主力储层以深海相浊积砂岩为主，只有巴西桑托斯盆地主力储层为盐下浅水相，而挪威中部陆架、墨西哥湾及西非北部主力储层主要为滨浅海砂岩、碳酸盐岩，在墨西哥湾盆地主力储层还包括少量浊积砂岩。新特提斯深水盆地群以河流 – 三角洲 – 滨浅海相为主，即澳大利亚西北陆架地区主力储层以河流 – 三角洲相砂岩为主，而孟加拉湾和地中海的主力储层以三角洲 – 滨浅海相砂岩、碳酸盐岩和生物礁为主（图 3-4）。

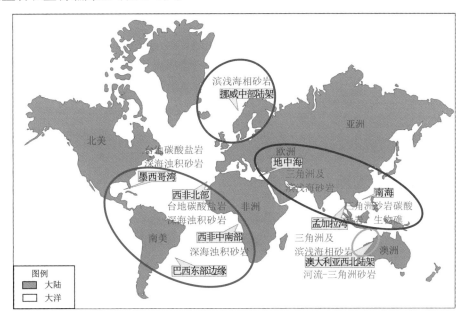

图 3-4　全球深水含油气盆地主力储层沉积相类型的区域分布特征平面图

第四章 全球深水盆地生储盖组合

第一节 主要深水区油气生储盖组合特征

油气田的勘探实践证明,生油气层、储集层、盖层的有效匹配,是形成丰富的油气聚集,特别是形成巨大油气藏必不可少的条件之一。有利的生储盖组合意指生油层中生成的丰富油气能及时地运移到良好的储层中,同时盖层的质量和厚度又能保证运移至储集层中的油气不会逸散,这是形成大型油气藏的必备条件。本书所涉及的深水盆地都有多套较好的生储盖组合,因而都具备形成大型油气藏的条件。

本章通过分析墨西哥湾、巴西东部大陆边缘、西非被动大陆边缘、北大西洋区域、澳大利亚西北陆架、孟加拉湾、地中海的主要烃源岩及储层特征,归纳总结这些深水含油气盆地中主力储盖组合类型,探讨其分布规律。

一、西非被动陆缘盆地

西非北段盆地的形成主要与北大西洋的裂开和非洲与北美板块的分离有关,而中段和南段盆地的形成主要与南大西洋的形成和非洲与南美洲板块的分离有关,导致西非中段和南段盆地的大地构造环境与北段盆地有一定的差别。因此,在不同的构造背景下,西非北段生储盖组合主要为漂移期生储盖组合,而西非中南段生储盖组合主要为裂谷期生或裂漂混生、漂移期储盖组合(表4-1)。

表4-1 西非大陆边缘深水盆地生储盖组合综合特征(Akande and Erdtmann,1998;Brownfield and Charpentier,2003;林卫东等,2008;刘延莉等,2008;Anka et al.,2009)

地区	盆地	主力烃源岩	主力储层	主力盖层	生储盖组合类型
西非北段	阿尤恩–塔尔法亚盆地	被动陆缘期中晚侏罗世海相泥质灰岩,II - III型,TOC含量为1.47%~2.49%,R_o>0.7%,生气	漂移早期晚侏罗世浅海陆架相Puerto Cansado组碳酸盐岩	上覆下白垩统TanTan组页岩	漂移期生储盖组合
西非北段	塞内加尔盆地	被动陆缘期晚白垩世海相页岩,主要为II型,TOC含量为3%~10%	漂移晚期始新世末—中新世深水浊积扇浊积砂岩	储层层间页岩	漂移期生储盖组合
西非北段	塞内加尔盆地	被动陆缘期晚白垩世海相页岩,主要为II型,TOC含量为3%~10%	漂移早期晚白垩世三冬期边缘海相砂岩	储层层间页岩	漂移期生储盖组合
西非中段	尼日尔三角洲盆地	被动陆缘期古近纪海相页岩,II - III型,TOC 0.5%~4.4%,平均1.7%	漂移晚期始新世—上新世三角洲前缘亚相砂岩	储层层内页岩	漂移期生储盖组合
西非中段	里奥穆尼盆地	裂谷晚期早白垩世湖相页岩,I - II型,TOC值2%~4%	漂移期白垩世浊积水道和浊积扇浊积砂岩	层内部泥岩或上覆泥岩	裂谷期生漂移期储盖

续表

地区	盆地	主力烃源岩	主力储层	主力盖层	生储盖组合类型
西非中段	加蓬盆地	裂谷期早白垩世湖相泥岩，Ⅰ-Ⅱ型，TOC值1.0%~2.5%，生油	漂移晚期晚白垩世—古近纪深水浊积砂岩	漂移期赛诺曼阶泥页岩	裂谷期生漂移期储盖
			裂谷期早白垩世晚期河流-三角洲相 Gamba 和 Dentale 组砂岩	裂谷期下白垩统阿普特阶盐岩	裂谷期生储盖组合
	下刚果盆地	裂谷期早白垩世湖相泥岩，Ⅰ-Ⅱ型，TOC值20%~30%	漂移晚期古新世、始新世和中新新世深水浊积砂岩	漂移期进积页岩及层内页岩	裂谷期生漂移期储盖
			裂谷期早白垩世早期陆相及湖相碎屑岩	下白垩统 Bucomazi 组湖相页岩	裂谷期生储盖组合
	宽扎盆地	裂谷早期早白垩世湖相泥岩，Ⅱ型，TOC>2%	漂移晚期渐新世—早中新世滨岸沉积-三角洲相砂岩	盐岩和下白垩统至古近系海相泥岩和泥灰岩	裂谷期生漂移期储盖
			漂移早期早白垩世末期蒸发台地及滨浅海相碳酸盐岩及砂岩		
西非南段	纳米比亚盆地	裂谷期早白垩世湖相页岩，Ⅱ型，TOC值平均2%	漂移早期滨浅海相早白垩世中期砂岩	下阿普特阶厚层页岩	裂谷期生漂移期储盖
	西南非海岸盆地	裂谷期早白垩世湖相页岩，Ⅱ型，TOC值达1.61%~2.6%，HI为180~800mgHC/gTOC	漂移早期滨浅海相白垩纪晚阿普特期—晚赛诺曼期砂岩	同生裂谷期和漂移期厚层泥页岩	裂谷期生漂移期储盖

二、巴西东部大陆边缘

（一）巴西东部陆架坎波斯盆地

巴西东部陆架坎波斯盆地主要为裂谷期生或混生漂移期储的储盖组合类型：主力烃源岩为巴雷姆阶 Lagoa Feia 组由含钙质的黑色湖相页岩组成（含 19% 方解石的薄层页岩），层状页岩和碳酸盐岩互层，该段厚达 100~300m（Mello et al.，1988；Guardado et al.，1989；Mello et al.，1994），它们都是在初始裂谷底部的浅咸水湖到超咸水湖中沉积形成的（Guardado et al.，2000）。主力储层包括：①漂移期晚白垩世早期海相灰岩和浊积砂岩；②漂移晚期晚白垩世晚期深水浊积扇浊积砂岩；③漂移晚期古近纪渐新世深水浊积扇浊积砂岩（表 4-2）。

表 4-2　巴西东部海域深水盆地生储盖组合综合特征（Mello et al.，1988；Guardado et al.，1989；Mello et al.，1994；Guardado et al.，2000；Meisling et al.，2001）

地区	盆地	主力烃源岩	主力储层	主力盖层	生储盖组合类型
巴西东部大陆边缘	坎波斯盆地	裂谷期早白垩世湖相黑色页岩，干酪根：Ⅰ-Ⅱ型、主要为Ⅱ型，TOC值2.6%~6.0%，HI可达900mgHC/gTOC	漂移晚期渐新世深水浊积扇浊积砂岩	漂移期海相泥岩	裂谷期生漂移期储盖组合
			漂移晚期晚白垩世晚期深水浊积扇浊积砂岩		

续表

地区	盆地	主力烃源岩	主力储层	主力盖层	生储盖组合类型
巴西东部大陆边缘	坎波斯盆地	裂谷期早白垩世湖相黑色页岩，干酪根：I-II型、主要为II型，TOC值为2.6%～6.0%，HI可达900mgHC/gTOC	漂移期晚白垩世早期海相灰岩和浊积砂岩	漂移期海相泥岩	裂谷期生漂移期储盖组合
	桑托斯盆地	裂谷期早白垩世湖相泥页岩，干酪根：I-II型，主要为II型、TOC值为5.0%±	裂谷期早白垩世浅水相碳酸盐岩	下白垩统盐岩层和古近系厚层海相页岩	裂谷期生储盖组合

坎波斯盆地超过 200m 水深的油田 90% 是以始新世以来沉积的浊积岩为储层，始新统储层由中粗粒的砂层组成，具有 26%～30% 的孔隙度和高达 1D 的渗透率，砂层最大厚度为 90m，渐新统储层平均孔隙度为 25%～30%，渗透率达 2～3D，漂移期海相泥岩作为主要盖层（Pereira and Feijō，1994）。

（二）巴西东部陆架桑托斯盆地

巴西东部陆架桑托斯盆地主要为裂谷期生储组合类型：主力烃源岩为早白垩世纽康姆阶（Neocomian）裂谷期 Lagoa Feia 组湖相泥页岩，干酪根为 I - II 型，主要为 II 型，TOC 约为 5.0%（Meisling et al.，2001），主力储层为裂谷期早白垩世浅水相碳酸盐岩，盐岩层和古近系厚层的海相页岩为油气藏提供了良好的封盖条件（表 4-2）（Pereira and Feijō，1994）。

三、墨西哥湾

截至目前，墨西哥湾含油气盆地（包括北部的美国墨西哥湾盆地和南部的墨西哥墨西哥湾盆地）的油气发现几乎全部位于芦安盐岩之上，尤其是在深水区，成藏组合以被动大陆边缘期（漂移期）盐上漂移期生储组合为主，盐下油气偶有发现（表 4-3）（Hernandez-Mendoza et al.，2008；Ortuno et al.，2009b；Salomon-Mora et al.，2009）。

表 4-3　墨西哥湾深水盆地生储盖组合综合特征（Guzman-Vega et al.，2001；Hernandez-Mendoza et al.，2008；Ortuno et al.，2009a；Salomon-Mora et al.，2009）

地区	盆地	主力烃源岩	主力储层	主力盖层	生储盖组合类型
墨西哥湾	墨西哥湾盆地	被动陆缘期晚侏罗世海相钙质页岩、灰质泥岩，TOC值为0.15%～16%（平均3%），I-II型，为富氢油源岩	漂移晚期中新世深水浊积扇和水道砂浊积砂岩	上侏罗统致密钙质页岩，白垩系泥岩、页岩、硬石膏	漂移期生储盖组合
			漂移早期早白垩世陆架边缘浅水碳酸盐岩相礁灰岩		
			漂移早期早白垩世陆架边缘浅水碳酸盐岩相鲕状灰岩及粗晶白云岩		

墨西哥湾盆地北部地区生储组合为：主要烃源岩为漂移期上侏罗统海相泥岩和泥灰岩，总有机碳（TOC）含量平均为 2.0% ~ 2.5%，氢指数（HI）为 430mgHC/gTOC，干酪根类型为 II 型，具有很好的生油能力。漂移期中—上新统深海浊积扇砂岩是优质的主力储集层，平均孔隙度为 24% ~ 32%，渗透率为 100 ~ 2000mD，为典型的高孔、高渗型储层。

墨西哥湾盆地南部地区的生储组合主要为：主力烃源岩为漂移期上侏罗统提塘阶好 – 优质泥岩和泥灰岩烃源岩，已经成熟，TOC 含量大约为 2%，HI 为 300mgHC/gTOC（Guzman-Vega et al.，2001），主要储集层为白垩系碳酸盐岩，特别是碳酸盐岩鲕粒滩和生物礁，如 Tuxpan 地区的 Tamabra 灰岩。在 Tuxpan 和 Salina 地区，硅质碎屑砂岩是重要的储集岩，该层主要为漂移期沉降的海相泥页岩。

四、挪威中部陆架

挪威中部陆架主要为裂谷期生储组合类型（Storvoll et al.，2002），烃源岩主要分布在裂谷期早晚侏罗世，分别为裂谷期下侏罗统 Båt 群 Åre 组的三角洲平原泥页岩及煤层和上侏罗统 Viking 群的 Melke 组、Spekk 组海相泥页岩。储集层主要为裂谷期中侏罗世滨浅海相砂岩（特别是 Garn 组的砂岩）和白垩纪及古近纪海相浊积砂岩。这些烃源岩和储层都分布在裂谷期，所以组合类型主要为裂谷期生储盖组合（表 4-4）（Storvoll et al.，2002）。

表 4-4　挪威中部陆架深水盆地生储盖组合综合特征（Storvoll et al.，2002）

地区	盆地	主力烃源岩	主力储层	主力盖层	生储盖组合类型
挪威中部陆架	Vøring 和 Møre 盆地	裂谷期晚侏罗世海相高放射性泥页岩，II - III 型，TOC 值为 5% ~ 8%，HI 达到 800mgHC/gTOC，生油气	裂谷期中侏罗世滨浅海相砂岩	晚侏罗世以来海相泥岩	裂谷期生储盖组合

五、格陵兰东部陆架

格陵兰东部陆架地区主要为裂谷期生储组合类型（Nøttvedt et al.，2008），烃源岩主要为上侏罗统 Hareelv 组和 Fossilbjerg 组页岩和下侏罗统 Kap Stewart 组三角洲相泥页岩，储层为中侏罗统 Vardekløft 组的 Pelion 段和 Olympen 段浅海相砂岩，因此，格陵兰东部陆架生储盖组合为前裂谷期生储盖组合类型和裂谷期生储盖组合类型（Nøttvedt et al.，2008）。

六、澳大利亚西北陆架

澳大利亚西北陆架含油气盆地区域，由于物源、海平面变化和构造沉降在不同构造单元的差异，不同盆地的生储盖组合也各有特色。但根据烃源岩及储层所处的构造期次，该区域生储盖组合为裂谷期生储盖组合。

该套组合的主力烃源岩为裂谷期中生界海陆交互相碳质泥页岩与煤系和海相泥

岩，生气为主，生油次之，干酪根类型为Ⅱ或Ⅲ型（表4-5）（Thomas and Smith，1974；白国平和殷进垠，2007；张建球等，2008）。澳大利亚西北陆架含油气盆地区域储层主要集中在裂谷期，为河流 – 三角洲相的砂岩，北卡那封盆地的主力储层为前裂谷期中—上三叠统三角洲相砂岩，布劳斯盆地和波拿巴盆地主力储层都为裂谷期下—中侏罗统近海的三角洲砂岩（白国平和殷进垠，2007；Dawson et al.，2007；张建球等，2008）。

表4-5 澳大利亚西北陆架深水盆地生储盖组合综合特征（Dawson et al.，2007；白国平和殷进垠，2007；张建球等，2008）

地区	盆地	主力烃源岩	主力储层	主力盖层	生储盖组合类型
澳大利亚西北陆架	北卡那封盆地	裂谷期早—中侏罗世海陆过渡相页岩，Ⅱ - Ⅲ型，R_o=0.31% ~ 2.17%，生气为主	前裂谷期中—晚三叠世三角洲 – 边缘海相粗砂岩	裂谷期下白垩统Muderong组页岩	裂谷期生储盖组合
	布劳斯盆地	裂谷期早白垩世海陆过渡相 – 海相页岩，TOC值1% ~ 5%，HI为100 ~ 400mg/gTOC，Ⅱ型，生气	裂谷期早白垩世海陆过渡相 – 海相页岩，TOC值1% ~ 5%，HI为100 ~ 400mg/gTOC，Ⅱ型，生气	裂谷期下白垩统泥页岩	裂谷期生储盖组合
	波拿巴盆地	裂谷期早—中侏罗世海陆过渡相页岩，Ⅰ型或Ⅲ型，TOC值2.2% ~ 13%，R_o为0.44% ~ 0.7%，生油气	裂谷期早—中侏罗世三角洲相至边缘海相砂岩	裂谷期Bathurst群页岩	裂谷期生储盖组合

澳大利亚西北陆架各盆地的烃源岩大多集中在中生界，因此组合也大多位于中生界。北卡那封盆地主力烃源岩为裂谷期下—中侏罗统Athol组海陆过渡相泥页岩，Ⅱ - Ⅲ型干酪根，R_o为0.31% ~ 2.17%，以生气为主。前裂谷期三叠纪Lock页岩 -Mungaroo组烃源岩系，主力储集层主要为三叠纪Mungaroo组河流 – 三角洲相粗砂岩（Felton et al.，1992；Iasky，2002；Ameed et al.，2005；张建球等，2008）；布劳斯盆地主要烃源岩、储集层和盖层均为裂谷期下—中侏罗统Plover组近海的河流 – 三角洲相沉积，产气和凝析油；波拿巴盆地主要烃源岩及储集层均为裂谷期下—中侏罗统Plover组近海的河流 – 三角洲相沉积（Kivior et al.，2000；Bradshaw J et al.，1994）。

七、孟加拉湾

孟加拉湾盆地主要为裂谷期生或混生漂移期储的储盖组合，主力烃源岩为断拗期上古新统—上渐新统浅海相泥页岩。储集岩为漂移早期上渐新统—中新统三角洲及滨浅海砂岩（表4-6）。

表4-6 孟加拉湾深水盆地生储盖组合综合特征（Gupta et al.，2000；Gupta，2006；Frielingsdorf et al.，2008）

地区	盆地	主力烃源岩	主力储层	主力盖层	生储盖组合类型
孟加拉湾	孟加拉湾盆地	断拗期上古新世—上渐新世浅海相泥页岩	漂移早期上渐新世—中新世三角洲及滨浅海相砂岩	储层层内泥页岩	混生漂移期储盖组合

第二节　主要深水盆地生储盖组合发育规律

全球的深水油气藏主要富集于具被动大陆边缘的区域构造动力学地质背景下和深水浊积扇沉积体系发育的储集层砂体之中，其油气则主要来自于断陷期和断拗期富有机质的陆相和海陆过渡相烃源岩以及热沉降拗陷期发育的海相烃源岩。全球主要深水盆地主要发育三种生储盖组合类型：①裂谷期生储盖组合；②裂谷期生或混生漂移期储盖组合；③漂移期生储盖组合（表 4-7 和图 4-1）。

表 4-7　全球主要深水盆地生储盖组合类型及分布

生储盖组合类型	区域	盆地
裂谷期生储盖组合	澳大利亚西北陆架	北卡那封盆地
		布劳斯盆地
		波拿巴盆地
	西非中段	加蓬盆地
		下刚果盆地
	巴西东部大陆边缘	桑托斯盆地
	北大西洋	挪威中部陆架
		格陵兰东部陆架
裂谷期生或混生漂移期储盖组合	孟加拉湾	孟加拉湾
	西非中段	里奥穆尼盆地
		加蓬盆地
		下刚果盆地
		宽扎盆地
	西非南段	纳米比亚盆地
		西南非海岸盆地
	巴西东部大陆边缘	坎波斯盆地
漂移期生储盖组合	墨西哥湾	墨西哥湾
	西非北段	阿尤恩-塔尔法亚盆地
		塞内加尔盆地
	西非中段	尼日尔三角洲盆地

裂谷期生储盖组合烃源岩主要为断陷期和断拗期富有机质的陆相煤层或湖泊相页岩和海陆过渡相烃源岩，储层主要为三角洲骨架砂体、河口坝、席状砂等陆相沉积体，盖层为互层沉积的泥页岩或裂谷期形成的海相蒸发岩，主要为陆生陆储陆盖型和陆生陆储海盖型生储盖组合。

裂谷期生或混生漂移期储盖的生储盖组合类型的烃源岩主要为盐下断陷期和断拗期富有机质的陆相和海陆过渡相烃源岩，储层主要为漂移早期沉积的滨浅海相砂岩、碳酸盐岩及漂移晚期的浊积砂岩储层，特别是盆地深水区热沉降层序中的浊积岩体，是深水储层的主要类型，盖层为湖相页岩盖层及海相泥岩盖层。

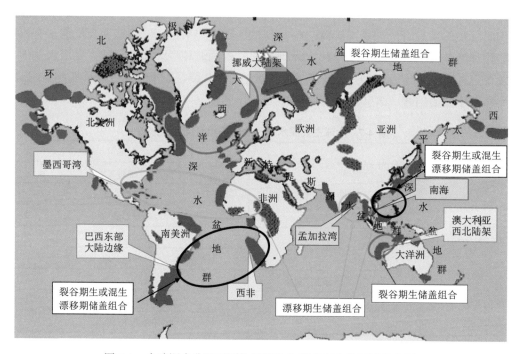

图 4-1　全球深水盆地不同构造期次生储盖组合的区域分布图

这种类型的生储盖组合为当今深水盆地中的主力产油气组合，断陷期和断坳期富有机质的陆相和海陆过渡相烃源岩已达到了生油门限，生成的油气通过盐构造或断层等运移通道输送到晚白垩世—古近纪的浊积岩或碳酸盐储集体，和储集层互层的海相泥页岩成为良好的盖层。

漂移期生储盖组合指烃源岩主要为热沉降期海相烃源岩，储层主要为漂移早期沉积的滨浅海相砂岩、碳酸盐岩及其漂移晚期的深海相浊积砂岩，盖层为漂移期形成的海相泥岩盖层。

第五章 全球深水盆地圈闭

第一节 主要深水盆地圈闭特征

通过对全球深水盆地大量资料的调查研究，对巴西东部被动大陆边缘盆地（坎波斯盆地、桑托斯盆地）、西非被动大陆边缘盆地（阿尤恩－塔尔法亚盆地、塞内加尔盆地、尼日尔三角洲盆地、里奥穆尼盆地、加蓬盆地、下刚果盆地、宽扎盆地、纳米比亚盆地、西南非盆地）、墨西哥湾盆地、澳大利亚西北陆架深水盆地（北卡那封盆地、布劳斯盆地、波拿巴盆地）、北大西洋被动大陆边缘地区（挪威中部陆架、格陵兰东部陆架、巴伦支海）、孟加拉湾盆地的圈闭类型、成因机制及发育规律进行了系统的归纳与总结。

一、西非地区

西非地区包括阿尤恩－塔尔法亚盆地、塞内加尔盆地、尼日尔三角洲盆地、里奥穆尼盆地、加蓬盆地、下刚果盆地、宽扎盆地、纳米比亚盆地和西南非盆地。

西非所有的油田都显示出构造圈闭的某些要素，有 20% 的油田是完的构造圈闭。西非被动大陆边缘盆地的油藏特点是圈闭形成的时间长，这一点和转换边缘盆地和陆内盆地圈闭更多的是幕式形成历史的鲜明不同。各盆地中主要的圈闭类型见表 5-1。

表 5-1 西非地区深水盆地圈闭类型及其成因统计表（Doust and Omatsola，1990；Massonnat et al，1992；Akanni，1998；Cole et al.，1998；Burwood，1999；Edwards et al.，2000；Jackson et al.，2000；Hudec et al.，2002；Turner et al.，2003；Broucke and Temple，2004；Fort，2004；Hudec and Jackson，2004；Davison，2005；李国玉等，2005）

地区	盆地名称	圈闭类型	成因机制
西非北段	阿尤恩－塔尔法亚盆地	背斜圈闭*	盐运动
		刺穿圈闭*	盐运动
		地层圈闭	碳酸盐岩生物礁
	塞内加尔盆地	刺穿圈闭*	盐运动
		背斜圈闭*	盐运动
		地层圈闭	地层尖灭
		断层圈闭	生长断层
		构造－岩性复合圈闭	断层控制
西非中段	尼日尔三角洲盆地	背斜圈闭*	挤压/拉张/泥岩底辟
		地层圈闭	砂岩尖灭
		断层圈闭*	拉张
		构造－地层复合圈闭*	泥岩上拱
	里奥穆尼盆地	背斜圈闭	盐运动/重力滑脱
		断层圈闭	盐运动

续表

地区	盆地名称	圈闭类型	成因机制
西非中段	加蓬盆地	断层圈闭*	断层侧向遮挡
		背斜圈闭*	盐运动
		岩性–地层复合圈闭	地层不整合及砂体尖灭
	下刚果盆地	背斜圈闭*	拉张/盐运动
		刺穿圈闭*	盐运动
		断层圈闭*	拉张/盐运动
		地层圈闭	地层尖灭
		构造–地层复合圈闭	盐运动
	宽扎盆地	断层圈闭*	与伸展构造有关
		背斜圈闭*	盐运动/与伸展构造有关
		刺穿圈闭*	盐运动
西非南段	纳米比亚盆地	断层圈闭*	拉张
		背斜圈闭*	拉张
		地层圈闭*	地层尖灭、碳酸盐岩礁体等
	西南非海岸盆地	地层圈闭*	地层尖灭等
		断层圈闭	拉张
		岩性–地层复合圈闭	地层不整合及砂体尖灭
		背斜圈闭	与断层相关

* 为主要圈闭类型。

二、巴西东部陆架地区

巴西东部坎波斯盆地的圈闭属于大西洋两边富产油气盆地最典型的圈闭类型，是在早白垩世阿普特期蒸发岩之上的薄皮拉伸构造及深水区的盐构造作用下形成的，以构造圈闭为主。主要是由于区域倾斜而发生盐、泥塑性运动或滑脱运动，而形成与盐丘、泥丘、铲式断层有关的断层圈闭、背斜圈闭及刺穿圈闭。桑托斯盆地中主要的圈闭类型为断层圈闭和构造–地层复合圈闭（表5-2）。

表 5-2　巴西东部大陆边缘盆地圈闭类型及其成因统计表（Mello et al.，1994；Carlos et al.，1995；Caddah and Kowsmann，1998；Viana et al.，1998；Edwards et al.，2000；Cobbold and Meisling，2001；Modica，2004；李国玉等，2005）

地区	盆地名称	圈闭类型	成因机制
巴西东部大陆边缘	坎波斯盆地	断层圈闭*	拉张/盐运动
		背斜圈闭*	拉张作用/盐运动
		刺穿圈闭*	盐运动
		地层圈闭	沉积尖灭
		构造–地层复合圈闭	盐运动与地层共同作用

续表

地区	盆地名称	圈闭类型	成因机制
巴西东部大陆边缘	桑托斯盆地	构造－地层复合圈闭[*]	盐运动与地层共同作用
		断层圈闭[*]	盐运动

[*] 为主要圈闭类型。

三、墨西哥湾盆地

墨西哥湾含油气盆地成藏圈闭类型以构造圈闭为主，约占圈闭总数的94%，包括断层圈闭、背斜圈闭、断背斜圈闭、滚动背斜圈闭、底辟有关的构造翼部圈闭和盐构造圈闭等，地层圈闭以及复合圈闭仅占6%（Haeberle，2005）。盆地发育的背斜圈闭、盐体刺穿圈闭和构造－地层复合圈闭，与拉张作用及盐运动有关（表5-3）。

表5-3 墨西哥湾盆地圈闭类型及其成因统计表（Edwards et al.，2000；Fillon and Lawless，2000；Goldhammer and Johnson，2001；Hall，2002；Liro，2002；Jennette et al.，2003；Bird et al.，2005；李国玉等，2005）

地区	盆地名称	圈闭类型	成因机制
墨西哥湾	墨西哥湾盆地	背斜圈闭[*]	拉张／盐运动
		断层圈闭[*]	拉张
		构造－地层复合圈闭[*]	盐运动与地层共同作用
		刺穿圈闭[*]	盐／泥岩运动
		地层圈闭	地层尖灭、碳酸盐岩礁体等

[*] 为主要圈闭类型。

四、北大西洋地区

北大西洋地区包括挪威中部陆架、格陵兰东部陆架和巴伦支海。挪威中部陆架地区主要发育拉张背景下形成的背斜圈闭和断层圈闭。虽然目前格陵兰东部陆架并没有进行油气生产，但是美国地质调查局对该地区的圈闭做出了评估，主要是拉伸背景下形成的背斜和断层等构造圈闭和地垒断块构造圈闭。北丹马沙盆地为含盐盆地，可能发育与盐构造相关的构造圈闭，在深海浊积扇发育的地区发育地层圈闭（USGS，2000）；巴伦支海地区已知的97%储层都为侏罗纪砂岩储层（Petroconsultants，1996），侏罗系油气藏主要以背斜圈闭和断层圈闭为主（表5-4）。

表5-4 北大西洋地区圈闭类型及其成因统计表（Petroconsultants，1996；Gudlaugsson et al.，1998；USGS，2000）

地区	盆地名称	圈闭类型	成因机制
北大西洋地区	挪威中部陆架	断层圈闭[*]	拉张作用
		背斜圈闭[*]	拉张作用
	格陵兰东部陆架	背斜圈闭[*]	拉张作用／盐运动

续表

地区	盆地名称	圈闭类型	成因机制
北大西洋地区	格陵兰东部陆架	断层圈闭 *	拉张作用／盐运动
		地层圈闭	砂岩尖灭及不整合面
	巴伦支海	断层圈闭 *	拉张／盐运动
		背斜圈闭 *	拉张／盐运动
		地层圈闭	浊积砂岩沉积

* 为主要圈闭类型。

五、澳大利亚西北陆架

澳大利亚西北陆架地区主要盆地包括北卡那封盆地、布劳斯盆地和波拿巴盆地。该地区发育的圈闭类型主要为背斜圈闭、断层圈闭和构造－地层复合圈闭。次要圈闭类型为地层圈闭（表5-5）。其中，北卡那封盆地中最主要的圈闭为构造圈闭；波拿巴盆地主要的圈闭类型为垒块构造和断层上盘的断背斜构造、披覆背斜构造；布劳斯盆地中存在重要的断层圈闭。

表 5-5　澳大利亚西北陆架盆地圈闭类型及其成因统计表（Dolby and Balme，1976；Crostella and Barter，1980；Ranke et al.，1982；Kirk，1984；Edwards et al，2000；Kennard et al.，2002；李国玉等，2005；夏义平等，2007）

地区	盆地名称	圈闭类型	成因机制
澳大利亚西北陆架	北卡那封盆地	构造－地层复合圈闭 *	地层与构造共同作用
		背斜圈闭 *	断层有关
	布劳斯盆地	背斜圈闭 *	拉张
		断层圈闭 *	拉张
		地层圈闭	砂岩尖灭及不整合面
	波拿巴盆地	断层圈闭 *	拉张
		背斜圈闭 *	拉张
		构造－地层复合圈闭 *	构造及地层不整合
		地层圈闭	沉积尖灭及地层不整合

* 为主要圈闭类型。

六、孟加拉湾盆地

孟加拉湾盆地裂谷期发育背斜圈闭和断层圈闭，过渡期和漂移期构造演化比较复杂，发育的圈闭类型主要为挤压、拉张和剪切背景及重力作用下形成的断层、旋转断块、反转背斜、挤压背斜、褶皱背斜等构造圈闭及构造－地层复合圈闭，构造－地层复合圈闭常与构造高部位的地层尖灭相关（表5-6）。

表 5-6 孟加拉湾盆地圈闭类型及其成因统计表（Rao，2001；Gupta，2006）

地区	盆地名称	圈闭类型	成因机制
孟加拉湾	孟加拉湾盆地	背斜圈闭*	拉张 / 挤压背景
		断层圈闭*	拉张 / 挤压背景
		构造 – 地层复合圈闭	地层尖灭、河道砂体等

* 为主要圈闭类型。

第二节　深水盆地圈闭发育规律

一、圈闭类型发育规律

通过对全球主要深水盆地圈闭类型的分析和总结，共识别出八种圈闭类型。其中构造圈闭与地层圈闭各三类，复合圈闭两类。构造圈闭类型包括背斜圈闭、断层圈闭和盐体刺穿圈闭；复合圈闭类型包括构造 – 地层复合圈闭和构造 – 岩性复合圈闭；地层圈闭类型包括沉积尖灭圈闭、生物礁圈闭和侵蚀削截圈闭。所研究的深水盆地中构造圈闭所占比例较大为 70%，其次是复合圈闭为 18%，地层圈闭仅占 12%（图 5-1）。

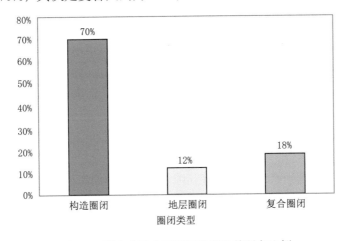

图 5-1　深水盆地主要圈闭类型及其所占比例

二、各圈闭发育的地质背景

不同地质背景下所形成的圈闭类型也不相同，通过对全球八个主要地区深水盆地圈闭类型的统计和分析发现：拉张背景下主要形成断层圈闭和与生长断层相关的滚动背斜圈闭，此类构造圈闭发育于盆地的裂谷层序中；挤压背景下也可以形成断层圈闭、旋转断块圈闭和反转背斜圈闭、挤压背斜圈闭和褶皱背斜圈闭，主要发育于漂移层序中；在含盐的盆地中，在重力及差异压实作用下，盐的塑性流动易形成盐底辟背斜圈闭和刺穿圈闭，主要发育于漂移层序中。

1. 背斜圈闭

背斜圈闭在深水盆地中发育广泛，该圈闭类型在裂谷期层序及漂移期层序中均有分布。裂谷期层序中的背斜圈闭主要是在拉张背景下形成滚动背斜、断背斜，并且往往与生长断层有关（如北卡那封盆地、波拿巴盆地等）；漂移期层序中的背斜圈闭成因多样，可以在挤压背景下形成反转背斜、挤压背斜及褶皱背斜等圈闭（如尼日尔三角洲盆地），在有盐岩分布的盆地中，盐岩的构造运动也可以形成大量的底辟拱升背斜圈闭（如坎波斯盆地、里奥穆尼盆地等）。

2. 断层圈闭

断层圈闭是指油气藏在靠近断层处被封闭，该种类型圈闭在深水盆地裂谷层序及漂移层序中均有发育，裂谷层序中的断层圈闭多发育于拉张背景（如布劳斯盆地、加蓬盆地等），漂移层序中断层圈闭主要是盐岩的构造运动使上覆地层发生断裂，或者是在挤压背景下形成的断裂（如桑托斯盆地、墨西哥湾盆地等）。

3. 岩体刺穿圈闭

由于刺穿岩体接触遮挡而形成的圈闭称为岩体刺穿圈闭。该类型圈闭主要发育在含盐盆地的漂移层序中，主要是由于地下盐岩侵入沉积地层，使储集层上方发生拱起变形，其上倾方向被侵入盐岩封闭而形成盐体刺穿圈闭。盐体刺穿圈闭在墨西哥湾盆地、西非塞内加尔盆地、阿尤恩－塔尔法亚盆地及巴西坎波斯盆地、尼罗河三角洲盆地等含盐盆地中广泛发育。

4. 沉积尖灭圈闭

沉积尖灭圈闭多数发育于裂谷层序及漂移层序中，可以出现在各种各样的环境中，其地震响应都有明显的表现，在海底地形变化较平缓的地方，砂岩多侧向尖灭在一个平缓的斜坡上。大多数的沉积尖灭都与海底构造有关，如盐岩（泥岩）隆起、与盐岩滑离相关的龟背斜或与盐岩滑离相关的洼地。沉积尖灭圈闭在盐岩主要分布地区，如塞内加尔盆地、坎波斯盆地、下刚果盆地、宽扎盆地及西南非盆地等，盐核隆起侧翼的上倾尖灭较为常见。

5. 生物礁圈闭

生物礁圈闭是指礁组合中具有良好孔隙及渗透性的储集岩体被周围非渗透性岩层和下伏水体联合封闭而形成的圈闭。生物礁圈闭在墨西哥湾盆地中广泛分布，主要发育在漂移层序中。

6. 侵蚀削截圈闭

这类圈闭是指原来的古构造，如背斜等被剥蚀掉一部分，后来又被新的沉积层不整合覆盖所形成的圈闭，主要发育于漂移层序中。侵蚀削截圈闭不常见，多出现于斜坡地带，并且向深海平原方向逐渐减少，这多是因为深海平原海底从未暴露在侵蚀地表或者浅海沉积作用范围内。

7. 构造－地层复合圈闭

储集层的上方和上倾方向由任意一种构造和地层因素联合封闭所形成的油气圈闭称为构造－地层复合圈闭。该圈闭类型受到构造和地层共同控制。构造－地层复合圈闭主要发育于深水盆地漂移层序中，在桑托斯盆地、下刚果盆地及墨西哥湾等盆地中都有发育。

8. 构造 – 岩性复合圈闭

构造 – 岩性复合圈闭受到构造和岩性双重因素的控制，在深水盆地的裂谷层序和漂移层序中均有发育。主要发育于塞内加尔盆地、加蓬盆地的北加蓬次盆及北卡那封盆地等深水盆地中。

三、圈闭分布规律

（一）平面分布规律

在所研究的深水盆地中，裂谷层序中发育的圈闭类型均是拉张背景下形成的背斜圈闭和断层圈闭等构造圈闭，主要发育于西非大陆边缘地区、澳大利亚西北陆架地区、北大西洋地区及巴西等深水区。漂移层序中发育的圈闭类型有所不同，巴西东部大陆边缘盆地（坎波斯盆地、桑托斯盆地）、墨西哥湾盆地及西非被动大陆边缘地区盆地（塞内加尔盆地、阿尤恩 – 塔尔法亚盆地、加蓬盆地、下刚果盆地、里奥穆尼盆地、宽扎盆地）在过渡期均发育了盐岩沉积。澳大利亚西北陆架地区盆地及孟加拉湾盆地为非含盐盆地，澳大利亚西北陆架盆地主要发育裂谷期构造圈闭，基本不发育漂移期圈闭，孟加拉湾盆地漂移期主要发育拉张、挤压及剪切背景下的构造圈闭（图 5-2）。

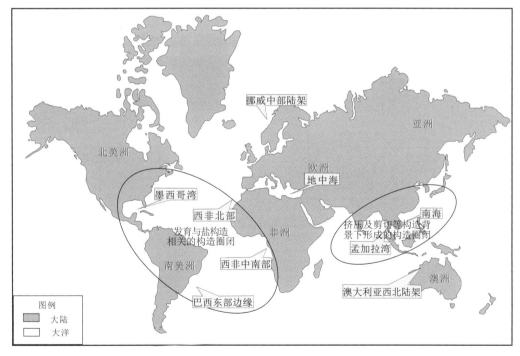

图 5-2　全球深水盆地漂移期圈闭类型平面分布规律

（二）纵向分布规律

通过对巴西东部大陆边缘盆地、西非被动陆缘盆地、墨西哥湾盆地、澳大利亚西北陆架及北大西洋地区圈闭类型的分析，发现圈闭类型在纵向上的分布具有一定的规律，即裂谷期主要发育拉张背景下的断块、断鼻、滚动背斜、断块披覆背斜等构造圈闭，而漂移期发育的圈闭类型与盆地是否发育过渡期的盐岩具有十分密切的关系：含盐盆地中漂移期发育大量的底辟拱升背斜圈闭、盐岩滑离龟背斜圈闭及盐体刺穿圈闭等构造圈闭及与盐构造相关的复合圈闭，非含盐盆地漂移期发育挤压背景及重力作用下形成的断层、旋转断块、反转背斜、挤压背斜、褶皱背斜等构造圈闭及复合圈闭。

1. 裂谷层序中圈闭分布规律

被动陆缘盆地裂谷期主要发育拉张背景下形成的构造圈闭，包括断块、断鼻、滚动背斜、断块披覆背斜等圈闭类型。圈闭成因类型控制着油气藏的规模，背斜、断背斜构造圈闭的成藏规模较大，断块油藏规模相对较小。

2. 漂移层序中圈闭分布规律

巴西东部被动陆缘的坎波斯盆地、桑托斯盆地、西非地区的阿尤恩–塔尔法亚盆地、塞内加尔盆地、里奥穆尼盆地、加蓬盆地、下刚果盆地、宽扎盆地、纳米比亚盆地及墨西哥湾盆地漂移期均沉积了盐层（尼罗河三角洲盆地在前陆盆地期沉积盐层）。这些含盐盆地的漂移层序中主要发育与盐构造相关的构造圈闭及构造–地层复合圈闭。

澳大利亚西北陆架地区及孟加拉湾地区深水盆地均为非含盐盆地，波拿巴盆地、布劳斯盆地及北卡那封盆地以裂谷期圈闭为主。孟加拉湾盆地过渡期和漂移期构造演化比较复杂，发育的圈闭类型主要为挤压、拉张和剪切背景及重力作用下形成的断层、旋转断块、反转背斜、挤压背斜、褶皱背斜等构造圈闭及构造–地层复合圈闭，构造–地层复合圈闭常与构造高部位的地层尖灭相关。

全球主要深水盆地的圈闭类型及成因机制的详细归纳总结和对比在表5-7中列出。

表 5-7　全球主要深水盆地圈闭特征类比表

地区	盆地名称	圈闭类型	成因机制	备注
西非北段	阿尤恩–塔尔法亚盆地、塞内加尔盆地	背斜圈闭、刺穿圈闭、地层圈闭、断层圈闭、构造–岩性复合圈闭	盐运动、碳酸盐岩生物礁、地层尖灭及断层控制	盐构造发育
西非中段	尼日尔三角洲盆地、里奥穆尼盆地、加蓬盆地、下刚果盆地、宽扎盆地	背斜圈闭、地层圈闭、断层圈闭、构造–地层复合圈闭、刺穿圈闭	挤压作用、拉张作用、泥岩底辟、砂岩尖灭、盐运动、重力滑脱、断层侧向遮挡、地层不整合、地层尖灭	除尼日尔三角洲盆地外，均发育盐构造
西非南段	纳米比亚盆地、西南非海岸盆地	断层圈闭、背斜圈闭、地层圈闭、岩性–地层复合圈闭	拉张作用、地层尖灭、碳酸盐岩礁体、地层不整合、砂体尖灭	无盐构造
巴西东部大陆边缘	坎波斯盆地、桑托斯盆地	断层圈闭、背斜圈闭、刺穿圈闭、地层圈闭、构造–地层复合圈闭	拉张作用、盐运动、沉积尖灭及盐运动与地层共同作用	盐构造发育
墨西哥湾	墨西哥湾盆地	背斜圈闭、断层圈闭、构造–地层复合圈闭、刺穿圈闭、地层圈闭	拉张作用、盐运动、盐运动与地层共同作用、地层尖灭、碳酸盐岩礁体	盐构造发育
澳大利亚西北陆架	北卡那封盆地、布劳斯盆地、波拿巴盆地	构造–地层复合圈闭、背斜圈闭、断层圈闭、地层圈闭、构造–地层复合圈闭	地层与构造共同作用、断层有关、拉张作用、构造及地层不整合、沉积尖灭及地层不整合	无盐构造
孟加拉湾	孟加拉湾盆地	背斜圈闭、断层圈闭、构造–地层复合圈闭	拉张作用、挤压作用、地层尖灭等	无盐构造
北大西洋地区	挪威中部陆架、格陵兰东部陆架、巴伦支海	断层圈闭、背斜圈闭、地层圈闭	拉张作用、拉张作用、盐运动、砂岩尖灭及不整合面	盐构造发育

第六章 全球深水盆地油气勘探潜力

第一节 环大西洋深水盆地群勘探潜力

一、西非陆缘深水盆地勘探潜力

西非油气资源丰富，但勘探开发程度低，还有很大的资源潜力，前景十分广阔。非洲西部大陆边缘深水区，特别是几内亚湾一带，分布着由一系列盆地组成的巨大海岸盆地群，从北至南绵延数千公里。近些年来，西非地区油气勘探开发活动十分活跃，这里地质研究程度仍然低，勘探不够成熟，已发现的油气资源不过是"冰山一角"，特别是深水区，更是近些年来储量增长的潜力区。

西非中段重点盆地包括尼日尔三角洲盆地、加蓬海岸盆地、下刚果盆地及宽扎盆地四个盆地。中段重点盆地成藏条件优越，油气具有成带分布的特点，具有巨大的勘探前景。从成藏组合的角度来看，中段重点盆地可以划为两个相对独立的子含油气区：尼日尔三角洲和阿普特盐盆含油气区。如前面盆地部分所述，西非中段重点盆地的勘探程度虽然普遍较高，但仍具有较大的勘探潜力。两个含油气区的潜力分别体现在如下几个领域。

（一）尼日尔三角洲盆地

盆地的资源潜力主要体现在尼日尔三角洲的深水陆坡区，主要是泥底辟逆冲变形及拉张变形带，另外，在盆地最远端的深海海底扇也是值得关注的地区。

尼日尔三角洲的深水陆坡区是近年来西非新增储量最多的地区之一，截至目前，已发现了 Bonga 油田、Bonga Southwest 油田、Agbami-Ekoli、Akpo 凝析油气田、Uge 油田、N'Golo 油田以及 Obo 北油田等众多油气田。深水区以背斜构造＋陆坡浊积体砂岩组合为基本成藏要素，大部分油藏在背斜构造中，背斜构造在页岩底辟区、内褶皱带、滑脱褶皱带及外指状冲断带都有发育。虽然和三角洲主体相比有一定的差距，但仍具有非常优越的成藏条件，而且勘探程度低，因此也是尼日尔三角洲盆地的很具勘探潜力的地区。

另外，在尼日尔三角洲盆地还发育 Avon 峡谷、Niger 峡谷和 Principe 峡谷三个大的海底峡谷，这些海底峡谷的沉积物重力流规模大且速度快，在深海平原形成三个规模较大的海底扇，自西向东依次为 Avon 扇、Niger 扇以及 Calabar 扇，据研究，这些扇体于始新世开始发育，并在渐新世—中新世就已具规模。根据墨西哥湾深水以及巴西深水勘探的经验来看，这些扇体有一定的勘探潜力。

（二）阿普特盐盆含油气区

阿普特盐盆的子油气区是西非重要的油气能源产区和聚集区之一。自北向南主要包括加蓬海岸盆地、下刚果盆地和宽扎盆地三个盆地，和尼日尔三角洲盆地相似，阿普特盐盆的子油气区的勘探程度相对较高（图6-1）。阿普特盐盆的子含油气区中各盆地发育相似的油气系统或成藏组合，其勘探潜力主要体现在以下三个领域。

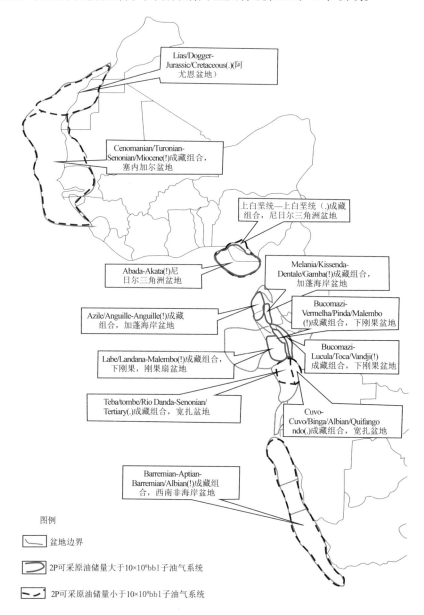

图6-1　西非主要子油气系统分布图（据 Evamy et al., 1978；Ranke et al., 1982；Dumestre, 1985；Bray et al., 1998；Burwood, 2000；Teisserenc and Villemin, 2000；Lawrence et al., 2002；童晓光和关增森，2002；Burke et al., 2003；Harris et al., 2004；关增森和李剑，2007）

！表示已确定的油气成藏组合；.表示有待证实的组合

1. 盐下裂谷下白垩统成藏组合

阿普特盐盆的子含油气区盐下裂谷下白垩统成藏组合是西非裂谷体系中成藏条件最好的地区。第一，该成藏组合具有优越的烃源岩条件，特别是在加蓬盆地、下刚果盆地

发育若干个规模较大的断陷湖泊，形成了高丰度湖相烃源岩，而且烃源岩的成熟度处于
大规模生油阶段；第二个成藏有利条件是优越的盖层，广泛分布的下白垩统阿普特阶盐
岩为盐下裂谷提供了其他油气区无法比拟的封盖条件；第三，裂谷后期的三角洲、扇三
角洲砂体及其他类储层提供了较好的储集空间；第四，阿普特盐盆的子油气区盐下裂谷
下白垩统油气系统还具有较好的圈闭条件，特别是裂谷后期高垒块古高地背景下的构造
岩性复合圈闭的圈闭规模大，具有形成大油气田的条件。盐下裂谷下白垩统油气系统在
平面上主要分布在各盆地的东部陆上及近海大西洋枢纽带附近。在三个盆地中，宽扎盆
地由于盐下裂谷火成岩发育并且断陷规模小，烃源岩的面积和厚度都大打折扣，其生烃
条件远不如下刚果盆地和加蓬海岸盆地，因此勘探潜力较小。

2. 盐下－盐上白垩系复合油气系统

盐下－盐上白垩系复合油气系统是阿普特盐盆的子油气区成藏较特殊的一个领域。
截至目前，在该油气系统已发现 2P 可采原油储量 7909.7lMMbbl，发现的储量主要富集
在下刚果盆地。该油气系统的成藏模式可以简单概括为盐下湖相优质烃源岩 + 盐上被动
陆缘初期碳酸盐岩 / 滨岸砂岩 + 盐岩相关构造，盐运动形成的盐窗等是油气运移的主要
通道。盐下－盐上白垩系复合油气系统勘探有利区的分布受控于盐下生烃灶的面积、分
布范围、供烃强度以及被动陆缘初期碳酸盐台地和滨岸砂岩的空间展布，通常该油气系
统具有较好的圈闭条件。受上述因素的控制，盐下－盐上白垩系复合油气系统在平面上
的分布有部分和裂谷油气系统重叠，但有相当一部分向西往海方向扩展。南加蓬次盆的
部分地区和下刚果在该油气系统具有相似的成藏条件，虽然还没有大的突破，但应当是
值得关注的领域之一。

3. 盐上晚白垩世—古近纪油气系统

盐上晚白垩世—古近纪油气系统是西非中段油气区阿普特盐盆子油气区最具潜力的
领域，包括安哥拉深水区和加蓬海岸盆地深水区，是近年来西非深水勘探储量增长最多
和最快的地区之一。盐上晚白垩世—古近纪油气系统具有形成具规模油气田群的油气成
藏条件。首先，区域性分布的盐上白垩系缺氧海相暗色页岩的有机质丰度高（下刚果盆
地的 Iabe 组，加蓬海岸盆地的 Azile 组）、类型好，在刚果扇等大型晚白垩世—古近纪
扇体的作用下已进入生油窗内，为成藏提供了充足的油气源；其次，晚白垩世—古近纪
深水浊积体系储层的储集性能普遍较好、规模大；最后，广泛发育的各类盐岩相关构造
为成藏提供了成排成带的构造和圈闭，圈闭条件非常优越。盐上晚白垩世—古近纪油气
系统目前已取得大发现的安哥拉深水区以及加蓬海岸盆地深水区仍然是该领域勘探的两
个重点和热点地区。另外，宽扎盆地和这两个地区相比，在构造和圈闭条件上非常相似，
唯一不同的是宽扎盆地缺乏大的扇体发育，这样宽扎盆地的盐上烃源岩的成熟度较低，
而且储层的规模比安哥拉深水区要小，其勘探潜力可能相对较小。

（三）西非南段深水区勘探潜力分析

南段油气区的最大特点也是盆地面积大、勘探程度低，具有较大的勘探空间。

南段油气区具有一定的油气成藏条件，烃源岩主要为下白垩统页岩，烃源岩质量好。

其中西南非海岸盆地主要的烃源岩是下阿普第阶（阿普特，K_1）和巴列姆阶（K_1）页岩，次要烃源岩是欧特里沃阶（K_1）裂谷期页岩。而纳米比亚盆地烃源岩大部分是发育于过渡单元中上巴列姆阶—阿普特阶中的页岩，另外纳米比亚盆地白垩纪阿普特阶沉积基本为深海环境，沉积物基本为深色泥页岩，因而其可能在阿普特阶存在大套潜在烃源岩。其储集层主要为裂谷期的三角洲砂岩和湖相砂岩，另有部分风成砂岩储层，后期被动陆缘阶段发育的海底扇可成为潜在储集层。盆地主要盖层是发育于不同单元的泥页岩层，同生裂谷期和被动陆缘期厚层页岩是良好的盖层。圈闭主要为地层 – 构造圈闭，其中裂谷期主要为地层 – 构造圈闭，而被动陆缘期可能以地层岩性圈闭类型为主。

南段油气区发育裂谷期下白垩统和被动陆缘期上白垩统两套油气系统，裂谷期下白垩统油气系统烃源岩受火山作用的影响过成熟以生气为主，目前发现在南段油气区的油气全部位于西南非海岸盆地 Orange 次盆，均为气藏，同时由于裂谷在西非的成藏条件普遍不如其他油气系统或成藏组合，因此潜力较小。和中段相比，南段被动陆缘期上白垩统油气系统烃源岩的成熟度以及圈闭条件相对较差，但由于勘探程度低，也是值得关注的领域之一，特别是西南非海岸盆地的 Orange 次盆，其面积较大，沉积盖层厚度大，是一个较具潜力、勘探程度低的地区。

（四）西非北段深水区勘探潜力分析

西非北段发育阿尤恩 – 塔尔法亚盆地和塞内加尔盆地两个重点盆地，北段油气区的最大特点是盆地面积大、勘探程度低。两个盆地的面积分别为 $332808km^2$ 和 $1040000km^2$。两盆地总体勘探程度很低，截至 2006 年 12 月，阿尤恩盆地共钻探 79 口井，其中油井 2 口，油气显示井 3 口，其余均为干井，探井成功率很低。塞内加尔盆地大部分只进行了有限的勘探活动。

西非北段发育古生界、侏罗系和白垩系—古近系等多个成藏组合或油气系统，其中白垩系—古近系油气系统具有相对较好的石油地质条件和勘探潜力，特别是塞内加尔盆地的 Cenomanian/Turonian-Senonian/Miocene 子系统，上白垩统海相烃源岩在三角洲沉积物负载及古近系火山作用下具有较好的成熟度，三叠系盐岩活动形成的盐相关构造为其提供了一定的圈闭基础，上白垩统—古近系三角洲及滨岸砂体为成藏提供了较好的储层。白垩系—古近系油气系统在阿尤恩盆地的潜力可能相对要小，其主要风险是烃源岩的成熟和圈闭条件。侏罗系作为西非北段的一套较厚的沉积盖层，目前的发现很少，仅在阿尤恩盆地有几个小油气田的发现，侏罗系的成藏条件相对较差，特别是储层和圈闭条件相对较差。另外，从区域上看，其相邻的北非、墨西哥湾、欧洲以及南美西非海岸均没有大的发现，因此推测侏罗系的潜力较小。另外，以志留系为源的古生界是西非北段的一套潜在的油气系统，根据钻井和地表调查资料，西非北段还发育前裂谷期志留纪的 Tanezzuft 组放射性页岩烃源岩，这套源岩在北非分布广泛，是穆祖克盆地和古达米斯盆地的主力烃源岩，其 TOC 可达 2%～20%，据此推测以 Tanezzuft 组放射性页岩为源、以三叠纪—侏罗纪盐岩为区域盖层的成藏组合可能有一定的勘探潜力。

二、巴西东部陆架勘探潜力

（一）已发现油气储量分布

巴西东部被动陆缘盆地的油气分布极不均衡，目前已发现的油气主要集中于坎波斯盆地（油气 2P 储量为 $3995.19 \times 10^6 m^3$ 油当量）以及与其相邻的桑托斯盆地（油气 2P 储量为 $928.56 \times 10^6 m^3$ 油当量）和埃斯皮里图桑托盆地（油气 2P 储量为 $377.63 \times 10^6 m^3$ 油当量）（表 6-1）。在这三个盆地内，被动陆缘层系（上白垩统—始新统）是绝对的油气主力储集层，分布于这套层系的油气储量占盆地油气总储量的 90% 左右。在巴西东北部的被动陆缘盆地，油气的层系分布相对比较均衡，而且被动陆缘层系并非是每个盆地的绝对主力储集层。波蒂瓜尔盆地（油气 2P 储量为 $246.45 \times 10^6 m^3$ 油当量）的主力储集层亦为被动陆缘层系（阿普特阶—始新统），不过储于该套储集层的油气储量低于 90%，占 81%。塞尔希培 – 阿拉戈斯盆地（油气 2P 储量为 $215.92 \times 10^6 m^3$ 油当量）的主力储集层为同裂谷层系（凡兰吟阶—阿普特阶），其油气储量占油气总储量的 57.7%。上阿普特阶过渡层系是塞阿拉盆地（油气 2P 储量 $5.25 \times 10^6 m^3$ 油当量）的主力储集层，其油气储量占盆地油气总储量的 67.9%（白国平和秦养珍，2009）。

表 6-1　巴西东部主要含油气盆地已发现储量一览表（白国平和秦养珍，2009）

序次	盆地名称	油气田个数	石油储量 /$10^6 m^3$	天然气储量 /$10^8 m^3$	油气合计 /$10^6 m^3$ 油当量	油占油气总储量百分比 /%
111	坎波斯盆地	100	3729	2841	3995	93.3
112	桑托斯盆地	32	682	2634	929	73.5
110	圣埃斯皮里图	76	326	552	378	86.3
204	雷康卡沃盆地	116	300	791	374	80.2
108	塞尔希培 – 阿拉戈斯盆地	88	163	564	216	75.6

（二）盆地勘探潜力

根据近期的油气勘探发现，按地质条件，可以将南美洲的被动大陆边缘划分为三类潜力区。Ⅰ类区包括桑托斯盆地、坎波斯盆地、圣埃斯皮里图盆地、南巴伊亚盆地。此类地区发育裂谷期湖相源岩，过渡期发育盐岩层，整个沉积过程中发育多套有利储层，有利于形成大型、特大型油气田。Ⅱ类潜力区包括佩洛塔斯盆地、波蒂瓜尔盆地、塞阿拉盆地、巴雷里尼亚斯盆地、帕拉 – 马拉尼昂盆地、福斯杜亚马逊盆地、圭业那盆地等。此类地区盐岩层较薄或者没有发育，有效的裂谷期湖相烃源岩相对缺乏。Ⅲ类盆地主要为南部阿根廷东海岸的被动边缘盆地，如萨拉多盆地、科罗拉多盆地等，此类盆地过渡期的盐岩层不发育，欠缺有效的裂谷期及后裂谷期源岩。从区域地质背景来看，Santos 盆地、Campos 盆地和 Espirito Santo 盆地均为西冈瓦纳裂解过程产生的裂谷 – 被动大陆边缘盆地，具有相似的石油地质条件，过渡期盐岩的结构、构造分布相似。盐下油气勘探在巴西东部深水区有着更加广阔的前景。以上述三个盆地为重点，勘探范围可扩展至从 Santa Catarina 海岸—Espirito Santo 海岸约 800km 长、200km 宽的广阔地带。

1. 坎波斯盆地勘探潜力

截至 2002 年年底，坎波斯盆地已发现五十多个油气田，其中可采储量过亿吨的油田有七个，主要分布在陆架上水深在 100 ~ 2000m 的 Campos 组浊积岩储层中。2003 年以来，坎波斯盆地在水深大于 2000m 的区域发现了四个可采储量为 0.8×10^8t 的大油田和一个可采储量为 0.6×10^8t 的大型油气田。另据 USGS（2000）预测，盆地未发现可采储量石油为 23×10^8t，天然气为 5578×10^8m^3（谢寅符等，2009）。根据白国平和秦养珍（2009）的统计，Campos 盆地石油储量为 3729×10^6m^3，天然气储量 2841×10^8m^3。

坎波斯盆地有潜力的勘探区域包括：①盆地东部水深超过 2000m 的古近系浊积岩。该类目标单个浊积岩的面积可达 100 ~ 500km^2，储集岩物性极佳，是盆地最具潜力的勘探区域。2007 年 11 月，在其南面的桑托斯盆地类似区域内，发现了可采储量达 11×10^8t 的巨型油田。同时，由于水深和目的层埋深都比较大，该类目标的勘探难度大、作业成本高。②盆地中部水深 200 ~ 2000m 的上白垩统和古近系浊积岩。该区域是盆地油气田集中分布的地区，进一步的精细勘探一定可以取得很好的效果，是重要的潜力勘探区域。③盆地西部水深 100 ~ 400m 区域的下白垩统碳酸盐岩和玄武岩。盆地早期的勘探突破就是在该类目标上实现的，后来由于勘探重点向深水浊积岩转移，对其重视不够。但是，该类目标石油地质条件优越，也具有一定的勘探潜力。

2. Santos 盆地及盐下油气勘探潜力

巴西东部深水区盐下油气勘探和发现主要集中在位于圣卡塔琳娜（Santa Catarina）州和圣保罗（São Paulo）州海域的 Santos 盆地。盐下勘探活动始于 2004 年。截至 2009 年年底，该地区盐下共钻井 16 口，保持了 100% 的成功率。2006 年 4 月，Petrobras 在该盆地 BM-S-11 区块获得首个盐下油田——Tupi 油田，位于里约热内卢以南约 286km 海域，是迄今巴西发现的最大的深水油田，油层在海平面下 6000m 左右，水深 1500 ~ 3000m，石油储量 50×10^8 ~ 80×10^8bbl。2008 年，同样在 BM-S-11 区块，发现了 Iara 油田，估计石油储量为 30×10^8 ~ 40×10^8bbl，油层位于海平面 6000m 以下，水深 2200m。这两个油田的储量相当于此前巴西全国石油总储量的两倍。2009 年公布的 Guara 油田可采储量为 11×10^8 ~ 20×10^8bbl 油当量，油层位于海平面 7000m 以下（包括 2000 多米水深和 5000 多米岩层和半流质盐层）（图 6-2）。2009 年在 BM-S-9 区块发现的 Carioca 油田，也位于盐下地层内。Santos 盆地已发现的盐下油藏原油密度为 28° ~ 30°API，为低酸低硫的优质原油。此外，2008 年在 Campos 盆地 Juabrte 油田附近也发现了两个盐下油田，其中一个试采日产 1.8×10^4bbl（API 为 30°），另一个油层厚度 60m、井深 6100m（Yahoo 构造—Anadarko）。

Santos 盆地属于典型的大西洋型被动大陆边缘盆地，经历了裂谷期、转换期和漂移期三个阶段，沉积了非海相、海陆过渡相和海相三套巨层序。受勘探程度和油气发现的影响，以往对盐上油气成藏研究多，而对盐下油气成藏作用及过程研究仍很薄弱。初步研究认为，该盆地盐下组合的烃源岩主要为裂谷期断陷层序中的湖相页岩、泥岩，储层为阿尔布阶瓜鲁加（Guaruja）组鲕状－球状灰岩，盖层为阿普特阶泥岩夹层和巨厚的蒸发盐岩。圈闭类型以盐构造、断块构造圈闭及地层圈闭为主。不论对于盐上还是盐下油气藏，盐岩的发育均是该地区油气生、运、聚和保存的重要条件（图 6-2）。

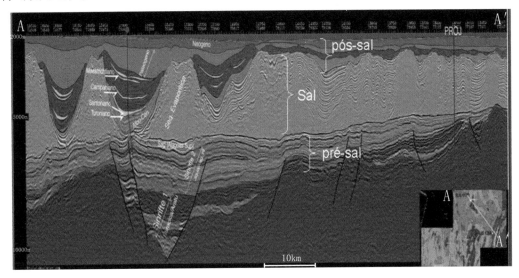

图 6-2　盐下、盐和盐上构造层分布示意图（Petrobras，2008）

三、墨西哥湾勘探潜力

墨西哥湾盆地油气勘探存在四大领域：更新世及更年轻地层、古近系、深水区和盐下。目前的油气勘探主要集中在年轻地层，区域内各成藏要素发育良好且具有很好的匹配性，已经有重大油气发现，未来再有油气发现的潜力巨大。目前深水区域勘探程度低，深水区地质条件是浅水区的延伸，因而深水区勘探潜力巨大。同时，伴随着深水勘探技术的不断进步，该区油气勘探会逐步由盐上勘探走向盐下勘探，盐岩对热的屏蔽作用有利于防止盐下烃源岩因埋深过大而过成熟，同时盐岩层是优越的油气封闭盖层，盐下裂谷阶段形成的地堑、半地堑有利于发育一系列的断背斜、掀斜断块和垒块圈闭等，该期断裂发育，为油气运移提供了好的通道。

2008 年的勘探活动获得了 15 个新的深水发现，其中有 5 个新发现位于水深超过 1524m（5000ft[①]）的水域（MMS，2009a）。这些油田除了具有很大储量外，具有广泛的地理位置分布，产油层位也从古新统到更新统的各个层位都有。近年来的研究结果表明，中新世及更年轻地层中的水下河道－浊积砂岩是墨西哥湾北部含油气盆地主要的储层（Ehrenberg et al.，2008）。美国墨西哥湾 99% 的探明储量位于中中新世以及更年轻地

①　1ft=0.3048m。

层的油藏中（MMS，2008）。

近年来深水区的勘探活动发现古近系砂岩具有很大的储量。据估计，古近系地层中可能含有 28×10^8 bbl 的可采烃，意味着会给目前美国墨西哥湾总的油气含量提供大约 15% 的额外量（MMS，2008）。值得注意的是，这个发现量比 2007 年深水区报道的量多两倍之多。对古近系地层勘探和开发的趋势是对技术的巨大挑战，这要求庞大的工业投资来保证这个前沿区块能变成一个具有经济价值的区块。这些挑战包括复杂的盐下成像难题、钻井平台的局限性、高压/高温环境及储层孔隙度和渗透率的各向异性。而包括 WATS（wide-azimuth towed streamer）数据在内的技术前沿使高温/高压环境下的装备和新一代半潜式钻探船等技术得以提升，这些技术的提升使得古近系的储层具有很大的潜力成为具有商业价值的层位。由于有许多变量，预测未来古近系的产量是项复杂的工程，但很清楚的是，技术发展的前沿和勘探的成功将持续驱动工业界对古近系区块的兴趣。

古近系的 Wilcox 构造带是继 5 年前在该地区中新统发现的 Thunder Horse 和 Tahiti 构造带之后的最新发现。截至目前，中新统构造带已发现了超过 80×10^8 bbl 的油气储量，古近系构造带则提交了 30×10^8 bbl 的油气储量。由于深水区尚有许多构造带有待进一步勘探，油气发现的前景是非常乐观的（孙红军等，2009）。

对于墨西哥湾来说，除了具备巨大产能的提塘阶活跃的烃源岩以及遍布地层系统内从基末利阶到更新统的储层为一些新的油藏的发现提供可能外，对类似 Cantarell 油田这样的、已有的、但处于产量衰减期的油田产量的提升也是非常重要的挑战。

第二节　东非陆缘深水盆地群勘探潜力

东非海岸盆地发育良好的中—新生界大型三角洲是重要的勘探目标，深海扇形成的油气田是未来勘探热点。东非的坦桑尼亚盆地、莫桑比克盆地和穆伦达瓦盆地都有三角洲发育，具备较好的成藏条件。赞比西三角洲的前三角洲和海相泥页岩具有良好的生烃潜力，赞比西 1 井的地球化学分析显示，Grudja 组的 TOC 为 0.69%，裂解温度为 435℃，干酪根类型为Ⅲ型，生烃潜力为 0.45mg HC/gTOC，三角洲进积作用形成的上白垩统—古新统砂岩储层最高孔隙度可达 30%，直接覆盖在烃源岩之上；海侵作用形成的 Grudja 组的页岩或 Cheringoma 组页岩提供了封盖作用；油气通过生长断层的垂向运移和连通砂岩的侧向长距离后进入同生构造、低幅构造、潜山构造和岩性圈闭等主要储油气圈闭空间中富集成藏（张可宝等，2007；金宠等，2012）（图 6-3）。令人振奋的是，最近莫桑比克深海区的勘探发现了较好的油气显示。

古生界保存较为完整的 Karoo 裂谷是重要的富气勘探领域，Karoo 群自身发育良好的生储盖组合，尤其是中下 Karoo 群，如 Luangwa 盆地最深厚度可达七千多米，而且部分地区反转作用较弱，加上拗陷叠加作用使得油气聚集和保存具有更有利的条件。长期以来，顶部发育的火成岩制约了地震勘探和成像，阻碍了进一步勘探，相信今后会取得突破（张可宝等，2007）。

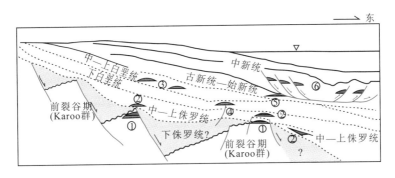

图 6-3　东非地区滨海盆地油气成藏模式（张可宝等，2007）

①前裂谷期 Karoo 群砂岩断块圈闭油气藏；②中—上侏罗统陆架边缘碳酸盐岩岩性油气藏；
③中—上白垩统深海相砂岩岩性油气藏；④下白垩统—上侏罗统 Paralic 砂岩低幅构造油气藏；
⑤古新世—始新世盆地砂岩岩性油藏；⑥中新世三角洲砂岩同生构造油藏

鉴于在苏丹 Melut 盆地和红海地区已有油气发现，应密切关注与之相邻的东非地区中—新生界裂谷盆地，索马里 Guban 盆地和 Sagaleh-Socotra 盆地均属于面向红海的被动大陆边缘裂谷盆地，目前已发现油气显示，是具有潜力的盆地（张可宝等，2007）。

东非大陆边缘的地质特征在油气形成条件上与西非边缘相比表现出一些不同的因素：东非边缘陆上地层层序较西非边缘陆上地层间断更多，主要原因是东非地区经受了多期裂谷作用叠合的影响，180Ma 前后经受 Karoo 裂谷作用，之后还经受了叠加在 Karoo 裂谷之上的与边缘裂开位置一致的后一期裂谷作用的影响；30Ma 以来与东非裂谷变形有关的构造事件一定程度上破坏了已经形成的圈闭，且因隆升剥蚀作用使处于活动生油窗的烃源岩地层遭受强烈剥蚀；东非裂谷作用导致大规模火山活动，其产生的热量导致烃源岩过成熟。同时 Karoo 地幔热柱（183Ma）可能严重地影响了东非陆缘盆地区较老烃源岩的成熟度；东非大陆边缘垂直于裂谷延伸方向没有形成如西非边缘 Walvis Ridge 火山岩带那样的脊状隆起，从而没有形成大范围厚层蒸发岩沉积，东非边缘没有形成厚层区域性盐岩盖层和如西非边缘那种规模及样式的盐构造及其相关圈闭与油气运移通道；东非边缘于早白垩世时主要构造已基本定型，后期较少发生大规模构造运动（如 Davie Ridge 只是在中新世小规模重新活动），不利于形成大规模的构造圈闭。东非边缘在不同盆地及不同部位成熟时间不同，部分古近纪的构造形成于油气成熟之后，不利于油气聚集（童晓光和关增森，2002；马君等，2008）。

第三节　西太平洋南海深水盆地群勘探潜力

据专家估计，整个南海盆地群石油地质资源量为 226.3×10⁸t，天然气总地质资源量为 15.84×10¹²m³，油气资源非常丰富，南海外带与内带都有很大的勘探潜力。

南海外带虽勘探程度较高，但与高成熟的东部陆地相比，石油勘探潜力广阔。第一，目前已证实的富油凹陷仍然有很大的待发现资源。如南海北部大陆边缘外带截至目前被证实最富的生油凹陷——惠州凹陷，最近按七个层系重新评价，其资源量与东营凹陷相当，这无疑为该凹陷的进一步勘探提供了物质基础。其他富烃凹陷如北部湾盆地涠西南凹陷、福山凹陷、文昌凹陷、陆丰13北凹陷、恩平凹陷等也存在过去资源潜力评价偏低的情况。第二，目前已发现的油气藏多分布在浅层，如珠江口盆地陆丰13北、惠州26、西江、番禺4、文昌A等凹陷油气层主要分布于渐新统上部珠海组—下中新统珠江组底部，而始新统文昌组—渐新统下部恩平组深层和浅层韩江组则发现较少，前新生界几乎没有发现。然而，该盆地断裂非常发育，复式成藏模式屡被证实，这些新层系极有可能成藏。北部湾盆地涠西南凹陷油气主要分布于涠州组，始新统长流组和流沙港组发现较少。第三，非构造圈闭勘探亦方兴未艾，因此以"复式油气聚集带理论""富成藏体系理论"为指导，从立体勘探的角度进行综合分析，这些已证实的富油凹陷及其邻区领域的勘探潜力仍十分广阔。第四，目前还存在一批潜在的富烃凹陷，钻探工作量不足，需进一步评价。第五，一些富油凹陷周边的凸起、隆起勘探程度低，尚需进一步解剖评价。南海南部、西部、东部大陆边缘外带也都存在类似情况（图6-4）。

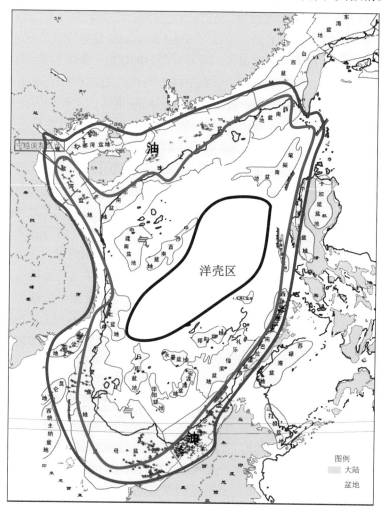

图6-4 南海"外环油–内环气"油气田分布图（据张功成等，2010）

黑线以内为洋壳区，黑线与红线之间为气环区，红线与蓝线之间为油环区，蓝细线为300m水深线

　　南海内带勘探程度更低，特别是深水区勘探刚刚开始，勘探潜力最大，新领域较多。如南海北部大陆边缘内带陆坡深水区一些大型凹陷沉积了巨厚的湖相、海陆过渡相及海相地层，发育多套、多类型的烃源岩，多以古近系湖相、浅海相泥岩为主，有机质丰度中等，干酪根以Ⅱ型、Ⅲ型为主，具有丰富的油气资源潜力。同时，从钻探结果和地震资料分析可知，深水区发育三角洲、滨浅海相砂岩及低位扇砂体与海相泥岩、台地灰岩与海相泥岩等多套储盖组合。圈闭条件优越，存在多种类型的构造和地层岩性圈闭。位于珠江口盆地南部的白云凹陷，其始新统和渐新统是丰度较高、成熟度适宜的裂陷期优质湖相烃源岩和高产气率的煤系烃源岩，面积超过10000km²，最大厚度达6500m，荔湾3-1、流花34-2、流花29-1等大气田的发现佐证了该区巨大的资源潜力和良好的勘探前景。琼东南盆地深水区除了背斜、断背斜、断鼻、断块及潜山构造外，还存在大量的地层岩性圈闭，且成群成带发育，构造与储层匹配，运移通道发育，可以形成以中新统滨浅海相砂岩或碳酸盐岩为储层的大型低幅背斜油气藏、以早期块断构造晚期大型披覆背斜为主的厚层状砂岩或复合储层油气藏、以中新统发育的低位储集体和南部隆起区发育的生物礁为主体的深水区大型岩性或地层圈闭油气藏等，通过烃类检测振幅异常体的搜索及运聚单元等综合研究，预测该区具有较大的资源潜力和良好的勘探前景。一些成熟老区崖南凹陷除在渐新统陵水组发现崖城13-1大气田之外，其他层系至今未有发现，也有很大勘探潜力。南海南部、西部、东部内带沉积盆地众多，其中厚度大于2000m的就有12个盆地，总面积达178×10⁴km²，南海南部经历了先张后压再热沉降拗陷的三期造盆，沉积厚度大，半封闭的沉积环境有利于有机质的保存，而较强的热作用有利于有机质向烃类转化和储盖组合匹配，油气运聚和圈闭形成时间相宜，天然气地质条件非常优越。

第四节　环北极深水盆地群勘探潜力

　　环北极深水区油气资源丰富，资源量达2200×10⁸bbl油当量，对环北极深水盆地群内油气资源分析认为待发现油气资源主要集中分布在巴伦支海盆地、北极斜坡盆地、东格陵兰盆地、拉普捷夫海陆架盆地和喀拉海盆地五个主要的含油气盆地里，资源量分别为799.7×10⁸bbl、727.7×10⁸bbl、357.7×10⁸bbl、104.5×10⁸bbl和46.9×10⁸bbl（USGS，2008）。天然气主要分布在喀拉海盆地和巴伦支海盆地内（朱伟林等，2007；卢景美等，2010），重大发现主要有Shtokmanovskaya气田、Ludlovskoye气田、North Kildinskoye气田、Snøhvit气田、Peschanoozer气田等，以位于巴伦支海的Ludlovskoye气田为代表，预计储量为1.5×10¹²m³；石油主要分布在北极斜坡盆地（李浩武和童晓光，2010），以普鲁德霍湾油田为代表，原始地质储量34.5×10⁸t，可采储量19×10⁸t。（图6-5）。

　　巴伦支海盆地勘探潜力主要在于侏罗系未钻和部分勘探的反转背斜上，最重要的优良生气烃源岩是侏罗系的海侵页岩、河成三角洲页岩及薄层的煤层，最重要的储层是上侏罗统，三叠系至下白垩统的海相页岩是良好的局部盖层和区域盖层。东格陵兰盆地油气主要富集在侏罗系成藏组合中（李浩武和童晓光，2010）。北极斜坡盆地储盖组合配置良好，油气最丰富的是三叠系，探明油气储量占全盆地的53.7%，其次是中上侏罗统，油气主要富集在中、上白垩统—新生界斜坡沉积成藏组合中，背斜圈闭和地层型圈闭是潜在的勘探目标（卢景美等，2010）。斯沃特里普盆地油气主要富集在侏罗系 Heiberg 群构造成藏组合中。西伯利亚盆地最有潜力的层段为白垩系上阿普特阶至赛诺曼阶波库尔（Pokur）组，同时存在寻找大规模岩性油气藏的潜力，中—下侏罗统大型气田是将来重要的潜在勘探目标之一（李浩武和童晓光，2010）。

图 6-5　北极地区各盆地石油待发现储量级别及位置图（据李浩武和童晓光，2010，修改）

第五节　新特提斯深水盆地群勘探潜力

一、澳大利亚西北陆架勘探潜力

澳大利亚西北被动陆缘陆架深水区是目前全球油气勘探开发的热点地区之一，但本区的大部分地区尤其是深水区勘探程度仍然很低，勘探前景十分广阔。北卡那封盆地的勘探程度大约相当于墨西哥湾和北海 20 年前水平，而布劳斯盆地的勘探程度只相当于墨西哥湾和北海 40 年前的水平（庄彬俊，2008）。已发现油气的富烃凹陷区域具有优越的成藏条件，新的油气发现的潜力巨大。上白垩统浊积砂岩中目前仅有小规模的油气发现，但其储集物性良好，具有油气重大突破的潜力。

（一）北卡那封盆地油气资源潜力分析

在北卡那封盆地三叠系—早白垩统沉积中心发育多套优质烃源岩、良好储集层和厚层下白垩统区域性盖层，发育断背斜圈闭、地垒圈闭和不整合面-地层圈闭等圈闭类型，油气成藏各要素匹配性好。盆地有两个有利区和一个潜在油气增长点。

1. 兰金台地区

兰金台地是北卡那封盆地目前油气最富集区域，已发现大中型油气田，诸如 Gorgon 气田、北兰金油气田、Pluto 气田、古德温油气田和 Weatstone 气田等。虽然该区的研究程度已经很高，具有"近源、优相、高部位和优盖"的显著特点，未来油气重大发现的潜力仍然很大。巴罗-丹皮尔次盆发育超压引导油气运移至压力低的兰金台地，该区域发育侏罗系砂岩储集层和下白垩统区域性厚层页岩盖层，同时位于高部位区域，是油气富集的优选区域。

2. 埃克斯茅斯台地

在深水区埃克斯茅斯台地上三叠统沉积中心发育优质的烃源岩 Lock 页岩和厚层的 Mungaroo 组砂岩储集层，目前有 Jansz 超大型气田等重大发现，可见其油气潜力巨大（Cook，1983a）。处于深水区的 Investigator 次盆下白垩统沉积中心烃源岩跟区域性盖层匹配性良好，目前已有 Scarborough 超大型气田（储量 8TCF，1979 年发现）的油气突破，未来再有油气重大突破的潜力巨大。

3. 古新统海相储集层

值得一提的是，盆地内 Maitland 气田是西北陆架唯一一个新近系重大发现，到目前为止虽然没有类似重大发现，但是作为一个新的油气储量增长点，其前景广阔。

（二）波拿巴盆地油气资源潜力分析

波拿巴盆地截至 2008 年年底天然气地质储量 $6892.36 \times 10^8 \mathrm{m}^3$，其中已采出 $167.07 \times 10^8 \mathrm{m}^3$，剩余储量 $6725.29 \times 10^8 \mathrm{m}^3$；石油地质储量 $2.44 \times 10^8 \mathrm{m}^3$，已采出 $0.91 \times 10^8 \mathrm{m}^3$，剩余储量 $1.53 \times 10^8 \mathrm{m}^3$。天然气产量 2006 年以前在 $2831.70 \times 10^4 \sim 11326.8 \times 10^4 \mathrm{m}^3$，2006 年以来伴随着深水区气田的投产，产量达 $50 \times 10^8 \mathrm{m}^3$；原油产量 2000 年达到最高 $1164.9 \times 10^4 \mathrm{m}^3$，而后逐年萎缩，近年下降至约 $111.3 \times 10^4 \mathrm{m}^3$（Geoscience Australia，2010）。

波拿巴盆地的油气发现主要集中在玛丽塔地堑、萨胡尔台地、武尔坎次盆、皮特尔次盆及其西南部斜坡带。玛丽塔地堑和萨胡尔台地已分别发现巨型气田 Evans Shoals 气田和 Sunrise Troubadour 气田。武尔坎次盆已经发现各类规模的油气田十几个，油、气约各占一半；发现的最大油田为 Laminaria 油田，可采储量约 $0.27 \times 10^8 \mathrm{m}^3$；发现的最小油气田只有数百万桶。皮特尔次盆以天然气田为主，占 90% 以上，大型气田有 Petrel 气田与 Tern 气田等。

武尔坎次盆、萨胡尔台地和玛丽塔地堑等中生界沉积中心发育多套优质烃源岩，侏罗纪大型三角洲控制发育的三角洲砂岩储层广泛分布，下白垩统区域性盖层跟烃源岩匹配性良好。这些沉积中心与台地相间分布，二者过渡带区域发育断层圈闭、地垒圈闭和构造-

岩性复合圈闭等，凹陷中超压引导油气朝隆起区聚集（Cadman and Temple，2003；张建球等，2008；冯杨伟等，2011）。目前在上述具有良好油气匹配条件的区域已有诸如 Sunrise Troubadour 气田的多个大型 – 超大型油气发现，再有重大油气发现的潜力巨大。

上白垩统 Puffin 组水下扇和斜坡扇浊积砂岩是已被证实物性好的潜在有利储集体，在武尔坎次盆已有个别油气突破，譬如 Puffin 油田，是进一步挖潜的目标。

阿什莫尔台地发育中新统斑礁储层，Lucas 1 井钻遇约 100m 厚的礁灰岩层，地震剖面亦揭示出厚度 100m 左右的生物礁（Gorter and Deighton，2002）。其与盆内已证实富烃凹陷武尔坎次盆和布劳斯盆地已证实富烃凹陷卡斯威尔次盆毗邻，上覆厚层海相泥页岩，成藏条件优越。由于目前勘探程度很低还没有油气发现，但潜力不容忽视。

（三）布劳斯盆地油气资源潜力分析

据澳洲地球科学 2010 年的能源资源报告，截至 2008 年年底布劳斯盆地天然气探明地质储量 $9511.68 \times 10^8 m^3$；石油探明地质储量 $2.25 \times 10^8 m^3$，以凝析油占主体（Geoscience Australia，2010）。卡斯威尔次盆是盆地勘探程度最高的凹陷，目前盆地主要的油气发现均在该凹陷。已发现各种规模的油气田近十个，以天然气田为主，目前尚未商业开发。主要油气田：Torosa 气田，地质储量为天然气 $3256.46 \times 10^8 m^3$、凝析油 $1.21 \times 10^8 m^3$；Brecknock 气田地质储量为天然气 $1500.80 \times 10^8 m^3$、凝析油 $0.16 \times 10^8 m^3$；Calliance 气田地质储量为天然气 $1104.36 \times 10^8 m^3$、凝析油 $0.14 \times 10^8 m^3$；Ichthys 气田地质储量为天然气 $3029.92 \times 10^8 m^3$、凝析油 $0.88 \times 10^8 m^3$；Dinichthys 气田地质储量为天然气 $48.14 \times 10^8 m^3$、凝析油 $0.014 \times 10^8 m^3$；Crux 气田的地质储量为天然气 $387.94 \times 10^8 m^3$；最大的油田为 Cornea 油田，位于东部外斜坡带边缘地区；其他小油田主要位于盆地东北部与波拿巴盆地武尔坎次盆相邻地区，包括 Gwydion、Montara、Bilyara 和 Tahbik 油田等（张建球等，2008；冯杨伟等，2012）（图 6-6）。

布劳斯盆地的油气勘探程度整体比较低。2000 年发现的 Brewster 大气田和凝析油田（可采储量估计为 6×10^8 bbl 油当量）表明该盆地的勘探潜力巨大，特别是发现大气田的潜力可观。在已知的油气成藏组合中仍会有新的油气重大发现，以深水侏罗系成藏组合和上侏罗统 Puffin 组浊积砂岩成藏组合为代表的新成藏组合也是不可忽视的勘探目标（Brincat et al.，2006）。

盆地主要存在四个油气富集有利构造带（图 6-6）和一个潜在有利勘探目标层位：①斯科特礁 – 布冯鼻状构造带有利区，毗邻盆地已证实富生烃凹陷卡斯威尔次盆，发育断背斜、掀斜断块以及披覆背斜等构造圈闭，已发现如 Toroso 气田、Brecknock 气田等巨型气田；②卡斯威尔次盆中部隆起有利区，四周均为卡斯威尔次盆优质烃源岩分布区，"近水楼台先得月"，目前已有 Ichthys 巨型气田发现；③卡斯威尔次盆北部与武尔坎次盆接合带，位于布劳斯盆地已证实的富生气凹陷卡斯威尔次盆和波拿巴盆地已证实的富生油凹陷武尔坎次盆之间，发育断背斜和掀斜断块等构造圈闭，已发现如 Crux 气田等大型油气田；④卡斯威尔次盆东部断阶带和隆起带西缘，布劳斯盆地生烃中心卡斯威尔次盆生成的油气通过较长距离的运移进入该区域有利不整合面 – 地层复合圈闭中，油气藏埋藏较浅，已发现油气田如 Dinichthys 气田、Cornea 油田、Gwydion 油气田等。⑤与上白垩统 Puffin 组浊积砂岩相关的成藏组合是不可忽视的勘探目标，目前已有个别油气发现，是储量增长的潜在亮点之一。

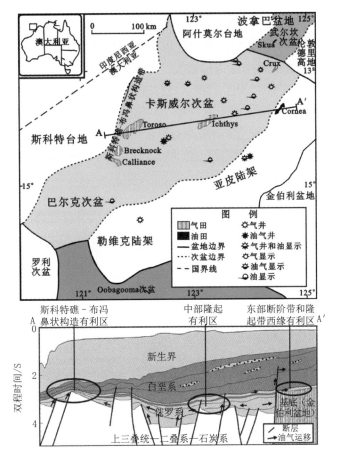

图 6-6　布劳斯盆地构造单元与油气分布（上）有利区剖面分布（下）（冯杨伟等，2012）

（四）柔布克盆地油气资源潜力分析

盆地位于世界级的富气盆地北卡那封盆地和近年来油气重大发现不断的布劳斯盆地之间，目前还没有跟上述盆地类似的勘探成果。盆地内 Bedout 次盆和 Rowley 次盆的沉积充填是南边北卡那封盆地的延伸，为一套中生界河流 – 三角洲砂岩和页岩沉积，上覆新生界碳酸盐岩（Smith et al.，1999；Becker et al.，2004）。盆地内钻井的密度很低，钻井结果显示，储层、盖层以及储盖组合发育都较好，但目前还没弄清楚烃源岩。该盆地跟毗邻的北卡那封盆地和布劳斯盆地最关键的不同点之一是可能缺失富含有机质的侏罗系泥页岩。近年依据有限的地球化学数据推测侏罗纪泥页岩在盆地内有分布，但这些地层单元很薄，几乎不连续，且在短距离内物性各异，同时盆地内弱的构造运动引起对圈闭类型及其配置关系的再思考（Becker et al.，2004）。

二、孟加拉湾深水盆地群勘探潜力

在孟加拉湾大陆边缘分布的三角洲、前三角洲和浊流沉积层的勘探前景广阔。2001年在孟加拉湾深水部分和尼科巴冲积锥中，安达曼－尼科巴群岛附近海深2000m和更深处，发现了烃类的巨大聚集，其储量未计算过（Забаибарк，2005）。

据 Забаибарк（2005）对孟加拉湾海底以下油气生成规模的评估，在沉积盖层厚度超过11km的海湾北部其油气生成规模最大，并且油气生成的最大丰度相当大：石油为$2 \times 10^6 \sim 7 \times 10^6 t/km^2$，天然气为$3 \times 10^6 \sim 11 \times 10^6 m^3/km^2$。在孟加拉湾的南半部，与其北半部相比，石油要少20倍，而天然气少110倍。在规模上，类似的石油和天然气生成源属于巨型级别，这已被最近两年来在克里希纳－戈达瓦里盆地和尼科巴冲击锥中的发现所证实。产出层为晚中新世至早白垩世的沉积层（Забаибарк，2005）。

（一）克里希纳－戈达瓦里盆地

克里希纳－戈达瓦里盆地在海域、陆上成藏组合中均具有较高的勘探潜力。主要的海上油气田为 Pasarlapudi 气田、Tatipaka 气田、Rangapuram 气田、Ellamanchilli 气田和 Mori 油田。盆地最近勘探侧重于生气区。在西戈达瓦里次盆和克里希纳次盆（地堑和断块较发育），二叠纪—三叠纪成藏组合最具有潜力。Kaza Ridge 的西侧勘探不足，侏罗纪、白垩纪构造和地层成藏组合及 Tanuku 地垒均为远景区。古近纪东戈达瓦里次盆海上区域油气远景还未充分证实。向盆地南东方向延伸的深水区新近纪地层被证实具有较高的勘探潜力。

（二）孟加拉盆地

孟加拉盆地的勘探相对不成熟，盆地大部分地区只做过很少的或没有进行过勘探活动。但是在探明的、有生产能力的地区以及相对没有触及的地区都有可能进行进一步的勘探，特别是在没有进行过勘探的西孟加拉大陆架和深水地区。

沿着东部褶皱带已经发现了许多天然气田，尽管盆地已进行了大量的勘探工作，在印度大陆板块边缘西孟加拉国地区仍没有发现油气。从印度东北部和孟加拉国西北部的露头中，发现了克拉通盆地内冈瓦纳沉积层中的煤层，可作为该区域潜在生气烃源岩，具有重要的勘探潜力（Frielingsdorf et al.，2008）。

苏尔玛次盆（Surma Basin）和盆地的东部边缘已经探明，中新世的褶皱构造被证明是十分高产的。该区以构造圈闭为主，主要与背斜、花状构造有关的挤压型构造相关。渐新世储集层在构造圈闭中具有产油潜力。地层、地层－构造以及构造－不整合圈闭在该地区也有一定的勘探远景。在海域，渐新世—古新世的浊积岩系统中，低水位期楔形体（lowstand wedges）和外陆架沉积具有较好的勘探潜力，尤其是在盆地西南部的 Dhirubhai 和 B-1/B-2 油气区，及缅甸近海毗邻的 Rakhine 盆地的 Shwe 1 ST1 和 Shwe Phyu 2 油气区。勘探潜力存在于福里德布尔海槽（Faridpur Trough）大陆坡以及沿着哈蒂亚海槽（Hatia Troug）的东部边缘，圈闭类型主要为地层、构造和混合圈闭。在西部，构造相对较少的西孟加拉陆架，地层圈闭的油气被认为最具潜力。晚白垩世—中新世河流相、三角洲相和浅海相碎屑物（尖灭/河道）和碳酸盐（礁体）储集层。二叠纪—中新世的储集层中，构造圈闭最具有远景，尤其是与盆地铲状断层伴生的逆牵引背斜。西孟加拉大陆架的非常规储集层，在二叠纪煤层中被证实的煤层气（coal bed methane）具有良好的勘探潜力。

（三）高韦里盆地

高韦里盆地部分地区油气勘探潜力较大，尤其要重视深水勘探。最近一项深水发现（CY-Ⅲ-D5-A1）进一步证实了高韦里深水区勘探潜力。在盆地的深水部分，白垩纪与古近纪成藏组合具有重要的勘探潜力。古近纪浊积扇体系具有地层远景，Thanjavur 拗陷与 Tranquebar 拗陷的陆域及 Ariyalur-Pondicherry、Palk Bay、Mannar 拗陷的海域部分具有构造远景（IHS，2010）。Mohan 等（2004）指出 Palk Bay 拗陷北部地区具有良好的生储条件，因此具有良好的勘探前景。另外，盆地未来主要的勘探方向为碳酸盐岩建造，目前在阿尔布阶 Dalmiapuram 组的 Perungalam-1 中已有油气发现。

第二篇

大西洋深水盆地群油气地质

 **巴西东部海域深水区盆地油气地质**

第一节　概　　况

　　巴西为仅次于委内瑞拉的南美第二大油气资源国。据 2008 年 BP 全球能源回顾报告（Statistical Review World Energy）数据，截至 2008 年 6 月，巴西石油剩余探明可采储量为 126×10^8bbl（约折合 20.03×10^8t），油储采比为 18.2；天然气剩余探明可采储量为 3600×10^8m^3，天然气储采比为 23.6。

　　20 世纪 80 年代，巴西石油公司采用外国先进技术开发坎波斯盆地的深水油田。由于公司逐渐积累了海上油田开发的经验，使得巴西石油产量连年增加。90 年代，该公司又成功地自主开发深水开采技术，在不到十年的时间内建设成为世界著名的超深水石油生产公司之一。正是由于巴西石油公司在深水勘探开发方面的不断努力，到 2006 年，巴西终于基本实现了石油自给自足的目标。巴西坎波斯盆地深水区已经成为全球近年来油气重大发现的一个热点和亮点。

　　最近几年来，由于桑托斯盆地盐下油气勘探的突破，使得巴西石油储量数据（主要来自海上）一再刷新，加上采用的探明程度级别不同，目前对巴西石油储量的取值也不同。瞿辉等（2010）报道的巴西累计探明油气储量为 68.25×10^8t。2009 年初，巴西国家石油署署长对外发布为 500×10^8bbl。一般采用 300×10^8 ~ 500×10^8bbl（41×10^8 ~ 68×10^8t）（张抗和周芳，2010）。勘探家把这些数字看做是资金充足条件下未来 10 ~ 15 年可能达到的探明可采储量值。以 500×10^8bbl 计，与各国 2008 年储量相比，超过尼日利亚和利比亚，居阿联酋之后，位列全球第 7 位。换言之，经过充分勘探后，巴西石油储量有可能成为排序 10 名左右的世界石油大国。巴西重要的含油气盆地为坎波斯盆地和桑托斯盆地，油气资源主要分布在海上的坎波斯盆地和桑托斯盆地，海域石油储量占巴西总储量的 88%（图 7-1）。坎波斯盆地位于巴西里约热内卢州海上，盆地总面积 17.52×10^4km^2，基本位于海上，只有 3% 位于陆地，为巴西主要的油气聚集区和主要的油气生产区。

　　巴西石油工业历史较长，但发展缓慢，经历曲折。20 世纪 60 年代巴西油气勘探逐步转向海上，随着海上不断突破以及不断向深水发展，目前已成为世界上深水油气开发的大国之一（图 7-2）。

第二节　地层及沉积相

一、巴西东部大陆边缘

　　巴西东部大陆边缘，分布着地球上最大的盆地群之一。这些中新生代盆地（如 Parana 盆地和坎波斯盆地、桑托斯盆地）发育溢流玄武岩。其沉积地层可划分为裂谷前、同裂谷、过渡期和裂谷期后四个主要的巨层序。其中在桑托斯盆地、坎波斯盆地和 Sergipe/Alagoas 盆地地层研究程度较高（图 7-3）。

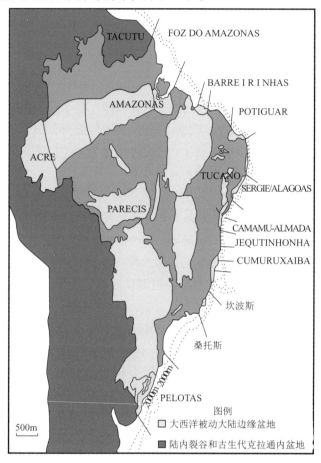

图 7-1 巴西东部海域盆地分布图（Cainelli and Mohriak，1999）

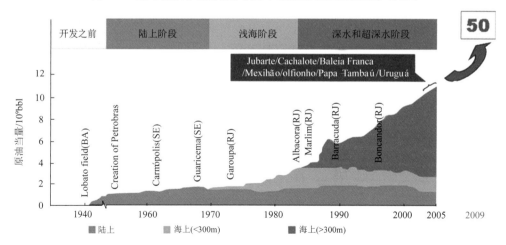

图 7-2 巴西石油勘探阶段划分与探明储量分布图（Petrobras，2006；ANP，2010，修编）

BA.Bahia（巴伊亚）；SE.Sergipe（塞尔希培）；RJ.Rio de Janeiro（里约热内卢）；AM.Amazonas（亚马逊）

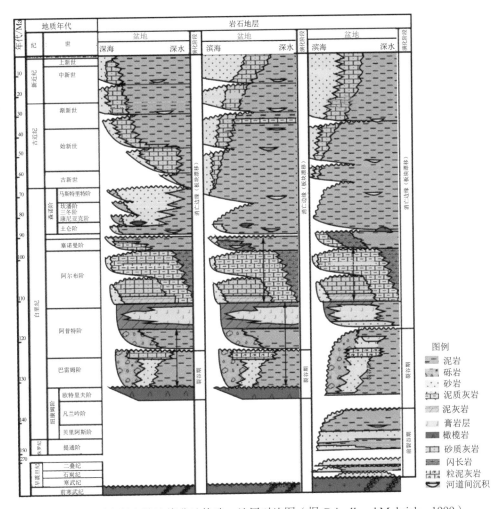

图 7-3　巴西东部大陆边缘盆地构造 – 地层对比图（据 Cainell and Mohriak，1999）

二、坎波斯盆地

（一）地层

坎波斯盆地的地层主要包括白垩系、古近系和新近系。盆地的底部是大陆裂谷早期喷出的玄武岩。K-Ar 法测定表明玄武岩年龄在 120 ~ 130Ma，和巴西西南部的 Serra Geral 地层的时代相当。

1. 下白垩统

Lagoa Feia 组：下部为深灰、灰黑色的湖相泥页岩，河流相的砂岩，上部为过渡期的白云岩和盐岩沉积。该组时代为纽康姆阶 – 巴雷姆阶，与下伏玄武岩的厚度合计约 3500m。

Macae 组：下部为浅海相的碳酸盐岩、泥灰岩，上部过渡为半远洋黏土岩。时代跨度为早白垩世末的阿尔布阶—晚白垩世早期的土仑阶，厚度 500m 左右。

2. 上白垩统—古新统

坎波斯组：主要由泥岩、页岩和砂质海底扇组成，其中 Carapebus 段浊积砂岩十分发育。该组时代跨度为晚白垩世的康尼亚克阶—马斯特里赫特阶以及古新世，厚度约 1800m。

3. 始新世—全新统

Embore 组：代表逐渐变浅的海洋沉积层序。下部 Ubatuba 段为深海页岩，浊积砂岩。上部为上新统的 Grussai 段的陆棚碳酸盐岩和浊积砂岩沉积。该组时代跨度为始新世—全新世，厚度约 2000m。

（二）沉积相及其演化

坎波斯盆地最老的沉积物组成了裂谷期巨层序，为湖泊和河流三角洲环境中的非海相沉积。在早白垩世，南美洲和非洲分裂的早期，上述沉积环境在裂谷内很普遍。该巨层序中的湖相页岩为整个盆地中发现的绝大部分油气的烃源岩。湖相介壳灰岩是该巨层序中的主要储集岩。非海相巨层序由一个被称为"前 Alagoas 不整合"的区域性的阿普特早期不整合与上覆巨层序分开。剥蚀作用夷平了裂谷期形成的起伏地形。在此面下常见的板状正断层（planar normal fault）往往被该不整合所截削。由于前 Alagoas 不整合面之上沉积时缺少构造作用，此剥蚀面的形成标志着裂谷期的结束。过渡相巨层序可以分为下部陆缘层序和上部蒸发岩层序。前 Alagoas 不整合把过渡相巨层序和下伏的非海相巨层序分开。此侵蚀面和它上面的陆源沉积楔状体表明了物源区的构造再次活化和附近高地的剥蚀。过渡相巨层序与 Lagoa Feia 组的上段相当。从过渡相巨层序向上进入海相巨层序（即从漂移早期到晚期阶段）是逐渐变化的。根据古生态研究结果，可以对海相巨层序进行双重分层（图 7-4）（Dias-Brito and Azevedo，1986）。

三、桑托斯盆地

（一）地层

桑托斯盆地中新生代沉积地层包括下白垩统、上白垩统和古近系，记录了从大陆裂谷、过渡期、裂后热沉降和漂移期的所有沉积作用，总沉积厚度为 10 ~ 12km。

1. 下白垩统

Camboriu 组：为大陆边缘火山碎屑岩沉积，时代属于欧特里沃期（图 7-5）。

Guaratiba 组：由河流–湖泊相的碎屑岩及石灰岩组成，与下伏地层为不整合接触，厚度约 1500m。

Ariri 组：为局限海相的盐类沉积，主要为蒸发岩层序，厚 400 ~ 3000m，与下伏地层为不整合接触，它也是该盆地唯一的区域性盖层。

2. 上白垩统

Guaruja 组：该组分为上、下两段，分别称下 Guaruja 组和上 Guaruja 组，为过渡环境至深水沉积。下部以石灰岩为主，上部以砂岩为主。与下伏地层为整合接触，总厚度约 1500m。

Itajai 组：在沉积环境上与 Guaruja 组并无大的变化，主要以向海进积的三角洲沉积为特征，其中的浊积砂岩属于该组的 Ilhabela 段，该段是桑托斯盆地的主要储集层之一。该组沉积厚度为 900m，与下伏地层呈不整合接触。

Jureia 组：为大陆边缘至深水沉积。

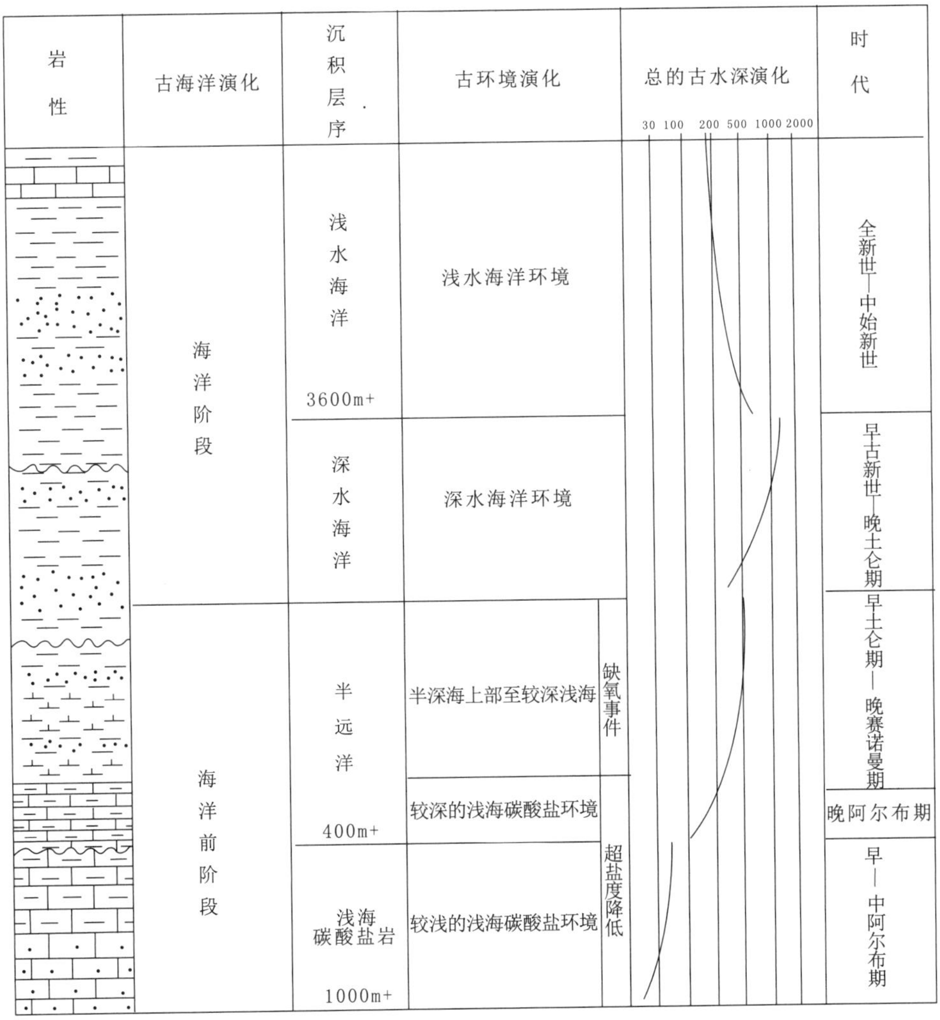

岩性	古海洋演化	沉积层序	古环境演化	总的古水深演化		时代
				30 100 200 500 1000 2000		
	海洋阶段	浅水海洋 3600m+	浅水海洋环境			全新世—中始新世
		深水海洋	深水海洋环境			早古新世—晚土仑期
						早土仑期—晚赛诺曼期
	海洋前阶段	半远洋 400m+	半深海上部至较深浅海	缺氧事件		
			较深的浅海碳酸盐环境	超盐度降低		晚阿尔布期
		浅海碳酸盐岩 1000m+	较浅的浅海碳酸盐环境			早—中阿尔布期

图 7-4 坎波斯盆地中部海相巨层序的层序划分（据 Dias-Brito and Azevedo，1986）

3. 古近系

该盆地古近系只有一个组，即 Marambaia 组，它是盆地最大海进沉积的产物，岩相为深海相石灰岩和泥岩互层，为陆棚至深水沉积环境，该组中广泛分布有浊积砂岩。

（二）裂谷后层序及充填史

裂谷后桑托斯盆地深水地层可划分为 11 个主要层序，每个层序代表了平均大约11Ma 的时间（图 7-5），包括的年代范围为中—晚白垩世和古近纪（Modica，2004）。

在晚白垩世期间，盆地复杂的充填历史和随后的平行海岸的 Praiba do Sul 水系受到 Serra do Mar 海岸山脉隆起的强烈影响。古 Praiba do Sul 水系在晚白垩和古新世期间，集中汇入北部和中部桑托斯盆地。尽管全球海平面处于高位期，但是中部和北部桑托斯盆地中集中的碎屑输入形成大范围厚层的陆架推进和大量深水浊积物。同时，南部桑托斯盆地则处于相对的沉积欠补偿状态，原先的陆架被淹没。

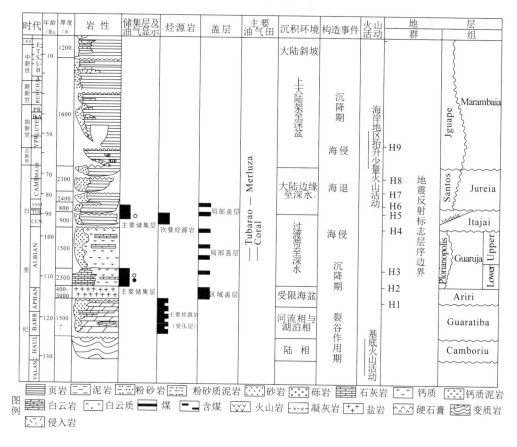

图 7-5　桑托斯盆地综合地层（Pereira and Feijō，1994）

第三节　构　　造

一、大地构造背景

沿着巴西东部大陆边缘，分布着地球上最大的盆地群之一（图 7-6），从北到南分别为 Foz Do Amazonas 盆地、Barreirinhas 盆地、Potiguar 盆地、Reconcavo 盆地、Equtinhonha 盆地、圣埃斯皮里图盆地、坎波斯盆地和桑托斯盆地。巴西主要的深海产油盆地——坎波斯盆地北端和南端分别被维多利亚高地和卡布弗里马高地限定。

图 7-6　坎波斯盆地区域位置及南大西洋巴西沿岸主要地貌单元图（Mohriak，1995）
点线为 200m 水深等深线，虚线为东南陆缘的裂谷边缘

（一）主要构造单元

巴西东部海域的主要地貌构造单元包括：①南美洲和非洲大陆之间的扩张洋脊，位置更靠近巴西盆地北部海岸；②沿着赤道变形边缘的近东西向构造枢纽线；③近垂直于大西洋洋中脊的巴西东部裂谷。当然，还有大陆边缘其他单元，特别是 Vitoria-Trindade 火山链、Florianopolis 线性构造带、Rio Grande 隆起和以一个巨大的刺穿盐丘为特征的圣保罗高原。在深水区域，盐构造形成小型盆地和盐岩抽离槽，表现为不规则海底，而火山颈则形成圆形的海底轮廓（如 Almirante Saldanha 山）。这些特征在区域布格异常图中可显示出来（图7-7），特别是火山脊，海底山脉和区域构造线。这个图也标识出裂谷期沉积中心（冷色，从深蓝到浅蓝）、过渡型地壳（绿色）和纯洋壳（暖色，从红色到紫色）。

（二）板块构造背景

在晚侏罗世以前，南美与非洲相邻，同属冈瓦纳超级大陆（图 7-8）。南大西洋裂谷系的发育是大西洋张开的先导，于晚三叠世—早侏罗世时从南非的南端开始，从南向北推进，于晚侏罗世—早白垩世到达赤道附近，100 ～ 105Ma 时导致大西洋张开，南美与非洲分离。南大西洋的张开在两岸形成了一系列的陆缘盆地。坎波斯盆地和桑托斯盆地是沿巴西大陆边缘分布的十几个离散盆地之一（图7-6）。

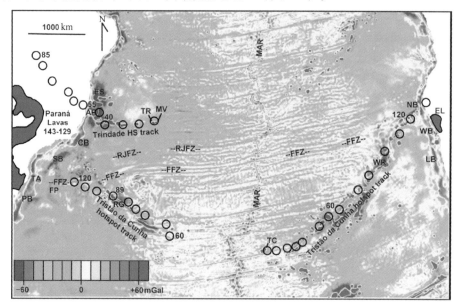

图7-7　南大西洋卫星重力异常（据 Sandwell and Smith，1995；转引自 Meisling，2001）

显示出大西洋中脊（MAR），主要断裂带（RJFZ 和 FFZ），两侧大陆上的 Paraná 和 Etendeka（EL）火山岩、洋脊两侧的 Tristao da Cunha 热点轨迹、其上的洋底火山（MV，VAZ，TC）以及大陆边缘沉积盆地（巴西陆缘：PB. Pelotas，SB. 桑托斯，CB. 坎波斯，ES. Esp irito Santo；西非陆缘：NB. Namib，WB. Walvis，LB. Luderits）。色标为重力异常值，单位 mGal，Gal 为伽，$1Gal=1cm/s^2$

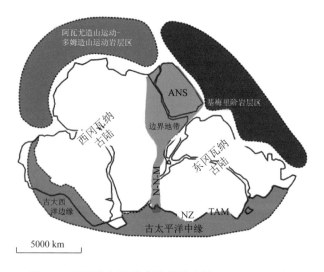

图7-8　冈瓦纳大陆重建示意图（据 Unrug，1997）

图中显示出主要的地体边界带：NZ. 新西兰（New Zealand）；TAM. 横贯南极山脉（Transantarctic Mountains）。东、西冈瓦纳边界带显示为叠置方式；ANS. Arabian-Nubian 地盾；N–N–M. Namaqua-Natal-Maud 带

二、盆地形成与演化

巴西东南部的构造演化，与南大西洋的裂开关系密切，主要经历了四个阶段：晚古生代—早中生代大陆克拉通阶段（前裂谷阶段）、中—晚中生代以来的裂谷阶段、过渡阶段和中生代末—古近纪的被动大陆边缘阶段（图7-9）。

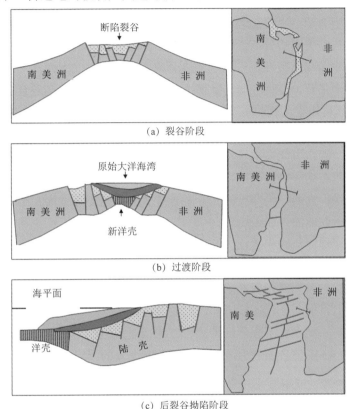

图7-9　巴西东南陆缘构造演化过程示意图（Jackson et al.，2000）

由于巴西东南部与非洲大陆之间不同地段裂开时间不同，沿着巴西海岸南北方向各段盆地（群）的发育时间与发育程度存在一定差异。

（一）前裂谷阶段

在二叠纪晚期，劳亚大陆（Laurasia）和冈瓦纳大陆（Gondwana）拼合形成了全球范围的超级大陆——联合古陆（Pangea）。该超级大陆在三叠纪早期达到全盛。在晚三叠世—早侏罗世，冈瓦纳大陆开始解体，并伴随着广泛大陆裂谷玄武岩喷发，标志着超级大陆开始分裂解体，开始了巴西东部陆缘盆地发育的前裂谷阶段（图7-9）。

（二）裂谷阶段

巴西东部陆缘中、新生代的历史是冈瓦纳大陆分离、裂谷形成和板块漂移的历史，巴西东部海岸盆地的形成与这一过程密切相关。

三叠纪时期，冈瓦纳大陆西北部的陆内断裂向南扩散，而冈瓦纳大陆南部形成于侏罗纪早期的另一裂谷系则向北延伸，到中侏罗世末，两条断裂系交汇并切穿赤道地区。它们的进一步发育，形成了后来的大西洋和南美东侧盆地与西非海岸盆地（图 7-9）。

北大西洋的裂开和海底扩张，始于中侏罗世并向南发展；南大西洋在阿普特晚期（早白垩世晚期）开始裂开；尽管北大西洋的裂开较南大西洋早，但是，南大西洋的裂开、海底扩张和非洲与南美洲的分离，则南早北晚。赤道大西洋的开裂，则在阿尔布期（早白垩世末期）。非洲和南美洲在土伦期最终分离期间，南、北大西洋一度曾有过聚合，由于南大西洋逐渐张开，使得北非与欧洲大陆之间的东地中海逐渐敛合，从早白垩世开始，当南大西洋继续加宽、加深时，特提斯东地中海则表现为逐渐闭合，这种"敛合""闭合"，致使大西洋的水流体系与印度洋–太平洋冷水流体系隔离。被"隔离的南大西洋和特提斯洋两岸，温水可能占据了水体的大部分"，富含有机质沉积，并发生水体缺氧事件，形成了阿尔布期—赛诺曼期富含有机质的沉积物和广泛分布的"黑色页岩"。晚侏罗世—早白垩世，大西洋与印度洋张开并形成大洋盆地，导致冈瓦纳大陆解体，亦揭开了南大西洋两岸盆地油气成藏历史。

巴西东部海岸地区与晚中生代大陆裂谷有关的含油气盆地及其油气藏的形成，主要位于陆地上和临近的大陆架地区，由于受北北西向和北东东向基底断裂制约，坎波斯和桑托斯盆地发育为一系列北西向断陷–地垒，东西相间排列；受北东东向转换断裂影响断陷在南北方向上以横向隆起各段错开，形成次级盆地。

纽康姆世末再一次发生了强烈的伸展，并形成了广泛的不整合面，发育了多个由断陷而形成的深湖，在不整合面之上沉积了湖相的含沥青的泥岩。

（三）过渡阶段（反转、抬升阶段）

巴雷姆晚期，南美与非洲大陆之间的裂谷作用趋于结束，发生了裂谷之后的区域性抬升（反弹挤压作用结果），致使南美与非洲大陆一度发生挤压聚合，导致西非海岸裂谷盆地的反转和抬升剥蚀，形成了裂谷层序与过渡层序之间的区域性不整合。

至阿普特早期，裂陷盆地受到挤压改造和抬升剥蚀，发生了较广泛的准平原化作用。而后，在夷平的、非海相充填的裂陷盆地之上，底部沉积了一套海相砾岩地层。此次广泛的海侵之后，阿普特中、晚期，在这套过渡砾岩地层之上，开始了巴西海岸广泛的蒸发岩沉积，形成了南美巴西东部海岸盆地主要的区域性盖层。

（四）后裂谷拗陷阶段（被动陆缘阶段）

阿普特期至古近纪，随着大西洋的扩张和南美大陆与非洲大陆的漂移，海岸盆地逐渐向西扩展。从东部陆上裂谷之上的拗陷盆地向西发展到一系列主体向西扩展的陆坡拗陷。相应地，沉积层序也发育为一系列向西推移的进积三角洲层序。

阿普特期至古近纪早期，此时期为较稳定的海相沉积阶段。随着裂谷进一步扩展，海水大量进入盆地，蒸发岩沉积结束，形成了盆地区域性的碳酸盐岩沉积。随着断裂作用的不断增强，拉张应力为一系列铲状断层和盐构造的形成提供了动力，从而形成了一系列同生的盐构造。

由于上白垩统和古近系的沉积负荷增加，引起了盐岩的顺层滑脱，并可能在上白垩统的硅质碎屑岩和盐岩（滑脱的）堆积物接触面处产生形变。古近纪时期，在某些地区由于断裂活动使两者又被错开。渐新世时期的海退导致广泛的剥蚀，沉积间断。中新世时期沉积了一套海相的碎屑岩和浊积岩。

盆地内主要存在两种不同的构造样式：其一主要为盐下构造，包括掀斜断块、地堑和半地堑、披覆褶曲等；其二为由盐岩沉积引起的构造，即为盐后构造，如盐丘、盐背斜和底辟等。

三、主要断裂

（一）坎波斯盆地

坎波斯盆地的断裂以具代表性的离散盆地的两类断裂构造样式为主（图 7-10）：一类为裂谷期基底张性构造，如切割了大陆壳、玄武岩和盐前沉积物的高角度正断层；第二类为上覆层张性构造，诸如影响到盐后沉积物的铲状正断层。

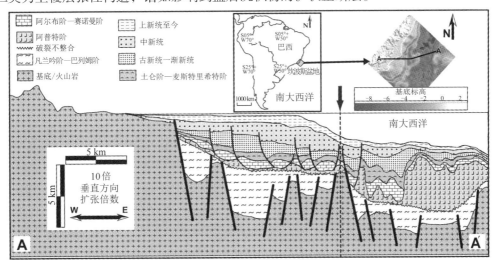

图 7-10　穿过坎波斯盆地中部的构造横剖面图（Fetter，2009）

拆离构造样式，同时可见盐构造域，陆隆的界限被基底隆起（黑色箭头所指的黑色虚线）所隔

1. 裂谷阶段的基底张性断裂

随着与南美洲和非洲裂开有关的拉张作用，白垩世早期在坎波斯盆地区形成了北东—南西向的裂谷系统。裂谷阶段是以影响基底和盐前火山岩及沉积物在内的一系列地垒、地堑和半地堑为代表，其构造高地和构造低地和主要重力异常相对应。断块均以横向上长距离连续并具有高达 2500m 落差的次级同向和反向正断层为界（图 7-11）。这

些断层的走向和西面明显的前寒武纪地盾的构造线相一致，意味着地壳软弱带中存在的张性断层再次活化（Ponte and Asmus，1978）。

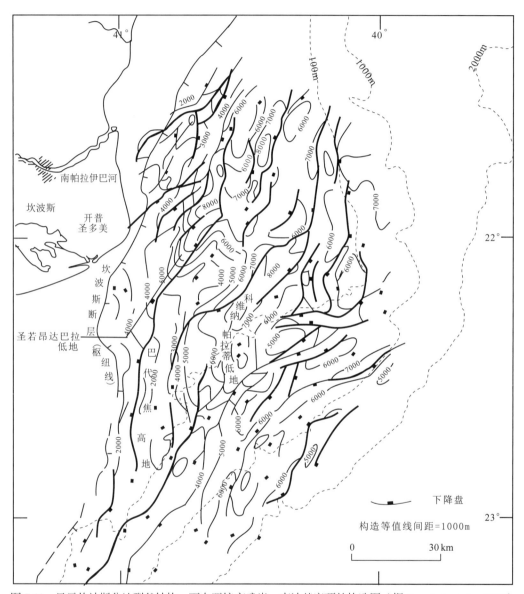

图 7-11　显示坎波斯盆地裂谷结构、下白垩统玄武岩、声波基底顶的构造图（据 Guardado et al.，1989）

裂谷阶段的张性断层影响了下白垩统 Lagoa Feia 组的岩相分布。前阿普特期不整合形成后，这些断层大部分变为非活动断层，但是在少数地方，裂谷期的断层再度活化，切割了漂移阶段过渡相巨层序，还有个别断层切割了海相巨层序。例如在开普圣多美地区，靠近坎波斯盆地边缘，渐新统地震标志层水平断错 250ms。

2. 上覆层张性断裂

在 Alagoas 期，经过一个构造相对静止期后，朝东的盆地倾斜并伴随差异压实激发了盐岩运动，随之发育生长断层。阿尔布期活跃的这类断层一直持续到全新世，而且在控制沉积相和在坎波斯盆地内主要油气聚集的圈闭形成方面都起着决定性作用。

由差异沉积负荷引起的早期盐岩运动形成了盐枕，控制了阿尔布阶 Macaé 组（图 7-12）浅水碳酸盐岩的分布。当盐构造演化发展时，形成了同沉积铲状断层，并在其下落断块中引起层面旋转，产生生长断层。滚动背斜和断背斜都与这类断层有关（Figueiredo et al.，1985），背斜幅度朝海的方向增加。

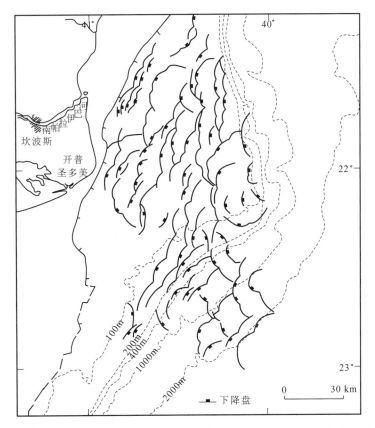

图 7-12　阿尔布阶—土仑阶（Macaé 层）顶主要的铲状断层图（据 Guardado et al.，1989）

Alagoas 期后铲状断层的分布示于 Macaé 组顶。注意 Alagoas 期后构造总方向为北—北东到南—南西，平行于前 Alagoas 期构造总方向，而且非地壳运动的断层一般位于裂谷阶段的断层之上，盆地中部出现了最强的盐类构造作用，可能反映了原来的盐层厚度更大。在盐岩足够厚的地方，出现塌陷构造和地形倒置。逐渐往盆地深部去，盐丘的幅度增大，底辟构造几近刺及海底。上白垩统浊积砂岩通过水道进入生长断层的下落断块。下切到古近系和个别地方下切到上白垩统地层的海底峡谷在空间上也与这些非地壳运动的构造密切相关。

（二）桑托斯盆地

桑托斯盆地的断裂构造同样具有典型被动大陆边缘的组合样式，形成同裂谷阶段的正断层、裂后铲状断层、倾斜断块等断裂构造样式的时空组合。

1. 同生裂谷阶段（早白垩世）正断层组合

对于桑托斯盆地的裂陷构造，人们目前研究得还不够，这是由于其中的蒸发岩厚度及其后裂谷期沉积物的影响造成的。航空磁测表明，强烈的北东向线性构造特征可能代表基底构造线走向（图7-13）（Stanton et al.，2010）。北东向的枢纽带分隔了盆地内较浅的部分，这些地区的古近系沉积在同生裂谷层序和盆地基底之上；而在盆地的深部，断裂构造以倾斜断块为代表。

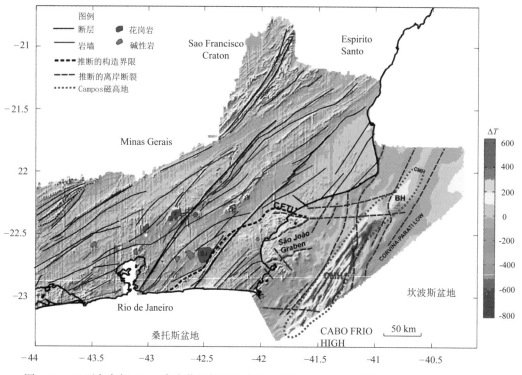

图7-13　巴西东南部150m高度化极航磁异常图（500m×500m网格）（Stanton et al.，2010）

2. 后裂谷期的热沉降阶段（阿尔布期至新近纪）铲式断层组合

桑托斯盆地的深部以大规模的盐底辟为特征（图7-14），其波状起伏的顶部被薄的生长褶皱沉积层序所覆盖。盐在局部上已经刺穿沉积物，然而桑托斯盆地的下部，盐丘显示出水平方向沿倾向收缩。已有证据证明盐岩沿着最深的走向和倾向收缩，这一模式由大面积的放射性汇聚流动所产生。

四、构造单元划分

（一）坎波斯盆地

坎波斯盆地由走向垂直于大陆边缘的基底高地与邻近盆地分开，北面维多利亚高地把坎波斯盆地和圣埃斯皮里图盆地分隔开，南面弗里乌高地将其和桑托斯盆地分隔开。

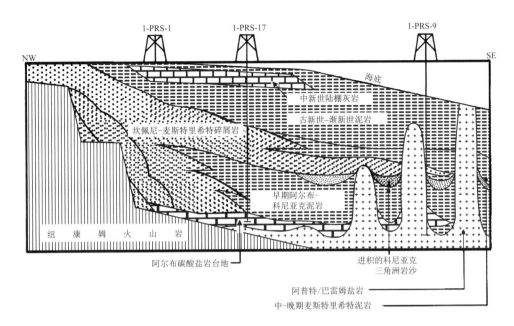

图 7-14　巴西南部桑托斯盆地剖面示意图（据 Gibbons et al., 1983）

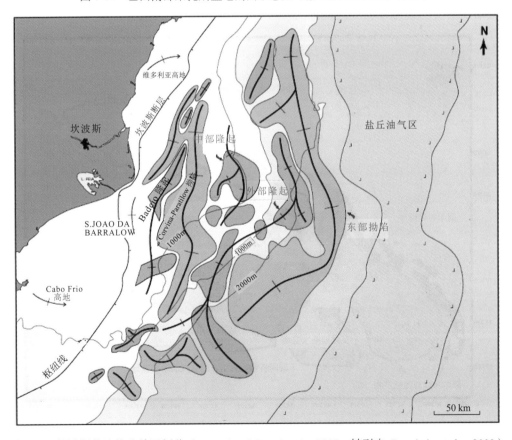

图 7-15　坎波斯盆地构造单元划分（Rangel and Carminatti, 1998；转引自 Guardado et al., 2000）

按照基底起伏情况，坎波斯盆地断陷层序可分为两隆两拗格局，呈北北东向展布（图7-15）。自西向东分别称为：① Badejo 隆起，呈近南北向展布的复式背斜。Badejo 隆起是最重要的高地，发育于盆地的裂谷阶段，倾向东北方向。向盆地一侧，有一系列平行于 BRH 的隆起构造，在隆起之间，即是沉积凹陷；② Corvina Paratilow 拗陷，呈北窄南宽的复式向斜构造；③中部隆起（central high），呈南北窄、中部宽的纺锤形，由多个次级凹陷组成；④东部拗陷（eastern graben），为向大西洋成弓形突出的大型向斜构造。坎波斯盆地已发现的油田主要位于东部拗陷区。

（二）桑托斯盆地

Modica（2004）将深水桑托斯盆地分成七个具有共同构造形式的次盆或区，并且可用主要的构造单元划出界限（图7-16）。构造区沿着走向被主要的下伏基底转换带分界向陆方向，主要的分界单元是阿尔布碳酸盐台地边缘，其位置也可能很大程度上受控于基底构造。在北部桑托斯盆地，阿尔布断裂和 Cabo Frio 反向区域断层早在三冬期—康尼亚克期就已经被进积三角洲覆盖越过。北部桑托斯接近一个由古 Paraiba do Sul 河流体系聚流形成的长期的碎屑输入中心。与 Ilha Grande 转换带北部相对浅的基底（减少了沉积物的可容空间）结合起来，导致了被我们称为北部海湾的地区发育起来，这个地区由厚层的深水沉积层组成，其盐岩大部分被抽离。北部海湾地区具有低振幅残余盐枕、盐脊、广泛发育浊积岩和碎屑流向沉积的特点。

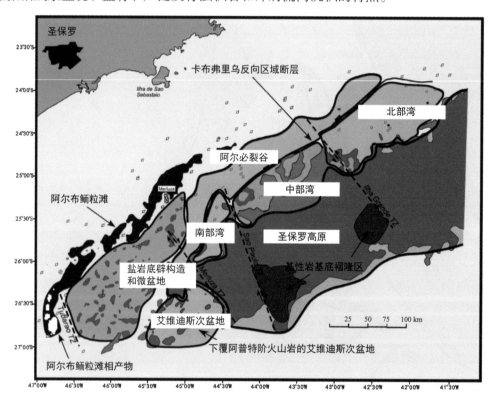

图 7-16　桑托斯盆地深水区构造域划分及主要的边界要素（Modica and Brush，2004）

相反地，中部和南部海湾的面积按顺序减小。特别是在中部海湾内，这反映了阿尔布断裂最发育的阶段和岩墙向海迁移在捕获三角洲补给的碎屑沉积物的效率。

在南部桑托斯盆地，构造样式和地层关系截然不同。盐岩底辟和微型盆地区没有一个显著的反向区域断层和岩墙的特点，取而代之的是出现了多个狭窄的大致沿走向延伸的盐脊或底辟。

第四节　坎波斯盆地油气地质

坎波斯盆地特殊的构造地质背景和沉积条件，为油气成藏提供了有力的保证。由于裂谷阶段的高地温梯度，使源岩快速成熟，形成了几套不同时代和品质的有效烃源岩。发育的多套储集层体系，包括盐下湖相、盐上海相碳酸盐岩沉积和古近系泥质砂岩沉积。多期次的构造作用形成了多样的圈闭类型。晚中生代大陆裂解阶段所形成的断陷型盆地，断层带发育，而盐岩活动所形成的断层构成了盆地丰富的油气运移输导体系。

一、烃源岩

被动大陆边缘深水盆地含有两套烃源岩：第一套是大西洋边缘盆地中的黑色页岩，第二套是包含了丰富的陆源植物碎屑的海相沉积物（表 7-1）。坎波斯盆地主要的烃源岩即前者：下白垩统 Lagoa Feia 地层中的 Buracicá/Jiquiá 页岩，这些源岩沉积于浅水咸 – 强咸的湖相环境中。

表 7-1　巴西东部大陆边缘盆地烃源岩形成时代、构造背景及类型特征

构造背景	年代	烃源岩类型	TOC	干酪根类型	R_o	成熟度
漂移晚期	晚白垩世—古近纪	海相页岩	<1.0%	Ⅱ – Ⅲ 型	埋藏浅	未成熟，有一定生烃潜力
	晚白垩世	海相泥岩	<1.0%	Ⅱ 型	R_o 值一般小于 0.5%	未成熟—低成熟
漂移早期	早白垩世晚期	海相页岩/介壳灰岩	<1.0% ~ 2.0%	Ⅱ – Ⅲ 型	R_o 为 0.5%±	未成熟—低成熟
裂谷期	早白垩世*	Lagoa Feia 湖相黑色页岩	5.0%±	Ⅰ – Ⅱ型，Ⅱ型为主	>0.5%	始新世开始成熟，无过成熟

* 主力烃源岩。

坎波斯盆地形成于晚白垩世—古近纪，主要包含有 Alagoas 阶中的 Lagoa Feia 组，阿尔布期，晚赛诺曼期—早土仑期，晚土仑期—早占新世，晚古新世—全新世各地层。桑托斯盆地同样形成在晚白垩世—古近纪，主要包含有巴雷姆阶—阿尔布阶中的 Guaratiba 组，赛诺曼阶—康尼亚克阶中的下 Itajai 组。坎波斯盆地烃源岩从晚白垩世到古近纪都有分布，主要烃源岩为同裂谷层系的下白垩统 Lagoa Feia 暗色湖相页岩（图 7-17），其次为热沉降期的暗色页岩。

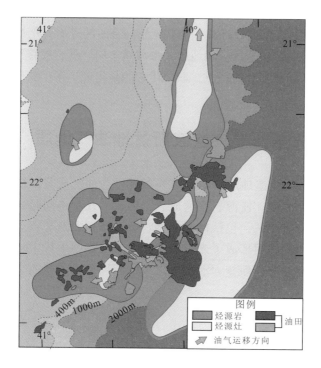

图 7-17　坎波斯盆地 Lagoa Feia 烃源岩和烃源灶的分布（据 Mello et al.，1994）

（一）Buracicá/Jiquiá 阶裂谷期烃源岩

裂谷期沉积的 Lagoa Feia 组的湖相 Buracicá/Jiquiá 岩是非常优质的油气源岩，为黑色页岩、半咸水—超咸水泥灰岩。盆地内大部分地区以 Ⅱ 型干酪根为主，西北部以 Ⅲ 型干酪根为主，总有机碳含量最高达到 5.0%，生烃潜力每吨岩石 7 ~ 50kg 油气。在这些岩石中，生油的 Ⅱ 型干酪根遍及全盆地，占主要部分。这种类型的有机质是在超盐度缺氧条件下沉积的。在盆地的西北部，页岩和泥灰岩生烃潜力减小，而氢指数表明生气的 Ⅲ 型干酪根的比率增高。大约在始新世时达到生油窗，中新世达到生油高峰，现仍在生油窗内。

镜质组反射率和热变指数的测定表明，除了圣若昂达巴拉构造低地外（此处生油岩尚未成熟），Buracicá/Jiquiá 沉积物仍在生油窗内。成熟剖面外推到盆地的较深部分表明这一重要的源岩层在任何地方都未达到过成熟。

由于具有高有机碳含量和成熟度，Buracicá/Jiquiá 页岩被认为是坎波斯盆地主要的生油母岩。

（二）漂移前期阶段烃源岩

裂后层序中也有些地层有机质含量高，但因成熟度原因而不能成为烃源岩或最多只能是次要烃源岩。

Alagoas 阶：Lagoa Feia 组的 Alagoas 页岩在坎波斯盆地只在局部地区发育烃源岩。

在 Alagoas 期，由于有机碳（1% ~ 2%）含量低和生烃潜力差，表明环境条件并不特别适合有机质保存。

此阶段的 Alagoas 页岩较薄，具有差—中等的生烃潜力（每吨岩石 5kg 油气）。这些岩石为 II 型干酪根，向盆地的东北部源岩的厚度增大，质量变好，达到每吨岩石 10kg 油气的生烃潜力。

Alagoas 页岩都已进入成熟阶段，R_o 为 0.5% 左右，由于烃源岩发育不广泛，所以对坎波斯盆地贡献次于裂谷阶段非海相的 Buracicá 和（或）Jiquiá 页岩。

（三）漂移晚期阶段烃源岩

上白垩统的海相烃源岩为海相泥岩，$w(TOC)<1.0\%$，干酪根属 II 型，R_o 值一般小于 0.5%，成熟度为未成熟—低成熟，局部可能达成熟期。

阿尔布期：阿尔布期碳酸盐岩层序是在富氧条件下沉积的，以有机碳含量低为特征。因此，这些碳酸盐岩缺乏生烃潜力。

晚赛诺曼期—早土仑期：有机碳含量高和生烃潜力高（在盆地中部达到每吨岩石 40kg 油气），表明此时期坎波斯盆地又回到缺氧环境，氢指数和氧指数表明在这些岩石中有机质为 I 型和 II 型干酪根。

晚赛诺曼期—早土仑期地层还没有达到生油窗，因此没有对盆地的生烃作出贡献。但是，在北部地区，同时代的岩石已达到生油的早期阶段，只是生烃潜力和氢指数都较低。这表明北部的有机质大量地来自生气的陆源或已氧化（III 型）的有机物质。

晚土仑期—早古新世：坎波斯盆地在晚土仑期到早古新世时沉积了海相页岩，构成坎波斯组的底部。这些岩石都不是源岩，因为其总的有机碳含量低，且多半为 III 型干酪根。其沉积可能是发生在高氧化环境中。

晚古新世—全新世：遍及全盆地的坎波斯组上部页岩尚未成熟。这些岩石的生烃潜力一般很差，主要含 III 型有机质。局部地在渐新世峡谷页岩显示中等的生烃潜力，表明在这些地层中以易生气的干酪根为主，氢指数低，晚古新世至全新世的海相页岩不是可能的烃源岩。

巴雷姆阶 Lagoa Feia 组由含钙质的黑色湖相页岩组成（含 19% 方解石的薄层页岩），层状页岩和碳酸盐岩互层，该段厚达 100 ~ 300m（Figueiredo et al.，1985；Mello et al.，1988；Guardado et al.，1989；Mello et al.，1994），是该盆地的主力烃源岩。它们都是在初始裂谷底部的浅咸水湖到超咸水湖中沉积形成。在进入与大陆漂移相联系的完全海相环境之前，它们经历了周期性的海水涌入和干枯循环阶段。Lagoa Feia 组富含 24- 正丙基胆甾烷，该化合物是海相来源的指示，是海洋 Chrysophytae 藻的产物（24- 正丙基胆甾烷，它们广泛分布于现代海洋藻类 Chrysophytae 中，因而具有海相成因）。

坎波斯盆地重要的生油期开始于始新世，该时期白垩系地层第一次被深埋，在始新世与渐新世期间，油气沿着早期正断层和晚期铲状断层运移到尼奥科姆统和古新近系的储集层中。这套油源岩是在盆地形成的裂陷阶段聚集的，当时为湖相环境。坎波斯盆地中晚白垩世的 Lagoa Feia 地层有着很高的生油潜力（图 7-18）。总有机碳（TOC）含量平均 2% ~ 6%，局部高达 9%。氢指数（HI）达 900mg HC/g TOC。干酪根类型为 I 型。有机岩石学研究表明富脂类物质主要起源于海藻和细菌。该层序有机物组分主要是无定形的腐泥岩物质（80% ~ 90%），并且成熟度足够高，对含油的沥青类物质进行基于生物标志和碳同位素的对比显示 Lagoa Feia 地层是盆地内部主要的油源岩。

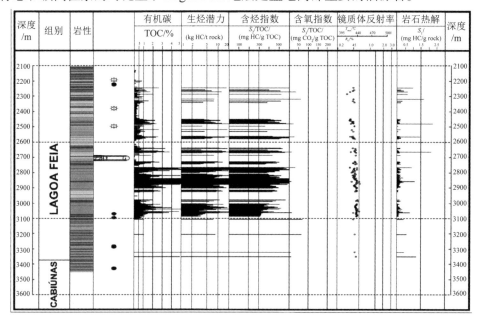

图 7-18　坎波斯盆地 Lagoa Feia 组钙质烃源岩质量评价图（据 Guardado et al.，2000）

二、储集层

坎波斯盆地的优质储层在时空上具有广泛分布的特点（Guardado et al.，2000）。时代从裂谷期—过渡期—拗陷期均有分布，岩性有浊积岩、介壳灰岩、灰岩、玄武岩。然而对于深水区而言，最有意义的储集层为晚白垩世—古近纪的浊积砂岩储层（图 7-19，表 7-2）。浊积砂岩中发现的油气地质储量越来越多，所占比例越来越大，占所发现储量的 93.4%。其中 Marlim 油田渐新统浊积砂岩厚达 150m，可在 200km² 的范围内连续追踪，孔隙度 20% ~ 30%，渗透率可达 $9.869 \times 10^{-1} \mu m^2$，单井日产 20000bbl。

表 7-2　坎波斯盆地主要储集层特征表（据 Bruhn et al.，2003）

构造期次	储层时代	沉积相	储层岩性	孔隙度 /%	渗透率 /mD	厚度 /m
	新近纪中新世	深水浊积扇	浊积扇和水道砂	—	—	—
	古近纪渐新世*	深水浊积扇	浊积砂岩	25 ~ 30	5400	30 ~ 100
漂移期	古近纪始新世*	深水浊积扇	浊积砂岩	24.4 ~ 27.0	700 ~ 1700	90
	晚白垩世末期*	深水浊积扇	浊积砂岩	20 ~ 33	1000 ~ 4000	>100
	晚白垩世早期*	海相	灰岩和浊积砂岩	33	约 1000	115
裂谷期	早白垩世	滨浅海相	介壳灰岩	15	120	—

*主要储层。

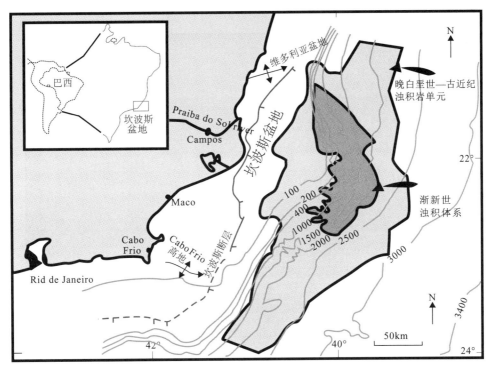

图 7-19　坎波斯盆地大多数油田分布的主要浊积岩系统和主要构造特征（据 Nicole，2005）
等值线是水深（m）

裂谷期巴雷姆阶介壳灰岩，孔隙度达 15%～20%，渗透率高达 1D。最好的储层是具有晶间孔隙的高能双壳类粒状灰岩。如纽康姆阶生物膜泡和裂缝产生高孔高渗的储层一样，具有次生孔隙（铸模溶孔）的巴雷姆阶粒状灰岩形成储层。

阿尔布阶浅水陆棚碳酸岩储层分布广泛。最高质量的层段，孔隙度达到 28%，渗透率大于 1D，属于高能鲕粒灰岩相沉积。由于几乎没有次生胶结作用，大量原始的晶间孔隙保留了下来。孔隙度较高（达 30%）而渗透率较低（达 100mD）的储层，属于中等水流的浅海核形球粒灰岩和粒状灰岩相沉积。在较深水和低能环境中沉积的细粒灰岩构成的储层，尽管孔隙度较高（20%～30%），但是渗透率相对较低（最大为几毫达西）。

由于盐的构造运动，晚白垩世浊积岩主要沉积在缓坡的峡谷中。基于有孔虫的研究，古水深的范围从较高到较低的半深海。晚白垩世浊积岩孔隙度 20%～25%，渗透率 100mD～5D。

古近系主要的硅质碎屑储层（渐新世—中新世）是中等-细粒砂岩，孔隙度约 30%，渗透率为几达西。这些海底扇浊积岩复合体广泛发育，也有潮汐重建的块体移动和交错层砂岩沉积。

富砂浊积岩是坎波斯盆地最主要的储集岩，时代为盐层以上的上白垩统至中新统深水扇浊积砂岩（图 7-20），占盆地储量的 85%。浊积岩以渐新统为主，上古近系储层、古新统—始新统浊积岩次之。土仑阶—马斯特里赫特阶浊积岩是巴西最大的油田 Roncador 油田重要的储层。巴雷姆阶介壳灰岩、阿尔布阶砂屑灰岩以及阿尔布阶—赛诺曼阶浊积岩也是重要的储层。砂质沉积集中于古陆坡的上部和底部，而古陆坡的中、下部为沉积物过渡带。

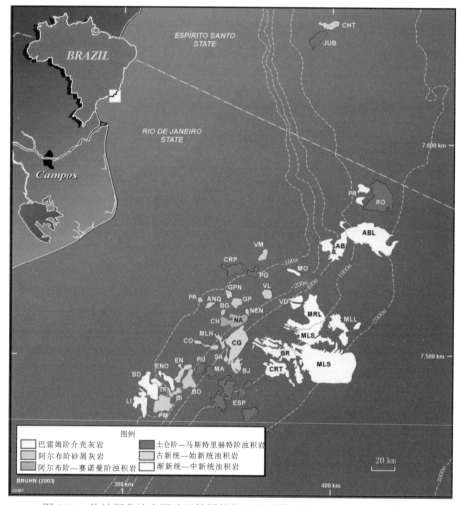

图 7-20　坎波斯盆地主要油田储层的位置和时代（据 Bruhn et al.，2003）

三、生储盖组合

被动边缘盆地从理论上讲，作为油气储盖层的地层可在前裂陷期、裂陷期、裂后热沉降期任一阶段出现（图 7-21）。以坎波斯盆地为例，储层可以是裂陷期的裂缝性玄武岩，被湖相泥岩盖住；还可以是湖中浅滩上形成的介壳灰岩，以上覆湖侵泥岩作盖层；还可以是岩石热沉降早期的浅水碳酸盐岩层，海侵泥岩作盖层；或是热沉降晚期深水浊积岩作储层，以深海泥岩作盖层。但由于现今的深水区往往是陆坡向前推进的结果，储层物性的限制使得越往深水区，储盖层时代越新。

坎波斯盆地生储盖匹配完美，其主力烃源岩为白垩系纽康姆阶 Lagoa Feia 组黑色湖相页岩，有机碳含量高达 5% ~ 6%，厚达数百米，分布范围广，是罕见的优质生油岩，为坎波斯盆地提供了绝大部分油源。

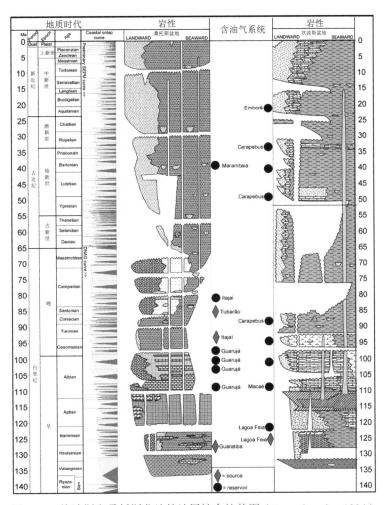

图 7-21 坎波斯和桑托斯盆地的地层综合柱状图（Rangel et al.，1994）

暗黄色 / 粗点 . 粗碎屑岩；亮黄色 / 细点 . 细碎屑岩；褐色 / 短线段 . 泥岩；蓝色 / 斜方格 . 碳酸盐岩；绿色 / 方格和蓝绿色点 . 蒸发岩；混色 / 混合符号 . 混合性岩石；粉红色 / "V" 字符 . 火山岩

　　储集层被致密盐岩层分隔为盐上和盐下两套储集体系。盐岩层和古近系厚层的海相页岩为油气藏提供了良好的封盖条件。坎坡斯盆地储层为上白垩统—中始新统—上渐新统的厚层海相浊积砂岩，主力为渐新统—中新统浊积砂岩体成藏组合，盐下储层及古近系地层圈闭是重要的勘探目标。

　　盆地发育着与盐前和盐后储层相匹配的两套区域盖层，即阿普特阶盐岩构成盐前裂谷层序的区域盖层；晚白垩世—晚古近纪海相页岩，构成裂后层序的区域盖层。阿普特阶盐岩破裂才能使油气从下白垩统烃源岩向上运移。

　　生、储、盖在垂向上和横向上的配置关系决定了盆地的成藏组合，主力成藏组合为下白垩统成藏组合和下古近系成藏组合。盆地内存在两种类型的含油气系统：独立含油系统和复合含油系统。独立含油系统的构成是以纽康姆阶—巴雷姆阶 Lagoa Feia 组湖相页岩为烃源岩，生成的油气运移到盐前非海相碎屑岩和碳酸盐岩储层和通过阿普特阶盐岩盖层中的天窗或断层运移到上覆白垩系—古近系页岩为盖层的更年轻海相砂岩或碳酸盐岩储集层中。复合含油气系统是指多套成熟烃源岩生成的油气,通过断层、盐岩天窗及输导层运移至上古近系浊积砂岩层中而形成的油藏,对于某一个油藏而言其油源可能是多源的。

四、油气运移

坎波斯盆地裂陷期烃源岩有机质丰度高,成熟度适中,而裂后热沉降期的泥页岩成熟度低,因而前者是油气的主要贡献者。但是由于盆地深水区的储层以上白垩统尤其是渐新世以来的浊积岩为主,但其间隔了一层巨厚封闭性能很好的蒸发岩、浅水碳酸盐岩和海相泥岩。因此沟通二者的油气运移通道就显得十分重要。幸运的是由于盐底辟和晚期断层活动,使得油气可通过断层向上运移至圈闭中。巴西大陆边缘盆地的地温梯度整体上较高,盐层顶部覆盖有较厚的沉积柱,新构造表现为盐岩运动(发现井眼崩塌)和盐岩底辟仍在运动的现象。

伴随盐构造油气运移和圈闭时间配合适宜,盆地具有巨大的石油潜力。始新世和(或)渐新世之后,早白垩世沉积物达到成熟高峰,而盆地沉积速率很高,大量油气得以聚集起来。盐构造促进了圈闭的形成,并为油气通过在蒸发岩层序中的"窗口"运移到上部的地层层位提供通道(Figueiredo,1985)。

坎波斯盆地位于水深 0 ~ 3000m 的圣保罗地台之上,且整体处在断裂转换带上,断层发育且未切穿上覆盖层,同时该区发育四期大的不整合面,与转换断裂一起为油气提供了良好的输导条件,下部烃源岩中的油气通过断层和不整合面经垂向运移聚集在油气圈闭中。

图 7-22 表明烃源岩和主要储集层之间被一盐层分隔。因此,油气从烃源岩运移到储层需要经过蒸发岩的通道,这种运移通道是盐运动时盐层减薄和抽空形成的。裂谷期的断层允许油气从烃源岩运移到盐层底部的多孔地层中。盆地中油气运移途径多种多样。在下构造层中,断陷层序中的湖相页岩所生成的烃类主要是沿张性断层和不整合面向上运移至过渡层序中的碎屑岩层系。而油气向上跃过蒸发岩进入漂移层系,是以上构造层中断至蒸发岩层系的铲状断层、盐岩缺失带和海底峡谷不整合面作为通道。

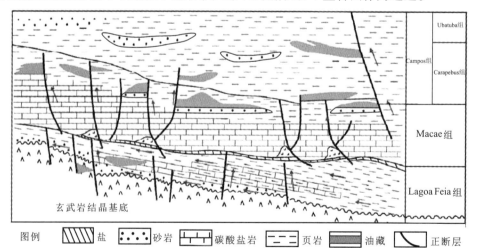

图 7-22 坎波斯盆地成藏模式图(据谢寅符等,2009)

五、圈闭

坎波斯盆地的圈闭属于大西洋两边富产油气盆地最典型的圈闭类型，是在早白垩世阿普特阶蒸发岩之上的薄皮拉伸构造及深水区的盐构造作用下形成的，以构造圈闭和构造－地层复合圈闭为主。断陷期圈闭类型有断块、基岩潜山、披覆背斜等。漂移期，盆地进入深水环境，区域构造变动减小，但由于区域倾斜而发生盐、泥塑性运动或滑脱运动，而形成与盐丘、泥丘、铲式断层有关的圈闭，如盐枕、盐丘、盐岩刺穿以及龟背斜等。从储量分布上看，主要是在盐、泥构造活动有关的圈闭中，如龟背斜及逆牵引构造。从时代分布来看，以盐后期的穹隆盐岩侧封的圈闭为主（表 7-3）。

表 7-3　坎坡斯盆地圈闭类型

圈闭类型		成因机制
构造圈闭*	断层圈闭	拉张
	背斜圈闭	拉张作用 / 盐运动
	刺穿圈闭	盐运动
地层圈闭		沉积尖灭
构造 – 地层复合圈闭*		盐运动与地层共同作用

* 主要圈闭类型。

构造圈闭是坎波斯盆地的重要圈闭类型。砂岩和泥岩的断层对接、海相泥岩（上坎波斯地层）封闭浊积砂岩构成圈闭。如断层使透镜状浊积砂岩终止，透镜状浊积砂岩横向上向东西方向尖灭，地层向东倾斜（Mello et al.，1994；Cobbold and Meisling，2001）。在阿尔布期—土仑期和三冬期—马斯特里赫特期砂层中，油气聚集是受盐区域地质构造控制的。详细地分析了这些储层后，表明不规则面上的沉积地层在一些地方产生了地层圈闭。

在大多数圈闭中地层因素都起着重要作用。例如，所有碎屑岩储层中的油藏都比早阿尔布期新，都与海底扇体系有关，该体系储层分布总是很复杂。

复合圈闭出现在非海相巨层序中。构造、地层和成岩作用（如次生孔隙）对介壳灰岩和裂缝玄武岩储层中的油气藏有很强的控制作用。构造是控制阿尔布期碳酸盐岩油气聚集的最主要因素，这从 Pampo 油田中可以看出来。横向上从砂屑石灰岩到泥屑石灰岩的岩相变化在形成圈闭和限制圈闭容量上也起着重要的作用。

迄今为止，始新世沉积扇体系可能是说明坎波斯盆地远景区带类型变化多端的最好例子。它们的分布广泛，勘探可以在不同的地质条件下进行。很多油气藏受地层尖灭和差异压实的控制，以及峡谷切割和盐构造引起的古地貌的控制。渐新世——中新世海底扇复合体中情况也是如此，峡谷充填、尖灭（在斜坡环境中的上倾和下倾尖灭）和盐构造控制着大多数油气藏。

六、油气富集主控因素

坎波斯盆地发现的所有油气似乎都是出自同一套生油层，即裂谷阶段的 Buracicá 和

Jiquiá 页岩。但在局部地区，Alagoas 页岩也被认为是次要的烃源岩。Lagos Feia 组沉积岩大约在始新世时达到生油窗，现在仍在生油窗内。油气（特别是那些在海相层段中聚集的油气）的最终组分受储层内或运移过程中降解作用的控制。早白垩世构造高地在 Jiquiá 期和阿尔布期为介壳滩和碳酸盐岩浅滩沉积提供了充分的条件。盐构造控制了集中在构造断槽中晚白垩世和古近纪海底扇的分布。所有必要的含油气系统元素和过程形成了南大西洋盆地丰富的油气资源（Guardado et al.，2000）。主控因素可概况如下：

（1）富饶的、分布广泛的裂谷层序湖相源岩，或古近纪早期已达成熟一直保持在"生油窗"内的源岩。

（2）高质量的白垩系—古近系浊积砂岩储层。

（3）从裂谷期烃源岩到漂移期储层的有利运移输导体系——盐窗和相关铲状断层系统。

（4）过渡层序阿普特阶盐岩因负载和滑移产生的盐枕、反向牵引生长断层背斜和龟背构造等，以及古近系浊积砂岩中的大型地层圈闭是坎波斯盆地的主要控藏因素。

（5）油气生成和圈闭的同期形成。

第五节　桑托斯盆地油气地质特征

一、烃源岩

在盆地的西南边缘（Tubarao 和有关的油田），烃源岩被认为是晚白垩世海相沉积岩。纽康姆裂谷地层出现在桑托斯盆地的广大地区。巴西石油公司也在南部桑托斯盆地的较深水区发现了石油，因此，盆地西南部的烃源岩被认为是纽康姆阶。

桑托斯盆地潜力各不相同的烃源岩有裂谷期断陷层序中的湖相页岩、泥岩，早白垩世阿尔布期的 Guarujá 组碳酸盐岩和晚白垩世赛诺曼期—康尼亚克期泥岩，其中主力烃源岩为裂谷期 Guaratiba 组咸湖相泥岩、页岩（表 7-4）。

表 7-4　巴西东部大陆边缘桑托斯盆地烃源岩形成时代、构造背景及类型特征

时期	年代	烃源岩类型	TOC	干酪根类型	R_o	成熟度
漂移晚期	晚白垩世—古近纪	海相泥岩	1.2% ~ 2.7%	II 型为主	平均值 >0.7%	成熟
漂移早期	早白垩世阿尔布期	碳酸盐岩	—	—	—	—
裂谷期	早白垩世	湖相泥岩、泥岩	—	—	—	成熟或过成熟

（一）主力烃源岩

桑托斯盆地主要的烃源岩分布在 Guaratiba 组的前盐丘层序内，是巴雷姆阶—阿尔布阶的 Guaratiba 组，但收集到的地化数据很少。缺氧沉积物沉积在 Rio Grande-Walvis Bay 火山北部的局限裂谷内。烃类的成熟度随盆地的横断面而变化。在水深较浅处

（<400m），上白垩统至古近系后期盐丘沉积物覆盖很厚，下—中白垩统烃源岩埋深达7~8km，已达到成熟或过成熟。这一地区可采油气的油质较轻，为气、凝析油及轻质油，其比重大于40°API，稠油预计出现在更大的水深范围内，其上的后期盐岩覆盖比较薄。

（二）次要烃源岩

桑托斯盆地的次要烃源岩是赛诺曼阶—康尼亚克阶的下Itajai组。在桑托斯盆地的中部至西南地区，其深水海相页岩沉积在富氧与缺氧相互转换的条件下，这表明其具有生烃潜力。根据现有的地球化学资料，烃的来源很有可能是在赛诺曼阶到康尼亚克阶之间的成熟的深海泥页岩。这些页岩属于下Itajai组，并代表了晚白垩世的全球缺氧事件。页岩厚度确定并被证实为具有生烃潜力的井有以下一些：1-SPS-17（525m）、1-SCS-4A（1000m）、1-SCS-5（225m）和1-SCS-6（550m）（表7-5）。此外没有其他的经过分析的沉积物有显著的生烃潜力。烃源岩主要为生油岩，也含富气源岩层。平均总有机碳含量1.2%~2.7%，HI约200mgHC/gTOC，厚度50~200m，干酪根类型为Ⅱ型，S_2达10mgHC/gTOC（图7-23）。盆地中部至西南部的镜质组反射率平均值可达0.7%以上，这表明其有机质只达到了中等成熟。

表 7-5　桑托斯盆地南部赛诺曼期—康尼亚克期烃源岩数据（据 Petroconsultants，1994）

井名 烃源岩深度 /m	平均总有机碳含量 TOC/%	热解产量		平均热解油 / 气生成指数 （GOGI）
		平均潜力 /（kg/t）	平均生油 /（kg/t）	
1-SCS-4A （3700~4700）	1.2 （0.9~2.0）	2.8 （1.3~6.4）	—	—
1-SCS-6 （3950~4500）	2.7 （1.7~7.4）	3.2 （1.0~5.3）	2.2	0.32 （0.22~0.74）
1-SCS-5 （3950~4165）	1.6 （0.5~3.6）	4.7 （1.9~12.9）	2.8	0.39 （0.29~0.5）
1-SPS-17 （3640~4125）	1.8 （1.5~2.1）	4.0 （1.5~6.1）	3.0	0.24 （0.15~0.3）

古温度指示计（孢粉颜色和镜质组反射率大小）表明在古近纪期间，盆地具有较低的地温梯度。计算出的生油门限深度在3600~4500m：在晚古近纪的后期，大多数赛诺曼阶烃源岩埋深接近生油门限的深度，因而在晚古近纪的后期赛诺曼阶只生油。然而，由薄皮的扩张作用及盐的收缩作用形成深大地堑，其赛诺曼阶至土仑阶的Itajai组埋深在5~7km，在这一深度赛诺曼阶至土仑阶的沉积物现今已过成熟，可能在早古近纪古新世和始新世开始进入生油窗。

二、储集层

桑托斯盆地的储集层可以分为盐下储集层和盐上储集层两类（表7-6）。由于盐下油气田的突破主要是近几年，因此关于盐下储集层的公开资料非常匮乏。

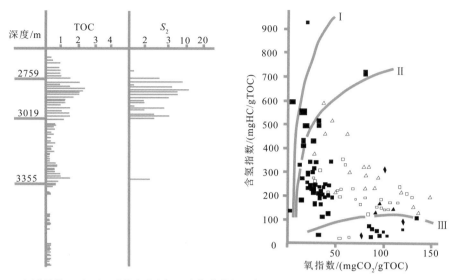

图 7-23　赛诺曼期—康尼亚克期烃源岩地球化学特征（据 Orivaldo Bagni，引自 Brasil Round 4 Santos Basin PPT）

表 7-6　桑托斯盆地主要储集层特征表

构造期次	储层时代	沉积相	储层岩性	孔隙度 /%	渗透率 /mD
漂移期	古近纪	陆棚至深水沉积	浊积砂岩	—	—
	晚白垩世三冬期	浅水沉积	细至粗砂岩	—	—
	晚白垩世晚土仑期	深水浊积扇	浊积砂岩	10 ~ 27	较低
	早白垩世阿尔布期	浅滩相	粒状灰岩、泥粒灰岩及粒泥灰岩	12 ~ 24	高渗
裂谷期	早白垩世 *	—	碳酸盐岩	—	—

* 主要储层。

（一）盐下储集层

截至 2006 年，巴西石油公司在桑托斯盆地已钻探 11 口井。所有这些井都获得了成功。仅就位于 BM-S-11 区块的 Tupi 油田和 Iara 油田，巴西石油公司评价可采量为巴西目前石油储量的双倍。这个世界级的石油区域位于桑托斯盆地中部 2000 ~ 3000m 的超深水地区，距离巴西海岸线 200km。油气位于厚度超过 2000m 的连续蒸发岩层序之下。（Carminatti et al.，2009）。

下白垩统巴雷姆阶—下阿普特阶的 Guaratiba 组被认为是盐下最主要的储集层。盖层为 Ariri 组盐岩。由于目前关于盐下油气勘探仍处于初期，对其油气成藏条件及要素的认识很少有报道。

（二）盐上储集层

主要目的层大多位于水深小于 400m 的地区，通常油藏埋藏很深（>4000m），其特点是保存了原始孔隙度，比如在埋深为 5000m 的地方，其孔隙度为 18%。古近系在两个盆地发育良好，然而上白垩统在桑托斯盆地保存更好，这一点从三冬阶到马斯特里赫特阶厚层硅质碎屑楔形沉积体得以求证。由于阿普特阶蒸发岩的排空，三角洲碎屑楔形沉积体不整合向下伏盖在裂谷层序上，使裂谷期烃源岩和白垩纪储层直接接触。在晚白垩世，沉积中心沿着桑托斯盆地到坎波斯盆地向北迁移。

1. 阿尔布阶：下 Guaruja 组

Tubarao 油田的下 Guaruja 组是在碳酸盐岩层序的上部发育，它由三个多孔隙的层位组成，从下到上分别为 B_1、B_2 和 B_3，它们之间以非渗透性层相隔。孔隙度介于 12% ~ 24%，良好的孔隙度一直保持到 4500m 以下。B_1 储集层具高孔隙度和低渗透率的特点，含挥发性油，具低 H_2S 含量；而 B_2 储集层具高孔高渗特点，含凝析气，具高 H_2S 含量。

储集层有八个主要岩相类型，包括粒状灰岩、泥粒灰岩及粒泥灰岩。粒状灰岩的不同类型（主要为鲕粒或核形石）代表浅滩脊部的高能环境，而鲕状或核形石泥粒灰岩主要沉积在浅滩的两侧环境，而球粒和粒泥灰岩则充填于在整个凹陷之中。现已识别出两种成岩序列，B_1 储集层中方解石胶结的具有两个时代，是大气潜水活动沉积的产物，它堵塞了粒状灰岩中的部分原生孔隙；B_2 储集层受海相潜水成岩作用和随深度而变化的成岩过程影响，尽管如此，这两种作用仅仅使原生孔隙度减少很小一部分。

2. 晚土仑阶：Ilhabela 段

在 Merluza 气田，浊积砂岩属于 Itajai 组 Ilhabela 段，其平均孔隙度在 4700m 处为 21%（1-SPS-20 井），在深度 4900m 处为 16%（1-SPS-25 井）。这些孔隙度数据比巴西其他油藏在同样深度的孔隙度数据要大得多，并且主要为原生孔隙。砂岩大多为细至粗粒岩，分选中等至差；其粒间孔隙大多保存下来，粒内孔隙很低（>0.5%），这是由于长石和火山碎屑存在的原因。由于绿泥石的次生加大堵塞了孔喉，因而渗透率较低。

Anjos 等（2003）认为，桑托斯盆地主要的储层是上白垩统海相浊积砂岩和陆架砂岩。这些储层深度大于 4000m，孔隙度大于 20%。这些砂岩大多是细粒岩屑长石砂岩，基性和酸性火山碎屑含量达 24%（图 7-24）。火山岩碎屑来源于 Parana 盆地的下白垩统的 Serra Geral 地层。

3. 三冬阶：下 Jureia 组

Jureia 组底部砂岩孔隙度在 4450m 处为 12%（1-SPS-25 井），砂岩为细至粗砂岩中等分选，交错层理发育，属典型的浅水沉积，成岩变化主要受强烈的压实作用影响。

4. 古近系浊积砂岩

古近系浊积砂岩可能是桑托斯盆地深部及大陆斜坡地带最重要的油藏所在。

三、生储盖组合

桑托斯盆地主力产层的岩性为碳酸岩和浊积砂岩，并被致密盐岩层分隔为盐上和盐下两套储集体系（图 7-25）。盐岩层和古近系厚层的海相页岩为油气藏提供了良好的封盖条件。其中桑托斯盆地烃源岩为阿普特阶下部瓜拉提巴组（Guaratiba）泥岩和阿尔布阶以伊坦加组（Itajai）泥岩；储层为阿尔布阶瓜鲁加组（Guaruja）鲕状－球状灰岩、伊坦加组下部的部分浊积砂岩以及三冬阶潜在的砂岩储层；盖层为泥岩夹层和蒸发盐岩。

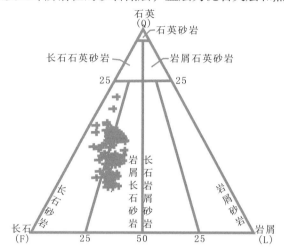

图 7-24　桑托斯盆地上白垩统储层砂岩的岩石类型（据 Anjos et al.，2003）

岩屑基本上是火山岩

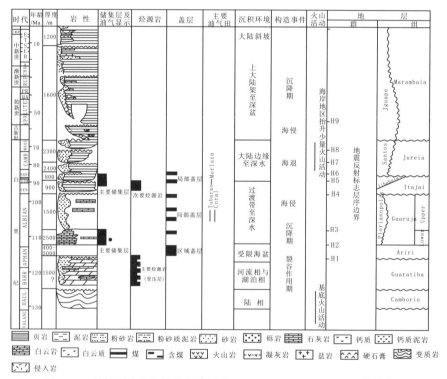

图 7-25　桑托斯盆地生储盖组合（据 Pereira and Feijó，1994，修编）

依据不同的烃源岩，在桑托斯盆地中可划分出两个生储盖组合。一个是赛诺曼阶－土仑阶，另一个为下白垩统。在上白垩统烃源岩和含油气系统中有足够的地化数据可以确定其烃类特点及其成熟度，而下白垩统烃源岩和含油气系统中却没有足够的数据。

（一）上白垩统

桑托斯盆地上白垩统含油气系统中所测烃源岩层的成熟度相对较低，这就制约了其油气资源潜力。尽管在上白垩统缺氧页岩发育，但这些沉积物至今才成熟。油气生成中相对较短的时间间隔内，大量体积的烃可能无法从巨厚的上白垩统烃源岩中运移出来而形成具有工业价值的油气聚集。赛诺曼阶至土仑阶烃源岩在古近纪只有位于深部扩张和盐丘收缩的盆地中可能达到成熟。

现今上白垩统烃源岩上、下的非烃源岩页岩层可能对油气的运移起阻碍作用。

这一含油气系统持续时间大约从 95Ma（赛诺曼期）至今。

（二）下白垩统

现今下白垩统烃源岩处于 Guaratiba 组缺氧页岩中，因而下白垩统含油气系统可以解释现今已发现的石油聚集。在坎波斯盆地北部，烃源岩为纽康姆阶（Neocomian）Lagoa Feia 组湖相页岩，然而在桑托斯盆地下白垩统中所得到的数据不多。

晚白垩世至古近纪的岩浆活动与巴西边缘的抬升相伴随，产生瞬变高热流，在古近系相对较浅的沉积物有产生油气的可能。

下白垩统含油气系统的持续时间从大约 135Ma（欧特里沃期）至今。

四、油气运移

油气要从前期盐丘烃源岩中运移出来，便得盐丘发生收缩，在前期盐丘烃源岩和后期盐丘储集层之间形成一个接缝。接缝的形成发生在晚白垩世和古近纪早期，是由后期盐熔壳的重力滑塌形成。

油气从白垩系土仑阶烃源岩中运移至下阿尔布油藏中，是由于后期盐熔壳的断层伸展致使烃源岩构造上超到储集石灰岩之上。这种烃源岩与储集层并置发生在晚白垩世和早古近纪之间，是由后期盐熔壳重力滑塌造成的。

油气从白垩系土仑阶烃源岩中运移到上白垩统储集层中，是油气发生侧向运移而形成的。此外，油气可能沿断层运移。

五、圈闭

桑托斯盆地油藏圈闭类型为构造－地层型及构造型（表 7-7）。

表 7-7　桑托斯盆地的圈闭类型

圈闭类型	成因机制
地层圈闭	沉积尖灭
构造－地层复合圈闭[*]	盐运动与地层共同作用

[*] 主要圈闭类型。

下 Guaruja 组油气组合油藏圈闭类型主要为构造－地层型及构造型（图 7-26）。下

Guaruja 组构造－地层油气藏目前在两个油田和油气发现中见到，其中 Tubarao 油田占桑托斯盆地中油储量的 24.7%，凝析油占 31%，而气占 36%。

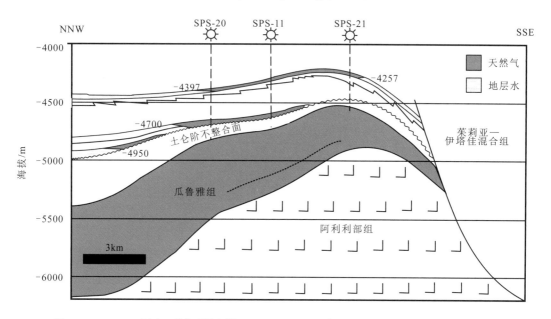

图 7-26　Merluza 油气田剖面图（据 Orivaldo Bagni，来源于 Brasil Round 4 Santos Basin）

Tubarao 油田是桑托斯盆地阿尔布阶 Guarujb 组中第一个具有工业价值的油气发现。圈闭为断层拉长的北东—南西向倾斜的穹隆，其下伴随盐的运动。南北向主断层把构造分成两块，储集层的沉积相和厚度变化跨越了褶皱和断层，因而形成了构造－地层控制的油气藏。

Ilhabela 段含油气组合：包括两个油田或发现，其中 Merluza 油田和 1-SPS-025B 油田包括桑托斯盆地总储量的 10.2%，圈闭类型为构造－地层型。Ilhabela 段构造－岩性油气藏包含桑托斯盆地 26% 的气储量和 69% 的凝析油气储量。Merluza 油田是桑托斯盆地中发现的第一个具有工业价值的油田，其圈闭类型为构造圈闭，并与盐丘的枕状构造有关。

Marambaia 组岩性油藏（包括盆地 0.7% 的油气储量），一个油气发现和一个未分类的油气发现（1-SPS-031），大约有超过 2MMbbl 的油。

六、油气富集主控因素

在下 Guaruja 组，储集层特征和油的聚集主要受高能相的分布和成岩作用的控制，与此同时，油气早期运移到构造中，这样也促进了大约 4500m 深度原生粒间孔隙的保存。

与沉积环境相关的沉积物碎屑成分是控制其成岩和孔隙保存的主要因素，因而使岩层可能成为储集层。Ilbabela 段土仑阶浊积砂岩在埋深 4700m 处孔隙度为 21%。一方面，孔隙度的保存归功于早期成岩时颗粒周围的厚绿泥石生长边，这种绿泥石边的生长阻止了压溶作用的产生，也阻止了其他胶结物的沉淀。另一方面，Jureia 组的砂岩位于较浅处，其平均孔隙度为 12%，这些砂岩缺少绿泥石生长边，促进了更多活跃化合物的压实和硅质胶结，这就导致了孔隙度的降低。

碳酸盐岩台地的早期断裂是由于其上盐丘的重力滑塌和原地盐收缩，这也导致了新生烃源岩与阿尔布储集层的相互并置。

盆地中已观测和潜在的油气分布与以下因素相关（图 7-27）：①下白垩统烃源岩层在原地的位置；②下白垩统烃源岩生烃的时间和效率；③盐的运动和盐熔壳的重力滑塌使区域性蒸发盖层破裂；④赛诺曼阶—土仑阶下部页岩层序中烃源岩的位置；⑤在盐丘扩张和收缩的地堑中，上白垩统烃源岩的埋深大，使有机质在早古近纪期间成熟；⑥后期盐熔壳的断裂和盐的收缩，使上白垩统烃源岩和储集层相互并置；⑦后期盐丘面的重力滑塌产生的构造及岩性圈闭较早；⑧碳酸盐岩和砂岩储集层的有效盖层出现早；⑨盆地朝东向海的斜倾有利于盐熔壳的重力滑塌；⑩在晚白垩世和古近纪早期期间，厚层砂岩沉积从盆地西部流入，导致了盆地的埋深大和重力不均衡，重力不均衡则形成重力滑塌，使沉积体产生断裂，有利于油气的运移。

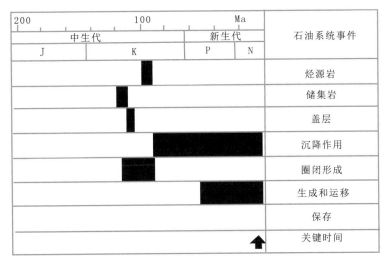

图 7-27　桑托斯盆地坎波斯盆地含油气系统事件图（据 Orivaldo Bagni，引自 Brasil Round 4 Santos BasinPPT）

第六节　油气田各论

一、坎波斯盆地

坎波斯盆地是巴西海上石油勘探生产的主战场之一，该盆地石油产量占巴西全国的 3/4。1984 ~ 1996 年，巴西近海重大的深水油气发现均来自坎波斯盆地。2000 ~ 2007 年，巴西近海发现的 10 个大油气田有 7 个位于该盆地。重要的油气田有 Roncador、

Marlim、Marlim E、Marlim Sul、Albacora、Albacora E 和 Barracuda 等巨型或大型油气田。下面介绍几个代表性油田。

（一）巴拉库达（Barracuda）油田

巴拉库达油田的发现井是 1989 年所钻的 4-RJS-381 井，水深 980m，这口井钻遇了渐新统卡拉佩布斯组浊积岩油藏，原油比重为 25°API。该油田为构造 – 地层复合圈闭，在一些区域为地层尖灭油藏，而在另一些区域则是断层控制的构造油藏。

该油田的原油组成表明：在储集层埋得足够深、能够避免生物降解之前，成熟度比较低的未熟油已进入储层。当储层埋深增大，可防止石油生物降解时，未经生物降解、热成熟度比较高的原油注入储层，并与早期的未熟油混合（Soldan et al.，1990）。

巴拉库达油藏储集层为古近系浊积岩，地质年代为古新世—渐新世。该油田的主要油藏类型为马林姆 -10（渐新统）、恩奇瓦（Enchova）（始新统）、科维纳（Corvina）（始新统砾岩）和巴拉库达（古新统）（Stank and Traichal，1998）（图 7-28）。底栖有孔虫化石表明浊积砂岩油层是半深海环境（中至下部）沉积，属于从高密度浊流快速沉积的、未受围限的富含砂质浊积岩（Bruhn et al.，2003）。

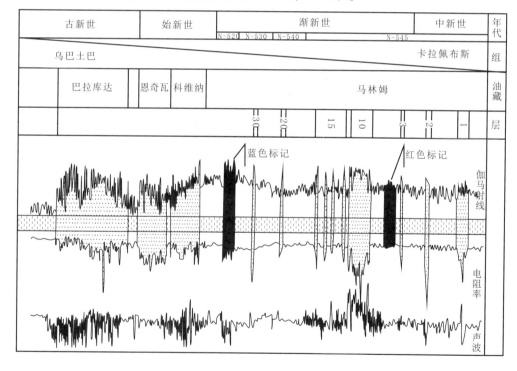

图 7-28　巴拉库达油田测井图（据 Stank and Traichal，1998）

巴拉库达油田位于水深 600 ~ 1200m 的海域。由于它靠近卡拉廷加油田，所以正准备与卡拉廷加油田同时开发。开发计划建一个具固定系统的导向系统，固定系统正在实施。这两个油田的开发分三个阶段进行：一个导向系统（2002 年 10 月完工）；一个巴拉库达油田固定系统；在卡拉廷加油田建一个固定系统。

　　油田自 1997 年 7 月开始生产原油，当时在巴拉库达有一个 9 口井的导向系统（以及卡拉廷加的 3 口井）（Mello et al., 1994）。项目实施结果表明，为了使固定系统达到油气最大采收率，需要对生产计划作调整。导向系统投入使用时，从 1-RJS-383 和 4-RJS-381 井中生产 Marlim 油藏中的原油，从 3-RJS-458、3-BR-6-RJS 和 1-RJS-380 井中生产 Enchova 油藏中的原油。1998 年开始从 6-BR-3-RJS 井中生产 Barracuda 油藏中的原油。

（二）龙卡多尔油田（Roncador）

　　Roncador 深海油田距离巴西的 Sao Tomé Cape，Rio de Janeiro 州沿岸大约 125km。油藏深度范围为海平面以下 2900 ~ 3600m（图 7-29）。Roncador 油藏是在白垩纪时期形成的较好的硅质碎屑岩油藏，其平均孔隙度为 25%，平均绝对渗透率为 800mD。油田被一个主正断层分为两个大的断块，油的密度从下盘的 18° ~ 22°API 变化到上盘的 28° ~ 30°API。油田的储量约为 75×10^8 bbl。估计最终可采储量为 37×10^8 bbl 油当量，其中已探明储量为 30×10^8 bbl 油当量（徐连生和郭金荣，2009）。

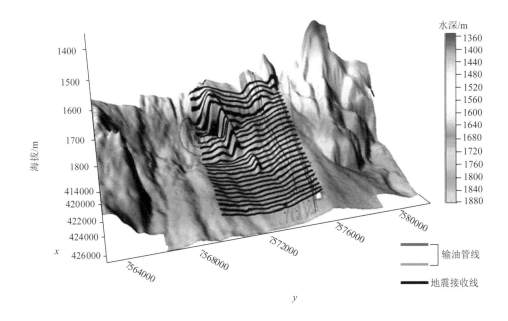

图 7-29　Roncador 油田水深（据 Cafarelli et al., 2006）

绿色区域水深超过 1800m

　　Roncador 油田中的正断层（最大断距为 200m）将油田分为两个断块，即上盘断块（含油气单元 1A 区域）和下盘断块（含油气单元 2、含油气单元 3 和含油气单元 4 区域）。圈闭类型为构造圈闭和断层圈闭。油藏中有许多油水界面，但只在下盘有一个气顶。

储集层为马斯特里赫特阶的浊积岩层，页岩和泥灰岩夹层，浊积岩有很大的孔隙度（24% ~ 30%）和渗透率（400 ~ 500mD）。Roncador油田中的流体分布非常复杂。轻质油（密度为28°API）饱和在上盘断块最深处的储集层中，重质油（密度为18°API）饱和在下盘断块最浅处的储集层中。早期的封闭断层演化为许多部分。为了了解封闭断层的特征和其对各部分的影响，通过地质研究确定出封闭断层的主方向和断层再生的压力极值（徐连生和郭金荣，2009）。

（三）Marlim油田

Marlim油田位于坎波斯盆地的中部，离岸约110km，水深范围为600 ~ 1000m。该油田是一个巨型浊积油田，由钻于853m水深的初探井1-RJS-219A于1985年初发现，油田包括160km^{2}的范围，拥有82×10^{8}bbl石油的地质储量和3.6×10^{12}ft^3[①]（约10^3×10^{9}m^3）伴生天然气，总的可采储量为28.15×10^{8}bbl。该油田是巴西最大的生产油田（50×10^{4}bbl/d左右），该油田完全由Petrobras公司拥有，产量峰值达到61×10^{4}bbl/d，含原油64×10^{8}STB（地面桶数），通过实验系统后，于1991年投产。油田开发了87口生产井，51口注入井以连接到7个浮式生产单元（Johann et al.，2009）。

Marlim油田储层是第三层序低水位系统区块的一部分，而第三层序是与一次很重要的海面升降有关的，在此过程中，浊积扇填充斜坡内部，下部斜坡与下伏的阿普特阶蒸发岩发生滑移，形成了一个大的拗陷。

储层沉积相由一些压实较差的、无层理的、分选性中上且具有很低的粉砂和泥质含量的砂岩层混合而成，孔隙度和渗透率相对均匀，大部分是依据在测井和取心中识别出的分层不连续状况，将Marlim浊积体系分为九个生产区。油田的东部边界由断层界定，其他边界由砂岩的尖灭限定。

从2km网格的地震测网上得出的Marlim油田构造图（图7-30）看来，迄今为止未见到限定油田的闭合构造，其西界似乎是被储集砂层的尖灭所控制，东界由一条中新世断层所形成，该断层被认为是石油运聚到Marlim油藏的主要运移通道。

产层为形成巨大海底扇体系的部分渐新统细－中粒块状砂岩。砂层由单独的横向伸长的朵叶体聚结而成。储集砂层在地层内被细粒的扇端沉积物所分隔，在大多数情况下细粒扇端沉积物并未完全隔离储集层（图7-31）。

由于储集层和其间夹层之间有很强的波阻抗差（5% ~ 10%），目的层的地震分辨率非常好。储集层沉积在由盆地泥屑灰岩和泥灰岩组成的密集段顶部之上，形成了明显的区域反射层，上覆以前积倾斜型地层。

地层测试时获得了较高流量，为2500 ~ 7600bbl/d（400 ~ 1200m^3/d）。油水界面尚未被确定。平均孔隙度为25% ~ 30%，渗透率为2 ~ 3D，油密度为20°API。气油比为80，有利于单井高产。单井的生产潜力是2×10^{4}bbl/d（3200m^3/d）。

---

① 1ft^3=2.831685×10^{-2}m^3。

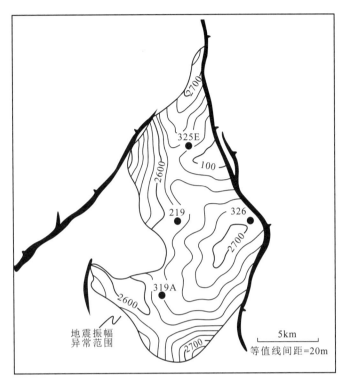

图 7-30　坎波斯盆地 Marlim 油田渐新统储层顶面构造图（据 Guardado et al.，1989）
等值线以米（水下）表示

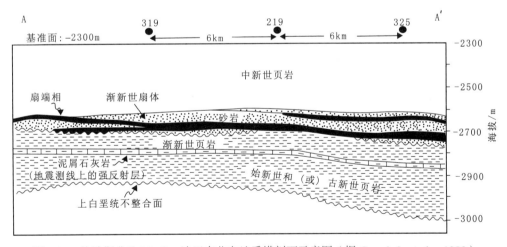

图 7-31　坎波斯盆地 Marlim 油田南北向地质横剖面示意图（据 Guardado et al.，1989）
图给出了晚渐新世海底扇块状砂岩和扇端沉积物之间的关系

二、桑托斯盆地

油气藏类型主要为与盐活动有关的构造－地层型及构造型，如 Tubarao 油田的圈闭为断层拉长的北东—南西向倾斜的穹窿，其下伴随盐的运动。南北向主断层把构造分成两块,储集层的沉积相和厚度变化跨越了褶皱和断层,因而形成了构造-地层控制油气藏。

桑托斯盆地有 10 个深层油气田或发现,主要的油气田或发现见表 7-8。

表 7-8　桑托斯盆地海上深层油气综合特征(据谯汉生和于兴河,2004)

油气田	深度/m	烃类类型	总可采储量/10^6 bbl	储集层	储层岩性	含油气组合
Merluza	4679	天然气/凝析油	117.33	Ilhabela 段	砂岩	Ilhabela 段构造
Tubarao	4571	油/天然气/凝析油	75.83	下 Guaruja 段	鲕灰岩	下 Guaruja 组地层-构造
Estrela do Mar	4693	油/天然气	43.33	下 Guaruja 段	鲕灰岩	下 Guaruja 组构造
Coral	4862	油/天然气	22.00	下 Guaruja 段	鲕灰岩	下 Guaruja 组构造
Caravela	4706	油/天然气	147.50	下 Guaruja 段	鲕灰岩	下 Guaruja 组构造
Caravela Sul	4852	油/天然气	56.33	下 Guaruja 段	鲕灰岩	下 Guaruja 组构造
1-BSS-070	5090	天然气/凝析油	46.67	下 Guaruja 段	灰岩	下 Guaruja 组构造

(一)Caravela 油气田

发现于 1992 年 7 月,位于海上大陆架。最终可采储量:原油 130MMbbl,天然气 1050×10^8ft³。截至 1995 年累计产油 4977863bbl,产气最少 34.2×10^8ft³。截至 1994 年 10 月共钻 3 口井,其中一口油井,一口干井。截至 1994 年 11 月有一口生产井(图 7-32)。

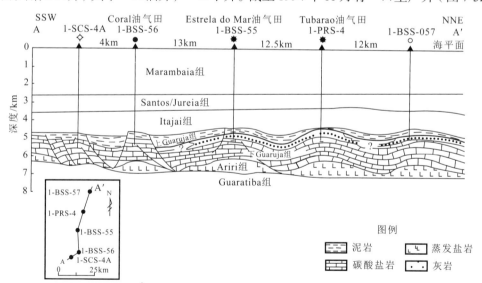

图 7-32　桑托斯盆地 Caravela 油气田地质横剖面(Petroconsultants,1994;转引自谯汉生和于兴河,2004)

主要的储集层为阿尔布阶下 Guaruja 段鲕状灰岩(图 7-32),分为 B_1、B_2、B_3 和 B_4 四个单元。其中 B_3 为水饱和,B_2 和 B_4 为主要的产层。主要的烃源岩为巴雷姆阶—阿普特阶的 Guaratiba 组页岩,主要的盖层为阿尔布阶上 Guariuja 段灰质泥岩。圈闭为与下伏盐运动有关的构造圈闭,属下 Guaruja 组构造油气藏。

（二）Merluza 天然气和凝析油田

发现于 1979 年 8 月,是桑托斯盆地的第一个商业发现,位于海上大陆架,目前处于生产状态。最终可采储量:天然气 $5000 \times 10^8 \text{ft}^3$,凝析油 $34 \times 10^6 \text{bbl}$。截至 1993 年累计产气 $81.9 \times 10^9 \text{ft}^3$,截至 1995 年累计产凝析油 $3.6 \times 10^6 \text{bbl}$。截至 1994 年 9 月已钻 9 口井,全部为气井,6 口生产井。

主要的储集层为土仑阶 Itajai-Acu 组 Ilhabela 段海相浊积砂岩,深度 4679m。总厚度最少 25m,孔隙度平均 22.4%,以原生晶间孔隙为主。绿泥石限制孔隙喉道,渗透率平均为 $15 \times 10^{-3} \mu\text{m}^2$。主要的烃源岩为巴雷姆阶—阿普特阶 Guaratiba 组页岩。主要的盖层为上白垩统 Ilhabela 段页岩。圈闭为盐成因的断背斜,属 Ilhabela 段构造油气藏。

（三）Tupi 油田

在早期勘探区块 BM-S-11 中,位于桑托斯盆地的中部,Rio de Janeiro State 滨外。距岸约 290km。水深 2200m。Tupi 油田估算可采原油储量为 $50 \times 10^8 \sim 80 \times 10^8 \text{bbl}$,将是 20 年来巴西最大的油气发现（Petrobras,2007）,代表着世界上最新的海上勘探前沿领域。2006 年宣布该油田的发现,该区块首个钻井是 RJS-628,完成于 2006 年 6 月。该井设计阿普特阶（Aptian）的碳酸盐岩储层为目的层。在生物灰岩中发现烃类,命名为 SAG 储层,另发现一个次要的微生物储层,命名为 RIFT 储层。两个储层均位于广泛分布的厚层盐岩之下,故称为盐下储层。该井已进行测试和生产。经过酸化增产改造,该井目前产量为 2380bbl/d 28°API 原油（Nakano et al.,2009）。

第八章 西非大陆边缘深水区盆地油气地质

第一节 概　　况

　　目前，西非勘探程度较高的深水盆地主要为几内亚湾海盆及安哥拉深水盆地，它们和巴西近海、美国墨西哥湾是备受勘探业界关注的世界三大深水油气区，其中几内亚湾深水区（包括尼日利亚、赤道几内亚、喀麦隆、安哥拉）被称为"金三角"中的"金矩形区"海域，是目前油气勘探最活跃的海区。

　　大西洋海域盆地是非洲深水盆地油气勘探和开发工作最主要的区域之一，西非深水盆地位于南大西洋东部的非洲被动大陆边缘地带，长达 1 万余千米，总面积达 $656 \times 10^4 km^2$。西非海岸盆地群第一口石油探井是 Sinclair Angola 公司于 1925 年在宽扎盆地钻探的 CL-1（Sinclair）井。二维地震勘探始于 1951 年，三维地震勘探始于 1981 年（邓荣敬等，2008）。在西非地区，因浅水产量稳定，投资额度甚至有所下降，因此资本性支出也基本保持不变。2005 年西非深水投资额超过浅水部分。2007 ~ 2012 年西非深水勘探开发投资费用可能增加 80%，而浅水的勘探投资费用只增加 17%（图 8-1）。

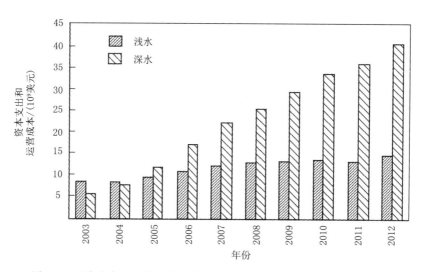

图 8-1　西非浅水和深水勘探开发投资费用变化（据王震等，2010）

　　在西非陆缘的加纳、尼日尔、喀麦隆、赤道几内亚、刚果民主共和国（以下简称刚果（金））、加蓬和安哥拉被动陆缘的陆坡上，水深 500 ~ 3000m 范围内也已发现大量的油气藏，截止 2005 年西非深水区已经发现了 17 个油气田，总资源量为 $14.3 \times 10^8 t$（据 Khain et al.，2005）。

　　根据美国地质调查局 2010 年公布的西非各深水盆地油气储量上来看（表 8-1），

表 8-1 西非深水盆地油气储量

盆地	石油		天然气		液化天然气（LNG）		资料来源
	MMbbl	10^8t	Tcf	10^8t	MMbbl	10^8t	
尼日尔三角洲盆地	15534.00	24.696	58.221	16.486	6326.00	10.057	USGS，2010b
西非中部盆地群	49736.00	79.072	75.790	21.462	2877.00	4.574	USGS，2010b
西南非海岸盆地	116.18	0.185	3.603	1.020	162.58	0.259	USGS，2010b
Guinea 湾盆地群	4071.00	6.472	34.461	9.758	1145.00	1.820	USGS，2010b
塞内加尔盆地	2350.00	3.736	18.706	5.297	567.00	0.902	USGS，2010b
总计	71807.18	114.160	122.570	34.708	11077.58	17.610	—
	166.478×10^8t（油当量）						

尼日利亚、安哥拉、加蓬和刚果（金）是西非地区油气资源最丰富的四个国家。西非已探明油气储量 166.478×10^8t，其中石油储量约 114.16×10^8t，天然气储量 122.570Tcf（折合油当量 34.708×10^8t），液化天然气储量 17.16×10^8t。其中尼日尔三角洲盆地总计 51.239×10^8t，其中石油储量 24.696×10^8t（15534.00MMbbl），天然气 58.221Tcf（折合油当量 16.486×10^8t），液化天然气 10.057×10^8t（6326.00MMbbl）。西非中部深水盆地群包括从赤道几内亚到纳米比亚的广大地区，安哥拉是非洲西部的石油大国，尤其是深水油气储量很大。赤道几内亚、贝宁、喀麦隆、科特迪瓦、加纳和刚果（金）等国油气储量也相当可观。西非中部深水盆地群总计 105.108×10^8t，其中石油储量 79.072×10^8t（49736.00MMbbl），天然气 75.790Tcf（折合油当量 21.462×10^8t），液化天然气 4.574×10^8t（2877.00MMbbl）。西南非海岸盆地总计 1.464×10^8t，其中石油储量 0.185×10^8t（116.18MMbbl），天然气 3.603Tcf（折合油当量 1.020×10^8t），液化天然气 0.259×10^8t（162.58MMbbl）。Guinea 湾盆地群总计 18.05×10^8t，其中石油储量 6.472×10^8t（4071.00MMbbl），天然气 9.758Tcf（折合油当量 34.461×10^8t），液化天然气 1.820×10^8t（1145.00MMbbl）。塞内加尔盆地油气储量总计 9.935×10^8t，其中石油储量 3.736×10^8t（2350.00MMbbl），天然气 5.297Tcf（折合油当量 18.706×10^8t），液化天然气 0.902×10^8t（567.00MMbbl）。

2004 年西非原油产量 2.1266×10^8t，占非洲总产量的 52.4%；天然气产量 149.6×10^8m³，占非洲总产量的 11.8%。2005 年原油产量 2.2900×10^8t，占非洲总产量的 49%；天然气产量 224×10^8m³，占非洲总产量的 13.6%。2006 年原油产量 2.3457×10^8t，占非洲总产量的 49.5%；天然气产量 282×10^8m³，占非洲总产量的 17.1%。

第二节 构 造

一、大地构造背景

根据板块演化历史和沉积特征等可把非洲板块的演化阶段划分为三个演化阶段。其中太古代和元古代为基底形成阶段，在这个阶段，主要发生了板块碰撞拼合作用、裂谷作用、火山作用、变质作用，末期经过泛非运动的拼贴，形成了冈瓦纳大陆、非洲克拉通的雏形；第二个演化阶段是古生代联合大陆的形成阶段，这个阶段发生多期多阶段的大规模海水进退和盆地升降作用，内陆拗陷盆地、前陆盆地和褶皱带盆地也是形成在这个时期，而且接受了大套的古生代地层的沉积，并受到了后期海西构造运动的改造。到了中新生代，联合大陆发生裂解，但非洲克拉通在该阶段没有受到大规模的构造运动影响，克拉通边缘处在拉张环境内，裂谷作用与基性超基性、中酸性岩浆侵入和喷出，这个时期是裂谷盆地、大陆边缘盆地、拉分盆地和三角洲盆地形成的主要时期，而且内陆形成两大裂谷系和众多裂谷盆地，而在东非和西非海岸，裂陷作用后形成了大陆边缘盆地（表8-2）。

表8-2　非洲构造运动阶段划分（据关增森和李剑，2007）

地质时代			构造阶段与地壳运动			
			欧美		非洲	
新生代	第四纪	全新世	撒夫运动	新阿尔卑斯阶段	阿尔卑斯运动晚期	阿尔卑斯阶段
		更新世				
	新近纪	上新世				
		中新世				
	古近纪	渐新世	比利牛斯运动	老阿尔卑斯阶段	阿尔卑斯运动早期	
		始新世	拉拉米运动			
		古新世				
中生代	白垩纪		新西末利运动			
	侏罗纪		老西末利运动			
	三叠纪		阿帕拉契运动	海西阶段	海西运动第三幕	海西阶段
晚古生代	二叠纪		布列东运动		海西运动第二幕	
	石炭纪					
	泥盆纪				海西运动第一幕	
泛非阶段	志留纪		伊里运动	加里东阶段		
	奥陶纪				泛非运动晚期	泛非阶段
	寒武纪		太康运动			
元古宙	震旦纪		阿奈提运动		泛非运动早期	
太古庙			格林威尔运动		陆核形成阶段	
冥古庙			肯诺尔运动			

对非洲影响最大的，也是最重要的一次构造运动是发生在6亿～6.2亿年前的前寒武纪晚期的造山运动—泛非构造运动（或加丹运动），此次构造运动波及整个非洲，所波及地区地层受到热动力变质和花岗混合岩化作用，从而使非洲大陆成为一个古老的稳定地块区。古生代以后的几次全球范围的造山运动对非洲大陆的影响微弱，褶皱山系仅见于大陆南北两端。在非洲南部为由志留系—泥盆系组成的开普海西造山带，非洲西北部为由上元古界至泥盆系组成的 Atlassi Maghrebian 海西造山带。古生界地台型沉积主要发育在北非，其次为西非。北非撒哈拉古生界地台在早古生代开始发生自西向东的海

侵，经加里东运动转为自北向南。西部的摩洛哥中部高原经毛里塔尼亚至几内亚，为晚元古代至泥盆纪的地槽活动区，海西运动早期强烈变形褶皱，称为西非褶皱带。非洲南部只有开普山属海西褶皱带，然而从石炭纪至三叠纪，整个南半部发育有以内陆冰川开始的断裂或沉降型陆相盆地。

三叠纪时，非洲出现过一次火山岩浆活动的高潮，北部主要显示为大量玄武岩脉侵入，南部表现为大面积覆盖的熔岩。这次火山活动，预示着冈瓦纳大陆开始解体。

晚三叠世—早侏罗世，由南美和非洲组成的西冈瓦纳，与东冈瓦纳（南极、印度、澳大利亚）之间发生裂谷作用，同时北美板块与非洲板块之间的中大西洋开始开启。早白垩世南美与非洲板块发生裂谷作用，并从南向北逐渐分离。晚始新世开始红海和亚丁湾裂开，使非洲与阿拉伯板块分离。大陆边缘的裂谷作用也开始影响克拉通内部，形成非洲中部剪切带。

非洲大陆独立开始于三叠纪末至侏罗纪初，并且从北向南逐步发展。索马里、坦桑尼亚至肯尼亚有瑞替克世至里阿斯世的海相层或蒸发岩预示着海侵已经发生。但是西非大西洋的出现主要发生在晚白垩世，海侵以前有发育阿普特阶至阿尔布阶的蒸发岩系。而西北非从阿尔及利亚至摩洛哥的三叠系蒸发岩沉积，主要受阿特拉斯地槽系的影响，属特提斯体系。

大陆分离，不但形成一系列边缘的海岸盆地，而且同时在大陆内部形成一些断裂槽地，组成不同海域的通道，即贝努埃和加奥槽地，内部断裂区则进一步发育为断陷盆地。

古近纪末，非洲东部在区域隆起的背景上出现了东非裂谷体系，在新近纪进一步发展，并伴随着大量的火山活动。

在非洲北部，阿尔卑斯造山运动使阿尔及利亚北部发生强烈变形。非洲大陆的演化过程，拉张环境占主导低位，挤压环境是局部的和短暂的，因此总体上盆地形成和展布的规律比较明显，保存比较好。

从成因看，非洲板块的演化发展与冈瓦纳大陆解体密切相关，特别是与地幔柱活动有关。西非板块演化始于晚三叠世—早侏罗世冈瓦纳大陆解体，据 Grand 等（1997）的研究，冈瓦纳大陆的解体与地幔深部低速层和热柱的活动有关，影响非洲板块形成和演化的热柱主要有 8 个，其开始活动的时期差别较大。其中，与西非构造演化密切相关的热柱主要有两个，北部热柱（Camp）开始活动时期较早（T_3），导致北美板块与非洲板块分离；白垩纪早期，南部热柱（Tristan）开始活动，开始了南美板块与非洲板块的裂解分离，也开始西非构造演化的历史。因此，西非主要含油气盆地的形成演化主要与北美板块、南美板块与非洲板块的分离及大西洋的形成和持续扩张有关。

由于西非南北两段板块演化的历史不同，导致了盆地形成发育时期、演化特征、沉积充填特征的较大差异，形成了南北两段油气地质条件、成藏特征、油气富集程度的极大差别。

二、构造演化

西非海岸属典型的大陆裂谷和被动陆缘形成的叠合盆地，盆地的形成与中生代以来大西洋裂谷作用、大西洋的持续扩张作用有关，它们是冈瓦纳大陆解体和大西洋扩张形成的大陆裂谷和被动陆缘盆地。但是，由于北段与中南段盆地裂谷作用的时间、方式不同，造成盆地的演化特征大相径庭。

从盆地演化的大地构造背景分析，北段盆地的形成主要与北大西洋的裂开和非洲与北美板块的分离有关；而中段和南段盆地的形成主要与南大西洋的形成和非洲与南美洲板块的分离有关，因此，中段和南段盆地具有相同的大地构造环境，与北段盆地形成的大地构造环境有一定的差别。

（一）西非中、南段构造演化

西非中、南段的构造演化，主要经历了四个阶段：晚古生代—早中生代大陆克拉通阶段（前裂谷阶段）、中—晚中生代以来的裂谷阶段、过渡阶段和中生代末—古近纪的被动大陆边缘阶段（图 8-2）（即后裂谷拗陷阶段，分为拗陷早期、中期和晚期）。

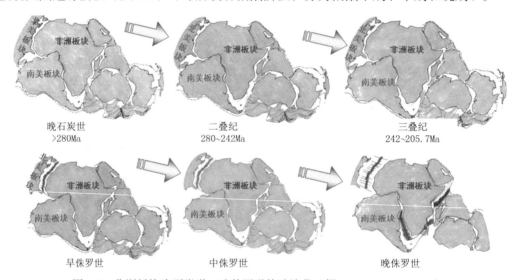

图 8-2　非洲板块晚石炭世—晚侏罗世构造演化（据 Grand et al., 1997）

由于南美与非洲大陆之间不同地段裂开时间不同，所以沿着西非海岸南北方向各段盆地（群）的发育时间与发育程度存在一定的差异。

1. 前裂谷阶段

在晚古生代二叠纪晚期，劳亚大陆（Laurasia）和冈瓦纳大陆（Gondwana）拼合形成了全球范围的超级大陆——联合古陆（Pangea）。该超级大陆在三叠纪早期达到全盛。在晚三叠世—早侏罗世，冈瓦纳大陆开始解体，并伴随着广泛大陆裂谷玄武岩喷发，标志着超级大陆开始分裂解体，开始了西非海岸盆地发育的前裂谷阶段。

2. 裂谷阶段

非洲大陆中、新生代的历史是冈瓦纳大陆分离、裂谷形成和板块漂移的历史，西非海岸盆地的形成与这一过程密切相关。

三叠纪时期，冈瓦纳大陆西北部的陆内断裂向南扩散，而冈瓦纳大陆南部、形成于侏罗纪早期的另一裂谷系则向北延伸，到中侏罗世末期，两条断裂系交汇并切穿赤道地区。它们的进一步发育，形成了后来的大西洋和南美东侧盆地与西非海岸盆地。

晚侏罗世，非洲大陆南端的威德尔海开始形成，随后在非洲大陆最南端最先发生裂谷作用，此后裂谷作用逐渐向北扩展、向北变新，就像由南到北打开一条拉链一样。

北大西洋的裂开和海底扩张，始于中侏罗世并向南发展；南大西洋在阿普特晚期（早白垩世晚期）开始裂开；尽管北大西洋的裂开较南大西洋早，但是，南大西洋的裂开、海底扩张和非洲与南美洲的分离，则南早北晚。赤道大西洋的开裂，则在阿尔比期（早白垩世末期）。非洲和南美洲在土伦期最终分离期间，南、北大西洋一度曾有过聚合，"由于南大西洋逐渐张开，使得北非与欧洲大陆之间的东地中海逐渐敛合"（朗斯洛，1983）。从早白垩世开始，当南大西洋继续加宽、加深时，特提斯东地中海则表现为逐渐闭合，这种"敛合""闭合"，致使大西洋的水流体系与印度洋 – 太平洋冷水流体系的隔离。被"隔离的南大西洋和特提斯洋两岸，温水可能占据了水体的大部分"（朗斯洛，1983），其富含有机质沉积，并发生水体缺氧事件，形成了阿尔布期—赛诺曼期富含有机质的沉积物和广泛分布的"黑色页岩"。晚侏罗世—早白垩世，大西洋与印度洋张开并形成大洋盆地，导致冈瓦纳大陆解体，亦揭开了南大西洋两岸盆地油气成藏历史。

西非海岸地区与晚中生代大陆裂谷有关的含油气盆地及其油气藏的形成，主要位于陆地上和临近的大陆架地区，由于受北北西向和北东东向基底断裂制约，在宽扎、下刚果和加蓬盆地发育为一系列北西向断陷 – 断垒，东西相间排列；受北东东向转换断裂影响断陷在南北方向上以横向隆起各段错开，形成次级盆地。如加蓬盆地北部次盆和加蓬南部次盆之间，加蓬南部次盆与下刚果盆地之间，在裂陷盆地的不同地段（加蓬盆地）具有张扭拉分性质。

3. 过渡阶段

巴雷姆阶（Barremian）晚期，南美与非洲大陆之间的裂谷作用趋于结束，发生了裂谷之后的区域性抬升（反弹挤压作用结果），诱导南美与非洲大陆曾经一度发生过挤压聚合，形成了西非海岸裂谷盆地的反转和抬升剥蚀，导致了裂谷层序与过渡层序之间的区域性不整合。

至阿普特早期，裂陷盆地受到挤压改造和抬升剥蚀，发生了较广泛的准平原化作用。而后，在夷平的、非海相充填的裂陷盆地之上，底部沉积了一套海相砾岩地层。

此次广泛的海侵之后，阿普特中、晚期，在这套过渡砾岩地层之上，开始了西非海岸广泛的蒸发岩沉积，形成了西非海岸盆地主要的区域性盖层。这套底砾岩和其上的蒸发岩地层，在整个西非海岸中南部盆地内广泛发育，并且可以与南美地区的同时期地层对比。

4. 被动陆缘阶段

阿普特期至古近纪，随着大西洋的扩张和南美大陆与非洲大陆的漂移，海岸盆地逐渐向西扩展。从东部陆上裂谷之上的拗陷盆地向西发展到一系列主体向西扩展的陆坡拗陷。相应地，沉积层序也发育为一系列向西推移的进积三角洲层序。

阿普特期至古近纪，此时期为较稳定的海相沉积阶段。随着裂谷进一步扩展，海水大量进入盆地，蒸发岩沉积结束，形成了盆地区域性的碳酸盐岩沉积。随着断裂作用的不断增强，拉张应力为一系列铲状断层和盐构造的形成提供了动力，从而形成了一系列同生的盐构造。

由于上白垩统和第三系的沉积负荷的增加，引起了盐岩的顺层滑脱，并可能在上白垩统的硅质碎屑岩和盐岩（滑脱的）堆积物接触面处产生形变。第三纪，在某些地区由于断裂活动使两者又被错开。

渐新世的海退导致广泛的剥蚀、沉积间断。中新世沉积了一套海相的碎屑岩和浊积岩。

（二）西非北段构造演化

从 Grand 等（1997）的分析可知，北部热柱（Camp）开始活动时期较早，因此非洲板块与北美板块和欧洲板块的分离，最早开始于非洲板块西北部。3 亿年前，起分离作用的一些断裂已经发育，在断裂附近有富含金属的矿床存在。约 2 亿年前，北美板块与非洲板块开始分离，在北美板块东部和非洲板块西北部的摩洛哥之间发生了熔岩喷发，原始大西洋开始形成。因此西非北段区域构造演化，主要与三叠纪以后北美板块与非洲板块的分离和北大西洋的形成和持续扩张密切相关（图 8-3，图 8-4）。其发育演化主要经历了以下几个阶段。

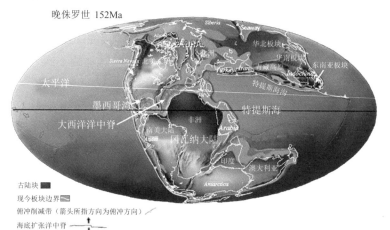

图 8-3　北美板块与非洲板块的分离和北大西洋的形成（据 Scotese et al.，1998）

二叠纪完成了超级大陆的拼合，西非北段 – 北美板块处于挤压应力状态下，发育前陆盆地。

在中—晚三叠世，北美板块与非洲板块开始分离，裂谷开始发育，北美板块东北部整体处于北西—南东向伸展构造体系，导致半地堑盆地形成和充填，早侏罗世早期，南部盆地停止沉降。

在早侏罗世，海底开始扩张（图 8-4），同时，北部盆地处于北西—南东向伸展背景，导致了北东方向的岩浆侵入和盆地的加速沉降。同时，南部局部经历了北西—南东向的挤压，导致了小范围褶皱和反转断层的发育，可能导致盆地的反转及北西方向玄武岩的侵入。

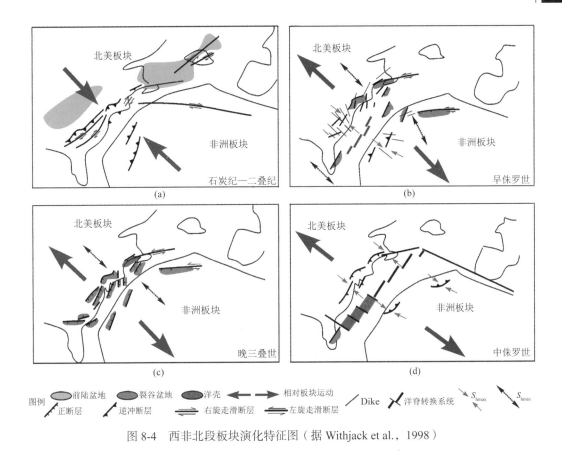

图 8-4 西非北段板块演化特征图（据 Withjack et al.，1998）

到中侏罗世，北美板块东部的大部分地区经历了北西—南东向的挤压，从而发育了小范围的褶皱和断层的反转及盆地的倒转。海底扩张加速。到中侏罗世，北美板块与非洲板块开始分离（图 8-4）。

三、沉积充填

非洲板块在 36 亿年的演化过程中，经历了大致相似的区域地质背景和盆地发育过程，因此形成了与西非海岸盆地相似的地层序列和沉积体系。与构造演化相对应，西非海岸盆地整体上都发育前裂谷层序、裂谷层序、过渡层序和被动陆缘层序四套主要层序，只是由于不同地区在不同阶段上的构造背景上的差异，造成这四套层序的地层发育特征及沉积体系时空展布有较大的变化（图 8-5）。

前裂谷沉积主要分布在西非北段。裂谷层序的展布主要受裂谷发育的影响，在西非北段以三叠系—下侏罗统陆相和盐岩沉积为主，西非中段裂谷层序的沉积中心位于下刚果盆地和加蓬海岸盆地，宽扎盆地次之，南段则以火成岩发育为特点。过渡层序主要分布在西非中南段，以广泛分布的盐岩沉积为特征。被动陆缘层序包括侏罗纪—现今多个时代的地层，其中前阿尔布阶主要分布在西非北段，以碳酸盐岩发育为特点；阿尔布阶—晚白垩世早期以广海、碳酸盐台地和滨岸沉积为主；晚白垩世末期—现今则主要发育受物源控制的三角洲、扇三角洲、海底扇和浊积体等沉积体系。

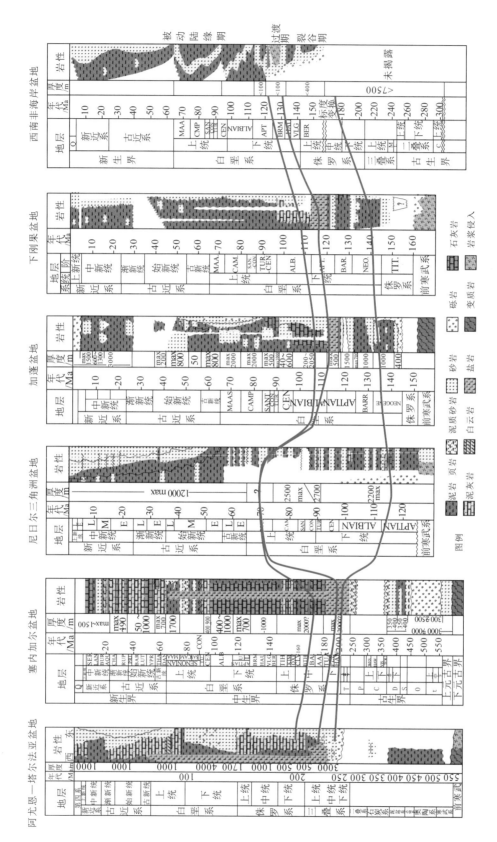

图 8-5　西非被动大陆边缘构造演化阶段划分及对比（据 Lawrence et al., 2002；邓荣敬等, 2008；刘祚冬和李江海, 2009，编绘）

（一）西非中、南段沉积充填

西非中段的沉积充填特征以尼日尔三角洲盆地作为重点盆地详细剖析，西非南段的沉积充填特征重点以西南非海岸盆地详细剖析。

1. 尼日尔三角洲盆地沉积充填

尼日尔三角洲盆地主要充填沉积了白垩系、古近系、新近系和第四系地层，沉积厚度在盆地中心可达 12km。这套沉积盖层由两套大的沉积层序组成，自下而上依次为裂谷层序和被动大陆边缘层序，其中被动大陆边缘层序是盆地的主要沉积层序。

1）裂谷层序

裂谷层序包括下白垩统和上白垩统，主要为湖相沉积。由下至上包括阿苏河组页岩、阿巴卡利基页岩、阿鲁富灰岩、博科灰岩、马姆费组长石砂岩与泥灰岩及砂质灰岩互层，上覆乌姆贝组砂岩与页岩互层。该层序以三冬期早期发生的褶皱、断裂和上升活动终结，同时造成该层序在一些地区遭受剥蚀。

2）被动大陆边缘层序

三冬期之后，坎潘期新的海侵开始，沉积了恩科波罗页岩和马穆组等砂岩和页岩。

从古近纪开始，海水淹没了整个尼日利亚南部，结束了上白垩统沉积。古新统主要为海相伊莫页岩，岩性为黑灰色、蓝灰色页岩，含大量有孔虫等化石，顶部偶夹铁质黏土岩和薄层砂质条带。横向变化大，在尼日利亚东部地区砂质增多，变为粉砂质页岩或页状砂岩；西部地区变为厚层状介壳灰岩，厚度在 320 ~ 1070m。

从始新世开始，尼日尔三角洲主体开始形成，古新世末发生海进，沉积了少量爱莫页岩。始新世海退，尼日尔三角洲向南进积，主体为一套发育在一系列退覆旋回中的海退式碎屑沉积层序，形成由三个不同时期的单元组成的向上变粗的海退层序，从下至上可划分为 Akata 组、Agbada 组和 Benin 组三个穿时的岩性地层单元，时代为古新世至现今。

底部 Akata 组（海相页岩）：主要为大陆架、大陆坡的前三角洲和浅海–深海相大套泥页岩夹少量浊积砂岩沉积，时代为始新世—古新世，也有人把上白垩统—古新统的海相页岩归入 Akata 组。厚度为 1500 ~ 6000m，在整个三角洲都有分布，为典型超压层。页岩色暗，富含有机质，是深水区主要烃源岩，主体部位厚度预测超过 6000m。

中部 Agbada 组（海陆交互的碎屑岩沉积）：为进积三角洲前缘沉积，厚600 ~ 4500m，是尼日尔三角洲主要的油气勘探目的层，实际上该盆地的全部储量都在 Agbada 组，时代从始新世至现代。由海陆交互相的海岸平原、滨岸和上陆坡环境的砂岩、页岩、粉砂岩和黏土岩组成互层；上、中部砂岩发育，主要由石英砂屑岩组成，纯净且为欠压实（较老沉积带的砂岩较好），砂岩细至粗粒，成层性差，质疏松，无胶结物或少量钙质及泥质胶结，次棱角状到次圆形；细砂分选好，物性好，孔隙度大于 20%，最高达 35%，渗透率一般为 500 ~ 1000mD。单砂层厚度多在 10m 以上，横向稳定，常沿生长断层发育。Agbada 组下部暗色页岩增多，富含有机质，是较好的生油层。整个 Agbada 组由多个退覆沉积韵律组成，其间以大段稳定泥岩为标志，将 Agbada 组划分成若干个砂组。在深水区主要由深海环境下的远洋、半远洋泥岩和深水浊积砂岩组成。

上部 Benin 组（陆相砂岩）：与下伏 Agbada 组呈平行不整合接触，时代从渐新世至现代，主要分布在尼日尔三角洲陆区及浅水区，厚度从北向南减薄，地层厚度小于3000m，一般为 1000 ~ 2000m。Benin 组上部发育洪泛平原相的砂、砾岩，中下部夹有较多横向稳定分布的灰色页岩，最浅处几乎完全为非海相砂岩。该层组向海方向变薄并消失在陆缘附近。局部地区在砂层中见有少量的浅油气藏。

2. 西南非海岸盆地沉积充填

盆地基底为上元古界—古生界结晶基底，其上覆在前裂谷单元卡鲁超群（巴什基尔阶—巴通阶）的沉积和火山岩地层之上（图 8-6）。

1）裂谷层序

卡鲁超群之上为裂谷单元沉积，分为两个沉积单元，单元 I（牛津期—欧特里沃期）由一套向西加厚的楔形沉积组成，厚度变化急剧，其沉积受活动断层控制。单元 II（晚欧特里沃期—早阿普特期）与裂谷单元 I 之间以角度不整合接触。在南部奥兰治次盆，从浅海到海岸线以西，以砂岩/页岩沉积为主，但北部的吕德里茨次盆，外脊推测是以边缘陡坡上巨厚熔岩流为界。在沃尔维斯（Walvis）次盆，裂谷单元 II 层序被解释为进积三角洲沉积，发育快速沉积的页岩、粉砂岩和砂岩。

2）过渡层序

过渡单元（中阿普特期）为裂谷阶段到被动陆缘阶段的过渡，以广泛海进为特征，从下部的陆相逐渐过渡到顶部的深海相，沉积作用一直受裂谷地形控制，顶部以不整合面标志着过渡单元的结束。层序在各次盆地变化很大，基本上由河流相沉积组成，在库都（Kudu）地区为风成砂沉积，但到西部，该层段以连续的高幅和低幅反射层为代表，揭示了海进层序，为砂页岩互层。

3）被动大陆边缘层序

晚阿普特期以后，盆地进入被动陆缘阶段并持续到现今。该阶段沉积划为三个单元，分别是单元 I（晚阿普特期—中赛诺曼期），为盆地被动陆缘阶段沉积；单元 II（晚赛诺曼期—马斯特里赫特期），以继续热沉降为特征，海岸沉积层的加积和陆架边缘的垮塌随着沉积中心向西迁移逐步变为受强烈侵蚀的层段；单元 III（丹宁期—全新世）以最小热沉降和推进到陆架外缘外的深水沉积为特征（图 8-7）。

（二）西非北段沉积充填

西非北段盆地沉积充填受控于其构造演化，构造演化不仅受三叠纪以来北美板块与非洲板块的裂解分离的影响，还受北非古生界构造演化的控制的影响（图 8-7）。因此，该区盆地沉积充填特征特色鲜明，早期盆地分异性强，沉积充填各异。到早白垩世后期（K₁）进入整体沉降阶段，共同发育海相碳酸盐岩和浊积沉积。

1. 前裂谷层序

前裂谷层序主要分布在盆地东部的陆上部分，南部塞内加尔盆地东部保存有志留系、泥盆系的沉积，盆地沉积序列与北非的廷杜夫盆地类似；北部阿尤恩盆地古生界地层是在一系列微型陆块上沉积的，在晚石炭世海西运动期间缝合到非洲克拉通上。

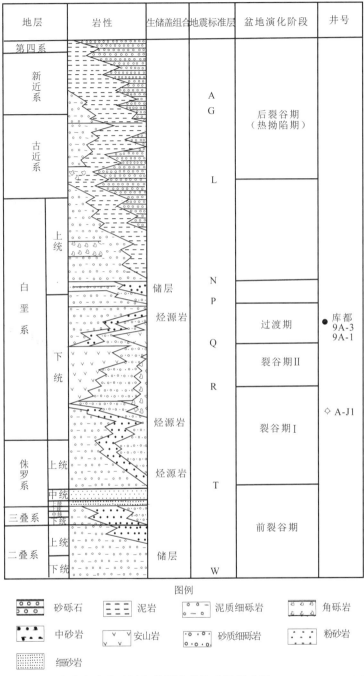

地层	岩性	生储盖组合	地震标准层	盆地演化阶段	井号
第四系					
新近系			A G	后裂谷期（热拗陷期）	
古近系			L		
白垩系 上统			N		
白垩系 下统		储层　烃源岩　烃源岩	P Q R	过渡期　裂谷期Ⅱ　裂谷期Ⅰ	●库都 9A-3 9A-1　◇A-J1
侏罗系 上统 中统		烃源岩	T		
三叠系 中统 下统				前裂谷期	
二叠系 上统 下统		储层	W		

图例

	砂砾石		泥岩		泥质细砾岩		角砾岩
	中砂岩		安山岩		砂质细砾岩		粉砂岩
	细砂岩						

图 8-6　西南非海岸盆地沃尔维斯次盆构造层序（据 Light et al.，1992）

　　由于受海西构造运动的影响，盆地具有很明显的北北东—南南西和北东—南西向结构，其中，北东—南西反转断层把该盆地与廷杜夫盆地分开。寒武系和奥陶系是一套贝壳灰岩、页岩和砂岩。志留系以黑色笔石页岩为特征。泥盆系包括页岩和砂岩与钙质岩层互层。中泥盆统有碳酸盐岩礁存在。石炭系由页岩、砂岩和薄层灰岩组成。

2. 裂谷层序

晚三叠世盆地进入裂谷发育阶段，与早期北大西洋开张伴随，产生了北北东—南南西向延伸断层，并向西—北西下掉形成了半地堑。断层与下伏的古生代构造走向近于平行，并形成了一系列裂谷盆地。

裂谷作用始于晚三叠世，发育了一系列北东—南西向半地堑，被东西向转换断层带错开。裂谷期以河流、湖泊和三角洲沉积为主，裂谷后期海水可能从东面（古特提斯洋）和北面（原始大西洋）侵入半地堑。在盆地的北、西北和南部，较远的物源区只提供很少量的碎屑进入半地堑。这种受限强烈的局限海中沉积了巨厚蒸发岩，湖相和潟湖相细粒碎屑岩局部发育，而且蒸发岩沉积持续到早侏罗世。

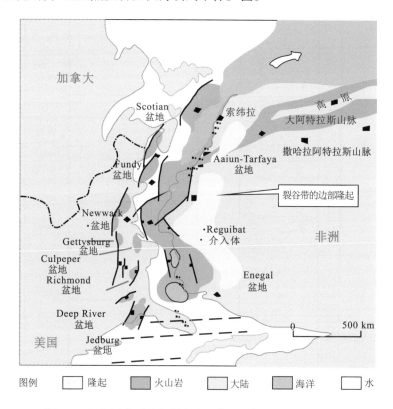

图 8-7　早侏罗世西非北段古地理格局（据 Davison，2005）

3. 被动大陆边缘层序

以热沉降为特征，北大西洋从南到北开张，导致了晚里阿斯世（Liassic，J_1）的海相沉积和从裂谷作用到热沉降的变化。

晚里阿斯世—道格世（Dogger，J_2）层序沉积于大西洋主要开张阶段，记录了海相环境向陆（向东）的推进。在滨海各井，该层序以碳酸盐岩为主，偶夹砂页岩互层，与陆上以碎屑沉积为主形成对比（图 8-7）。

中侏罗世和晚侏罗世，在接近或现今的陆架外缘处形成了碳酸盐岩台地。台地以西为深海环境，沿着台地边缘向海形成礁体建造。在台地区发育了一系列北东—南西向沉积中心。

贝利阿斯期（Berriacian，K_1）时的海平面下降结束了现在为陆上区的礁体沉积。三角洲向海推进。快速的沉积速率发育了同生断层，在侏罗纪台地以西沉积厚度达6000m。下白垩统层序在盆地西部以粉砂岩和页岩为代表，而在东部以浅海相及河流相砂岩和砾岩为代表。继续沉降导致了早白垩世三角洲的逐渐海侵。海侵在阿尔布期时因较大海退和陆架边缘下切切谷的发育而中断。

在阿尔布期末，整个盆地发生了一次大海侵，在赛诺曼期—土伦期时一直持续。沉积物由泥灰岩、富含有机质油页岩、白垩土和具磷灰石和燧石结核的泥质灰岩组成。该层序的底，特别是在盆地南部，以区域不整合为标志。在盆地南部，阿尔布阶和马斯特里赫特阶沉积大量保存，未受第三纪侵蚀的影响。

从康尼亚克期（Coniacian，K_2）到渐新世，海平面相对下降导致了中生界层序的出露和侵蚀，发育了局部侵蚀不整合。沉积作用仅在磷酸盐沉积发育的海湾继续，伴随着比利牛斯造山运动（Pyrenean orogenic activity，E_2），在始新世时，海退由盆地东部的抬升而进一步加剧。渐新世和中新世时的阿尔卑斯造山运动（Alpine orogenic activity，T-Q）沿着陆架外缘产生了区域不整合。上新世侵蚀导致了白垩纪陆架边缘大规模的下切，并形成了后来被新生代沉积充填的切谷。

四、主要断裂和构造样式

（一）主要断裂

西非被动大陆边缘深水盆地在前寒武系变质和结晶岩基底上，形成由板块扩张应力作用下产生的北西—南东向基底断裂或构造枢纽带（major hinge zones），以及呈雁行式排列的北东—南西向转换断裂控制下的盆地构造格局。因此，西非被动大陆边缘区域发育两组主要断裂系统，一组为平行岸线的北西—南东向以正断层为主的断裂系统，另一组为北东—南西向的走滑断裂系统。

1. 北西—南东向断裂系统

西非被动大陆边缘深水盆地的北西—南东向基底断裂或构造枢纽带是在板块分裂过程中发育的，以正断层为主。断裂系统内部往往可以再分为若干条近似平行的次级断裂，它们共同控制盆地裂谷期的构造样式，形成地堑和地垒相间分布的格局。

比如纳米比亚（Namibe）盆地，北西—南东向的断裂系统主要为一些近南北向的长条形的纵向构造带。从东向西（海岸向海洋）为：①对冲地堑（thrust ramp graben），沿着纳米比亚和安哥拉海岸线发育；②构造转折线，以西倾断层为特征；③中央半地堑，在前裂谷（盆地和山脉）和裂谷层序中存在陆倾断层；④边缘脊，主要分布在盆地的西边缘，为盆地的边界。

2. 北东—南西向断裂系统

板块拉张过程中，除了形成一系列的呈北西向展布的构造带之外，另外还产生一系列北东—南西向展布、呈雁行式排列的转换断裂带。同时，板块的张开是从南向北逐步发展的，西非裂谷盆地群中各个盆地的发育时间也不一致，因此北东—南西向转换断裂带的形成和发育时间也不一致。一般是由南向北，形成的时间变晚。转换断裂带可作为确定盆地或次级构造单元形成时间的标志。

从南向北主要的转化断裂带有六条（图8-8），分别为 Agulhas-Falkland 断裂系统、Rio Grande 断裂系统、Ascension 断裂系统、Chain 断裂系统、Romanche 断裂系统和 Marathon 断裂系统。其中 Agulhas-Falkland 断裂系统以北和 Rio Grande 断裂系统以南并且受二者限定的区域称为南段，Rio Grande 断裂系统以北和 Ascension 断裂系统以南并且受二者限定的区域称为中段，Ascension 断裂系统以北和 Marathon 断裂系统以南并且受二者限定的区域称为赤道段，Marathon 断裂系统以北直到地中海直布罗陀海峡区域称为北段。

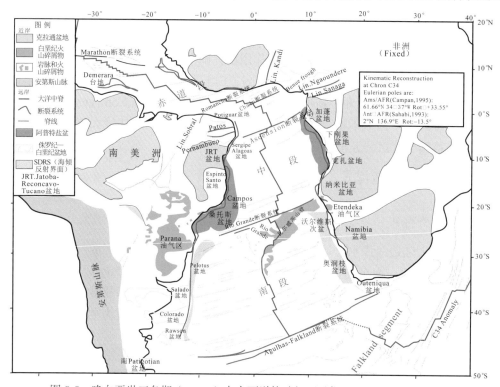

图 8-8　晚白垩世三冬期（84Ma）南大西洋构造概要（据 Moulin et al.，2010）

（二）构造样式

主要存在两种不同的构造样式：其一主要为盐下构造，包括掀斜断块、地堑和半地堑、披覆褶曲等；其二为由盐岩沉积引起的构造，即为盐后构造，如盐丘、盐背斜和盐底辟、泥底辟、逆冲推覆构造、重力滑脱和滚动背斜等。

1. 地堑和半地堑

加蓬盆地与基底构造和断裂有关的下构造层，主要为裂谷期地层，时代从早白垩纽康姆期到阿普特早期。盆地内裂谷构造发育最为典型的地区是南加蓬次盆（图8-9），具块断结构特征，可分成单断式和双断式两种结构类型，多表现为垒、堑相间的结构特点。一般是呈狭长线性地堑式洼陷，平行于大西洋边缘走向延伸，并被一系列线性地垒隆起分隔。线性构造带在垂直其走向上向海洋方向（向西）呈阶梯状下降。裂谷盆地内断层发育，断层全部表现为正断层性质，大多以犁式生长断层为主。

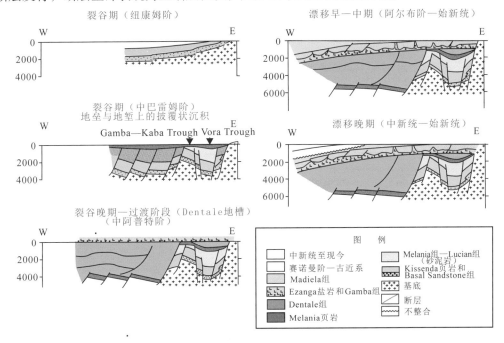

图 8-9　南加蓬次盆区域构造－沉积演化（据 Teisserenc and Villemin，1990）

2. 盐岩构造

西非宽扎盆地广泛分布的盐体将盆地垂向构造划分为盐上和盐下两套不同的构造系统，盐体的流动造成宽扎盆地构造变形在其上下具有明显的差异。由于盐岩具有良好的流动性，可以作为上构造层的滑脱面，因此宽扎盆地构造演化的继承性较差，而分割性较强。此盆地盐上构造样式主要是由盐运动引起的，形成众多的与盐运动有关的盐枕、盐刺穿等构造（图 8-10），盐上构造特征明显受盐体分布特征的控制。

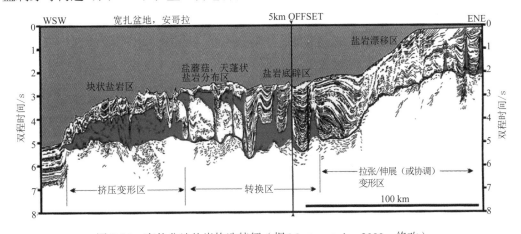

图 8-10　宽扎盆地盐岩构造特征（据 Marton et al.，2000，修改）

塞内加尔盆地盐构造活动强烈，三叠系与盐岩相关构造是盆地的主要构造，盐底辟构造非常发育。盆地中部的北部次盆盐运动很微弱，盐构造不发育，但中部达喀尔次盆火成岩较发育，火成岩活动形成的构造也是比较好的圈闭，盆地岩性圈闭较发育。

3. 滚动背斜

尼日尔三角洲发育大量的同生断层，形成了大量滚动背斜。它是陆上三角洲的主要构造圈闭类型（图 8-11）。滚动背斜可分为两类，一类是基本上没有错断的单纯滚动背斜，主要分布在北部三角洲沉积带、大乌格赫利沉积带和中央沼泽沉积带北部。另一类是由一条或多条断层与主要同沉积断层作用形成的滚动背斜，这类构造主要分布在三角洲中部的大乌格赫利沉积带和中央沼泽沉积带以及滨岸沉积带的北部。

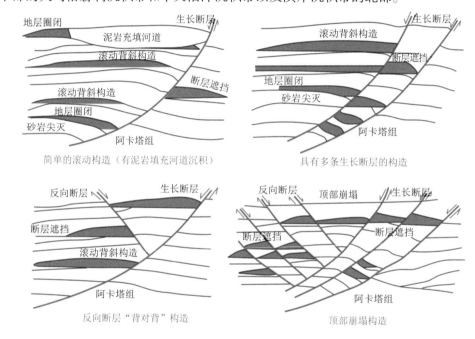

图 8-11　尼日尔三角洲盆地生长断层带主要圈闭类型（据 Doust and Omatsola，1990；童晓光和关增淼，2002）

4. 薄皮构造

下刚果盆地的盐岩上部岩层沿着构造坡折带，受重力作用向下发生滑脱变形，形成一套褶皱逆冲断层构造，而基底没有卷入变形，形成薄皮构造（图 8-12）。

5. 挤压构造

西非大陆边缘的尼日尔三角洲的发展演化过程中，受沉积物重力作用及生长断层的控制，其构造样式也出现明显的变化。整个盆地沿三角洲轴向，从盆地北部的三角洲的上倾部位到三角洲远端南界的指状逆冲变形带，可划分为三个大的构造分区：伸展拉张区、过渡区和挤压逆冲区，其中伸展拉张区包括陆上及近海三角洲区；过渡区主要包括泥岩底辟区、次要的逆冲和泥岩变形区、逆冲和底辟复合带；挤压逆冲区主要包括内褶皱冲断带、滑脱褶皱区、外褶皱冲断带等（Corredor et al.，2005）。尼日尔三角洲在构造压力的作用下，形成泥岩底辟带，产生了泥拱构造（底辟背斜、刺穿等）（图 8-13）。

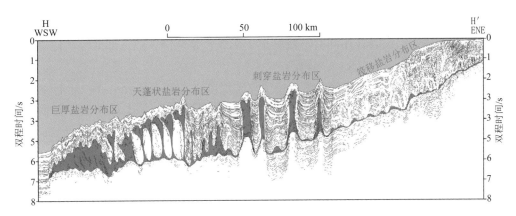

图 8-12　下刚果盆地南西—北东向薄皮构造地震解释剖面（盆地南部）（据 Kolla et al., 2001）

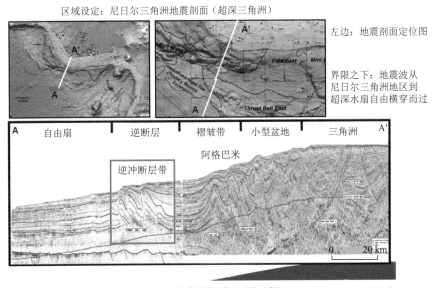

图 8-13　尼日尔三角洲泥岩底辟带剖面位置图（据 Corredor et al., 2005）

五、构造单元划分

　　西非海岸盆地群是与中新生代联合大陆发生裂解过程中北美板块与南美板块和非洲板块的裂谷作用及持续扩张作用有关，它们是冈瓦纳大陆解体和大西洋扩张形成的大陆裂谷和被动陆缘盆地。在非洲，盆地群沿着西非海岸分布，从北向南分为三段：北段包括阿尤恩－塔尔法亚盆地、塞内加尔、拉尔法盆地、索雄拉盆地和科纳克里盆地五个盆地；中段包括尼日尔三角洲盆地、里奥穆尼盆地、加蓬海岸盆地、下刚果盆地和宽扎盆地以及阿比让盆地六个盆地；南段包括纳米比亚和西南非海岸盆地，以中段盆地群油气最为丰富。

　　沿海岸线方向，上述盆地间一般以构造高地分隔，加蓬盆地和下刚果盆地之间以 Casamaria 高地分割，下刚果盆地和宽扎盆地间以 Ambriz 高地分隔，宽扎盆地与南侧的纳米比亚盆地以本格拉高地分隔，纳米比亚盆地与南侧的西南非海岸盆地间以大型沃尔维斯脊火山岩带为界等。规模很大的北东—北东东走向的火山岩带，即沃尔维斯脊，它在与边缘形成初期的裂谷作用同时（或稍早）形成，是非洲大陆下部地幔热柱（Tristan热柱）产生的"热点（hot spot）"轨迹。

西非海岸盆地群从横向方向上看，由沿岸边缘陆上和海上部分组成：陆上部分主要以沿岸边缘盆地为代表，盆地东侧一般为前寒武纪结晶基底；海上部分主要包括浅海陆架系统、陆坡、陆隆及深海平原等。从构造位置上看：可分为内盆地（inner basins）和外盆地（outer basins）两个不同盆地构造单元，内、外盆地间以先存构造影响、裂谷作用阶段形成的地垒或其他形式的构造高为界。例如，内、外加蓬盆地间以Lambarene地垒、Gamba地垒等，内、外宽扎盆地间以Flamingo台地、本格拉台地分开，而纳米比亚盆地地区因勘探程度及资料所限，对内、外盆地盆界及内盆地的特征还了解不多。

尼日尔三角洲盆地沿三角洲轴向展布，从盆地北部的三角洲上倾部位到三角洲远端南界的指状逆冲变形带，可划分为三个大的构造分区：伸展拉张区、过渡区和挤压逆冲区，其中伸展拉张区包括陆上及近海三角洲区；过渡区主要包括泥岩底辟区、次要的逆冲和泥岩变形区、逆冲和底辟复合带；挤压逆冲区主要包括内褶皱冲断带、滑脱褶皱区、外褶皱冲断带等（Corredor et al.，2005）。

加蓬盆地包括三个次盆：北加蓬次盆、南加蓬次盆和内陆盆地，盆地位于古刚果和圣保罗克拉通之间的缝合带上。依据加蓬中部沉积厚度较大的Ogooue三角洲可以把加蓬海岸盆地划分成北加蓬次盆和南加蓬次盆。北加蓬次盆和南加蓬次盆两个次盆由走向60°的扭性断层系统即恩科米断裂带分隔开，内陆次盆位于北加蓬次盆的东北部，二者以北西—南东走向的兰巴雷内隆起为界。

宽扎盆地分为二个构造单元，本格拉次盆和宽扎盆地主体部分，二者之间以Sumbe火山链为界。由于盐运动对该区构造影响较大，因此根据盐运动又可将宽扎主体盆地划分为三个构造变形区域，自东向西为盐拉张区、转换区和盐挤压区（霍红等，2008）。

塞内加尔盆地由北向南被一系列东西向主要转换断层划分为四个主要的次盆。北部为毛里塔尼亚次盆，范围从塞内加尔河到西撒哈拉南部；中部为达喀尔次盆，位于冈比亚河与塞内加尔河之间，有大量的火山侵入体；南部为卡萨芒斯次盆，从冈比亚河南部经过卡萨芒斯地区一直延伸至几内亚比绍，该次盆为盐盆，盐底辟沿一弯曲带刺穿台地，台地下部有三叠系蒸发岩存在。卡萨芒斯次盆再向南为科纳克里次盆，与北部达喀尔盆地相似，无盐构造。

西南非海岸盆地由三个次盆组成，从北向南依次为沃尔维斯次盆、吕德里茨次盆和奥兰治次盆，三个次盆之间以隆起分割。其中，奥兰治次盆地最大，长达1000km，宽200～500km，其上盖层沉积厚度超过12000m。每个次盆地都有类似的平行于海岸线的构造带，从东到西依次为：边缘裂谷带或地垒区、中间构造转折线、中央裂谷带以及边缘脊。

第三节　地层与沉积相

西非海岸盆地属典型的被动大陆边缘盆地，其形成主要与大西洋的裂开及后期的持续扩张有关，而南大西洋的打开是以"三叉谷"的形式，属主动裂谷，因此，在裂谷后期由于热沉降作用进入了盆地持续稳定的拗陷阶段，形成了盆地裂谷后期优质的烃源岩，这是形成西非海岸油气富集区的基础。其沉积组合特点是下部为裂谷期陆相碎屑充填，中下部为裂谷后期拗陷阶段形成的海陆过渡相暗色泥岩，中间为过渡相的盐膏岩沉积（阿普特），中上部为被动陆缘早期的局限海相碳酸盐岩沉积，再向上部则为三角洲沉积体系，形成了盐下、盐膏层和盐上三套层系，因此，这些盆地统称为西非阿普特盐盆。尼日利亚海岸盆地、加蓬盆地、下刚果盆地、宽扎盆地、阿比让盆地和贝宁盆地，都是重要的含油气盆地。

一、地层

（一）西非中段地层

西非中段的地层以尼日尔三角洲盆地作为重点盆地详细剖析，其他盆地不再赘述。

1. 基岩

主要为前寒武系混合岩、紫苏花岗岩、粗玄岩脉等。

2. 上侏罗统

上侏罗统为 Basal 组砂岩，直接不整合覆盖在前寒武系基底之上（Joyes and Leu，1995）。

3. 下白垩统

下白垩统主要为阿苏河群和 Odukpani 组。

阿苏河群从下往上依次为阿苏河组、阿巴卡利基组和 Ebonyin 组，不整合上覆在 Basal 组砂岩之上。阿苏河组为黄褐棕色砂质页岩、含云母的细粒砂岩和含云母的泥质砂岩，偶夹红棕色页岩，厚度在 3000m 以上，局部见有基性和中性侵入岩。阿巴卡利基组为暗色页岩，夹有透镜状砂岩和石灰岩，有时还伴生有铅锌矿。Ebonyin 组下部为页岩，中部局部地区相变为灰岩，上部为砂岩（图 8-14）（Joyes and Leu，1995）。

4. 上白垩统

底部为 Awgu 组，岩性为页岩。而后三冬阶地层缺失，坎潘阶沉积为一套海侵层序，包括 Lasata 组页岩、Owelli 组页岩、Enugu 组页岩和 Afikpo 组粉砂岩，顶部为 Nkporo 组砂岩。马斯特里赫特阶跟坎潘阶角度不整合接触，主要地层为 Mamu 碳质泥页岩和煤系，上覆 False Bedded 砂岩，顶部为 Nsukka 组泥页岩和煤系（Akande and Erdtmann，1998）。

5. 古近系

古近系包括伊莫组、Akata 组、Agbada 组和 Benin 组（Akande and Erdtmann，1998）。

古新统主要为海相伊莫页岩，岩性为黑灰色、蓝灰色页岩，含大量有孔虫等化石，顶部偶夹铁质黏土岩和薄层砂质条带，横向变化大。

Akata 组（海相页岩）：主要为大陆架、大陆坡的前三角洲和浅海－深海相大套泥页岩夹少量浊积砂岩沉积，时代为始新世—古新世，厚度为 1500 ～ 6000m，在整个三

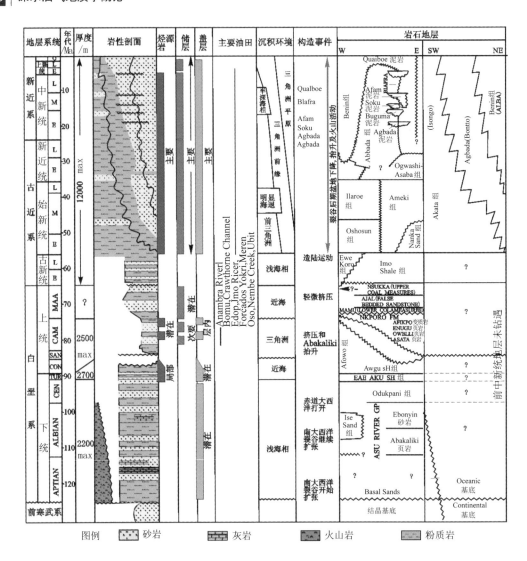

图 8-14　尼日尔三角洲盆地地层综合柱状图（据 Joyes and Leu，1995；Akande and Erdtmann，1998）

角洲都有分布。页岩色暗，富含有机质，是深水区主要烃源岩（Avbovbo，1978）。

Agbada 组（海陆交互的碎屑岩沉积）：为进积三角洲前缘沉积，厚 600 ~ 4500m，是尼日尔三角洲主要的油气勘探目的层，实际上该盆地的全部储量都在 Agbada 组，时代从始新世至现代。由海陆交互相的海岸平原、滨岸和上陆坡环境的砂岩、页岩、粉砂岩和黏土岩组成互层；上、中部砂岩发育，主要由石英砂屑岩组成，纯净且为欠压实（较老沉积带的砂岩较好），砂岩细至粗粒，成层性差，质疏松，无胶结物或少量钙质及泥质胶结，次棱角状到次圆形；细砂分选好，物性好，孔隙度大于 20%，最高达 35%，渗透率一般为 500 ~ 1000mD。单砂层厚度多在 10m 以上，横向稳定，常沿生长断层发育。Agbada 组下部暗色页岩增多，富含有机质，是较好的生油层（Avbovbo，1978）。

Benin 组（陆相砂岩）：与下伏 Agbada 组呈平行不整合接触，时代从渐新世至现代，主要分布在尼日尔三角洲陆区及浅水区，厚度从北向南减薄，地层厚度小于 3000m，一般为 1000 ~ 2000m（Avbovbo，1978）。Benin 组上部发育洪泛平原相的砂、砾岩，中下部夹有较多横向稳定分布的灰色页岩，最浅处几乎完全为非海相砂岩。

（二）西非南段地层

西非南段的地层重点以西南非海岸盆地进行详细剖析，其他盆地不再赘述。

1. 基底

盆地基底为前寒武系结晶岩系。

2. 古生界

古生界地层未被钻井揭露，目前仅靠地震解释揭示，下部为开普鲁群，上部石炭系和二叠系下卡鲁群角度不整合盖在开普鲁群之上（图 8-15）。

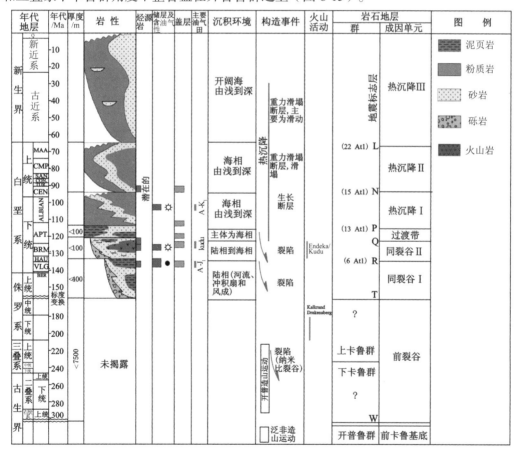

图 8-15 西南非海岸盆地地层综合柱状图（据 Joyes，1995）

3. 中生界

西南非海岸盆地三叠系和中—下侏罗统同样未被钻井揭露，为上卡鲁群。目前钻井揭示的中生界地层主要为上侏罗统、白垩系。

上侏罗统—下白垩统为冲积扇夹火山沉积，是三角洲相和河流相沉积，厚3000～10000m。

白垩系阿普特阶—赛诺曼阶：陆棚为粉砂岩、页岩、河道砂岩和薄煤层以及浊积岩沉积；斜坡为细粒碎屑岩，深水区为泥质或粉砂质浊积岩，总厚度0～2500m（图8-15）。

4. 新生界

新生界为砂岩和泥岩，厚0～3500m。

（三）西非北段地层

西非北段的地层重点对塞内加尔盆地进行详细剖析，其他盆地不再赘述。

1. 基底

盆地基底为前寒武系结晶岩系。

2. 下古生界

包括寒武系的Pirada页岩、Cantari页岩和Cantari砂岩，奥陶系Gabu砂岩以及志留系Buba组。

前裂谷沉积包括寒武纪—泥盆纪地层。Bove次盆露头的前裂谷沉积最厚可达3500m，地震解释在塞内加尔盆地较深水地区可能有超过5000m的前中生界地层（Hinz and Martin，1995）。其中寒武系沉积厚约1250m，包括三个单元：Pirada页岩、Cantari页岩和Cantari砂岩段。奥陶系Gabu砂岩最大厚度1400m，志留系烃源岩包括Buba组含笔石相页岩，厚度可达400m。

3. 上古生界

泥盆系在盆地内分布广泛，下泥盆统为150m左右的Cusselinta组砂岩，中上泥盆统是厚约300m的Bafata组页岩。石炭系和二叠系缺失（图8-16）。

4. 中生界

三叠系和下侏罗统目前为厚层盐岩，由于没有钻井打穿盐岩，对于盐下地层仅靠地震解释。中上侏罗统为碳酸盐岩陆架沉积。下白垩统在盆地海域的中间部分沉积碳酸盐岩，而在北部的毛里塔尼亚次盆和南部的Casamance次盆则以深水沉积为主。上白垩统赛诺曼阶为厚层的海相页岩，土仑阶为黑色、沥青质页岩，康尼亚克阶—坎潘阶缺失，马斯特里赫特阶为砂岩（图8-16）。

中、上侏罗统—纽康姆阶的厚层的、在成因上和特提斯海有关的碳酸盐岩陆架沉积地层，在毛里塔尼亚、北部和Casamance次盆厚度为2300～3200m，在阿普特期和阿尔布期之间，碳酸盐岩继续在盆地海域的中间部分沉积，而在北部的毛里塔尼亚次盆和南部的Casamance次盆则以深水沉积为主。赛诺曼阶是大西洋连通后沉积的第一套地层，岩性主要为厚层的海相页岩间夹边缘相海相砂岩，并发育零星的碳酸盐岩礁滩相沉积。晚白垩世土仑期盆地经历了白垩纪的一次最大海侵，沉积了一套广泛分布的黑色、沥青质页岩，形成了盆地的主力烃源岩。森诺期（Senonian）盆地经历了一次海退，形成了马斯特里赫特阶广泛分布的砂岩地层（图8-16）。

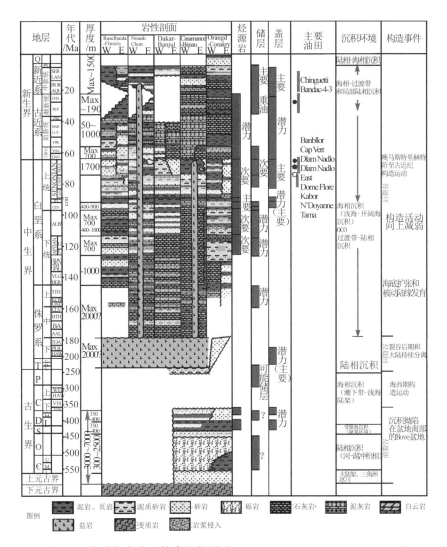

图 8-16　塞内加尔盆地综合柱状图（Brownfield and Charpentier，2003）

5. 新生界

古近纪早期至新近纪中期受阿尔卑斯构造运动的影响，在盆地海域沉积了两套区域性分布的地层。一是古新统—始新统陆架沉积，由底部页岩和上覆的陆架灰岩、泥灰岩组成，不整合超覆在马斯特里赫特阶和更老地层之上，并向内陆延伸较长距离；另外一套就是形成于非补偿盆地或饥饿盆地的碎屑岩沉积，始于始新世和渐新世交界的海退期，一直延续到中新世。

渐新统沉积在北部毛里塔尼亚次盆的展布平行于海岸线并延伸到陆架，在陆架被中新统底部的不整合面削截。在 Kakar 南部地区的陆架区和陆坡区都有分布，包括 Mambia 的部分海域、Casamance 以及 Guinea-Bissau 陆上。

中新统—上新统在盆地北部毛里塔尼亚次盆岩性为浅灰蓝色黏土，厚达 1500m，沉积于内陆架、开放海和半深海环境。在盆地南部主要为沉积于浅海环境及少部分陆相环境的页岩和细—中粒砂岩。中新统—上新统顶部为高能浅海碳酸盐岩，局部地区为陆相黏土岩和砂岩。

二、沉积相

（一）西非中段沉积相

西非中段包括一个三角洲盆地——尼日尔三角洲盆地和四个阿普特盐盆地——加蓬盆地、下刚果盆地、里奥穆尼盆地和宽扎盆地。由于该区构造演化具有统一性，受构造控制发育的深水盆地的各个时期的沉积相具有相似性。为简洁起见，故现以尼日尔三角洲盆地重点解剖西非中段三角洲盆地沉积相。

早白垩世时期，西非板块和中非板块发生分离，导致海水流入贝宁‑卡拉巴尔枢纽线所辖置的近海区。在阿尔布期形成了一套海相沉积物，大致分布在几内亚湾台地深部和阿巴卡利基槽地以及贝努埃槽地内（Weber and Daukoru，1979）。

晚白垩世赛诺曼期发生海退，发育尼日尔‑贝努埃三角洲和一部分单独的深水扇。坎潘期再次发生海侵，发育页岩和砂岩沉积。此后，马斯特里赫特期发生过更大规模的海侵，马斯特里赫特期—古新世在广大范围内沉积伊莫页岩，从而使原始尼日尔‑贝努埃三角洲停止发育。

始新世，尼日尔三角洲快速发展，分布范围超过 $18 \times 10^4 km^2$。沉积物来自东北部，主要由尼日尔河和贝努埃水系和次要的克鲁斯河携带碎屑入海。中始新世时，盆地的可容纳空间小，沉积速率大，三角洲的进积速度很快，尼日尔三角洲沿阿南布拉大陆架迅速向南推进。跨越贝宁‑奥尼查地区，至晚始新世抵达阿菲波，相继在大陆架沉积了 Akata 组黏土岩及浊积岩以及大陆斜坡深谷砂岩，相应伴生了大规模的刺穿构造带和生长断层。到渐新世—中新世时，三角洲向前推进，盆地的可容纳空间增大，三角洲发展的时间相对较长，推进速度缓慢。生长断层特别发育，产生了大量的滚动背斜，远端则开始形成重力滑脱体系（图 8-17）（Weber and Daukoru，1979）。

上新世—更新世时海岸线变为凸向海洋，由于沿岸流的作用，三角洲开始进入破坏阶段，三角洲复合体的生长速度开始减慢，向海推进的三角洲前缘之间的底辟作用出现了短暂的平衡，但远端依然向前生长。更新世晚期，由于冰期之后冰川融化，导致海侵，从而淹没了现今浅海处的上新世—更新世的三角洲平原沉积区。全新世时期，再次海退，又出现一套海退三角洲超覆沉积物。

（二）西非南段沉积相

西非南段深水盆地主要位于鲸鱼海岭以南，为不含盐盆地，主要包括纳米比亚盆地和西南非海岸盆地，两者各个时期的沉积相具有很大的一致性和相似性，为了避免赘述，故以下以西南非海岸盆地为典型介绍西非南段深水盆地沉积相。

西南非海岸盆地由北向南有三个沉积中心，即沃尔维斯次盆、吕德里茨次盆和奥兰治次盆。三个沉积中心具有相似的构造格局，由东向西依次为边缘裂谷带、中间枢纽线、中央裂谷带和外边缘脊（图 8-18）。

古生界和中生界三叠系未被钻井揭露，根据地震解释，推测为火山岩相和陆棚相。

　　早—中侏罗世发育陆相沉积和火山岩相沉积，该时期裂谷开始活动，冈瓦纳大陆解体，南大西洋开始形成。西南非海岸裂谷开始发育。

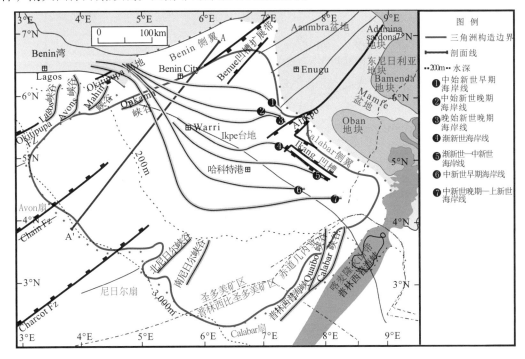

图8-17　尼日尔三角洲盆地构造格架及不同时期古海岸线位置（据 Weber and Daukoru，1979）

　　晚侏罗世西南非海岸盆地外侧火山岩分布很广，北到鲸鱼海岭，南到 Falkland Agulhas 断裂带。奥兰治次盆开始形成，并发育陆相沉积。

　　早白垩世，尤其是在凡兰吟期发育湖相沉积。沉积呈向西加厚的楔状，东部在中间枢纽线附近尖灭。枢纽线以东为河流 – 三角洲相，呈狭窄的低角度箕状地堑。枢纽线以西为冲积扇，同时发育火山岩夹层。

　　晚欧特里沃期，发育风成沉积，同时沿鲸鱼海岭和纳米比亚的 Kaokoveld 地区有大量的火山岩喷发和侵入，在风成沉积中往往夹有火山岩层。在中央枢纽线以西主要为河流 – 三角洲相沉积，偶见边缘冲积扇发育。奥兰治次盆的南部为向西连续沉积的浅海相到海岸相砂岩沉积，在吕德里茨次盆的北部外边缘脊为巨厚的熔岩流，沃尔维斯次盆发育三角洲相沉积。

　　阿普特期—赛诺曼期发育深海相，由于海侵造成海平面上升，到土仑期海平面最高，以深海页岩为主。在鲸鱼海岭的东端有巨大的火山喷发，在其以南的各沉积中心沉积不一，可区分为陆棚、斜坡和深海相等不同的沉积相。

　　晚白垩世，为海相，且由浅到深。陆棚区快速沉积厚层的前积。此时，奥兰治河强烈发育，奥兰治河流 – 三角洲的范围扩大，由于海平面下降，河道下切，形成大规模的三角洲沉积体。在吕德里茨次盆以北的东部陆棚还有一条狭窄的低能量的河流，发育河流 – 滨岸潟湖相黏土岩和薄层的灰岩。在鲸鱼海岭的部分地区则发育有生物礁相。

　　古新世和始新世构造抬升，渐新世沉降，盆地的持续沉降造成沉积中心向海迁移。

陆棚的前积沉积在陆棚边缘形成大规模的滑塌沉积，海相沉积向海方向逐渐加厚，一般为 1000 ~ 1700m，奥兰治南部最大达 3000m。

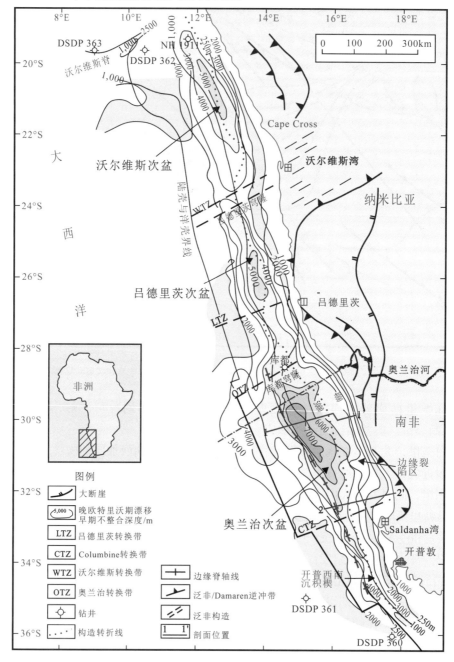

图 8-18 西南非海岸盆地构造格架和主要的沉积中心分布图（Petroconsultants，1994）

（三）西非北段沉积相

西非北段深水盆地为含盐盆地，主要包括塞内加尔盆地、阿尤恩－塔尔法亚盆地、拉尔法盆地、索雄拉盆地和科纳克里盆地。由于这些深水盆地的构造演化具有一致性，所以受构造演化控制的沉积相发育具有相似性，故以下以阿尤恩–塔尔法亚盆地为代表介绍西非北段深水盆地的沉积相。

盆地整体沉积相在下古生界主体为浅海陆棚–深海，上古生界由海相过渡到河流–三角洲相，三叠系下部发育河流相和冲积扇，往上过渡为潟湖相–边缘海相。侏罗系主体为陆棚碳酸盐台地相，下白垩统以三角洲相为主，上白垩统—渐新统滨岸带主体为三角洲相和滨海相，深水区以陆棚碳酸盐台地相为主体。

盆地中前三叠系未钻遇，通过与周围相关盆地对比以及地震解释，古生界整体沉积环境为海相。其中下古生界主体为浅海陆棚–深海相，上古生界泥盆系在滨岸区域为浅海碳酸盐台地相，向西深水区为深海相，石炭系主体发育河流–三角洲相，二叠纪海西运动造成二叠系缺失。

裂谷沉积序列由河流相和泛滥平原相的红色砾岩、砂岩和页岩组成。盆地翼部出露地表的古岩体剥蚀形成碎屑物源，然后在发育的半地堑内沉积；开始为河流相，进而为河流–三角洲相。进一步裂谷拉张作用使海水可能从东面的特提斯洋和北面的原始大西洋进入半地堑。蒸发岩的化学沉积作用持续到早侏罗世。在盆地北部，持续拉张和沉降造成海进穿过半地堑。在盆地南部，流经前寒武系和古生界高地的河流直接为迅速沉降的半地堑供给物源。盆地北部裂谷沉积序列仅1500m厚，而盆地南部裂谷沉积序列厚达12000m。

三叠系下部沉积环境为河流相和冲积扇，往上过渡为潟湖相–边缘海相，局部地区发育凝灰岩沉积。在西部地区由于三叠纪时裂谷拉张作用进一步使海水可能从东面的特提斯洋和北面的原始大西洋进入半地堑，而盆地的北、西北和南部为较远的物源区，只供应很少量的碎屑物源进入半地堑，形成了局限海环境，在局部地区沉积巨厚蒸发岩、湖相和潟湖相细粒碎屑岩，这种局限海环境一直持续到早侏罗世。侏罗系沉积环境以碳酸盐台地相为主，东部滨岸带发育滨海碎屑岩沉积，西部地区为潟湖相。

下白垩统主体为三角洲相，从东部浅水区到西部深水区沉积物粒度逐渐变细。上白垩统水体加深，以陆棚碳酸盐台地相为主。

第三系盆地的东部浅水区主体为滨海相和三角洲相，往西逐渐过渡到深水区以发育陆棚碳酸盐台地相为主，深水区局部发育深海相泥灰岩。

第四节　烃　源　岩

西非被动陆缘盆地中的深水储层所含的油气通常是由储层下部更老的烃源岩产生的，并多出现在四种主要的相类型中：①盐前湖相泥岩；②早期盐后浅海/半深海相；③陆架/斜坡盆地相；④前三角洲斜坡。但最重要的烃源岩是裂陷期湖相页岩或泥岩以及裂后热沉降的局部海相泥岩，但以裂陷期的烃源岩为主。

西非被动大陆边缘发育多套烃源岩，自下而上依次为志留系海相页岩、侏罗系海相页岩、下白垩统湖相页岩、上白垩统海相页岩和古近系海相页岩（图8-19）。

目前西非的绝大部分油气来自三套烃源岩，即下白垩统盐下湖相页岩、上白垩统—

古近系早期盐后浅海／半深海相及开放海陆架内／斜坡盆地海相页岩以及新近系海相－三角洲相（或前三角洲斜坡）烃源岩。盐前烃源岩可能主要分布在西非被动陆缘盆地的内侧地区；而在外侧地区，盐前烃源岩主要以含有海相的偏油干酪根为主。

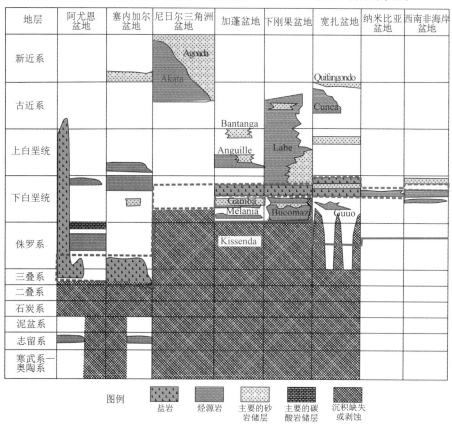

图 8-19　西非被动陆缘盆地主要烃源岩和储层（据林卫东等，2008）

一、下白垩统盐下湖相烃源岩

下白垩统裂谷期湖相烃源岩（盐下湖相烃源岩）主要分布在加蓬海岸盆地、下刚果盆地以及宽扎盆地，是下刚果盆地近海盐下、盐上上白垩统和加蓬海岸盆地陆上盐下以及宽扎盆地盐下原油的主力烃源岩，另外，下白垩统裂谷期湖相烃源岩也是大西洋对岸巴西深水油气的主要供烃者。在里奥穆尼盆地中，盐前湖相／浅海上阿普特阶泥岩形成含 I 型和 II 型干酪根的烃源岩。在坎波斯盆地中，Lagoa Feia 组的烃源岩由薄板状、含碳质的和含钙质的泥岩组成，富含偏油的 I 型干酪根。在加蓬盆地下白垩统盐下湖相烃源岩为巴雷姆阶 Melania 组及纽康姆阶 Kissenda 组湖相页岩，Madiela 组中发现了较好－好的烃源岩，湖相黑色有机质页岩总有机碳含量平均为 6.1%，有机质类型为 I 型和 II_1 型，而 Kissenda 组湖相烃源岩只在少数井钻遇，丰度比 Melania 组低，总有机碳含量平均为 1.5%～2%，有机质主要由 III 型和 II_2 型干酪根组成。它们都是在初始裂谷底部的浅咸水湖到超咸水湖中沉积形成。在进入大陆漂移相联系的完全海相环境之前，它们经历了周期性的海水涌入和干枯循环阶段。含氢指数高，每克总有机碳可含900mg的碳氢化合物，而每克岩石生油潜力大于20mg碳氢化合物（表8-1和图8-19）。

二、上白垩统—古近系早期盐后海相烃源岩

上白垩统—古近系烃源岩以海相页岩类烃源岩为主。烃源岩多分布在大陆漂移期从未成熟到成熟阶段，沉积在被动大陆边缘盆地中。受古气候和古大西洋地理环境的控制，上白垩统海相页岩类烃源岩在西非多数盆地都有，主要为以海洋源Ⅰ型有机质为主的高丰度烃源岩，烃源岩的潜力主要受到成熟度的控制。前人油源对比研究认为，上白垩统—古近系海相烃源岩是西非深水主产区之一的安哥拉深水区的下刚果盆地深海以及加蓬海岸盆地海域的主要烃源岩。研究实例包括里奥穆尼盆地的中白垩统、下刚果盆地的上白垩统和南部墨西哥湾的中白垩统和古近系。Girassol石油（下刚果盆地）的烃源岩是上白垩统Labe组，这个地层由约400m厚的深水、开放海泥岩组成。平均总有机碳含量为4.6%，主要是Ⅱ型干酪根，资源潜力为每克岩石产约26mg的碳氢化合物。

三、古近系海相–三角洲相（或前三角洲斜坡）烃源岩

古近系海相–三角洲相烃源岩广泛分布在西非油气最丰富的尼日尔三角洲盆地，目前对尼日尔三角洲盆地古近系烃源岩的认识有两个主要观点，一是以陆源植物有机质为主的低丰度巨厚Akata组页岩是盆地的主力烃源岩；二是受基底控制的海洋源腐泥型高丰度海相页岩分布区是盆地的主力油源。但无论何种观点，二者均为古近系Akata组海相–三角洲相页岩类烃源岩，是尼日尔三角洲的主力烃源岩。尼日尔三角洲斜坡的Bonga油田和Zafiro油田的石油最有可能产生于Akata组的始新统—中新统烃源岩，此烃源岩是巨厚（超过30000ft）的前三角洲泥岩沉积层，含Ⅱ型干酪根和Ⅲ型干酪根。下部斜坡相更偏油，而靠近陆架和近海则偏气。在滨岸的Aroh-2井中，地层生油潜力为5～20mg/g，烃指数为每克总有机碳含200～500mg的碳氢化合物。

第五节　储　集　层

从理论上讲，被动大陆边缘盆地作为油气的储层可在前裂谷期、裂谷期、热沉降期任一阶段出现，发育侏罗系、下白垩统、上白垩统和第三系四套大的储集体系，油气主要富集在后三套体系中（表3-1）。

从油气产出的岩性来看，油气主要产出于砂岩储层中，砂岩油气储量占总储量的75.3%，碳酸盐岩油气储量仅占22.3%，原因主要是地理上的，即非洲大陆在板块演化过程中，长期处于极地附近的高纬度地区，在古近纪以后才逐渐漂移到现今的纬度地区。下白垩统砂岩以及局部碳酸盐储层，在西非南段的下刚果盆地、加蓬盆地、宽扎盆地等盆地广泛发育，储层物性好。

由油田产出的层位看，虽然前寒武系—上新统均有油气产出分布，但以古近系的油气聚集最为重要，其次为中生界。这与世界油气产出的总的特点是一致的。其中上白垩统储层是西非主要储层段之一，为被动陆缘早期的滨岸砂、潮道等多种类型的砂体以及碳酸盐储层。上白垩统的油气主要有两个来源，一是来自下白垩统湖相烃源通过"盐窗"往上运移而来；二是下白垩统自生的烃源岩。古近系储层是西非最重要的储层段，包括Agbada组三角洲的三角洲砂体以及安哥拉深海的上新统浊积体，古近系储层内的油气主要来自被动陆缘期以来古近系以及上白垩统的海相、三角洲相烃源岩。

一、浊积岩储层

浊积体作为西非被动大陆边缘盆地深水油田主要储集体，主要是水道和席状砂相储层（大约各占三分之一），其次为天然堤＋水道储层、切谷充填储层及碎屑流储层，其中底流改造储层相对较少。这些储集体出现主要是由于现今的深水区，往往是陆坡沉积物向前推进的结果（图8-20），多数油田受储层物性的限制，使得越往深水区，储盖层时代越新。近些年在下刚果盆地安哥拉的深水勘探也主要集中在中新统浊积岩储层，这些深水浊积体系与大型三角洲的发育及海平面的变化引起陆坡的推进密切相关。

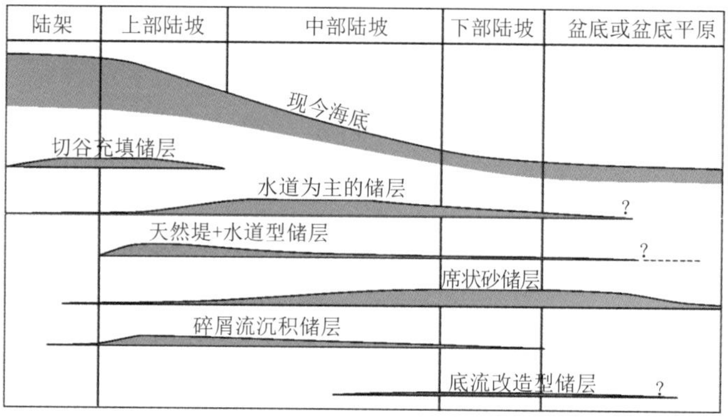

图8-20 被动大陆边缘不同类型储层分布及丰度（据童晓光和关增森，2002）

在西非被动陆缘盆地共识别出六种浊积岩储层类型：①切谷充填储层；②水道为主的储层；③天然堤＋水道型储层；④席状砂为主的储层；⑤碎屑流沉积储层；⑥底流改造型储层。大多数油田包含不止一种储层类型，很多包含三种或者更多种储层类型，但在西非被动大陆边缘盆地以前五种为主。

切谷充填储层多发育在外部陆架和上部斜坡；水道为主的储层在中部斜坡是大量发育的储层类型；而天然堤＋水道储层在上部斜坡大量发育，越向斜坡下部，浊积储层类型数量及规模越小，但是直到盆地底部还有天然堤＋水道型储层发育，这也说明了浊积储层发育影响因素的复杂性；以席状砂为主的储层，从目前西非被动陆缘已经发现的油田来看，发育及分布比较广泛，以斜坡中部到盆地底部之间数量最多，说明它的沉积能量要明显小于水道型储层；碎屑流是上部斜坡的特有的典型储层，往往发育在切谷充填型水道底部；底流改造储层在西非不发育，也很少有油田钻遇，主要在斜坡下部和盆地底部发育。

这几种浊积储层类型沿着被动陆坡向下有规律地分布及变化。在斜坡上部，水道以直的切谷和显著的天然堤或漫滩沉积楔为特征。顺斜坡向下，水道的弯曲程度和宽度随着斜坡坡度发生变化而不同。斜坡上陡的地区常以较低弯度水道为特征，显示了沉积物路过和只有少量的浊积水道砂沉积过程。在斜坡坡度较缓的地方，就像在平原地带，水道变得更窄而且更蜿蜒曲折，并且像曲流河沉积一样，常具有宽阔的漫滩沉积区域，向前水道逐渐分支，并终止于由水道化席状砂储层组成的舌状体中（Sikkema and Wojcik，2000）。席状砂沉积在斜坡地形低洼地或者断层控制的沉陷区或盐岩前小盆地中。厚层的富砂水道化浊积岩沉积在斜坡上主要发育在地形平缓的地区。

二、碳酸盐储层

碳酸岩储层在西非深水区分布较局限，主要在南部的宽扎盆地和北部的阿尤恩－塔尔法亚盆地。在宽扎盆地，40%的储量来自盐上阿尔布阶Catumbela组灰质砂岩和灰岩，20%来自盐上渐新统—中新统Quifangondo组海相砂岩，其他产层几乎都是盐间阿尔布阶Binga组碳酸盐岩、Mucanzo组碎屑岩和盐上阿尔布阶Quissonde组碳酸盐岩储层，除此之外在盐下上Cuvo组砂岩和碳酸盐岩中发现较少储量。

上侏罗统Puerto Cansado组碳酸盐岩是阿尤恩－塔尔法亚盆地唯一被证实的储层。其中以发育在晚侏罗世碳酸盐岩台地上的礁体和鲕粒滩为最有潜力的储集体。该储层质量可能局部因岩溶作用而得到改善，例如在MO-5井，孔隙度达25%，位于陆上的MO-2井孔隙度为7%～20%。储层为晚侏罗世在陆架边缘西边发育的碳酸盐岩沉积体。该沉积体很可能由中—晚侏罗世再次沉积的含文石生物碎屑组成，具有良好的储集物性。

第六节　圈　　闭

被动陆缘盆地深水油田中绝大多数为构造－地层复合圈闭。大约80%的研究油田显示出地层圈闭的某些要素，但没有一个油田是完全的地层圈闭。西非所有的研究油田都显示出构造圈闭的某些要素，有20%的油田是完全的构造圈闭。西非被动大陆边缘盆地的油藏的特点是圈闭形成时间长，这一点和转换边缘盆地和陆内盆地圈闭更多的是幕式形成历史有着鲜明的不同。

一、地层圈闭类型

这种圈闭类型在西非被动大陆边缘深水区比较常见，多为沉积尖灭和侵蚀削截形式。其中侵蚀削截较不常见（例如Ceiba油田），多出现于斜坡地带，并且向深海平原方向逐渐减少，这多是因为深海平原海底从未暴露在侵蚀地表或者浅海沉积作用范围内。在Ceiba油田，坎潘阶储层段在油田两端都被古近系泥质切谷充填削截（图8-21）。在地震相上多表现为倾斜的反射面向上倾方向被水平或不规则界面从上中断，代表沉积岩层在构造变动后被剥蚀，形成角度不整合的环境。

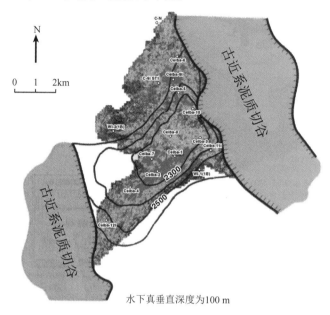

水下真垂直深度为100 m

图 8-21   Ceiba 油田的顶部储层深度构造及 RMS 叠加图（据 Dailly et al., 2002）
古近系切谷被泥岩充填，可形成北东及南西向地层圈闭

在西非深水油田，沉积尖灭比较常见。概括而言，浊流体系中砂泥比在上部斜坡和下斜盆地最大。因此，储层向泥岩中尖灭在下部斜坡和盆地底部也就是砂泥比最小的地方最为常见。在上部和中部斜坡上，浊积砂岩更趋于连续，是油气连接补给水道体系的地方。上倾方向因此通常都会形成地层圈闭，除了在砂岩尖灭到下部的古老地层中，例如盐隆。沉积尖灭可以出现在各种各样的环境中，其地震响应都有明显的表现。在海底地形变化较平缓的地方，砂岩多侧向尖灭在一个平缓的斜坡上。这种情况在西非被动陆缘盆地很少发现，只在 Zafiro 油田、Girassol 油田等显示出这种储层尖灭类型。大多数的沉积尖灭都和海底构造有关，比如说盐岩（泥岩）隆起、盐岩滑离相关的龟背斜或者盐岩滑离相关的洼地。在盐岩主要分布地区，盐核隆起侧翼的上倾尖灭较为常见。在盐隆地带，储层和超覆地层段都明显变薄，地震剖面同沉积构造隆起都比较容易识别。在尼日尔三角洲盆地的 Bonga 和里奥穆尼盆地的 Ceiba 油田，其泥岩核隆起和盐岩核隆起分别在储层沉积前开始发育并且影响了沉积，形成地层尖灭。

二、构造圈闭类型

西非被动陆缘盆地深水油气藏主要发育三种主要构造圈闭类型：①侧向遮挡圈闭（出现频率约为 95%）；②断层封闭（出现频率为 67%）；③岩体刺穿，这种类型在被动陆缘盆地内出现的频率约为 20%。这几种圈闭类型主要出现在拉张、挤压、盐岩相关等构造背景下形成的构造中。

（一）与拉张构造背景相关的构造

这种构造形成于西非海岸盆地上部斜坡和陆架环境，在盐下及盐上都很发育。拉张环境形成的构造圈闭主要包括与生长断层相关断块和滚动背斜以及掀斜断块和地垒断块。在尼日尔三角洲，斜坡上部和大陆架拉张构造非常发育，在这些地方多形成平行于海岸线的铲式断层，并形成线形沉积带，厚度可达 8km。

（二）挤压构造

在西非被动大陆边缘，主要为斜坡下部形成的前缘逆冲背斜，如尼日尔三角洲的 Zafiro 油田和 Bonga 油田、里奥穆尼盆地的 Ceiba 油田。这些挤压构造形成的圈闭以陡倾的逆冲为特征，并沿着共同的拆离面单独冲出或者成带逆冲。在尼日尔三角洲，陆架或上部大陆斜坡拉张带在整个更新世向海移动过程中，推挤下伏活动塑性泥岩进入到前缘逆冲断层的挤压带内，并且在下部斜坡发生泥岩底辟（如 Zafiro 油田和 Bonga 油田），从而横贯盆地形成一系列复杂的圈闭类型和圈闭序列。

（三）与盐岩相关的构造

与盐构造有关的油气圈闭大多是复合圈闭，它们不是覆盖在深部的盐体之上，就是侧向或顶部被盐或与盐有关的断层所封堵（盐上、盐间和盐下成藏组合）。在西非被动大陆边缘，这种构造圈闭类型主要出现在深水斜坡到盆地底部的地方，并包括：①盐岩侧翼封堵圈闭；②盐岩刺穿圈闭；③盐岩滑离龟背斜圈闭；④盐丘上覆穹窿和背斜圈闭；⑤盐下地层圈闭。在西非多数是盐岩侧翼封堵圈闭，其形成过程多是连续的浊流沉积物堆积和事件性浊流沉积物被搬运到盆地中可形成一系列退覆或叠瓦状砂岩，并都上倾尖灭于盐岩隆起的侧翼。盐岩隆起之外更厚的沉积物堆积，引起差异沉降，导致盐岩隆起进一步生长。在某些情况下，盐底辟刺穿了上覆储层因而被遭受上覆沉积物削截并且在上倾方向靠近盐岩或泥岩形成圈闭。盐岩滑离龟背斜由两个相邻的盐岩隆起上的盐岩向下移动形成，这种移动导致已经堆积在低洼处内部的沉积物在边缘发生沉降，从而形成背斜型构造或者龟背构造。

与盐岩相关圈闭的分布受原始盐岩盆地和后来的盐类构造发育范围的控制。在西非被动陆缘盐盆中，超深水斜坡的下部往往是盐岩最厚和连续性最大的地方，这往往是在上部地层的重力作用下，陆架沉积楔向前推移，并使盐岩向海方向移动的结果。向陆方向，受盐岩底辟作用和盐岩排挤影响，通常导致局部盐后沉积层间断性接触到盐前基底。在盐后沉积物堆积最厚的地区，其下部接触基底的范围最大。这个区带沿陆向上，盐岩隆起的分布可以有巨大的变化，这取决于初始盐岩的厚度和盆地的地质发育历史。盐丘上覆穹窿和背斜在所有的含盐岩地区都发育相似的构造，比如 Anguille Marine 油田。

第七节　油 气 运 移

根据西非被动陆缘深水盆地油气运移的路径，运移模式主要有垂向运移模式和侧向运移模式两类。垂向运移主要通过盐岩底辟、泥岩底辟、裂缝、输导层及断层等通道发生，侧向运移的通道主要为地层不整合面和物性好的储集层。

一、垂向运移模式

（一）盐岩底辟或泥岩底辟垂向运移模式

盐岩底辟或泥岩底辟垂向运移模式主要是烃源岩生成的油气通过盐岩底辟或泥岩底辟形成的破裂面或周围发育的张性放射状正断层等垂直运移的通道向上做垂向运移。西非被动陆缘深水盆地广泛发育盐岩层，盐岩运动会产生盐底辟。尼日尔三角洲盆地不发育盐岩，但是有厚层泥岩，快速沉降往往导致不均衡压实而产生泥底辟。

南加蓬次盆油藏盐上含油气组合以 Azile 海相页岩为主要烃源岩，次要烃源岩为 Melania 湖相页岩、Kissenda 页岩，该套烃源岩在中新世达到生烃高峰，生成的油气通过盐刺穿、断层和不整合面，运移至 Anguille 砂岩和 Batanga 砂岩储层，层间页岩为局部盖层，形成构造油气藏或岩性构造复合型或岩性油气藏，其构造油气藏的规模较大。

加蓬盆地拉比 – 康加油田为一呈北北西—南南东走向的断背斜圈闭油田（图 8-22），属盐下成藏系统。油气成藏条件优越，生储盖组合良好。其烃源岩为巴雷姆阶 Melania 组湖相黑色页岩，储层为下白垩统 DemMe 组和 Gamba 组盐下砂岩，盖层为阿普特晚期 Ezanga 组蒸发岩，油气沿着盐岩刺穿形成的垂向长距离运移通道运移至上覆储层。

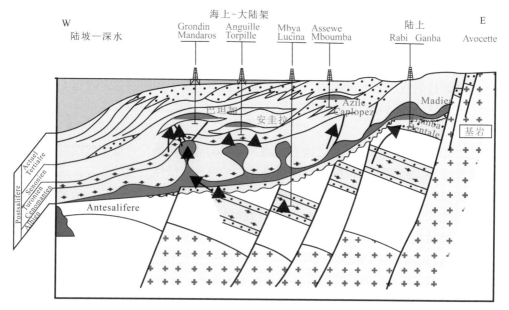

图 8-22　加蓬盆地典型油气藏及油气运移模式解剖图（据 Boeuf et al.，1992；Rasmussen，1996）

下刚果 – 刚果扇盆地是西非重要的油气能源产区和聚集区之一，盐下 – 盐上白垩系复合成藏组合是三大重要的潜力成藏组合之一。盐下－盐上白垩系复合成藏组合的油气运移是通过盐底辟构造形成的通道，进行长距离垂向运移。

（二）裂缝、输导层及断层等短距离汇聚模式

西非深水盆地的短距离汇聚模式主要是指烃源岩通过裂缝、叠置砂体、输导层及断层等运移通道，运至邻近的有效圈闭，从而形成油气藏。

例如，在西非北段的阿尤恩－塔尔法亚盆地，该盆地短距离汇聚模式最典型的油田为摩洛哥陆架边缘 Ounara 油田（图 8-23）。该油田主要烃源岩为中下侏罗统 Lias 组和 Dogger 组海相页岩，储层为上侏罗统 Puerto Cansado 组碳酸盐岩，盖层为下白垩统 Tah 组页岩。油气从烃源岩经过砂岩输导层或周围的断层等通道运移至储集层。

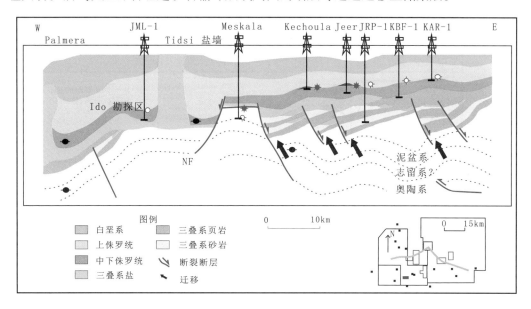

图 8-23　西非北段摩洛哥陆架边缘 Ounara 油田油藏剖面图（据 Heyman，1989）

西南非海岸盆地南部的奥兰治次盆主要的烃源岩是下阿普特阶和巴雷姆阶页岩，储层为巴雷姆阶—阿普特阶及阿尔布阶砂岩，盆地主要盖层是发育于不同单元的泥页岩层，同生裂谷期和被动陆缘期厚层页岩是良好的盖层，圈闭类型为地层构造圈闭。古地温梯度研究表明，渐新世以前的古地温梯度为 38℃ /km，最高可达 40℃ /km，渐新世以后盆地逐渐冷却，现今地温梯度平均 33℃ /km。根据埋藏史分析表明，白垩系烃源岩烃类的排驱和运移在坎潘期开始出现，到渐新世，烃源岩层段已经过了生油窗并开始生气。在晚中新世—上新世进入干气生气高峰。通过对已发现油气藏或油气发现成藏特征的对比分析，认为该盆地以短距离运移为主，裂谷期形成的断裂系统及晚白垩世和古近纪大量发育的同生断裂是油气运移的良好的通道（图 8-24）。

二、侧向运移模式

油气主要沿着地层不整合面做侧向运移，下伏地层中烃源岩沿着构造运动形成的不

整合面做侧向运移，指向高部位，一般在遇到侵蚀谷优质储集层和上覆盖层的良好储盖匹配时便会富集成藏。

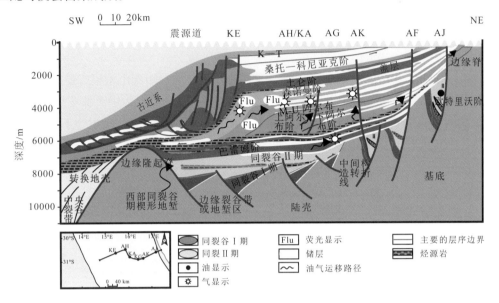

图 8-24　奥兰治次盆储层及主要含油气显示层段（据 Cameron et al.，1999）

同时，油气进入储集层后，在没有圈闭的情况下，物性非常好的储集层往往会作为油气侧向运移的良好通道。遇到圈闭或是砂体尖灭带时，便会富集成藏。西非深水盆地中存在构造脊，油气运移模式也存在，油气先垂向运移进入构造脊，然后在构造脊内部侧向运移。

第八节　成藏组合

从原油的成因类型（图 8-25）、烃源岩的发育、烃类主要聚集层位及其相应的烃源来看，西非被动大陆边缘盆地发育志留系—上古生界成藏组合、侏罗系—侏罗系成藏组合、下白垩统—下白垩统成藏组合、下白垩统—上白垩统复合成藏组合、上白垩统—古近系成藏组合、尼日尔三角洲 Agbada-Akata 成藏组合六个油气系统，后五个成藏组合已有不同程度的油气发现，是已证实油气系统，志留系—上古生界成藏组合尚无油气发现，但从区域上推测有一定的潜力，属于推测的成藏组合。而且从一定角度上看，区域上分布较广的成藏组合又可分为若干子系统（表 8-3）。

从区域油气地质条件及已发现的储量来看，油气主要富集在尼日尔三角洲盆地 Agbada-Akata 成藏组合、上白垩统—古近系成藏组合、下白垩统—上白垩统复合成藏组合和下白垩统—下白垩统成藏组合四个油气系统中。

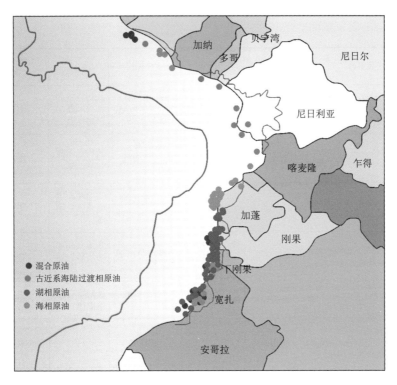

图 8-25　西非被动大陆边缘盆地主要类型原油平面分布图（据甘克文和李国玉，1982）

表 8-3　西非被动大陆边缘盆地主要油气成藏组合（据 Evamy et al.，1978；Ranke et al.，1982；Dumestre，1985；Teisserenc and Villemin，1990；Bray et al.，1998；Burwood，2000；童晓光和关增森，2002；Lawrence et al.，2002；Burke et al.，2003；Harris et al.，2004，汇编）

油气成藏组合		原油类型	主力烃源岩	主要储层	主要油藏类型	已发现油气情况	典型油气田
1. 尼日尔三角洲盆地 Agbada-Akata 油气成藏组合		海相原油	Agbada 组页岩	Akata 组三角洲砂体	滚动背斜、底辟构造砂岩油藏	尼日利亚主要产油区	Banga
2. 上白垩统—古近系油气成藏组合	Tertiary-Tertiary，阿尤恩盆地	未知	古近系页岩	古近系河道砂	—	次要	—
	Cenomanian/Turonian-Senonian/Miocene，塞内加尔盆地	海相原油	Cenomanian/Turonian 海相页岩	Senonian/Miocene 砂岩、碳酸盐岩	盐构造砂岩油藏	次要	Tiof
	上白垩统自生自储，尼日尔三角洲盆地	未知	上白垩统海相页岩	上白垩统砂岩	—	次要	—
	Azile/Anguille-Anguille，加蓬盆地	海相原油	Azile/Anguille 组海相页岩	Anguille 浊积砂岩	盐构造浊积砂岩油藏	主要	Anguille Marine
	Iabe/Landana-Pinda/Malembo，下刚果–刚果扇盆地	海相原油	Iabe/Landana 组海相页岩	Pinda 组碳酸盐岩/Malembo 组浊积砂岩	盐构造浊积砂岩油藏	主要（安哥拉深水主要产油区）	Girassol
	Teba/Itombe/Rio Dande-Senonian/Tertiary，宽扎盆地	海相原油	Teba/Itombe/Rio Dande 组海相页岩	Senonian/Tertiary 三角洲砂岩	盐构造碳酸盐岩油藏	次要	Legua

	油气成藏组合	原油类型	主力烃源岩	主要储层	主要油藏类型	已发现油气情况	典型油气田
3. 下白垩统—上白垩统复合油气成藏组合	Bucomazi-Vermelha/Pinda/malembo，下刚果盆地	湖相原油	Bucomazi 湖相页岩	Vermelha 组滨岸砂岩，Pinda 组碳酸盐岩	盐构造碳酸盐岩油藏和砂岩油藏	主要	Sendji, Takula
	Cuvo-Cuvo/Binga/Albian/Quifangondo，宽扎盆地	湖相原油	Cuvo 组湖相页岩	Cuvo 砂岩，Binga 组碳酸盐岩	盐构造碳酸盐岩油藏	次要	Tobias
4. 下白垩统油气成藏组合	Bucomazi-Lucula/Toca/Vandji，下刚果盆地	湖相原油	Bucomazi-Lucula 组湖相页岩	Lucula 砂岩，Toca 碳酸盐岩	古地垒高地断块砂岩油藏	主要	Malonga West
	Melania/Kissenda dentale/Ganba 加蓬盆地	湖相原油	Melania/Kissenda 组湖相页岩	Dentale/Gamba 组三角洲砂岩	古地垒高地断块砂岩油藏	主要	Tabi-Kounga
	Binga/Binga，宽扎盆地	湖相原油	Binga 组页岩	Binga 组碳酸盐岩	碳酸盐岩构造圈闭	次要	Benfica
	Barremian-Aptian-Hauterivian/Barremian，纳米比亚	湖相原油	海相页岩	过渡相砂岩	—	尚未发现	—
	Barremian-Aptian-Barremian/Albian，西南非海岸盆地	气	过渡相页岩	过渡相砂岩	砂岩地层圈闭	次要	Kudu gas
5. 侏罗系油气成藏组合	Lias/Dogger-Jurassic/Cretaceous，阿尤恩盆地	海相原油	Lias/Dogger 页岩	侏罗系碳酸盐	盐相关碳酸盐礁体油藏	次要	Mo-2
6. 古生界油气成藏组合	志留系—上古生界，塞内加尔、阿尤恩盆地	无	志留系海相页岩	上古生界砂岩	—	尚未发现	—

第九节　油气富集主控因素

研究表明，西非油气分布具有显著的不均一性。

西非海岸盆地群已发现的储量主要集中在尼日尔三角洲盆地、下刚果盆地、加蓬盆地、科特迪瓦盆地、奥兰治次盆、塞内加尔盆地、里奥姆尼等盆地，它们的储量分别占西非已发现总储量的 73.7%、18.9%、4.1%、0.9%、0.6%、0.6% 和 0.5%。其中，尼日尔三角洲盆地占总储量的约 3/4，下刚果盆地占总储量的约 1/5。

按照油气分布的层系划分，西非油气产量几乎都来自盆地发育的被动陆缘期沉积的储层，少数是过渡期、裂谷期或者裂前期形成的（表 8-4）。

按照油气藏分布深度划分，西非海岸盆地群已发现油气藏最浅 180m，最深 5350m，多数集中分布在 1000 ~ 3500m。

表 8-4　西非海岸盆地群分层系油气储量（2P）（据邓敬荣等，2008）

层位	已发现油气田（藏）数目/个	可采石油（2P）/MMbbl	可采气（2P）/10⁶ft³	可采凝析油（2P）/MMbbl
新近系	1263	70532.6	205938936.6	4350.84
古近系	150	5448.71	14982456	337.7
上白垩统	301	6979.9	8467260	83.12
下白垩统	378	8368.53	16773337	322.81
侏罗系	1	5	—	—
泥盆系	1	3.2	22760	—

油气富集主控因素可归纳为以下几点。

一、源控

西非海岸盆地发育志留系、侏罗系、白垩系和古近系等多套烃源岩，其中白垩系和古近系烃源岩是西非地区的主力烃源岩。

白垩系烃源岩是西非分布最为广泛的烃源岩，在北段阿尤恩－塔尔法亚（Aaiun Tarfaya）盆地和塞内加尔盆地以开阔海海相页岩为主，在南段以湖相暗色页岩为主。白垩系烃源岩在西非南段普遍丰度高，如下刚果盆地下白垩统纽康姆阶 Bucomazi 组、加蓬盆地的 Melania 组和宽扎盆地的 Binga 组湖相暗色页岩的有机碳分别可达 30%、20% 和 6.3%，有机质类型以 II 型为主，现处于生油阶段。

古近系烃源岩广泛分布在几内亚湾的尼日尔三角洲盆地、下刚果盆地和宽扎盆地，是西非另一套主力烃源岩。古近系烃源岩和白垩系烃源岩相比，丰度和有机质类型稍逊，如尼日尔三角洲盆地的 Akata 组前三角洲相和开阔海海相页岩，其有机碳为 0.5% ~ 4.4%，平均为 1.7%，属 II - III 型有机质。但古近系巨厚的沉积规模弥补了烃源岩质量的不足，为形成西非最大的石油储集提供了雄厚的物质基础。

志留系烃源岩主要发育在西非北段的阿尤恩－塔尔法亚盆地和塞内加尔盆地，这套烃源岩属于前裂谷期沉积。根据地表露头资料，志留系黑色页岩类烃源岩的厚度在 40m 左右，有机碳为 1% ~ 5.5%，以无定型干酪根为主，R_o 值为 0.9% ~ 1.3%。西非海岸盆地北段志留系烃源岩在成因、环境以及质量和丰度上与北非古达米斯盆地和穆祖克盆地 Tanezzuft 组放射性页岩均非常相似，为西非海岸盆地北段一套潜在的优质烃源岩。

侏罗系烃源岩主要分布在阿尤恩－塔尔法亚盆地，属于后裂谷被动陆缘开阔海海相页岩沉积，有机碳为 1.47% ~ 2.49%，有机质类型为 II 型；白垩纪坎潘期已经成熟，目前处于生气阶段。

二、相控

特定沉积相发育特定生储盖组合，西非地区中新生界从侏罗系到中新统共有 40 多个产油气层，以裂谷期后过渡阶段盐岩及相对应地层为界面，分为盐下、盐间和盐上三大套储盖组合，油气主要富集在白垩系和古近系碎屑岩储层中。

盐下属于裂谷期陆相河流–湖盆沉积建造，储盖组合以下白垩统砂岩为主要储层，在西非南段的下刚果盆地、加蓬盆地、宽扎盆地、纳米比亚盆地和西南非海岸盆地广泛发育。储层物性好，孔隙度为 10% ~ 30%，渗透率为 100×10^{-3} ~ $5000 \times 10^{-3} \mu m^2$。下白垩统储层和其上覆的区域性分布的盐岩构成了良好的储盖组合。

盐间发育盐岩沉积建造，是蒸发环境。储盖组合分布局限，仅在西非中段的下刚果盆地和宽扎盆地有小规模的分布。

盐上发育海相沉积环境，广泛沉积浊积扇和碳酸盐岩。在西非南段储盖组合以上白垩统—中新统为主力储层；中段的尼日尔三角洲盆地、下刚果盆地和宽扎盆地被动陆缘阶段三角洲和水下扇砂体最为发育，这些盆地的古近系储层规模巨大，物性好，例如尼日尔三角洲古近系 Agbada 组厚度可达 3500m，孔隙度为 15% ~ 40%，渗透率 100×10^{-3} ~ $5000 \times 10^{-3} \mu m^2$，是西非主要产油层；在西非北段盐上组合以碳酸盐岩储层为主，储层规模较小，主要分布在西非北部的阿尤恩–塔尔法亚盆地和塞内加尔盆地，以礁体为主，目前在碳酸盐岩储层中发现的储量非常有限。

三、圈闭和成烃相匹配

西非地区以构造圈闭为主，不同阶段圈闭特征有很大的区别。盐下构造层主要受控于裂谷期的伸展构造，以正断层为主，形成翘倾断块和褶皱构造圈闭。由于剥蚀作用，裂谷系隆起区经过剥蚀形成碳酸盐岩发育区，成为上覆地层的披覆构造。裂谷期圈闭规模一般较小，目前尚未发现大规模储量。

盐岩相关构造和滚动背斜构造圈闭是西非盐上被动大陆层序内最发育的两类圈闭。盐岩相关构造主要受盐运动控制，盐丘在刺穿过程中，引起围岩强烈变形，盐核周围地层向上翘起，盐核顶部地层向上隆起形成背斜，并伴生一个复杂的地堑断裂系。与盐岩相关的圈闭样式繁多，主要有盐丘上部复合背斜构造、龟背式背斜圈闭、盐丘上部断背斜、盐丘上部复合地堑系统断层圈闭、盐墙侧翼砂体上倾尖灭地层圈闭和断层遮挡圈闭以及岩性尖灭复合圈闭等。盐构造活动从东至西，在临近陆上的基底露头处盐岩变形小，向海上伸展构造发育，再向西为过渡构造（与盐垂向运动有关），盆地最西边界发育复杂的与盐的挤压变形相关的构造。

滚动背斜圈闭是盐上另一类重要的圈闭类型，主要发育在尼日尔三角洲盆地古近系地层中。滚动背斜的形成与前三角洲相沉积的阿卡塔组黏土岩的塑性流动有关，是在重力或差异压实等作用下，因生长断层下降盘岩层发生弯曲所形成的逆牵引构造。构造幅度一般不大，成丘状，圈闭面积小，多在 $10km^2$ 以下，分布在同生断层的南侧，常见有基本没有错断的单纯滚动背斜和在多条断层与主要同生断层作用下形成的滚动背斜。后者在尼日尔三角洲盆地中分布较为普遍，约有 70 个油田。

岩性圈闭是目前储量发现较少的圈闭类型，主要为砂岩尖灭型和碳酸盐岩礁体两大类。其中前者主要发育在西非南段被动陆缘三角洲和水下扇体中，而后者则主要在西非北段碳酸盐岩发育的中新生界地层中。

西非油气区圈闭的形成和生烃期有良好的匹配关系，西非地区圈闭主要是在晚白垩世开始形成，渐新世定型，绝大多数盆地烃源岩和圈闭形成同期进入生油阶段，之后持续沉降埋藏，生油期和烃类充注期长且不间断。由于被动陆缘阶段西非构造稳定，烃类通过断层和砂体输导体系进入滚动背斜和盐岩相关构造成藏后未经过改造和调整，形成了许多整装原生大油田。

第十节 油气田各论

一、概况

截至 2007 年，西非海岸盆地共发现油气田 1441 个，其中，海上发现 885 个（61%），陆上 556 个（39%）。这些已经发现的西非被动陆缘盆地油田的规模变化极大。根据油当量规模来看，研究油田的规模变化范围从 7MMbbl 油当量（加蓬的 Etame 油田）到将近 852.5MMbbl 油当量（尼日利亚的 Meren 油田），尽管多数油田的储量是在 100 ~ 800MMbbl 油当量。

截至 2008 年，西非海岸盆地群共发现世界级大油气田 71 个（最终可采油当量超过 5×10^8bbl），其中尼日尔三角洲盆地最多（59 个），其次是下刚果盆地 10 个，加蓬盆地和科特迪瓦盆地各 1 个，它们的可采油当量为 62386.44MMbbl，占整个西非海岸盆地群已发现可采储量的 34%。

非洲西部深水区（水深超过 450m）主要的巨型油田（储量大于 14000×10^4t）有 5 个，分别为达利亚油田、班扎拉油田、吉拉索尔油田、库伊托油田和邦加油田，储量达 7.4×10^8t（表 8-5）。

表 8-5 西非被动陆缘盆地深水区巨型油田简表（据关增森和李剑，2007）

名称	石油储量 /10⁸t	区块	水深 /m
达利亚油田	1.9	安哥拉 17 区块	2250
班扎拉油田	1.4	安哥拉卡宾达 A 区	1400
吉拉索尔油田	1.4	安哥拉 17 区块	1350
库伊托油田	1.4	安哥拉 14 区块	1200
邦加油田	1.4	尼日利亚	1020

二、油气田

（一）基松巴油田

松基巴油田位于安哥拉海域 15 区块，水深 1000 ~ 1250m，油田中的数个断块和油气藏的可采原油储量大于 20×10^8bbl（Reeckmann et al.，2003）。该油田的发现是 1997 ~ 1999 年间成功钻探四口探井的结果。

　　构成基松巴油田群的单个油田段为构造－地层复合圈闭，这些圈闭的形成与穿越背斜向西延伸的中新世河道沉积以及垂直切断河道的正断层有关。油藏的油柱高度为400～1000m。油水界面受构造溢出点高度以及断层两侧复杂的储层并置关系的控制，或者受顶部泥岩层的封堵能力的控制。油气柱的浮力作用以及构造顶部埋深浅，使油气柱高度小于1000m。

　　基松巴油气田的储层是发育在中、下陆坡环境的多期深海河道复合体沉积。储层段厚50～400m，宽1.5～6km，时代为中新世中期。单个河道复合体自东向西穿越15区块，可追踪成图区达数十千米。根据振幅响应及其他地震属性，可将河道复合体中的砂岩储层与陆坡泥质围岩区分开来。综合地震属性、等时间及地震相图可解释河道地貌及内部的具体地层学特性。

　　构成基松巴油田群的八个河道复合体，是限制性或弱限制性沉积系统。河道内部结构复杂，经多期侵蚀和沉积形成了该复合体垂向的叠置模式和横向的岩相组合关系。图8-26是穿越这类多期河道复合体的地震剖面。图中标注出了河道复合体中的主要界面。地震剖面旁的图是该河道的三维示意图。图的下部是这类河道复合体的沉积环境图。可将河道复合体再细分成更具体的组成部分，以用于三维地质建模和油藏模拟。

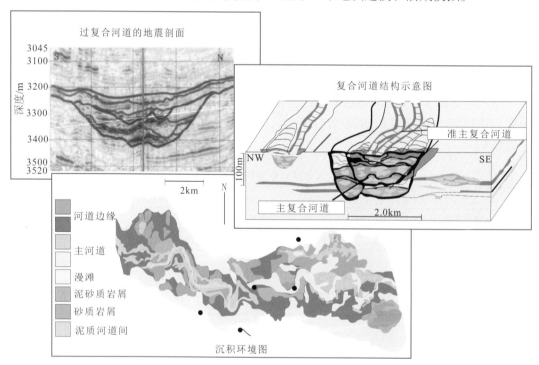

图8-26　基松巴油田披覆在洪戈背斜之上的复合河道砂的地震剖面及其结构示意图（据 Reeckmann et al.，2003）

底部为其中一条河道的沉积环境图

　　地震精细成图及可视化与测井、岩心分析和类似地层的露头区观测相结合，可将河道复合体细分为主河道、河道边缘、泛滥漫滩，以及泥质和砂质的岩屑相。各种亚相具有独特的储层特性（Sykes and Garfield，1998）。主河道中的储层物性最好，河道边缘区储层的物性较差。局部发育的岩屑相，可能是储层物性很好的砂质岩屑，也可能是泥质非储层岩屑（Sykes and Garfield，1998）。泛滥漫滩、废弃河道以及陆坡相沉积可成为垂向和侧向封堵层（图 8-26）。

区块早期的探井和评价井岩心的数据库拥有各储层段的岩心 850m，这些数据对于全面了解该区各种岩相的具体沉积环境、沉积作用、测井解释校正以及确定储层品质很有价值。对各种主要岩相（包括牵引流和高密度浊流以及少量岩屑流）的孔隙度和渗透率变化范围作了测定，孔隙度变化范围为 15% ~ 35%，渗透率为 1 ~ 50D。低密度浊积岩、泥质以及泥质或砂质组成的混合岩屑岩的物性较差，它们的孔隙度变化范围也是 15% ~ 35%，但渗透率只有 1 ~ 100mD。渗透率的不同是由岩石中的泥质成分含量及其碎屑颗粒的分选性的差异所导致的。

油气被圈闭在穿越洪戈盐背斜的数个限制性河道复合体以及附近的基山杰断块中，这些油藏又被向北延伸的正断层分割。披覆油藏穿越洪戈大型盐背斜。洪戈背斜北端的油藏上方存在一外来盐盖。盐流活动自中新世晚期开始，延续至今。这些盐构造的海底地貌特征以及上超沉积结构都说明了盐流的活动。

向北延伸的数条断层将油田分隔成数块。穿越洪戈背斜的中新世深海河道砂体上倾方向的断层使砂体形成上倾油气藏，断层成为大型油气柱的封堵，虽然这类断层有些已延伸至海底，并出现海底断崖和海底油苗。储层段的断层落差大致是 100 ~ 900m。洪戈背斜侧翼以及附近的基山杰断块剧烈起伏的地貌及大的构造倾角（15° ~ 25°）为幅度达到 1200m 的构造圈闭提供了形成大油气柱的条件。

（二）Bonga 油田

1996 年发现的 Bonga 油田，位于尼日尔三角洲盆地深水区（3115 ~ 3775ft），是尼日尔三角洲盆地发育两类油气藏的另外一种典例，属深海泥底辟和盆地南部挤压逆冲构造油气藏。在构造上处于南东—北西向的和泥底辟有关的断背斜的西南翼（图 8-28），核部为刺穿海底的活动泥岩。该构造至少从中新世开始生长。Bonga 油田主体长 10km，宽 4 ~ 7km，面积为 60km²，原始地质储量（STOIIP）为 2500MMbbl，可采储量 1000MMbbl，已经开始投产，累积产量 1.57MMbbl（截至 2005 年），是目前尼日利亚深水区的第二大油田。

据研究，Bonga 地区储层总体为一系列逐渐进积的中中新世—早上新世浊积砂体，发育 690、702、710/740 以及 803 四套砂体（图 8-27），砂体的厚度和净毛比变化很大，发育三种沉积相砂体：厚层叠加砂体，浊积水道沉积；薄层，高净毛比席状砂，分布于河道轴部以外的废弃河道、漫滩沉积的块状薄层砂岩或薄层相间的砂泥岩单元。储层的沉积相和产量有明显的正相关关系，其中浊积水道砂体是主力产层，原生粒间孔较发育，多为 20% ~ 37%。虽然随深度增加孔隙度略有下降，但每个储层单元的孔隙度变化较小。另外，受泥底辟生长的影响，砂体主要卸载在泥底辟的西南翼。

（三）Ceiba 油田

Ceiba 油田是里奥穆尼盆地发现的第一个油田（图 8-28），水深范围 670 ~ 800m，面积 24km²，石油可采储量超过 3 × 10⁸bbl。该油田于 2000 年 12 月份开始生产，创造了油田从发现到投入生产使用时间最短的世界纪录。

晚白垩世的坎潘阶浊积砂体为 Ceiba 油田的主要储油层，浊积水道砂体近北东向展布，含油后具有典型Ⅲ类振幅随偏移距变化（AVO）的特征。油层顶面深度 2125m，油水界面深度（OWC）平均为 2471m，油柱高度为 346m，已经超出构造最低圈闭线约 100m，是一个典型的岩性 – 构造油气藏。

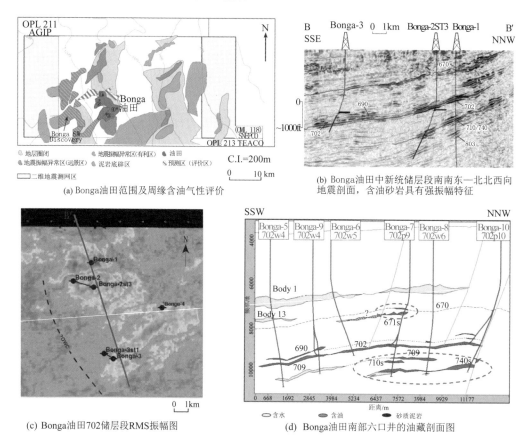

(a) Bonga油田范围及周缘含油气性评价

(b) Bonga油田中新统储层段南南东—北北西向地震剖面，含油砂岩具有强振幅特征

(c) Bonga油田702储层段RMS振幅图

(d) Bonga油田南部六口井的油藏剖面图

图 8-27　尼日尔三角洲盆地 Bonga 油田综合图（据 Baskin et al.，1995）

（四）Chinguetti 油田

2001 年 5 月，Woodside Mauritania Pry 公司在发现油气储量最多的毛里塔尼亚次盆北部的 3543.31 ft 的深水海域发现了 Chinguetti 油田，该油田于 2006 年开始生产，其探明地质储量为 350 MMbbl，可采原油 2P 储量为 53 MMbbl，天然气地质储量 120000 MMft³，天然气探明 2P 可采储量为 84000 MMft³，是塞内加尔盆地较大的油气田之一。

Chinguetti 油气田是典型的与盐构造相关的油气田，构造为三叠系盐岩刺穿而形成的断背斜，南、北断块都含油，顶部有气顶，储层为中新统浊积砂体，油源来自土仑阶页岩（图 8-29 和图 8-30）。目前在塞内加尔盆地发现的油气田基本上和 Chinguetti 油田相似，都与盐构造有关。由于三叠系盐岩属裂谷沉积，和西非中段的 Aptlan 盐盆相比，在平面上分布范围小，盐构造的种类也较少，以底辟和刺穿背斜为主，塞内加尔盆地的油气成藏和西非中段相比，其规模较小。

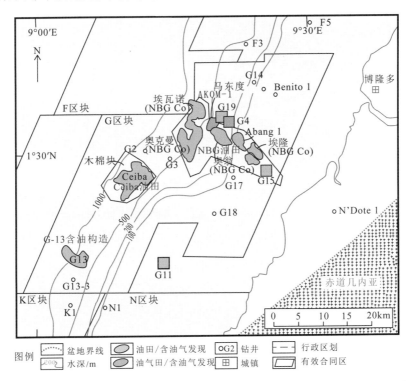

图 8-28　里奥穆尼盆地 Ceiba 油田及 NBG 油田位置图（据 Turner et al.，1996）

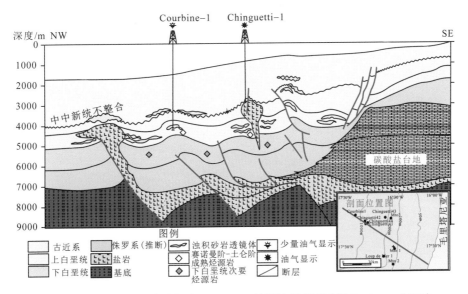

图 8-29　毛里塔尼亚次盆深水 Chinguetti 油田地质剖面（据 Davison，2005）

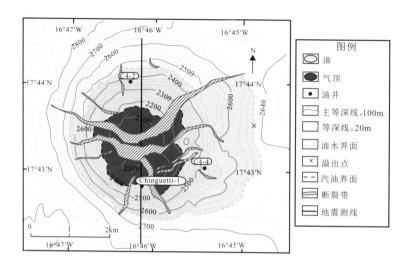

图 8-30 Chinguetti 油田砂岩顶部深度构造图（据 Megson and Hardman，2001）

第九章 墨西哥湾深水区盆地油气地质

第一节 墨西哥湾深水油气勘探概况

近半个世纪以来，墨西哥湾已逐渐成为重要的石油天然气来源地区，随着该地区近岸水域和浅水水域油气产量的降低，石油公司开始将目光转向开发分布在水深1000ft（305m）或更深水域的油气资源。墨西哥湾地区已经成为全球石油工业在深水领域开展油气勘探开发的焦点。1975年，Shell公司在位于密西西比峡谷水深约313m处发现了Cognac油田，揭开了墨西哥湾深水油气勘探的序幕。

美国的墨西哥湾盆地位于墨西哥湾北部、格兰德河以东，包括得克萨斯州东南部、路易斯安那州、阿肯色州南部、密西西比州、亚拉巴马州及佛罗里达州西部（图9-1）。盆地向南伸入墨西哥湾，总面积约 $90 \times 10^4 km^2$。美国在墨西哥湾深水区（>305m）自1975年来共发现285个油田，其中127个油田已探明储量（MMS，2009a）。1995年墨西哥湾的899个油气田中石油原始可采储量为 $16.82 \times 10^8 t$，天然气储量为 $4.06 \times 10^{12} m^3$。1996年美国的新增石油储量主要来自墨西哥湾油气区。1999年在墨西哥湾深海区发现了雷马油田，水深1850m，探明储量石油 $1.03 \times 10^8 t$ 和天然气 $215 \times 10^8 m^3$，估计总可采储量超过 $1.37 \times 10^8 t$ 油当量（蔡峰等，2010）。

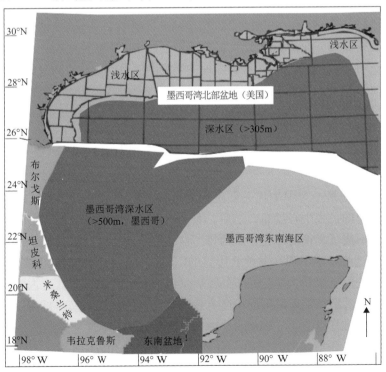

图9-1 墨西哥湾含油气盆地（综合MMS，2009；SENER，2007，绘制）

进入 21 世纪以来，美国在墨西哥湾地区的油气勘探开发活动异常活跃，钻井数持续增加，2001 年达 968 口。2000 年墨西哥湾油气区石油产量 7150×10^4t（蔡峰等，2010）；2000 ~ 2004 年，墨西哥湾深水区（>305m）共获得 50 个油气发现，包括 28 个 1000m 以上的超深水发现；2000 ~ 2007 年总共发现了 6 个大型油田（瞿辉等，2010；表 9-1）。

表 9-1　2000 ~ 2007 年美国墨西哥湾深水区部分大型油气田特征（据瞿辉等，2010）

油田	发现年份	流体性质	水深 /m	可采储量 /10^8t
Atlantis	1998	油	2026	0.82
Thunder Horse North	2000	油	1735	0.70
Tahiti	2002	油	1231	0.68
Jack	2004	油	2133	0.70
Silvertip	2004	油	2827	0.68
Knotty Head	2005	油	1005	0.48

墨西哥的墨西哥湾盆地位于墨西哥的东部及邻近海域（图 9-1），总面积约 36×10^4km^2，蕴藏着墨西哥绝大部分的油气储量，盆地内已有钻井超过 500 口。墨西哥在墨西哥湾盆地的勘探开始于 20 世纪 50 年代，并很快在墨西哥湾西部找到了海上"黄金带"。1963 年，用钻井驳船钻探海上第一口井，在墨西哥湾海上大陆架发现了罗博斯岛礁油田。在海上"黄金带"共发现了 15 个油田。1972 年，由于综合应用沉积相的研究成果和高精度地球物理勘探技术，在墨西哥湾南部陆上发现了雷佛玛高产油区，首次在中白垩统白云质灰岩中获得工业油流。墨西哥 2004 年石油年产量达到 1.7×10^8t，天然气年产量 473.65×10^8m^3，目前含油气远景最好的盆地主要集中在坦皮科盆地和南部盆地。墨西哥领海内已发现油田 47 个，探明石油可采储量 53×10^8t（蔡峰等，2010）。2007 年墨西哥在墨西哥湾生产的原油总量为 1099.8MMbbl，约占墨西哥石油总产量的 98%（SENER，2008）。

第二节　地层与沉积相

墨西哥湾盆地是一个中生代—新生代的裂谷盆地，形成于北美克拉通南部边缘，沿北东—南西向的扩张中心展布。之后，尤卡坦地块向南移动，与北美板块分割开来，在盆地的中部形成了真正的洋壳。墨西哥湾盆地向陆地方向的部分位于古生界变形岩石的基底之上，这些基底出现在盆地北边界的阿巴拉契亚和沃希托造山带内（Salvador，1987）。宾夕法尼亚纪和二叠纪充填的弧后盆地代表了墨西哥湾盆地古生界的地层。厚的未变形的古生界沉积在地震剖面中已有发现并已经被钻探。墨西哥湾盆地向海的方向位于过渡的地壳和洋壳之下（Buffler，1989，1991）。位于盆地北缘的最老的中生界地层是上三叠统—下侏罗统的红层和火山玄武岩（Eagle Mills）沉积。中侏罗世—晚侏罗世早期，持续的裂陷活动在盆地中部形成了拉张陆壳或过渡陆壳，海水从西部间歇性地侵入，沉积了广泛的芦安（Louann）盐层（Mohriak et al.，1990）（图 9-2）。

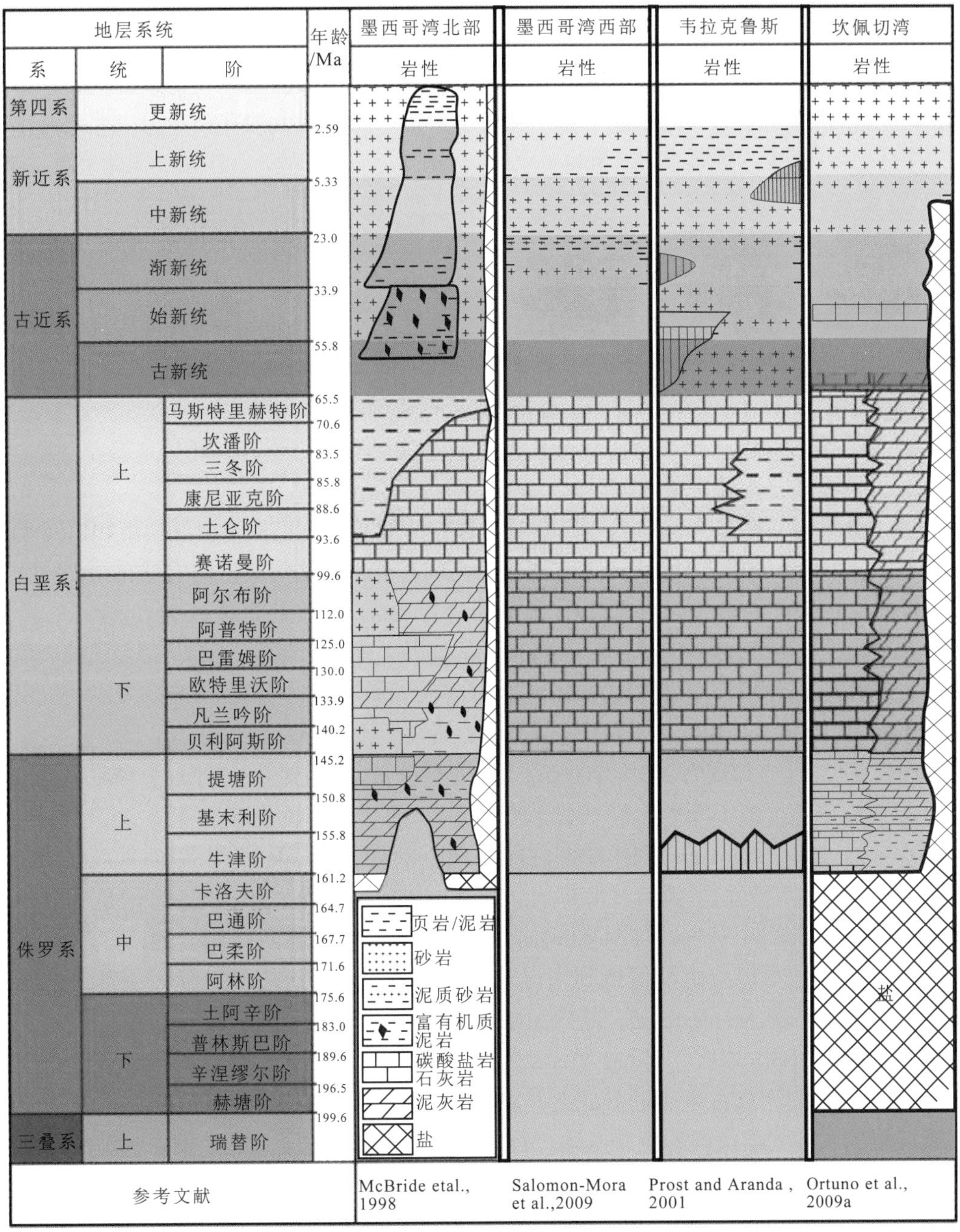

地层系统			年龄/Ma	墨西哥湾北部	墨西哥湾西部	韦拉克鲁斯	坎佩切湾
系	统	阶		岩性	岩性	岩性	岩性
第四系	更新统						
新近系	上新统		2.59				
	中新统		5.33				
古近系	渐新统		23.0				
	始新统		33.9				
	古新统		55.8				
白垩系	上	马斯特里赫特阶	65.5				
		坎潘阶	70.6				
		三冬阶	83.5				
		康尼亚克阶	85.8				
		土仑阶	88.6				
		赛诺曼阶	93.6				
	下	阿尔布阶	99.6				
		阿普特阶	112.0				
		巴雷姆阶	125.0				
		欧特里沃阶	130.0				
		凡兰吟阶	133.9				
		贝利阿斯阶	140.2				
侏罗系	上	提塘阶	145.2				
		基末利阶	150.8				
		牛津阶	155.8				
	中	卡洛夫阶	161.2				
		巴通阶	164.7				
		巴柔阶	167.7				
		阿林阶	171.6				
	下	土阿辛阶	175.6				盐
		普林斯巴阶	183.0				
		辛涅缪尔阶	189.6				
		赫塘阶	196.5				
三叠系	上	瑞替阶	199.6				
参考文献				McBride etal., 1998	Salomon-Mora et al.,2009	Prost and Aranda, 2001	Ortuno et al., 2009a

图例：
- 页岩/泥岩
- 砂岩
- 泥质砂岩
- 富有机质泥岩
- 碳酸盐岩 石灰岩
- 泥灰岩
- 盐

图 9-2　墨西哥湾盆地地层柱状图

　　墨西哥湾中侏罗世到晚白垩世的构造演化以与墨西哥湾盆地打开有关的被动边缘演化为主，之后叠加着晚白垩世和古近纪时期的非火山成分的拉腊米造山运动（Mohriak et al.，1990）。拉腊米造山运动在晚白垩世和古近纪时期穿越墨西哥朝东北方向推进，于早或中始新世时期达到顶点。它构成了现在在塞拉东马德雷出露的广阔的褶皱冲断层带，从墨西哥东北部一直延伸到万特佩克的伊斯默斯。拉腊米造山运动极大地改变了墨西哥湾西部海岸的古地理环境，提供了巨量的沉积物，于晚中生代—早新生代时期部分充填了盆地的西部深水区。从晚侏罗世开始，盆地成为稳定的地区。东边稳定的佛罗里达台地直到侏罗纪末期或白垩纪早期才被海水覆盖，尤卡坦台地在白垩纪中期被淹没，之后沉积了碳酸盐岩和蒸发岩（Salvador，1991b；Gore，1992）。盆地自晚侏罗世以来，特别是新生代，在其北部和西北边缘沉积了厚厚的前积碎屑楔形层。墨西哥湾周围陆上河系发育，并持续了新生代的大部分时间，为海湾提供了大量的沉积物，构成三角洲边缘、陆架边缘、海底扇等沉积体系（Galloway et al.，2000）。自晚三叠世到全新世大约230Ma 的时间里，墨西哥湾盆地沉积岩石的总厚度达 10 ~ 15km。墨西哥湾盆地内部的沉积层序演化主要受控于海平面的升降（Goldhammer and Johnson，2001）。

一、中生界

1. 上三叠统—中侏罗统上部

晚三叠世时，在整个盆地内，以断层为边界的地堑系统上发育着红层沉积以及火山物堆积（Salvador，1987，1991b）。在墨西哥湾的东北部，这些沉积构成了 Huizachal 群。Mixon 等（1959）将 Huizachal 群细分为下部的 La Boca 组和上部的 Lo Joya 组。

La Boca 组对应 Eagle Mills 层位，由非海相的红层、具火山流的长石砂岩以及流纹岩质到安山岩质的火山岩墙和岩床所构成。红层沉积代表了非海相的冲积扇、河流以及湖泊沉积环境（Salvador，1987，1991b）。这些沉积不整合在晚古生代的变质沉积物或者二叠纪—三叠纪的花岗岩基底之上，厚度为 300 ~ 2000m，但只局限于张裂的盆地中（Wilson，1990）。

2. 中侏罗统上部（卡洛夫阶—牛津阶下部）

在卡洛夫期（Callovian）到牛津期（Oxfordian）早期，在 Aldama 半岛和 Coahuila 地块，墨西哥盆地向斜内沉积了弧后浅海碎屑岩和火山碎屑岩，而 Chihuahua 海槽是一个局限的海盆，部分沉积了蒸发岩（Moran-Zenteno，1994）。在墨西哥湾盆地，广泛的蒸发岩沉积出现在从东得克萨斯盆地到南得克萨斯盆地，随着海侵的继续，一直到更局限的 Sabinas 盆地和 Monterrey 海槽（Salvador，1987，1991a；Moran-Zenteno，1994）。在 Monterrey-Saltillo 地区，Minas Viejas 蒸发岩露头为一套变形的石膏，不整合覆盖在 Huizachal 红层岩床和古生界的基底上。Minas Viejas 为一套边缘海相沉积，标志着海水侵入局限的、被大陆包围的裂谷盆地。石膏的岩相可能代表了这些蒸发岩盆地的向陆地边缘，而在这些盆地的内部中央沉积了厚层盐岩。Minas Viejas 为卡洛夫期的沉积，与 Louann 时代相同。

3. 上侏罗统

晚侏罗世形成的稳定的构造环境为墨西哥湾提供了一个持续至今的稳定的沉积环境。晚侏罗世的内陆海以大陆架、斜坡和台地为界，这些区域随中央盆地缓慢沉降而经历了广泛的海侵。这个时期仍是主要的烃源岩形成时期。上侏罗统的海相沉积总体为钙质页岩，包括沉积在陆架、斜坡和盆地各种沉积环境内的薄层、深灰到黑色的石灰岩和黏土质石灰岩，以及深灰页岩（Salvador，1991b）。这些沉积环境一直持续到早白垩世，但到中白垩世，在 Tuxpan 和 Yucatan 台地发育了重要的碳酸盐岩沉积建造（McFarlan and Menes，1991；Wilson and Ward，1993）。碳酸盐岩沉积环境不但造就了持续至白垩纪的好—优质烃源岩（Patton et al.，1984），而且形成了这个时期更为发育的储层。墨西哥湾南部的主要储层为发育在各种台地边缘、斜坡和盆地内部的白垩系碳酸盐岩。值得注意的是，Yucatan 台地的边缘和斜坡沉积持续白垩纪的大部分时期并直至古新世（Galloway et al.，1991；McFarlan and Menes，1991；Santiago and Baro，1992）。

4. 白垩系

晚侏罗世棉谷群沉积后经过短暂的沉积间断，又开始广泛而长期的海侵层序。最下部的豪斯敦（Hosston）群的岩性在盆地边缘为河流三角洲相的碎屑岩，向盆地方向为陆架边缘浅水碳酸盐岩相及深水盆地相。碳酸盐岩台地发育在前期侏罗纪地垒之上，横向上向深水盆地进积。北部的 Golden Lane Tuxpan 台地属于前陆原地岩体并且延伸至 Coastal 平原的水下，南部的 Cordilleran 台地在晚白垩世到始新世的拉腊米运动期间与 Cordilleran 异地岩体共生，普遍出现在山麓丘陵地带（图 9-3）（Rojas，2000；Ortuno et al.，2009b）。陆架边缘生物礁发育，形成了斯塔尔城（Stuartcity）礁带。由于陆架边缘礁带持续发育，限制了浅水陆架局部地区的海水循环，因而出现了早白垩世晚期的蒸发岩硬石膏层。下白垩统沉积厚度自上倾方向的几百米向盆地方向古陆架边缘增至 3300m 以上。早白垩世末期由于构造抬升运动，造成边缘沉积出露并遭到剥蚀。

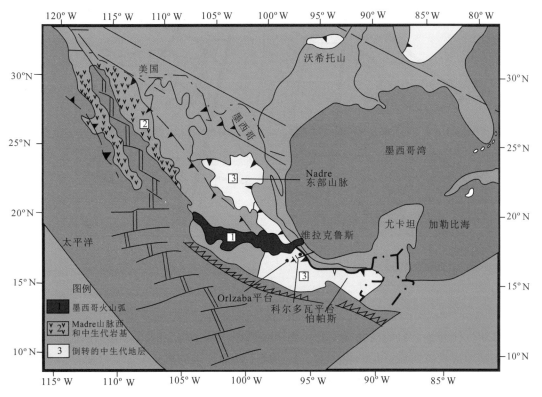

图 9-3　墨西哥湾西部构造地质图（据 Jennette et al.，2003）

上白垩统不整合于下白垩统之上。继赛诺曼中期短暂而广泛的海退之后，接着开始了有史以来最大的海侵。在东部沉积了杜斯卡洛萨（Tuscaloosa）群，在西部为伍德宾（Woodbine）群，都有广泛的砂岩沉积，是该区的主要储层之一。

随后，墨西哥湾沿岸大部分地区由于下沉加速，沉积了以深水页岩为主的鹰滩（Eagle Ford）群及以白垩岩为特征的奥斯汀（Austin）群。东北部及西部沉降较为缓慢，因而以碳酸盐岩为主。晚白垩世末期的泰勒（Taylor）群和纳瓦洛（Navarro）群沉积时，在门罗隆起、杰克逊隆起的顶部，路易斯安那州东北部及阿肯色州东南部均有生物礁分布。大部分地区以粗粒的砂、泥岩沉积为特征，向盆地方向出现页岩和碳酸盐岩。

二、新生界

进入新生代以后，墨西哥湾盆地以陆源碎屑沉积物为主，包括三角洲边缘相和海底扇相等水下河道和浊流沉积。墨西哥湾有三个主要沉积体系，以河流三角洲沉积体系占优势（图9-4）。Ⅰ为河流→三角洲→三角洲补给冲积裙体系区域，Ⅱ为沿岸平原→海滨带→陆架→陆架补给冲积裙体系区域，Ⅲ为三角洲侧翼→海底扇体系区域。区域Ⅱ和Ⅲ包括大量沿走向搬运的沉积物。

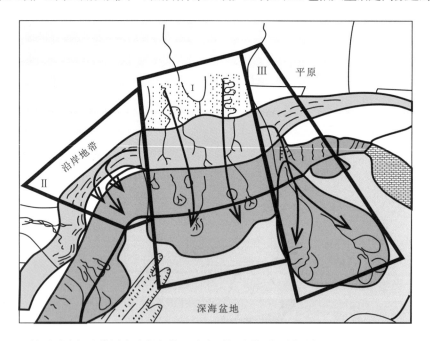

图 9-4　墨西哥湾新生代层序中保留的三个主要沉积体系区域（据 Galloway et al., 2000）

（一）下古新统

自新生代开始，盆地西北缘上升，海岸线后退，越来越多的碎屑沉积物被带到盆地内。在盆地边缘以河流三角洲相为主，并形成了广而平坦的海岸平原。在那些广海循环受到限制的地方，形成了障壁砂坝。向盆地内逐渐过渡为边缘海和深海相。在这种条件下沉积了中途（Midway）群。

（二）上古新统—下始新统

这一时期沉积了威尔科克斯（Wilcox）群，在海岸平原河流、海陆交替和浅海环境中，沉积了砂岩、粉砂岩及页岩的互层，在海岸的沼泽中形成了煤层。在盆地的东南部还出现了海相碳酸盐岩和一些蒸发岩沉积（图 9-5）。

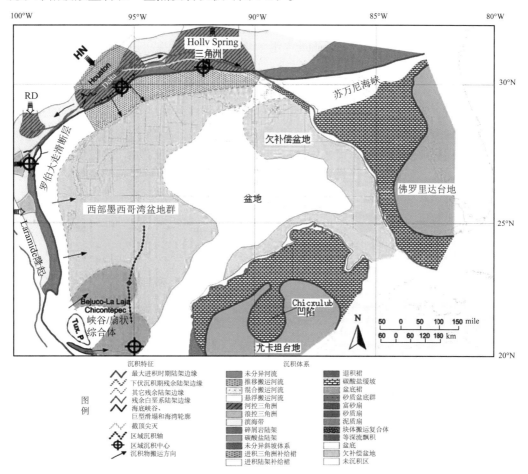

图 9-5　墨西哥湾盆地下威尔科克斯沉积幕的古地理图（61 ~ 56.4Ma）

HN. 休斯顿河；RD. Red 河；Tux. P. Tuxpan 高地（据 Galloway et al., 2000）

（三）中始新统

中始新世 Queen City 沉积幕，基本上延续了威尔科克斯群的沉积条件，在盆地边缘的海岸平原和浅海条件下沉积了细砂岩、粉砂岩和页岩互层，在海退阶段还有一些煤层发育在海岸的沼泽中。海湾东南部陆架上局部出现了白云岩和硬石膏。

（四）中—上始新统

中—上始新世 Yegua/Cockfield 群是在海进的条件下沉积的。直到中始新世晚期，墨西哥湾山脉抬升提供的碎屑激活的沉积作用导致海滨和三角洲穿过海湾边缘西北部的进积作用。两个巨大的三角洲进积穿过薄的进积产生的斯巴达三角洲台地沉积，到达深部残余的始新世台地斜坡。海岸线向陆地推进的同时在盆地周围有较薄的沉积，盆地东部由浅海相灰质岩组成。

（五）渐新统

渐新世早期沉积了维克斯堡（Vicksburg）群，中晚期为卡塔胡拉（Catahoula）群，并包括了弗里奥（Frio）组及阿纳瓦克（Anahuac）组。渐新世初期沉积特点是碳酸盐岩广泛发育在东部陆架上，向西延伸到路易斯安那州。在维克斯堡群沉积中期，灰岩已延伸至得克萨斯海岸。当弗里奥组沉积时，大量碎屑物质通过河流的搬运充填到海湾中，形成了陆架向海的推进。

晚渐新世的 Frio/Vicksburg 沉积历史是长期的沉积体系发生退积。最显著的是休斯顿三角洲从陆架边缘后退，密西西比三角洲面积迅速减小。因为海洋对台地三角洲的改造，相对体积和海滨相的展布面积增加。台地三角洲更多的沿岸沉积物按比例被分配到沿海和陆架地区。然而，总的沉积供给保持着高水平，巨大的沉积体继续使沿岸平原、三角洲和海滨体系的河床升高，并且建造了斜坡裙和盆地体系。在渐新世晚期阿纳瓦克组沉积时再次海侵，沉积了以泥岩为主的浅海相沉积。

（六）中新统至现代

进入中新世以后，古密西西比三角洲成为沉积环境最主要的控制因素。由于海平面升降的影响，形成了一系列以海退为主并夹有一些海侵条件下形成的砂、泥岩互层夹页岩沉积，这种特征一直延续至今。另外在中新世后期出现了密西西比深海扇。

早中新世墨西哥湾盆地是一个古地理相对稳定的时期。早中新世沉积物输入最重要的表现是转入中部海湾河流轴，整个新近纪都受此控制。爱德华高地和临近的内陆滨海地区的抬升，使得西北部物源供给充足。

中中新世沉积幕以两次重要的区域海侵为界，海侵由大范围的海相泥岩舌产生并且包括了与双盖虫属 B 和串珠虫属 W 动物区系顶部有关的洪水面（图9-6）。两套成因层序的识别提高了中中新世近五百万年沉积史的分辨率。

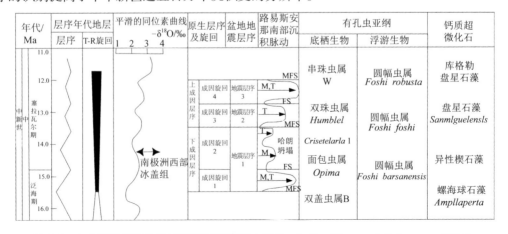

图9-6　中中新世年代地层结构和沉积旋回（据 Combellas-Bigott and Galloway，2002）

第三节　构　　造

墨西哥湾盆地为一个近圆形的构造盆地，直径约 1500km，总面积约 $130 \times 10^4 km^2$。盆地内的沉积物最大厚度达 15000m，盆地北部与美国南部大陆南缘接壤，呈渐变关系，出现宽度超过 500km 的海岸平原，具有被动陆缘特征，盆地西部与墨西哥东部陆缘带—东马德雷造山带接壤，因造山作用的影响，呈明显挤压构造特征，构造线近北西向，形成明显的大陆陡坡，海岸平原的宽度小于 50km。盆地东南部为尤卡坦地块，与盆地呈突变关系，陡坡向南急剧增高。盆地东部为佛罗里达地块，与盆地呈突变关系，陡坡向东急剧增高（李双林和张生银，2010）。

一、大地构造背景

墨西哥湾盆地是北美与非洲－南美板块分离的产物，属边缘海型被动陆缘盆地。盆地中央为洋壳，周围是陆壳，两者之间为过渡型地壳。墨西哥湾盆地的西部及北缘为沃希托褶皱带，该带形成于宾夕法尼亚纪，由于板块碰撞使地槽内深海相沉积强烈变形，并向西北方向逆掩在陆棚沉积和滨海沉积之上。东北缘为阿巴拉契亚褶皱带，形成时代较沃希托褶皱带新。上述两个褶皱带在密西西比东部相交。墨西哥湾盆地南部为 Sigsbee 陡坡。

早古生代时期，北美大陆为一克拉通盆地，其南缘属大西洋型的被动边缘。

晚寒武世至宾夕法尼亚纪，非洲－南美板块逐渐向北美大陆靠近，大约在宾夕法尼亚纪两板块发生碰撞，形成了新的联合大陆。两板块的缝合线位于目前的墨西哥湾海岸平原与阿帕拉契亚山的接壤处。由于非洲－南美板块相对于北美板块的顺时针方向旋转，引起造山运动并形成了沃希托－马拉松（Ouachita-Marathan）褶皱带。晚二叠世—早三叠世，由于紧邻冈瓦纳—北美缝合线泛大陆的隆起，海水自得克萨斯退出。

自三叠纪末，北美板块进入拉张期，北美板块开始与非洲板块分离，北大西洋开始张开（Iturralde-Vinent，2003）。晚三叠世—早侏罗世时，在两大聚敛板块之间的脆弱带，地壳拉张，产生裂谷，北美板块与非洲—南美板块分别向北西及南东方向分离，联合大陆解体，墨西哥湾盆地开始发育。卫星重力异常和折射地震资料的研究表明，墨西哥湾的形成与热点有关（图 9-7）（Iturralde-Vinent，2003；Bird et al.，2005）。

中侏罗世时，北美洲和太平洋板块之间的平移运动，使墨西哥南移，尤卡坦和古巴微板块沿转换断层的北东向旋转。

自晚侏罗世起，海底开始扩张，非洲－南美板块继续与北美板块离散。晚侏罗世晚期，由于太平洋板块向北美板块俯冲，内华达（Nevadan）造山运动的部分远端效应使墨西哥湾北部地区整体抬升。

早白垩世时，墨西哥湾的主要扩张阶段已结束（此时其宽度约1000km）。在该时期内，大西洋断裂向南推进到南美与非洲之间，古巴微板块沿转换断层继续东移，太平洋板块的部分地区发育了一个俯冲带复合体，并使中美洲板块向东移动（图 9-8）。

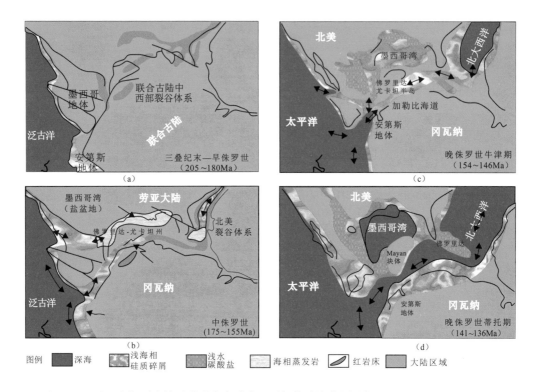

图 9-7　三叠纪末期到晚侏罗世联合古陆中－西部构造演化图（据 Iturralde-Vinent，2003）

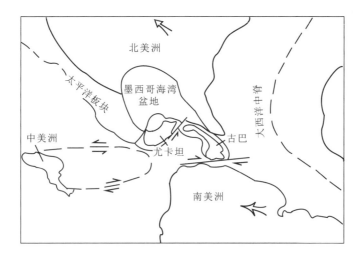

图 9-8　早白垩世尤卡坦和古巴微板块的移动（据 McBride，1998）

　　晚白垩世—早始新世的拉腊米（Laramide）运动穿越墨西哥朝东北方向推进，在早或中始新世时期达到顶点。它构成了现在在塞拉东马德雷出露的广阔的褶皱冲断层带，从墨西哥东北部一直延伸到万特佩克的伊斯默斯。拉腊米造山运动极大地改变了墨西哥湾西部海岸的古地理环境，使落基山和墨西哥东北部抬升。

古近纪末至新近纪，墨西哥湾扩张到现今规模。同时，中美洲板块持续沿转换断层东移，古巴微板块遇到北美克拉通后停止移动（图9-9）。

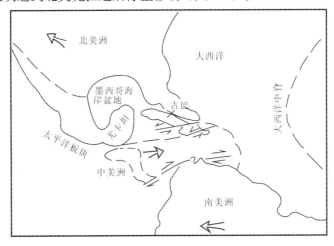

图 9-9　中新世墨西哥湾周围板块运动（据 McBride，1998）

二、构造演化

墨西哥湾形成于晚三叠世到中侏罗世北美与南美大陆的分离，其构造演化受区域大地构造背景的控制，大致经历前裂谷期、裂谷期、过渡期和被动大陆边缘期四大阶段。三叠纪以前为前裂谷期，自三叠纪末，北美板块进入拉张期，墨西哥湾地区进入裂谷期（Iturralde-Vinent，2003）。从中侏罗世开始，墨西哥湾地区进入过渡期，在裂谷期的红层岩床之上广泛沉积了芦安（Louann）盐。自晚侏罗世早期开始，墨西哥湾出现洋壳，海底扩张，自此开始了晚侏罗世—上新世的热沉降阶段（图9-7和图9-10）。

（一）裂谷期（晚三叠世至早—中侏罗世）

晚三叠世—早侏罗世时，北美板块与非洲-南美板块分别向北西及南东方向分离，墨西哥湾盆地开始发育。伴随陆壳的拉张、减薄，在早期的断裂带广泛发育了地堑、半地堑断裂系统，后期这些地堑被红色陆源碎屑岩和基性火山岩所充填。

晚三叠世约230Ma以前北美地块南部开始发生陆内裂谷作用，以东得克萨斯Eagle Mills沉积为代表。中侏罗世晚期约160Ma以前尤卡坦地块顺时针旋转，开始第二期裂谷作用，以墨西哥湾深部半地堑为代表。第一裂谷期的沉积是三叠纪陆相和湖相碎屑岩，见于盆地边缘的狭窄地堑中。

（二）过渡期（中侏罗世—晚侏罗世）

中侏罗世时，墨西哥湾与太平洋之间的对流被限制，墨西哥湾处于半封闭海状态，沉积了厚逾数千米的芦安（Louann）盐层。该沉积遍布盆地，平均厚度达500 ~ 600m。在低洼处厚度可达数千米，比如在路易斯安那沿岸地区，含盐沉积厚度为3000 ~ 4000m。盐层经过塑性蠕动可刺穿不同地层，形成一系列与盐丘有关的圈闭。中侏罗盐层以上地层称为盐上层，其下部为盐下层（图9-7和图9-10）（Galloway et al.，2000；Goldhammer and Johnson，2001）。

（三）被动大陆边缘期（晚侏罗世—新生代）

被动大陆边缘发育的早期阶段，墨西哥湾深部的磁异常证实海底扩张开始于早侏罗世（150 ~ 152Ma），结束于晚侏罗世（140Ma），其后于晚侏罗世洋壳扩张了约10Ma，形成墨西哥湾目前的形状。同时从晚侏罗世晚期开始，墨西哥湾北部地区整体抬升，大量陆源粗碎屑输入墨西哥湾北部边缘。但南部地区拉张导致与大西洋之间有水域相通，发育浅水碳酸盐岩沉积，并一直延续到早白垩世。该阶段堆积了厚层的从浅海相到深海相的沉积层序，随着沉积楔从海岸向外建造，活动下伏地层（盐岩或泥岩）的差异载荷触发了薄皮重力构造和盆地充填物向盆地的运动，并且这种运动是沿着铲式断层和再次活动的裂谷构造。差异载荷也可能导致盐岩向盆地方向运动，并伴随有上覆沉积层偶尔顺斜坡向下成排移动。泥岩的活动类似于盐岩，发生塑性变形并且触发薄皮拉张构造。盐类构造作用和盐岩滑脱（或泥岩底辟）持续发生，影响了整个漂移阶段的构造发育和沉积模式（图9-10）（Chernikoff et al.，2006）。

早白垩世晚期，墨西哥湾的主要扩张阶段已结束（此时其宽度约1000km）。在墨西哥湾深水区，严重减薄的陆壳与洋壳的破裂后热沉降较之北侧陆架区沉降更快。因此，至早白垩世末期，墨西哥湾深水区水深大于1km，早白垩世末期—晚白垩世时，由于海侵，墨西哥湾沉积了巨厚的白垩岩和泥灰岩，从而结束了早白垩世的高能量碳酸盐岩滩沉积，构成该区重要的源岩。

晚白垩世—早始新世的拉腊米运动穿越墨西哥朝东北方向推进，在早或中始新世达到顶点。它构成了现在在塞拉东马德雷出露的广阔的褶皱冲断层带，从墨西哥东北部一直延伸到万特佩克的伊斯默斯。拉腊米造山运动极大地改变了墨西哥湾西部海岸的古地理环境，使落基山和墨西哥东北部抬升。大量陆源碎屑再次向墨西哥湾倾泻，墨西哥湾北部形成了区域上广布的浅水–陆相硅质碎屑岩沉积中心。从此以后，沉积表现为海退序列，构成了陆上与滨外盆地的重要储层。巨厚的沉积物，在晚中生代—早新生代时期充填了盆地的西部深水区（图9-10）（Chernikoff et al.，2006）。

古近纪末至新近纪，墨西哥湾扩张到现今规模。此时墨西哥湾沿岸地区成为典型的海岸平原，沉积了一套陆源砂、页岩。盆地中心随时间不断南移，至今成为中心为洋壳，周围为陆壳，两者之间为过渡带的洋盆。

中新世期间，沉积中心向东迁移，来自北美整个中部的沉积物充注在墨西哥湾盆地北部路易斯安那地区。同时代的半深海沉积由浊积体系构成，主要沉积在外来盐体顶部或其间的小盆地（minibasin）内，构成深水油气区主要的储集岩。新生代沉积物的大量负荷引起原地盐层变形，形成了一个或多个外来盐层。外来盐体的几何形态变化多端（图 9-10）（Chernikoff et al.，2006）。

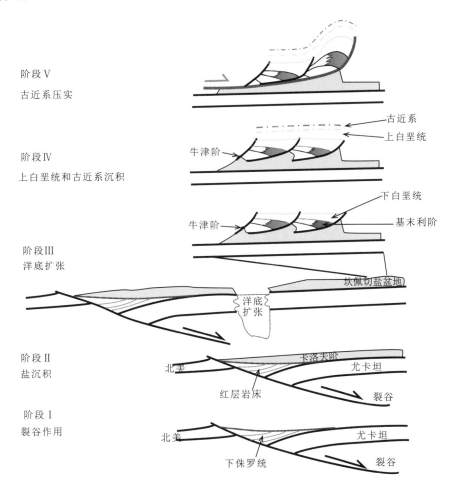

图 9-10　墨西哥湾盆地 Campeche 地区晚早侏罗世 – 古近纪构造演化简图（据 Chernikoff et al.，2006）

三、构造样式

墨西哥湾北部与南部广泛分布着类似的盐构造以及与之相关的同生断层带，铲状断层也十分发育（Gomez-Cabrera and Jackson，2009）。尽管墨西哥湾南部和北部都含有与盐相关的构造和小盆地，但不同的是墨西哥湾北部的褶皱带多是重力驱动，铲状同生断层多向海倾斜。而南部的褶皱却与板块汇聚相关，断层也多向陆倾斜，并有拉张的成分，不仅仅是盐撤出形成的焊接（Gomez-Cabrera and Jackson，2009）。

（一）边缘断裂带

边缘断裂带西起得克萨斯州中南部，向东平行盆地边缘延伸到佛罗里达州西北部，包括三个不同成因的构造体系（图 9-11）。

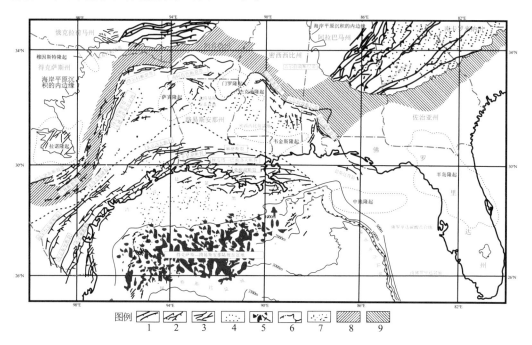

图 9-11 美国墨西哥湾盆地主要边缘断裂带分布图（据 Rowan et al., 1995）

1.古生界及前寒武系断层；2.正断层；3.未确定性质断层；4.区域性隆起；5.盐刺穿和盐体；6.芦安盐层的上倾边界；7.出露古生代地层和结晶基岩隆起区；8.澳契塔褶皱带地下部分；9.阿帕拉契亚褶皱带地下部分

（1）近海岸平原的前中生代断裂体系形成于三叠纪—早侏罗世，断裂切割至古生界及前寒武系，其性质有正断层、逆断层和平移断层。

（2）与芦安盐层上倾边界相一致的地堑体系包括梅希亚（Mexia）、塔尔科（Talco）、南阿肯色（South Arkansas）、皮肯斯（Pickens）、吉尔伯敦（Gilberton）及波勒德（Pollard）断裂带，均为正断层，形成于晚侏罗世至中新世。

（3）拉诺（Lano）隆起东南雁行式断裂体系包括巴尔康（Balcones）和芦林（Lulling）断裂带，均为正断层，形成于晚白垩世至第三纪。

（二）盐构造

墨西哥湾盆地构造与西非的下刚果盆地类似，以生长断层、盐构造和重力构造为主。由于在重力作用下盐的运动，在陆上和近岸带发育张性构造，在深水区出现挤压构造。挤压构造的主要发育期是晚中新世—上新世，与大量陆缘沉积物进入盆地有关，挤压构造之下可见北东—南西走向的早期半地堑体系。盐构造活动对圈闭的形成起主导作用，浊积岩系发育于由盐活动形成的微型盆地中。

1.盐的形成及分布

墨西哥湾盆地是北美与非洲 – 南美板块分离的产物，盆地中央为洋壳，周围是陆壳，二者之间为过渡型地壳。中侏罗世，北美洲和太平洋板块之间的平移运动，使墨西哥南移，尤卡坦和古巴微板块沿转换断层的北东向旋转，限制了正在发育的墨西哥湾与太平洋之间的对流，使墨西哥湾成为半封闭的海，从而沉积了厚逾千米的芦安盐层（Stover et al.，2001；梁杰等，2010b）。

芦安盐层由浅灰到白色粗结晶的盐岩组成，其中夹少量石膏层。除南得克萨斯、佛罗里达海岸及沿海一带没有或有很少盐层分布外，其他地区均有发育，盐层厚度一般大于610m（图9-12）。在路易斯安那近岸地区，盐层的最大原始厚度大于4000m，向西接近得克萨斯变薄，一般小于500m。

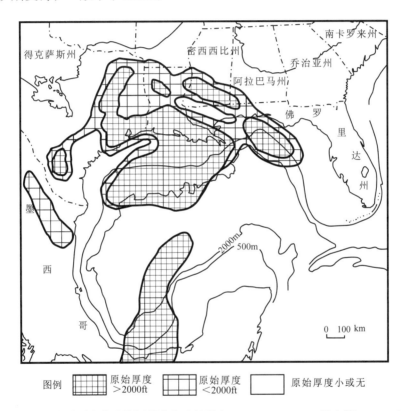

图9-12　墨西哥湾盆地盐沉积分布（转引自 Schuster，1995；梁杰等，2010a）

2. 盐的变形及盐构造演化模式

在特殊情况下，盐体下倾重力的传播可能在浅层发生。这些地方盐体本身和它周围的含水沉积物之间密度差很小。重力传播的结果可引起盐席和盐舌覆盖在已存在的小盆地和沉积水道上。重力沿海湾方向和倾向的进一步传播会将许多单个的盐席和盐舌拼合在一起成为一个大的盐笼，在其南部边缘形成逆冲现象。另外，沿着板状盐体底部的剪切作用也会引起下伏沉积层的明显变形。盐体的上表面由于沉积负荷的不断增大而变得更不规则，随着时间的推移，第二个底辟构造就会产生。异地盐体的排出会引起盐体厚度及其走向和倾向的明显变化。最后，由于盐席的解体，盐席排出的残余物和盐缝域就产生了，其"空间"域就成了局部小盆地的沉积中心。

盐席的变形具有多期性。在地震资料上显示整个沉积剖面富集有两层或两层以上的盐席，从覆盖在主要早始新统—更新统组成的沉积物上的异地盐体中发现的晚始新世—渐新世沉积物的广泛分布可以证实这一点。Mahogany 盐下 3031m 高度集中的厚层夹杂物（有时又称"异常体"）已经被用来作为盐体运动早期基底剪切机制的证据。然而，上覆 606m 盐层内的薄层夹杂物的出现，说明其有更为复杂的成因，有可能是跟长期的盐内流动方式有关。

（三）生长断层

盆地生长断层十分发育，与之有关的构造和沉积，特别是滚动背斜，已成为墨西哥湾沿岸地区新生界的主要勘探目标。

1. 生长断层特征

生长断层又称"同生断层""同沉积断层"，是在地层沉积的同时形成的断层，它有以下特点：为走向断层，一般向海（沉积凹陷）的一侧下落，其走向与古陆架边缘大致平行；断层两侧同一层沉积厚度相差很大，下降盘的厚度可为上升盘厚度的 5 ~ 10 倍；断层线呈弧形，一般断层的凹面向着沉积中心；断层倾角在浅部较大（45° ~ 70°），向深处变缓（30° ~ 45°）；断层落差由浅至深增大，直到最大值后又向深部减小。

2. 生长断层形成机制

在得克萨斯州及路易斯安那州的海岸平原内区域性同生断层和滚动背斜相当发育，不少的油气田是沿同生断层带分布的。以下仅对区域性同生断层与油气的分布关系作简述。得克萨斯州及路易斯安那州油气较富集的同生断层有如下三个。

1）威尔科克同生断层带

该同生断层带位于得克萨斯州东南部，大致平行于海岸线，距现今海岸线 115 ~ 160km，长约 230km。威尔科克斯同生断层断开了古新统—始新统威尔科克斯群，在断层下降盘威尔科克斯群厚度急剧增大，在断层带上形成一挠曲带，也是始新世时的陆架边缘。沿着同生断层下降盘发育了一系列滚动背斜，并形成大量油气田。据统计，得克萨斯州威尔科克斯群油气田中有 58% 为滚动背斜油气田，15.8% 为断层圈闭。

2）维克斯堡同生断层带

分布于得克萨斯州东南部，并介于威尔科克斯同生断层带与海岸线之间，长约 350km。该断层带与维克斯堡挠曲带相伴生，处于挠曲带上的渐新统弗里奥组三角洲相沉积很发育，砂岩储层性能良好。在同生断层下降盘滚动背斜十分发育，从格兰德河至休斯敦有 115 个背斜构造形成许多大油气田，如普拉塞多（Placito）气田、麦克法定（Mcfaddin）气田、拉格洛里亚（Lagloria）气田、阿瓜 – 杜尔塞（Aqua-Dulce）气田及斯特拉斯顿（Straston）气田等。

3）巴腾鲁日同生断层带

位于路易斯安那州南部，为渐新统同生断层，断层下降盘发育许多滚动背斜，在该断层以南的中新统同生断层带，盐丘及滚动背斜十分发育，并形成盐丘与滚动背斜的复合构造。在这些渐新统及中新统的同生断层带上形成许多滚动背斜油气田。

四、构造单元划分

由于墨西哥湾及周边地区古生代之前的构造演化历史非常复杂，李双林和张生银（2010）在对墨西哥湾构造单元划分时，在时限上以中生代为界，重点考虑中生代以来的构造特征及活动性：一是北美板块与南美-非洲板块拼合后的裂解；一是太平洋板块向北美板块的俯冲和碰撞造山作用。前者导致墨西哥湾盆地的生成，后者形成了墨西哥造山带并控制着其东缘一系列北西向盆地的分布。据此，李双林和张生银（2010）将墨西哥湾盆地划分成三个构造单元，分别是墨西哥湾盆地区和两个以碳酸盐岩台地为主的地块：佛罗里达地块和尤卡坦地块（图9-13）。

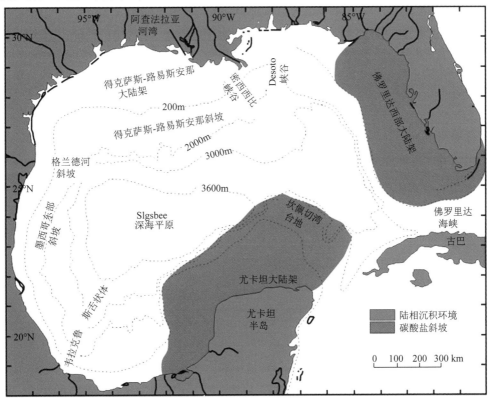

图 9-13 墨西哥湾盆地构造单元划分（碳酸盐岩斜坡边界参考 Rosenfeld and Pindell，2003）

（一）墨西哥湾盆地

墨西哥湾盆地区是墨西哥湾盆地的主体，地壳类型包括陆壳、过渡型地壳和洋壳。主体位于墨西哥湾盆地西北部，从墨西哥的东北部延伸至阿拉巴马州。根据地壳类型和中新生代地层分布特征，可以再细分为一个内陆带（主要是中生代构造）、一个沿海带（主要是新生代构造）和一个洋壳盆地。

1. 内陆带

内陆带的地壳类型为陆壳性质。在内陆带，沉积有碎屑岩和碳酸盐岩的晚侏罗世和早白垩世大陆架受到沉积活动影响，同时也受到活动的构造亚盆地和隆起的影响，在内陆带盐底辟分布区还受到盐底辟活动的影响。内陆带以中生代构造和沉积作用为主。

2. 沿海带

沿海带的地壳类型以过渡型地壳为主。在沿海带，中生代地层覆盖于由上白垩统和新生界地层构成的巨厚楔状体的下面，随着沉积物的前积陆架边缘向海上前积了几百千米并产生了生长断层系统以及海岸和海域的盐底辟分布区。沿海带在构造上未表现出明显的隆坳特征。它们构成了沿海带的里约格兰德坳槽、休斯敦坳槽和路易斯安那南部的宽广沉积中心。流经内陆带坳槽的大型河流的三角洲导致了陆架边缘沉积物的加速前积，这使得沉积物的加载负荷加大，形成了宽广的主要沉降中心。在沿海带，中生代地层被 10 ~ 15km 厚的上白垩统和新生界碎屑岩系所覆盖。该层系向墨西哥湾的前积沉积导致了带状分布的正断层（生长断层）和相关页岩流动构造的形成，此外，还导致了厚层盐层的流动，从而形成了一系列盐丘区。

3. 洋壳带

洋壳带的地壳类型为洋壳性质，四周由较陡的陆坡与沿海带、墨西哥造山带、佛罗里达地块和尤卡坦地块分开。

（二）佛罗里达地块

佛罗里达地块自中侏罗世以来，以碳酸盐岩沉积为主，可进一步划分为一些亚盆地和隆起，但目前对这些亚盆地和隆起知之甚少。亚盆地主要包括有：阿巴拉契科拉（Apalachicola）坳槽、佐治亚东南坳槽、坦帕（Tampa）坳槽和规模最大的南佛罗里达亚盆地。主要隆起有奥卡拉（Ocala）隆起、中地（Middle Ground）凸起、南部台地和萨拉索塔（Sarasota）凸起。

（三）尤卡坦地块

尤卡坦地块由南部造山带和尤卡坦台地组成。尤卡坦台地与佛罗里达台地相似，都是以碳酸盐岩沉积为主的台地区。南部造山带与东马德雷逆冲带具有相似的性质。作为一个独立的构造单元，尤卡坦地块在墨西哥湾盆地的形成和演化中具有突出的作用。尤卡坦地块内存在两个盆地：南部盆地和查帕亚尔（Chapayal）盆地。

第四节　烃　源　岩

墨西哥湾盆地是一个典型的中生代—新生代裂谷盆地，自晚侏罗世以来持续稳定的沉降形成了中生代富有机质的海相碳酸盐岩、钙质页岩和泥灰岩等优质烃源岩。

近年来的研究显示，墨西哥湾沿岸含油气盆地共有五套主要的原生烃源岩：①牛津

阶海相泥灰岩；②牛津阶海相碳酸盐岩；③提塘阶海相泥灰岩；④白垩系海相碳酸盐岩 –
蒸发岩；⑤古近系海相三角洲硅质碎屑岩（图 9-14）（Colling et al.，2001；Guzman-Vega
et al.，2001）。

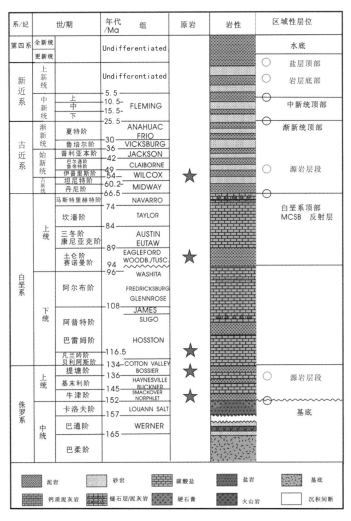

图 9-14 墨西哥湾盆地综合地层柱状图展示烃源岩层位（据 Colling et al.，2001）

墨西哥湾的烃源岩包括提塘阶海相泥灰岩（南部）和钙质页岩（北部）、牛津阶海
相泥灰岩和碳酸盐岩、白垩系海相碳酸盐岩 – 蒸发岩（南部）和泥灰岩（北部）以及古
近系海相硅质碎屑岩(南部)和海陆相均有的富含有机质页岩(南部)(图 9-14 和图 9-15)。
其中，提塘阶为主力烃源岩，该烃源岩与上侏罗统的牛津阶和基末利阶烃源岩一起为墨
西哥湾北部提供了 58%（Montgomery et al.，2002）（表 9-2）、为南部提供了超过 80%
的石油来源（Magoon et al.，2001）。

其他的烃源岩包括墨西哥湾南部的基末利阶海相（Magoon et al.，2001）和北部的
三叠系湖相烃源岩（Hood et al.，2002）。源自三叠系湖相烃源岩的油气在沿墨西哥湾

盆地北部边界断层的地区已经被钻遇。这些液态烃中含有大量（而且特殊）的发酵细菌。虽然在钻遇之处它们处于过成熟状态，但取自得克萨斯东北富含有机质的三叠系岩心的古生物和孢粉分析，已经证明其沉积环境是非海相（即湖相），并为这些具有特殊地球化学特征的液态烃的对比提供了基础（Schumacher and Parker，1990）。

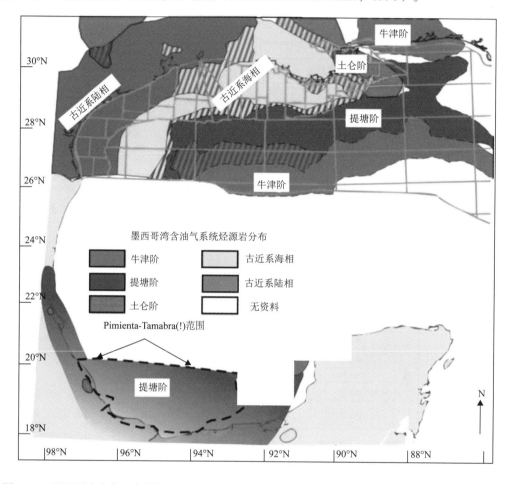

图 9-15　墨西哥湾成藏组合烃源岩空间展布（据 Margoon et al.，2001；Guzman-Vega et al.，2001；Hood et al.，2002）

表 9-2　墨西哥湾北部烃源岩层位（年代）、烃类以及建立的油－源对比（据 Hood et al.，2002）

烃源岩层位	石油类型	油－源对比
古近系 （以始新统为中心）*	渐新统海相 始新统过渡相 古新统陆相	与南路易斯安那高成熟的岩心有关 与南和中路易斯安那多种成熟的岩心有关 与得克萨斯岸外（盐层）有关
上白垩统 （以土仑阶为中心）*	海相—低硫—未受古近系影响	与成熟烃源岩直接相关：墨西哥湾东部，岸外；路易斯安那和密西西比 Tuscaloosa 走向带，岸上；得克萨斯 Giddings 走向带
下白垩统	碳酸盐岩—盐度升高—白垩系	与南佛罗里达盆地烃源岩直接相关

续表

烃源岩层位	石油类型	油－源对比
未分的白垩系	—	含钙的、未分的白垩系，从南得克萨斯具裂缝的下白垩统黑色页岩里产生
侏罗系最上部（以提塘阶为中心）*	海相—高硫—侏罗系 海相—中等高硫—侏罗系 海相—中等硫—侏罗系	推测与墨西哥湾东部过成熟、富有机的钙质页岩有关 提塘阶／始新统为成熟的佛罗里达陆架的下白垩统储层中的油
上侏罗统（牛津阶）	碳酸盐岩—盐度升高—侏罗系	与 Mobile Bay 过成熟、富有机质的碳酸盐岩有关
三叠系（Eagle Mills）	三叠系—湖相	与得克萨斯东北过成熟、富有机质的岩心有关，古生物学和孢粉学证实无海相来源特征

* 以……为中心是指大部分烃源岩位于但不局限于该层位。

一、主力烃源岩——提塘阶烃源岩特征

来源于提塘阶烃源岩油气的平面展布见图 9-15。前面述及，上侏罗统的提塘阶与牛津阶和基末利阶烃源岩一起为墨西哥湾北部提供了 58%（Montgomery et al.，2002）、南部提供了超过 80% 的石油来源（Magoon et al.，2001）。

（一）墨西哥湾北部（美国）提塘阶烃源岩

墨西哥湾北部大陆坡上部的高含硫油和伴生气起源于提塘阶烃源岩（Hood et al.，2002）。这一时期高成熟、富含有机质的钙质页岩在墨西哥湾东部已有钻遇，并且提塘阶生成的石油出现在佛罗里达陆架上的白垩系储层中，那里的上白垩统和古近系烃源岩未成熟（表 9-2）。在墨西哥湾北部大陆坡聚集的大多数热成因气，都源自以提塘阶为中心的侏罗系地层。在现今密西西比河三角洲以东地区，一些井已钻遇提塘阶富含有机质的钙质页岩并进行了取心。尽管这些页岩的成熟度很高，难以和大陆坡上早期成熟的烃类进行地球化学对比（采用生物标志物），但根据石油类型外推烃源岩的特征可以约束此类石油所在地区合适的沉积相年代。烃源岩沉积相的地理差异可能导致了未生物降解的石油中硫含量及相应地球化学参数（中等含硫量、中高含硫量和高含硫量的石油亚类）的差异。这些亚类的石油和油斑（不同于较老的牛津阶的石油）出现在佛罗里达州大陆架的白垩系储层中，这里古近系和上白垩统烃源岩未成熟。墨西哥湾盆地北缘陆上地区许多侏罗系顶层和下白垩统储层中的烃类，初步确定为源自提塘阶烃源岩（上侏罗统或下白垩统钙质烃源岩），它们的地球化学性质与下面将要描述的两种较老的石油不同。在牛津阶和更老的储层中还从未钻遇这些类型的石油。有报告称提塘阶也是墨西哥境内墨西哥湾的一个主要油源（Gonzalez-Garcia and Holguin-Quinones，1992）。

（二）墨西哥湾南部（墨西哥）提塘阶烃源岩

从墨西哥湾北部沿美国—墨西哥边界往南，位于墨西哥墨西哥湾沿岸含油气盆地最北边的 Burgos 盆地，提塘阶是主要的烃源岩（图 9-15），其有效厚度厚，区域分布广（Jordan and Wilson，2003）。其他上侏罗统地层（牛津阶与基末利阶）也具有生油和生气的能力，只是与提塘阶相比分布不够广泛（Goldhammer and Johnson，2001），并且有效厚度较差。Burgos 盆地近岸西部提塘阶地层包括生油为主的烃源岩及生油和气为主的烃源岩（Jordan and Wilson，2003）。早期研究证实在这一区域提塘阶烃源岩生成了古新统储层中的天然气，因此可以推断出盆地中提塘阶源岩产生并排出大量油和气。Burgos 盆地西部以及 LM-T 地区的上侏罗统提塘阶源岩富含有机质，TOC 值范围是 2.6% ~ 4.0%，HI 值为 300mgHC/gTOC，主要以 II 型干酪根为主，生油为主（Guzman-Vega et al.，2001；Hernandez-Mendoza et al.，2008）。

在 Tampico 和 Tuxpan 地区，牛津期、基末利期和提塘期发育了相似岩相和性质的烃源岩。石油和烃源岩样品研究显示上侏罗统这些烃源岩不可区分。然而在 Salina、Villahermosa 和 Campeche 湾等地区，这些时期的烃源岩的岩相侧向和垂向变化都比较大（Raedeke et al.，1994）。在这些地区，对石油和烃源岩样品的研究能够区分不同时期的烃源岩，比如 Campeche 湾东北部的牛津阶（Gonzales and Cruz，1994），但更多的重点放在提塘阶的烃源岩的潜在产能、地球化学和区域分布等与附近石油的联系。在 Salina 和 Villahermosa 地区，提塘期沉积的大部分富页岩的优质烃源岩沉积于较深的海洋环境。

二、烃源岩油源特征

对提塘阶海相泥灰岩的研究证实，提塘阶的烃源岩是墨西哥墨西哥湾沿岸含油气盆地最富生产力的烃源岩。来自这套烃源岩的油占据了墨西哥墨西哥湾沿岸含油气盆地生产油的 80% 以上（Guzman-Vega et al.，2001）。这些油的地球化学特征包括饱和烃含量为 21% ~ 63%，API 比重为 15° ~ 47°，硫含量为 0.1% ~ 6%，全油的 ^{13}C 介于 –25.6‰ ~ –27.8‰，多数情况下为 –27‰，V/Ni 值为 1% ~ 5%。这些油地球化学特征的变化被认为是烃源岩有机碳的相变以及大范围热量演化所造成的。这套来自提塘阶烃源岩的油可被分成两组（图 9-16）：一组（A 组）广泛分布于墨西哥湾各个含油气分区中，在 Tampico-Misantla、Veracruz、Isthmus Salina、Chiapas-Tabasco 和 Campeche 陆架等含油气盆地的井中均有发现，这些油存储于从晚白垩世到晚中新世的海相碎屑岩储层中；另外一组（B 组）油局限于 Salina 盆地西部和 Campeche 陆架上的一些井中，这些油存储于上中新统海相硅质碎屑岩和下白垩统碳酸盐岩储层中。

A 组原油中 Pr/Ph>1，藿烷含量较高，$C_{29}/C_{30}\alpha\beta$ 藿烷 <1，Ts/Tm<1，三环萜烷相对五环萜烷含量低，C_{35}/C_{34} 含量较高，含有六环藿烷和 17α（H）-29，30-双降藿烷，重排甾烷含量较低，藿烷含量相对较高。C_{35} 藿烷含量的升高和重排甾烷含量低主要与超盐度的碳酸盐岩沉积环境有关。六环藿烷和 17α（H）-29，30-双降藿烷的存在说明与碳酸盐岩沉积环境有关。C_{29}/C_{30} 藿烷较高与原油来自富含有机质的碳酸盐岩和蒸发岩烃源岩有关。B 组与 A 组原油相比表现出低硫和低 V/Ni 特征，Pr/Ph<1，C_{29}/C_{30} 藿烷 <1，C_{35}/C_{34} 藿烷 <1，Ts/Tm<1，重排甾烷含量较高，特别是相对 C_{28} ~ C_{34}17α（H）重排藿烷含量高。17α（H）重排藿烷含量较高与氧化条件下富黏土沉积环境中细菌的输入有关，C_{30}/C_{29}Ts 值可以作为古环境中沉积物黏土含量和氧气消耗量的指示剂。与 A 组对比，B 组在沉积过程中缺氧时间短且黏

土供应充足。

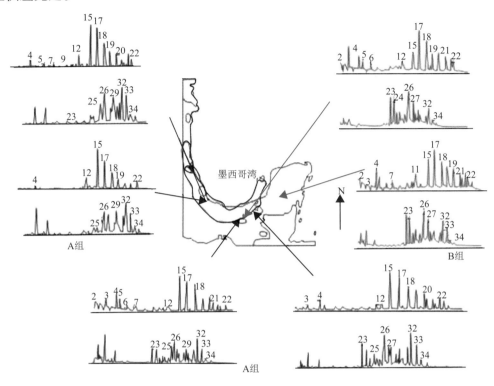

图 9-16　墨西哥湾沿岸盆地提塘阶油源分布（据 Guzman-Vega et al.，2001）

第五节　储　　层

墨西哥湾盆地储层从上侏罗统的基末利阶到更新统均有分布，岩性包括钙质岩、碳酸盐碎屑角砾岩、灰岩、砂岩以及硅质碎屑岩等（Busch，1992；Guzman-Vega et al.，2001；Vernik et al.，2002；Aquino et al.，2003；Ambrose et al.，2005；Mitra et al.，2005，2006；Sweet and Sumpter，2007；Hernandez-Mendoza et al.，2008；Ortuno et al.，2009b）。

中新世及更年轻地层中的水下河道 – 浊积砂岩是墨西哥湾北部含油气盆地主要的储层（Ehrenberg et al.，2008）；而在墨西哥湾南部，除了新生代硅质碎屑岩沉积在某些地区是重要的砂岩储层外，主力储层为上白垩统—古新统的碎屑碳酸盐角砾岩，以及中、下白垩统的碳酸盐岩。不同时代储层的分布范围、岩性及物性各有差别。在 Pimienta-Tamabra，有 10% 的油储集于上侏罗统钙质岩、38% 在中白垩统的碳酸盐岩、28% 在中新统的砂岩储集岩中（Magoon et al.，2001）。最大有 64.8% 的油量产自以下两处：碳酸盐岩台地边缘；深水斜坡和盆地内部环境的碳酸盐碎屑流角砾岩和相关的沉积重力流岩石中。这些储层的孔隙度为 1% ~ 25%，平均为 8%，渗透率为 0.1 ~ 700mD。在

Salina 地区，硅质碎屑砂岩储层的质量一般很好，孔隙度平均为 19% ~ 25%，渗透率平均约为 180mD（Acevedo，1980）。对于墨西哥湾北部的新生界砂岩储层来说，其平均孔隙度为 24% ~ 32%，渗透率为 100 ~ 2000mD，为典型的高孔、高渗型储层（Ehrenberg et al.，2008）。

最近在墨西哥湾北部深水区的勘探活动发现，大的油藏也位于古近系的砂岩中，估计有相当于 28×10^8bbl 的可采油气量，占美国和墨西哥湾油气总量的 15%（MMS，2008）。

在墨西哥湾南部，除了新生代硅质碎屑沉积在某些地区是重要的砂岩储层外，上白垩统—古新统的碎屑碳酸盐角砾岩以及中、下白垩统的碳酸盐岩是主力储层，其含油量在南部的所有层位的储层中占约 52%（表 9-3）（Magoon et al.，2001）。

表 9-3　墨西哥湾南部储层含油量估算百分比（据 Magoon et al.，2001）

储层层位	含油量百分比	储层层位	含油量百分比
上新统	<1	上白垩统	9
中新统	28	中白垩统	38
渐新统	2	下白垩统	4
始新统	4	上侏罗统	10
古新统	5		

一、主力储层——白垩系储层

墨西哥湾白垩系的储层以碳酸盐岩为主，包括墨西哥湾北部下白垩统的 James 礁体碎屑环状颗粒灰岩和内部台地颗粒灰岩（Montgomery et al.，2002），以及墨西哥湾岸盆地的上白垩统的碎屑碳酸盐角砾岩以及中、下白垩统的碳酸盐岩（Magoon et al.，2001；表 9-3）。相对而言，白垩系的储层在南部占据主要地位。

James 灰岩的沉积相包括：陆架潟湖泥晶灰岩相、内部台地颗粒灰岩相、礁体和礁块碎屑环颗粒灰岩相、礁体和块礁厚壳生物黏结灰岩相、临近陆架边缘礁体走向带的鲕粒带状颗粒灰岩相、陆架边缘远端的礁前泥岩相。其中，内部台地颗粒灰岩和块礁相的灰岩都有不同程度的白云岩化，导致重要的次生孔隙。这些在 4358 ~ 4632m 深处的灰岩储层，厚度具有不同程度的变化，介于 3 ~ 30m，孔隙度为 8% ~ 19%，渗透率为 20 ~ 30mD（Montgomery et al.，2002）。

在墨西哥湾南部，白垩系碳酸盐岩是主力储层，含有可观的石油储量，特别是碳酸盐岩斜坡、斜坡的基底和盆内碳酸盐岩碎屑流相，如 Tuxpan 地区的 Tamabra 石灰岩。作为对伴随 Yucatan 半岛 Chicxulub 陨石撞击的区域性地震的响应，一个相似的、但更年轻的储层相蕴含着大部分晚白垩世时在 Villahermosa 和 Cameche 湾区域产生的石油（图 9-17）。而在该成藏组合范围北部的 Tampico 盆地，中白垩统埃尔网布拉组礁相厚层介壳灰岩和层孔虫灰岩是主要产层，原生和次生孔隙发育，具高度的孔隙性和渗透性。波萨里卡区为东南倾的构造鼻，产层为中白垩统塔马布拉组前礁相灰岩，由骨屑粒状灰岩、含厚壳蛤碎屑的泥粒灰岩和角砾岩与致密石灰岩交替组成，厚 200m，孔隙层白云岩化，分布不规则，平均孔隙度 19%，渗透率 2.1 ~ 93.9mD。

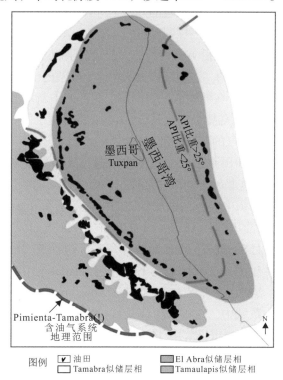

图 9-17　墨西哥湾南部白垩系碳酸盐储层岩相分布（据 Magoon et al.，2001）

　　这些白垩系的储层中，台地侧翼的碎屑流相（Tamabra 石灰岩相），是最为重要的储集岩。最大有 64.8% 的油量产自碳酸盐台地边缘和向海搬运至深水斜坡和盆地内部环境的碳酸盐碎屑流角砾岩和相关的沉积重力流岩石。碳酸盐碎屑流角砾岩是 Cook 等（1972）在 Texas 的二叠系中首次发现可以作为一个独立的但具有重要潜力的储层相，Cook（1983a，1983b）证实了这点。Poza Rica 油田由异地碳酸盐角砾岩、粒状灰岩、粒泥状灰岩和泥粒灰岩相所组成，中白垩统 Tamabra 石灰岩储层的属性变化相当大，孔隙度为 1% ~ 25%，平均为 8%，渗透率为 0.1 ~ 700mD（Enos，1977，1985）。

　　在台地边缘外侧盆地内的碳酸盐岩也是这个区域重要的储层，比如，Tampico 地区中白垩统 Tamaulipas 石灰岩具裂隙的粒泥状灰岩。这个碳酸盐岩相形成了 Villahermosa 地区几个油田的重要储层（Santiago and Baro，1992）。另外一种也同样重要的储层为台地边缘的礁体。这种储层最好的例子是中白垩统 El Abra 石灰岩，通常含壳体碎片的粒状灰岩、粒泥状灰岩和泥粒灰岩，这些岩相构成 Tuxpan 台地周边 Golden Lane 油田的重要储层。这类岩石形成于各种礁体和陆架边缘砂质浅滩和半局限的潮坪沉积环境中，遭受第三纪剥蚀和喀斯特作用，在这些礁体的上部形成多孔、似穴的孔隙（Viniegra and Castillo-Tejero，1970）。

二、主力储层——中新统储层

在墨西哥湾北部的外陆架中，中新统的砂岩是所有年代地层单元中最重要的产油层，大约占总油气产量的 40%，占残余已探明储量的 40%。这些中新统资源的大部分（99% 的累积产量，61% 的剩余已探明储量）受到目前大陆架的限制（Crawford et al., 2000），大陆架上的大部分活动区是成熟的。这些统计表明在这个陆架内（水深 <200m）的地下和油田内存在重要的潜力。而且，在陆架范围内的储层深部的中新统地层（>4572m 海底）中发现可能有储量。在墨西哥湾陆架上仅仅只有 5% 的钻井穿透了 15000ft 以下的地层，在那些地层中估计有 10.5Tcf 深部气的可采储量。

Starfak 和 Tiger Shoal 油田开采的油气来自于遍布大多数中新统地层（下中新统上部到上中新统）的砂岩，这些砂岩在区内形成了一个主要的退积层序，厚约 3048m，位于古老的密西西比河的沉积中心上。储层砂体的深度范围在 Starfak 油田从约 1890m 到 4938m，而在 Tiger Shoal 油田为从 1829m 到 4694m。Tiger Shoal 油田在 1958 年发现，它有 103 口井产油和气，而 Starfak 油田于 1975 年发现，包括 53 口井，主要产气。Starfak 和 Tiger Shoal 油田内共有 62 个油气储层：15 个位于 Starfak 油田，47 个位于 Tiger Shoal 油田（Hentz and Zeng, 2003）。在 Starfak 和 Tiger Shoal 油田内，储量集中在四级体系域叠加形成的三级低位体系域中，这种低位体系域包含了整个研究区 30% ~ 50% 的油气资源。从 2000 年 7 月 1 日开始记录的产量表明 92.6% 的天然气产量、98.0% 的油产量和 92.6% 的总烃产量来自于三级层序中的低位体系域。

墨西哥湾北部的 Horn Mountain 油田位于墨西哥湾新奥尔良东南部的密西西比峡谷（MC）区块，水深为 1646m。其石油主要来源于海底下深度为 3719 ~ 4328m 的中新统的 M 储层与 J 储层，储层沉积相主要为砂填充的河道及河漫滩沉积（Milkov et al., 2007）。M 储层是 Horn Mountain 油田中主要的、大的且较深的储层（约占储量的 82%）。这一储层是由沉积在水道、天然堤及河漫滩中的互层砂岩、粉砂岩和泥岩沉积组成（Vernik et al., 2002），沉积位于中中新统底部，形成于海平面低水位时期。M 储层的垂直厚度范围为 109 ~ 398ft，砂地比范围从 35%（天然堤末端沉积相）、69%（天然堤近端沉积相）到 84%（河床沉积相）。J 储层是 Horn Mountain 油田中较小较浅的产层，与 M 储层相似，有利区带沉积相为河道沉积、天然堤沉积及河漫滩沉积，由互层的砂岩、粉砂岩和泥岩组成。储层 J 的垂直厚度范围为 31.1 ~ 70.1m。河道沉积相砂地比值高达 98%，天然堤沉积相的砂地比值为 13% ~ 89%，值较小并且变化范围大。

与美国接壤、位于墨西哥一侧的 Burgos 含油气盆地，其储层按年代分为下中新统储层、中中新统储层、上中新统 -1 及上中新统 -2 储层（Hernandez-Mendoza et al., 2008）。油气的生成和显示仅出现在研究区 20 个储层中的 4 个储层中：上中新统 -1 开放陆架储层、中中新统开放陆架储层、下中新统开放陆架及下中新统非开放性陆架储层，这些储层是已经被证实的。在已被证实的油藏中，储层均为有效储层，而在未被证实的油藏中，除下中新统远端斜坡储层外，储层性质均中等或较差。由 Burgos 盆地向南，墨西哥沿岸南部的 Laguna Madre-Tuxpan 地区的储层随区块地势的不同（如陆架、斜坡、盆地），下中新统 -1、下中新统 -2、中中新统、上中新统 -1、上中新统 -2 等层位的储层均有分布，位于斜坡的区块的有利储层包括被粉砂岩和泥岩包围的窄的河道充填和堤坝砂岩（Ambrose et al.，2005）。在墨西哥湾南部，中新统储层是除白垩系—下古新统储层之外的一重要储层，其含油量百分比达到 28%（表 9-3）（Magoon et al.，2001）。

第六节　圈　　闭

墨西哥湾的圈闭类型显示，有 32% 的圈闭是断背斜、18% 是正断层、14% 是与盐或页岩底辟有关的构造翼部圈闭。14% 的圈闭位于上覆穹窿沉积中、13% 的圈闭为滚动背斜、3% 的圈闭为背斜、3% 的圈闭由上倾岩相变化产生，其余 3% 属于五种圈闭类型：逆断层、龟背构造、上倾尖灭、渗透性圈闭和斑礁（Haeberle，2005）。

更新世圈闭有 29% 是断裂背斜、22% 是构造翼部圈闭、16% 是上覆穹窿。上新世圈闭 31% 是断裂背斜、28% 是盐或页岩构造的翼部圈闭、17% 是正断层。中新世圈闭 40% 是断裂背斜、28% 是正断层、16% 是上覆穹窿。渐新世圈闭 48% 是断裂背斜、48% 是滚动背斜。侏罗纪圈闭 75% 是断裂背斜、25% 是背斜。有一个白垩纪圈闭是斑礁（Haeberle，2005）。

一、构造圈闭

构造圈闭是由于褶皱、断裂、盐岩和泥岩的构造作用及受基底或古地形影响形成的圈闭，是盆地内主要油气藏圈闭类型，该类型油气储量占全盆地储量的 81%。

（一）背斜圈闭

主要指没有断层或有极少断层但不影响油气聚集的较完整背斜或穹窿构造。分布于盆地北部隆起和拗陷相间区，由中生界组成，构造面积不大，幅度较小，其形成与古地形有关。

（二）断背斜圈闭

背斜或穹窿构造上断层发育，并影响到油气的聚集。例如，得克萨斯州北部塔尔科断裂带南侧上升盘的塔尔科油田，产层为下白垩统帕路克西组砂岩，该砂岩与下降盘的下白垩统上部的弗莱德瑞克斯堡群的页岩及灰岩相接而形成封闭，在断层附近有 6m 北倾的曳引圈闭。构造幅度为 137m，圈闭面积为 34km^2，石油可采储量约 4200×10^{4}m^3。

Genesis 油田位于一个大的斜坡间盐撤出的盆地（Popeye-Genesis 小盆地）的西部边缘，该处上新世—更新世的沉积物超覆于以盐为核心的背斜之上。Genesis 油田生产层位的 Neb 砂体位于以盐为核心背斜东翼之上东倾的正断层的上盘之上。根据地震资料分析，Neb 砂体在这个断层形成时产生尖灭。尽管目前还不清楚圈闭的南部边界是地层的、构造的还是二者兼而有之，但断层和地层的尖灭的结合形成了这个油田内油气藏的上部边界，在北部，圈闭的边界是一个西倾的正断层（Sweet and Sumpter，2007）。

Ku-Zaap-Maloob 油田的圈闭类型以构造圈闭为主，位于褶皱 – 逆冲带的断层背斜的顶部区域（Mitra et al.，2006）。

构造和地层圈闭都是 Pimienta-Tamabra 的重要圈闭类型。以前的工作多强调构造圈闭的重要性，这些圈闭主要形成于古近纪中期—晚期的侏罗系盐体的运移。许多情况下，这些圈闭是很复杂而强烈断裂的构造，在 Campeche 湾和 Villahermosa 地区通常有 10 ~ 15km^2 之广，圈闭着 200 ~ 1300m 甚至更厚的含油层位（Santiago and Baro，1992）。由于墨西哥南部盐底辟、盐枕和其他构造发育，构造圈闭和构造–地层复合圈闭被认为遍布大部分区域。现今，在这些构造发育的地方勘探钻井的水深主要为 200m 以下。

（三）滚动背斜圈闭

由于生长断层下降盘的逆牵引作用而形成的背斜构造，主要分布于白垩系礁带以南的生长断层带，由新生界地层组成，如得克萨斯州海岸平原区渐新统弗里奥生长断层带著名的老大洋（Old Ocean）气田及维克斯堡生长断层带的拉格洛里亚（Lagloria）气田，均为典型的滚动背斜气田，天然气可采储量分别为 $1264 \times 10^8 m^3$ 及 $850 \times 10^8 m^3$。

（四）盐构造圈闭

由于盐岩上拱或刺穿上覆地层而形成的圈闭，为盆地内重要的油藏类型。在主要油气产区得克萨斯 – 路易斯安那海岸平原盐盆地内各类盐丘油气田的储量占全区总量的90%。按盐丘的构造类型及与油气藏的关系分为深埋盐丘圈闭及刺穿盐丘圈闭。

（五）泥、页岩构造圈闭

欠压实的塑性泥、页岩在差异负荷下，产生泥页岩上拱或重力滑脱，形成泥、页岩构造，主要有泥页岩滑脱圈闭和泥丘或泥底辟圈闭 / 刺穿圈闭。

（六）盐岩和泥、页岩复合构造圈闭

其为在南路易斯安那州及海域常见泥页岩和盐岩相伴生的拱升及底辟构造。有的是在盐丘发育过程中同时发生泥、页岩底辟活动，但以盐刺穿活动为主，如路易斯安那州的威克斯岛油气田，盐底辟周围为页岩底辟，主要产层为穿窿北翼的中新统砂岩，属于此类型的还有马香湾、廷贝累湾、凯卢岛等油气田。另一类是泥页岩底辟为主，并伴有盐底辟。

例如，Garden Banks 191 气田的 4500ft 深和 8500ft 深的浊积砂体储层的圈闭为盐 – 页岩复合圈闭。盐和上新世—更新世的页岩由于沉积物的迅速载荷均发生底辟形成脊。底辟在斜坡上形成了地形的高地和低地，将砂体围住并顺坡搬运到北部的低地中。倾斜走向的盐脊形成漏斗，将富砂的浊积物泄漏到 Garden Banks 的 236/191 区块中。砂体被圈闭在 236 区块的一个走向页岩中脊的北翼和 191 区块的盐底辟的北翼。随着北翼小盆地的持续沉降，由于持续的沉积和盐的消除，4500ft 和 8500ft 的层位发生旋转，在南部砂体向页岩方向的上倾圈闭了天然气（Fugitt et al.，2000）。

（七）断层圈闭

这里所说的断层圈闭是除上述断背斜外，在鼻状构造及单斜地层由断层形成的圈闭。

Marsh 岛南部 36 号气田是墨西哥湾大陆架上的一个气田，其主要圈闭是一个向北下降的大型正断层上盘中的断层上倾闭合构造，主要的圈闭构造是一个向西北方向倾斜的闭合构造和一个由南向北倾斜的大型反向区域（CR）断层的断层闭合构造。反向区域断层向东西部延伸穿过两个盐底辟之间的构造在东北—西南方向上，反向区域断层形成向北倾斜的储层内部断层的分叉断层群，而西北—东南方向上的次生开口断层向东北方向倾斜，这样就把整个油藏分成了两个部分（Davies et al.，2003）。

二、地层圈闭

地层圈闭是指碎屑岩及碳酸盐岩由于原生或次生原因造成地层形态、岩性及物性的变化而形成的圈闭，主要包括以下几种类型。

（一）砂岩型

砂岩型地层圈闭按砂体成因可分为：河道砂型砂体底面弯曲，顶面平直；砂坝型砂体底面平整、顶面弯曲。

三角洲型为地层圈闭类型中重要的类型，经常与构造圈闭在一起形成混合型圈闭，但在有些构造中又不受构造的控制。如路易斯安那州海上的尤金岛 330 区块气田，产层是由上、更新统三角洲前缘砂组成的 25 个砂体。砂体控制着油气的分布，不同砂体分布在不同构造部位，甚至有些砂体分布于构造外围但仍富含油气，明显地受岩性变化控制。

海底扇或浊积属于深水相的地层圈闭类型，许多天然气田由此形成。如得克萨斯州上海湾沿岸地区的阿克里斯港气田，位于阿尔瑟港气田的"A"断层上升盘，为一个向东倾的单斜并有简单的褶曲构造，没有形成闭合。在此构造背景上的中渐新统上弗里奥组的（下哈克勃瑞组）海底扇砂岩向西北上倾方向尖灭，形成了被非渗透性页岩封闭的岩性圈闭。

海岸砂型为由海岸相的带状砂体形成的地层圈闭，如得克萨斯州下海湾沿岸的洛佩兹气田属此类型，气田长 11km，宽 2km。

除上述新生界各种成因的砂岩地层圈闭外，泥岩核隆起和盐岩核隆起分别在储层沉积前开始发育并且肯定影响了沉积尖灭的发展。在 Mensa 油田，沉积尖灭和储层向盐岩滑离龟背斜构造顶壳变薄有关，这种龟背斜也是在储层沉积之前开始发育。

（二）碳酸盐岩型

包括浅滩及生物礁两类。浅滩型如在佛罗里达和阿拉巴马州上侏罗统斯马可夫组灰岩因相变造成渗透性遮挡形成圈闭。生物礁型如路易斯安那州萨宾隆起东南翼下白垩统斯利高组礁灰岩向上倾方向尖灭，形成渗透性遮挡圈闭。

Pimienta-Tamabra 成藏组合中最重要的地层圈闭是那些碳酸盐岩沉积中与岩石相变有关的圈闭（Magoon et al.，2001）。Poza Rica 油田的中白垩统 Tamabra 石灰岩就是一个例子。尽管一些古近系储层倾斜，它却是因相变而形成的很有效的封闭体，同时向盆内和向 Tuxpan 台地倾斜，是形成圈闭的重要元素。Tuxpan 台地也发育其他重要的地层圈闭。Golden Lane 油田海上部分的上白垩统深海石灰岩覆盖在中白垩统礁体上，是地层不整合圈闭的例子。这两种类型的地层圈闭在墨西哥湾南部的其他台地边缘都可能存在。地层圈闭形成于白垩系碳酸盐岩沉积的时期，比如 Tampico 和 Tuxpan 地区。

（三）不整合型

储层被上覆非渗透性地层超覆削蚀尖灭而形成地层圈闭。如得克萨斯州萨宾隆起西侧的东得克萨斯大油气田，主要储层伍德宾砂岩不整合于下白垩统沃希托群页岩、灰岩之上，其上又被上白垩统奥斯汀群白垩灰岩超覆削蚀，形成不整合圈闭。

三、复合圈闭

一个油气田往往不仅仅由一种油气藏类型组成，常由两种或更多种类型组成复合型油气藏，尤其是新生界油气田的构造圈闭中地层圈闭对油气聚集起着明显的控制作用，如得克萨斯州东部萨宾隆起上的卡西奇大气田，为一向西南下倾的鼻状构造，顶部有30m 的圈闭，主要产层下白垩统彼提特组鲕粒灰岩向上倾（东北）方向尖灭，形成了构造与地层的复合型圈闭。前述的尤金岛 330 区块气田也属构造 – 地层复合型圈闭。复合型圈闭的油气储量占全盆地油气储量的 17%。

如 Horn Mountain 油田储层中圈闭为一系列将储层分隔成几个断块的正断层，以及油田东北部地区地层的尖灭（Milkov et al.，2007）。

Genesis 油田位于组成内陆斜坡微型盆地西部边缘的盐核背斜的侧面。油田中的 Neb 砂岩层位于背斜东侧的向东倾斜的正断层的上盘。根据油田的地震数据，Neb 砂岩层在靠近断层处尖灭，断层与地层尖灭联合构成了油气聚集的上倾界限。在北部，圈闭的边界是一个向西倾斜的正断层（Sweet and Sumpter，2007）。

Pimienta-Tamabra 成藏组合圈闭类型包括碳酸盐礁相（特别是在西部）中的上侏罗统和白垩系地层圈闭，以及东部许多与前上侏罗统盐岩在新近纪活动相关的构造圈闭。新近纪上侏罗统前盐体的活动刺穿上覆的储层和烃源岩，造成许多构造圈闭，这些圈闭现今孕育着向上运移的石油和天然气（Magoon et al.，2001）。

第七节 运 移

一、沿盐体 – 沉积物界面运移

墨西哥湾海域大多数已知的油气田和油气发现都必须有层间运移通道，这样已知的深部烃源岩生成的油气才能运移到年轻的古近系储层中。比如来自提塘阶的石油在墨西哥湾沿岸盆地的岸上和岸外均有聚集，并遍布从基末利阶到更新统的所有海相硅质碎屑岩和碳酸盐岩的储层（Magoon et al.，2001），这表明垂直通道是次要的运移途径

（Guzman-Vega et al.，2001）。层间通道的形成机理可能有盐体运动和断层作用。有效的潜在运移通道必须贯通深部的烃源岩和年轻的储层。在墨西哥湾北部，烃源岩和储集岩之间分段最少（单个断层或盐－沉积地层界面）且破裂最严重的运移通道似乎是最有效的。因此，在垮塌的盐株和断层同时存在的地区，前者是比后者更有效的运移通道。从中侏罗统 Louann 盐体（原生盐体）向古近系外米盐基的垂向盐运动，对上覆烃源岩和更年轻的地层产生了强烈的破坏作用。盐母体上盐株尖灭会加大破坏强度，而且围岩会随着盐体挤出而垮塌。

图 9-18 展示了墨西哥湾大陆坡上一个重大油气发现的运移通道解释成果。解释出的垮塌盐株标注为盐体下方的"盐上升带"。垮塌盐株似乎是连接侏罗系（提塘阶）最上部烃源岩和中新统储集岩的主要通道（Hood et al.，2002）。一般来说，作为运移通道，坍塌的盐体比断层更为有效。来自中侏罗统的 Louann 盐向上垂直刺穿地层，为油气运移提供了一个良好的联系通道，特别是当盐柱从母体分离后，盐柱被清除，围岩坍塌，这时所形成的通道的效果更为显著（Hood et al.，2002）。

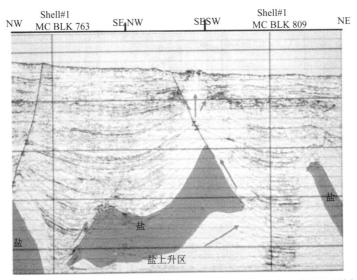

图 9-18　Mississippi Canyon 南部一个大的油气发现中的穿层油气运移通道的地震剖面示例（据 Hood et al.，2002）

油气运移从坍塌的盐柱开始，然后沿着盐－沉积物界面，最终沿小的断层运移到海底表面

墨西哥湾北部 James 灰岩储层中油气运移的路径主要是下白垩统各个陆架边缘中的小断层和裂隙，次要的运移路径包括盐构造在台地内部发展了一系列小、刺穿地层的运移通道（Montgomery et al.，2002）。

二、沿断层 / 裂隙或薄弱带运移

Horn Mountain 油田 J 储层中石油的充填过程为石油首先从下面的 M 储层中渗漏，然后倒灌到 J 储层（图 9-19）。先到达的石油在 M 储层的中央断块（CFB）中聚集，然后随着油的增多，浮力超过 M 储层上部泥岩盖层的承载压力，石油渗漏到上覆 J 储层的 CFB 中（Milkov et al., 2007）。

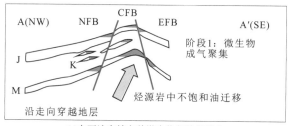

(a)在石油充填之前微生物气体的存在

(b)石油沿M储层的断层顶端溢出

(c)石油向J储层渗漏

图 9-19　Horn Moutain 油田石油充填历史示意图（据 Milkov et al., 2007）
NFB. 北部断块；CFB. 中央断块；EFB. 东部断块

　　Pimienta-Tamabra 成藏组合的石灰岩侧向和垂向裂缝是这个成藏组合油气运移的重要通道。其在西部，侧向运移最为重要。侏罗系盐岩的运动造成的复杂裂缝给 Pimienta-Tamabra 油气的垂向运移提供了通道，这在该区内一些大构造圈闭内的许多储层中很常见。不过，侧向运移也同样重要。Tuxpan 台地周围一些非常重要的油田（Golden Lane 油田）位于热成熟的上侏罗统烃源岩之上，而这些地区缺乏裂缝，因此，这些地区地层圈闭中石油的充填被认为是石油从产生区域向东侧运移形成的（Garcia, 1996）。在其他未被盐体运动影响的区域，比如 Yucata 台地的北部边缘，石油也可能是侧向运移充填的。

第八节　成藏组合

　　截至目前，墨西哥湾含油气盆地（包括北部的美国墨西哥湾盆地部分和南部的墨西哥墨西哥湾盆地部分）的油气发现几乎全部位于芦安盐岩之上，尤其是在深水区成藏组合以被动大陆边缘期（漂移期）盐上成藏组合为主，盐下油气偶有发现（图 9-20）（McBride et al., 1998；Fugitt et al., 2000；Magoon et al., 2001；Prost and Aranda et al., 2001；Hood et al., 2002；Ambrose et al., 2005；Mitra et al., 2005, 2006；Ellis et al., 2007；

Hernandez-Mendoza et al.，2008；Ortuno et al.，2009a；Salomon-Mora et al.，2009）。

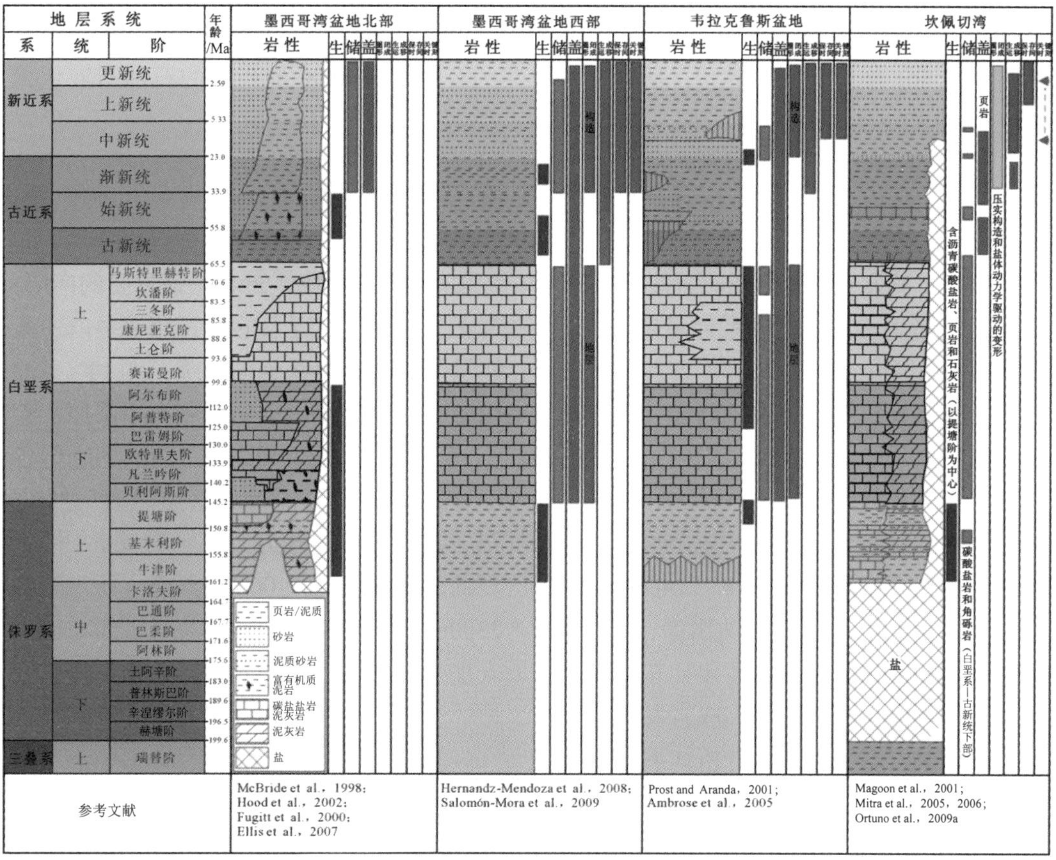

图 9-20　墨西哥湾含油气盆地综合图

墨西哥湾盆地北部地区成藏组合主要为：烃源岩为上侏罗统海相泥岩和泥灰岩，总有机碳（TOC）含量平均为 2.0%～2.5%，氢指数（HI）在 430mgHC/gTOC，干酪根类型为Ⅱ型，具有很好的生油能力。中新统—上新统深海浊积扇砂岩是优质的主力储层，平均孔隙度为 24%～32%，渗透率 100～2000mD，为典型的高孔、高渗型储层。圈闭主要为盐构造圈闭、断背斜和滚动背斜，主要的运移方式为沿盐体–沉积物界面侧向运移。

墨西哥湾盆地南部地区的成藏组合主要为 Pimienta-Tamabra 成藏组合，主力烃源岩为上侏罗统提塘阶好–优质泥岩和泥灰岩烃源岩，已经成熟，TOC 含量大约为 2%，HI值为 300mgHC/gTOC（Guzman-Vega et al.，2001）。当上覆载荷地层厚度超过 5km 时，作为超临界流体的石油和天然气便开始从上侏罗统烃源岩中析出。埋藏事件开始于始新世，在中新世达到高峰，并持续到现今较小的范围。排出的烃为天然气饱和的比重为 35°～40°API 的油，气油比（GOR）为 500～1000ft³/bbl（UK），起初沿侧向运移，然后向上运移，生烃–聚集效率大约为 6%。主要储层为白垩系碳酸盐岩，特别是碳酸盐岩鲕粒滩和生物礁，如 Tuxpan 地区的 Tamabra 灰岩。在 Tuxpan 和 Salina 地区，硅质碎屑砂岩是重要的储集岩。圈闭类型包括上侏罗统和白垩系碳酸盐礁相（特别是在西部），东部发育与上侏罗统盐岩受新近纪构造活动相关的盐构造圈闭。灰岩侧向和垂向裂缝是油气运移的重要通道，在西部，侧向运移最为重要。Pimienta-Tamabra 整个成藏组合（TPS）细分为七个评估单元，据估测，总共约有 233×10^8 bbl 油当量的石油与液化天然气和 49.3Tcf 天然气有待发现。

第九节　油气藏富集主控因素

墨西哥湾盆地的油气田，自侏罗系至更新统均有分布，其中古近系是最重要的产层，其天然气储量占世界古近系储量的 1/3，石油储量占 1/10。古近系的油气储量中以中新统为主（Milkov et al., 2007），占中新生界总储量的 44%；其次为渐新统，占 14%。油气田分布除佛罗里达州中、西部外，遍及盆地内各州，自北缘山前向南到海岸平原，直到海湾陆架及陆坡的广阔范围内。虽然各时代不同类型的油气田交织在一起，但它们各具分布规律和特点。

据胡济世的统计资料，整个盆地内的油气田（藏）分布深度为 150 ~ 7300m。油田出现的最大峰值深度为 900 ~ 2400m，油田出现的最大深度为 7300m，深部主要为凝析油田。气田出现的峰值较油田深，为 2700 ~ 3300m，峰值较窄。另外盆地西部和得克萨斯地区的油气田埋藏深度要比东部（路易斯安那州、密西西比州及阿肯色州）浅，峰值较宽，可能与西部深部火成岩发育有关。

油气藏富集主控因素分析如下。

一、相控

（一）沉积中心控制油气田平面分布

各个时期油气田均分布于大陆架边缘与沉积中心之间向陆地的一侧，各时代油气田分布受控于不同时代陆架边缘及沉积中心移动而造成沉积环境的变迁。

墨西哥湾盆地各时代的沉积中心及陆架边缘呈有规律的变迁。自白垩纪以来至今陆架边缘由北向南推进了 402km，各时代的陆架边缘大致与现代的海岸线平行，但从中新世（14Ma）开始，在路易斯安那州以南的陆架边缘向南推进更快，造成陆架边缘由向北凸出变为平直，最后变为向南凸出。

沉积中心（指沉积厚度最大区）的变化有以下特点：①各时代的沉积中心的轴线都与当时陆架边缘平行；②从始新世到渐新世，沉积中心与陆架边缘变迁一致，沿着区域下倾方向向东南移动，中新世时沉积中心较以前明显地向东移动，上新世时又向西南移动；③中新世以前的沉积中心位于陆架边缘向北凹进的地方，而中新世以后的沉积中心大多位于陆架边缘向南凸出的地方。

上述陆架边缘及沉积中心的变迁是由于新生代以来沉积速度一般大于沉降速度而引起的一系列海退以及中新世以后主要河流水系的变迁所致。

（二）岩相控制油气藏分布层位

墨西哥湾油气区的新生界沉积按岩性划分为三个大相（Magnafacie），即砂岩大相、砂岩－页岩大相及页岩大相（图9-21）。砂岩大相中砂岩含量在40%以上，单层砂岩厚度大于页岩厚度，底部常见侵蚀面，砂岩大相主要分布于海岸线附近。砂岩－页岩大相中砂岩含量为15%～40%，页岩单层厚度大于砂岩单层厚度，主要分布于大陆架内带和中带浅海区，包括三角洲平原、三角洲前缘等相带。页岩大相主要由页岩组成，砂岩含量小于15%，它分布于陆架的外带和陆坡区的深水环境，主要为前三角洲相沉积。

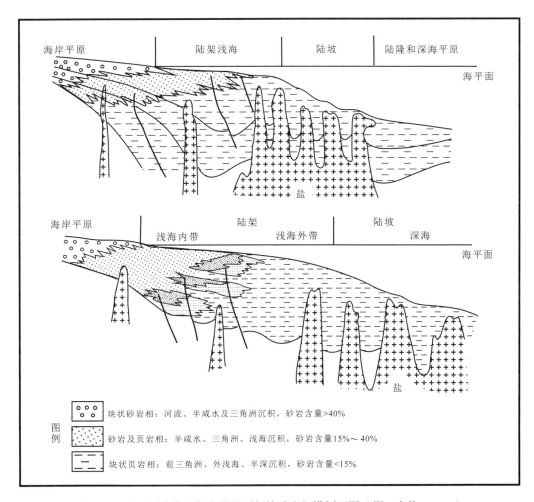

图9-21　墨西哥湾盆地新生界及更新统砂岩相横剖面图（据王春修，2002）

以上三个大相在各时期均按砂岩大相—砂、页岩大相—页岩大相的顺序大致平行海岸向海洋方向依次分布。因为新生代以来大部分时期处于海退阶段，所以各大相的分布也随着海岸线的退后而向海洋方向推进，同一大相，时代新的比时代老的更加向海洋方向前移。平面上各大相带大致平行于古海岸线。

油气田分布规律随油气产层时代变新产油气带向海洋方向推进，这与岩性大相的变化规律一致。显然，油气带的分布与岩性大相带之间存在一定关系。

路易斯安那州自古—始新世开始到更新世三个岩性相带明显地向海洋方向移动。下中新统及其以前各层油气带的分布几乎完全在砂岩–页岩相带内。自中中新统开始，油气带的分布范围超出砂岩–页岩相带，有相当一部分在砂岩相带内，但油气带的下倾边界均在砂岩–页岩相带内。

（三）沉积相控制油气富集成藏

墨西哥湾盆地中生代浅海陆架高能环境下的碳酸盐岩储层及盆地相烃源岩控制了油气的富集。碎屑岩的油气储集则受海岸相及河流–三角洲相带的控制。新生代的油气生成富集是受三角洲沉积体系的三角洲相和前三角洲相的控制。

中生界碳酸盐岩台地浅滩相或高能相带是控制油气富集的主要沉积相带；三角洲相带是控制新生界油气富集的最重要沉积相带，其中三角洲前缘或边缘相带、三角洲平原相带和分流河口坝相带等最为重要，它们与前三角洲相带的生烃页岩构成良好的生、储组合关系；海岸平原/堤坝–陆架沉积相带也是油气富集的主要场所，特别是在三角洲沉积体系的参与下，更为有利，其中的堤坝相带、三角洲–堤坝相带和三角洲–陆架相带为重要的沉积相带，如得克萨斯州渐新统弗里奥组油气富集带、侏罗系棉谷群泰瑞维尔组砂岩油气富集带；深水相沉积往往是油气富集的重要相带，其中包括海底扇、浊积相和陆架边缘三角洲相带等。如上白垩统伍德宾群—杜斯卡洛萨群深层气富集带，渐新统弗里奥组哈克勃瑞湾的油气带，得克萨斯州上白垩统、下始新统和渐新统等气田，以及陆架边缘上、更新统三角洲相密西西比峡谷区的油气田等。

二、盐控

（一）盐体对有机质成熟度的影响

盐岩和砂岩、泥岩的热导率不同，因此盐的侵入会对地下温度及生烃岩成熟度产生显著的影响。盐岩的热导率为一般沉积岩的 2～3 倍，几千米厚的盐岩对周围沉积的热状态及沉积岩的埋藏轨迹的影响相当大。由于盐岩在导热过程中提供了一个低热阻通道，造成了盐岩以下沉积岩的温度异常。据 O'Brien 和 Lerche（1987）预测，1000m 厚的盐席下温度下降了 10.5℃，1500m 厚的盐席下温度下降了 15.8℃。热梯度下降，影响到盐岩以下烃源岩的成熟度并延缓了成熟过程。

（二）盐有利于烃源岩的生成

盐在沉积时具有静水和水底缺氧的环境，表层水中的浮游生物的残留物被保留在底部的沉积物中，形成烃源层。如红海的中新统和苏尔特（Sirte）盆地始新统的干酪根层与盐岩和硫酸盐岩混杂在一起。也门的中生界也发现了夹有盐层富含沥青的页岩（Maycock，1989）。阿曼和刚果的前寒武系蒸发岩中夹有藻类生油层，在东西伯利亚寒武系也见有类似的生油岩。

（三）盐岩可作为良好的盖层

由于盐岩是非渗透层，可作为下伏油气藏的理想盖层。除非有明显的断层作用或因盐运动使盐层变得很薄的情况，盐层可起到很好的封闭作用。在路易斯安那州大陆架盐岩因盐运动变薄加厚很普遍，盐层既可起盖层作用，油气又可在变薄处或通过断层垂向运移到上覆储层形成多种圈闭。

（四）盐构造活动为烃类提供运移通道

盐岩的构造活动致使上覆沉积岩形成易碎区。这里断层或断层系较发育。在路易斯安那州盐丘发育区常见这种现象，断层可能平行于大陆架边缘，也可能是横向转换断层，在盐底辟构造周围往往发育放射状正断层，这些断层都属于张性断层，都可成为油气垂直运移的通道。

（五）盐圈闭的重要性

在得克萨斯－路易斯安那海岸平原盆地内有大量的刺穿盐丘和深埋盐丘，形成许多良好的圈闭构造并富集了大量油气。据统计，得克萨斯－路易斯安那盐盆地的石油储量占全墨西哥湾盆地总储量的 1/3，各类盐丘油田的储量又占得克萨斯－路易斯安那盐盆地储量的 90%，其中刺穿盐丘约占 1/3。在东得克萨斯盐盆地中，19 个刺穿盐丘已有 10 个找到了工业性油气流。在盆地北面盐盆地的周围有一些深埋于白垩系甚至侏罗系斯马可夫组以下的盐丘，这些盐丘隆起高、面积大，在有好的储层发育的情况下就可形成重要的油气田。

三、异常高压控制油气分布

（一）地层欠压实是形成同生断层的重要原因

在静水压力带由于排水充分，颗粒之间承受了全部上覆沉积物的重量，故摩擦力较大，剪切强度也大。相反，在超压带内由于孔隙中含有大量游离水并承受了部分上覆地层的重量，颗粒间摩擦力小，剪切力较低，易于重力滑动而造成同生断层。断层由超压带向上延伸到静水压力带，由超压带向下倾角变缓，而且压力梯度也向下增大（图 9-22）。这样就为烃类及流体向上运移提供通道和动力，与同生断层伴生的滚动背斜及断层圈闭为油气聚集准备了有利的构造条件。

（二）超压带内高地温有利于有机质的转化

水的导热率是砂和黏土颗粒的 1/15，而水的比热却是矿物颗粒的 5 倍。页岩的导热率又因其含水量的增多而减少，因而页岩孔隙中的游离水起了减缓热流及储集热能的作用，也有利于页岩内有机质的转化，形成的烃类溶于热水中，向上运移到温度压力较低的过渡带及静水压力带，即从水中脱溶，形成不同相态的油气藏。

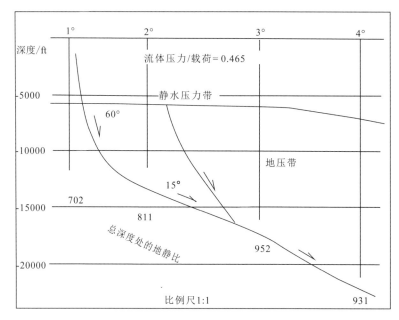

图 9-22　得克萨斯南部同生断层的倾角与地压带内孔隙流体压力梯度的关系（据 Leach，1993）

（三）压力梯度限定油气的分布层位

盆地内 99% 的商业性油气田分布在压力梯度小于 $0.157kg/m^3$ 的深度范围内，大部分油气田分布于超压带顶至异常压力带顶之间（相当于过渡带）。图 9-23 表明始新统以前的油气藏分布于静水压力带，而渐新统至更新统油气藏已跨越超压带顶面进入过渡带。

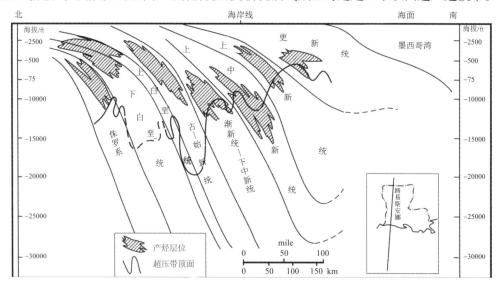

图 9-23　产烃带与地压带顶面关系图（据裴宗诚和林服光，1993）

第十节　主要油气田

一、Thunder Horse 油田（美国）

1999 年发现的 Thunder Horse 油田是墨西哥湾一个大型深水油田，位于新奥尔良东南 240km 处（图 9-24）。该油田由英国石油公司 BP Amoco 公司（以下简称 BP 公司）和其 25% 股份的合作者 ExxonMoil 公司经营。Thunder Horse 油田拥有墨西哥湾最大的岸外生产平台，具有每日生产油 25×10^4 bbl 和 2×10^8 ft^3 天然气的能力，整个油田据称有超过 10×10^8 bbl 油的储量（Tyson，2005）。Thunder Horse 油田在 2009 年 3 月产量达到高峰，之后下降。

图 9-24　Thunder Horse 油田位置图（据 Ray et al.，2004）

Thunder Horse 发现井于 1999 年在密西西比峡谷区块 778 号（Mississippi Canyon block 778）打钻，钻探深度为 7850m，钻遇三个油层，为古近系的层位。第二口井于 2000 年 11 月在第一口发现井的东南 2.4km 处的 822 号区块打钻，钻探深度为 8800m，也钻遇了三个主要的油层。2001 年 2 月，在 776 区块上发现了新的 Thunder Horse North 油田，位于早期油田的西南大约 5mile 处，钻探深度为 7900m，也同样钻遇了三个主要的油层。

由于油田发现的深度，油田真正的开发主要遇到了技术上的挑战。不仅仅由于油层深度较大，也由于那样的深度之下含油气会产生超过 120MPa 的压力和 135℃ 的温度。在 Thunder Horse 之前，没有任何一个油田发现于这样的深度。

水下系统内维修和替换原件的长时间的耽搁，2008 年 6 月 14 日才获得第一桶油。自此之后，Thunder Horse 油田的产量因新井的加入平稳地增长。2009 年 3 月，Thunder Horse 油田 7 口井的日产油当量接近 25×10^4 bbl。2010 年 1 月 MMS 的数据显示 2009 年的日产总量从 25×10^4bbl 下滑到 17.5×10^4bbl（Morton，2010）。

二、Tiber 油田（美国）

Tiber 油田是位于美国墨西哥湾 Keathley Canyon 区块 102 号的"巨型"深水油田，于 2009 年 9 月由 BP 公司发现。之所以称为"巨型"，是因为估测其含有 40×10^8 ~ 60×10^8bbl 的石油，但是 BP 公司认为称其为"巨型"还为时过早（"巨型"油田一般含有超过 2.5×10^8bbl 石油）。该油田位于休斯敦东南约 400km、新奥尔良西南约 480km 处（图 9-25），水深为 1260m，油井的钻井深度为 10685m，为有史以来钻探最深的油井，至少有 30×10^8bbl 的石油储量，其中约 5×10^8bbl 以当今的技术即可开采（Crooks，2009）。

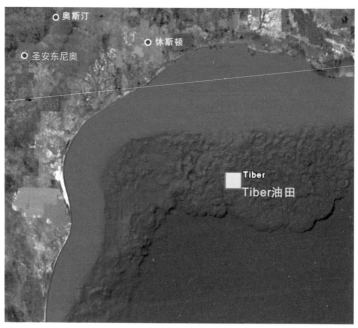

图 9-25　Tiber 油田地理位置图（图片来自 Google Earth）

Tiber 油田由多个古近系含油储层所构成，是迄今为止钻得的第 18 口古近系的井。Tiber 油田的油为轻质原油，早期估计采收率在 20% ~ 30%，因此估计有 6×10^8 ~ 9×10^8bbl 的储量。

三、Cantarell 复合油田（墨西哥）

坎塔雷尔（Cantarell）复合油田是世界级的巨型油气田，发现于 1976 年，位于墨西哥东南部坎佩切州的浅海、墨西哥湾的大陆架上，以 Compeche Sound 闻名，在墨西哥坎佩切州的 Ciudad del Carmen 北西北方向约 80km 处（图 9-26(a)）。Cantarell 复合油田是世界第八大油田（Hernandez et al., 2005）。全油田共有 223 口生产井，采用一次采油和二次采油的方式从上白垩统碳酸盐岩角砾岩中开采稠油和天然气。该油气田被认为是高成熟油田，在 22 年的开采过程中，这个巨型油气田已经生产的 78.61×10^8 bbl 油，比重为 22° ~ 24°API（Aquino et al., 2003），当前产量超过 200×10^4 bbl/d（Hernandez et al., 2005）。Cantarell 由四个断块构成，分别是阿卡尔（Akal）、诺霍赫（Nohoch）、查克（Chac）和库茨（Kutz）（图 9-26(b)），其中最重要的区块为 Akal，含有超过 90% 的石油储量。从 1979 年开始开采，Cantarell 油田产油高峰为 1.156MMbbl/d；1996 ~ 2000 年初，生产水平达到了 1.430MMbbl/d。当前，该油田的 223 口井平均每天共产油 1.6MMbbl（Aquino et al., 2003），剩余可采储量为 70×10^8 bbl 的油和大约 5Tcf 的天然气（Mitra et al., 2005）。

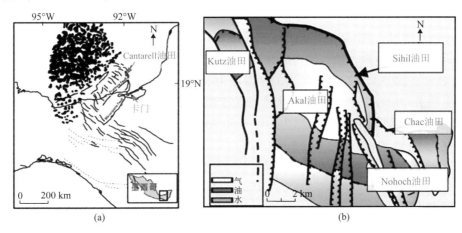

图 9-26　Cantarell 油田位置图 (a) (Mitra et al., 2005 及 Cantarell 复合油田组成 (b) (据 Hernandez et al., 2005)

自从 1976 年发现 Cantarell 油田以来，先后在该区开展了几个勘探项目，但由于缺乏高品质的地震成像资料，因此这些项目没有针对深层和老岩层的。1997 ~ 1998 年，凭借新的地震资料和井资料，如 Cantanrell-91，验证了在重复的古近系地层下部没有白垩系岩层，提供了 Cantarell 油田下面存在俯冲断块的证据。通过部署开发井 Cantarell 418-D 证实了该断块是一个富油气构造。随后，C-3068 井在角砾岩层求产得到 24°API 原油 8204bbl/d，在上侏罗统地层求产得到 30°API 原油 8182bbl/d，证明了这是一个多产油层系的新油田。

Rojas 提出了该区的基本构造演化特征，认为在早白垩世发生了拉伸作用，以正断层对白垩系和侏罗系岩层的影响为代表，变形以中侏罗统岩层发生脱顶褶皱为特征，伴生发育了盐岩隆起。这些正断层具不同的走向，平行并且与白垩系陆架边缘非常一致：区域的东北部为北西北—南东南向，中东部近北—南向，西南端北东北—南西南向，有的形成多米诺骨牌排列样式的断块，从而出现侏罗系地层组合圈闭。

早中新世到上新世期间，中生代和古近系地层遭受大致西南—东北向的侵入压力产生变形，从而形成了区域倾向为西北—东南的褶曲和错断系统。下部的拆离（未解释）切割上侏罗统页岩和蒸发岩，而上部拆离产生于渐新统页岩地层，尽管有些井显示为上白垩统泥质碳酸盐岩。

新近纪的变形很可能与盐的剥蚀有关，在某些情况下，挠曲褶皱变形在逆冲之前发生。由于构造前缘的隆起作用，从渐新统地层到更新统地层至少经历了三次主要的剥蚀期。一些学者计算了这次事件的地层缩短量为5300 ~ 9000m。

已经提到了综合横向压力变形倾向为北西北—南东南，当切入 Akal 断块时变为近北—南向，在上新世—更新世期间产生了右旋走滑的断层系。当然也有反向的左旋断层，走向为西西南—东东北，导致了小型盆地的变形，但并没有对白垩系—侏罗系圈闭产生影响。

（一）烃源岩

Cantarell 油田是 Pimienta-Tamabra 超级成藏组合的一部分，其烃源岩是提塘阶富含Ⅱ型有机质的钙质页岩，油气的析出和运移在古近系沉积时开始，并在中新世达到顶峰（Mitra et al.，2005）。这些烃源岩的净厚度为35 ~ 310m并且采油区东北部未成熟烃源岩的生烃潜力指数（SPI）可达16t烃，在位于南部系统成熟地区的生烃潜力指数（SPI）可达27t烃，生成原油的密度范围为10° ~ 50°API，这取决于油气伴出时烃源岩所达到的成熟度。

（二）储层

迄今为止在提塘阶—白垩纪的成藏组合已形成了四个产层：基末利阶、下白垩统、上白垩统和始新统，其中上白垩统—下古新统塌积角砾岩油气聚集带的产油率最高。

最近发现的 Cantarell 之下的储层在晚侏罗世碳酸盐岩层内，也包括鲕粒灰岩、泥粒灰岩、岩屑坡环境沉积的晚白垩世到古新统白云石化砾状灰质角砾岩和始新统陆棚粒状灰岩。主要的白垩系储层平均孔隙度为3% ~ 5%（Mitra et al.，2005），主要储集空间为孔洞、晶间孔和裂缝，孔洞直径为1 ~ 15mm，由裂缝和溶蚀喉道良好连通，裂缝分布密度高且杂乱，显示为良好的油气聚集。次要储层包括侏罗系的碳酸盐岩、始新统的钙质岩和渐新统的碎屑岩（Mitra et al.，2005）。

（三）储量

通过裸眼生产测试，Cantarell 418-D 井日产 22°API 原油超过 4000bbl，对这口井进行二次测试获得日产 30°API 原油 3000bbl，表明具有多储层系特征。根据多种生产测试资料、三维地震、PVT 分析和地质构造解释成果，2002 年 1 月 1 日 Sihil 油田证实储量为 42800×10⁴bbl，概略储量为 30400×10⁴bbl，远景储量为 50000×10⁴bbl。

四、Sihil 油田（墨西哥）

Sihil 油田由 PEMEX 的开发和生产以及 Cantarell 评估和钻探管理团队于 1998 年发现，是位于 Cantarell 油田下的又一巨型油田。油田的发现缘于对新的地震资料"OBC"的解释。在 Cantarell 油田开发项目的支持下，钻了 Cantarell-418D 井。这口井证实了逆冲断块的存在，并发现了墨西哥最大的油田。新油田有两个产油层段，所产石油的比重分别为 30°API 和 24°API（Aquino et al.，2003）。

PEMEX 公司于 1972 年在 Tabasco 和 Campeche 岸外获得第一个离岸中生界构造的 2-D 地震剖面。在 1976 年 Cantarell 油田发现后，大量连续的地震和地质研究在此展开。由于早期地震数据质量较差，早期的勘探没有发现深层位的油藏。直到 20 世纪 80 年代早期，一些井的数据开始显示逆掩构造可能存在于 Cantarell 油田之下。随着 1997 年和 1998 年该地区地震成像工作的展开，一些新井如 Cantarell 91 井等资料显示古近系下面可能有白垩纪的角砾岩，表明 Cantarell 油田下面具有逆冲块体。因此在 1991 年便开始设计，以便发现合适的井来研究深层逆掩构造。PEMEX 公司的勘探团队意识到利用 Cantarell 油田现有的设备能够降低勘探的费用，于是最终选择了 Cantarell-418D 井的位置作为最合适的勘探位置（图 9-27）。这个位置比预先设计的 Akal-2001 井处具有更好的构造位置，且在打钻时不需要穿越 Cantarell 油田的天然气盖层。Cantarell-418D 井的钻探开始于 1998 年 7 月 19 日，于 1999 年 3 月 18 日完井，成为了 3500m 垂直深度处上白垩统逆冲角砾岩层位石油的生产者，也因此成就了 2003 年之前 15 年内墨西哥最大的油田——Sihil 油田（Aquino et al.，2003）。

墨西哥湾的开启形成了 Campeche Sound 的区域构造格架，从中侏罗系开始，见于 Chiapaneco 山脉的 Chiapaneco 事件造成了 Campeche Sound 在中新世和早上新世时期的圈闭。这种变形与 Chortis 块体在整个 Motagua-Polochic 断层系统中东—东北向位移密切相关。这些构造运动导致地层扭压变形并朝东北方向逆冲，形成了 Cantarell 油田。这个逆冲牵涉了从上侏罗统牛津阶到古近系的地层。Cantarell 油田构造的复杂性给地震 – 构造解释带来最大的挑战，特别是深层构造成像方面。

构造高地构成 Cantarell 油田的特征，东部以一条右旋走滑断层为界，北面和东面均以逆断层为界。Sihil 逆冲断块褶皱区域上为西—北西、东—南东走向，与上盘倾向一致。一条北—北西向的右旋走滑断层（图 9-27），其近乎垂直的断面向西切断了正在逆冲和已发生了逆冲的断块中的两个褶皱。

Rojas（2000）用一个区域构造模型更好地解释了真实的构造和可能的相互关系，并指出造成该区主要和最大油气圈闭（其中 Cantarell 油田和 Sihil 油田的圈闭最大）的构造样式与扭动构造有关。尽管一些学者认为早白垩世正断层始于上侏罗统提塘阶的陆上部分，但这个影响白垩系和侏罗系的正断层代表了白垩系和侏罗系拉伸构造样式。这种构造体系有一个滑脱面，它与随盐岩隆起的发育而形成的中侏罗统盐体一致。这种正断层的走向变化多端，通常与白垩纪陆架边缘平行或者一致。该区东北部分走向为北—北西、南—南东，东面中部地区几乎为南北向，而东南为北—北东、南—南西向，有时含有多米诺骨牌型的块体，导致侏罗系复合圈闭的形成。中新世早期—上新世发育了一套逆冲－褶皱组合，区域上为北西—南东走向，与在 Cantarell 油田逆冲断块中观察到的逆冲断层接近。下滑脱面位于上侏罗统中介于不同的牛津阶泥岩、粉砂岩和蒸发岩层间。上滑脱面位于渐新统泥岩中，尽管部分井中有脱面位于上白垩统中的证据。

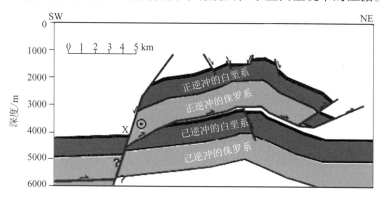

图 9-27　Sihil 油田构造样式示意图（据 Aquino et al.，2003）

这些变形中有一部分很可能与盐体的清除有关，在逆冲出现之前就造成扣状褶皱，特别是有逆掩褶皱的地区。在渐新统至更新统层段中至少能够识别出因构造逆冲前缘抬升而发生的三次地层剥蚀阶段。上新世至更新世产生的转换拉张断裂作用影响了逆掩冲断的中生代地层，以一个含有北—北西、南—南东走向的右滑位移的同向断层系统为特征，但也有一些走向为西—南西、东—北东的反向左滑断层。这个断层作用形成了一些拉分的小盆地，这些小盆地显然对白垩系—侏罗系的圈闭没有影响。

1. 烃源岩

Sihil 油田大量的已经产出和待发现的石油和天然气都来自于富含 II 型有机物的提塘阶（Tithonian）钙质页岩。这些烃源岩的净厚度为 35 ～ 310m（115 ～ 1017ft），它们的生烃潜力指数（SPI）在东北部未成熟烃源岩区达到 16t，而在南部和中央地带的成熟烃源岩区为 27t，析出油的比重为 10° ～ 50°API，取决于这些烃源岩在排出石油时的成熟程度。在提塘阶—白垩系含油系统中存在三个产油组合：基末利阶、白垩系和始新统。其中白垩系组合在 Campeche Sound 具有最高的产油率。

2. 储层

Sihil 油田的储层由两套碳酸盐岩组成，下段位于下白垩统内，以白云石化具裂隙的石灰岩为代表；上段位于上白垩统—古新统内，由沉积于陆坡环境的次棱角到次磨圆的泥岩外碎屑和粒泥灰岩生物碎屑组成的白云石化沉积角砾岩所构成。该油田储层的平均孔隙度为 3% ～ 5%，孔隙类型以晶洞、晶间孔隙和裂缝为主，晶洞大小为 1 ～ 15mm，与裂缝和缝合线的连通性很好。在一些层段，裂缝非常发育且混杂，但总体上有两个裂缝系统由于具有最好的含油气性而最为重要，一个与地层面近乎水平，另一个与地层面垂直。

第十章 挪威中部陆架深水区盆地油气地质

第一节 概 况

北大西洋地区油气资源丰富，由于勘探程度较低，资源开发程度较低。其中挪威海石油探明储量约为 16×10^8bbl（约 2.2×10^8t），天然气探明储量为 10Tcf（约 $2830 \times 10^8 \text{m}^3$）（USGS，2010a）。

目前挪威大陆架 60% 的区域已被开发进行勘探，其中约 9% 建有油气开采项目。大陆架上探明和未探明石油预计共 $129 \times 10^8 \text{m}^3$（油当量）。自 1971 年以来，共开采石油 $38 \times 10^8 \text{m}^3$（油当量），占全部石油资源的 29%。在剩下的 $91 \times 10^8 \text{m}^3$（油当量）（带有 $69 \times 10^8 \sim 120 \times 10^8 \text{m}^3$ 油当量的不确定性）中，已探明资源储量为 $53 \times 10^8 \text{m}^3$（油当量），未探明储量估计为 $34 \times 10^8 \text{m}^3$（油当量）。另外，随着未来开采技术可能提高，将可能再增加 $4 \times 10^8 \text{m}^3$（油当量）储量。这些资源主要蕴藏在北海、挪威海和巴伦支海：北海探明资源共 $70 \times 10^8 \text{m}^3$（油当量），其中已开采 $34 \times 10^8 \text{m}^3$（油当量），目前剩余可开采储量 $28 \times 10^8 \text{m}^3$（油当量），37% 为石油，未探明储量为 $12 \times 10^8 \text{m}^3$（油当量）；挪威海探明资源共 $19 \times 10^8 \text{m}^3$（油当量），$3 \times 10^8 \text{m}^3$（油当量）被开采，目前剩余可开采储量 $11 \times 10^8 \text{m}^3$（油当量），天然气占 62%，未探明储量估计为 $12 \times 10^8 \text{m}^3$（油当量）；巴伦支海探明资源共 $2 \times 10^8 \text{m}^3$（油当量），生产将于 2005 年开始，未探明量不到 $10 \times 10^8 \text{m}^3$（油当量）。

全球深海油气探明可采储量挪威排在世界第八位，2P 液体可采储量约为 15×10^8bbl，2P 气体可采储量约为 40×10^8bbl（图 10-1）（迟愚，2008）。

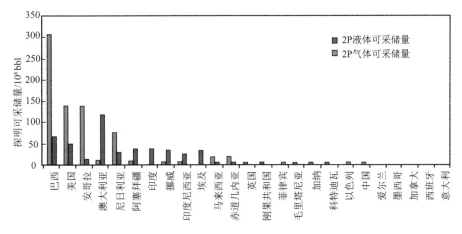

图 10-1　全球深水区油气探明可采储量排在前 25 位的国家（据迟愚等，2008）

挪威的含油气盆地分布在北海、挪威海和巴伦支海大陆架，其油气资源量为 79.99×10^8t，排名世界第 16 位，天然气资源量 $10.21 \times 10^{12} \text{m}^3$，排名世界第 9 位。2006 年，挪威石油剩

图 10-2 挪威油气产区位置

余探明储量为 $11.64 \times 10^8 t$，占世界的 0.7%，排名世界第 19 位、欧洲第 1 位；天然气剩余探明储量为 $2.89 \times 10^{12} m^3$，占世界的 1.6%，排名世界第 12 位、欧洲地区第 1 位。

据 EIA 于 2010 年统计，挪威的石油生产主要在北海（77%），挪威海生产规模较小（19%），新的勘探主要发生在巴伦支海（4%）（图 10-2）。

1980 年以来，挪威在北海北部地区的发现越来越少，挪威勘探活动中心开始从北海向挪威中部陆架和巴伦支海转移，从此挪威中部陆架进入勘探开发阶段。

1997 年，Norsk Hydro 石油公司在位于挪威近海 100km 左右区域发现 Ormen Lange 气田，这是挪威中部陆架深水第一个商业油气发现，也是除了挪威北海的 Troll 气田之外第二大天然气发现。

到目前为止，中挪威陆架陆续发现了一些规模较小的油气田，如 Trestakk 油田、Tyrihans 油田、Lavrans 油田、Njord 油田、Smørbukk 和 Smørbukk 南油田等。

第二节 构　　造

一、构造演化与沉积充填序列

挪威中部陆架在晚志留世到早泥盆世的加里东造山运动使巨神海（Iapetus Ocean）最终关闭，形成 520 ~ 375Ma 的加里东结晶基底（Bridgwater et al., 1978；Higgins and Phillips, 1979），主要由不同年代和成因的上地壳岩石、片麻岩及火成岩组成，包括未变质的和中变质的前寒武纪和奥陶纪的碎屑岩和碳酸盐岩沉积（Haller, 1970）。

晚二叠世—早三叠世挪威的边缘出现拉张作用，中挪威陆架开始由挤压背景变成拉张背景，中挪威陆架进入裂谷阶段；中侏罗世—白垩纪早期裂谷大规模发育，Møre 和 Vøring 盆地开始快速沉降，Trøndelag 台地经历小的下沉，整个白垩纪都处在稳定沉降阶段；晚白垩世—古近纪出现大规模的岩浆喷发，最终在始新世（伊普里斯阶 53.4Ma）挪威和格陵兰之间开始出现洋壳，从此中挪威陆架进入了大陆漂移阶段。

由于挪威中部陆架和格陵兰岛之间不同地段裂开时间不同，沿着挪威中部陆架南北方向各段盆地（群）的发育时间与发育程度存在一定的差异。挪威和格陵兰之间的扩张是间歇性的，长期存在的，开始于加里东造山运动和泥盆纪瓦解之后，早始新世之后出现了海底扩张，最终形成东北大西洋（Faleide et al., 2008）。

　　中挪威陆架的构造演化可以分为三个阶段：早三叠世印度阶（250Ma）以前的大陆克拉通阶段（前裂谷阶段）、早三叠世—古新世的裂谷阶段和早始新世（伊普里斯阶53.4Ma）—现今的大陆漂移阶段。

　　不同演化阶段对应不同的沉积充填序列，前裂谷期沉积充填是在加里东变质岩基底上沉积的泥盆系、石炭系及二叠系陆相的砾岩、砂岩沉积；裂谷期沉积充填层序包括三叠系、侏罗系、白垩系及古近系古新统的砂岩、泥页岩、少量碳酸盐岩和部分浊积砂岩；大陆漂移期沉积充填序列包括始新统至现今的沉积地层，主要为陆缘碎屑沉积的砂泥岩、页岩及其部分地区的浊积砂岩（图 10-3）（Dalland et al., 1988；Worsley et al., 1988；Smelror et al., 2001）。

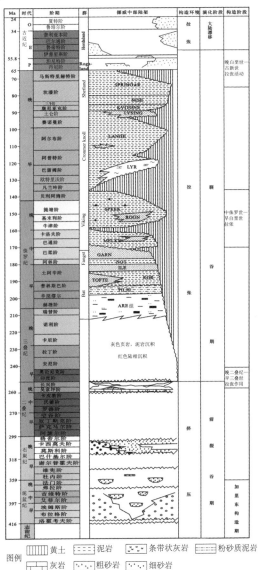

图 10-3　中挪威陆架层序格架与构造 – 沉积演化关系图（据 Dalland et al., 1988；Worsley et al., 1988；Smelror et al., 2001）

（一）前裂谷期沉积充填序列

前裂谷期沉积充填是在加里东变质岩基底上沉积的泥盆系、石炭系及二叠系陆相的砾岩、砂岩沉积（图 10-3）（Dalland et al., 1988; Worsley et al., 1988; Smelror et al., 2001）。

上泥盆统基本上不存在蒸发岩，主要为老红砂岩（ORS）沉积及河流、湖泊和风成砂沉积。下石炭统主要为一套厚的砂岩沉积，晚期地层缺失。晚石炭世晚期才出现沉积，西部主要为一套砂砾岩沉积。格陵兰东北大型蒸发盆地可能也是这时沉积的（Bukovics and Ziegler, 1985）。

晚二叠世格陵兰东部由先前的陆相条件转变成海相条件，北海处于干旱的环境。由于海水的侵入，在风成砂岩之上沉积了一套黑色页岩。之后，Zechstein 群蒸发岩和海相碳酸盐岩沉积。中挪威陆架下二叠统地层全部缺失，上二叠统沉积在石炭系之上，二者之间平行不整合接触，沉积了一套陆缘碎屑岩和碳酸盐岩（Bukovics and Ziegler, 1985）。上二叠统和三叠系为角度不整合接触。

（二）裂谷期沉积充填序列

裂谷期沉积充填层序包括三叠系、侏罗系、白垩系（图 10-3）（Dalland et al., 1988; Worsley et al., 1988; Smelror et al., 2001）及古新统的砂岩、泥页岩、少量碳酸盐岩和部分浊积砂岩。

三叠系和上古生界为角度不整合接触。上三叠统盆地主要充填了大量的海相砂泥岩（Brekke and Petersen, 2001），在格陵兰东部沉积厚度达到 1 ~ 1.7km，沉积物主要为红色砂泥岩、页岩和薄砂岩（Ehrenberg et al., 1992）。

中三叠统中下部是一套砂岩及泥岩沉积。砂泥岩之上沉积了厚的蒸发岩、页岩和盐岩。

下三叠统，下部有一套海相泥砂岩覆盖在中三叠统盐岩之上，向上又沉积了一套厚约 400m 的盐岩。盐岩之上沉积一套厚 800m 左右的湖相泥岩，上部逐渐过渡到砂岩及泥岩沉积。

侏罗系和下伏三叠系地层整合接触，从下到上分别为下侏罗统 Båt 群、中侏罗统 Fangst 群和上侏罗统 Viking 群。

下侏罗统地层主要为 Båt 群。Båt 群从下往上可分为 Åre、Tilje 和 Ror 三个组。

晚三叠世瑞替阶到早侏罗世普林斯巴阶 Åre 组地层为砂岩、页岩和煤层沉积，地层厚约 490m（Karlsson, 1984; Heum et al., 1986; Ehrenberg et al., 1992; Whitley, 1992），砂岩粒度从下往上逐渐变粗。Åre 组到 Tilje 组的转换是渐变的。Tilje 组厚约 75 ~ 150m，为一套砂岩夹海相泥岩沉积（Dalland et al., 1988; Fagerland, 1990）。Tilje 组上部为 Ror 组，厚为 53 ~ 73m，主要为一套泥岩、页岩沉积，向上粒度变粗，变成粗砂岩沉积（Ehrenberg et al., 1992）。

中侏罗统地层主要为 Fangst 群。Fangst 群从下往上可分为 Ile、Not 和 Garn 组（Ehrenberg et al., 1992）。Ile 组（上土阿辛阶—下巴通阶）为一套近海岸的海相砂岩（Ehrenberg et al., 1992）。Not 组沉积物从阿林阶到巴通阶，为一套砂泥岩沉积，厚为 24 ~ 34m（Heum et al., 1986）。Garn 组和 Not 组为不整合接触（Ehrenberg, 1990）。

上侏罗统地层主要为 Viking 群。Viking 群从下往上可分为 Melke、Spekk 和 Rogn 组。Melke 组包括 117 ~ 282m 厚由淤泥和黏土组成的冷页岩，夹一些细的砂岩和碳酸盐岩，它等同于北海地区的 Heather 组（Ehrenberg et.al., 1992）。Spekk 组（牛津阶—里亚赞阶）为一套厚层泥岩沉积（Heum et al., 1986；Whitley, 1992）。Rogn 组地层为一套砂岩透镜体，为一个向上变粗的序列。底部为页岩和砂泥岩，过渡到顶部的砂岩，厚约 40 ~ 50m（Ellenor and Mozetic, 1986；Dalland et al., 1988）。

白垩系和下伏侏罗系地层呈角度不整合接触，从下往上可分为 Cromer Knoll 群和 Shetland 群。

下白垩统 Cromer Knoll 群从上往下可分为 Lyr、Lange 和 Lysing 组，为一套厚约 700m 的泥岩沉积，局部地区有砂岩沉积（Færseth and Lien, 2002）。

上白垩统 Shetland 群厚 869 ~ 922m，从下往上可分为 Kvitnos、Nise 和 Springar 组（Ehrenberg et al., 1992），主要为一套泥灰岩和浊积砂岩沉积。

上白垩统厚层海相泥岩沉积在 Møre 盆地大部分区域和 Vøring 盆地南部，相反在挪威海北部主要为深水砂岩沉积（Lien, 2005）。在格陵兰东部沉积了一套厚度达 1300m 的 Traill Ø 群海相泥岩，在盆地边缘沉积了一套楔形砂体。

古近系下古新统相当于北海的 Maureen、Ty 和 Vale 组（Dalland et al., 1988）。丹尼阶早期的沉积在中挪威地区没有钻遇。

中古新世中挪威地区古近纪沉积为富有机质的 Skalmen 组和页岩为主的 Vale 组（Dalland et al., 1988）。Møre 边缘 Skalmen 组沉积主要包含多层砂岩，厚度达 150m，可能为海底扇。它被 Vale 组泥岩覆盖。

古近系下古新统年代为 59 ~ 53Ma，中挪威地区主要为 Tang 和 Tare 组。横跨大西洋火山活动的高潮期，下部为安山质流纹岩，熔灰岩及火山碎屑一起沉积（Eldholm et al., 1989）。

（三）大陆漂移期沉积充填序列

热沉降期沉积充填序列包括始新统至现今的沉积地层，主要为陆缘碎屑沉积的砂泥岩、页岩及其部分地区的浊积砂岩（图 10-3）（Dalland et al., 1988；Worsley et al., 1988；Smelror et al., 2001）。

自早始新世起，挪威与格陵兰之间的地壳分离，Vøring 和 Møre 盆地早始新世—渐新世主要沉积厚层陆缘碎屑。

中中新统，挪威陆架中部主要为页岩沉积，在 Vigrid 和 Ras 地区厚度达到 500m，部分地区出现等深流沉积（Eiken and Hinz, 1993；Stoker and Shannon, 2005）。

晚中新世—上新世早期的沉积物主要为冰川沉积，沉积环境和中新世类似。晚上新世—更新世，地壳抬升挪威大陆和罗弗敦被冰川覆盖（Riis and Fjeldskaar, 1992）。在挪威大陆，冰川活动向下移动了 1 ~ 2km（Riis and Fjeldskaar, 1992），此时主要为广泛的冰海沉积。Halten Terrace 和 Trøndelag 地台在晚上新世快速埋藏，一直到第四纪（Ehrenberg et al., 1992）。

二、主要断裂

中挪威地区断裂非常发育，主要的断裂有两条：①北西—南东向的扬马延（Jan Mayen）破裂带；②北东—南西向的 Vøring 和 Møre 盆地内部断裂。Vøring 和 Møre 盆地内部发育一系列的北东—南西向的断层又被北西—南东向的扬马延破裂带隔开。

1. 扬马延断裂带

挪威和格陵兰之间包含一系列复杂的活动带、大洋中脊和洋盆，它们开始于早始新世欧亚大陆和格陵兰分离之后。在挪威 – 格陵兰海中部，扬马延断裂带（JMFZ）切割了大洋中脊（Kolbeinsey Ridge 和 Mohns Ridge）（Gernigon et al., 2009）。扬马延断裂带从挪威陆架一直延伸到格陵兰东部陆架（Talwani and Eldholm, 1977；Gernigon et al., 2009），由西扬马延断裂带（WJMFZ）、东扬马延断裂带（EJMFZ）和扬马延中部骨架区（CJMFZ）三部分组成。扬马延断裂带南部和北部几何形态完全不同，北部主要受到向左的剪切作用力，南部受向右的剪切作用力，为右行滑动断层（图 10-4）（Mosar et al., 2002a）。在大洋中脊，扬马延断裂带剪切作用使 Ægir Ridge 停止活动（Grevemeyer et al., 1997），Kolbeinsey Ridge 开始替

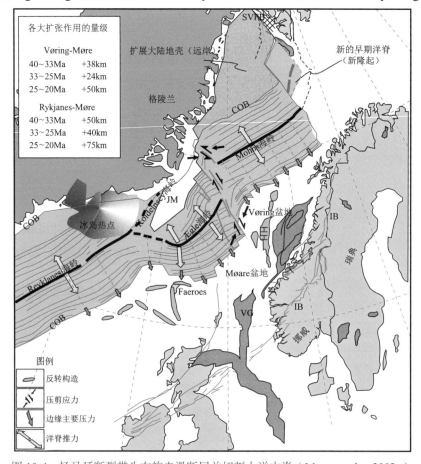

图 10-4   扬马延断裂带为右旋走滑断层并切割大洋中脊（Mosar et al., 2002a）

SVFB.Svalbard 断层边界；COB. 陆壳与洋壳的俯冲转换带；IB. 被动陆缘断层深处边界；JM. 扬马微地块；VG. 维京地堑

代 Ægir Ridge，往北至 Mohns Ridge（Gernigon et al.，2009）。Mohns Ridge 向北持续发育，最终和 Knipovitch Ridge 相连（Thiede et al.，1990）。

在 JMFZ 延长区域，Vøring 和 Møre 盆地之间有扬马陆块"软链接"或过渡带（图 10-4）（Lundin and Doré，2002；Mosar et al.，2002a）。扬马延断裂带南部靠近挪威边缘是法罗和 Møre 边缘，靠近格陵兰是 Jan Mayen 和利物浦岛 – 詹姆森岛。扬马延断裂带北部靠近格陵兰是格陵兰东部边缘和 Boreas 盆地，靠近挪威是 Vøring 和 Lofoten 边缘。

2. Vøring-Møre 断层带

Vøring 和 Møre 盆地断层带呈北东—南西向展布（图 10-5）（Mosar et al.，2002b）。

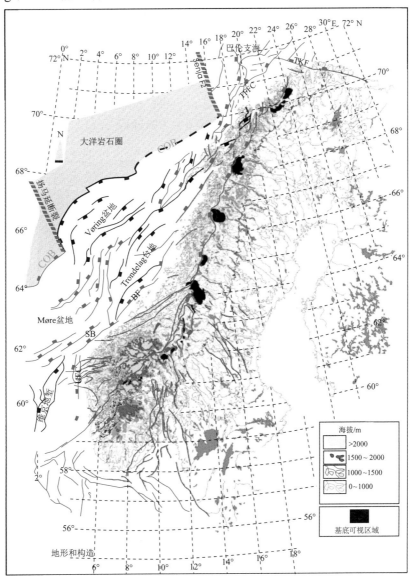

图 10-5　Vøring 和 Møre 盆地断层呈北东—南西向展布（Mosar et al.，2002b）

SB. Slorebotn 次盆；BF. Border 断层群（组合）；COB. 洋陆转换边界；UFC. Uygarden 断层群（组合）；TKF. Trolljjord–Kornagelv 断层；TFFC. Troms–Finmark 断层群（组合）

这两个断层系统延 Trøndelag 台地西侧连接成 270km 长的地带（Brekke et al.，1999）。沿着这个区域断层显示北东—南西及北—南向两种趋势，这就意味着 Vøring 和 Møre 盆地之间存在着一个转换断层带。研究转换断层带的深度，建立了其深度图（Brekke et al.，1999）。白色为陡峭山坡，黑色为缓坡。地震剖面对比表明，陡坡（白色）与正断层一致。Vøring 和 Møre 盆地断层平面上呈北东—南西展布，但剖面上伸展方向却截然相反。Vøring 盆地以东倾的正断层占主体，Møre 盆地以西倾的正断层占主体（Osmundsen et al.，2002）。

三、构造单元划分

中挪威陆架由许多北东—南西向的晚古生代到中生代盆地构成。北东—南西向的中挪威边缘盆地构造单元可用"两高两低一台一断"概括："两高"指北东—南西向的 Vøring 边缘高地和 Møre 边缘高地；"两低"为北东—南西向的 Vøring 盆地和 Møre 盆地；"一台"指北东—南西向的 Trøndelag 台地；"一断"指北西—南东向的扬马延破裂带，它将 Vøring 和 Møre 被动大陆边缘隔开（图 10-6）（Brekke et al.，1999）。

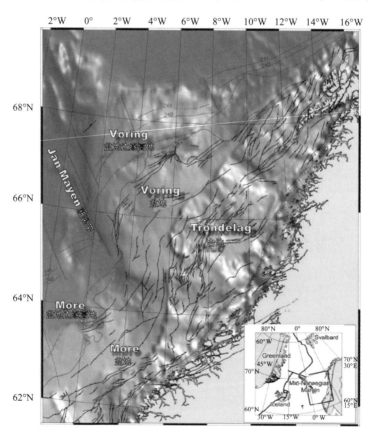

图 10-6　中挪威陆架构造单元（Brekke et al.，1999）

（一）Trøndelag 台地

Trøndelag 台地包含被正断层限制的厚的晚古生代到中三叠世盆地（Bukovics and Ziegler，1985；Brekke et al.，2000）。根据与构造事件的关系可分为五个构造地层单元（Brekke et al.，1999）。最低的单元是上古生界到中三叠统地层单元，大约 6km 厚，被向盆地中心倾斜的正断层限制。中三叠统到侏罗系单元厚度更加一致（最大厚度为 1.5km），南东边缘变得平缓。这个单元在南东方向控制的正断层之上，却被北西方向的断层切割。白垩系单元比较薄（最大厚度为 1km），盆地中心略微增厚，且盆地中心有少量正断层。这些断层在晚侏罗世形成，因为下面白垩系地层超覆在断层上面。第三系单元非常薄且厚度统一（大约 0.6km），而上新世和第四纪地层约为 1.5km 厚。

（二）Vøring 盆地

Vøring 盆地几何学在南北方向上略有不同。南部 Vøring 盆地被两个北东—南西向的沉积盆地限定（Rås 盆地和 Vigrid 向斜），而北部有三个北东南西向的沉积盆地（Træna 盆地，Någrind 向斜和 Vema 穹窿）（Brekke et al.，2000）。Vøring 盆地横断面接近于两个区域的过渡，在横断面新生代层序下面，Træna 盆地、Någrind 向斜、Vema 穹窿第三系之前的地层是连续沉积的。沉积中心被 Utgard 高地和 Nyk 高地分离。通过南西向 Rås 盆地横断面可知，白垩纪基底被理解为显著反射层，能显示 Halten 台地和 Rås 盆地深部的倾斜断层。这个白垩纪基底没有被朝向 Rås 盆地和 Halten 台地侏罗纪构造之上的正断层和早白垩世沉积超覆抵消。这个解释暗示早白垩世地层中断层是中晚侏罗世区域形变造成的（Færseth and Lien，2002）。

沿着横断面的 Vøring 盆地几何学由三个沉积中心及其边界所限定。靠近 Trøndelag 台地的 Træna 盆地构成古近纪的主要的沉积中心，根据地震解释可知沉积厚度达 7km。西北方向受南东向 Træna 盆地复合断层所限定，在 Utgard 高地这些断层切割了白垩纪地层。东南方向受晚白垩世超覆地层限定，为诺尔兰山脉的北西方向的挠曲。这个结构被看做是一个单斜的反转构造和南东向的正断层系统形成的复合断层体系（Mosar，2000；Osmundsen et al.，2002）。

（三）Møre 盆地

Møre 盆地边缘主要被厚的白垩纪地层充填，但是缺乏一个相当于 Vøring 盆地中 Trøndelag 台地限定的构造单元。白垩纪和古近纪充填的是一个缓和宽大的向斜。白垩纪沉积物在匀称的盆地中堆积，中心最大厚度达 9km，北西向为 Møre-Trøndelag 断层复合体。晚上新世和第四纪碎屑单元显示为北西向斜率相对较窄的宽广的大陆架。

白垩纪基底在盆地南东向是一个不规则的几何形状，被窄的基底高地分割成 20km 宽的次盆。这些高地被低角度正断层限定（Graue，1992；Smelror et al.，1994），这些断层沿着转换带呈北西向。早白垩世沉积地层超覆暗示全部充填物形成在断层构造之前（Færseth and Lien，2002）。此外，白垩纪到第四纪沉积序列没有包含沿着研究截面发生消减的正断层。这些断层仅影响白垩纪基底下面的岩石，晚侏罗世活动频繁。沿着 Slørebotn 次盆地震剖面，同沉积断层沿北西—南东向发育，但是沿着 Møre-Trøndelag 断层带和 Klakk 断层带，同沉积断层沿北西向有很多扭曲。

第三节　地层与沉积相

一、地层

中挪威边缘地层序列从下往上分别为上古生界的泥盆系、石炭系、二叠系，中生界的三叠系、侏罗系、白垩系，新生界的古近系、新近系（图 10-7）。下古生界以下地层缺失（Swiecicki et al., 1998）。

上古生界泥盆系连续沉积，与其上的石炭系为不整合接触。下石炭统晚期地层缺失，直到上石炭统晚期才出现沉积。下二叠统地层全部缺失，上二叠统沉积了一套碳酸岩。上二叠统和三叠系为角度不整合接触。

中生界地层连续沉积，主要为从砂岩过渡到碳酸岩沉积。

新生界是中生界的继承，新生界始新世有大规模火山岩沉积。

1. 上古生界

上古生界泥盆系连续沉积，与其上石炭系为不整合接触，下部主要沉积一套厚层砂砾岩，靠近边缘的粒度较粗，往中部粒度逐渐变细。上泥盆统主要为一套砂岩沉积（Swiecicki et al., 1998）。

下石炭统主要为一套厚的砂岩沉积，晚期地层缺失。上石炭统晚期才出现沉积，西部主要为一套砂砾岩沉积，向东变成中砂岩（Swiecicki et al., 1998）。

下二叠统地层全部缺失，上二叠统沉积在石炭系之上，二者之间平行不整合接触，沉积了一套陆缘碎屑岩和碳酸盐岩（Bukovics and Ziegler, 1985）。

2. 三叠系

三叠系和上古生界为角度不整合接触。下三叠统盆地主要充填了大量的海相砂泥岩（Brekke and Petersen, 2001），在格陵兰东部沉积厚度达到 1 ~ 1.7km，沉积物主要为红色砂泥岩、页岩和薄砂岩（Ehrenberg et al., 1992；Nøttvedt et al., 2008）。

中三叠统中下部是一套砂岩及泥岩沉积。砂泥岩之上沉积了厚的蒸发岩、页岩和盐岩（Nøttvedt et al., 2008）。

上三叠统，下部有一套海相泥砂岩覆盖在中三叠统盐岩之上，向上又沉积了一套厚约 400m 的盐岩。盐岩之上沉积了一套厚 800m 左右的湖相泥岩，上部逐渐过渡到砂岩及泥岩沉积（Nøttvedt et al., 2008）。

3. 侏罗系

侏罗纪系和下伏三叠系地层整合接触，从下到上分别为下侏罗统 Båt 群、中侏罗统 Fangst 群和上侏罗统 Viking 群。

下侏罗统地层主要为 Båt 群。Båt 群从下往上可分为 Åre、Tilje 和 Ror 三个组（Swiecicki

et al.，1998；Nøttvedt et al.，2008）。

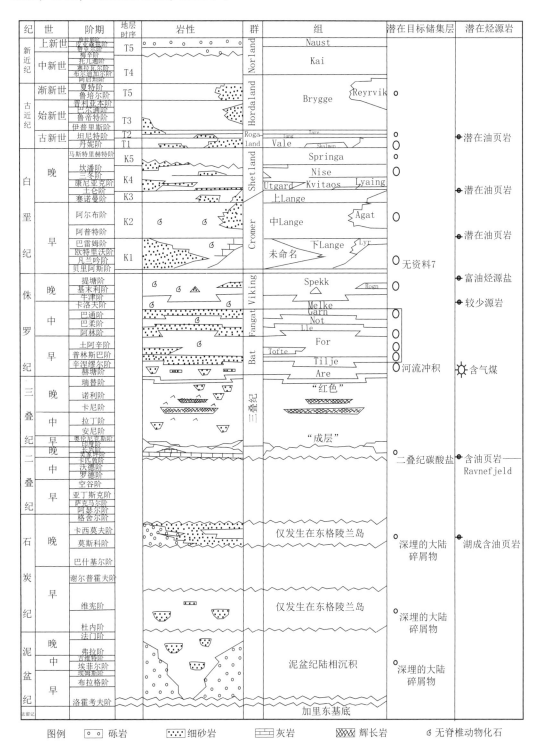

图例　|o o| 砾岩　|:::| 细砂岩　|三三| 灰岩　|XXX| 辉长岩　ᴂ 无脊椎动物化石

图 10-7　中挪威边缘地层沉积序列（据 Swiecicki et al.，1998）

中侏罗统地层主要为 Fangst 群。Fangst 群从下往上可分为 Ile、Not 和 Garn 组，等同于北海地区 Brent 群低水位期的砂岩（Ehrenberg et al., 1992; Whitley, 1992）。Ile 组（上土阿辛阶—下巴通阶）地层厚度为 60～82m，为一套近海岸的海相砂岩，薄的生物扰动页岩 / 粉砂岩夹层沉积（Ehrenberg et al., 1992）。底部主要为一套厚层砂岩，向上逐渐变成泥页岩沉积。Ile 组转变成 Not 组以 10m 厚的海侵砾岩为代表。Not 组沉积物从阿林阶到巴通阶，为一套砂泥岩沉积，厚 24～34m。这个组从底部的页岩向上逐渐变粗，分阶段向上变为生物扰动的粉砂岩，到顶部的细粒砂岩（Heum et al., 1986）。Garn 组和 Not 组为不整合接触，厚度变化（14～114m）较大，局部地区遭受严重剥蚀（Ehrenberg, 1990）。Garn 组在中挪威陆架西南部比较厚，中部和北部比较薄，为一套厚层砂岩沉积（Swiecicki et al., 1998; Nøttvedt et al., 2008）。

上侏罗统地层主要为 Viking 群。Viking 群从下往上可分为 Melke、Spekk 和 Rogn 组（Swiecicki et al., 1998; Nøttvedt et al., 2008）。Melke 组包括 117～282m 的淤泥和黏土组成的冷页岩，夹一些细的砂岩和碳酸岩，它等同于北海地区的 Heather 组（Ehrenberg et al., 1992）。Spekk 组（牛津阶到里亚赞阶），相当于北海的 Kimmeridge Clay 和 Draupne 组地层（Whitley, 1992），为一套厚层泥岩沉积（Heum et al., 1986; Whitley, 1992）。Rogn 组地层为一套砂岩透镜体，为一个向上变粗的序列，底部为页岩和砂泥岩，过渡到顶部的砂岩，厚 40～50m（Ellenor and Mozetic, 1986）。

4. 白垩系

白垩系和下伏侏罗系地层呈角度不整合接触，从下往上可分为 Cromer Knoll 群和 Shetland 群。

下白垩统 Cromer Knoll 群从上往下可分为 Lyr、Lange 和 Lysing 组，为一套厚约 700m 的泥岩沉积，局部地区有砂岩沉积。在挪威海，Vøring 和 Møre 盆地的沉积厚度分别达到 6km 和 9km，类似的厚度还出现在 Harstad、Tromsø 和 Sørvestsnaget 盆地，或者更北的区域（Swiecicki et al., 1998; Brekke et al., 2000; Skogseid et al., 2000; Færseth and Lien, 2002; Nøttvedt et al., 2008）。

上白垩统 Shetland 群厚 869～922m，从下往上可分为 Kvitnos、Nise 和 Springar 组（Ehrenberg et al., 1992），主要为一套泥灰岩和浊积砂岩沉积（Nøttvedt et al., 2008）。

上白垩统厚层海相泥岩沉积在 Møre 盆地大部分区域和 Vøring 盆地南部，相反在挪威海北部主要为深水砂岩沉积（Lien, 2005）。在格林兰东部沉积了一套厚度达 1300m 的 Traill Ø 群海相泥岩，在盆地边缘沉积了一套楔形砂体（Færseth and Lien, 2002）。

5. 古近系

古近系和白垩系为整合接触，古近系地层直接覆盖在白垩系之上。古近系从下往上可分为 Rogaland 群和 Hordaland 群。

Rogaland 群（丹尼阶—古新世）从下往上为 Tang 和 Tarc 组，相当于北海的 Lista、Heimdal、Sele 和 Balder 组（Dalland et al., 1988），主要为火山岩和厚层凝灰岩沉积，底部为一套富有机质的泥页岩沉积，局部地区含有浊积砂岩沉积。Møre 边缘沉积主要包含多层砂岩，厚度达 150m（图 10-7）（Swiecicki et al., 1998；Nøttvedt et al., 2008）。

Hordaland 群主要为 Naust 组沉积，为一套页岩及砂岩沉积，砂岩主要沉积在边缘靠近大陆一侧（Dalland et al., 1988）。

6. 新近系

从晚上新世到第四纪该区经历了快速堆积，堆积了厚的砂泥交互层（图 10-7）（Swiecicki et al., 1998）。Nordland 群以 Naust 组为代表，主要沉积了厚层的冰海灰色黏土和分选极差的交互层（Whitley, 1992）。

二、沉积相

（一）前侏罗纪

志留纪至早泥盆世，加里东构造运动使劳伦和斯堪的纳维亚边缘发生碰撞，导致卫八海关闭。这导致了斯堪的纳维亚地区大洋地壳俯冲剪切，大陆碰撞使岩石圈增厚，最终发展成大的剪切破裂带。加里东造山带的伸展垮塌（Coward, 1993）和这一地区几千千米长的左旋走滑一致（Swiecicki et al., 1998）。然而，其他学者（Harris, 1991）认为，地质证据只能证明有几百千米的走滑距离。

晚二叠世，该地区遭受抬升剥蚀。在中挪威南部，Tampen Spur 地区发现二叠纪的裂陷（Færseth, 1996）。在格陵兰东部，断陷开始于中二叠世（Surlyk et al., 1984）。中挪威地区证据比较缺乏，断层下盘和火山岩抬升剥蚀，变成准平原（Swiecicki et al., 1998），正常沉积物中包含一系列超盐度潮上滩沉积物。在格陵兰东部沉积了大量的碳酸岩及富有机质的烃源岩（Stemmerik et al., 1992）。

三叠纪，中挪威地区位于 Pangean 联合古陆中部，北纬25°。设得兰群岛西部（Swiecicki et al., 1995）和北海北部（Nøttvedt et al., 1995），三叠纪早期有断陷的证据。晚三叠世断裂活动减弱，主要为辫状河平原和盐湖泥滩沉积（Swiecicki et al., 1998）。三叠纪早期，格陵兰东部断裂沿着前泥盆纪主要断层重新开始活动（Surlyk, 1990），一个短期的来自北极区的海相沉积发生，同时海岸平原沉积发生在设得兰西南部（Swiecicki et al., 1995）。三叠纪，大陆碎屑沉积物堆积在盆地里（Stemmerik et al., 1988）。

裂谷期后，中—晚三叠世沉积物主要为红色或灰色，这些已在中挪威陆架的井中得到证明。然而，能成为优质储层的砂岩沉积很少，大多为干旱泥滩或湖泊环境沉积。但中三叠世海相沉积了两套厚约 400m 的盐岩，这些盐岩的运动可以形成良好的储层（Bukovics and Ziegler, 1985）。

（二）侏罗纪

格陵兰岛和挪威之间，中侏罗统裂谷结构分成挪威的 Halten-Dønna 阶地和西部的格陵兰东部盆地（Blystad et al., 1995；Surlyk, 2003）。诺尔兰山脊向东北方向延伸形成 Halten-Dønna 阶地。Trøndelag 台地位于裂谷的东部，与 Helgeland 和 Froan 盆地相连。

在 Rås 盆地，裂谷轴部被埋在白垩纪几千米沉积层之下，地震数据很难清楚描绘。东格陵兰北部 Wollaston Forland 地区，没有发生破裂且只有轻微的倾斜，而在东格陵兰南部詹姆森岛台地却相反。

早侏罗世，挪威大陆架的沿海平原受到海侵，形成了由一套砂泥岩构成的厚约700m 的 Båt 群地层，近海沉积物占主导（Gjelberg et al.，1987；Swiecicki et al.，1998；Johannessen and Nøttvedt，2006）。如在北海，沿岸三角洲砂岩增加，主要物源来自挪威和格陵兰东部大陆。北海和挪威海下侏罗统海盆非常浅，水深不超过 100m。然而，持续沉降的下伏的二叠纪—三叠纪断裂结构使沉积增厚，在断裂轴部达到 1000m。

沿着中挪威陆架边缘，中侏罗统沉积仅达到数百米厚，浅海粗粒沉积物占主导（Swiecicki et al.，1998）。挪威海和格陵兰东部中侏罗统沉积由于海岸平原的进积和大三角洲系统的存在非常富砂，首先出现在中挪威陆架，其次为格陵兰东部。和北海穹窿类似，轻微的抬升发生在格陵兰东部，浅海地区沉积了数量庞大的石英砂岩，形成港湾（Surlyk，2003）。

中挪威陆架的上侏罗统沉积地层达到 1km 厚，先前的高地被淹没，沉积厚的海相泥页岩，形成 Viking 群富含有机质的烃源岩，但也有局部地区沉积了砂岩，如 Frøya 高地（Swiecicki et al，1998）。东格陵兰的 Wollaston Forland 的半地堑，充填了厚约 3km 的砾岩、卵砂岩及泥岩，形成 Wollaston Forland 群。相比之下，詹姆森岛地区在高角度斜坡带沉积了一套厚约 300m 的 Scoresby Sund 群的海相粗砂岩，上覆一套厚约 800m 的 Hall Bredning 群的海相砂泥岩沉积。

（三）白垩纪

挪威和格陵兰之间的区域断裂在早白垩世继续蔓延，沿罗科尔海槽延伸，中大西洋海底扩张开始。裂谷重点从 Halten-Dønna Terrace 转移到 Møre 和 Vøring 盆地。这次裂谷作用非常巨大，在 Møre 盆地下面的结晶地壳减薄到只有几千米，相当于 20% ~ 25% 的原始厚度（Brekke et al.，2000；Skogseid et al.，2000）。这表明该区域非常接近海底扩张的开始，形成新的洋壳。深的区域洼地（Møre、Vøring、Harstad、Tromsø 和 Sørvestsnaget 盆地）沿着主要的断裂轴部形成，地壳受到较大规模的扩张和减薄。这些区域的地壳减薄使该区域在晚白垩世接受了巨厚的沉积物，盆地边缘的连续沉降和沉积物聚集保持同步。在格陵兰东部，数个断裂及断块在白垩纪开始发生，和粗的重力流沉积物联系在一起。这些重力流来自 Vøring 盆地的深水砂岩块体（Surlyk and Noe-Nygaard，2001）。

在中挪威陆架，在早—晚白垩世沉积了一套厚 700m 左右的浅海相 Cromer Knoll 群泥岩。在挪威海，Vøring 和 Møre 盆地的沉积厚度分别达到 6km 和 9km，类似的厚度还出现在 Harstad、Tromsø 和 Sørvestsnaget 盆地，或者更北的区域（Brekke et al.，2000；Skogseid et al.，2000；Færseth and Lien，2002）。白垩纪里亚赞阶—巴雷姆阶海相泥页岩沉积，局部有砂岩沉积（Swiecicki et al.，1998）。

深部盆地晚白垩世地层还没有钻井打到，但富砂的三角洲和河流相沉积在盆地边缘出现。白垩纪阿普特阶—土仑阶深海相页岩地层（Swiecicki et al.，1998），东格陵兰是白垩纪挪威海盆的主要物源区，外侧的 Vøring 盆地非常显著。

晚白垩世，厚层海相泥岩沉积在 Møre 盆地大部分区域和 Vøring 盆地南部，相反在挪威海北部主要为深水砂岩沉积（Lien，2005）。

（四）古近纪 – 新近纪

中挪威地区古近纪 – 新近纪岩相古地理可分为六段（图 10-7）（Swiecicki et al.，1998），年龄根据深海钻探和海上钻井平台确定（Talwani and Udintsev，1976）。根据动植物化石进行生物地层学研究，可以划分地层厚度。

1. 丹尼阶——中古新世

第一个地层序列从 65 ~ 59Ma（图 10-7）（Swiecicki et al.，1998）。相当于北海的 Maureen、Ty 和 Vale 组（Dalland et al.，1988）。丹尼阶早期的沉积在中挪威地区没有钻遇。但是地震资料显示它存在于 Vøring 和 Møre 盆地内部。

中古新世中挪威地区古近纪沉积为富有机质的 Skalmen 组和页岩为主的 Vale 组（Dalland et al.，1988）。Møre 边缘 Skalmen 组沉积主要包含多层砂岩，厚度达 150m，可能为海底扇（Swiecicki et al.，1998）。它被 Vale 组泥岩覆盖。第一个序列在 Trondelag 台地和诺尔兰山脊没有发现。

此序列等时线通常少于 100ms，超过 160ms 的地区如 Ytterskallen 穹窿。该地区在诺尔兰山脊和 Lofotens 之间有一个通道，可以使粗碎屑进入到 Vøring 盆地（Swiecicki et al.，1998）。

2. 中古新世——始新世早期

第二个地层序列年龄从 59 ~ 53Ma，中挪威地区主要为 Tang 和 Tare 组相当于北海的 Lista、Heimdal、Sele 和 Balder 组（图 10-7）（Swiecicki et al.，1998）。第二个地层序列横跨大西洋火山活动的高潮期，中挪威边缘和格陵兰/扬马延边缘之间出现海底扩张。海底扩张带为 Aegir Ridge- 扬马延破裂带南部 Mohns Ridge（Gudlaugsson et al.，1988；Knott，1997）。

沿中挪威西缘，这一时期主要为火山活动。这一地层序列被深海钻探和钻井已经证实。Vøring 边缘高地 642 处，钻遇两个独立的层序（Eldholm et al.，1989）。该序列下部为安山质流纹岩、熔灰岩及火山碎屑一起沉积（Eldholm et al.，1989），可达 400m 厚，分成 13 个准层序。该序列显示正常磁极（Schönharting and Abrahamsen，1989），在 56 ~ 55Ma 发生堆积。

该层序上部为拉斑玄武岩熔岩（Eldholm et al.，1989），为喷出岩（Swiecicki et al.，1998），在 642 区，厚度达 700m，只代表非常薄的沉积，在中挪威边缘高地沉积厚度可达 6km（Mutter et al.，1984）。这些火山岩沉积构成了 Vøring 边缘高地。该序列在东部边缘的熔岩形成明显的 Vøring/Møre 高地。侵入流和溢出流混合体（Skogseid et al.，1992）被解释为包含东部边缘熔岩和沿着设得兰西部/法罗边缘的熔岩相似。

有证据显示，下地壳侵入的火山岩厚度达 4 ~ 8km（Skogseid，1994）。这些岩浆活动产生了大量的热量，加快了生烃速率。

3. 始新世

这一沉积序列时间为 53 ~ 36Ma（图 10-7）（Swiecicki et al.，1998）。该序列和岩浆活动终止及挪威和格陵兰之间出现海底扩张一致（Eldholm et al.，1989）。主要为被动陆缘热沉降沉积（Swiecicki et al.，1998）。

该序列主要为海相超覆和被动陆缘充填。大洋钻探或钻井资料显示，该序列主要为海相页岩沉积。这一序列主要分布在 Møre 边缘、Trondelag 台地和诺尔兰。339、340 及341 钻孔显示始新世—渐新世页岩存在于 Nyk 高地和 Naglfar 穹窿地区。

4. 渐新世

该序列中沉积物年龄范围从 36 ~ 25Ma（图 10-7）（Swiecicki et al.，1998）。该层序是有限的，当海底扩张从 Aegir Ridge 转移之后（Gudlaugsson et al.，1988）沉积终结。此时，扬马延和格陵兰东部出现海底扩张（Swiecicki et al.，1998）。这些沉积物主要分布在 Aegir-Kolbeinsey 大洋分割转换带的侧面。这一时期发生了地层倒转事件，白垩纪地层厚 2km 的沉积在 Ormen Lange、Helland-Hansen、Vema、Naglfar 和 Ytterskallen穹窿（Lundin and Doré，1997）发生倒转。南部，Wyville-Thomson，Ymir 和设得兰西部也发生类似的倒转。除此之外，中挪威边缘主要的倒转穹及其他构造隆起都发生倒转。该层序非常薄，而且一些地区出现缺失，一些地层出现穿时（Lundin and Doré，1997）。来自东部的主要陆架进积在 Møre/Trondelag 边缘被发现。钻井证据显示该层序主要为 Brygge 组页岩（Dalland et al.，1988）。

5. 中新世

中新世沉积年代为 25 ~ 7Ma（图 10-7）（Swiecicki et al.，1998）。该层序从渐新世的构造反转逐渐过渡到静态充填。中新世主要为页岩沉积，在 Vigrid 和 Ras 地区厚度达到 500m，同时构造反转顶部是裸露的。Møre 和 Vøring 盆地中新世和渐新世层序页岩遭受严重压裂和页岩底辟（Cartwright，1994）。

6. 上新世—更新世

上新世—更新世层序从 6Ma ~ 现今（图 10-7）（Swiecicki et al.，1998）。晚中新世—上新世早期的沉积物主要为冰川沉积，主要为 Kai 组地层厚度小于 100ms，沉积环境和中新世类似。晚上新世—更新世，地壳抬升挪威大陆和罗弗敦被冰川覆盖（Riis and Fjeldskaar，1992）。644 地区钻井资料显示，Vøring 盆地在 2.6Ma 时被冰川覆盖。在挪威大陆，冰川侵蚀作用运动了 1 ~ 2km（Riis and Fjeldskaar，1992），此时主要为广泛的冰海沉积（Swiecicki et al.，1998）。在 Møre 盆地中心，沉积物厚度达到 2s。

第四节　石油地质特征

一、烃源岩

中挪威陆架烃源岩主要有两套（表 10-1）：①下侏罗统三角洲平原相泥页岩及煤层；

②上侏罗统海相泥页岩（图 10-8）（Karlsen et al., 1995）。

表 10-1　挪威中部陆架主要烃源岩特征

地区	盆地	时代	构造背景	沉积相	类型及地化指标
挪威中部陆架	Vøring 和 Møre 盆地	上侏罗统*	裂谷期	海相	高放射性泥页岩，Ⅱ型，TOC 为 5%～8%，HI 达 800mgHCs/gTOC，生油气
		下侏罗统	裂谷期	海陆过渡相	煤及页岩，Ⅲ型，生凝析油

* 为主力烃源岩。

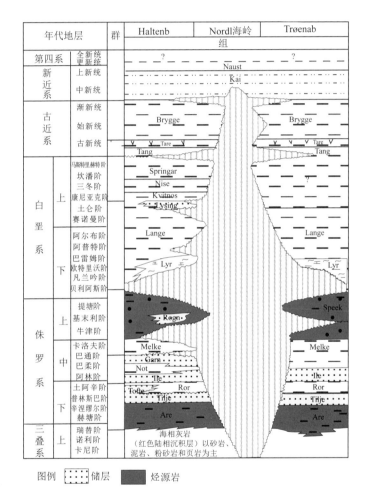

图 10-8　中挪威陆架烃源岩剖面图（Karlsen et al., 1995）

红色代表烃源岩，黄色为良好储层

（一）下侏罗统三角洲平原相泥页岩及煤层

下侏罗统三角洲平原相泥页岩及煤层主要指下侏罗统 Båt 群的 Åre 组地层。晚三叠世瑞替阶到下侏罗统普林斯巴阶 Åre 组地层为砂岩、页岩和煤层沉积，地层厚约 490m

（Karlsson，1984；Heum et al.，1986；Ehrenberg et al.，1992；Whitley，1992），主要产凝析油，但也产石油天然气和沼气。有机质的类型主要为Ⅲ和Ⅳ型（Cohen and Dunn，1987；Hvoslef et al.，1987；Khorasani，1989；Odden et al.，1998）。烃源岩中煤层的镜质体反射率（VRE）为 0.65% 时开始运移，相当于 3450m 的埋深，近海页岩的镜质体反射率（VRE）为 0.85% 时开始运移。此套烃源岩生烃能力为 $10 \times 10^6 \sim 25 \times 10^6 \mathrm{m^3/km^2}$ 的油和凝析油，并生成至少同等数量的气（Heum et al.，1986）。Åre 地层被认为是地质时期产烃数量最多的烃源岩，Åre 地层烃源岩远重要于 Spekk 地层烃源岩，但还存在争论。

（二）上侏罗统海相泥页岩

上侏罗统海相泥页岩主要指 Viking 群的 Melke 和 Spekk 组地层。Melke 和 Spekk 组地层为海相页岩沉积，从中侏罗世结束起一直持续到早白垩世。

Melke 组包括 117 ~ 282m 的淤泥和黏土组成的冷页岩，夹一些细的砂岩和碳酸盐岩，它等同于北海地区的 Heather 组。沉积环境为广海相沉积。这组富含有机质（TOC 为 1% ~ 4%）（Ehrenberg et al.，1992），但低氢指数（HI）反映它不是一套好的烃源岩，盆地凹陷的潜力可能更好。

上侏罗统中挪威陆架海侵达到顶点，在厌氧环境下沉积了 Spekk 组地层（Whitley，1992）。Spekk 组地层沉积从牛津阶到里亚赞阶，相当于北海的 Kimmeridge Clay 和 Draupne 组地层。它是一套高放射性的泥岩页岩，有高的有机碳含量（5% ~ 8%TOC）和氢指数（HI：800mgHCs/gTOC），是一套富油的烃源岩（Heum et al.，1986），为这一地区最主要的烃源岩（Heum et al.，1986；Whitley，1992）。它的干酪根类型为Ⅱ或Ⅲ型（Whitley，1992）。Karlsen 等（1995）认为这套烃源岩在西部的 Vøring 盆地是过成熟的，而东部的 Trondelag 台地是未成熟的。镜质体反射率（VRE）达到 0.7% 的水平时，相当于埋深达 3900m 时（Heum et al.，1986）开始运移。中挪威地区 Spekk 地层的生烃能力为 $7 \times 10^6 \sim 20 \times 10^6 \mathrm{m^3/km^2}$，产轻质油，这一层主要产 C_{15^-} 碳氢化合物（Pittion and Gouadain，1985；Karlsen et al.，1995）。

6814/04-U-02 井和 6307/07-U-02 井的钻井资料可以很好地揭示 Spekk 组烃源岩的地球化学特征（图 10-9）（Brekke et al.，2000）。

Spekk 组包含重要的未成熟—成熟的、具有高有机碳含量的烃源岩（Wedepohl，1991；Smelror et al.，1994，1998；Brekke et al.，1999；Mutterlose et al.，2003），有机碳含量向上逐渐降低，到 Hekkingen 组 6814/04-U-02 井出现缺失，主要是因为海平面氧化作用增强，致使有机物被氧化（Langrock et al.，2003；Mutterlose et al.，2003）。

Spekk 组烃源岩显微组分含量较高，6814/04-U-02 井的显微组分高于 6307/07-U-02 井（Smelror et al.，1994，1998；Brekke et al.，1999；Mutterlose et al.，2003）。

Spekk 组有机碳含量、沉降速率、海相有机质（MOM）、总有机碳含量的堆积速率（MARTOC）、海相有机碳（MARMOM）等指标在 6814/04-U-02 井和 6307/07-U-02

井资料中有很好的显示（Langrock et al.，2003；Mutterlose et al.，2003）。

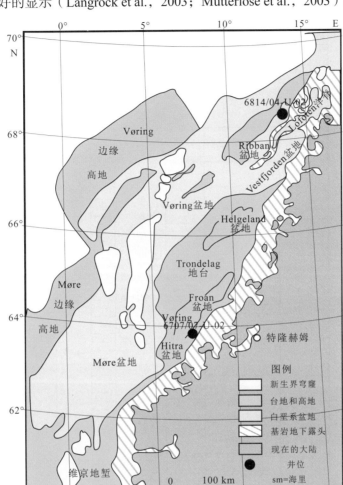

图10-9　中挪威陆架地质截面及6814/04-U-02井和6307/07-U-02井位置（据 Brekke et al.，2000，修改）

二、储层

中挪威边缘主要储层有两套（图10-10）（Færseth and Lien，2002）：第一套为中侏罗统滨浅海相砂岩，特别是 Garn 组的砂岩孔隙度约为 22%，渗透率较好，埋深约为 4.7km，是被证实的良好储层；第二套是白垩系—古近系海相浊积砂岩。次要储层也包括两套：第一套是下侏罗统三角洲平原 – 前缘的砂岩；第二套是上侏罗统海相砂岩。

（一）中侏罗统滨浅海相砂岩

中侏罗统滨浅海相砂岩是已经被证实的储层（图10-8）（Karlsen et al.，1995），Blystad 等（1995）统计了中挪威陆架几个油田的储层，见表10-2。

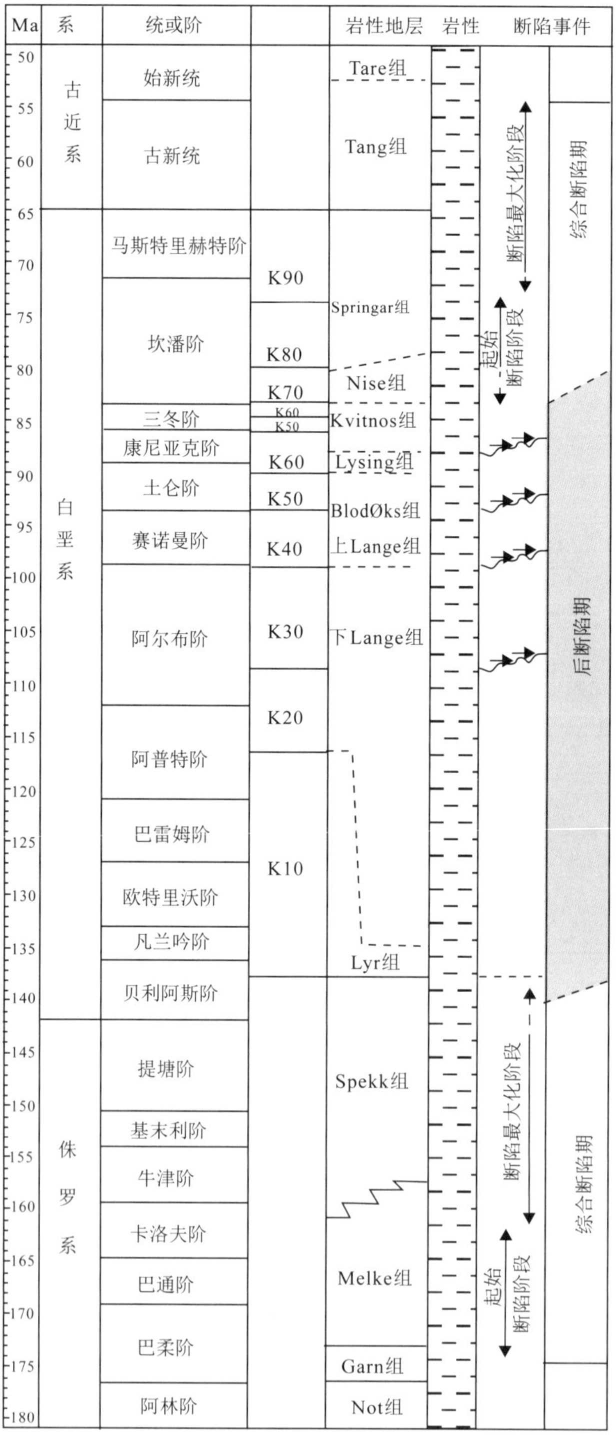

Ma	系	统或阶		岩性地层	岩性	断陷事件	
50	古近系	始新统		Tare组			
55		古新统		Tang组		断陷最大化阶段	综合断陷期
60							
65	白垩系	马斯特里赫特阶	K90				
70				Springar组		起始断陷阶段	
75		坎潘阶	K80				
80			K70	Nise组			
85		三冬阶	K60 K50	Kvitnos组			
		康尼亚克阶	K60	Lysing组			
90		土仑阶	K50	BlodØks组			
95		赛诺曼阶	K40	上Lange组			后断陷期
100							
105		阿尔布阶	K30	下Lange组			
110							
115		阿普特阶	K20				
120							
125		巴雷姆阶	K10				
130		欧特里沃阶					
135		凡兰吟阶		Lyr组			
140	侏罗系	贝利阿斯阶					
145		提塘阶		Spekk组		断陷最大化阶段	综合断陷期
150		基末利阶					
155		牛津阶					
160		卡洛夫阶					
165		巴通阶		Melke组		起始断陷阶段	
170		巴柔阶					
175				Garn组			
180		阿林阶		Not组			

图 10-10　中挪威陆架侏罗系—古近系储层（Færseth and Lien，2002）

表 10-2　中挪威陆架油田储层及烃源岩（Blystad et al., 1995）

油田	位置	主要储层	主要烃源岩
Trestakk	6406/3 区块	中侏罗统 Garn 组	—
Tyrihans	6407/1 区块	中侏罗统 Garn 组	上侏罗统 Spekk 组
Lavrans	6406/2 区块	中侏罗统 Ile 组	上侏罗统 Spekk 组
		下侏罗统 Tofte 组	
Njord	6407/7 和 6407/10 区块	下侏罗统 Tilje 组	上侏罗统 Spekk 组
Smørbukk	6506/12、6506/11 和 6406/3-3 区块	下侏罗统 Tilje 组	下侏罗统 Åre 组
		中侏罗统 Garn 组	上侏罗统 Spekk 组

以沿海的 Fangst 群地层为主，包括 Ile、Not 和 Garn 段。砂质沉积物主要来自区域穹窿，等同于北海地区 Brent 群低水位期的砂岩（Ehrenberg et al., 1992; Whitley, 1992）。Fangst 群沉积物反映海平面的海进/海退周期。这个周期通过大规模转换反映，Ile 组的边缘海地层—Not 组的深海相地层—Garn 组的浅海相地层。Ile 组地层厚度为 60~82m，为一套近海岸的海相砂岩，薄的生物扰动页岩/粉砂岩夹层沉积（Ehrenberg et al., 1992）上土阿辛阶—下巴通阶。从底部 Ror 地层转换明显，由广泛的碳酸岩沉积转变成硬灰岩沉积（Karlsson, 1984）。Ile 组的砂岩被认为是好的储层。Ile 组转变成 Not 组以 10m 厚的海侵砾岩为代表。Not 组沉积物从阿林阶到巴通阶，为海相陆架沉积，24~34m 厚。这个组从底部的页岩向上逐渐变粗，分阶段向上变为生物扰动的粉砂岩，到顶部的细粒砂岩，Heum 等（1986）认为其烃源岩潜力很小。

一个接触侵蚀面将 Not 组和 Garn 组分开。Garn 组地层厚度为 14~114m，反映不同的沉积厚度和局部侵蚀（Ehrenberg, 1990）。西南部比较厚，向中心及北部变薄。这个组是一个重要的储层单元，有良好的孔隙度和渗透率值，例如孔隙度约为 22%，埋深约为 4.7km（Rønnevik, 2000）。

（二）白垩系—古近系海相浊积砂岩

白垩系—古近系浊积砂岩储层是被证实了的砂岩储层，中挪威陆架最大的气田 Ormen Lange 气田储层主要为上白垩统（马斯特里赫特阶晚期）—下古新统（丹尼阶）浊积砂岩，主要为丹尼阶的 Tang 组（Dalland et al., 1988），相当于北海的 Vale 组（Gjelberg et al., 2001），这些浊积扇主要分布在靠近陆缘的区域，由于重力等作用最终形成浊积扇，成为有利的储层。Ormen Lange 气田的储层就位于 Storegga 滑塌运动形成的浊积扇中（Petter et al., 2005）。

白垩系下坎潘阶在裂谷活动作用下，形成厚层浊积砂岩储层，在 Nyk 高地可达 800m 厚，200m 厚的砂泥序列沉积在 Vøring 和 Møre 盆地东南部，在 Halten 阶地厚度小于 200m（图 10-11）（Færseth and Lien, 2002）。

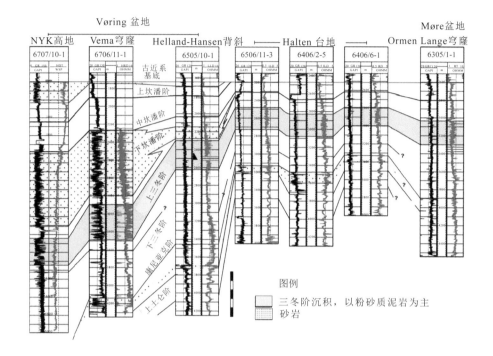

图 10-11　Vøring 盆地—Halten 台地—Møre 盆地白垩系连井剖面（Færseth and Lien，2002）

3. 下侏罗统三角洲平原 – 前缘的砂岩

下侏罗统中挪威陆架以海侵的 Båt 群沉积物为代表。Båt 群分成三组，Åre、Tilje 及 Ror 组。晚三叠世瑞替阶到早侏罗普林斯巴阶 Åre 地层为砂岩、页岩和煤，代表广泛的三角洲平原沉积（Ehrenberg et al.，1992）。这套沉积物下部主要为河流相的沉积，上部有部分海相夹层（Heum et al.，1986）。地层厚约 490m（Ehrenberg，1990），与沉积在下面的三叠纪地层类似。Tilje 地层厚 75 ~ 150m，最大厚度在西部，向东慢慢变薄。沉积物主要为三角洲平原 – 前缘沉积（Dalland et al.，1988），被认为是滨浅海条件下形成的储层（表 10-2）（Blystad et al.，1995）。

4. 上侏罗统海相砂岩储层

晚侏罗世时期，中挪威陆架大部分为黏土质的沉积，广泛发育含有机质的页岩，是一套区域性烃源岩。大断层的连续活动以及半地堑的相伴发展，引起碎屑沉积的局部聚集。上侏罗统 Rogn 组地层为一个受限制的透镜体。这个单元为中侏罗统到上侏罗统受剥蚀的碎屑岩沉积，物源来自 Trøndelag 台地，被区域不整合约束。它是一套浅海相 40 ~ 50m 厚的沉积（Ellenor and Mozetic，1986；Dalland et al.，1988），为一个向上变粗的序列，底部为页岩和砂泥岩，过渡到顶部的砂岩，储层向上变好。因为含砂量增大，在 Møre 盆地和北海的中央地堑接壤处的 Troll 气田储层为上侏罗统海相砂岩（图 10-12）。

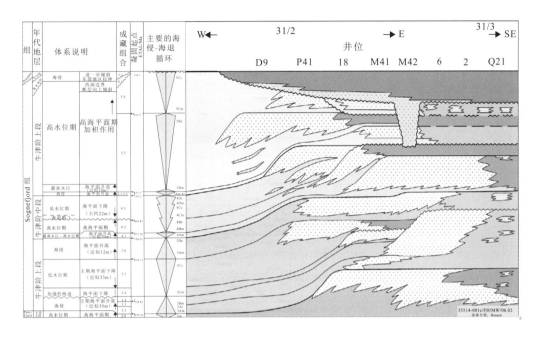

图 10-12 Troll 气田牛津阶体系域及砂体储层展布（Hydro Media，2007）

黄色.砂岩；蓝色.泥岩(暗蓝色为烃源岩)；米黄色.分流河道沉积；绿色.碎屑不一的沿海平原沉积(暗绿色孢粉数量增加)

三、生储盖组合

中挪威地区长时间处于海相环境，盖层分布较好。烃源岩主要分布在上侏罗统下部，分别为下侏罗统 Båt 群 År 组的三角洲平原泥页岩及煤层和上侏罗统 Viking 群的 Melke、Spek 组海相泥页岩。储集层主要为中侏罗统滨浅海相砂岩(特别是Garn组的砂岩)和白垩纪及古近纪海相浊积砂岩。这些烃源岩和储层都分布在裂谷期，所以组合类型主要为裂谷期生储盖组合。

中挪威陆架裂谷期生储盖组合可分为下生上储（正常）生储盖组合和上生下储两种组合（图 10-13）（Storvoll et al.，2002）。

下生上储（正常）生储盖组合：①生油岩为下侏罗统 Båt 群 År 组的三角洲平原泥页岩及煤层，储集层为中侏罗统三角洲相（平原 – 前缘）及海相砂体（特别是 Garn 组的砂岩），盖层为上侏罗统海相泥页岩；②生油岩为上侏罗统 Viking 群的 Melke、Spekk 组海相泥页岩，储集层为白垩纪—古近纪海相浊积砂，盖层为其间沉积的海相泥页岩（图 10-13）（Storvoll et al.，2002）。

上生下储生储盖组合：生油岩为上侏罗统 Viking 群的 Melke、Spekk 组海相泥页岩，储集层为中侏罗统三角洲相（平原 – 前缘）及海相砂体（特别是 Garn 组的砂岩），盖层为上侏罗统海相泥页岩（图 10-13）（Storvoll et al.，2002）。

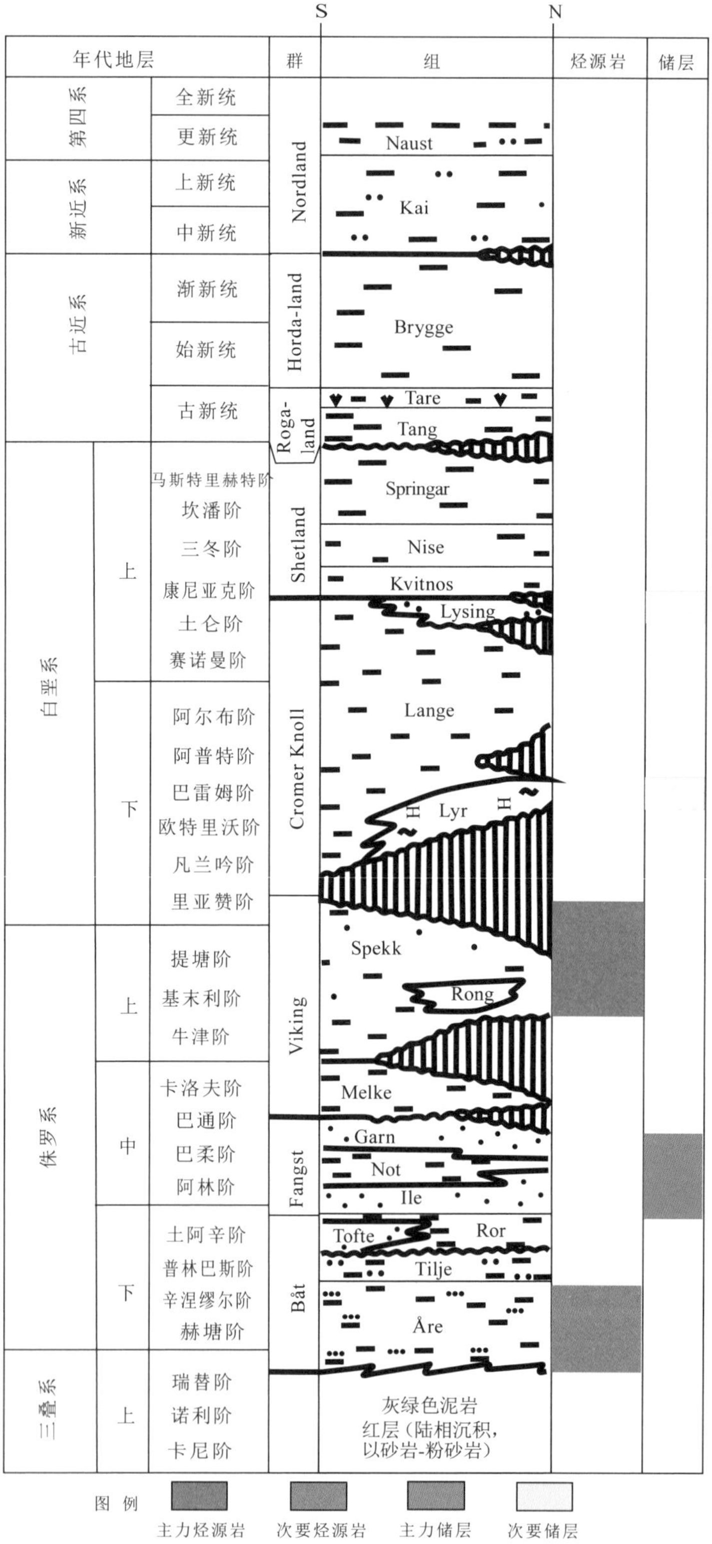

图 10-13　中挪威陆架自三叠纪以来地层及主要生储盖组合（Storvoll et al.，2002）

四、油气运移

中挪威大陆架在上、下侏罗统沉积了两套有利的烃源岩，盆地边缘形成的陆缘碎屑堆积成为有利的储集层，构造活动非常强烈，形成大量的断裂及构造层之间的不整合面，所有这些都为油气运移提供了有利条件。

根据油气运移路径及距离的长短，中挪威陆架运移模式有两种：①裂缝、输导层及断层等短距离汇聚模式；②地层不整合面或连通砂体长距离运移模式。

中挪威陆架断层区以陡倾斜为特征。大量的次级断层形成了白垩纪以前地层侧向的不连续性，这就造成了不同区块具有不同渗透率的特征。中侏罗世 Garn 组的砂岩孔隙度约为 22%，渗透率较好，埋深约为 4.7km，是被证实的良好储层。下侏罗统 Bât 群 Åre 组的三角洲平原泥页岩及煤层和上侏罗统 Viking 群的 Melke 和 Spekk 组海相泥页岩生成的油气通过切割侏罗纪的断层及其 Garn 组连通砂体运移。Kristin 和 Lavrans 油田位于中挪威陆架，油气运移通过活动断层和连通砂体运移（Storvoll et al.，2002）。

中挪威边缘在形成洋壳之前经历了三次规模较大的构造运动：①晚古生代—早三叠世格陵兰岛、法罗 – 设得兰盆地、北海和挪威的边缘出现拉张作用；②中侏罗世—白垩纪早期裂谷大规模发育，Møre 和 Vøring 盆地开始快速沉降，Trøndelag 台地经历小的下沉，整个白垩纪都处在稳定沉降阶段；③晚白垩世—古近纪出现大规模的岩浆喷发，最终在始新世挪威和格陵兰之间出现洋壳。这三次构造运动形成了大量的断裂，侏罗纪烃源岩形成的油气，通过这些断裂可以运移到上覆的白垩系及古近系的浊积扇砂体中（图 10-14）（Storvoll et al.，2002）。

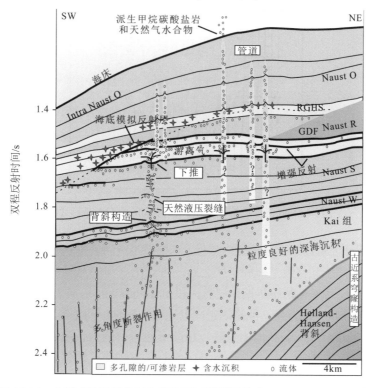

图 10-14　中挪威陆架天然气和流体通过断裂运移（Hustoft et al.，2007）

第五节 油气田各论

一、Ormen Lange 气田

Ormen Lange 气田位于挪威近海 100km 左右（图 10-15），水深为 700 ~ 1000m。1997 年 6305/5-1 井被 Norsk Hydro 石油公司发现，随后陆续钻探了评价井 6305/7-1、6305/1-1 和 6305/8-1。这是在挪威海域的第二大天然气发现，也是 Møre 和 Vøring 深水第一个商业油气发现。这个油田横跨三个区块，分别被 Norsk Hydro（PL209）、Norske Shell（PL250）和 BP（PL208）占有。挪威海底地形高低起伏，受规模比较大的滑塌运动 Storegga 滑坡（Bugge et al.，1988）的影响。储层是马斯特里赫特晚期—丹尼阶的深海相砂岩（Gjelberg et al.，2001），数据来自取心井资料。

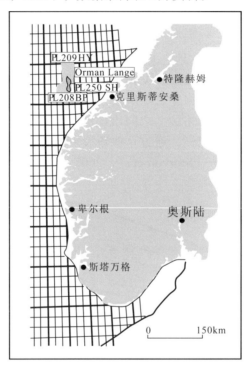

图 10-15　Ormen Lange 气田位置（Smith and Møller，2003）

Ormen Lange 浊流体系形成于晚白垩世（马斯特里赫特晚期）—早古新世（丹尼阶），形成于晚始新世挪威和格陵兰海底扩张之前。古近纪之前的地层是整合接触，尽管生物地层学证明了马斯特里赫特阶早期地层有一段沉积间断期。一条不整合面在 Slørebotn 盆地南部和 Frøya 高地东部发育。浊流靠近向盆地中心延伸的两个断裂带，第一个是 Møre-Trøndelag 断层系统和 Gossa 高地相关联，趋向于北东—南西，第二个是 Klakk 复合断层系统趋向于北—南（图 10-16）（Smith and Møller，2003）。厚的早古新世浊流砂岩沉积发生在高处次盆（Slørebotn 盆地—Ormen Lange 南部）。这些高处次盆位于 Gossa 西北和 Giske 高地（Blystad et al.，1995）（图 10-16）（Smith and Møller，2003）。沿着次盆轴部的地震剖面证实局部沉积充填呈透镜状（Gjelberg et al.，2001）。

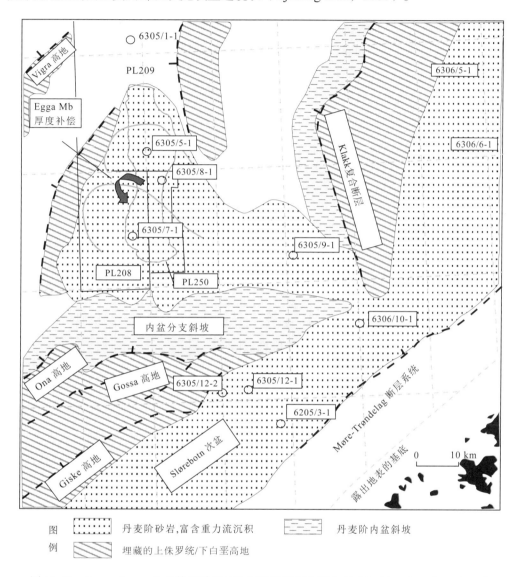

图 例
.... 丹麦阶砂岩，富含重力流沉积   ≡≡≡ 丹麦阶内盆斜坡
////   埋藏的上侏罗统/下白垩高地

图 10-16　Ormen Lange 油田构造单元和达宁组深海相砂岩分布（Smith and Møller，2003）

Ormen Lange 等容线绘图表明，该浊流沉积呈三角洲型（图 10-16），可能在很大程度上反映了上侏罗统 / 下白垩统盆地的结构（Blystad et al.，1995）。

区域结构呈 Ormen Lange 穹窿，是一个南北细长的新生代反转构造。反转开始于中始新世，可能是由于洋脊推进作用，伴随着海底扩张，反转构造一直持续到中新世（Lundin and Doré，2002），它的趋向和空间关联密切，东扬马延断裂的轮廓暗示地下有一组左旋走滑断层存在。覆盖 Ormen Lange 油田的三维地震数据清晰地表明了含气储层的范围，但分辨率还不足以表明储层的结构样式。

二、中挪威陆架 Haltenbanken 地区油田

Haltenbanken 地区位于挪威中部陆架，处于 62.5° ~ 66.3°N，包括 Møre 盆地和 Vøring 盆地大部分地区（Blystad et al.，1995）。Haltenbanken 地区已发现和开发的油田有 8 个（图 10-17）（Blystad et al.，1995），油田规模较小。

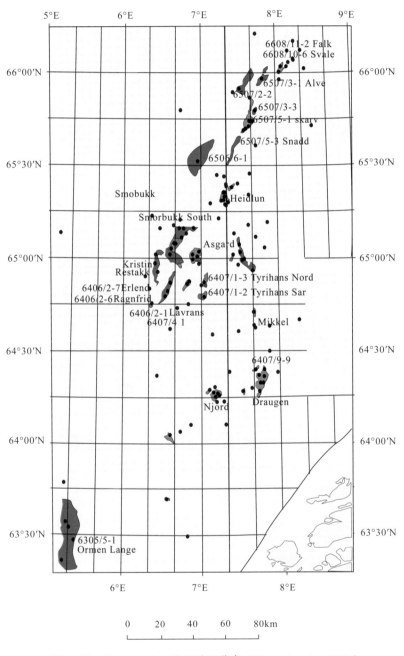

图 10-17　Haltenbanken 地区油田分布（Blystad et al.，1995）

1. Trestakk 油田

Trestakk 油田是一个位于 Halten 台地西部 6406/3 区块的小油田，主要储层为北北东—南南西向的 Garn 组，但 Garn 组埋藏很深，所以储层质量较差。

2. Tyrihans 油田

Tyrihans 油田位于 6407/1 区块，包含 Tyrihans 北和 Tyrihans 南两个油田，最远到达 6406/3 区块。Tyrihans South 凹陷是一个背斜构造，向北转换变成一个地垒构造（Tyrihans North）（Larsen et al.，1987）。储层来自中侏罗下部 Garn 组砂岩。这个组以后有一个海平面的下降，为滨海沉积环境，受潮汐影响。Tyrihans 油田砂岩储层质量为中等—好，可以再细分为 Garn1、2、3 和 4 层，主要烃源岩为 Spekk 组的厌氧页岩，相当于北海的 Draupne 和 Kimmeridge Clay 组。Karlsen 等（1995）地球化学分析认为 Tyrihans North 凹陷与 Tyrihans South 凹陷相比，Spekk 组烃源岩含更多的碳酸岩，因此这两个凹陷属于不同盆地。油气发现 Tyrihans South 主要为气，而 Tyrihans North 主要为油。埋深历史和成熟度还不确定，但根据生物指标成熟度可达到低—中的程度（Karlsen et al.，1995）。

3. Lavrans 油田

Lavrans 位于 Haltenbanken 南部 6406/2 区块，油气主要位于旋转的断块，由东部的 Trestakk 断层及西部的地堑（Smørbukk-fault 的延伸）限制，主要储层为 Fangst 群的 Ile 组和 Båt 群的 Tofte 组，此外 Tilje 组可能成为潜在的储层。凝析天然气（平均 GOR 为 3000）主要来自 Spekk 层的烃源岩，但 Melke 组的页岩也产生少量油气。油气主要从地堑运移，那里包含烃源岩和储层（Bang，1998；Bergan，1999）。

4. Njord 油田

Njord 油田发现于中挪威陆架的 6407/7 及 6407/10 区块。

Njord 主要构造演化发育于上侏罗统断陷和沿着主要的铲状断层旋转的块体中。这些铲状断层属于使 Njord 结构从 Frøya 高地分离并向东南运动的 Vingereie 断层系统（Lilleng and Gundestø，1997）。

Njord 油田主要储层为 Tilje 组，潮汐通道为好的储层。Tilje 上部更大的海侵导致 Spekk 组的出现。Njord 油田烃源岩具有多种类型，但 Spekk 组烃源岩为主要的烃源岩。油田最西部烃源来自于西部的油源灶，而东部的烃源岩来源于东部的 Gimsan 盆地。

第三篇

东非陆缘深水区油气形成条件与分布

第十一章　东非海域构造特征

第一节　大地构造背景

全球构造演化的历史是板块拼合、离散、解体的历史。在地质历史上，非洲大陆是冈瓦纳古陆的核心，由古老而稳定的地块组成，包括西非、北非、刚果、东非和卡拉哈里地块。在漫长的地质历史时期，非洲地块经历了各种构造运动，地块内部不断分化，甚至破裂。但是，对非洲影响最大的，也是最重要的一次构造运动是发生在6亿~6.2亿年前的前寒武纪晚期的造山运动——泛非构造运动（或加丹运动），此次构造运动波及整个非洲，所波及地区地层受到热动力变质和花岗混合岩化作用，从而使非洲大陆成为一个古老的稳定地块区。古生代以后的几次世界范围的造山运动对非洲大陆的影响微弱，褶皱山系仅见于大陆南北两端。

超级冈瓦纳大陆板块是海西运动末期形成的位于南半球的超级板块。其中非洲、南美洲等称为西冈瓦纳板块群，澳大利亚、印度、南极洲板块称东冈瓦纳板块群。自泛非运动到石炭纪以前，现今的东非大陆边缘一直处于冈瓦纳超级大陆的内部（图11-1）。超级冈瓦纳大陆的核心是非洲板块，周缘包括北美板块、南美、南极、印度等板块。超级大陆东北为古特提斯洋。潘基亚大陆的裂解过程由大到小逐级进行，先是劳亚大陆与冈瓦纳大陆分裂，然后是东、西冈瓦纳大陆分裂，再就是东冈瓦纳大陆的分裂，石炭纪至中侏罗世，沿东、西冈瓦纳板块边界，超级冈瓦纳大陆内部发生多幕板内裂谷作用，东非海域盆地就是在这个过程中形成的。

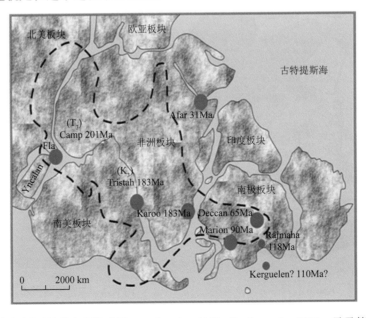

图 11-1　超级冈瓦纳联合大陆（据 Grand et al., 1997；Burke et al., 2003；马君等，2008）

第二节　东非大陆边缘构造演化

根据对东非大陆边缘不同区段的地层分布、岩相古地理等特征的分析，晚石炭世以来，东非海域可分成三大演化阶段：①晚石炭世—早白垩世的裂谷阶段，包括晚石炭世—早侏罗世（C_3—J_1）裂谷早期陆内强裂谷阶段、中晚侏罗世—早白垩世（J_{2+3}—K_1）裂谷晚期陆内弱裂谷阶段；②晚白垩世—古新世（K_2—E_1）被动大陆边缘阶段和35Ma—现今的东非大陆边缘构造活化阶段。

一、晚石炭世—早白垩世的裂谷阶段

（一）裂谷早期陆内强裂谷阶段（C_3—J_1）

早期板内裂谷阶段（晚石炭世—三叠纪），在东、西冈瓦纳大陆之间发生张性陆内裂谷（Karoo裂谷），呈巨型的裂陷，沿北北东向展布，沉积充填了厚层陆相和碳酸盐地层，即Karoo群地层。当时的古构造地理格局是以马达加斯加和南极洲、印度、澳大利亚等组成的东冈瓦纳地块，位置靠北，马达加斯加西部边缘与索马里–肯尼亚北部边缘相连（图11-2）。据推测，在东非大陆边缘北部裂谷作用比较强烈，裂谷造成的拗陷也比较深，在更靠近北部的地方可能开始了冈瓦纳大陆的早期裂解。在北部，古特提斯海水沿裂谷轴部侵入（图11-3）。

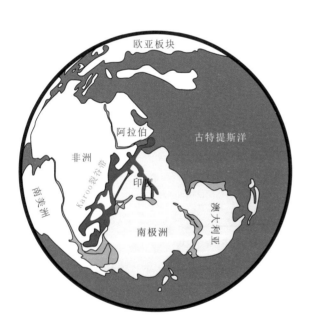

图11-2　Karoo裂谷系分布示意图

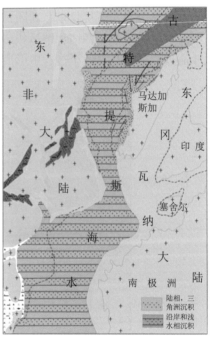

图11-3　冈瓦纳陆内裂谷期（300～205Ma，晚石炭世—三叠纪）古地理图（据Salman and Abdula，1995）

中期板内裂谷阶段（早侏罗世），与晚古生代相比，基本大地构造格局没有变化，依然是板内裂谷作用，但东、西冈瓦纳已裂开程度加大，Karoo 裂谷带发生了大规模区域沉降，裂谷向南延伸到非洲南部和南极洲，台地火山作用发育（即非洲东南部约 183Ma 发育的 Karoo 热柱引发大量玄武岩），莫桑比克盆地和南极洲见溢流玄武岩。同时，古特提斯海海进范围更广、更向南侵入大陆中、北部，形成了狭窄的海湾。在海湾东、西两侧形成障壁堡礁，在拗陷低地间形成一系列盐水潟湖（如欧加登盆地、曼达瓦盆地和鲁伍马盆地），沉积了局限环境下的盐岩沉积，但分布范围可能很有限，且沿东非大陆边缘中北部呈孤立、散布状分布（图 11-4）。

晚期冈瓦纳大陆陆内裂谷阶段（175～157Ma，中侏罗世），陆内裂谷作用进一步加强，但还未发生东、西冈瓦纳间大规模陆块漂移。在非洲和马达加斯加之间形成了一个较深的拗陷，古特提斯洋海进作用进一步向南发展，在相互分隔的非洲和印度－马达加斯加块体间形成了一个海洋通道（图 11-5）。沿拗陷轴部为古特提斯洋较深海水沉积，向两侧海水逐渐变浅，边部还发育环状障壁礁相沉积，该礁相带与靠陆部分还有潟湖环境。在最南端沉积了范围有限的盐岩沉积，在马达加斯加西岸斜坡地区沉积了浅水碳酸盐。冈瓦纳大陆的非洲—南极洲部分的火山作用逐渐减弱、消失。

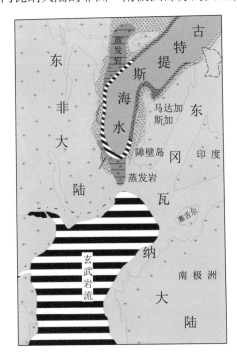

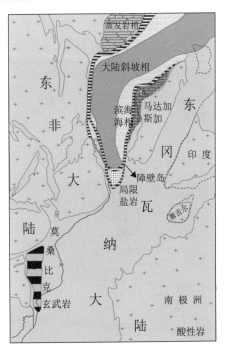

图 11-4　冈瓦纳陆内裂谷末期
（205～175Ma，早侏罗世）古地理图
（据 Salman and Abdula et al.，1995 修改）
玄武岩流覆盖非洲南部和南极洲，古特提斯洋在非洲和马达加斯加之间海侵

图 11-5　冈瓦纳陆内裂谷阶段末期
（175～157Ma，中侏罗世）古地理图
（据 Salman and Abdula.，1995 修改）
非洲南部火山活动减弱，非洲和马达加斯加间的海峡继续扩张，但此时没有陆块漂移

（二）裂谷晚期陆内弱裂谷阶段（J_{2+3}—K_1）

在晚侏罗世—早白垩世，东、西冈瓦纳间开始裂解，包括马达加斯加板块在内的东冈瓦纳板块向东南漂移。海底扩张脊走向近东西，与早期的 Karoo 裂谷走向近于垂直，与非洲东部大陆边缘走向近于直交。海底扩张脊被一系列走向南北的转换断层带错开（Davie Ridge、莫桑比克断裂带）（图 11-6），因此东冈瓦纳板块（含马达加斯加板块）是沿一系列大型转换断层发生漂移的（图 11-6）。磁异常（M25（157.6 Ma）和 M0（118 Ma）磁异常条带）记录了该时期的海底扩张作用。在早白垩世末期，马达加斯加板块到达目前位置，海底扩张作用停滞。超级冈瓦纳大陆裂解成两个大陆：即西冈瓦纳块体（包括非洲和南美大陆）、东冈瓦纳块体（包括南极洲、印度和斯里兰卡、马达加斯加、塞舌尔和澳大利亚大陆等）。

二、被动大陆边缘阶段（K_2—E_1）

晚白垩世—古新世，印度板块相对于东非边缘及马达加斯加开始分离、漂移（图 11-7），其间的扩张脊走向北西，与非洲大陆–马达加斯加斜交，被一系列走向北东的转换断层（Owen）错开，导致东冈瓦纳板块的肢解，该扩张脊持续活动，最终导致了印度洋的形成，也导致了非洲大陆东北大陆边缘的形成。上述两大板块裂离事件及其接续发生的区域沉降，导致了东非大陆边缘的形成。

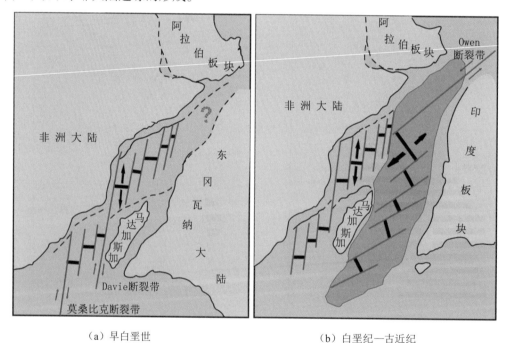

（a）早白垩世　　　　　　　　（b）白垩纪—古近纪

图 11-6　马达加斯加向南运动后东非地区早白垩世板块重建示意图（a）及印度向北漂移时西印度洋白垩纪—古新世板块重建示意图（b）（据 Bosellini，1986）

　　早白垩世末期马达加斯加板块运动至现今位置后，处于停滞状态，海底也不再扩张。晚白垩世以来东非边缘中南段和马达加斯加边缘处于被动大陆边缘发育阶段，发育广泛分布的海进层序，在整个东非边缘，沉积了比较单一的泥质岩地层层序，且这些泥质层序逐渐向大陆斜坡发展（图 11-7 和图 11-8）。在马达加斯加、印度块体南部和相邻的莫桑比克海峡及 Mascarene 盆地，火山活动比较发育，沉积了厚层火山碎屑岩及火山 - 沉积地层序列。这些火山活动可能与 Mascarene 盆地内早白垩世的海底扩张作用开始及印度和塞舌尔板块与马达加斯加的分离作用有关（84Ma）。

　　古新世和始新世是东非大陆边缘的形成期，在东非大陆边缘上广泛分布有浅水陆架碳酸盐沉积，沿陆架外缘还可见到礁相带沉积（图 11-7 和图 11-8）。在拉穆盆地中北部及索马里沿海盆地南部，发育规模较大的三角洲沉积。

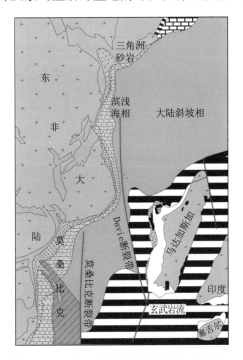 

图 11-7 东非大陆边缘稳定期（晚白垩世，97～65Ma）印度、塞舌尔块体相对于马达加斯加、非洲块体开始漂移（据 Salman and Abdula，1995）

图 11-8 稳定期末（古新世—始新世，65～35Ma）非洲大陆内广泛分布有浅海海进；并沉积了分布广泛的碳酸盐（据 Salman and Abdula，1995）

三、东非大陆边缘构造活化阶段

　　从 35Ma 至现今，东非裂谷系开始形成与发育。渐新世，非洲克拉通东部抬升，伴随有海退作用。在一些相对比较独立的拗陷中的大陆边缘处继续保持海相沉积作用，发育了大型三角洲（图 11-9 和图 11-10）。中新世海进作用期间，在宽广的陆架上又恢复了浅水海相环境，东非的主动裂谷作用在大陆边缘也有反映。Davie 和莫桑比克海下脊产生构造活动，同时形成了 Keribas 和 Lacerda 水下地堑。在鲁伍马盆地和赞比西河流三角洲发生了大规模的沉积作用（图 11-9 和图 11-10）。第四纪，中新世浅水陆架发生区域隆升。

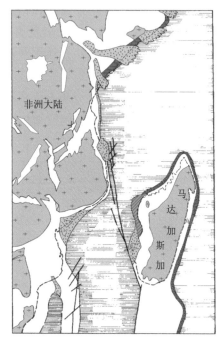 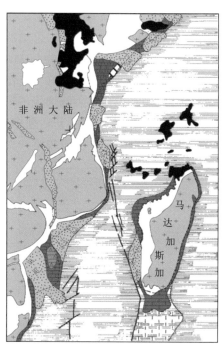

图 11-9　重新活动裂谷期（渐新世，35～23Ma）以东非普遍隆起和海退为特征，沉积仅保存在部分三角洲拗陷内（据 Salman and Abdula，1995）

图 11-10　新裂谷期（中新世，23～5Ma）发育强烈的火山活动，陆上和海底都形成裂谷构造（据 Salman and Abdula，1995）

东非大陆边缘系指北起索马里北端，经索马里、肯尼亚、坦桑尼亚、莫桑比克的沿海边缘。东非大陆边缘可分成以下四个不同的区段（图 11-11），这四个区段是不同地质历史时期、在不同动力学背景之下形成的。

第一区段（图 11-11 中的 1 区段）：即莫桑比克、坦桑尼亚和肯尼亚大部大陆边缘（在南纬 5°～15°），该区段的南北两端为中—晚侏罗世到早—中白垩世。该区段的运动方式为转换运动，沿马达加斯加和非洲大陆间的 Davie Ridge 破裂带活动，运动学特征为右行剪切大陆边缘。

第二区段（图 11-11 中的 2 区段）：即肯尼亚东北部和索马里西南部边缘，在南纬 2.5°～北纬 6°，形成于侏罗纪（130～157Ma）。马达加斯加与非洲大陆间开始裂谷和漂移，马达加斯加相对索马里海岸走向方向斜向运动（约 45°），具有显著右行走滑分量。

第三区段（图 11-11 中的 3 区段）：即东非被动大陆边缘最北段，从约北纬 6°到 Socotra 东端。侏罗纪到早白垩世，非洲之角（the Horn of Africa）处于水非常浅的环境下，或者有可能有一个比较狭窄的海洋区将非洲陆壳和印度分开。自晚白垩世起，印度大陆沿北东向 Owen 转换断层向北东方向运动，使得该段形成了左行转换边缘。索马里大陆边缘北部洋壳向北逐渐变新，从 Eil 附近的晚白垩世到 Socotra 岛的渐新世—中新世。

第四区段（图 11-11 中 4 区段）：即近东西向的索马里北侧、亚丁湾边界的大陆边缘，从 Afar 三联点到 Socotra。该边缘形成于古近纪，是非洲大陆与阿拉伯板块发生裂谷作用及斜向漂移作用时形成的，因此该边缘也是斜向边缘。自渐新世—中新世起，随着亚丁湾的逐渐发育，阿拉伯板块与非洲板块旋转分离，红海逐渐打开（图 11-11 中的 5 区段）。

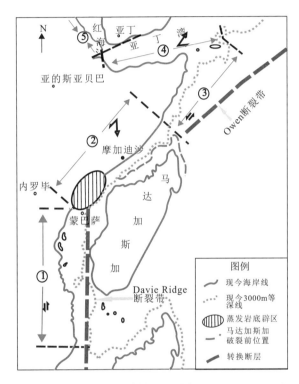

图 11-11　东非大陆边缘构造图（据 Bosellini，1982）

1（第一区段）.侏罗纪—早白垩世右行剪切边缘；2（第二区段）.侏罗纪斜向裂谷边缘；3（第三区段）.晚白垩世—古新世左行剪切边缘；4（第四区段）.新近纪斜向裂谷边缘（图中标示的为冈瓦纳破裂前马达加斯加的古地理位置）

因此，东非大陆边缘由至少五个不同区段组成，这五个区段是在不同动力学背景下、在不同地质历史时期形成的，这些边缘的形成与印度洋逐渐打开有关。

第三节　盆地构造

现今位于东非海岸线的转换 – 被动边缘是从晚白垩世起发育为被动大陆边缘的，位于洋 – 陆过渡带上（图 11-12），这类盆地北起索马里，南至莫桑比克的沿海，主要包括鲁乌马盆地、欧加登盆地、莫桑比克盆地和 Morondava 盆地等，盆地基底是前寒武系，下部为 Karooqun 群（有的盆地缺失），上覆中新生代沉积；地层厚度从陆架向陆坡方向加厚，最大厚度 12km（图 11-13）（张可保等，2007）。

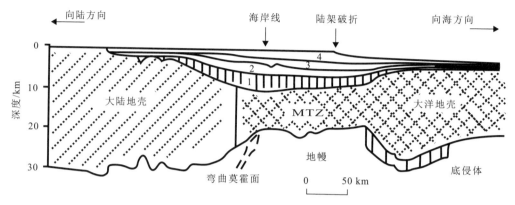

图 11-12　莫桑比克段大陆边缘地壳结构剖面图（马君等，2009）

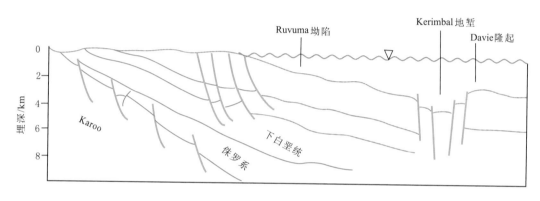

（a）Ruvuma盆地

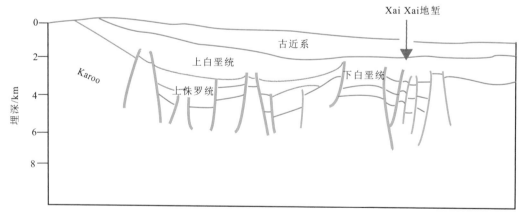

（b）莫桑比克盆地

图 11-13　东非海上盆地构造剖面（Kreuser，1995）

第十二章　东非海域深水区盆地油气地质概论

第一节　油气勘探概况

东非地区早期勘探活动也发现了一些油气资源，主要集中在莫桑比克和坦桑尼亚沿海地区。1961 年、1962 年和 1967 年，莫桑比克先后发现了潘德气田、布兹气田和泰玛尼气田。1974 年和 1982 年，坦桑尼亚先后发现松戈松戈（Songo Songo）气田和姆纳西湾气田。但总的来看，东非早期勘探活动成果有限，且受政治环境、油气资源需求、投资条件、开采成本等多种因素影响，并未得到积极的后续勘探和开采。

乌干达地处东非大裂谷地区，从石油蕴藏传统理论和地质构造看，该国西部与刚果（金）接壤的司姆利基盆地及阿尔伯特湖周围地区被认为蕴含石油。从 20 世纪 90 年代开始，国际石油公司陆续开始在乌干达西部进行大规模的石油勘探活动。而 21 世纪乌干达油气勘探的成功则吹响了东非油气大发现的号角。2001 年开始，乌干达政府与多家国际能源公司合作，开始对位于其境内的东非裂谷系西支最北段阿尔伯特裂谷进行油气勘探工作。2006 年，英国塔洛石油公司（简称塔洛公司）发现了 KF 油田，该油田被列为 2006 年全球油气十大发现之一。英国传统石油公司于 2007 年在阿尔伯特湖盆地 3A 勘探区块有所发现，2008 年证实该区块石油产能可达 1.39×10^4 bbl/d；2009 年在阿尔伯特湖盆地发现石油储量约 2×10^8 bbl。此后在该地区又陆续发现多个油田，总可采储量约达 11×10^8 bbl。预计阿尔伯特盆地石油总储量在 24×10^8 bbl 左右。

肯尼亚是东非油气大发现的另一个焦点。早在 20 世纪 70～80 年代，壳牌、道达尔、BP 和雪佛龙等国际石油公司就开始在肯尼亚境内勘探，但都没有取得发现。直到 2012 年 3 月，塔洛公司在肯尼亚西北部的图尔卡纳湖地区获得重大石油发现。这是该国首次发现石油，探井中发现的原油成分几乎与几年前乌干达发现的轻质原油相同。据肯尼亚国家石油公司研究，肯尼亚的拉穆、安扎、曼德拉和特地亚里裂四个地区有蕴藏石油的可能。2012 年 9 月，肯尼亚天然气勘探也取得重大突破，在近海姆巴瓦海域水下 2553m 处发现了厚达 52m 的天然气层。肯尼亚的油气储量吸引了超过 20 家国际石油公司的介入，肯尼亚俨然成为 2012 年全球油气勘探的热点地区之一。

莫桑比克大规模气田的发现将东非油气大发现推向高潮。从 2003 年开始，莫桑比克启动了早期发现的潘德气田和泰玛尼气田的生产，同时通过多轮区块招标加快推动油气勘探活动。2010 年，美国阿纳达科石油股份有限公司在莫桑比克境内的鲁伍马盆地内发现了三块大型天然气田，莫桑比克国家石油天然气公司则在位于莫桑比克中部的 Buzi 天然气田内开展作业。2012 年年初开始，埃尼公司、阿纳达科石油公司陆续在莫桑比克东部海上发现七处大型天然气资源。这些新发现大大扩大了莫桑比克已探明天然气储量的规模。

在坦桑尼亚也有突破性发现。2011 年年初以来，英国天然气集团和英国欧菲尔能源公司合作在坦桑尼亚第 4 区块和第 1 区块先后发现了多个气田。2012 年年初，挪威国家石油公司与其合作伙伴埃克森美孚石油公司在坦桑尼亚海域 2 号区块 Zafarani-1 号井发现优质天然气储层。

与此同时，埃塞俄比亚也在进行大规模的天然气资源勘探。此外，地质勘测数据显示，东非沿岸从索马里至马达加斯加也蕴藏大量的油气资源，未来这里将成为新的勘探开发热点。

2008 年以前，东非海岸盆地仅在陆上及浅水区有一些小气田发现，马达加斯加有油砂或沥青矿发现，包括索马里盆地的 Calub 气田、坦桑尼亚滨海盆地的松戈松戈气田、莫桑比克盆地的 Pande 气田、Inhassoro 气田、Temane 气田和穆龙达瓦盆地的 Tsimiroro 稠油矿。

近年来深水取得重大突破，陆续发现多个大气田（图 12-1），油气勘探取得世界级大发现，一改东非贫油气的帽子。早在 2006 年，莫桑比克的鲁伍马盆地区块就被国际石油公司瓜分完毕。2010 年后，美国阿纳达科石油股份有限公司在鲁伍马盆地 Area1 区块先后获得了多个天然气重大发现，埃尼集团也在与 Area1 区块毗邻的 Area4 区块获得多个重大发现，拉开了东非天然气发现的序幕。据称，Area1 区块拥有高达 65×10^{12} ft^3 的天然气储量，Area4 区块至少拥有 75×10^{12} ft^3 的天然气储量。这两个公司在鲁伍马盆地的重大发现，为莫桑比克引来众多能源投资。由于鲁伍马盆地延伸至坦桑尼亚南部，坦桑尼亚南部也成为勘探热点地区，目前国际公司在坦桑尼亚南部 1 ~ 4 区块都有新发现。2012 年，挪威国家石油和埃克森美孚公司在第二区块发现优质天然气田，一年内发现探明总储量超过 2.5×10^8 bbl。英国天然气集团宣布，已探明的天然气储量约为 40×10^{12} ft^3。

图 12-1　东非海岸盆地位置及东非海岸深水区油气新发现（周总瑛等，2013）

第二节　烃　源　岩

东非海岸盆地发育的五套主力烃源岩层，时代跨度较大，分别为：二叠纪—早三叠世发育河流–湖泊相烃源岩；晚三叠世—早侏罗世发育局限海及潟湖相烃源岩；中侏罗世发育海相烃源岩；早白垩世发育边缘海相煤系烃源岩；晚白垩世—始新世发育海相烃源岩。

一、Karoo 裂谷期烃源岩

古生代末期—早侏罗世，超级冈瓦纳大陆内部沿现今的东非大陆及其毗邻海域和马达加斯加一带发生区域性陆内–陆缘裂谷，在断陷里沉积了 Karoo 群（上石炭统—下侏罗统）（图 12-2）。南非的大 Karoo 盆地（great Karoo basin）主要记录晚石炭世至早侏罗世这段时期的沉积历史。Kreuser 等（1988）将这段时期广泛分布于非洲撒哈拉南部的非海相地层统称为 Karoo 群地层。由于 Karoo 群地层在时间上有穿时性，经历多个地质年代，演化时间长，沉积环境变化亦大，该群岩性以陆相砂砾岩、页岩和煤系（图 12-3）为主，最大沉积厚度可达 3000m（甘克文，1982；江文荣等，2005）。Karoo 群包括多套烃源岩，如二叠纪湖沼相煤系烃源岩、二叠纪湖相烃源岩、早三叠世湖相烃源岩、晚三叠世潟湖相烃源岩及早侏罗世潟湖或局限海相烃源岩，它们在平面上的分布变化较大（图 12-4 和图 12-5）。晚古生代是全球重要的聚煤期，煤系地层是 Karoo 群的重要烃源岩。

Karoo 群地层在坦桑尼亚和鲁伍马盆地均有出露。30 个野外露头样品为二叠纪煤系烃源岩。部分样品具有生成液态烃的潜力，这些样品为：TAN-20、TAN-22、TAN-26、TAN-35、TAN-36 和 TAN-37。岩性为下二叠统煤或者黑色碳质页岩，有机碳含量（TOC）为 17.9% ~ 53.0%，氢指数（HI）在 258 ~ 483mgHC/gTOC（表 12-1），干酪根显微组分主要包含壳质组、无定型组分，也包括腐殖型有机质。镜质体反射率（Ro）为 0.57% ~ 1.18%，成熟度范围变化较大，但是主要处于生油窗内。

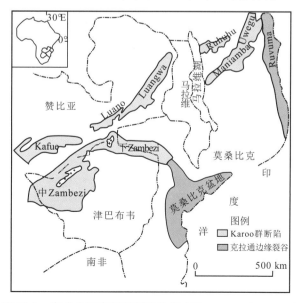

图 12-2　东非地区南部群断陷分布（Kreuser et al.，1988）

图 12-3　Karoo 盆地 Karoo 群煤层（Catuneanu et al.，2005）

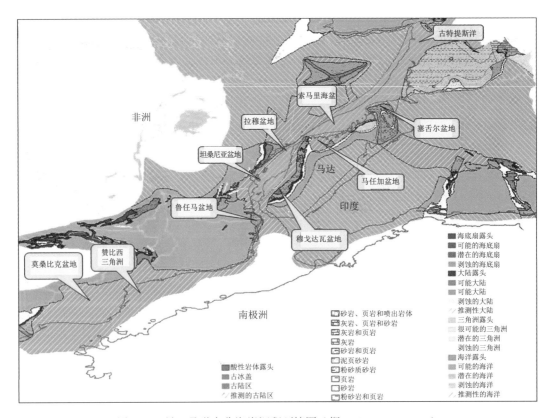

图 12-4　早三叠世东非海岸沉积环境图（据 Robertson，2000）

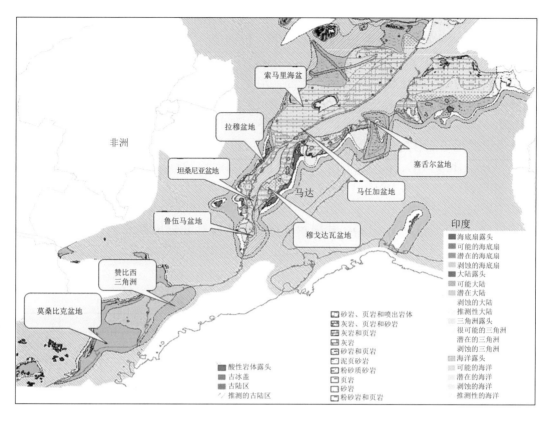

图 12-5　早侏罗世东非海岸沉积环境图（据 Robertson，2000）

表 12-1　**Karoo** 裂谷期烃源岩地化参数（Robertson，1986）

盆地	样品名称	年代	深度 /m	TOC/%	HI/（mgHC/gTOC）	R_o/%	Pr/Ph
坦桑尼亚	TAN-20	P_1	—	34.7	258	0.6	4.03
	TAN-22	P_1	—	37.9	280	1.18	1.86
	TAN-26	P_1	—	17.9	483	0.61	5.58
	TAN-35	P_1	—	52.6	373	0.87	1.73
	TAN-36	P_1	—	53.0	396	0.89	5.58
	TAN-37	P_1	—	52.0	373	0.57	6.74
	Mandawa-7	J_1	956 ~ 967	3.05	319	0.57	0.38
		J_1	1348 ~ 1351	4.06	576	0.63	0.36
		J_1	1715 ~ 1718	2.68	391	0.67	0.42
		J_1	3219 ~ 3231	4.99	215	1.01	0.76
	Mbuo-1	J_1	503 ~ 807	1.9 ~ 8.7	272 ~ 1000	0.3 ~ 0.6	
鲁伍马	Lukuledi-1	J_1	—	7.5	386	—	—
Selous	Liwale-1	T	—	2.2 ~ 9.0	—	—	—

这些露头样品 Pr/Ph 值较高（表 12-1），为典型氧化环境。TAN-26 样品的碳同位

素为 –30.1‰（表 12-2），为典型的陆源有机质。坦桑尼亚陆上近岸 Lukuledi 地堑的 Lukuledi-1 井揭示厚层二叠系 Karoo 裂谷沉积，以河流 – 湖泊 – 三角洲为主，局部海相地层。湖相页岩 TOC 可达 7.5%，HI 为 386mgHC/gTOC（表 12-1），属于 II$_1$ 型有机质，生烃潜力高，属于优质烃源岩；此外，坦桑尼亚陆上 Selous 盆地 Liwale-1 井揭示三叠纪黑色页岩，TOC 为 2.2% ~ 9%。坦桑尼亚海岸盆地南部与鲁伍马盆地交界处的 Mandawa 次盆，Mandawa-7 井揭示三叠纪—早侏罗世潟湖或局限海相烃源岩，至少两个深度段的地层能够生成液态烃，其中一个深度段为 1715 ~ 1718m，TOC 为 2.68%，HI 为 391mgHC/gTOC，R_o 为 0.67%，另一个为 3219 ~ 3231m，TOC 为 4.99%，HI 为 215mgHC/gTOC，R_o 为 1.01%（表 12-1），干酪根显微组分显示 1715 ~ 1718m 样品有机质主要为无定型，Pr/Ph<0.8，暗示缺氧还原的环境，该套烃源岩在 Mandawa 次盆处于低成熟—成熟阶段。MBUO-1 井揭示早侏罗世优质烃源岩厚度大于 300m，TOC 在 2.2% ~ 9%，HI 为 272 ~ 1000mgHC/gTOC，R_o 为 0.3% ~ 0.6%，处于未成熟—低成熟阶段。地震资料解释该套烃源岩在深水区亦发育（Kagya，2000）。

表 12-2　部分样品气相色谱 – 质谱和同位素数据

井号	深度 /m	样品	气相色谱 – 质谱								$\delta^{13}C$ 正构烷烃 /(‰ PDB)
			三萜烷			甾烷					
			$18\alpha(H)/18\alpha(H)$ C_{27}	莫烷 / 藿烷	升藿烷 22S/22R	$5\alpha,14\alpha,17\alpha$ C_{29} 20S/%	$5\alpha,14\alpha,17\alpha$ $C_{29}20R$			藿烷 (C_{30})/ 甾烷 (C_{29})	
							C_{27} /%	C_{28} /%	C_{29} /%		
Makarawe-1	1240	烃源岩	0.7	0.3	1.3	19	36	23	41	1.3	−28.4
Mandawa-7	1348 ~ 1351	烃源岩	0.42	0.1	1.8	28	48	21	31	1.9	−31.0
Mandawa-7	1715 ~ 1718	烃源岩	0.4	0.2	1.7	40	67	11	22	1.2	−29.6
露头	TAN-26	烃源岩	0.2	0.6	0.8	13	27	10	63	3.8	−30.1
露头	TAN-35	烃源岩	0.02	0.4	1.61	39	36	10	54	6.2	−27.6
Tsimiroro	—	凝析油	—	—	—	—	—	—	—	—	−32.3
Tsimiroro	—	凝析油	—	—	—	—	—	—	—	—	−35.6
Sakamena Source											−35.7
Songo Songo											−25.6
Mbate-1 Source											−27.6
Zanzibar											−26.4
Nyuni											−28.2
Mnazi Bay											−25.5
Ndovu Nto-rya-1											−22.8

　　Karoo 群烃源岩时代跨度大、沉积环境多样、岩石类型多。该烃源岩生烃特征与其所经受的热演化密切相关，在后期持续沉降的深洼槽，主要生气；在沉降但幅度有限的凹陷或深凹槽的边缘部位，生成石油；在埋藏浅的区域很难大量生成天然气和石油。

　　Matchette-Downes 和 Cameron 对东非 Simba 盆地中沉降史及烃源岩成熟度进行模拟分析后发现，在其所圈定的生油窗范围中的许多烃源岩层段与前人用传统方法模拟的生气窗中的相吻合（图 12-6），因此东非边缘可以说是具备生油条件的。

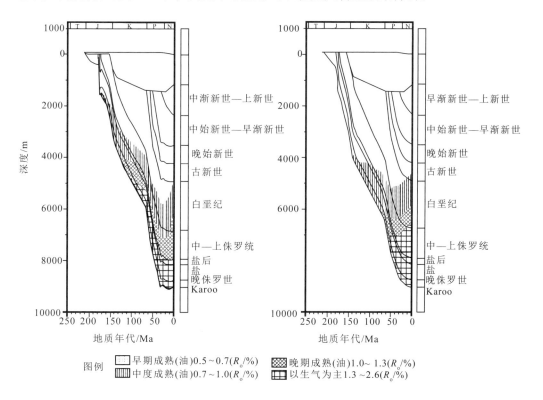

图 12-6　东非 Sinba 盆地沉降史和烃源岩成熟度（马君等，2008）

二、中—晚侏罗世海相烃源岩

　　坦桑尼亚海岸及鲁伍马盆地钻井揭示的中—上侏罗统地层有机质丰度整体上较低，TOC 一般小于 1.0%，HI 一般小于 150mgHC/gTOC（表 12-3），以Ⅲ型为主，成熟度范围较大，处于未成熟 – 高成熟阶段。推测向深海方向有机质丰度可能增高，热演化程度达到高成熟 – 过成熟阶段。在 Ruvu 次盆的 Makarawe-1 井中侏罗统地层厚 100m，TOC 含量为 1.43% ~ 2.62%，HI 为 35 ~ 191mgHC/gTOC，生烃潜量为 0.5% ~ 4.69mg/g，R_o 为 1.03% ~ 1.13%（表 12-3）。

表 12-3　坦桑尼亚盆地烃源岩地球化学参数（Robertson，1986）

井名	年代	深度范围 /m	TOC/%	HI/(mgHC/g TOC)	T_{max}/℃	R_o/%
Kisarawe-1	J₃	2910 ~ 3974	0.44 ~ 0.94	10 ~ 76	386 ~ 440	1.54 ~ 2.11
Kisangire-1	J₃	549 ~ 1500	0.22 ~ 0.51	29 ~ 123	392 ~ 452	0.78 ~ 0.95
Kizimbani-1	J₃	1036 ~ 1335	0.43 ~ 0.98	35 ~ 117	416 ~ 438	0.50 ~ 0.63
Makarawe-1	J₃	790 ~ 990	0.43 ~ 0.54	33 ~ 64	429 ~ 439	0.66 ~ 0.76
Songo Songo-5	J₃	2947 ~ 2976	0.21 ~ 0.88	28 ~ 68	—	—
Songo Songo-7	J₃	3144 ~ 3377	0.47 ~ 0.93	31 ~ 81	429 ~ 441	0.73 ~ 0.95
Kizimbani-1	J₂	1804 ~ 1868	0.47 ~ 0.98	25 ~ 38	423 ~ 429	0.7
Kisangire-1	J₂	1500 ~ 2286	0.41 ~ 1.22	21 ~ 121	428 ~ 461	0.95 ~ 1.14
Makarawe-1	J₂	1240 ~ 1340	1.43 ~ 2.36	35 ~ 191	444 ~ 449	1.03 ~ 1.13

三、白垩纪海相烃源岩

白垩纪存在两期全球性的海侵和缺氧事件：早白垩世的巴雷姆期—阿普特期和晚白垩世的赛诺曼期—土仑期，在全球范围内发育重要的烃源岩层。但是，目前资料显示东非海岸白垩系烃源岩质量总体上中等—差（图 12-7）。

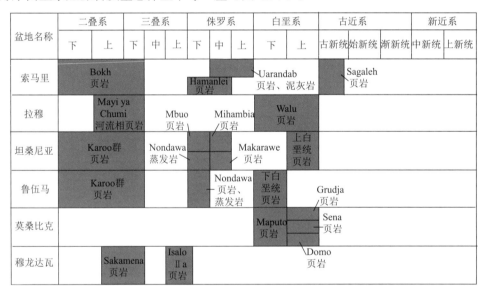

图 12-7　非洲东海岸六个重点盆地主要烃源岩发育对比（周总瑛等，2011）

莫桑比克海岸盆地早白垩世 Maputo 组为已证实的烃源岩层，Maputo 组含煤，部分样品 TOC 可达 3.96%，HI 最高为 370mgHC/gTOC（表 12-4），有机质丰度为中等 - 好，有机质类型以 Ⅱ - Ⅲ型为主；其中一个煤样 TOC 可达 61.8%，HI 最高为 226mgHC/gTOC；早白垩世烃源岩 R_o 为 0.51% ~ 0.9%（表 12-4），热演化程度变化范围较大，处于未成熟-成熟阶段。晚白垩世样品有机质丰度低，热演化程度低，多数为差烃源岩或非烃源岩。

表 12-4 东非海岸盆地白垩纪烃源岩地化参数

盆地	井名	年代	地层	深度 /m	TOC/%	HI/(mgHC/gTOC)	R_o/%
坦桑尼亚	Zanzibar-1	K_2	—	4203 ~ 4353	0.74 ~ 1.02	13 ~ 22	1.16 ~ 1.25
	Kimbiji East-1	K_2	—	2850 ~ 3581	0.19 ~ 12.21	21 ~ 152	0.90
	Kimbiji Main-1	K_2	—	3200 ~ 3930	0.21 ~ 1.83	1 ~ 118	0.87 ~ 1.40
	Kisarawe-1	K_2	—	853 ~ 1725	0.17 ~ 1.32	7 ~ 396	—
	Pemba-5	K_2	—	3092 ~ 3886	0.56 ~ 2.43	11 ~ 42	0.69 ~ 1.01
	Pweza-1	K_2	—	3128 ~ 3633	0.8 ~ 1.66	354	0.48 ~ 0.49
	Pweza-1	K_1	—	3641 ~ 4075	1.29 ~ 1.69	466	0.50 ~ 0.54
	Songo Songo-7	K_1	—	1941 ~ 3144	0.45 ~ 1.36	52 ~ 210	0.54 ~ 0.70
莫桑比克	Sunray1-1A	K_1	Lower Domo	—	0.68 ~ 1.64	27 ~ 75	0.79 ~ 0.9
	Temane 1	K_1	Sena	—	最大值 1.2	17 ~ 41	0.8
	Xai Xai W-1	K_1	Maputo	—	0.6 ~ 1.1	100 ~ 176	0.57
	Sunray1-1A	K_1	Maputo	—	0.99 ~ 1.0	45 ~ 50	0.92
	Sunray-3	K_1	Maputo	—	3.96	205	0.77
	Palmeira North-east-1	K_1	Maputo	—	1.5 (平均值)	最大值 140	0.63
	Palmeira-1	K_1	Maputo（页岩）	—	0.27 ~ 2.4	56 ~ 370	0.48 ~ 0.63
	Palmeira-1	K_1	Maputo（煤层）	—	47.2 ~ 61.8	56 ~ 226	0.51 ~ 0.57
鲁伍马	Chaza-1	K_2	—	3120 ~ 3360	0.28 ~ 1.22	74 ~ 82	—
	Chaza-1	K_1	—	3380 ~ 4905	0.55 ~ 1.52	77 ~ 365	0.57 ~ 0.74

坦桑尼亚海岸盆地多数钻井揭示白垩系地层，整体上表现出有机质丰度偏低。除了 Kisarawe-1、Chaza-1 及 Pweza-1 井，其余井样品 HI 较低（表 12-4），显示倾气性。Kisarawe-1 井 1384m 页岩可能是潜在油源岩。Kimbiji Main-1 井 3342 ~ 3700m 黑色页岩含有丰富的无定型有机质，TOC 超过 1%，已进入过成熟阶段。

鲁伍马盆地 Lindi-2 井深灰色粉砂质页岩 TOC 值可达 1.34%，反映鲁伍马盆地下白垩统烃源岩具有一定的潜力。Mocimboa-1 井阿尔布期—赛诺曼期 3110m 以下的海相页岩显示 TOC 大于 1%，含有Ⅲ型干酪根，具有倾气性的特征。该井上白垩统以 TOC 小于 1%、低 HI 值为特征。深水的 Chaza-1 井早白垩世烃源岩 TOC 最大为 1.52%，HI 达 365mgHC/gTOC，R_o 为 0.57% ~ 0.74%，处于低成熟-成熟阶段（表 12-4）。

四、古近纪烃源岩

东非海岸盆地古近纪烃源岩整体上以有机质丰度低、热演化程度低、倾气性为特征（表 12-5）。但坦桑尼亚盆地的 Pemba-5 井例外，其始新世 2508m 处 TOC 高达 7.39%，HI 高达 688mgHC/gTOC，以无定形有机质为主，R_o 为 0.59%，处于低成熟阶段。

表 12-5　东非海岸盆地古近纪烃源岩地化参数

盆地	井名	年代	深度范围/m	TOC/%	HI/（mgHC/gTOC）	R_o/%
坦桑尼亚	Pemba-5	E_{2-2}	1032 ~ 2932	0.62 ~ 7.39	39 ~ 688	0.32 ~ 0.68
	Songo Songo-7	E_{2-2}	535 ~ 1006	0.61	72	0.34
	Zanzibar-1	E_{2-2}	2560 ~ 3468	0.36 ~ 0.42	46 ~ 55	0.55 ~ 0.81
	Songo Songo-5	E_{2-1}	335 ~ 1006	0.14 ~ 41.00	65 ~ 194	0.31 ~ 0.41
	Songo Songo-6	E_{2-1}	438 ~ 1249	0.22 ~ 0.35	74 ~ 156	0.31 ~ 0.48
	Pweza-1	E_2	2282 ~ 2755	0.82 ~ 1.31	212	0.36 ~ 0.37
	Zanzibar 1	E_1	3468 ~ 4203	0.39 ~ 1.02	24 ~ 55	1.03 ~ 1.11
	Kimbiji Main-1	E_1	1600 ~ 3184	0.08 ~ 1.44	1 ~ 53	0.64 ~ 0.96
	Pemba 5	E_1	2952 ~ 3041	0.79 ~ 1.26	35 ~ 39	0.69
	Pweza-1	E_1	2762 ~ 3128	1.0 ~ 1.67	187	0.41 ~ 0.46
	Chewa-1	E_1	2660 ~ 3070	0.53 ~ 1.07	44-88	0.4 ~ 0.52
	Songo Songo-7	E_1	1252 ~ 1371	0.50 ~ 0.68	26 ~ 41	0.37 ~ 0.41
鲁伍马	Chaza-1	E_2	2280 ~ 2950	0.3 ~ 0.97	108 ~ 832	0.52 ~ 0.56
	Mnazi Bay-1	E_3	1831 ~ 2835	0.39 ~ 0.82	50 ~ 71	0.42 ~ 0.63
	Mnazi Bay-1	E_1	3147 ~ 3242	0.3	33	0.74
莫桑比克	Pande-1	E_{1-2}	—	0.43 ~ 0.51	190 ~ 239	0.35
	Balane-1	E_{1-2}	—	0.57	407	—
	Sunray1-1A	E_{1-2}	—	0.71	45	—
	Zambezi-1	E_{1-2}	—	0.69	—	—
	Teca-1	E_2	—	0.23	248	—

五、深水区油气地化特征及来源分析

坦桑尼亚深水区已发现 Mzia、Jodari、Lavani、Chewa、Pweza、Chaza 等多个气田，储层为白垩纪—古近纪砂岩，与鲁伍马盆地气田处于相似的沉积背景。

对 Jodari-1、Chewa-1、Pweza-1、Chaza-1 4 口井岩屑罐顶气样、MDT 取样和出油管线取样获得的天然气组分和碳同位素资料进行了分析。Chewa-1 气体组成顶部显示轻的干气，随着深度增加，湿度在增加。气体组分变化趋势比较一致，说明气体数据比较可靠。甲烷碳同位素显示顶部是生物气，往下是生物气和热成因气的混合，最后是热成因气。Pweza-1 井数据和 Chewa-1 井比较类似。Chaza-1 井甲烷浓度最高在 2250 ~ 2680m，甲烷碳同位素显示为热成因气。综合三口井数据，初步得到以下认识。

（1）Chewa-1 井和 Pweza-1 井主力气层为古新统，Chaza-1 井主力气层为渐新统。主力气层均为热成因气，前者两口井上部含少量生物成因气。

（2）MDT 气样甲烷含量超过 95%，为非伴生的干气，气体成熟度较高，R_o 为 1.84% ~ 3.11%。

（3）坦桑尼亚深水天然气乙烷碳同位素为 −30.8‰ ~ −26.2‰，母质为腐泥型和腐殖型的混合来源。Chaza-1 井 2339.5m 的 MDT 样品 $\delta C_1 < \delta C_2 < \delta C_3 > \delta C_4$，推测为不同母源天然气的混合，表明坦桑尼亚深水区天然气至少有两套烃源岩的贡献。

通过对天然气组分和同位素、热模拟以及烃源岩综合分析，认为深水区天然气主要来自上三叠统—下侏罗统烃源岩，不排除二叠系煤系地层的贡献。

坦桑尼亚深水区天然气为非伴生的干气，为腐泥型和腐殖型混合来源，成熟度较高，R_o 为 1.84% ~ 3.11%，推测为二叠系煤系地层和下侏罗统腐泥型烃源岩。

第三节 储 集 层

非洲东海岸沉积盆地内储集层发育，二叠系—新近系发育多套储集层（表 12-6），储集层物性良好。除了 Karoo 群陆相碎屑岩（砂岩）储集层以外，其他主要为中上侏罗统、白垩系—新近系海相碎屑岩和碳酸盐岩。碎屑岩储集层主要是三角洲和近海浊流砂岩，碳酸盐岩储集层主要是生物礁或碎屑灰岩、浅滩相灰岩、礁后鲕粒灰岩、陆架碳酸盐岩等。各盆地已经揭示和证实的主要储集层特征如下。

索马里盆地二叠系 Calub 组砂岩是 Calub 气田的主力储集层，最大有效厚度 40m，孔隙度为 7.0% ~ 19.4%，但渗透率较低，小于 $10 \times 10^{-3} \mu m^2$。

坦桑尼亚盆地下白垩统 Kipatimu 组为 Songo Songo 气田的主力储集层。储集层为三角洲相砂岩，分布于阿尔布阶侵蚀不整合之下的一个狭长、低幅、断层密集的背斜中，孔隙度为 10% ~ 30%，平均为 23%，平均渗透率为 $40 \times 10^{-3} \mu m^2$。

鲁伍马盆地被证实的储集层有 Mnazi Bay 气田和 Msimbati 气田上新统—中新统砂岩，位于盆地的中部和北部，该套砂岩是鲁伍马河谷三角洲复合体的一部分，在坦桑尼亚和莫桑比克盆地均发育，Mocimboa 1 井（莫桑比克）及 Mnazi Bay 气田、坦桑尼亚的井均钻遇了该套砂岩。Mnazi Bay 1 井中该套储集层全部为纯砂岩，厚度为 5 ~ 10m；孔隙度为 15% ~ 30%，渗透性好；Msimbati 1 井储集层渗透率为 182×10^{-3} ~ $1325 \times 10^{-3} \mu m^2$，平均孔隙度为 19%。

表 12-6　非洲东海岸地区部分盆地储集层特征统计表（周总瑛等，2011）

盆地	储集层		岩性	净厚度 /m	孔隙度 /%	渗透率 / $10^{-3} \mu m^2$	样品点
索马里	$J_3—J_2$	上 Hamanlei	灰岩、白云岩	40 ~ 135	10 ~ 23	10 ~ 1000	Calub Saddle
		中 Hamanlei		—	11 ~ 26	5 ~ 60	Calub Area
	$T_3—J_1$	Adigrat	砂岩	最厚 135	10 ~ 16	>100	Ogaden 次盆
	P	Calub	砂岩	最厚 40	7.0 ~ 19.4	<10	Calub 气田
坦桑尼亚	K_2	Ruaruke	砂岩	—	平均 20	—	Mkuranga1 井
	K_1	Kipatimu	三角洲砂岩	—	10 ~ 30, 平均 23	平均 40	Songo Songo 气田
鲁伍马		N_1	砂岩	—	19	182 ~ 1325	Msimbati1 井
		N_2	三角洲砂岩	—	15 ~ 30	5 ~ 10	Mnazi Bay1 井
莫桑比克	K_2	Grudja 下段	砂岩		25 ~ 33	80 ~ 100	Buzi 气田
				6 ~ 15（平均 8.9）	—	>4000	Pande11 井
				—	29 ~ 33	185 ~ 1900	Pande1 井、Pande4 井
		Domo	砂岩	—	28	—	Sunray7-1 井
穆龙达瓦	$T_3—J_1$	Isalo Ⅱa	砂岩	40 ~ 116	10 ~ 30, 平均 23	100 ~ 5000	Tsimiroro

　　莫桑比克盆地 Temane 气田和 Pande 气田产层为上白垩统 Grudja 组下段，储集层由易碎的中—粗海绿石石英砂岩组成，孔隙度在 29% ~ 33%，天然气产层渗透率在 185×10^{-3} ~ $1900 \times 10^{-3} \mu m^2$，其中 Pande 11 井钻遇砂岩的最大渗透率超过 $4000 \times 10^{-3} \mu m^2$。

　　穆龙达瓦盆地上三叠统 Amboloando 组砂岩为沥青矿和稠油油藏储集层，其中，上三叠统 Amboloando 砂岩组（Isalo Ⅱa 段）是 Tsimiroro 稠油的主要储集层。砂岩粒度为细—中粒，磨圆度为次棱角—次圆状，孔隙度为 10% ~ 30%，平均 23%，渗透率为 100×10^{-3} ~ $5000 \times 10^{-3} \mu m^2$。

第四节　盖　　层

　　非洲东海岸沉积盆地内发育多套盖层（表 12-7），其岩性主要是发育在中晚侏罗世—早白垩世弱裂谷期沉积层序和晚白垩世—新近纪被动大陆边缘时期飘移层序内的页岩、泥岩和泥质灰岩等。

　　此外，索马里盆地、坦桑尼亚盆地 Mandawa 次盆和鲁伍马盆地中发育的厚层蒸发岩，也是盆地内重要的盖层。索马里盆地的盖层主要有页岩和蒸发岩。Calub 气田的盖层是 Bokh 页岩，Adigrat 砂岩储集层的盖层是致密的 Hamanley 组碳酸盐岩。而 Mogadishu 次级盆地储集层的盖层是层内页岩。Uarandab 页岩是索马里盆地最好的区域性盖层，而在台地至盆地过渡区发育的蒸发岩和层内页岩为局部重要盖层。

表 12-7　非洲东海岸地区部分盆地盖层特征统计表（周总瑛等，2011）

盆地	地层		岩性	备注
坦桑尼亚	E₁—N₁		页岩	层间盖层
	K₂	Ruaruke	页岩	下白垩统储集层的区域盖层，如 Songo Songo 气田
		Cenomanian	页岩	超压，局部盖层
	J₃		页岩	局部盖层
	J₂		页岩	局部盖层
	J₁	Mbuo	页岩	Mandawa 次盆的区域盖层
		Nondwa	蒸发岩	Mandawa 次盆的区域盖层
索马里	K₂—E₂	Sagaleh、Obbia、Marai Ascia、Coriole、Yesomma	页岩	层间页岩
	K₁	Main Gypsum/Gorrahei	蒸发岩	区域盖层
	J₂₊₃	Uarandab	页岩	盆内最好的区域盖层
	J₁₋₂	Hamanlei	蒸发岩	Adigrat 储集层的区域盖层，厚 30～450m
	Karoo	Bokh	页岩	Calub 储集层的区域盖层，厚 30～450m

第五节　盆地成藏条件初步评价

初步评价认为坦桑尼亚、鲁伍马、索马里三个盆地为油气勘探 I 级有利盆地，莫桑比克盆地为 II 级较有利盆地，拉穆、穆龙达瓦盆地为 III 级不利盆地（表 12-8）。

从烃源岩发育和保存条件（包括盖层和后期构造改造强度）两大油气成藏因素对比看，坦桑尼亚、鲁伍马和索马里三个盆地油气成藏地质条件优越，勘探潜力巨大；莫桑比克盆地为较有利油气勘探盆地，拉穆、穆龙达瓦盆地为不利盆地。坦桑尼亚和鲁伍马盆地位于构造枢纽带上，后期构造改造较弱，地层基本无抬升剥蚀或抬升剥蚀弱，断层不发育，保存条件优越。而穆龙达瓦盆地后期构造改造强烈，地层抬升剥蚀严重，通天断层发育，保存条件差，使早期的油藏遭受破坏、氧化形成稠油和沥青矿。

表 12-8　东非海岸重点盆地成藏地质条件评价表（周总瑛等，2011）

盆地	烃源岩	保存条件		综合评价级别
		盖层	后期构造改造强度	
坦桑尼亚	优越，发育 Karoo 群页岩、侏罗系（Mbuo 组页岩、Nondawa 组蒸发岩、Mihambia 组页岩、Makarawe 组页岩）、上白垩统黑色页岩三套优质烃源层	优越，发育 Mbuo、Ruaruke 两套页岩区域盖层和一套蒸发岩（Nondwa）局部盖层	较弱，地层基本无抬升剥蚀或抬升剥蚀弱，断层不发育	I
鲁伍马	优越，发育 Karoo 群页岩、下侏罗统 Nondawa 组页岩/蒸发岩、下白垩统页岩三套优质烃源岩	优越，发育两套页岩区域盖层和一套蒸发岩（Nondwa）区域盖层	较弱，地层基本无抬升剥蚀或抬升剥蚀弱，断层不发育	I

盆地	烃源岩	保存条件		综合评价级别
		盖层	后期构造改造强度	
索马里	优越，发育 Bokh 组页岩、侏罗系（Uarandab 组页岩、泥灰岩和 Hamanle 组页岩）、古近系 Sagaleh 组页岩三套较优质烃源岩	优越，发育 Uarandab、Transition Zone、Bokh 三套页岩区域盖层和 Main Gypsum/Gorrahei 蒸发岩局部盖层及 Hamanley 组碳酸盐岩	一般，北部、南部地层存在部分抬升剥蚀，断层发育程度中等	I
莫桑比克	较好，发育一套白垩系（Maputo 组、Grudja 组、Sena 组和 Domo 组）页岩烃源岩，但地热梯度偏低，有机质热演化程度低	较好，发育多套泥质岩盖层	一般，南部地层存在抬升剥蚀，断层发育程度中等	II
拉穆	较差，缺乏优质烃源岩	一般	一般，西部地层存在剥蚀，断层发育中等	III
穆龙达瓦	较好，发育 Sakamena 组和 Isalo IIa 组页岩优质烃源岩	较好，发育多套泥质岩盖层	强烈，地层抬升剥蚀严重，通天断层发育	III

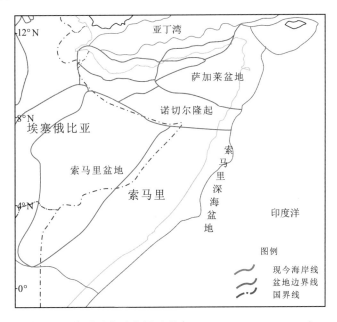（这里是章节标题块）

第十三章 **东非海域索马里盆地油气地质**

索马里盆地（Somali basin）位于非洲霍恩地区，主体在索马里和埃塞俄比亚南部，总面积 703900km²，其中陆上面积 628100km²，海上面积 75800km²。索马里盆地是一个面积大、以含气为主的盆地（图 13-1）。到目前为止，索马里盆地尚未进行开发，没有钻探开发井，也没形成产量。现仅对 Calub 凝析气田作了开发计划方案，1996 年投产，原油产量为 1400bbl/d，气产量为 $17.6 \times 10^6 ft^3/d$（2933bbl（油当量）/d），这仅为该气田资源的一小部分。

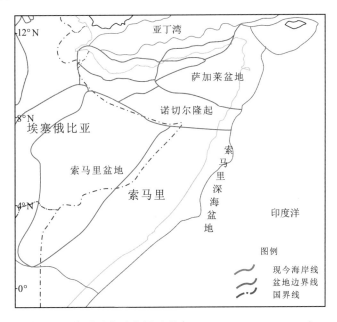

图 13-1　索马里盆地位置（引自 Petroconsultants，1995）

第一节　烃　源　岩

综合分析索马里盆地主力烃源岩有三套（图 13-2）：

（1）Auigrat 组地层，为黑色泥岩和烟煤，为大陆架斜坡相沉积。TOC 含量一般在 0.8% ~ 1.4%，有机质来自陆源植物，以生气为主，也有轻质、凝析油。

（2）Hamanley 组最好的烃源岩位于中部，为深湖相深灰色石灰岩、页岩与蒸发岩互层。Hilala 1 和 Hilala 3 Hamanley 碳酸盐岩中油气就可能来自此套烃源岩。Hamanley 组烃源岩成熟于晚侏罗世，在纽康姆期达生油高峰。

（3）Uarandab 组中有两个黑色泥页岩段，有海相和陆相有机物质，TOC 平均为 2.3% ~ 3.0%，来自藻类，是重要生油岩，生烃指数大于 300mg/g。Uarandab 泥页岩成熟于马斯特里赫特期，次要烃源岩为 Gabredarre 组，为深灰色泥页岩，TOC 在 1% 左右，以生气为主，生烃指数大于 230mg/g。

第二节　储　　层

（1）主要的碎屑岩储集层是二叠系—三叠系 Calub 组和下侏罗统 Adigrat 组砂岩。在 Ogaden 东部 Yesomma 组砂岩也有气显示。这些砂岩是分选好 - 中等的石英砂岩，由于钙质和硅质胶结，孔隙度较低（<10%），渗透性也差（图 13-2）。

（2）有利的碳酸盐岩储集层发育于 Gira、Cotton 和 Hamanley 组，为生物碎屑和生物礁相沉积。局部白云岩化，孔渗性好。在 Ogaden 地区，Hamanley 组为生物成因和生物碎屑建造，分布在 30 ~ 60 m 水深的浅海区，向外相变为碳质泥岩和粉砂岩。

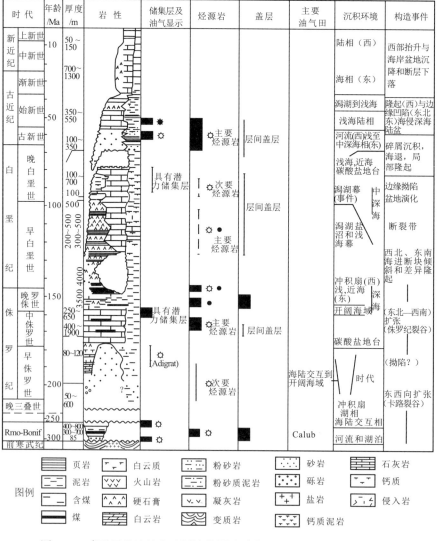

图 13-2　索马里盆地综合地层柱状图（引自 Petroconsultants，1995）

第三节　盖　　层

有利的区域盖层为 Uarandab 泥页岩 Anole 泥灰岩和石膏层。地区性有利盖层有分布在 Mudugh 拗陷北部 Taleh 组蒸发岩，Ogaden 拗陷和 Mudugh 拗陷中西部的 Hamanley 组和 Gahrcdarre 组硬石膏层、致密的白云岩和石灰岩（图 13-2）。

第四节　油气成藏组合

迄今在索马里盆地的油气发现仅少数几个，已证实存在三个含油气组合（或油气聚集带）。

（一）二叠系—三叠系构造地层型含油气组合

Calub 砂岩储集层为 Bokh 泥岩盖层封盖；Adigrat 砂岩储集层则为 Hamanley 碳酸盐岩和蒸发岩盖层封盖，圈闭类型为基底凸起之上的宽大披覆构造，部分为两侧倾斜北西向断块圈闭。该含油气组合包括盆内最大油气的发现（其储集层为 Calub 砂岩，天然气储量为 2.17Tcf）。它是盆内最重要的含油气组合，若以油当量计其可采储量约为全盆的一半。

发育 Bokh-Calub 含油气系统，烃源岩为 Bokh 泥页岩，储集层为 Calub 组和 Adigrat 组砂岩。烃源岩在晚侏罗世开始生烃，在晚侏罗世纽康姆期达到生烃高峰。油气排出与运移主要时期为晚白垩世，此后由于沉降作用近乎停止，且地温梯度低，烃源岩演化程度变化甚微。在 Bokh 泥页岩作盖层的封盖作用在烃源岩沉积的同时即已形成，在 Hamanley 组为盖层的地区封盖作用直到侏罗纪才有效。Calub 组构造基本上未被断层破坏，保存条件良好。另外，在侏罗纪和白垩纪期间正断层和走滑断层活动，可能对油气运移和保存有利（图 13-3）。

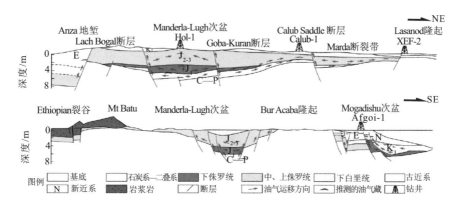

图 13-3　索马里盆地区域油气成藏剖面（金宠等，2012）

（二）侏罗系构造型含油气组合

该含油气组合以 Ogaden 中部 Hilala 1 和 Tuli 1 两个非商业性油气发现为代表，

气储量约占全盆的 5%。在 Hilala 1 地区储集层有两层：Hamanley 组中部白云岩化砾屑灰岩，为组内蒸发岩所封盖；Hamanley 组顶部生物碎屑灰岩，为 Uarandab 泥页岩所封盖。圈闭类型为掀斜断块。在 Tuli 1 地区，储集层为 Adigrat 组，是该地区次要储集层。

发育 Hamanley 含油气系统，该系统烃源岩包括 Hamanley 组深湖相灰岩和 Uarandab 组页岩，储集层为 Hamanley 组局部白云岩化砾屑灰岩和下伏的 Adigrat 组砂岩，构造圈闭形成发展于晚白垩世—古新世。Hamanley 组烃源岩在晚侏罗世开始成熟，在纽康姆期达到生烃高峰。下伏 Uarandab 组则在马斯特里赫特期达生烃高峰。圈闭类型为掀斜断块，最初形成于早白垩世，大量形成于晚白垩世（图 13-3）。

（三）赛诺曼阶始新统构造地层型含油气组合

该含油气组合储集层为 Sagaleh 组和 Maria Asha 组砂岩及 Coriole 组碳酸盐岩，为组内盖层封闭；圈闭类型为 Coriole 掀斜断块和 Afgoi 地垒，同时受到岩性的明显控制。该含油气组合气储量约占全盆的一半，油储量占全盆的绝大部分。

发育 Sagaleh-CorioLe 含油气系统，烃源岩为赛诺曼阶—古新世烃源岩，成熟于古近纪。储集层有 Coriole 组白云岩、Maria Asha 组和 Sagaleh 组浅海相砂岩。构造地层型圈闭形成于始新世渐新世早期，由于地温梯度低等因素，烃源岩成熟期相对较晚，现仍处于生油阶段。由于油气生成晚，故成藏后圈闭遭断层破坏的机会少，有利于保存（图 13-3）。

第五节 勘 探 潜 力

（一）Ogaden 拗陷

Ogaden 拗陷是东非最有勘探前景的地区之一。已发现具经济价值的 Calub 气田和许多油气显示主要勘探目标是二叠系—三叠系构造地层型含油气组合和侏罗系构造型含油气组合，而蒸发岩以上含油气组合可能保存条件差而非主要勘探目标。

Calub 气田位于索马里盆地中部 Ogaden 拗陷的东南部斜坡上，东北邻 March 断层带，产层为石炭系—二叠系 Calub 组，为裂谷期地层，与下伏盆地基底为不整合接触。储集层岩性为分选好-中等的石英砂岩，在气田区埋深在 3600 ~ 3850m，孔隙度较低，小于 10%，渗透率也很差。盖层为石炭系—二叠系 Bokh 组湖相泥页岩，其直接覆盖在 Calub 组之上，与储集层形成良好的连续性组合。圈闭类型为背斜，系在基底凸起之上形成的披覆构造，亦有后期改造作用。平面形态为穹窿状，高点埋深约 3620m，闭合度大于 100m。可以推测圈闭初始形成于裂谷初期 Calub 组沉积时，后被进一步改造加强（图 13-4）。

Calub 气田的气藏属层状构造型底水干气藏，气来自上覆 Bokh 组泥页岩，该烃源岩为湖相沉积。TOC 一般小于 0.50%，个别高达 5%，干酪根为 II - III 型。在盆地演化过程中，其稳定沉降，在晚侏罗世巴列姆期即已成熟，并于晚白垩世—古新世进入生气阶段。生成的天然气从烃源岩排出后垂直向下倒灌入 Calub 组储集层，并作侧向运移聚集于斜坡上圈闭中成藏，Calub 气田成藏期为晚侏罗世—古新世。

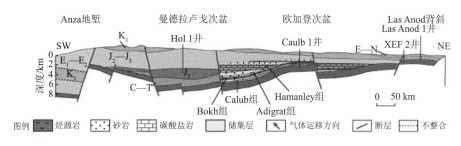

图 13-4　Calub 气田东西向气藏剖面图（周总瑛等，2011）

（二）Mandcra-Lugh 拗陷

迄今仅钻 4 口井，仅获小型油气显示。主要勘探目标：①复杂的掀斜断块，储集层为 Calub 组和 Adigrat 组砂岩，上覆深湖相碳酸盐岩和蒸发岩是其盖层。② Baydoa 组上部砂屑灰岩，其为 Anole 组泥灰岩封盖。③ Uegit 生物碎屑灰岩，为 Gabredarre 组蒸发岩封盖。Anole 组、Uaney 组、Rachmi 组和 Rukesa 组深湖相灰岩和泥岩是烃源岩，在盆地中心部位，这些烃源岩在侏罗纪和纽康姆期（即圈闭形成期）即已深埋，演化至生油高峰阶段。

（三）Mudugh 拗陷

已发现的油气显示规模小，该拗陷勘探程度很低。钻井密度仅为 10500 km^2/ 口。最有利的勘探目标为拗陷中西部和东北部。在这些地方 Hamanley 组和 Belet Uen-Mustahil 组发育生物碎屑灰岩和生物礁灰岩，累计厚 300 ~ 450m，分布深度在 750 ~ 2150m，盖层为 Uarandab 组页岩和组内页岩。侏罗系—中白垩统烃源岩的成熟高峰与排烃期为晚白垩世—古新世，在东北部为始新世晚期—渐新世。还有许多未钻构造，包括西部的大而低幅地垒、沿岸海域北东和南北向掀斜断块，以及披覆构造和牵引构造。

第十四章 东非海域鲁伍马盆地油气地质

鲁伍马盆地位于坦桑尼亚东南部和莫桑比克东北部的海上地区，面积约 $9 \times 10^4 km^2$，陆地、浅海、深水的面积分别占总面积的 48%、14% 和 38%。天然气发现主要在深水区。鲁伍马盆地西侧是莫桑比克带前寒武纪基底出露带，北界为鲁伍马鞍状基底背斜，南界在基底出露带东界附近。

该盆地重大油气发现如下：1982 年发现 Mnazi Bay 气田，可采储量为 69.83×10^6bbl。2007 年发现 Msimbati 气田，可采储量 15.17×10^6bbl。2010 年发现 Barquentine 气田，可采储量 287.33×10^6bbl；发现 Lagosta 气田，可采储量 380×10^6bbl。2011 年发现 Chaza 气田，可采储量为 13.33×10^6bbl；发现 Tubarao 气田，可采储量 69.83×10^6bbl；发现 Camarao 气田，可采储量 404.99×10^6bbl；发现 Mamba South 气田，可采储量 2646.66×10^6bbl。

鲁伍马盆地是东非深水区发现天然气最多的盆地，成为迅速崛起的世界著名的万亿大气区（图 14-1）。2010 ~ 2012 年，莫桑比克陆续在海上获得 10 个巨型天然气发现，天然气可采储量达到 $20821 \times 10^8 m^3$（表 14-1）；截至 2012 年 5 月，坦桑尼亚已经在其南部海上获得数个大型天然气发现，天然气储量达到 $1869 \times 10^8 m^3$。在 2011 年全球十大油气勘探发现中，有两项来自鲁伍马盆地。

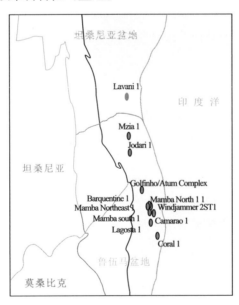

图 14-1 东非大陆边缘鲁伍马盆地深水区新发现大油气的分布图

表 14-1 鲁伍马盆地天然气储量数据表（孔祥宇，2013）

国家	油气田名称	位置	发现日期	天然气可采储量 /$10^8 m^3$	凝析油可采储量 /$10^4 t$	可采储量油当量 /$10^4 t$
莫桑比克	Barquentine	海上	2010-10-19	2547.00	109.59	20657.53
	Camarao 1	海上	2011-10-15	1415.00	54.79	11470.27

续表

国家	油气田名称	位置	发现日期	天然气可采储量 /10⁸m³	凝析油可采储量 /10⁴t	可采储量油当量 /10⁴t
莫桑比克	Coral 1	海上	2012-05-15	2122.00	164.38	17287.67
	Golfinho 1	海上	2012-05-15	3396.00	328.77	27726.03
	Lagosta 1	海上	2010-11-15	1591.80	68.49	12910.96
	Mamba North 1	海上	2012-02-15	1556.50	150.68	12707.81
	Mamba Northeast 1	海上	2012-03-15	2122.50	205.48	17328.77
	Mamba South 1	海上	2011-10-15	4443.10	410.96	36255.75
	Tubarao 1	海上	2011-02-15	212.20	0	1712.33
	Winjdammer	海上	2010-03-16	1415.00	54.79	11470.27
坦桑尼亚	Chaza 1	海上	2011-04-15	22.60	0	182.60
	Jodari 1	海上	2012-03-15	962.20	95.89	7858.49
	Mzia 1	海上	2012-05-15	735.80	68.49	6004.52
	Mnazi Bay	海上、陆上	1982-11-15	118.50	13.70	970.27
	Msimbati 1	陆上	2007-04-15	25.70	2.74	210.55
	Ntorya 1	陆上	2012-02-15	2.50	0.25	20.82
	Ziwani 1	陆上	2012-05-15	1.69	0.21	13.97

注：数据来源于 IHS（Information Handling Service）数据库，2012 年 5 月更新。

第一节　烃　源　岩

鲁伍马盆地的烃源岩目前尚未得到证实，仅有少量几口井钻遇。目前初步确定的四套潜在烃源岩分别为二叠系—三叠系 Karoo 群、侏罗系、白垩系和古近系烃源岩。P—T₁ Karoo 群烃源岩为湖相和煤系烃源岩，丰度高；侏罗系潟湖相、局限海相烃源岩，丰度高；白垩系和古近系烃源岩海陆过渡相和海相烃源岩，丰度低—中等（图 14-2）。

（一）Karoo 组烃源岩

Karoo 组烃源岩是在陆相沉积环境下形成的烃源岩，广泛发育煤层。对东非盆地的研究发现烃源岩主要沉积于泛滥平原、三角洲、海相沉积环境。在 Tanzania 盆地，二叠系—三叠系 Karoo 组页岩主要为Ⅲ型干酪根。而在鲁伍马盆地的 Lukuledi 1 井，页岩的 TOC 达到 7%，HI 为 386mgHC/gTOC。更深地层的样品 TOC 更高，认为其是煤。在临近的 Tanzania 盆地的 Selous 次盆地，Liwale 1 井三叠纪的黑色页岩的 TOC 为 2.2% ~ 9%。

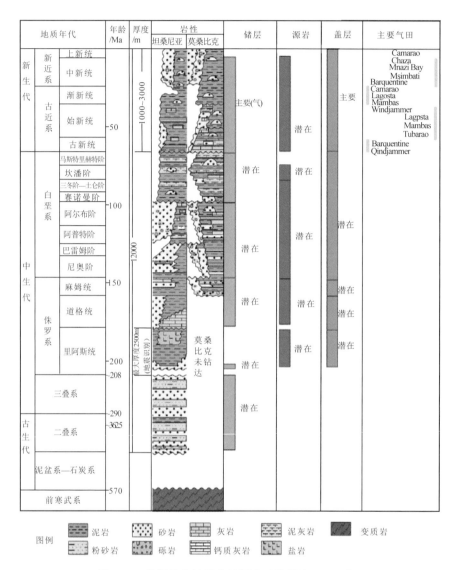

地质年代			年龄/Ma	厚度/m	岩性		储层	源岩	盖层	主要气田
					坦桑尼亚	莫桑比克				
新生代	新近系	上新统		1000~3000			主要(气)	潜在	主要	Camarao Chaza Mnazi Bay Msimbati Barquentine Camarao Lagosta Mambas Windjammer Lagpsta Mambas Tubarao Barquentine Qindjammer
		中新统								
	古近系	渐新统								
		始新统	50							
		古新统								
中生代	白垩系	马斯特里赫特阶		12000			潜在	潜在		
		坎潘阶								
		三冬阶—土仑阶	100							
		赛诺曼阶					潜在	潜在	潜在	
		阿尔布阶								
		阿普特阶								
		巴雷姆阶								
		尼奥阶					潜在	潜在		
	侏罗系	麻姆统	50	最大厚度2500m（地震识别）		莫桑比克未钻达	潜在	潜在	潜在	
		道格统							潜在	
		里阿斯统	200					潜在	潜在	
			208				潜在			
古生代	三叠系		290				潜在			
	二叠系		325							
	泥盆系—石炭系									
	前寒武系		570							

图例　▦ 泥岩　▨ 砂岩　▧ 灰岩　▨ 泥灰岩　■ 变质岩
　　　▦ 粉砂岩　▨ 砾岩　▨ 钙质灰岩　▨ 盐岩

图 14-2　鲁伍马盆地综合地层表（孔祥宇，2013）

（二）侏罗系烃源岩

在鲁伍马盆地没有反映侏罗系烃源岩的数据。根据 Mandawa 次盆和鲁伍马盆地在地震剖面上具有相似的特征且沉积环境相似的情况，推测烃源岩可能存在。在 Mandawa 次盆，下侏罗统 Nondwa 页岩夹有蒸发岩，是 Tanzania 盆地最可能的烃源岩。在 Mandawa 7 井，深色页岩的净厚度为 400m，该页岩的时代为普林斯巴期—土阿辛期中期。该地层内的黑色页岩的 TOC 为 0.6% ~ 10.9%，平均为 4.7%。最好的烃源岩出现在该地层的最下部，大约在 2800m 深处，此深度页岩多夹蒸发岩，干酪根为Ⅱ-Ⅲ型，偶混有Ⅰ-Ⅱ型。基于地震剖面，Tanzania 盆地的鲁伍马盆地（Lukuledi 地堑）和 Mozambique

盆地的鲁伍马盆地（Palma 凹槽）的下侏罗统 Nondwa 组厚度很大。在 Lukuledi 埋深达到 1000 ~ 4000m，在 Palma 凹槽的埋深达到 5000m。该组被认为是 Lukuledi 地堑和附近地区的主力生油岩。在 Palma 凹槽的埋深反映出该组不在生油窗，但是从油气生成与聚集看，该组是个很好的烃源岩。

（三）白垩系烃源岩

在鲁伍马盆地的 Lindi-2 井钻遇了下白垩统的深色粉砂质页岩，TOC 达到 1.34%；莫桑比克 Mocimboa-1 井中 3110m 深度处的阿尔布阶—赛诺曼阶页岩分析显示 TOC 大于 1%，干酪根类型为Ⅲ型，以生气为主；上白垩统的页岩 TOC 一般小于 1%，主要生气和凝析气。

（四）古近系烃源岩

在 Mtwara-1 井浅层的中新统砂岩中钻遇了沥青，在 Mnazi Bay-1 井的始新统、古新统和白垩系中也钻遇了少量液态烃，目前还不能确定这些原油和沥青的来源。古近系三角洲和前三角洲的页岩沉积可能具有部分生烃潜力，Mnazi 湾中的天然气发现几乎全部为甲烷，曾认为主要是生物成因气，后来在 Mnazi Bay-3 评价井测试过程中发现了 1.9 ~ 2.1t 的轻质油，通过对油样的分析表明，其地球化学成分与古近系的沉积物烃源岩具有相关性，因此认为古近系沉积页岩中可能存在高有机质含量。Mnazi 湾曾经的作业者 Artumas 公司通过对油样的分析也认为，该油样的地球化学特征与古近系的源岩具有相关性。

第二节　储　　层

唯一证实的储层为渐新世—中新世的碎屑岩。渐新统三角洲和中新统砂岩储层是鲁伍马河流三角洲环境下沉积的，主要位于 Tanzania 和 Mozambique 境内。鲁伍马河流相三角洲形成于渐新世，东非裂谷体系的早期隆升和三角洲的进积作用使其形成了厚层、向东延伸且快速沉积的碎屑岩，包括浅水三角洲 – 深水斜坡相，形成了复杂堆积的河道砂岩。在坦桑尼亚鲁伍马盆地北部和莫桑比克深水已发现的最年轻的储层是中新统砂岩。

它们现在位于该盆地的中北部，在 Mocimboa1 井、Mnazi Bay 井和 Msimbati 井发现。在 Mnazi Bay1 井，储层是干净的砂岩，其孔隙度为 15% ~ 30%，渗透率很高，厚度为 5 ~ 10m。在 Msimbati1 井，K 砂岩段的渗透率为 182×10^{-3} ~ $1325 \times 10^{-3} \mu m^2$，其平均孔隙度为 19%。

古近纪以来，随着 AFAR 热柱喷发，东非高原崛起，剥蚀量 2 ~ 3km（Burke et al., 2003），发育于赞比西西北部山地的赞比西河，注入莫桑比克海峡形成巨大的三角洲，河口平均流量 7080m³/s（金宠等，2012）。三角洲平原由受潮汐影响的分流河道和潮坪组成，分流河道弯度低、呈漏斗状，发育平行于河道走向的现状砂脊。三角洲前缘发育指状的潮汐砂脊。由于陆架狭窄，赞比西河携带的大量泥沙受潮汐改造，进入深海盆地形成深水扇。

潜在的储层有 Karoo 碎屑岩、上—中侏罗统的碎屑岩和碳酸盐岩、下—中白垩统碎屑岩和碳酸盐岩、鲁伍马三角洲的碎屑岩。

第三节 盖 层

古新统、始新统、渐新统和中新统的主要盖层均为鲁伍马三角洲层间页岩；侏罗系和白垩系的局限海－海相页岩可作为潜在的盖层，其中上白垩统页岩分布广泛，为区域盖层，侏罗系蒸发岩可作为局部盖层。总体上讲，盖层质量向盆地的西边逐渐变差。

第四节 圈 闭

该盆地的构造包括了断块构造和地堑沉积构造，其与海岸平行，在二叠纪—早侏罗世的东西向扩张过程中形成。该构造在区域挤压下发生变化，此时冈瓦纳开始破裂，Madagascar 从非洲大陆分离，东西向的扩张被南北向的扩张取代，其后逐渐形成犁式断层。

该盆地的圈闭类型主要为构造圈闭，以断层控制的圈闭为主。

第五节 成 藏 组 合

鲁伍马盆地近年来发现的大气田主要分布在盆地深水地区，该区域发育三套烃源岩。三套烃源岩在深水环境形成，富含有机质。鲁伍马盆地地温梯度低，主生气窗大于5000m，白垩系以下地层是主力烃源岩，白垩系及以上地层未进入大量生气阶段。

成藏组合主要为下生上储和下生下储两大类。前者指 Karoo 群—侏罗系烃源岩生，储层为古近系—中新统河流三角洲碎屑岩，其中三角洲相砂岩的孔渗性好，为油气的储层提供了空间；有效盖层是渐新世—中新世三角洲页岩。下生下储指 Karoo 群—侏罗系自生自储。渐新世—中新世铲状断层和新生代的大断层或不整合形成油气运移通道。断块圈闭、岩性圈闭为油气主要圈闭。

总之，东非海域盆地众多，烃源岩层系多（石炭系—古近系），烃源岩形成环境多（陆相、海陆过渡相、海相），烃源岩类型多（泥岩、煤系、碳质泥岩），烃源岩后期变化多（持续大幅度沉降深埋、持续沉降中幅度中埋、持续弱沉降浅埋、反转抬升），受热作用变化大（从不成熟到过成熟），生烃期变化大（早期、中期、晚期生烃）；储层层系多、储层类型多、物性变化大，其中以古近系、新近系鲁伍马三角洲砂岩最好；盖层层系多，分布区域大小不一，类型有泥岩、蒸发岩等，三角州泥岩夹层起主要作用；圈闭类型多，三角洲内中各种重力构造、岩性－复合圈闭起主要作用。油气地质表现为复合、叠合、改造等特征，源热共控以天然气生成为主，多套生储盖组合以下生（石炭系—白垩系）上储（古近系—新近系）为主，主力成藏组合为大型三角洲。

第六节 勘 探 前 景

根据美国地质调查局预测，东非海岸潜在天然气资源量达 $12.5 \times 10^{12} m^3$，根据含油气层段的分布，可将其初步划分为六个勘探目标领域（图 14-3）：①白垩系地层 – 构造复

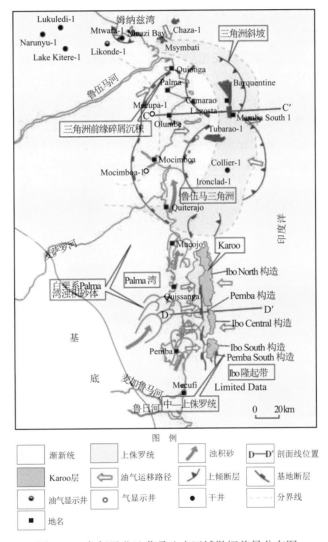

图 14-3 鲁伍马盆地莫桑比克区域勘探前景分布图

合圈闭目标（发现一个油气田）。最近的油气发现位于坦桑尼亚深水（1639m）的 Mzia-1 井，钻遇上白垩统 55m 的纯气层，两段储层的总气层厚度达到 178m，未钻遇气水界面，天然气地质储量达到（566 ~ 1698）$\times 10^8 m^3$。Mzia-1 井的油气新发现，为在鲁伍马盆地该井临近区域开展白垩系远景圈闭的勘探降低了风险。在莫桑比克陆上的 Mocimboa-1 井，白垩系阿普特阶—阿尔布阶浊积砂岩中发现了油气显示，莫桑比克的帕玛湾和鲁伍

马海上区块中均存在白垩系的前景圈闭，是未来的勘探潜力所在。②始新统地层圈闭目标（发现 4 个天然气田）。2010 年在莫桑比克海上的 Lagosta-1 井和 Tubarao-1 井的储层厚度分别为 54 m 和 34 m；2011 年 Mamba South-1 井在高品质的冲积扇三角洲砂体中也发现了天然气，使始新统成为已证实的重要含气层。③古新统地层圈闭目标（发现 4 个油气田）。2010 年钻探的 Windjammer 2ST1 井第一次发现了古新统含油气层段，其后在 Barquentine-1 井也发现了古新统砂岩，尽管厚度比渐新统薄，但分布更加广泛，是重要的前景领域。④鲁伍马三角洲渐新统—中新统岩性 – 构造复合圈闭目标（发现 11 个油气田），包括浅水三角洲 – 深水斜坡相形成的复杂浊积水道和扇体砂岩，烃类类型均为天然气，储层为鲁伍马三角洲渐新统和中新统砂岩。⑤侏罗系地层 – 构造复合圈闭目标，为推测的含油气远景目标，最有利的领域是莫桑比克的 Ibo 隆起带向上超覆到高部位的中、上侏罗统砂岩以及隆起带上的浅水碳酸盐岩。⑥二叠系—三叠系 Karoo 群。目前尚无系统资料，仅在 Lukuledi-1 井中钻遇，但从地震数据中可以解释出 Karoo 群厚层沉积的存在。在盆地的莫桑比克境内，新的地震和铅井数据预示勘探前景广阔，尤其是在盆地东南部的 Ibo 隆起带。

第四篇

西太平洋深水盆地群油气地质

第十五章　南海深水盆地油气地质特征

第一节　引　言

　　南海深水区位于南海海域水深大于300m的区域（图15-1），其油气勘探历史较短，地震勘探始于20世纪70年代末期，1986年于珠江口盆地钻第一口深水探井陆丰22-1-1，至今在南海北部珠江口盆地深水区已有多个深水油气田发现且部分已投入了开发，琼东南盆地深水区已取得突破。南海深水区南部即南沙海域，我国虽做了大量科学考察、地球物理勘探和综合评价，但至今无一口钻探井。南海南部周边国家从20世纪60年代起，不顾我国政府强烈抗议，在我国海域浅水区勘探取得巨大发现，近年来大举向深水区推进，且已取得几十个深水油气发现。深水区是目前全球常规油气储量增长最重要的领域之一，如巴西、西非、东非、澳大利亚、北大西洋、北极、地中海、远东深水油气勘探都取得了极大的成功（张功成等，2011）。我国深水区第一口油气探井钻探时间比陆地第一口探井晚79年，比浅水区第一口井晚21年，勘探时间短，发现程度低，领域广阔，剩余资源潜力很大。据国土资源部2005年新一轮资源评价，南海石油资源量$230 \times 10^8 \sim 300 \times 10^8$t，天然气资源量$82.7 \times 10^{11}$m³，绝大多数分布在深水区。由于我国深水区盆地主要在南海海域，因此本书仅讨论南海深水区石油天然气地质特征，拟就其成盆、成烃和成藏特征进行分析，对勘探方向进行初步探讨。

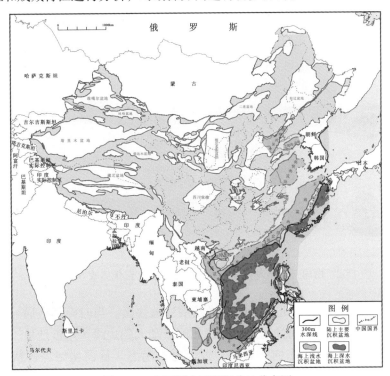

图 15-1　中国深水区沉积盆地分布图

第二节 区域构造演化

一、古南海阶段

南海的前新生代历史虽然很复杂，但在中生代末期，各个地块拼合呈统一的小型"联合古陆"，其中主要包括三大族群，其一是华南板块及亲华南板块的地块，如中国台湾、东沙、菲律宾、西沙、中沙、南沙、巴拉望等，其前新生代具有相似的岩石地层特征；其二是印支板块；其三是婆罗洲地块（Mctcalfe，2005）。

由于古太平洋板块俯冲，使南海区域于中生代末形成的"联合古陆"肢解。裂谷带沿泛华南地块与婆罗洲地块之间的古薄弱带伸展，经历陆内裂谷、陆间裂谷等阶段。其成熟期的古区域构造格局呈"两陆夹一湾"（张功成等，2013b），南部大陆是婆罗洲大陆及其北侧的被动大陆边缘，中部是古南海（大西洋型），北部大陆是泛华南大陆及其南部的被动大陆边缘（图 15-2（d））。

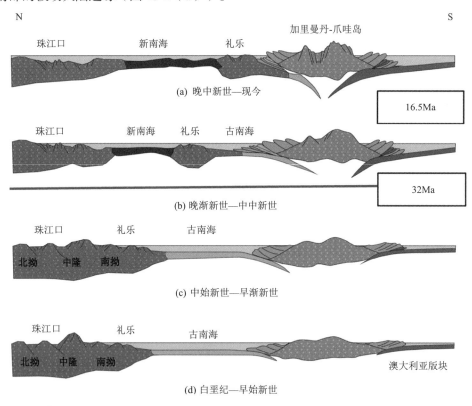

图 15-2　南海深水区及其邻区大地构造演化（据张功成等，2013b）

北部大陆包括了现今的北部大陆边缘及南沙地块区。当时内部格局可能呈"一隆两拗"（图 15-2(d)）。"南拗"是古南海北侧被动大陆边缘（南沙地块），发生区域性裂陷，形成北东—北东东向裂谷带，因邻近古南海，从白垩纪经古新世到始新世沉积的是海相碎屑岩地层，盆地下构造层结构呈断拗结构，其中以始新统海相地层为主（图 15-2 (d)）。"北拗"是北部湾 – 珠江口盆地 – 琼东南 – 台西南陆相断陷区（图 15-2 (d)）。"中隆"可能位于现今南海洋壳位置，但宽度要小得多，分隔了北部的陆相断陷区和南部的海相断陷区（图 15-2 (d)）。

南部大陆婆罗洲广泛发育海相的古新世—始新世地层，代表了当时的被动大陆边缘沉积（图 15-2 (d)）。

从两侧盆地发育地层，大致可以确定古南海存续时代在古新世—渐新世。礼乐盆地钻穿沉积地层的探井发现，该盆地白垩系以来的地层都发育（包括白垩系）。婆罗洲地块从南向北地层变新，最南部为白垩系，中央为古新统，北部为始新统。

综合以上资料，古南海初始裂陷在古新世，主要阶段在始新世，渐新世以后开始萎缩。

二、古南海消减和新南海形成阶段

始新世以后，印度板块与欧亚板块碰撞，两板块之间深层软流圈在南北夹击之下向东南流动，在东南方向受到太平洋板块俯冲带的阻挡，形成地幔柱上升流，巨型地幔柱底辟作用导致新南海形成，使南海呈现新的构造格局，即"三陆夹两海"态势（张功成等，2013a）（图 15-2 (d)）。

新南海位于西沙 – 中沙 – 东沙与南沙地块之间的软弱带上，早期属陆内裂谷性质，逐渐扩展成现今规模，基底为洋壳，发育走向东西—北东东的若干磁条带与走向北北西—南北的多条转换断层，具有典型的大西洋洋中脊构造特征，仅仅是规模要小得多，磁条带年龄最老 32Ma，最新 16Ma，持续时间 16Ma，相当于渐新世到早中新世（Taylor and Hayes，1983）。新南海当时呈港湾状，北、西、南被陆、地块包围，东部与大洋（太平洋）相通，古海洋呈"C"型。

新南海北部是宽缓的大陆边缘，其南部边缘呈港湾状，东段相对窄，西段相对宽，具有完整的大陆架、大陆坡。东段是由一个大陆架、一个大陆坡构成的单一结构，西段结构呈陆架 – 陆坡 – 陆隆结构。新南海北部陆架上发育三排凹陷带，包括北部湾 – 珠江口盆地北部拗陷带、琼东南盆地 – 珠二拗陷带、双峰 – 笔架南盆地带等。新南海北部边缘古近纪处于伸展状态，在 23.8Ma 发生了从断陷向拗陷的体制转变。

新南海南部边缘即南沙地块北缘，是一个极其狭窄的"大断层带"，没有大陆架、大陆坡体系，可能与其缺乏物源有关。随着新南海扩张，南沙地块从华南大陆裂离，并向南漂移，漂移距离上千千米。南沙地块上的上驮盆地裂离华南大陆之后，没有大的物源充注，处于饥饿状态，沉积较薄。在新南海洋壳扩张的向南推力和古南海阻挡向北的阻力相向作用下，南沙地块受到南北向挤压，地层发生断裂褶皱，早期盆地结构被改造。

古南海由于南沙地块向南推挤，洋壳收缩并向婆罗洲之下俯冲消减，现今已削减殆尽（图 15-2 (a)、(b)）。

古南海南部大陆边缘由早期的被动大陆边缘极性反转成活动大陆边缘，经历俯冲与碰撞两大阶段，在婆罗洲北缘形成前陆盆地或弧前盆地。由于婆罗洲持续隆升，大量物源向北搬运，在沙巴河、拉让河等下游形成巨型三角洲盆地。早中新世末，南沙地块开始自西向东沿现今的南沙海槽方向与婆罗洲北部地区的沙巴发生碰撞缝合，沙巴地区的克罗克组普遍发生褶皱变质并以叠瓦状仰冲于南沙地块之上，形成叠瓦式推覆体，并在其北侧形成南沙海槽前陆盆地。前陆盆地范围逐渐向北东扩展，残留洋盆则逐渐向北东收缩。受现今南海扩张的影响，古南海濒临消失（图15-2（a）、（b）），南沙地块继续向南漂移，到中中新世，南沙地块与巴拉望岛碰撞，沿巴拉望岛北侧发生大规模的北西向推覆，推覆的前缘向南沙地块变新，部分卷入第四纪沉积，产生一系列的推覆逆冲褶皱，形成巴拉望断褶带。古南海南部边缘的盆地在早期的被动大陆边缘盆地的基础上上叠前陆盆地，由于前期伸展作用导致地壳和岩石圈厚度小热流值高塑性大，在挤压阶段地壳强烈向下弯曲，形成巨厚的渐新世—第四系地层（图15-3）。

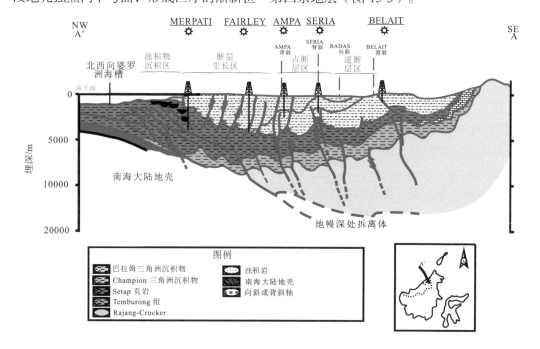

图 15-3 文莱–沙巴盆地区域剖面图

三、南海快速沉降与萎缩阶段

自17Ma至今（相当于中中新世至现今），新南海海底南北向的扩张处于停滞状态，新南海西、北边缘处于快速热沉降状态，由中央洋盆向陆架盆地沉降作用依次减小，在河流入海处形成巨厚的沉积。新南海东部因菲律宾岛弧仰冲，新南海洋壳岩石圈向东俯冲，形成俯冲边缘。新南海东部封闭，呈准封闭的海盆。

古南海南部大陆边缘挤压冲断作用与三角洲沉积作用交织进行，挤压冲断形成由南向北的冲断–褶皱带，在靠近加里曼丹地块北缘的地方，挤压作用显著，向陆坡方向逐渐演化为弱伸展。相邻陆地上的河流注入南海陆架和陆坡区，形成大型三角洲，如南海南部边缘著名的巴兰三角洲，在远离海岸的地方形成碳酸盐台地。

第三节 南海深水区盆地分布

受南海扩张与萎缩旋回控制，南海沉积盆地主要分布于大陆边缘上（图 15-4），且不同边缘性质不同，北部大陆边缘主要呈伸展性质，西部大陆边缘主要呈张扭性质，南沙地块区呈漂移特征，南海南部边缘、南海东部大陆边缘呈挤压性质。

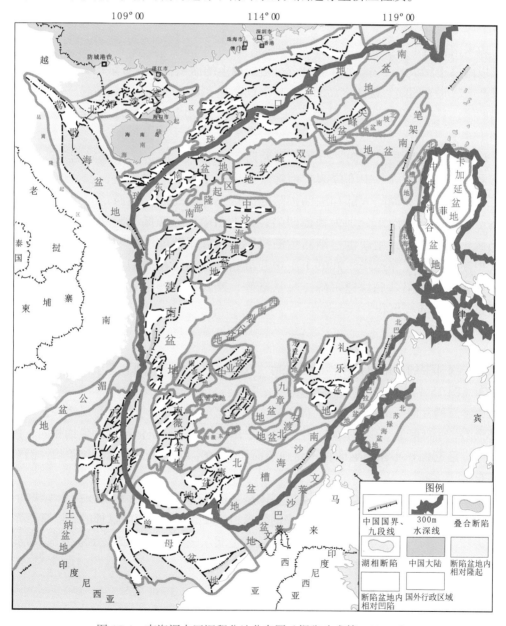

图 15-4 南海深水区沉积盆地分布图（据张功成等，2013a）

一、南海北部大陆边缘深水区伸展盆地

南海北部大陆边缘除北部湾盆地完全在浅水区外，其他盆地都有部分或全部处于深水区。处于深水区的盆地大致可以划分为两个带，北带为琼东南盆地—珠二坳陷—潮汕坳陷—台西南盆地，南带沿中沙海槽盆地—双峰盆地—尖峰盆地—笔架南盆地一线分布。以上两带主体分布于陆坡区，多为 300m 以下的深水区，甚至一部分为 1500m 以下的超深水区。北带主成盆期在渐新世；南带主成盆期在新近纪。

（一）北部带

琼东南盆地走向呈北东向，分为北部坳陷、中部隆起、中央坳陷等。中央坳陷大部及其以南属于深水区，占据整个盆地三分之二以上的面积，主要有乐东－陵水凹陷、陵南低凸起、华光凹陷、松南宝岛凹陷、松南低凸起、北礁凹陷、北礁凸起、永乐凹陷和长昌凹陷，具有凹陷面积大、凸起范围小的特征（张功成等，2007；张功成等，2009）（图 15-4）。

珠江口盆地呈北东东向，分为北部断阶带、北部坳陷带、中部隆起带、南部坳陷带和南部隆起带等。中部隆起带南缘及其以南主体属于深水区，占盆地面积一小半，主要包括珠二坳陷大部和潮汕坳陷等。珠二坳陷北东—南西走向，分为四个三级构造单元，自西向东分别为顺德凹陷、开平凹陷、云开低凸起和白云凹陷。白云凹陷属于深大凹陷，始新世—渐新世断坳期凹陷处于陆架区，凹陷韧性伸展，表现为大型断凹特征（邓运华，2009）。中新世始珠江组沉积时期及其以后，深部过程起控制作用，凹陷基底快速沉降（吴景富等，2012），凹陷处于陆坡区，新近系和第四系为深水陆坡沉积。

（二）南部带

处于南部带的盆地包括中沙海槽盆地、双峰盆地、尖峰盆地和笔架南盆地等，北东向展布（图 15-4）。

中沙海槽盆地全部在深水区（图 15-4），沿北东向展布，分为五个二级构造单元：北部坳陷、中部隆起、中部坳陷、南部隆起、南部坳陷。其整体特征为隆坳相间，坳陷面积大，隆起面积小，坳陷面积占盆地总面积的 80% 以上，而隆起呈长条状，沿东西向展布。

双峰盆地全部在深水区（图 15-4），整体呈北东—南西向展布，划分出三个二级构造，呈"一隆两坳"，为双峰北坳陷、双峰低隆起和双峰南坳陷。双峰盆地的基底是洋壳。

尖峰盆地全部在深水区（图 15-4），整体呈北东—南西向展布，分为三个二级构造单元，自北向南依次为尖北坳陷、尖峰隆起和尖南坳陷。

二、南海西部大陆边缘深水区伸展盆地

南海西部大陆边缘是南海早期裂陷与晚期坳陷复合作用形成的，除受南海边缘海旋

回影响外，还受到印支地块向东挤入作用影响，盆地呈近南北走向，但二级构造单元呈北东走向，其北段中建南盆地主体在深水区，南段万安盆地只有部分在深水区，北端莺歌海盆地只有东南端极小区域在深水区。

中建南盆地几乎全部在深水区（图 15-4），盆地水深变化悬殊，从西向东呈阶梯状下降。盆地总体呈近南北走向，二级构造单元呈北东向雁列格局展布（林珍，2004；高红芳等，2007）。拗陷的沉积厚度一般大于 3000m，最厚达 8500m；隆起上的沉积厚度差异较大，由 1000m 到 7000m 不等。沉积盖层主要为古新世—中始新世末期形成的断陷沉积层、晚始新世—中新世中期形成的断拗沉积层和中新世后期至现今的拗陷沉积层。地层由早期的陆相演化至现今的浅海 – 半深海相沉积。

万安盆地东缘处于深水区（图 15-4）。该盆地近南北向，中间宽，两头窄，形似梭形或纺锤状。沉积盖层为上始新统—第四系地层，最大厚度达 12000m。万安盆地可划分为 10 个二级构造单元，即西北断阶带、北部拗陷、北部隆起、中部拗陷、西部拗陷、西南斜坡、中部隆起、南部拗陷、东部隆起和东部拗陷。盆地内的二级构造单元主要受北东向断层控制，拗陷一般呈东断西斜的箕状，局部呈东、西断的地堑型；低隆起或隆起在盆地边部为古隆起斜坡，在盆中部为断隆（刘振湖和吴进民，1997；金庆焕等，2004）。

三、南海南部大陆边缘深水区盆地

南海南部大陆边缘发育两个盆地带。南带为曾母盆地—文莱沙巴盆地—南沙海槽—西北巴拉望盆地，发育一个由宽变窄的盆地带，该带靠近大陆，主体位于浅水区，但其北部延伸至深水区。北带为南薇西盆地—北康盆地—九章盆地—礼乐盆地，主体位于深水区（刘宝明和金庆焕，1997）。

（一）南部带

曾母盆地是南海南部最大的新生代沉积盆地，轮廓呈三角形态。盆地可划分为索康拗陷、拉奈隆起、塔陶垒堑、西巴林坚隆起、东巴林坚拗陷、南康台地、康西拗陷和西部斜坡八个二级构造单元。其中康西拗陷和西部斜坡北段位于深水区（图 15-4）。

文莱 – 沙巴盆地以廷贾断裂与曾母盆地为邻，西北缘以南沙海槽东南断裂为界，盆地东北端一直延伸到巴拉巴克断裂，它是南沙地块向巽他地块俯冲所形成的弧前盆地。盆地东部（文莱区）的基底为已经褶皱变形的晚渐新世—早中新世梅利甘组—麦粒瑙组—坦布龙组的三角洲平原 – 深水页岩地层；盆地西部（沙巴区）的基底为褶皱的晚始新世—早中新世克罗克组深海复理石。盆地沉积盖层为早中新世或中中新世—第四纪地层，其沉积环境为从南向北呈北西向靠近物源区的海岸平原，逐渐过渡为浅海环境至开阔海环境，纵向上以海退旋回为主，表现为后期的较粗沉积物依次叠置在前期较细沉积物之上。盆地内新生界最大厚度大于 10 ~ 12km，主要为三角洲 – 浅海 – 深海沉积。该盆地北部边缘处于深水区（图 15-4）。

（二）北部带

南薇西盆地全部在深水区（图 15-4），总体呈北北东走向，由五个二级构造单元组成（徐行等，2003）。隆起上沉积地层厚度一般小于 3000m，拗陷的沉积厚度一般大于 3000m，最大达 10000m 以上。

北康盆地全部在深水区（图 15-4），是较大型的新生代沉积盆地，新生代最大厚度达 17km 以上，将上覆沉积厚度小于 4000m（局部 5000m）、分布范围较大的正向构造单元划分为隆起，与之对应的负向构造单元划分为拗陷，据此划分出西部拗陷、中部隆起、东南拗陷、东部隆起、东北部隆起及东北部拗陷六个二级构造单元（王嘹亮等，2002）。

礼乐盆地主体在深水区（图 15-4），北东—南西向展布，盆地分为中部隆起、西北拗陷、东部拗陷、南部拗陷。西北拗陷沉积厚度一般在 4000 ~ 5000m。东部拗陷沉积厚度为 1500 ~ 3500m，最厚可达 4000m。南部拗陷仍是南断北超的箕状拗陷，为盆地的沉积中心，最大厚度超过 6000m（张莉等，2004；高红芳等，2005）。

四、南海东部大陆边缘深水区盆地

南海东部为俯冲型边缘，呈典型的弧 – 沟 – 盆体系。新生代沉积盆地的形成，与新南海洋壳向东俯冲和菲律宾岛向西仰冲密切相关。在俯冲带发育挤压盆地。这些盆地形态在平面上呈狭长状（与俯冲带平行），剖面上为"V"字形。沉积层经历了复杂的褶皱，发育众多的逆冲断裂。沉积相变化快，既有浅水的碎屑岩和碳酸盐岩，也有深水的浊流沉积。这类盆地的另一个特点是盆地内拥有巨厚的火山岩和火山碎屑岩系。

第四节　深水区油气成藏体系特征

一、油气源

（一）烃源岩时代与类型

南海深水区烃源岩时代跨度大，从晚白垩世、古新世、始新世、渐新世、中新世都有发育，以渐新世—早中新世为主（张功成等，2010）（图 15-5，表 15-1），烃源岩类型有湖相泥岩、海陆过渡相煤系烃源岩、浅海相泥岩等，海陆过渡相煤系烃源岩是主力烃源岩。

南海深水区同一时代发育不同类型的烃源岩。深水区不同区域盆地烃源岩发育特征不同。晚白垩世烃源岩有陆相和海相两大类，陆相烃源岩主要分布在珠江口盆地深水区潮汕拗陷；浅海相泥岩烃源岩主要分布在南沙地块诸盆地。古新世海相烃源岩目前仅见于礼乐盆地，预测南沙地块其他断陷也有分布。始新世烃源岩有陆相中深湖泥岩、海陆过渡相 – 海相烃源岩两大类烃源岩。中深湖相泥岩烃源岩已在南海北部深水区珠二拗陷白云凹陷钻遇，在开平凹陷钻遇来自该套烃源岩的原油，预测琼东南盆地深水区、中建

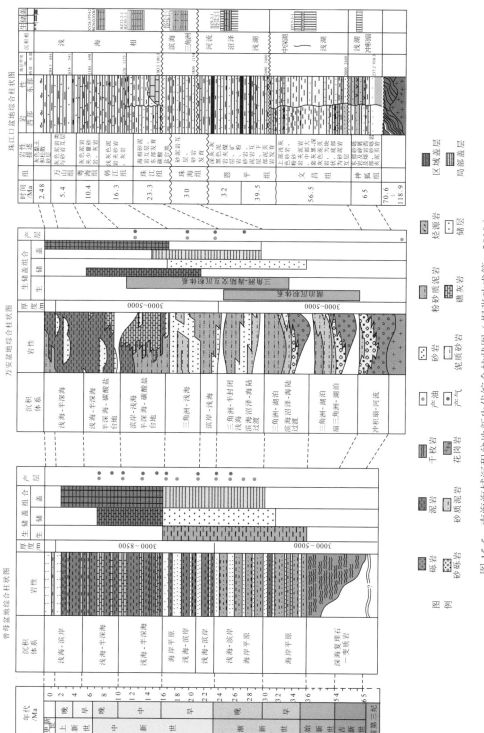

图 15-5 南海海域沉积盆地新生代综合柱状图（据张功成等，2010）

南盆地也存在该类烃源岩；海陆过渡相－海相烃源岩见于礼乐盆地并发现来自该套烃源岩的天然气，预测南沙地块其他盆地也有该套烃源岩。渐新世烃源岩在整个深水区为海陆过渡相－海相，在南海北部深水区、南海西部深水区、南海南部深水区广泛发育，包括含煤三角洲和浅海相泥岩，其含煤三角洲烃源岩有煤层、碳质泥岩和暗色泥岩。中新统－上新统在南海北部深水区主要为浅海相泥岩，在南海南部主要为海陆过渡相和海相泥岩。

从时代上看，烃源岩时代具有南沙地块老，南海东、南部大陆边缘深水区时代新，南海北部大陆边缘深水区时代居中的特点。南沙地块诸盆地时代为白垩纪—始新世，主要为始新世。南海东、南部大陆边缘烃源岩时代主要在渐新世—中新世。南海北、西部大陆边缘深水区烃源岩时代为始新世—中新世，渐新世是烃源岩主要形成期。

表 15-1　南海深水区主要沉积盆地油气特征预测表

盆地位置	盆地或拗陷	主力烃源层	时代	沉积相带	岩性	干酪根类型	泥岩有机碳含量 /%	主要烃类产物
深水区								
南海北部大陆坡	台西南盆地南部拗陷	—	E_3—N_1	海陆过渡相海相	煤层、碳质泥岩、暗色泥岩	II－III	0.5 ~ 2.0	气
	珠江口盆地南部拗陷带	恩平组珠海组文昌组	E_3—E_2	海陆过渡相海相湖泊相	煤层、碳质泥岩、暗色泥岩	II－III	平均 2.35	气、油
	琼东南盆地	崖城组陵水组始新统	E_3—E_2	海陆过渡相海相湖泊相	煤层、碳质泥岩、暗色泥岩	II－III	0.4 ~ 2.50	气、油
南海西部大陆坡	万安盆地东南部	万安组—李准组	N_1^{1-2}	海陆过渡相海相	煤层、碳质泥岩、暗色泥岩	II－III	0.69 ~ 0.93	气、油
		西卫群	E_3^2	海陆过渡相湖相	煤层、碳质泥岩、暗色泥岩	I－III	0.5 ~ 2.26	气、油
	中建南盆地东南部	—	E_3—E_2	湖相	泥岩	II	—	油、气
		—	N_1^{1-2}	海陆过渡相海相	煤层、碳质泥岩、暗色泥岩	II－III		
南海南部大陆坡	曾母盆地北部	Setap	E_3—N_1^2	海陆过渡相海相	煤层、碳质泥岩、暗色泥岩	II－III	西部0.63 ~ 0.93，东部 1 ~ 21	气、油
	文莱－沙巴盆地北部	Setap	E_3—N_1^2	海陆过渡相海相	煤层、碳质泥岩、暗色泥岩	II－III	无资料	油、气
东部岛坡	北巴拉望西部	Pagasa	N_1^{1-2}	海相	页岩、灰岩	II－III	0.50 ~ 2.48	气、油
			E_2		泥岩		0.6 ~ 3.5	
		—	K	海陆过渡相	页岩	II－III	0.5 ~ 1.0	气
南沙地块区	礼乐滩盆地		E_3—E_2	海陆过渡相海相	煤层、碳质泥岩、暗色泥岩	II－III	0.12 ~ 1.9	气、油
			E_1	海相	泥岩	II－III	0.5 ~ 1.0	气
		—	K_1	海相	页岩	—	0.3 ~ 1.0	气

从烃源岩类型看，海陆过渡相烃源岩分布最广，海相较广泛，湖相烃源岩比较局限。海陆过渡相烃源岩广泛发育，在南海周边大型河流入海处形成多个大型含煤三角洲，从始新世—上新世都存在，如白云凹陷北坡的早渐新世番禺三角洲，钻井番禺 33-1-1 井揭示 22 层煤；在曾母盆地、文莱 – 沙巴盆地很发育，煤系三角洲更发育。海相烃源岩与煤系三角洲一般共生，烃源岩有机质类型多属于陆源海相类型，海相水生沉积有机质不甚发育。陆相中深湖相泥岩主要分布在南海北部大陆边缘深水区，包括珠江口盆地深水区、琼东南盆地深水区、中建南盆地的深水区，时代主要限于始新世。

综上所述，南海北部大陆边缘深水区烃源岩具有"先陆（始新世）、中过渡（渐新世早期）、晚海相（渐新世晚期—中新世）"特征。南沙地块区、南海南部大陆边缘深水区烃源岩从老到新都是海陆过渡相 – 海相烃源岩。

（二）烃源岩热作用

南海深水区热场类型分"超热""热"和"冷"场三类。"超热"盆的热流值不小于 80mW/m^2，如曾母盆地、中建南盆地、笔架南盆地；"热"盆热流值介于 65 ~ 80mW/m^2，如台西南、珠江口、琼东南、万安、南薇西、南微东、北康、南沙海槽、文莱 – 沙巴、九章、安渡北、礼乐；"冷"盆热流值不大于 50mW/m^2，如卡加延盆地，中央河谷盆地等（图 15-6）。

油气形成受源热共同控制。潜在烃源岩是油气形成的内因，热是油气形成的外因，内因和外因缺一不可，二者相互耦合作用控制了南海深水区油气的生成与否、生烃量规模大小、相态（石油或天然气）类型与区域分布模式（张功成，2012）。

勘探实践和实验模拟证实，Ⅰ型和Ⅱ$_1$ 有机质大规模生油的热区间是 R_o 在 1% 左右，热演化超过这个范围，烃源岩只能生成少量天然气；Ⅱ$_2$ 型和Ⅲ型有机质 R_o 在 1.3% 之前多数情况下只能生成少量石油，之后生成大量天然气。

烃源岩热作用是热流场和埋藏深度综合作用的结果，热地温场可使烃源岩在较浅的深度进入生油、生气门限。

南海深水区湖相、海陆过渡相和海相烃源岩都发育，热史不同，烃源岩呈现不成熟、成熟、过成熟状态。在深大凹陷部位，深凹槽多以生气为主。南海北部、西部区域的深洼槽多属于叠合断陷或断拗，始新世发育湖相烃源岩，渐新世发育海陆过渡相含煤三角洲，渐新世晚期—早中新世发育海相烃源岩；由于凹陷本身属于超热盆或热盆，湖相烃源岩生成的石油多发生裂解形成天然气，海陆过渡相和海相烃源岩已成熟或过成熟，也以天然气为主（如白云主洼）。南沙地块区盆地烃源岩都属于海陆过渡相 – 海湾相，受热不均，深洼槽生成天然气（如礼乐盆地中部）。南海南部边缘热盆中的深洼槽以形成天然气为主（如曾母盆地中北部拗陷）。深洼槽型凹陷在南海深水区周边呈串珠状"C"型分布；北部大陆边缘深水区有白云凹陷主凹槽（图 15-6，图 15-7）、琼东南盆地中央拗陷主洼槽（图 15-7，图 15-8）、中建南盆地中、北部拗陷、万安盆地中央拗陷，南薇西盆地、北康盆地、曾母盆地、文莱 – 沙巴盆地、礼乐盆地等和西北巴拉望也都发育此类凹陷。这些是南海深水区主要的生烃凹陷。

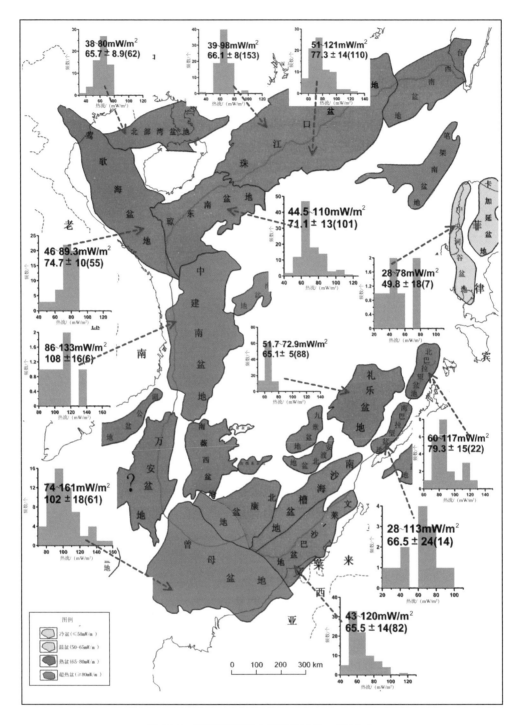

图 15-6　南海热流图（据张功成等，2013a）

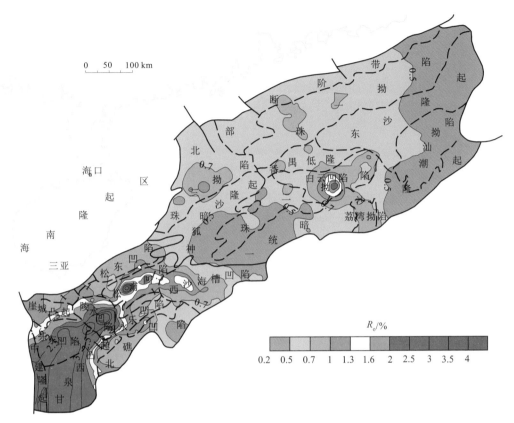

图 15-7 南海北部恩平组（崖城组）烃源岩现今热演化程度图（据张功成等，2013b）

地区	源岩	现今 R_o/%	时间 55~0/Ma（E_2、E_3^1、E_3^2、N_1^1、N_1^2、N_1^3、N_2–Q）
白云凹陷 凹陷中心	珠海组	1.3~1.6	
	恩平组	>1.6	
白云凹陷 凹陷边缘	珠海组	0.5~0.7	
	恩平组	0.7~1.0	
琼东南中央凹陷带 凹陷中心	陵水组	>4.0	
	崖城组	>4.0	
琼东南中央凹陷带 凹陷边缘	陵水组	0.7~1.3	
	崖城组	0.7~2.0	

图例 ■ 生油阶段 □ 生气阶段 ▨ 油裂解气阶段

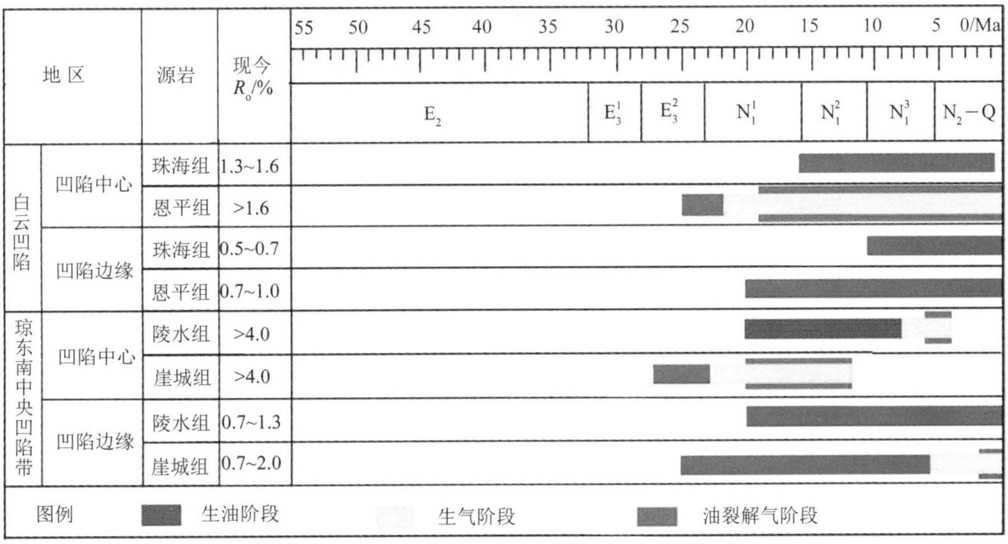

图 15-8 珠江口盆地深水区和琼东南盆地深水区烃源岩现今热演化程度图（据张功成等，2013b）

上述深凹槽边缘和浅凹陷以生油为主，中深湖相烃源岩生油量较大，而浅湖相、海陆过渡相和海相生油量偏少。这类凹陷与上述深凹陷相间分布，或是它们的卫星凹陷，如白云凹陷东北洼、开平凹陷等。

综上分析，南海深水区油气兼生，以气为主，以油为辅（表 15-1）。但因中深湖相烃源岩在浅凹分布局限、而海陆过渡相 – 海相烃源岩虽分布广泛、但生油量偏小，所以生油量比生气量少。

二、成藏组合

综合深水区及其邻区钻探结果，预测南海深水区存在始新统成藏组合、渐新统成藏组合、中新统成藏组合和上新统成藏组合。其中深水区目前已在渐新统下部、渐新统上部、中新统、上新统等层系见到油气。

始新统成藏组合属于自生自储组合自盖，有陆相和海相两种类型。陆相成藏组合分布在南海北部大陆边缘深水区的珠江口盆地珠二拗陷、琼东南盆地和中建南盆地深水区等，在一些主洼槽部位，该组合埋藏太深，物性可能较差，在一些埋藏较浅的凹陷，可能是现实的勘探层系。海相成藏组合主要在南沙地块盆地群，也是这些盆地的主力成藏组合，由于渐新统—中新统是一套海相泥岩区域性盖层，始新统成为主要储集层系。

渐新统成藏组合分自生自储型和下生上储型。自生自储型为渐新统生和渐新统储。如在白云凹陷下渐新统恩平组生、上渐新统珠海组储，荔湾 3-1 珠海组气藏就来自下伏恩平组煤系烃源岩。在开平凹陷，下伏的始新世文昌组中深湖相烃源岩生（图 15-9），恩平组自储自盖，形成下生上储型成藏组合。在邻区多处见此储盖组合。

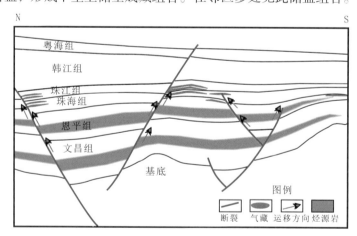

图 15-9　珠江口盆地白云凹陷荔湾 3-1 气田成藏模式图（据张功成等，2013b）

中新统成藏组合分自生自储型、下生上储型和复合型，分布很广泛。自生自储型成藏组合主要分布在南海南部曾母盆地深水区、文莱 – 沙巴盆地深水区等，这些盆地深水区中新统是主力烃源岩，特别是下中新统，中新统中上部储盖组合发育，中新统成为主要的聚集层系，主要的储层有生物礁、深水扇、浊积体等（彭大钧等，2004；庞雄等，

2006；何仕斌等，2007；王振峰，2012）。下生上储型，下伏古近系是主力气源岩，自身生烃能力弱或是非烃源岩，如珠江口盆地白云凹陷中新统珠江组盆底扇，气源来自下伏恩平组、珠海组烃源岩，生成的油气沿断层运移到中新统。再如琼东南盆地深水区陵水 22-1 气田，气源来自下伏崖城组煤系地层，通过底辟通道，穿过上覆的陵水组、中新统三亚组、梅山组，在上中新统黄流组聚集成藏（图 15-10）。复合型成藏组合既有自生的油气，也有下伏来的油气，南海南部曾母盆地深水区、文莱 – 沙巴盆地深水区等中新统成藏组合都有这个特征。

　　上新统成藏组合都属于下生上储型成藏组合，上新统埋藏浅，一般都不成熟，油气源都来自下伏烃源岩，在南海南部深水区是主力成藏组合。

　　主力成藏组合在南海深水区分布较有规律，在南沙海域主要在始新统，在南海南部、北部深水区主要在渐新统、中新统和上新统。

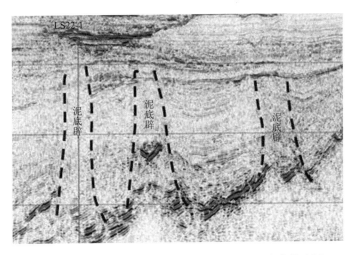

图 15-10　琼东南盆地陵水凹陷陵水 22-1 气田成藏模式图

三、油气聚集模式

　　南海深水区成藏分凹内成藏型、凹缘成藏型和复合型。

　　凹内成藏型如开平主凹，油气生成 – 运移 – 聚集都发生在凹陷内。琼东南盆地陵水凹陷也具有凹内成藏特征，油气沿底辟通道在凹陷中央成藏，在北部斜坡也聚集成藏。文莱 – 沙巴盆地也都是盆地内部成藏。

　　凹缘成藏型如白云东北凹，油气自凹陷深槽部位生成后，沿输导体运移至凹陷外，形成流花 16-2 油藏等。

　　复合型凹陷如白云主洼，油气聚集发生在凹陷内、外，凹陷内主要通过垂向运移聚集，如荔湾 3-1 气田，凹陷外多沿不整合、输导体、阶梯状断层等运移至凹陷外部，如凹陷北部斜坡区的番禺 35-2 等气藏。

第五节　南海深水区盆地油气资源前景

以南海深海洋壳区为核心，南海深水区盆地（或拗陷）主要沿南海北、西、南三侧大陆边缘呈"C"形展布（图 15-4），深部构造上处于陆壳减薄带至过渡壳的位置。烃源岩主要是海陆过渡相 – 海相泥岩，盆地（或拗陷）区处于热盆或超热盆背景，有利于沉积有机质向油气转化。储集层为海相砂岩或生物礁滩，比较有利。区域盖层为海相泥岩，分布广厚度大，封闭性能好。圈闭类型多，规模大，对形成大中型油气田有利。以盆地为单元，深水区存在四大类勘探领域。

一、深水区已有商业发现的盆地

该类深水区盆地（或盆地处于深水区的部分）已有商业性发现，但发现不多，资源勘探程度低，尚有相当大剩余勘探潜力，有待进一步扩展。南海属于这类领域的盆地有珠江口盆地深水区、文莱 – 沙巴盆地深水区、西北巴拉望盆地深水区等。

珠江口盆地深水区 1986 年首钻陆丰 22-1-1（水深 332m），后钻探流花 11-1-1 井（312m），2006 年钻荔湾 3-1-1（1481m），均发现油气田，这些油气田均已开发或准备开发。文莱 – 沙巴盆地是南海深水区盆地中深水区获得发现更多的地区，仅 Kikeh（水深 1285 ~ 1335m）油田地质储量就达 7×10^8bbl。西北巴拉望盆地深水区，自 1989 年以来，菲律宾与美国、澳大利亚等国石油公司合作，在深水区（350 ~ 846m）勘探发现了巴拉望外海 Malampaya 气田（水深 820m）（图 15-11）、West Linapacan A、West Linapacan B、Camago 油田，Octon、Culanuit 等一批油气田，其天然气可采储量 1226×10^8m³，石油可采储量 6754×10^4t，其中，Malapaya 气田天然气可采储量 764×10^8m³，石油 500×10^4bbl，凝析油 8500×10^4bbl。

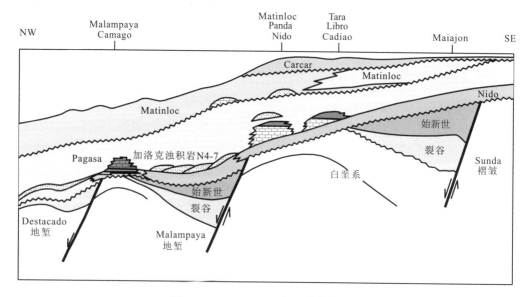

图 15-11　Malampaya 气田成藏模式图

二、深水区"有油(仓)无田"的盆地

深水区这类盆地(或处于深水区的部分)已有地质发现、但还没有商业性发现,属于典型的"有油无田"型盆地。"有油(气、油气)无田(气田、油气田)"反映这些盆地深水区存在油气生成、运移和聚集的历史,但规模如何是有待解决的关键问题。这类盆地有礼乐盆地和北康盆地等。

三、深水区无发现但浅水区有商业性发现的盆地

盆地跨越深水区和浅水区,深水区没有油气发现而浅水区已有商业性突破的属于这类领域。其特点在于已证实盆地内存在油气生成、运移和聚集的历史,但深水区是否存在以及规模如何是有待解决的问题。

世界上有许多沉积盆地横跨了浅水区和深水区,甚至横跨了陆地、浅水区和深水区的。这类盆地的勘探往往是从陆地开始,逐步向浅水和深水区,以至超深水区发展的,陆地或浅水区的油气发现成为深水油气勘探的"风向标"。如墨西哥湾盆地,早期在陆地,中期在浅水,现在在深水,类似的还有澳大利亚西北陆架、西非深水区、北大西洋等都是在浅水区发现后,向深水区扩展,进而获得新突破的。

南海深水区已有商业性突破的盆地的勘探历程也佐证了这个过程。文莱-沙巴盆地是横跨陆地、浅水、深水的盆地,19世纪末陆地勘探发现大油田,20世纪在浅水区有巨大发现,近年来在深水区也有数十个油气发现。西北巴拉望盆地横跨浅水区和深水区,早期在浅水区发现若干油田,近年在深水区发现Malampaya大气田。珠江口盆地深水区地球物理勘探起始于20世纪70年代末,80年代在凹陷周缘钻探了一批探井,没有获得发现,90年代重新研究,2002年在凹陷北部番禺低隆起上再钻探,获得一批天然气发现,2006年钻探深水区,获得荔湾3-1大气田发现,至今已有多个油气田发现。琼东南盆地也属于两栖型盆地,70年代末在盆地北部浅水区发现了莺9井含油构造,1983年发现在浅水区发现崖城13-1大气田,该盆地三分之二的区域处于深水区,2010年深水区获得突破(朱伟林,2009)。

目前在浅水区获得重大发现而在深水区无发现的盆地有曾母盆地、万安盆地和中建南盆地。曾母盆地在浅水区已发现近10×10^8t原油和数万亿方天然气,盆地的北端康西拗陷和西部斜坡等单元已处于深水区,具备形成大型油气聚集条件。万安盆地在浅水区中央拗陷及其周缘已发现数十个油气田,其多个二级构造单元北东段处于深水区,勘探潜力可观。中建南盆地主体位于深水区,在浅水区已有油气田、油气显示发现,整个盆地勘探程度低,前景乐观。

以上三类深水区域是当前的勘探重点领域。在生烃潜力比较大且比较肯定的情况下,寻找油气运移的主要方向、油气聚集的主要成藏组合、主要构造带和骨干目标至关重要。从油气分布的互补论学说看,从层系上看,油气不在浅层,就在深层;不在深层,就可能在潜山;从构造带上看,不在凹陷周边的凸起上,就可能在凹陷内,凹陷内陡坡带、凹中隆、缓坡带总有一处是其聚集部位;圈闭类型上,不在构造圈闭里,那就可能在隐

蔽圈闭里。

四、新盆地

除以上已发现的富油气盆地外，南海深水区有还有两个具有油气勘探远景，但目前尚无任何油气发现的盆地（凹陷）带。

南海北部的中沙海槽–双峰–尖峰盆地带，是一个深水区较有潜力的凹陷带。该凹陷带主体分布于陆坡区，多在300m以下的深水区，甚至一部分在1500m以下的超深水区。中沙海槽盆地面积大，与周缘盆地具有相同或者相近的地质构造背景、沉积环境和热演化史，推测油气资源潜力较好，其烃源岩较丰富，储集层发育，区域性盖层发育，是一个拥有油气资源前景较大的盆地。中沙海槽盆地水深较浅，多处于300～1500m。尖峰盆地发育两套主要烃源岩：恩平组烃源岩为煤系泥岩和文昌组中深湖相泥岩，储集层主要有古隆起风化基岩、砂岩和碳酸盐岩。生储盖组合良好，圈闭发育，有利于油气聚集。

南海南部的康泰–中业靠近南海南部洋壳处，康泰盆地和中业盆地水体深，大于3000m。推测康泰盆地发育三套烃源岩：古新统—中始新统、上始新统—渐新统、下中新统—中中新统；母质类型以Ⅱ–Ⅲ型干酪根为主；储集层可能有古隆起风化基岩、砂岩和碳酸盐岩；圈闭发育，生储盖组合良好。推测中业盆地发育三套烃源岩：古新统—中始新统、上始新统—渐新统、下中新统—中中新统；干酪根类型以Ⅱ—Ⅲ型为主；储集层有三类，即古隆起风化基岩、砂岩和碳酸盐岩；生储盖组合良好，圈闭发育。太平盆地发育三套烃源岩分别为：中始新统、上始新统—下渐新统和上渐新统—中中新统；母质类型以Ⅱ–Ⅲ型干酪根为主；储层主要可能为古近系—中中新统滨–浅海及三角洲相砂岩；该区新生代地层发育齐全，具有中–高地温场，对有机质向烃类转化有利，盖层较厚，圈闭发育多，是油气聚集的有利场所，油气资源潜力较大，拥有良好的油气资源前景。推测永登盆地也发育三套主要烃源岩，即上侏罗统—下白垩统滨–浅海相含煤碎屑岩或半深海相页岩、上三叠统—下侏罗统三角洲、浅海相砂泥岩和中三叠统深海硅质页岩等，干酪根类型以Ⅱ–Ⅲ型为主；储集层可分为砂岩储层、碳酸盐岩和生物礁储层两大类；永登盆地具有相对较好的油气资源潜力。

总之，南海深水区珠江口盆地珠二坳陷、琼东南盆地中央坳陷、中建南盆地北部坳陷、中央坳陷、南薇西盆地、北康盆地、曾母盆地康西坳陷、文莱–沙巴盆地深水区、西北巴拉望盆地和礼乐盆地等发育了一批深大凹陷，该类凹陷规模面积都在数千平方千米之上，地层厚度都在万米以上，烃源岩厚度数百米到数千米，有效烃源岩有面积在数千平方千米，凹陷已被证实或部分证实或预测为潜在富生烃凹陷，部分凹陷周边（包括浅水区）已有钻井发现商业性、或潜在商业性油气田，这类凹陷也呈"C"形沿陆坡准环带状分布，展现了巨大的勘探潜力。

第十六章　澳大利亚吉普斯兰深水盆地油气地质特征

第一节　盆地概况

澳大利亚的陆海沉积岩面积共 $630 \times 10^4 km^2$，有沉积盆地 48 个，其中 20 个盆地部分或全部位于海上（李国玉和金之钧，2005）。根据盆地所处的大地构造位置和构造演化史，可把澳大利亚的沉积盆地分为五大区，即西北部盆地区、南部海岸盆地区、西部海岸盆地区、中部盆地区、东北部盆地区和东部盆地区（童晓光和关增森，2001）。

盆地的形成是由于冈瓦纳大陆的张性解体。它开始于侏罗纪晚期，侏罗系、白垩系为陆相地堑和半地堑型沉积，上部有煤；古近纪与南极板块分离，开始海侵；张裂活动在早古近纪末期基本结束，晚古近纪为整合超覆。巴斯盆地有中新世的火山活动。这一格局形成盆地的沉积向海方向增厚，区域构造线近东西走向。勘探结果，在东部的盆地有油气显示，但发现工业性油气田的主要为吉普斯兰盆地。

吉普斯兰盆地位于南部海岸盆地区的巴斯海峡东部，面积约 $6.6 \times 10^4 km^2$，4/5 的面积位于海上，是澳大利亚主要产油气盆地，天然气储量 15.33Tcf，石油储量 $4913.47 \times 10^6 bbl$（Geoscience Australia，2010）。盆地北部主要产气，西部主要产油（图 1-9）。基底为下古生界变质岩，早白垩世发生裂陷，下白垩统为冲积相的杂砂岩及页岩并夹少量煤层，厚度达 3500m。盆地的生储油层为晚白垩世至始新世河流相三角洲平原沉积，内含网状砂岩并夹碳质页岩及煤。自渐新世起主要是海相沉积，含海相页岩和泥灰岩，向中新统则逐渐过渡成以碳酸盐岩为主，构成盆地的盖层。从晚始新世至渐新世，盆地受剪切变形的影响，形成雁行排列构造。这些构造和经侵蚀的残体构成盆地的主要油气圈闭（Shafik et al.，1998；Boreham et al，2001；李国玉等，2005）。

第二节　油气地质特征

一、烃源岩特征

吉普斯兰盆地的主要烃源岩为 Golden Beach 群和拉特罗布群（晚白垩世至始新世）的碳质页岩和煤系。地球化学资料表明，盆地烃类来自陆生高等植物，最好的生油岩是下部的沿海三角洲平原沉积环境中的煤层和含碳页岩，其次是上部湖成页岩。

二、储集层特征

吉普斯兰盆地主力储层为晚白垩世至始新世的拉特罗布群河湖相－海相砂岩，始新世时盆地东南部抬升发育侵蚀水道，充填了浅海相砂质沉积，拉特罗布群砂岩已发现盆地中油气总储量的 88% 以上。Golden Beach 群的辫状河、河流和湖成三角洲相砂岩为次要潜力储层（图 16-1）。

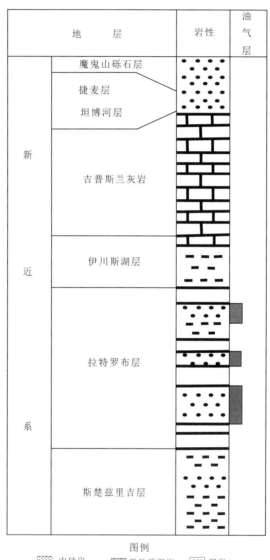

图 16-1　吉普斯兰盆地地层与油气分布图（据李国玉等，2005）

三、盖层特征

　　吉普斯兰盆地主力储层拉特罗布群砂岩的区域性盖层为莱克斯恩特伦斯组的海相碳酸盐岩和泥岩，同时在拉特罗布群内和 Golden Beach 群还发育一些局部泥页岩盖层。

四、生储盖组合特征

盆地主力生储盖组合为拉特罗布群含碳页岩和煤系、拉特罗布群河湖相 – 海相砂岩与 Golden Beach 群河流三角洲相砂岩储层及莱克斯恩特伦斯组的海相碳酸盐岩和泥岩盖的自生自储上盖型生储盖组合。

五、圈闭特征

盆地的北部和西部主要是背斜型构造圈闭，盆地东南部主要是不整合遮挡型构造圈闭，此外存在少量地层圈闭。

第十七章 日本海对马盆地油气地质特征

第一节 大地构造背景

日本海位于太平洋板块、欧亚板块，菲律宾海板块复杂的交界处（图 17-1），是西太平洋沟–弧复合体系的一个重要组成部分，是从菲律宾海域和太平洋板块分离出来的复杂板块（Tamaki and Honza，1985）（图 2-1）。它是典型的边缘海，是弧后盆地群的地带，位于亚洲大陆板块的活动边缘和日本的边缘弧之间（李瑞磊等，2004）。日本海处于沟–弧–盆系统中，为典型的大陆边缘的扩张海–边缘海（王谦身等，1999）。它是一个从早渐新世快速演化的成熟的大陆边缘弧后盆地，现在处于压缩性破坏或闭合的早期（Chough et al.，1987）。

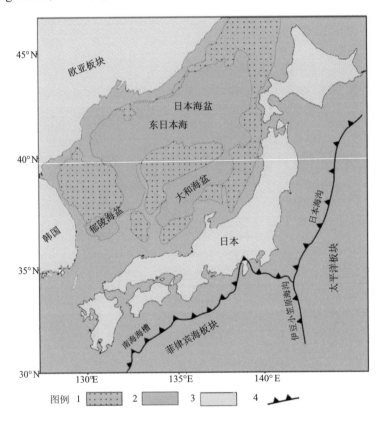

图 17-1 日本海构造单元简图（据 Sona et al.，2005）
1. 陆块与陆壳减薄带；2. 洋壳；3. 陆壳；4. 俯冲带

日本海东缘是正在活动的构造变动带，褶皱轴和逆断层呈南北走向，逆断层型地震显示近东西向挤压。这里被认为是新近形成的欧亚板块与太平洋板块之间的汇聚边界带（图 17-2）。此边界向北经库页岛、西伯利亚维尔霍扬斯克山脉与北冰洋中脊相接，向南经日本中部的大地沟带东延与日本海沟相交（金性春，1995）。伯野义夫（1986）认为包括日本海在内的日本地区，最初是属大陆地壳范畴，古生代后经历过隆起、断裂、火山活动、构造变形等改造过程，形成了日本海及日本列岛岛弧。

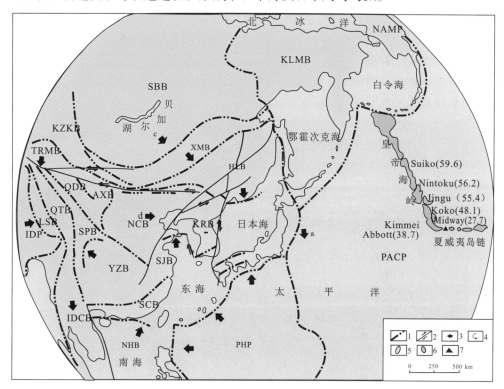

图 17-2　日本海及邻区大地构造格架略图（据葛肖虹和马文璞，2007；朱介寿，2007；傅恒等，2010，汇编）
1. 地壳消减带（缝合线）；2. 走滑断裂带；3. 板块（地块）运动方向；4. 地块旋转运动及方向；5. 陆地；6. 海岭；7. 海山（年龄）。NAMP. 北美板块；KLMB. 科雷马地块；KZKB. 哈萨克斯坦地块；SBB. 西伯利亚地块；XMB. 兴蒙地块；HLB. 黑龙江地块；NCB. 华北地块；KRB. 朝鲜地块；TRMB. 塔里木地块；QDB. 柴达木地块；AXB. 阿拉善地块；QTB. 羌塘地块；SPB. 松潘地块；YZB. 扬子地块；SJB. 苏北胶南地块；SCB. 华南地块；IDCB. 印支地块；NHB. 南海地块；IDP. 印度板块；LSB. 拉萨地块。a. 太平洋板块的运动方向由原来的 NNW 向转变为 NWW 向；b. 朝鲜地块逆时针旋转式东移；c. 郯庐断裂带的"走滑拉分"使渤海湾盆地处于强烈断陷期；d. 阿尔金断裂左行走滑显示华北地块整体向东（日本海方向）移动；e. 贝加尔裂谷带拉张最大的弧顶指向日本海

第二节　日本海的形成

一、张开时间

　　日本列岛的古地磁的研究表明，日本西南部在 15Ma 发生过快速顺时针旋转，由此推测日本海是在 16 ~ 14Ma 期间快速张开的（Otofuji and Matsuda，1983），即日本海海底扩张活动期从早中新世—中中新世（Kim et al.，2009）。根据对海底基岩样放射性年龄的综合研究，得出日本海张开的年代为 25 ~ 17Ma；热流资料推算出日本海的形成

年龄在 20Ma 以上。日本海基底的水深与四国海盆（24 ～ 15Ma）和南中国海中央海盆（32 ～ 17Ma）的基底水深相当，日本海的形成应该早于 15Ma。

ODPl27 航次 794 孔获得的基底火成岩年龄为 21 ～ 20Ma。795 孔获得的基底火成岩年龄为 24 ～ 17Ma。797 孔获得的基底火成岩年龄为 19 ～ 18Ma（图 17-3）。大和海盆基底岩石的年龄为 21 ～ 18Ma，日本海盆的年龄为 24Ma，其年龄比大和海盆老。

据磁异常资料显示，日本海盆东部应是在 28 ～ 18Ma 扩张形成的（Tamaki，1988），与 795 孔（日本海盆北部）24Ma 的年龄值相当。794 孔、797 孔未采获小于 18 ～ 17Ma 的火山岩，看来日本海的主要张开和火山活动期约在 18Ma 结束，此时日本海盆和大和海盆已基本形成（Otofuji et al.，1985）。

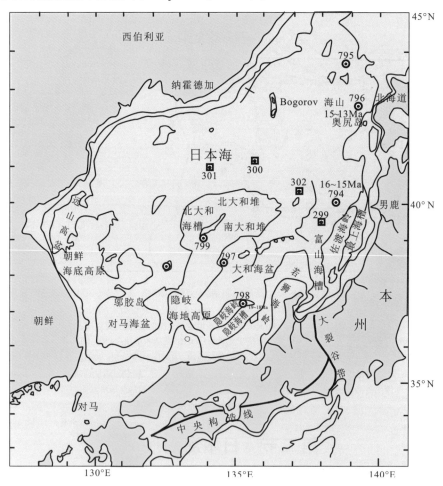

图 17-3 日本海海底地形和钻孔位置与年龄图（据吴时国和喻普之，2006）

二、形成模式

关于日本海的形成模式有多种。Karig（1971）等认为日本海的起源是与弧后扩张模式有关；Hilde 等（1973）认为日本海是由于两个阶段平行的弧后扩张而形成：第一阶段是日本海盆和对马海盆的张开，第二阶段是大和海盆地的张开；Tamaki 和 Honza（1985）则提出多类型弧后扩张模式，他们的模式几乎解释了具有现代地貌形迹特征的日本海中众多地形高地和窄海槽；根据日本列岛的古地磁资料，Otofuji 等（1985） 提出关于日本海的双开门张开模式：日本列岛东北部逆时针旋转 47°，而日本列岛西南则顺时针旋转 56°。Jolivet 和 Tamaki（1992）提出了剪切拉张模式（图 17-4），认为日本海是一个在右行剪切带中的复合扩张海盆，地壳变薄，在东部走滑边缘开始了扩张，随后扩张继续进行，构成了日本海扩张的基本过程。

　　日本海盆地壳是大洋型地壳并且已经发现有对称的磁异常条带，它是 24 ~ 18Ma 形成的盆地。大和海盆地是减薄型大陆地壳，至今没有发现地磁异常条带，它是 19 ~ 18Ma 形成的盆地。显然它们是两种不同成因类型的海盆（Isezaki，1975）。

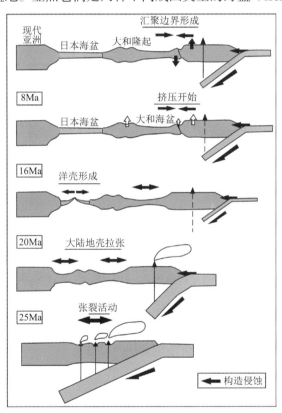

图 17-4　日本海盆和大和海隆 25Ma 至今的构造演化（据吴时国和喻普之，2006）

　　日本海东西两侧是走滑带，日本海盆的张开和地壳拉张是由它们调节的。在早中新世至中中新世时期，该走滑带为一右旋走滑剪切活动带（图 17-5）。日本海盆开始具有拉分盆地性质，后来地幔强烈隆升，生成海洋型地壳。从日本海盆的磁异常条带与扩张轴向西展布，日本海盆洋壳分布也向西南方向变窄，由此推断扩张裂谷逐渐向西南方向伸展。岩石圈的破裂首先发生在东缘主剪切带附近，然后扩张裂谷向西南延伸至陆壳拉张区（Jolivet and Tamaki，1992）。

在日本海盆张开的过程中，受两条走滑剪切带的控制，同样也产生北东－南西方向的裂谷。797 孔的基底年龄比北部的 794 孔年轻 3 ~ 1Ma（图 17-3），表明这里的裂谷带也向西南方向延伸推进，两个钻孔相距 300km，裂谷向前伸展的速率为 10 ~ 30cm/a。上新世太平洋板块对日本岛弧的俯冲，加剧了这些裂谷的拉张，大陆地壳被拉薄（吴时国等，2006）。

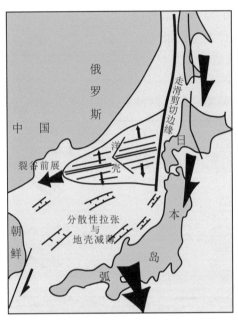

图 17-5　日本海盆张开模式（据 Tamaki et al.，1992）

第三节　深海盆地演化发展史

日本海深水盆地演化经历了三个发展阶段（藤田至则，1984）。

一、第一阶段——日本海深部的地壳减薄作用

日本海深部地壳减薄作用的原因是在新近纪前古生代末经受了长时期的剥蚀，造成花岗岩缺失（藤田至则，1984）。深部隆起的最强烈时期为侏罗纪燕山变动期，之后由广岛变动期到埠里变动期的火山岩活动造成的隆起－断裂－火山活动非常强烈，该阶段又可称为"燕山－广岛－佐渡变动期"。

二、第二阶段——日本海深部的海域化

据藤田至则（1984）研究，认为日本海在古近纪末开始海进，而较大的海进则在上新世之后，即在绿色凝灰岩变动期，现在的深海部开始沉降，在岛弧变动期则开始深海化。首先，在日本列岛，古近纪时已有东北地区、南部大地沟及北九州等地区的海进，接着在新近纪初的台岛期。其次，日本海及其周缘的火成活动，从中新世初期的台岛期

前后再次在区域内发育，其原因是地壳深部产生的新熔融体引起了隆起－沉陷。

在中新世深海部的地壳含有未受剥蚀的、残留下来的前寒武纪、古生界地层。白垩系显示因断裂作用及频繁发生的基性岩溢流、侵入及超基性岩的侵入等作用引起的"基性岩"化，即未经剥蚀的残余的少量花岗岩层同陆壳下部玄武岩层一起发生断裂，增进了基性－超基性岩的洋化作用。该阶段又称为"绿色凝灰岩变动期"。

三、第三阶段——日本海的深海化

日本海深海部的深海化发生在上新世之后，再次出现了隆起后的沉降事件，尤其在新潟盆地，日本海大洋型地壳决定性的减薄作用是在晚中生代—古近纪，自绿色凝灰岩变动期起，由强烈抬升而遭到逐渐破坏，开始发生伴随基性－超基性火成岩活动的沉降，在上新世后的岛弧变动期尤为强烈，日本海真正的洋化作用自此开始（Beloussov，1967），中中生代，日本海域处于垂向挤压水平拉张的构造应力场中。该阶段又称为"岛弧变动期"。

第四节　热流值特征

区域性高热流异常是日本海最重要的地球物理特征（图 17-6），且为明显的海底扩张提供证据。图中对马盆地热流值高部位与海底扩张早期形成的初始洋壳位置一致。

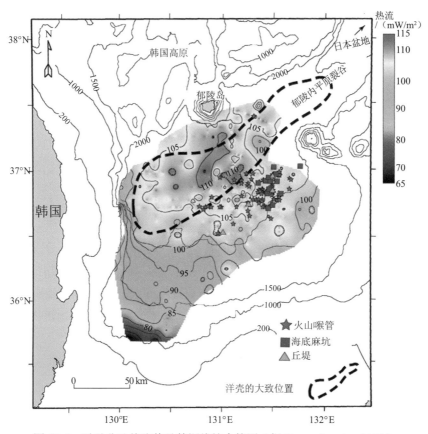

图 17-6　对马盆地热流值及等深线综合简图（据 Horozal et al.，2009）

日本海热流值异常较高，通常为 2.00 ~ 3.23mW/m²，热流异常围绕大和海脊（低热流值，1.67mW/m²）呈环状分布，靠近陆缘向区域正常值以下衰减，且总的热流分布特点可与主要地形变化相比，在日本海盆地深度约 3000m 海底的热值是 2.22mW/m² ± 0.33mW/m²；深度超过 3500m 海底的热流值为 3.00mW/m²（傅恒等，2010）。

日本海盆地、大和盆地和对马盆地的平均热流值分别为 96mW/m² ± 14mW/m²、97mW/m² ± 12mW/m²、96mW/m² ± 6mW/m²（Yamano et al., 1996），它们比同时期形成的洋盆（70 ~ 75mW/m²）高，而且比环太平洋的许多弧后盆地（69mW/m² ± 16mW/m² ~ 85mW/m² ± 16mW/m²）（Currie and Hyndman, 2006）高。其中对马盆地热流值为 65mW/m² ~ 115mW/m²（图 17-6），北部水深超过 2000m，热流值较高（>105mW/m²）；西南部水深最浅（<1000m），具有最低的热流量（Horozal et al., 2009）。

第五节　地层与沉积相

对马盆地最大沉积厚度是日本盆地和大和盆地的两倍，因此认为大规模的沉积主要在对马盆地发生（Lee et al., 2001）。

一、地层

根据 1968 年的航磁资料，对马海域沉积盆地形态大概情况已查明。结果比现代日本海沿岸地区的磁性基底大约浅了 1000m，从这里至近海分布着更厚的沉积盆地，推断其形态变化巨大（南明，1986）。

据南明（1979）通过五口井的地质资料和详细的地震调查资料分析，认为对马盆地（山阴 – 对马海域）的沉积地层可分为四个群，年代范围从渐新世到现代，从老至新分别为 X 群、N 群、K 群和 D 群。最老的渐新世 X 群由沉积于盆地形成的最初阶段的、含火山岩的浅海沉积物组成；以早中新世地层为主的 N 群由代表海侵最高阶段的深海沉积物组成；中中新世的 K 群沉积显示了盆地填满阶段退积沉积类型；最年轻的 D 群不整合覆盖于这些较老的群之上。

（一）X 群

X 群是对马海盆中最老的沉积物，其时代为晚渐新世至早中新世。该群是在对马沉积盆地形成初期，沉积物掩盖了断层引起的塌陷地形而形成的，沉积物由陆相沉积层、海相沉积层组成，并夹有部分煤层。推断 X 群的基岩是古近系，但是，在地震勘探剖面中，X 群在近海中的发育状况很不清楚。在对马沉积盆地西缘的地震勘探剖面中，可见到与白垩系基岩呈明显断层接触关系的 X 群。

（二）N 群

N 群主要由早中新世至中中新世深海相泥岩、薄层浊积岩及火山碎屑岩类组成。该地层的厚度向北东方向逐渐尖灭。

（三）K 群

K 群主要为中中新世沉积物，该套厚地层明显向北东方向超覆沉积。K 群为主要构造运动时期的先沉积的地层，其特征为无喷出岩。

K 群向西南方向被上覆 D 群的底部不整合侵蚀。钻井资料表明，位于沉积盆地西南部获 1 井的 K 群，其沉积环境为浅海相，在其东北面的山口 1 井的沉积环境为深海相。据此，可推断其海底地形为向东北方向倾斜，部分沉积很可能是西南部构造隆起的 N 群被剥蚀之后再沉积下来的。

位于沉积盆地东南缘的浜田 1 井、国府 1 井也呈叠加沉积状态。自井底为深海相泥岩沉积，向上为陆架斜坡上规则的砂岩和泥岩互层沉积。

在 K 群沉积末期，开始发生挤压构造运动。此时，形成了该沉积盆地的背斜构造，并带来了西南部的上升运动，其结果造成大规模的剥蚀，致使 K 群大部分消失，但在东北面近海斜坡处仍在继续沉积，可见到厚的地层。

（四）D 群

D 群为晚中新世至现代的沉积物。晚中新世地层为陆相及沿岸相砂岩、泥岩，上新世—现代沉积物很薄，由浅海相碎屑岩组成。据山口 1 井的沉积环境分析，确认这些陆架沉积物向东北方向逐渐转变为陆坡沉积物。该沉积状况形成了与 K 群类似的形态，在大陆斜坡上有厚层沉积物，在隆起带呈南北向延伸。该南北向的隆起带（与现在的日本海沟大致平行）与 K 群末期形成的北东—南西向的构造呈不同方向。

D 群和之前地层为不整合关系，从整体上说 D 群是未经受过构造运动的水平层，D 群以下的群受到过褶皱和火成岩侵入。

二、沉积

通过地震标志层及地震相，简述对马盆地的沉积序列及沉积充填史（Lee et al.，2001）。

日本海弧后闭合导致了强烈的构造运动和沿着对马盆地南部边缘的抬升，抬升区为盆地提供了大量的重力流（或块体）沉积物，盆地南部主要是重力流沉积物（如滑动、岩屑流和高密度浊积流等），北部是远端浊积岩和盆内深海（牵引流）沉积物，贯穿盆地的沉积史，盆地南部边缘依然是主要的沉积物源（Lee and Kim，2002）（图 17-7）。

Lee 和 Suk（1998）基于高分辨率地震反射剖面，提出新近纪至第四纪盆地沉积历史包括两方面：古近纪为广泛的沉积；更新世至全新世，浊流沉积物和半深海沉积物分布广泛。

（一）地震序列

据 Lee 等（2001），地震标志层和地震单元（地震基底为界线）从老到新分别被归类为 R1 ~ R4 和 SU1 ~ SU5，并以此对应。

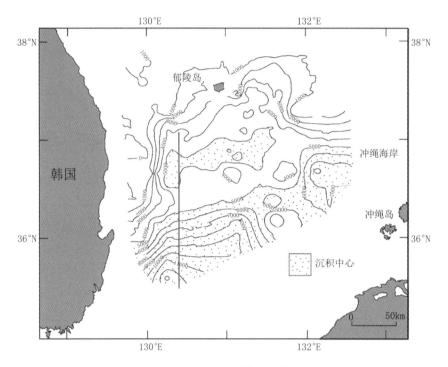

图 17-7　对马盆地声学基底和海底之间的整体沉积等厚图（据 Lee et al.，2001）

地震剖面中 R1，顶部年代为 23Ma，底部为中中新世层序界线（12.5Ma）；R2 在11.0Ma 层序界线的附近，年代为晚中新世早期；R3 位于 10.3Ma 和 6.3Ma 层序界线之间，年代为晚中新世晚期。最新的标志层 R4 在 6.3Ma 层序界线之上，年代为晚中新世末期（图 17-8）（Lee et al.，2001）。

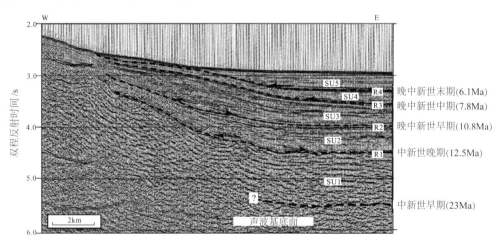

图 17-8　对马盆地声学基底顶部地震剖面（据 Lee and Kim，2002）
剖面位置见图 17-7

对马盆地充填序列的地震相类型见表 17-1、图 17-9 及 Lee 和 Kim（2002）的总结。
（1）地震相 1。多变的振幅，差—低的反射连续性，大量不规则沉积，被解释为重力流沉积。

表 17-1　对马盆地地震相和地质解释（据 Lee and Kim，2002）

地震相	特征	地质解释
地震相 1	由振幅的高低变化来看，具有差且低的连续型丘状反射或无结构混沌区	由滑塌、滑动、碎屑流以及高密度浊流形成大规模搬运沉积
地震相 2	振幅高低变化显示具有稳定且好的连续反射	（远）浊流和半深海沉积物
地震相 3	短的、复杂的、不规则的高振幅反射系列	火山静态或动态沉积复合体

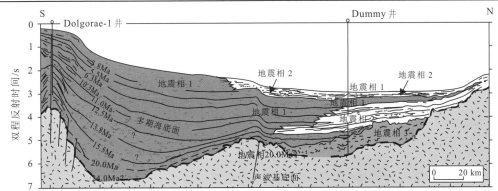

图 17-9　对马盆地南—北向地震解释剖面（据 Lee and Kim，2002）

（2）地震相 2。低-高的振幅，中等-好的反射连续性，显示均匀沉积，被解释为远端浊积岩/深海沉积物或盆形淤泥。

（3）地震相 3。多层短的、复杂的、不规律的、高频率的反射组合，被解释为在弧后沉积早期火山岩床和熔岩流并夹有碎屑和火山碎屑岩沉积。

盆地南部沉积最厚，向北逐渐变薄。大部分的南部盆地和北部盆地的南端以地震相 1 为主（重力流沉积物）。北部和盆地末端以地震相 2 为主导（远端浊积岩或深海沉积物）。

地震相 3（火山熔流 – 复杂的沉积物）在盆地北部地震基底之上，显示盆地扩张早期的大量火山运动。

（二）沉积演化史

对马盆地从中新世早期盆地扩张开始，南部及东南部边缘都一直是主要的沉积物源区，南部为主要的沉积中心。重力流沉积从盆地边缘、大陆架、大陆斜坡，到斜坡基底和盆地底部均有。在盆地北部，由火山活动、火山熔岩流形成的厚的火山熔岩流沉积复合物（sediment complexes），可能由洋底火山喷发形成的火山碎屑组成。

中中新世弧后闭合的开始引起沿着盆地南部和东南部的抬升和变形的收缩性构造。抬升区块和高地为盆地提供了大量的沉积物，这些沉积物大部分都是通过重力转移运移的。盆地南部通过岩石圈的冷却使得沉降进一步发生。

重力转移过程的沉积物能量在远离源区变小，浊积岩夹层和深海沉积物在盆地的东北部沉积。随着盆地南部在晚中新世时期下沉的减弱，南部沉积中心完全被充填。一个简单的构造扰动引起盆地边部斜坡的衰退，影响盆地边部重力转移沉积物的分配（图 17-10）（Lee and Kim，2002）。

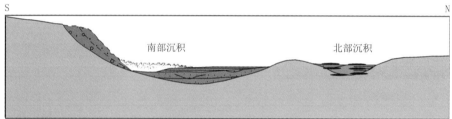

(a)晚渐新世/早中新世（?）—晚中中新世

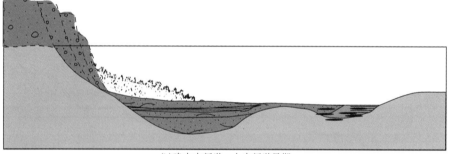

(b)晚中中新世—上中新世早期

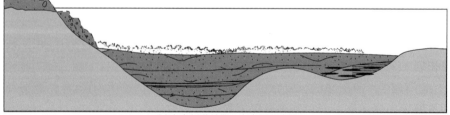

(c)上中新世早期—上中新世晚期

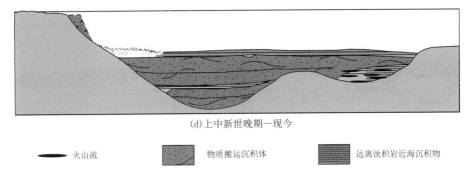

(d)上中新世晚期—现今

　　火山流　　　　　　物质搬运沉积体　　　　　远离浊积岩近海沉积物

图 17-10　对马盆地沉积演化简图（据 Lee and kim，2002）

　　对马盆地包括南部和北部的沉积中心（分别超 11km 和 15km），是古近纪—第四纪的沉积物。弧后盆地的闭合始于新近纪中新世，并引起盆地南部和东南部边缘地区隆起，使大量沉积物进入盆地。大量的沉积直接进入斜坡的底部和盆地底部，导致大量沉积交换，特别是在盆地南部。晚中新世，沉积交换在上倾方向出现了明显的回落现象，这时盆地边缘上倾方向的构造活动明显减弱，这表明盆地的沉积类型不同于东海（日本和大河盆地）的其他盆地，在这些盆地中，浊流沉积和半深海沉积是属于第四纪和新近纪的（Lee and Kim，2002）。

第六节　油气地质特征

一、烃源岩特征

　　对马盆地含气，目前没有钻井钻探到可能的富含有机物的生油气沉积层，对烃源岩的了解还很少（Lee and Kim，2002），但对马盆地的沉积充填史说明盆地发育沉积丰富有机物质的沉积环境，潜在的烃源岩主要包括以下（图 17-11）：①盆地发育早期的滨海或边缘海相沉积（如碳质页岩），生气；②晚中新世—更新世沉积于地堑、半地堑中的三角洲相、湖相泥页岩沉积，易生油，在对马盆地南部边缘发育；③盆地北部深海沉积物、浊积岩和盆内泥质沉积具有较好的油气潜力（Lee and Kim，2002）。另外，盆地北部埋藏较深的火山碎屑岩沉积富含有机质，具有一定潜力，但有可能过成熟或高温引起变质。

二、储集层特征

　　主力储集层为三角洲相砂岩和边缘海相砂岩（图 17-11）。

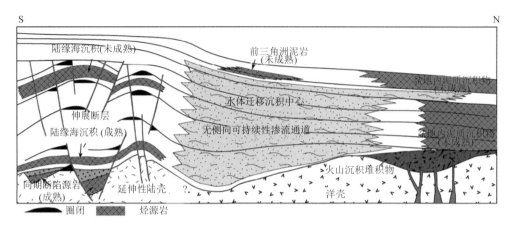

图 17-11　对马盆地烃源岩的分布、圈闭和油气运移图（据 Lee and Kim，2002）

三、圈闭与运移

对马盆地南部石油生成的主要阶段是早中新世晚期—中中新世早期，沿着盆地南部边缘形成时代较晚的一系列大型背斜圈闭储油较少，而形成于裂谷盆地发育初期时代更老、层位更深的圈闭如断层圈闭、倾斜的基底断块圈闭则更易储油。

盆地天然气的主要生成时期始于中中新世晚期，晚于构造抬升，到现在仍然活跃，天然气主要聚集于构造抬升形成的大型背斜构造中（图 17-12）。盆地最近发现的天然气聚集其烃源岩为盆地西南部的大陆架边缘海相和湖相泥质沉积，运移方式以垂向运移为主，运移通道通常为构造抬升时形成的破裂和断层（Lee and Kim，2002）。

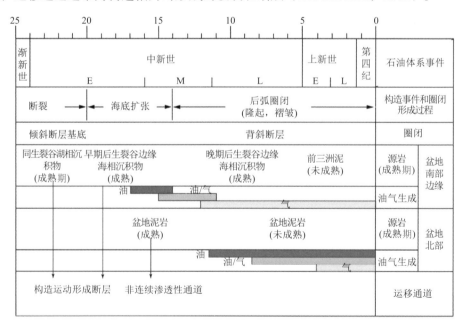

图 17-12　对马盆地油气系统事件（据 Lee and Kim，2002）

第五篇

新特提斯深水盆地群油气地质

第十八章 澳大利亚西北陆架深水区盆地油气地质

第一节 概　况

　　澳大利亚西北区域是澳大利亚最重要的油气产区，以位于海域的西北陆架为主体，占整个澳大利亚油气的份额超过 80%。

　　海上区域从西南到东北盆地依次为北卡那封盆地、柔布克盆地、布劳斯盆地和波拿巴盆地，为被动大陆边缘盆地（图 18-1）。在古生界基底上沉积了中生界和新生界裂谷期和被动陆缘期层序，其中北卡那封盆地是澳大利亚产储量最大的含油气盆地，其次为波拿巴盆地及布劳斯盆地，柔布克盆地目前还没有工业油气发现。北卡那封盆地天然气产量近十年来逐步上升，从 2001 年的 0.650Tcf 上升至 2008 年的 0.953Tcf（Geoscience Australia，2010）。波拿巴盆地天然气产量 2006 年以前为 0.001 ~ 0.004Tcf，2006 年以来伴随着远岸地带的油气投产，产量在 0.15 ~ 0.18Tcf。布劳斯盆地目前还没有任何天然气生产项目（表 18-1，表 18-2；图 18-2，图 18-3）。

　　根据澳洲地球科学 2010 年的能源资源评估报告统计，澳大利亚总的常规天然气地质储量为 193.63Tcf，石油地质储量为 13413.01MMbbl。其中海域常规天然气地质储量为 184.88Tcf，占天然气总储量的 94.91%，石油地质储量为 12730.73MMbbl，占石油总储量的 95.48%；陆上常规天然气地质储量为 8.75Tcf，占天然气总储量的 5.09%，石油地质储量为 682.28MMbbl，占石油总储量的 4.52%（Geoscience Australia，2010）。

表 18-1　澳大利亚西北陆架各主要含油气盆地的常规天然气产量　（单位：Tcf）

盆地	2001 年	2002 年	2003 年	2004 年	2005 年	2006 年	2007 年	2008 年
北卡那封	0.650	0.699	0.712	0.765	0.902	0.925	0.937	0.953
波拿巴	0.004	0.003	0.002	0.002	0.001	0.146	0.182	0.159
布劳斯	0.000	0.000	0.000	0.000	0.000	0.000	0.000	0.000
西北陆架	0.654	0.702	0.714	0.767	0.903	1.071	1.119	1.112
澳大利亚	1.193	1.295	1.277	1.310	1.498	1.613	1.737	1.754

注：原始数据资料来源于 2010 年澳洲地球科学能源资源评估报告。

表 18-2　澳大利亚西北陆架主要含油气盆地的原油产量　（单位：10^6bbl）

盆地	2001 年	2002 年	2003 年	2004 年	2005 年	2006 年	2007 年	2008 年
北卡那封	84.428	89.768	84.755	71.383	77.736	76.887	80.321	77.471
波拿巴	52.570	42.016	23.958	14.662	10.793	10.485	7.466	6.963
布劳斯	0.000	0.000	0.000	0.000	0.000	0.000	0.000	0.000
西北陆架	136.998	131.784	108.713	86.045	88.529	87.372	87.787	84.434
澳大利亚	193.405	181.513	155.553	129.772	121.146	122.514	122.362	116.776

注：原始数据资料来源于 2010 年澳洲地球科学能源资源评估报告。

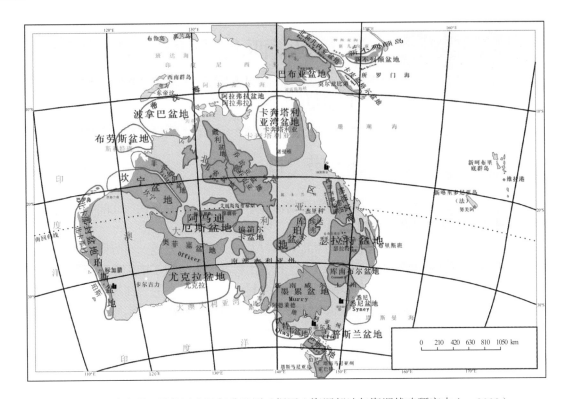

图 18-1 澳大利亚及临区含油气盆地图（据国土资源部油气资源战略研究中心，2009）

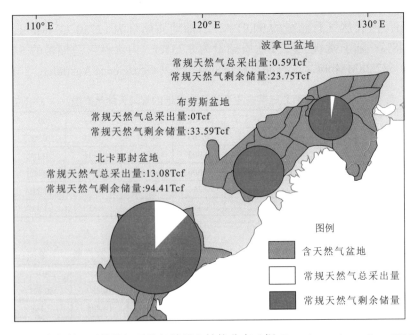

图 18-2 澳大利亚西北陆架天然气储量和结构分布（据 Geoscience Australia，2010）

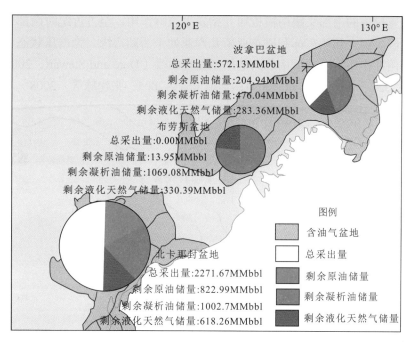

图 18-3　澳大利亚西北陆架的石油储量和结构分布（据 Geoscience Australia，2010）

第二节　构　　造

一、大地构造背景

澳大利亚西北陆架属边缘海型被动大陆边缘。研究区整体位于陆壳之上，整个西北陆架是克拉通盆地区域下拗上覆中新生代沉积物的结果。在远岸带与之相邻的地质单元从西南到北东依次为科雄尔深海平原—埃克斯茅斯高地—阿尔戈深海平原—罗利阶地—阿什莫尔阶地—帝汶海（图 18-4）。紧邻研究区的远岸带基底是洋壳性质，上覆物主要为火山岩和火山沉积物等。与研究区毗邻的陆上区域为克拉通地盾（Cook and Kantsler，1980；郭念发等，2000）。

现今澳洲大陆是地史时期大陆裂解的结果。石炭纪早期，325Ma 东南亚微板块跟澳洲克拉通裂解。从二叠纪末冈瓦纳大陆形成直到三叠纪末冈瓦纳大陆开始解体之前，整个冈瓦纳大陆为一个稳定的克拉通。293 ~ 285Ma 早二叠世东南亚微板块漂移，271 ~ 248Ma 中—晚二叠世羌塘地体和 Sibumasu 地体漂移。在三叠纪末期至侏罗纪早期（213 ~ 196Ma）时，开始了澳大利亚西北陆架区域的大陆裂解活动。伴随着一系列微板块从澳洲克拉通的分离，西北陆架发育了呈北东—南西向展布的四个大型裂谷盆地。晚三叠世诺利期 Lhasa 地块首先分离出去（Metcalf，1999），而后早侏罗世普林斯巴期发生了西缅甸板块Ⅰ地块跟澳洲克拉通的裂解，紧跟着西缅甸板块Ⅱ地块（Argo 块体）和西缅甸板块Ⅲ地块分别在晚侏罗世的牛津期和提塘期从澳洲克拉通西北边缘解体出去。然后印支板块在早白垩世凡兰吟期时从澳洲克拉通的西部分离出去，这一事件发生在白垩纪早期大约 136Ma 时，拉开了西北陆架被动陆缘演化的序幕（图 18-5）。晚白垩世赛诺曼期澳洲克拉通的南部又跟南极板块开始发生裂解作用，至古近纪时南部也进入被动陆缘演化阶段。澳大利亚东部和巴布亚新几内亚处于活动边缘，为挤压状态，东部在太平洋板块的俯冲作用下发育近南北向的塔斯曼造山带（Doré and Stewart，2002；Longley et al.，2002；Jablonski and Saltta，2004；李国玉等，2005；张建球等，2008）。

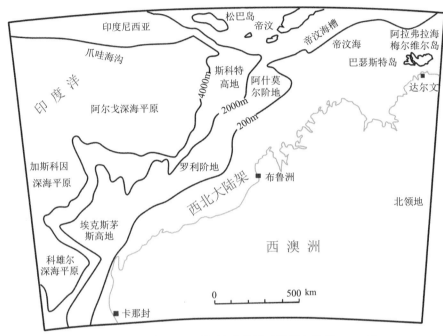

图 18-4　澳大利亚西北陆架构造背景（据郭念发等，2000）

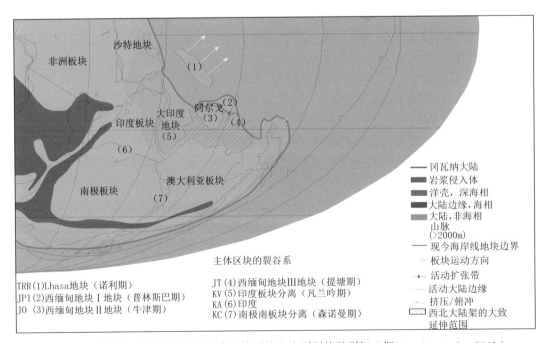

图 18-5　澳大利亚西北陆架简化的多板块再造和主要板块的裂解（据 Longley et al.，2002）

石炭纪早期，325Ma 东南亚微板块跟澳洲克拉通裂解。断裂作用进一步发生发展，并控制着巨型盆地的演化及整体构造格局，控盆断裂限制沉积范围。断裂的强烈张性拉伸活动伴随构造沉降作用，导致盆地的沉积中心迁移，主要沉积物为浅海相碎屑岩（Jablonski and Saltta，2004）。

在晚石炭世，古生代第二次构造运动发生。从晚石炭世起到二叠纪甚至三叠纪，澳大利亚西北陆架区域处于拉张环境，区域上经历了克拉通拗陷盆地阶段。早二叠世时东南亚微板块漂移，古特提斯洋的大洋中脊逐渐扩张。古特提斯洋大洋中脊的活动使得 Cimmerian 地块破碎并向西南方漂移，同时扩张的古特提斯洋洋壳向古中国大陆和欧亚板块之下俯冲，造成古中国大陆边缘抬升。中—晚二叠世羌塘地体和 Sibumasu 地体纷纷从澳洲克拉通边缘解体(图18-6)，伴随着一些小地体从冈瓦纳大陆的裂解和向北漂移，新特提斯洋逐渐扩张，使澳大利亚板块西北部处于拉伸、减薄的环境。在这一构造环境控制下，形成了在平面上近东西向且延伸很长的大陆地堑，纵向上切割很深（图18-6）（Metcalfe，1999；Doré and Stewart，2002；Heine et al.，2002；Jablonski and Saltta，2004；Condie and Andrewartha，2008）。

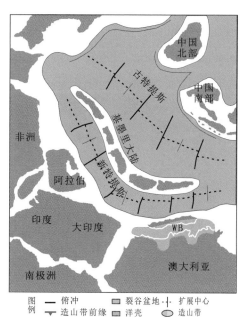

图 18-6　西北陆架二叠纪—三叠纪构造特征（据 Doré and Stewart，2002）
WB 为西澳大利亚巨型盆地

晚三叠世早期 226Ma 西北陆架区域发育南北向挤压构造运动，在坎宁盆地和波拿巴盆地称为菲茨罗伊构造运动，菲茨罗伊运动主要运动性质为扭压性的，同时伴有区域性的右旋构造运动。这期运动（如产生 Scott Reef-Buffon 走向带和 Bedout 高地继续强化）在波拿巴盆地、布劳斯盆地和坎宁盆地地震和钻井上的资料上都得到了响应，从而证实这是一次区域性构造运动。这或许与冈瓦纳大陆分裂有关，更大可能性是与板块沿着伊里岸岛/巴布亚新几内亚巴布亚岛边缘消亡有关。例如导致诸如菲茨罗伊凹陷边缘断层的重新活动，同时发育北东向转换断层，在盆地北部形成了北西向构造分带、北东分块的多期构造作用叠加。Broome 和 Crossland 隆起进一步发育，而 Willara 和 Kidson 凹陷则由于少量的断层活动形成了小型局部隆起（Doré and Stewart，2002；Jablonski and Saltta，2004；张建球等，2008）。

晚三叠世卡尼期—诺利期直到早白垩世凡兰吟期，一系列的大小不等的地块从西北陆架区域裂解出去。

晚侏罗世在阿尔戈陆块与西北陆架大部分地区之间有一窄的洋壳，在这一窄洋壳的扩张驱动作用下，阿尔戈陆块向北漂移。同时造成澳大利亚陆块下面地壳不断减薄，地下熔融的岩浆在板块变薄的部位喷出海底，在北波拿巴盆地形成一个火山喷发区（图 18-7）（Doré and Stewart，2002；Longley et al.，2002）。

到早白垩世凡兰吟期晚期，澳大利亚西北陆架的裂谷作用结束，晚二叠世形成的古特提斯洋大洋中脊在前凡兰吟期向北不断漂移、俯冲，在凡兰吟期末消失在欧亚板块之下。凡兰吟期，在冈瓦纳大陆解体形成的非洲板块和印度板块之间的局限海中央形成新的大洋中脊，新的大洋中脊扩张并驱动印度板块向北移动。澳大利亚大陆、印度板块以及南极洲板块之间在侏罗纪形成的大洋中脊同时也不断扩张，在板块的缝合带出现了一系列的热点和断陷盆地（图 18-8）（Doré and Stewart，2002；Longley et al.，2002；Jablonski and Saltta，2004；白国平和殷进垠，2007；张建球等，2008）。

图 18-7　西北陆架中晚侏罗世构造特征（据 Doré and Stewart，2002）

ESB. Exmouth 次盆；VSB. 武尔坎次盆

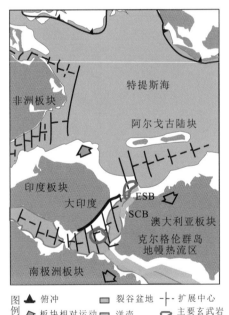

图 18-8　西北陆架早白垩世构造特征（据 Doré and Stewart，2002）

ESB. Exmouth 次盆；SCB. 南长那封盆地

古新世，在早白垩世形成的印度板块和澳大利亚大陆之间的大洋中脊不断扩张，驱动印度洋板块不断向西北方向漂移。印度洋板块在漂移过程中与欧亚板块相遇并发生剧烈的碰撞，从而形成了喜马拉雅造山带。Kerguelen 热点的轨迹连在一起就形成了一个北东向 90°E 海岭（Ninetyeast Ridge），记录了印度板块向西北方向漂移过程的运动轨迹。在大洋中脊的另一侧，澳大利亚大陆在洋中脊的扩张驱动下不断向东北方向移动，从而使印度板块和澳大利亚大陆之间的海域不断扩大，形成印度洋的雏形（图 18-9）（Doré and Stewart，2002；Longley et al.，2002；Jablonski and Saltta，2004）。

与此同时，先期形成的印度板块和南极洲板块之间的大洋中脊不断扩张，印度板块不断向北北东向移动。而这一时期在澳大利亚大陆和南极洲板块之间同样存在一个近东西向的大洋中脊，这一大洋中脊不断驱动澳大利亚大陆和南极洲大陆分离，两个板块分离以及这一洋中脊扩张的结果导致在澳大利亚大陆和南极洲板块之间形成了 SEIR（southeast India ridge）（Doré and Stewart，2002；Longley et al.，2002；Jablonski and Saltta，2004）。

渐新世，整个澳大利亚大陆及其附近地区大洋中脊不断扩张，板块不断漂移，构造格局没有大的变化。印度板块和欧亚板块进一步向欧亚板块下俯冲，喜马拉雅造山带开始形成。而先期形成残留的阿尔戈陆块逐渐漂移到现在的印度尼西亚群岛位置处，形成印度尼西亚群岛（图 18-10）（Doré and Stewart，2002）。

图 18-9　西北陆架古新世构造特征（据 Doré and Stewart，2002）

NER. 90°E 海岭；SEIR. 印度洋东南海岭；KP. 凯尔盖朗高原

图 18-10　西北陆架渐新世—中新世构造特征（据 Doré and Stewart，2002）

NER. 90°E 海岭；CIR. 印度洋中心海岭；BR.Broken 海岭；SEIR. 印度洋东南海岭

从渐新世末开始，由于"新近纪碰撞"以及澳大利亚板块、欧亚板块的 Sundaland 微板块、Caroline 海和菲律宾海洋壳以及太平洋板块的相互作用，澳大利亚板块不断向欧亚板块俯冲，板块碰撞汇聚作用产生了一次大规模的左旋剪切作用，该左旋剪切逐渐形成了一个弧形构造 – "北波拿巴盆地 – 帝汶岛 – 东印度尼西亚群岛"复杂沟 – 弧体系。在这一阶段，沉积层遭受褶皱、逆掩和叠覆，被动大陆边缘开始向活动大陆边缘转化（Doré and Stewart，2002；Longley et al.，2002）。

晚古近纪运动的具体时间：新几内亚褶皱带形成于大约 12Ma 和 4 ~ 3Ma（Hill and Raza，1999），Sumba-Banda 碰撞发生在 8Ma 和 3Ma（Keep et al.，2002）。新几内亚褶皱带的结束标志着从聚敛到压扭的改变（Hill and Raza，1999）。内班达（Banda）岛弧在大约 5Ma 之前与帝汶岛弧会聚在一起，后期稳定的沉积使盐岩构造恢复活动，盐岩底辟构造造成断裂发育和局部构造抬升。在 Timor 海 3Ma 构造运动记录了澳大利亚洋壳消亡到 Banda 弧的结束，但它只是局部消亡带。澳大利亚板块继续向北运动，开始沿着 Wetar 和 Flores 挤压带形成向北的消亡区（McCaffrey and Harris，1996）。3Ma 构造运动也是 Sundalang 克拉通和相邻 Sumba 地区构造反转发生的证据（Bransden and Mattews，1992），同时太平洋板块运动发生改变，这样 3Ma 的运动更像是一次区域事件（Pockalny，1997）。

二、构造演化和沉积充填特征

澳大利亚西北陆架属边缘海型被动大陆边缘，其构造演化跟其他的典型被动大陆边缘类似，大致经历了三大构造发展阶段（Falvey，1974；Lavering and Pain，1991；Edwards et al.，2000；Doré and Stewart，2002；Eyles et al.，2002；Longley et al.，2002；Cadman and Temple，2003；Jablonski and Saltta，2004；白国平和殷进垠，2007；冯杨伟等，2010）：①寒武纪—三叠纪的克拉通发育阶段，其中寒武纪—早泥盆世为克拉通内盆地发育阶段；石炭纪—早二叠世为克拉通拗陷盆地发育阶段，与冰川相关的断裂产生构造抬升，盆地被区域性冰川覆盖。②三叠纪末期至早侏罗世早期—早白垩世早期裂谷阶段，澳大利亚从印度板块分离，导致部分断层重新活动起来，在古生代内克拉通盆地区域下拗的基础上，形成了中生代裂谷盆地，断裂构造作用使得裂谷盆地内构造格局进一步复杂化，并形成若干个次一级断陷和凸起构造单元，断裂控制沉积层序的发育，在凹陷区发育厚层裂谷层序，在凸起区裂谷层序很薄或者缺失。③早白垩世早期至今为被动大陆边缘盆地形成阶段，各盆地内的构造运动基本趋于停止（图 18-11）。

新近纪时西澳巨型盆地受到区域构造运动的影响，不规则的澳大利亚边缘和帝汶 – 班达弧的碰撞影响了波拿巴盆地，印度地区褶皱带的形成引发的区域应力的改变影响了北卡那封盆地和布劳斯盆地（Symonds et al.，1994；Doré and Stewart，2002；Longley et al.，2002；冯杨伟等，2010）。

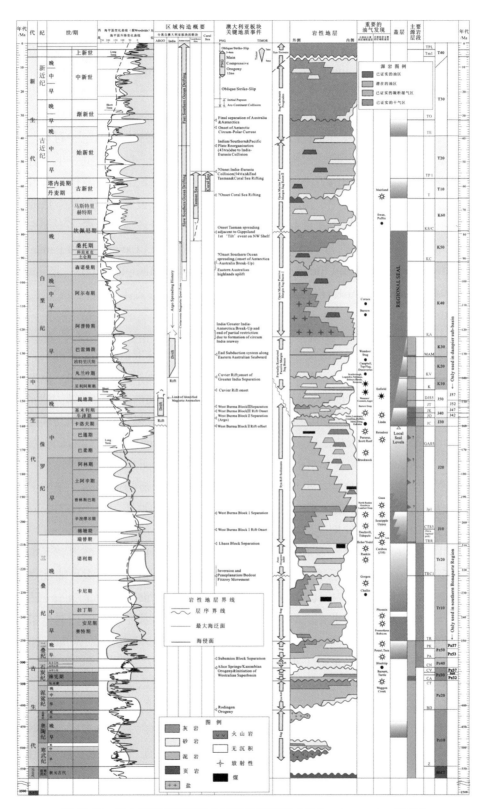

图 18-11 澳大利亚西北陆架地质综合柱状图（据 Longley et al.，2002）

在区域构造演化的控制下，西北陆架发育三大套沉积建造层序，西北陆架的地层基本不含盐岩，下部为前侏罗系前裂谷内克拉通沉积，上覆侏罗系至新生界裂谷层序和被动陆缘层序（Lavering and Pain，1991；Longley et al.，2002；Edwards et al.，2000；Gartrell，2000）。

早古生代的内克拉通层系地层没有详细研究，主要因为埋藏太深或者缺失，同时对油气勘探没有物质贡献。晚古生代以来发育克拉通内拗陷层序，泥盆纪—石炭纪地层形成了两套裂谷–凹陷旋回，形成了海相、三角洲和冰期沉积。晚石炭世—早二叠世，受区域性冰川和冰河作用影响的近海沉积遍布整个盆地。三叠纪时菲茨罗伊扭张性构造运动影响整个西北陆架，三叠纪—侏罗纪时，西北陆架发育三大三角洲体系，形成了本区重要的烃源岩和储集层。早白垩世起西北陆架进入被动陆缘的演化阶段，下部充填局限海的泥岩和泥灰岩，上覆广海的碳酸盐岩和浊积沉积序列（Lavering and Pain，1991；Felton et al.，1992；Doré and Stewart，2002；Cadman and Temple，2003；Jablonski and Saltta，2004；邓运华，2010；冯杨伟等，2010）。

（一）裂谷阶段

澳大利亚西北陆架的裂谷演化开始于晚三叠世晚期至早侏罗世早期，伴随着一系列小的陆块从澳洲克拉通西北部边缘的分离，西北陆架裂谷盆地逐步发展。北东—南西向的断裂大量发育，同时诱发一些前裂谷期的断裂重新活动。断裂使西北陆架区域构造格局进一步复杂化，形成若干个次—级断陷和凸起构造单元。早白垩世早期印支板块与澳洲克拉通裂解，西北陆架裂谷阶段结束（图 18-11）（Lavering and Pain，1991；Struckmeyer et al.，1998；Doré and Stewart，2002；Longley et al.，2002；Jablonski and Saltta，2004）。

晚三叠世早期（226Ma），西北陆架区域发育南北向挤压构造运动，在坎宁盆地和波拿巴盆地称为菲茨罗伊构造运动。菲茨罗伊运动主要运动性质为扭压性的，同时伴有区域性的右旋构造运动。这期运动（如产生 Scott Reef-Buffon 走向带和 Bedout 高地继续强化）在波拿巴盆地、布劳斯盆地和坎宁盆地地震和钻井上的资料上都得到了响应，从而证实这是一次区域性构造运动。这或许与冈瓦纳大陆分裂有关，更大可能性是与板块沿着伊里岸岛／巴布亚新几内亚巴布亚岛边缘消亡有关。例如导致诸如 Fitzroy 凹陷边缘断层的重新活动，同时发育北东向转换断层，在盆地北部形成了北西向构造分带、北东分块的多期构造作用叠加。Broome 和 Crossland 隆起进一步隆起，而 Willara 和 Kidson 凹陷则由于少量的断层活动形成了小型局部隆起。

三叠纪—早侏罗世，西北大陆架处于剪切带附近，在该运动的影响下澳大利亚西北陆架区域结束了前期拗陷阶段的沉积。菲茨罗伊扭张性构造运动，形成了兰金台地及其断裂系统。同时发育了大规模的背斜和向斜构造，沉积凹陷如武尔坎次盆地等次级构造单元也在构造运动中产生，导致了区域性的不整合。隆起区发育剥蚀，张性盆地中发育海相和河流–三角洲相沉积。与菲茨罗伊运动相伴随的内陆抬升和构造运动导致一套来源于 Canning 盆地隆起区而在北 Carnarvon 盆地沉积的巨厚地层——Locker 组页岩（局部发育碳酸盐岩）沉积，沉积环境为海侵环境。这套厚层三角洲地层从陆上 Canning 盆地边缘向前进积500km，扩展到 Exmouth 地台并直入 Wombat-Timor 海槽海湾处（Nicoll and Foster，1994）。晚三叠世时发育 Mungaroo 三角洲，相变为河流 – 三角洲相砂岩和泥岩互层沉积。这次构造运动形成的一系列沉积凹陷在运动之后的裂谷发育阶段沉积了重要的烃源岩，西北大陆架的油气田大部分都源自这种类型的烃源岩（Lavering and Pain，1991；Struckmeyer et al.，1998；Doré and Stewart，2002；Longley et al.，2002；Jablonski and Saltta，2004）。

　　早侏罗世晚赫塘期—早辛涅缪尔期，裂谷作用结束了三叠纪的拗陷沉积背景，西北大陆架北部的北西走向的古生代盆地被抬升和褶皱，同时形成一系列北东走向的活动裂谷和夭折裂谷（Labutis，1994）。西缅板块Ⅰ在晚赫塘期开始断裂，推断其在地震界面上向盆地迁移沉积。一期大的砂体开始发育，拉张持续到辛涅缪尔期破裂。洋壳出现伴随着盆地沉降，板块漂移产生大规模早侏罗世海侵，海侵在波拿巴盆地不明显，因为北部地区不在板块旋转范围内，还没有受到影响。受该运动影响，在 Beagle 地区外围有大套三角洲进积沉积（Struckmeyer et al.，1998；Doré and Stewart，2002；Longley et al.，2002；Jablonski and Saltta，2004；邓运华，2010）。

　　早—中侏罗世西北陆架的沉积层系主要为河流 – 三角洲相，北卡那封盆地部分地层发育碳酸盐岩沉积，并且逐渐过渡到海相沉积。在布劳斯盆地和波拿巴盆地则以河流 – 三角洲相占主导，主要受控于 Legendre 三角洲和 Plover 三角洲。

　　该时期，沉积中心主要有北卡那封盆地的比格尔次盆、布劳斯盆地的卡斯威尔次盆、波拿巴盆地的武尔坎次盆、Ashul Flamingo Nancar 地区和 Mallta 地堑等，沉积中心沉积物厚度大于 3 ~ 4km。这一时期的海陆交互相碳质泥岩和煤系是该区已证实的主力烃源岩，三角洲相砂岩是已证实的主力储集层（图 18-11）（Lavering and Pain，1991；Struckmeyer et al.，1998；Doré and Stewart，2002；Longley et al.，2002；Jablonski and Saltta，2004；张建球等，2008；邓运华，2010；冯杨伟等，2010）。

　　澳大利亚西北陆架区域在中侏罗世晚期—早白垩世早期至少经历了三期大陆板块破裂和海底扩张事件：卡洛夫晚期—牛津期、提塘期和凡兰吟期。在卡洛夫晚期—牛津期断裂起始于阿尔戈地区中部，在提塘期，断裂作用突然转向于帝汶岛北部（后来这种拉张记录已经消亡），至凡兰吟期断裂作用转移至 Cuver 地区南部。这种断裂史引起了一个复杂的裂陷和裂陷后沉积在时空上的分布，并强烈地控制了陆架边缘含油气系统的有效性和生油潜力（Lavering and Pain，1991；Struckmeyer et al.，1998；Doré and Stewart，2002；Longley et al.，2002；Jablonski and Saltta，2004；张建球等，2008；邓运华，2010；冯杨伟等，2010）。

　　中侏罗世晚期的卡洛夫晚期在阿尔戈深海平原发生了海底扩张和大陆解体，并形成了卡洛夫期不整合面，该不整合面也称为主不整合面或大陆解体不整合面。西缅板块Ⅱ在卡洛夫期开始从边缘断裂，在牛津期完成（Struckmeyer et al.，1998；Doré and Stewart，2002；Longley et al.，2002；Jablonski and Saltta，2004）。在卡洛夫期，主要的张性构造影响着北卡那封盆地，形成了兰金台地断块。兰金台地断块的形成，标志着大陆西缘裂谷作用的结束。

澳大利亚大陆西缘的构造轮廓在这次构造作用下已经完成定型。

卡洛夫阶与下伏巴通阶的大面积三角洲平原在裂谷期显著不同，这一时期的沉积环境为局限海盆地，主要沉积在狭窄裂谷内且裂谷中心沉积物厚度加大。在北卡那封盆地，晚中侏罗世盆地边缘发生隆起，侵蚀作用切割了兰金台地原来向西的断崖，形成低角度侵蚀断崖。在 Dupuy 三角洲和 Angel 三角洲的控制下，卡洛夫阶—上侏罗统碎屑岩和泥岩的沉积只局限于巴罗 – 丹皮尔次盆地。东部物源的持续注入，在兰金高地形成砂岩沉积（Struckmeyer et al.，1998；Doré and Stewart，2002；Longley et al.，2002；Jablonski and Saltta，2004；张建球等，2008；邓运华，2010；冯杨伟等，2010）。

同样，由于波拿巴盆地远离主要断裂和板块旋转区，受到南部断裂的影响微弱。布劳斯盆地地区也离主要断裂轴不近，受到南部断裂的影响很小。两者均在稳定宽广三角洲平原上继续沉积，由于缺乏物源的供给而沉积的一套泥页岩地层，是波拿巴盆地和布劳斯盆地已证实的主要烃源岩（图 18-11）。根据 Ravnas 和 Steel（1998）的海相断裂系统研究，这些裂谷在开始没有沉积，但后期有海相页岩和砂岩沉积，在某些地区的沉积不受克拉通的影响（Struckmeyer et al.，1998；Doré and Stewart，2002；Longley et al.，2002；Jablonski and Saltta，2004；张建球等，2008；邓运华，2010；冯杨伟等，2010）。

澳大利亚和印度板块之间的断裂作用从中侏罗世开始，在早白垩世达到高潮。在白垩纪贝利阿斯期，印度板块跟冈瓦纳板块开始分离，形成了在目前珀斯盆地处狭长裂谷盆地。从晚提塘期到早贝利阿斯期的构造活动结束了盆地东部的侏罗纪沉积，这一时期 Cape 构造断裂带南边的高地隆升剥蚀提供了沉积碎屑物，沿北北东向向海推进的巴罗三角洲沉积体系开始形成。同时在这一时期印度洋开始开裂，开阔海环境借此得以延续，整个西北边缘海侵发育。北卡那封盆地发育了早白垩世巴罗组（K20）富砂的海底扇沉积及河成三角洲沉积，布劳斯盆地内陆抬升也在其局部地区沉积了三角洲（Hocking，1988）。

凡兰吟期印度板块从冈瓦纳板块分离已经完成，终止了巴罗组沉积。这时埃克斯茅斯次盆地的局部地区的下凡兰吟阶地层遭受了剥蚀和与走滑断裂活动相关的褶皱构造活动，沿着科维尔和加斯科因深海平原边界的活动裂谷，发生了明显的大陆分离。在大陆分离之后的凡兰吟期—巴雷姆期，断裂带对沉积方式的影响减弱（Struckmeyer et al.，1998；Doré and Stewart，2002；Longley et al.，2002；Jablonski and Saltta，2004；张建球等，2008；邓运华，2010；冯杨伟等，2010）。

（二）被动大陆边缘阶段

到早白垩世凡兰吟期晚期，澳大利亚西北陆架的裂谷作用结束，紧随凡兰吟期大印度板块分离之后是西北陆架被动陆缘盆地的被动陆缘（热凹陷）期，主要的海侵导致了开阔海环境的延续。早白垩纪晚期的区域性海进形成了海相页岩沉积和局部的砂岩沉积，整个古近纪沉积了滨岸碳酸盐岩沉积（Hocking，1988）。可以分成三个阶段：早白垩世、中至晚白垩世和古近纪。

早白垩世地层没有上覆在裂谷盆地内，因为在早白垩世饥饿沉积阶段，盆地没有沉积地层。早白垩世凹陷内沉积海相页岩地层。沉积同时伴有海退砂岩作为重要储层。该界面与大印度从 Antarctica 分离有关，并形成开阔海。KA 标志着第一次海侵伴随着成熟洋盆形成的开始，这一点从富含硅深水上涌及含氧气的海水循环导致富含放射虫的地质体现象上可以识别（Struckmeyer et al.，1998；Doré and Stewart，2002；Longley et al.，2002；Jablonski and Saltta，2004；张建球等，2008；邓运华，2010；冯杨伟等，2010）。

中白垩统是 WASB 区域白垩系盖层。上白垩统是页岩，局部成为盖层。通常靠近下伏侏罗系地层也是页岩，但是下—中白垩统泥页岩分步范围广，并最终成为区域盖层。

在晚白垩世坎潘期，内陆抬升（对应沿着澳大利亚南缘断裂事件）导致在埃克斯茅斯台地和埃克斯茅斯次盆地区地层反转（Bradshaw et al.，1988；Tindale et al.，1998）。这期构造运动标志着在巴罗和丹皮尔次盆内先前与断裂有关的构造开始发育扭压构造（如巴罗岛）。此外在卡斯威尔次盆北，内陆抬升导致陆架边缘板块旋转，使倾斜的内陆地层开始剥蚀，并在较深水的环境里重新沉积（Blevin et al.，1998）。这次区域构造运动解释为与远处板块运动有关，伴随着 Tasman 海扩张的形成（Bradshaw et al.，1988）。此外，在马斯特里赫特期，在卡斯威尔和武尔坎南部有砂体沉积，其上接第三系底部。

在古近纪 Coral 海开始扩张，西北陆架向北漂移，在远离有碎屑岩输入的地区沉积碳酸盐岩。在中始新世，大板块重新组合，澳大利亚板块迅速北移，碳酸盐岩沉积占主导地位，在未充填的裂谷盆地形成的可容纳空间内沉积大套碳酸盐岩（Struckmeyer et al.，1998；Doré and Stewart，2002；Longley et al.，2002；Jablonski and Saltta，2004；张建球等，2008；邓运华，2010；冯杨伟等，2010）。

古新世，在早白垩世形成的印度板块和澳大利亚大陆之间的大洋中脊不断扩张。渐新世，整个澳大利亚大陆及其附近大洋中脊不断扩张，板块不断漂移。这一时期，伴随着板块扩张—大陆漂移—大洋拓宽，西北陆架区域发育厚层沉积，大于 200m 水深区域沉积物厚度基本为 3 ~ 4km。在前期陆相沉积的基础上，发育一系列碎屑岩和碳酸盐岩进积楔状体，形成了稳定的陆架 - 陆坡 - 陆裾沉积（Lavering and Pain，1991；Struckmeyer et al.，1998；Doré and Stewart，2002；Longley et al.，2002；Jablonski and Saltta，2004；张建球等，2008；邓运华，2010；龚承林等，2010）。

渐新世—中新世，挤压旋扭运动使早期断裂系统活化，造成白垩纪晚期—古近纪和新近纪早期油气成藏系统的破坏和泄漏（Longley et al.，2002；张建球等，2008）。从中新世末至全新世，西北陆架主要的沉积建造是陆架台地相碳酸盐岩沉积，沉积厚度较大，局部是浊积砂岩沉积，特殊的是在波拿巴盆地的 Ashmore 台地和 Sahul 台地的边缘发育了生物礁（Lavering and Pain，1991；Struckmeyer et al.，1998；Longley et al.，2002）。

三、主要断裂

澳大利亚西北陆架整体受控于走向北东—南西的断裂系统，控盆断裂均发育于侏罗纪和早白垩世，形成的盆地内部的二级构造单元基本呈北东—南西向展布（Lavering and Pain，1991；Struckmeyer et al.，1998；Doré and Stewart，2002；Longley et al.，2002；Jablonski and Saltta，2004；张建球等，2008；龚承林等，2010），断裂主要为兰金断裂系统和 Flinders 断裂系统，这两大断裂系统贯穿整个西北陆架区域，控制其发育。在布劳斯盆地还发育局部断裂 Barcoo 断裂系统，波拿巴盆地发育局部断裂 Lyndoch Bank 断裂系统。平面上这些断裂呈北东—南西断续定向排列，受其控制的背斜和向斜构造也近似与之平行断续分布，同时也存在北西—南东向的断裂系统，一些是古生代残存的断裂，一些是受其影响在中生代发育的断裂（图 18-12）（Lavering and Pain，1991；Struckmeyer et al.，1998；Doré and Stewart，2002；Longley et al.，2002；Jablonski and Saltta，2004）。

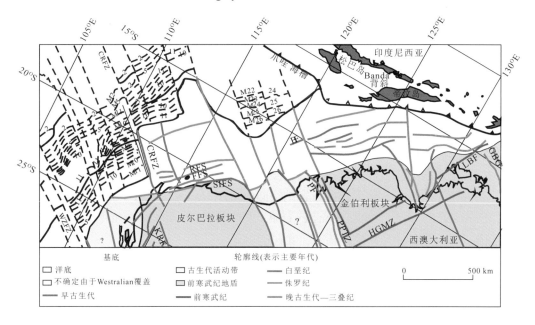

图 18-12　澳大利亚西北陆架主要断裂系统（据 Doré and Stewart，2002）

BF. Barcoo 断层；CRFZ. Cape Range 构造断流带；FFS. Flinders 断裂系统；GBG. Goulburn 地堑；HGMZ. Halls Creek 移动带；KRF. Kennedy 山脉断层；LBF. Lyndoch 堤岸断层；PF. Pender 断层；PPTZ. Paterson-Petterman 构造断层；RFS. 兰金断裂系统；SIFS. Sholl 岛断层系统；WZFZ. Wallaby-Zenith 构造断流带

在受区域性主要断裂系统控制发育的多条北西—南东向的地质剖面上显示：

（1）盆地内部二级构造单元呈现隆拗相间格局。

（2）盆地在纵向上的下构造层为由基底倾角很大的张性正断层控制的地堑、半地堑，剖面上高角度且在平面上延伸远，发育的时期为裂谷期；盆地的中构造层为由铲式生长断层控制的碟状凹陷层，这些铲式断层在平面上呈特征性的弧形展布，发育的时期在被动陆缘期早期；盆地的上构造层往往是由于沉积物沉积时边沉积边向海推进而呈现楔状挠曲。

四、构造单元划分

据 Petkovic 等（2001）和 Longley 等（2002）的研究成果，澳大利亚西北陆架被动陆缘区域上包含四个含油气盆地和一个造山带，自西南到东北依次为北卡那封盆地（面积为 $54.44 \times 10^4 km^2$）、柔布克盆地（面积约为 $11 \times 10^4 km^2$）、布劳斯盆地（面积为 $21.4 \times 10^4 km^2$）、波拿巴盆地（面积为 $27 \times 10^4 km^2$）和帝汶 – 班达褶皱带（图 18-13）。这四个盆地最终组成了西澳大利亚超级盆地，由于冈瓦纳大陆破碎而充填了一套厚层上古生界、中生界和新生界地层。帝汶 – 班达褶皱带是晚古近纪西澳巨型盆地远端的班达弧和亚洲苏门答腊克拉通东南部边缘弧碰撞的结果（Doré and Stewart，2002；Longley et al.，2002；Jablonski and Saltta，2004；张建球等，2008；龚承林等，2010）。

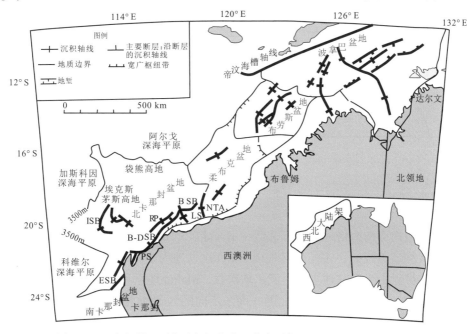

图 18-13　澳大利亚西北陆架沉积盆地分布（据 Bradshaw et al.，1988）

LS. 兰伯特陆架；BSB. 比格尔次盆；ESB. 埃克斯茅斯次盆；RP. 滦金台地；PS. 皮达姆拉陆架；B-DSB. 巴罗 – 丹皮尔次盆；ISB. 伊外斯特盖特尔次盆；NTA. 乌龟北凸起

（一）北卡那封盆地

北卡那封盆地是发育于澳大利亚西北陆架最南端的一个沉积盆地，主要构造单元包括埃克斯茅斯（Exmouth）高地、袋熊高地、"调查者"（Investigator）次盆地、兰金（Rankin）台地、埃克斯茅斯次盆地、巴罗（Barrow）次盆地、丹皮尔（Dampier）次盆地、比格尔（Beagle）次盆地、恩德比（Enderby）阶地、皮达姆拉（Peedamullah）陆架和兰伯特（Lambert）陆架（Geoscience Australia，2006）。巴罗次盆地和丹皮尔次盆地之间的分界线比较模糊，这两个次盆地常常被合在一起统称为巴罗 – 丹皮尔次盆地。（图 18-14）（Felton et al.，1992；Longley et al.，2002；Pryer et al.，2002）。

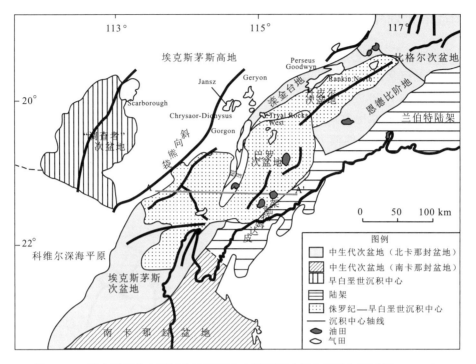

图 18-14 澳大利亚北卡那封盆地沉积中心平面图（据白国平和殷进垠，2007）

（二）波拿巴盆地

波拿巴盆地内部构造格局受南部北西—南东走向的古生代构造带和北部北东—南西走向的中生代构造带控制，古生代盆地以 Petrel 次盆地为主体，它代表了一个北西—南东走向的裂谷带。中生代盆地主要由武尔坎次盆、Malita 地堑和 Flamingo 向斜组成，并被 Sahul 台地、Londonderry 隆起及北西—南东走向的 Nancar 槽谷（Laminaria 高地）分隔（图 18-15）（Edwards et al.，2000；Longley et al.，2002；Cadman and Temple，2003；白国平和殷进垠，2007；冯杨伟等，2010）。

（三）布劳斯盆地

布劳斯盆地内部构造单元呈北东—南西向延伸，包括一个弓形陆架区、一个边界为断层的阶地和一个沉积中心（图 18-16）。按构造成因，盆地沉积中心可进一步分为三个次盆地：卡斯威尔、Barcoo 和 Seringapatam 次盆地。最深的次盆地是卡斯威尔次盆，盆地基底为金伯利盆地基岩，岩性为元古宇变质岩和流纹岩、英安岩等火山岩。沉积物大约 15km 厚（Hocking et al.，1988；Struckmeyer et al.，1998）。该次盆地在西北边以 Scott-Reef 和 Buffon 构造带与 Seringapatam 次盆地相隔，在西南边以 Buccaneer 鼻状隆起与 Barcoo 次盆地相隔。布劳斯盆地的主要构造走向为北东—南西向，因此形成了长条型的、次平行的倾斜断块和背斜构造带（Lavering and Pain，1991；Edwards et al.，2000；

Doré and Stewart，2002；Longley et al.，2002；Cadman and Temple，2003；Jablonski and Saltta，2004；张建球等，2008）。

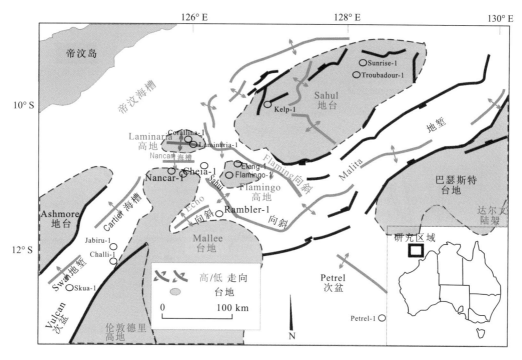

图 18-15 波拿巴盆地构造单元划分及主要构造要素图（据 Smith et al.，1999）

（四）柔布克盆地

柔布克盆地北西向展布，主要由两个沉积中心（Bedout 次盆和 Rowley 次盆）和三个高地（Bedout 高地、Cobagooma 高地、中三叠统火山岩形成的层高地）构成，盆地的构造 – 沉积历史已经在公开发表的文章中论述过（Smith et al.，1999）。西边以乌龟北凸起与北卡那封盆地分开，西北边以中三叠统火山岩层形成的高地与阿尔戈深海平原分隔，东边和坎宁盆地以 Cobagooma 高地分隔。盆地内部以 Bedout 高地分开为 Bedout 次盆和 Rowley 次盆两大沉积中心。

五、地热场

从澳大利亚及其周边区域的热流分布图上发现，热流分布具有强烈的不均一性。热流分布格局可描述为：东北高值、西南低值、从东北往西南热流值递减（图 18-17）。这种分布格局有可能与各地区所处的大地构造背景密切相关，澳大利亚东部地区处于跟太平洋板块的挤压环境，构造活动强烈且伴随岩浆活动，大地热流值高。而澳大利亚西北陆架区域和澳大利亚南部地区均处于被动陆缘的拉张环境，构造活动较稳定，大地热流值低（Cull and Conley，1983；Beardsmorel and Altmann et al.，2002）。

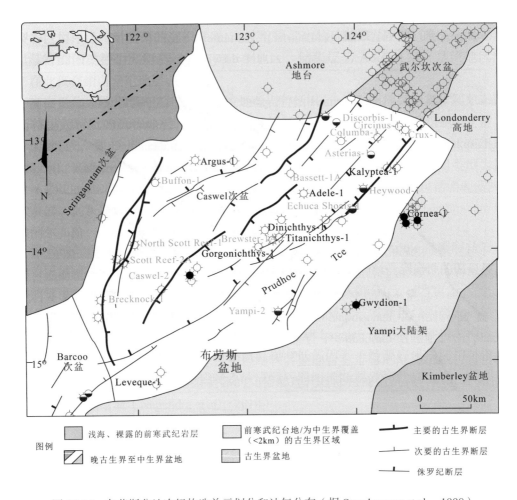

图 18-16 布劳斯盆地次级构造单元划分和油气分布（据 Struckmeyer et al.，1998）

  澳大利亚西北陆架被动陆缘盆地的热流值为 $50mW/m^2 \pm 10mW/m^2$，区域范围内热流值相对较均匀。北卡那封盆地的埃克斯茅斯台地外围区域热流值较高，可能跟其接近大洋区地壳较薄有直接关系。波拿巴盆地和布劳斯盆地外围处于帝汶－班达碰撞带的区域，由于构造活动强烈而热流值较高。跟西北陆架相邻的陆上区域热流值在 $40mW/m^2 \pm 8mW/m^2$，这是由于陆上区域一直属于稳定的克拉通，构造活动弱于西北陆架被动大陆边缘。

  在北卡那封盆地、布劳斯盆地和波拿巴盆地的内部，由于存在断裂系而局部热流值相对较高。在不同的构造单元边界部位也存在地温陡变现象。同时，热流的分布与莫霍面的相对埋深之间存在负相关关系（邱楠生等，2005）。

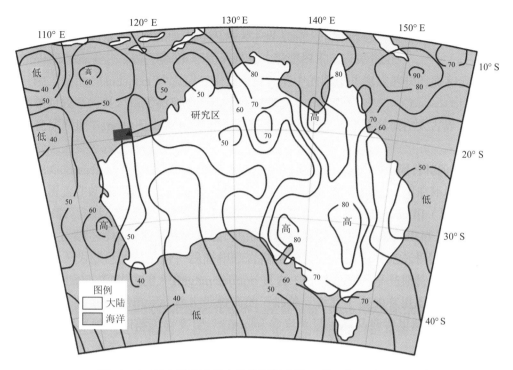

图 18-17 澳大利亚地区大地热流值（据 Cull and Conley，1983）

第三节 地层与沉积相

一、地层

澳大利亚西北陆架深水盆地包括北卡那封盆地、波拿巴盆地及布劳斯盆地，以下重点介绍这三个盆地的地层（图 18-18）。

（一）北卡那封盆地地层

1. 寒武系

北卡那封盆地下古生界寒武系缺失（Condon，1954）。

2. 奥陶系

北卡那封盆地奥陶系发育于 Peedamullah 陆架的 Candace 阶地，为 Tumblagooda 组砂岩。Tumblagooda 组砂岩沉积环境为河流－滨海相，为一套夹少量粉砂岩和泥岩的红层砂岩。在 Peedamullah 陆架内，已知的最老的沉积岩发现于 Robe 海湾的 Echo Bluff 1井，Candace 阶地的泥盆系碎屑岩和灰岩覆盖在奥陶系 Tumblagooda 砂岩之上。根据地震数据，这种分选差、红色粗粒的偶含砾赤铁矿化砂岩至少 1000m 厚。Candace 阶地上靠近 Sholl 断层的一个倾斜不整合面把中泥盆统跟老的岩层分隔（图 18-18）（Crostella，2000；Iasky，2002）。

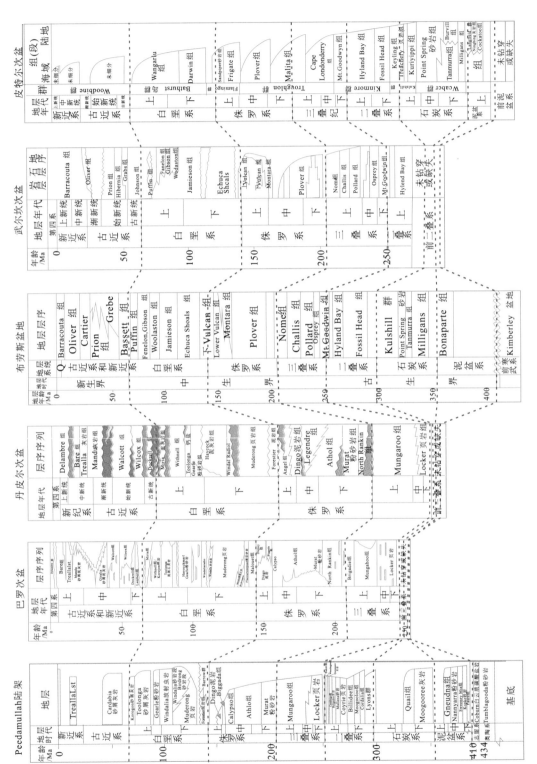

图 18-18　澳大利亚西北陆架陆缘动陆缘盆地地层综合对比图（据 Felton et al., 1992; Edwards et al., 2000; Bond et al., 2002; Iasky, 2002; 白国平利段进垠, 2007; 张建球等, 2008）

3. 志留系

北卡那封盆地志留系缺失（Iasky，2002）。

4. 泥盆系

下泥盆统为 Faure 组和 Kopke 组，中泥盆统为 Nannyarra 组砂岩和 Gneudna 组/Munabia 组，上泥盆统缺失（Iasky，2002）。

泥盆系—下石炭统为冲积扇和近滨硅质碎屑 – 浅海碳酸盐岩沉积建造，下泥盆统从下往上依次为 Faure 组、Kopke 组砂岩（Felton et al.，1992）（图 18-18）。

中泥盆统与下石炭统直接接触。Nannyarra 组砂岩为一套早泥盆世晚期开始的海侵环境背景下的水动力条件差的浅海 – 潮间带环境的砂岩沉积，不整合覆盖在下泥盆统之上，部分地区与志留系呈角度不整合接触。Gneudna 组为近滨海到局限浅海环境下的粉砂岩沉积，该组层系整合覆盖于 Nannyarra 砂岩之上。局部地区相变为 Munabia 组，主要为障壁岛沉积环境下的砂岩，夹少量泥岩、砾岩和白云岩，整合于 Gneudna 组之上（Felton et al.，1992）（图 18-19）。

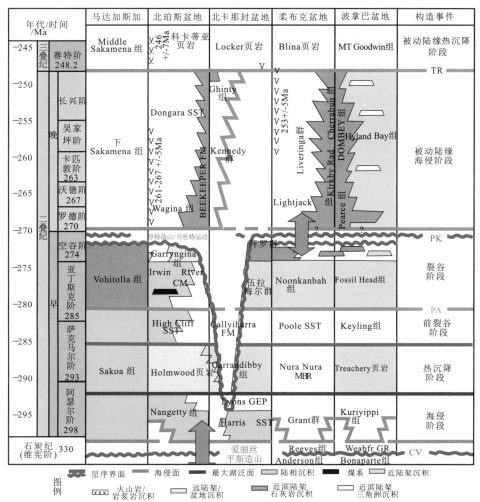

图 18-19　澳大利亚西北陆架二叠系地层综合对比图（据 Jablonskl and Saltta，2004）

5. 石炭系

下石炭统为 Moogooree 组和 Quail 组，Moogooree 组为温暖浅水环境中的碳酸盐岩沉积，Quail 组为泥岩沉积。上石炭统缺失。

6. 二叠系

下二叠统下部为 Lyons 群和 Callytharra 组，上部缺失。上二叠统为 Kennedy 群，Kennedy 群上部为 Abdul 砂岩，下部为 Cody 灰岩。

大陆冰川对上石炭统—下二叠统的影响很大，冈瓦纳古陆的大部分，包括皮尔巴拉地块以及北卡那封盆地的东南边缘的整个西澳地区被极地冰盖覆盖。受区域性冰川和冰河作用的近海沉积 Lyons 群遍布整个盆地，Lyons 群为混杂沉积岩，岩石分选性差，砾岩存在垮塌变形构造。随着盆地沉降速度的加大，在滨海地带出现有 Callytharra 组碳酸盐岩和粉砂岩沉积。后期由于盆地沉降速度放慢，沉积物注入速度逐渐加快，发育上二叠统 Kennedy 群，下部为 Cody 灰岩，上部为 Abdul 砂岩，由海相碳酸盐岩逐渐过渡为河流 – 三角洲相粗粒砂岩沉积（Felton et al.，1992）。二叠系受冰川影响的近海地层分布面积较广，受到海水和冰川的双重控制而地层厚度较均匀，基本为 2km 左右。

7. 三叠系

中生界下三叠统和二叠系普遍存在沉积间断，下、中三叠统为 Locker 组页岩，上三叠统为 Mungaroo 组（Dolby and Balme，1976；Longley et al.，2002）。

下—中三叠统的沉积环境为海侵环境，盆地发育一套来源于 Canning 盆地隆起区的巨厚地层—Locker 组页岩沉积，局部发育碳酸盐岩（TR20 层序），沉积环境为海侵环境。而后在北卡那封盆地的西南侧发育 Mungaroo 三角洲，相变为 Mungaroo 组河流 – 三角洲相砂岩和泥岩互层沉积。这套厚层三角洲地层从陆上坎宁盆地边缘向前进积 500km，扩展到 Exmouth 地台并直入 Wombat-Timor 海槽海湾处（Nicoll and Foster，1994）。三叠系厚层的 Locker 组和 Mungaroo 三角洲地层在盆地整体厚度较大，尤其在埃克斯茅斯台地地区厚度均大于 10km，巴罗次盆、丹皮尔次盆和埃克斯茅斯次盆等厚度也大于 10km（Crostella and Barter，1980；Felton et al.，1992）。

8. 侏罗系

下侏罗统为 Brigadie 组、North Rankin 组和 Murat 组。中侏罗统为 Athol 组，在盆地东部地区相变为 Legendre 组。上侏罗统为 Dingo 组，盆地中部地区 Dingo 组泥岩相变为 Biggada 组和 Dupuy 组砂岩，盆地东部地区 Dingo 组之上发育 Angel 组。

下侏罗统上赫塘阶—下辛涅缪尔阶，盆地发育河流 – 三角洲相 North Rankin 组沉积（图 18-18）。裂谷作用结束了三叠纪时期的拗陷沉积背景，西北大陆架北部的北西走向的古生代盆地被抬升和褶皱（Labutis，1994）。

下侏罗统普林斯巴阶—中侏罗统晚期卡洛夫阶，地层包括 Murat 粉砂岩组、Athol 组和 Legendre 组海相和三角洲沉积，它们沉积于滨岸平原 – 陆架沉积环境（Felton et al.，1992）。

中侏罗统卡洛夫阶—上侏罗统，发育局限海盆 Athol 组沉积，并在一个裂谷中心沉积物厚度变大。卡洛夫阶—上侏罗统 Biggada 组和 Dupuy 组碎屑岩和 Dingo 组泥岩的沉积只局限于巴罗 – 丹皮尔次盆地。东部物源的持续注入，在兰金高地形成砂岩沉积（图 18-18）（Barber，1994)。

9. 白垩系

下白垩统为 Barrow 群、Forestier 组泥岩和 Muderong 组页岩，而后有一个沉积间断，上覆 Windalia 组和下 Gearle 组，盆地东部地区相变为 Haycock 组灰岩。上白垩统为上 Gearle 组、Toolonga 组和 Withnell 组，之后发育沉积间断，上覆 Miria 组（Barber，1994）。

下白垩统 Birdrong 组海侵砂岩遍布整个盆地，从沉积中心到沿岸的内斜坡，浅海泥岩、放射虫岩、泥屑灰岩和砂屑灰岩的依次出现，为冈瓦纳大陆裂解后稳定水下沉积环境的产物。Winning 群向断陷的北部变厚，在 Eouth 次盆厚度最大。除 Rough Range 断层带有构造活动外，在盆地其他地区没有发现早—中白垩世的构造活动的痕迹，反映出这个时期沉积环境比较稳定，沉积建造以低能量细粒沉积为主，没有出现构造抬升或构造剥蚀作用产生的粗粒硅质碎屑沉积（Barber，1994）。

下白垩统超覆在掀斜断块之上，盆地的大部分在晚纽康姆期之前都被海水覆盖。该期沉积以海相泥岩沉积处于支配地位，主要为 Muderong 组泥岩，这些泥岩对该区大部分油气藏提供了区域盖层。晚阿普特期前，印度洋的张开和次盆地西部边缘的下沉导致从陆缘海沉积变化为陆棚 – 陆坡沉积（McGilvery et al.，1997；Tingate et al.，2001）。

上白垩统主要为 Haycock 泥灰岩、Gearle 组粉砂岩、Toolonga 组泥屑灰岩、Withnell 组浊积砂岩和 Miria 组泥灰岩，是外陆棚到陆坡环境下的沉积（Hull and Griffiths，2002）。

10. 古近系

新生界古新统盆地东部地区为 Lambert 组和 Dockrell 组，西部地区 Cardabia 群直接上覆在 Miria 组之上。始新统在盆地东部为 Wilcox 组和 Walcott 组，盆地西部地区为 Giralia 组。始新统下部普遍缺失，始新统上部和中新统下部在盆地中部地区为 Mandu 组，东部地区为 Cape Range 群，西部地区为 Tulkils 组。中新统中上部为 Treallalst 组，上段东部相变为 Bare 组，西部相变为 Pilgramunna 组。上中新统普遍发育沉积间断。上新统盆地东部地区为 Delambre 组，西部相变为 Exmouth 组（Cathro and Karner，2006）。

古新世的两次海侵首先在内陆棚产生了泥灰岩和泥岩沉积，然后在外陆棚到陆坡深水形成泥灰岩和泥岩沉积，并持续到始新世早期，其间出现了一次较小的沉积间断。晚始新世外陆棚灰岩开始沉积，一个碳酸盐岩的加积楔状体从陆棚向上堆积起来（Tingate et al.，2001；Gorter and Deighton，2002）。

沉积作用、物源和水温等要素的改变在中新世初期砂质灰岩沉积建造中有所表现。中中新世末期之前，碳酸盐岩的加积楔已经达到海滨带，形成广泛的砂岩和白云岩沉积。中新世末期，陆棚边缘水深加大，导致了外陆棚和深水环境的细粒碳酸盐岩沉积，这种沉积环境一直持续至今。

（二）波拿巴盆地地层

波拿巴盆地地层在盆地不同构造单元差异很大，总体上，古生界主要分布于陆上地区和 Petrel 次盆靠近陆地的部分，中—新生界则主要局限于波拿巴盆地的海域部分（图 18-18）（Cadman and Temple，2003；Ambrose，2004）。

1. 中、上寒武统—奥陶系

下古生界中、上寒武统—奥陶系为 Carlton 群，局部地区相变为 GooseHole 群，Carlton 群从下往上依次为 Tarrara 组、Hart Spring 组、Skewthorpe 组、Pretlove 组、Clark 组和 Pander 组（Ambrose，2004）。

中、上寒武统—奥陶系的 Carlton 群或 GooseHole 群为浅海相 – 边缘海相碎屑岩、碳酸盐岩沉积，地层厚度可达 1200m；底部为 Tarrara 组红色和灰色粉砂岩和泥岩沉积；下部为 Hart Spring 组砂岩沉积，中部为 Skewthorpe 组鲕粒白云岩沉积，并夹有砂岩和页岩；上部为 Pretlove 组、Clark 组和 Pander 组砂岩沉积（图 18-19）（Cadman and Temple，2003；Ambrose，2004）。

2. 志留系

波拿巴盆地志留系缺失。

3. 泥盆系

上古生界下—中泥盆统缺失，上泥盆统为波拿巴组 Cockatoo 段 /Mahony 段、Ningbing 段和 Langfield 段。

上泥盆统波拿巴组 Cockatoo 段 /Mahony 段为陆相和浅海相砂岩沉积，夹有砾岩层以及礁灰岩，地层厚度为 1600 ～ 2700m，向海方向逐渐过渡为以页岩夹砂岩沉积为主（Cadman and Temple，2003；张建球等，2008；龚承林等，2010）。

上泥盆统—下石炭统 Ningbing 段和 Langfield 段是一套生物礁相和浅海相的碳酸盐岩、页岩沉积建造，沉积厚度大于 2000m，但其后的抬升剥蚀量大于 1000m。

4. 石炭系

下—中石炭统为 Webber 群，Webber 群从下往上包括 Milligans 组、Tanmurra 组 /Burvill 组和 Point Spring 组。上石炭统为 Kuriyippi 组和 Treachery 组（Cadman and Temple，2003；张建球等，2008；龚承林等，2010）。

下石炭统 Webber 群为河流 – 滨岸相沉积，下部 Milligans 组岩性为黑灰色页岩，含粉砂页岩，夹有砾岩、砂岩、粉砂岩、石灰岩层，地层厚度为 350 ～ 2000m，向海洋方向地层不断加厚。中部 Burvill 组或 Tanmurra 组，岩性为砂岩，夹有少量粉砂岩、页岩和石灰岩。上部为 Point Spring 组砂岩，夹有少量砾岩和粉砂岩、石灰岩。地层厚度为 300 ～ 500m（图 18-18）。

上石炭统为 Kuriyippi 组和 Treachery 组，是一次大范围的海侵作用的产物，岩性以前三角洲泥岩、广海页岩、陆架页岩和碳酸盐岩为主。

5. 二叠系

下二叠统为 Keyling 组和 Fossil Head 组，上二叠统为 Hayland Bay 组。

上石炭统顶部—下二叠统为 Keyling 组和 Fossil Head 组，上二叠统为 Hayland Bay 组，二叠系为北波拿巴盆地发生了第二次海侵作用的沉积。此时澳大利亚板块已迁移至低纬度地区，在波拿巴盆地海上区域发育了广阔的碳酸盐陆架沉积，而在靠近达尔文陆架一侧发育海岸平原相和三角洲相沉积（Cadman and Temple，2003；张建球等，2008）。

6. 三叠系

中生界以来主要的沉积作用发生在波拿巴盆地的海上部分即北波拿巴盆地，同时受物源控制在盆地的西南部分沉积厚度较大。

中生界下三叠统为 Mount Goodwin 组，跟下伏地层存在角度不整合。中三叠统为 Osprey 组，在 Ashmore 台地、Sahul 台地和 Londonderry 高地区域相变为 Mount Goodwin 组地层。上三叠统为 Pollard 组、Challis 组和 Nome 组（Cadman and Temple，2003）。

下三叠统为 Mount Goodwin 组泥岩，在凹陷区域向上渐变为中三叠统 Osprey 组，是一套前三角洲、三角洲前缘和三角洲平原沉积环境的浊积岩沉积。在 Ashmore 台地、Sahul 台地和 Londonderry 高地区域，中三叠统延续下三叠统 Mount Goodwin 组地层。

上三叠统 Pollard 组上覆在 Osprey 组地层之上，为一套浅海相碳酸盐岩。Challis 组上覆在三叠系的 Pollard 组之上，是一套由碎屑岩和碳酸盐岩组成的沉积建造。Vulcan 断陷西部该期发育 Challis 组碳酸盐岩台地（Cadman and Temple，2003；张建球等，2008；龚承林等，2010）。

Nome 组上覆于 Challis 组和 Benalla 组之上，它形成于三角洲前缘–三角洲平原环境，主要由前积三角洲系列沉积物组成（图 18-18）。

7. 侏罗系

下—中侏罗统 Plover 组跟上三叠统存在一沉积间断，为角度不整合。Plover 组广泛发育，但在 Ashmore 台地和 Londonderry 高地缺失。上侏罗统为 Swan 群，包括 Montara 组、下 Vulcan 组和上 Vulcan 组，上 Vulcan 组局部地区相变为 Cleia 组。

侏罗系广泛发育河流相沉积，是由于北波拿巴盆地发生了一次海退，河流沉积作用增强，陆架泥岩相对于三叠系来说范围大大缩小。先期的海相沉积环境被陆相环境所取代，在皮特尔次盆和 Malita 地堑区域沉积了三叠系—下侏罗统 Malita 组的红层沉积，这套红层建造沉积形成于河流泛滥的平原沉积环境中。

上侏罗统的海相沉积地层范围扩大，扇三角洲体系被海相台地所取代，形成海相页岩和局部的海底扇沉积。Ashmore 隆起基本上没有发生沉积或者沉积很少，地层暴露或地层遭受剥蚀作用。

8. 白垩系

下白垩统跟侏罗系之间角度不整合接触，下白垩统下部为 Echuca Shoals 组，在 Malita 地堑区域相变为 Darwin 组；下白垩统上部为 Jamieson 组。上白垩统为 Wodaston 组、Gibson 组、Fanelon 组和 Puffin 组，在 Malita 地堑区域相变为 Wangarlu 组（Cadman and Temple，2003；张建球等，2008；龚承林等，2010）。

盆地下白垩统凡兰吟阶—上白垩统发育海相至边缘海相沉积，地层几乎覆盖了包括Londonderry 高地、Sahul 台地和 Ashmore 台地等构造高地的所有地区。在靠近帝汶海的一侧以浅海大陆边缘相沉积为主，发育陆架泥岩、陆架砂岩、浅水碳酸盐岩沉积；在靠近海岸一侧以过渡相沉积为主，发育滨岸平原或障壁岛沉积。凡兰吟期—白垩纪末期的地层厚度从陆架到深水区逐渐减小。

下白垩统凡兰吟阶 Echuca Shoals 组不整合地上覆在上侏罗统之上，为海绿石黏土岩和砂岩，在 Malita 地堑区域相变为 Darwin 组，属 Bathurst Island 群底部。Echuca Shoals 组向上渐变为含放射虫、海绿石和钙质的黏土岩，对 Bathurst Island 群地层的划分具有一定的代表性。下白垩统阿普特阶为 Jamieson 组，发育于盆地的中部大部分地区。

上白垩统盆地发育 Wodaston 组、Gibson 组、Fanelon 组和 Puffin 组地层，在Malita 地堑区域相变为 Wangarlu 组，为陆架相和斜坡相的细粒碎屑岩和碳酸盐岩，构成了 Bathurst Island 群主要沉积实体。土仑阶—坎潘阶发育的细粒碎屑岩和碳酸盐岩沉积反映该时期海平面的波动变化较大，上坎潘阶—马斯特里赫特阶发育粗碎屑岩沉积，在 Vulcan 次盆等凹陷区发育块状或扇状 Puffin 组浊积砂体，局部出现细粒的钙质沉积，是海水变浅的产物（Cadman and Temple，2003；张建球等，2008；龚承林等，2010）。

9. 古近系

古近系主要发育在北波拿巴盆地，南波拿巴盆地大范围缺失。古新统为 Johnson 组，始新统在北波拿巴大部分地区为 Grebe 组砂岩、Hibernia 组灰岩和 Prion 组，渐新统在台地地区发育，为 Cartier 组。中新统为 Oliver 组，上新统为 Barracouta 组，跟中新统Oliver 组之间为角度不整合接触（Gorter et al.，2005）。

古近系古新统为 Johnson 组，始新统在北波拿巴大部分地区为 Grebe 组砂岩、Hibernia 组灰岩和 Prion 组，渐新统在台地地区发育，为 Cartier 组。古新统 Johnson 组，始新统 Grebe 组砂岩、Hibernia 组灰岩和 Prion 组，中新统 Oliver 组在波拿巴盆地发育不同的碳酸盐岩楔状进积体系。白垩纪末—渐新世末期间北波拿巴盆地陆架区的水深相对较浅，发育厚达数百米的碳酸盐岩沉积。大部分陆架地区遭受侵蚀，越靠近海岸的部分海岸侵蚀作用越强烈。始新世由于水位降低，进积的三角洲相沉积发育，使得碳酸盐岩沉积被破坏。与此同时，原来与海岸线平行的海岸平原沉积向靠近洋盆的一侧迁移，形成稳定的大陆坡沉积和碳酸盐岩沉积。

中新统为 Oliver 组，上新统为 Barracouta 组。从中新世开始，北波拿巴盆地原来的陆架沉积区被海水所覆盖重新沉积陆架碳酸盐岩沉积物。从中新世末至全新世，在 Ashmore 和 Sahul 台地的边缘则发育了生物礁，陆架台地相碳酸盐岩沉积是这个时期主要的沉积建造，对应沉积厚度较大，为油气储集提供了有利的空间场所（Gorter and Deighton，2002；Cadman and Temple，2003；张建球等，2008；龚承林等，2010）。

Malita 地堑的开阔陆架和 Petrel 次盆地的浅海陆架沉积环境和整个波拿巴盆地一致，一直延续至新生代早期。新生代陆上地区未接受沉积并经受了地层剥蚀，海上区域古新统是一套陆架相沉积层系，渐新世出现沉积间断。

（三）布劳斯盆地地层

布劳斯盆地沉降历史反映了冈瓦纳超级大陆的解体和西澳大利亚超级盆地的形成，沉积中心卡斯威尔次盆有巨厚的沉积层系，东部边缘陆架区一直处于剥蚀状态，直到白垩纪开始接受沉积（Halse and Hayes，1971；Lavering and Pain，1991；Ambrose，2004）。

1. 泥盆系

上古生界直接盖在前寒武系基底上，下泥盆统地层不详，上泥盆统为波拿巴组。

上泥盆统为波拿巴组和下石炭统 Milligans 组、Tanmurra 组 /Burvill 组和 Point Spring 组，其环境为北西—南东向的河流 – 三角洲相沉积环境，Symonds 等（1994）认为这个时期的沉积是 Fitzroy 地槽和 Petrel 次盆地的北东向扩张事件的产物（Lavering and Pain，1991）。

2. 石炭系

石炭纪依次沉积 Milligans 组、Tanmurra 组 /Burvill 组、Point Spring 组和 Kuriyippi 组。

下石炭统为 Milligans 组黑灰色页岩，含粉砂页岩夹层，地层向海方向逐渐加厚。上覆地层依次为 Tanmurra 组 /Burvill 组砂岩和 Point Spring 组夹少量砾岩、粉砂岩和石灰岩砂岩。上石炭统为 Kuriyippi 组，以海相沉积为主（Struckmeyer et al.，1998）。

3. 二叠系

下二叠统为 Fossil Head 组，是上石炭统 Kuriyippi 组的延续，以海相沉积为主（Struckmeyer et al.，1998）。上二叠统为 Hayland Bay 组，组成为砂岩，渐变为页岩和石灰岩，为海侵期沉积（Ambrose，2004）。

4. 三叠系

中生界下三叠统跟下伏上二叠统角度不整合接触，地震和钻井资料反映三叠系底部有比较明显的不整合现象。

三叠系从下往上依次为 Mount Goodwin 组和 Sahul 群，Sahul 群从下往上依次为 Osprey 组、Pollard 组、Challis 组和 Nome 组（Lavering and Pain，1991）。

下三叠统—中三叠统下部为 Mount Goodwin 组泥页岩，为早三叠世海进时期的陆架泥沉积，从陆架区向隆起区相变为砂岩。上覆 Osprey 组浅海砂岩沉积物。

上三叠统 Pollard 组为一套浅海相碳酸盐岩，盖在 Osprey 组之上。Pollard 组之上地层为 Challis 组，由砂岩和碳酸盐岩组成。Nome 组上覆于 Challis 组和 Benalla 组之上，垂向和侧向岩性变化较大，垂向和侧向上渐变为三角洲平原和河道相的沉积序列，形成于三角洲前缘 – 三角洲平原环境。

5. 侏罗系

下侏罗统跟上三叠统有沉积间断，为不整合接触。下—中侏罗统为 Plover 组，在靠近深海一侧的深水区域相变为火山岩。上侏罗统为 Swan 群，包括 Montara 组、下 Vulcan 组和上 Vulcan 组下段。

下—中侏罗统为 Plover 组，为大段砂岩和泥页岩互层。沉积中心区为三角洲平原相砂岩、煤系地层和碳质泥岩等，近岸相变为海相 – 过渡相砂岩、泥岩，在靠近深海一侧的深水区域相变为火山岩。下—中侏罗统为一个水体变浅的沉积层系，从前三角洲页岩相向上演变为前三角洲相、砂泥岩互层的三角洲平原物河道砂岩相沉积。沉积物的迅速注入，使沉积物几乎覆盖了盆地的大部分地区。Trochusv-1 井、Yampi-1 井和 Buffon-1 井岩心揭示，下—中侏罗统地层沉积物主要为含大量河道砂和向上变粗的夹有三角洲平原粉砂岩和页岩的三角洲砂岩沉积（Blevin et al.，1998）。

上侏罗统为 Swan 群，下部 Montara 组砂岩沉积，向深水区逐渐相变为下 Vulcan 组和上 Vulcan 组下段砂岩和泥页岩沉积。布劳斯盆地中部和西部，上侏罗统河流 – 三角洲相沉积物比较薄，但在 Leve-que 地台和 Prudhoe 阶地，沉积物却比较厚，达 100 ~ 350m。Heywood 地堑沉积物分布范围更要广泛一些，晚侏罗世沉积厚度可达 1000m。这套河流 – 三角洲相沉积层序由砂岩、页岩和粉砂岩组成，以披覆或者上超的形式沉积于前卡洛夫阶构造之上。

6. 白垩系

白垩系跟侏罗系为整合接触，从下往上依次为上 Vulcan 组上段、Echuca Shoals 组、Jamieson 组、Wodaston 组、Gibson 组 /Fanelon 组和 Puffin 组。

白垩系的底部上 Vulcan 组上段中通常发育一薄层凝灰层。凡兰吟阶—阿普特阶，厚层的海相 Echuca Shoals 组泥岩遍布整个卡斯威尔次盆，次级沉积中心地层巨厚，沉积环境为海相环境（Blevin et al.，1998）。

阿普特阶—土仑阶为 Jamieson 组和 Wodaston 组，为厚层的粉砂岩和页岩，代表了沉降作用开始减缓，局部地区相变为海进砂岩、海绿石砂岩、盆底扇砂岩和富含放射虫砂岩。这个时期 Barcoo 次盆和卡斯威尔次盆分化为不同的沉积中心，在 Yampi 陆架、Prudhoe 阶地和 Buffo-Scott Reef-Breck nock 构造带西部，这套层序变薄。在盆地西部 Barooo 次盆，该层系在沉积中心相对较厚，在其他地区更薄（Lavering and Pain，1991；张建球等，2008）。

土仑阶—下坎潘阶为 Gibson 组 /Fanelon 组，从陆架一侧向深水区为由砂岩逐渐相变为泥页岩和粉细砂岩，在 Buffo-Scott Reef-Breck nock 构造带又相变为砂岩，往深海区域随水体加深岩石粒度再次逐渐变细。土仑阶是盆地沉降作用趋于停止并发生显著隆升作用环境下形成的一套地层。土仑阶—下坎潘阶沿着东部大陆架和海岸线，沉积物仍然是粗粒碎屑岩，远洋区域为钙质泥岩粉砂岩沉积。早坎潘期海面开始下降，晚坎潘期海面下降愈加显著，沉积物以海退沉积相为主，形成高位和低位体系域的河流 – 三角洲相沉积。马斯特里赫特阶，在大陆架边缘以外的地区出现广泛的水下扇沉积，为 Puffin 组浊积砂岩，是海面进一步下降的沉积，这些沉积主要集中于卡斯威尔次盆的北部地区（Blevin et al.，1998）。

7. 古近系

新生界古近系古新统为 Johnson 组，始新统为 Grebe 组砂岩、Hibernia 组灰岩和 Prion 组，渐新统下部地层缺失，上部 Cartier 组局部地区发育。中新统跟始新统之间为角度不整合接触，中新统为 Oliver 组，上新统为 Barracouta 组。

古新统和渐新统为一套从碎屑岩夹碳酸盐岩逐渐过渡到碳酸盐岩的地层层序，古新统为 Johnson 组，砂岩沉积。始新统 Grebe 组为砂岩，上覆 Hibernia 组和 Prion 组厚层灰岩沉积（Blevin et al.，1998）。

渐新统下部地层缺失，中新统跟始新统角度不整合接触，这是晚渐新世—早中新世时澳大利亚板块和太平洋板块发生碰撞造成区域性的抬升和剥蚀作用的结果。渐新统上部为 Cartier 组砂岩，局部地区发育。中新统 Oliver 组和上新统 Barracouta 组为分布范围广泛的陆架碳酸盐岩沉积，局部地区相变为浊积砂岩沉积。

二、西北陆架沉积相

澳大利亚西部地区经过了漫长的地质演化历史，具有特殊的大地构造演化进程，从太古宙到新生代形成了独特的沉积建造。中生代之后开始了被动大陆边缘的演化进程，形成了一系列稳定的含油气盆地，盆地中发育稳定的生油沉积层系，具有油气生成、运移、成藏的有利沉积环境和构造背景。

澳大利亚大陆的基底是火山成因的沉积物和花岗岩侵入体，在西部和中部已证实存在有这类岩性组成的 Pilbara 和 Yilgarn 两个地盾。澳大利亚大陆早在 35 亿年以前便存在包括流水的侵蚀、搬运和堆积作用在内的外动力地质作用，随即开始了沉积作用。澳大利亚西部在晚元古代形成了一系列内克拉通盆地，沉积了由碎屑岩、碳酸盐岩和蒸发岩组成的混合岩相层序。

寒武纪—奥陶纪澳大利亚西北陆架内克拉通盆地继续下沉，接受浅海碎屑岩和碳酸盐岩沉积（图 18-18）。寒武纪时澳大利亚大陆中西部处于较稳定的沉积区，沉积作用主要发育在波拿巴盆地。

奥陶纪时地台区的海陆面貌基本上是寒武纪的继续。西部地台区的奥陶系为石英岩、砂板岩和薄层石灰岩，厚达 2000m 以上，与下伏地层不整合接触。

志留纪—早泥盆世是构造的重要变动时期，这些克拉通边缘拗陷在早泥盆世开始发展形成了一些新盆地。

中泥盆世海水从中、西部退出，澳大利亚西部以碳酸盐岩为主，生物礁发育，其生物群面貌与亚洲相似。晚泥盆—早石炭世西部盆地仍为浅海相沉积，中、晚泥盆世—早石炭世，波拿巴盆地皮特尔次盆和布劳斯等盆地形成并且接受沉积，北卡那封盆地在该期发生抬升，中、上泥盆统直接跟下石炭统接触。

中、晚泥盆世，皮特尔次盆接受了三个旋回的沉积，向海方向这三个沉积旋回合并成一个单一层系——Bonaparte 组，该组由碳质页岩和蒸发盐岩组成，夹砂岩透镜体。

早石炭世早期，皮特尔次盆地的中央部分发生塌陷（Gunn，1988）。盆地快速沉降导致了厚层页岩层序（Milligans 组下部）的沉积，这套层系覆盖在下伏的断块之上。

早石炭世中期，波拿巴盆地的裂陷活动基本停止，盆地的沉积和沉降速度显著下降。

晚石炭—晚三叠世澳大利亚经历了一次重要的气候与构造变迁，形成了新的构造格局。在西部和西北部，沿珀斯、卡那封和波拿巴盆地一带形成一个狗腿形陆内裂陷复合体。在该裂陷系内首先充填的是石炭系—二叠系的冰期沉积物（图 18-18）和随后的近海层序，到早三叠世被浅海覆盖，晚三叠世发育河流 – 三角洲相沉积。

晚石炭世时，布劳斯盆地和皮特尔次盆地拉张构造作用导致深切至上地壳的大断裂出现，形成一系列的断裂系统导致海水侵入。晚石炭世—早二叠世期间沉积了粗碎屑岩沉积，晚石炭世—早二叠世的冰川作用对下二叠统 Kulshill 群的沉积过程有重大影响。

晚二叠世，澳大利亚板块已迁移至低纬度区，沉积环境主要是海相环境，气候环境主要为亚热带气候，沿着澳大利亚大陆的北部发育了广阔的碳酸盐岩陆架沉积。Fossil Head 组和 HylandBay 组沉积时，冰川作用的影响已经明显减弱。Fossil Head 组由前三角洲和广海页岩组成，HylandBay 组由陆架页岩和碳酸盐岩组成（图 18-19）。

晚二叠世—三叠纪初期，发生了地壳隆升、断裂和火山活动，这次重大构造事件影响了从北卡那封盆地到布劳斯盆地的西北大陆架广大的地区。而西北陆架西北部的布劳斯盆地和波拿巴盆地广大区域在晚二叠世末，发生了快速而广泛的海退，早三叠世时整个西北陆架又被海水淹没，沉积了 Mount Goodwin 组的海相粉砂岩和页岩（图 18-19）。

早三叠世之后，盆地构造活动趋缓，从海相砂岩逐渐过渡到页岩和石灰岩沉积。三叠纪早期西北陆架大规模的海侵作用形成海相泥岩沉积，其上叠加了河流相和边缘海 – 浅海相的砂岩、石灰岩和页岩沉积地层。

早侏罗世—早白垩世西部裂谷断裂作用加剧，小的板块 / 地体从澳大利亚板块边缘解体。在裂谷东北支的布劳斯盆地区域，基性岩浆喷发。西北陆架在裂谷作用下，形成多个槽隆相间的构造带。Fitzroy 构造运动形成的一系列沉积凹陷在运动之后的裂谷发育阶段沉积三角洲和近岸平原环境的砂岩、泥岩和煤系地层。

凡兰吟晚期到白垩纪末，波拿巴盆地凡兰吟不整合面之下发育 Echuca Shoals 群、Danmin 群、Wangarlu 群和上白垩统地层，由陆相过渡到过渡相、浅海相沉积，形成一个"海进式沉积组合序列"，在靠近帝汶海的一侧以浅海大陆边缘相沉积为主，发育陆架泥岩、陆架砂岩，浅水碳酸盐岩沉积；在靠近海岸一侧以过渡相沉积为主，发育滨岸平原或障壁岛沉积（George et al.，2004）。

白垩纪末期，水体逐渐加深。北卡那封盆地区域整体下伏 Toolonga 组砂屑 / 泥屑灰岩沉积，上覆 Miria 组泥灰岩沉积。布劳斯盆地和波拿巴盆地大部分深水区域整体广泛发育 Puffin 组浊积砂岩沉积，陆架区域发育 Prudhoe 组砂岩沉积（Apthorpe，1979；Longley et al.，2002）。

白垩纪末到古近纪，澳大利亚西北陆架区的水深相对较浅，发育厚达数百米的碳酸盐岩沉积，大部分陆架地区遭受侵蚀，在越靠近海岸的部分海岸侵蚀作用越强烈。与此同时原来与海岸线平行的海岸平原沉积向靠近洋盆的一侧迁移，形成稳定的大陆坡沉积和碳酸盐岩沉积。

渐新世—中新世，澳大利亚板块和欧亚板块发生俯冲、碰撞。新近纪到第四纪期间，澳大利亚西北陆架大陆边缘沉积区被海水所覆盖，发育一套海相陆架碳酸盐岩沉积，局部地区发育浊积沉积。值得一提的是，从中新世末至全新世，波拿巴盆地在 Ashmore 和 Sahul 台地的边缘发育了生物礁，陆架台地相碳酸盐岩沉积是这个时期主要的沉积建造（Apthorpe and Heath，1981；Longley et al.，2002）。

第四节　油气地质特征

澳大利亚西北陆架被动陆缘盆地是目前深水油气最主要的焦点之一，在近年来的勘探开发过程中储量增长迅速。目前，油气主要富集在北卡那封盆地、波拿巴盆地和布劳斯盆地，柔布克盆地目前没有获得工业油气流突破（Felton et al.，1992；Edwards et al.，2000；Bond et al.，2002；Iasky，2002；白国平和殷进垠，2007；张建球等，2008）。

西北陆架深水盆地成藏条件优越，其中包括：发育多套有效烃源岩，下白垩统厚层泥岩为优质区域性盖层，盖层之下发育多套物性良好的河流–三角洲相砂岩储集层，油气运移的方式（构造脊、断层和不整合面）多样等。深水油气是浅水油气的延伸，只是表面水深加大，圈闭类型和储盖组合跟浅水富油气区类似，但深水区烃源岩是否达到排烃门限的判定增大了勘探的风险。近期北卡那封盆地埃克斯茅斯高原深水商业油气发现揭示出其油气地质条件跟浅水区巴罗–丹皮尔次盆类似，沿沉积中心同样分布着侏罗系的一系列"甜点"。

澳大利亚西北陆架深水区石油地质特征在三方面不同于南大西洋大陆边缘深水热点地区。之一为南大西洋大陆边缘深水区以油为主，占绝对优势，天然气少，如西非陆缘和巴西东部陆缘油富气少（Belmonte et al.，1965；刘剑平等，2008；Oreiro et al.，2008），而澳大利亚西北陆架气富油少，且气在储量中占绝对优势；之二是澳大利亚西北陆架主力烃源岩为海陆交互相的碳质泥岩和煤系地层，南大西洋大陆边缘深水区主力烃源岩为湖相泥岩；之三是澳大利亚西北陆架主力储集层是河流–三角洲相砂岩储集体，南大西洋大陆边缘深水区主力储集体为浊积砂岩。

目前已发现油气的分布具有不均一性，呈"内油外气，上油下气"的特点。大型气田比如 Jansz 气田和 Gordon 气田等主要分布在富烃凹陷区域且位于远岸带深水区；近岸带浅水区主要发育一些小型油田，比如巴罗岛油田等；中间过渡带富烃凹陷区域已发现大中型气田，发现油田的潜力仍很大。

一、烃源岩

（一）主力烃源岩

澳大利亚西北陆架被动陆缘盆地的主力烃源岩为中生界海相泥岩、海陆交互相碳质泥页岩和煤系。Ⅱ型干酪根，有机碳含量（TOC）高低悬殊，最低为 0.5%，最高为 10%（表 18-3）。经分析总结：澳大利亚西北陆架含油气盆地主要发育四套烃源岩（图 18-20）（Lavering and Pain，1991；Felton et al.，1992；Bradshaw MT et al.，1994a；Bond et al.，2002；Iasky，2002；Cadman and Temple，2003；Edwards et al.，2000；白国平和殷进垠，2007；张建球等，2008；冯杨伟等，2010）：

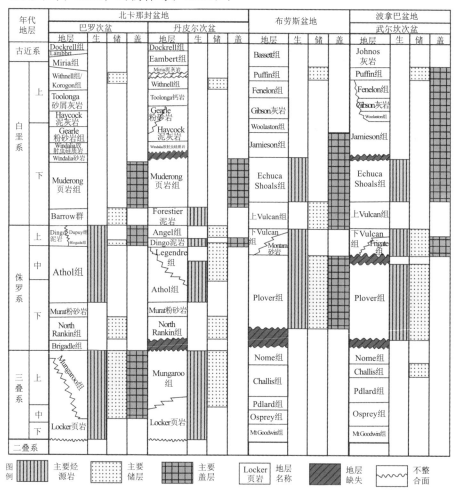

图 18-20　澳大利亚西北陆架中生界生储盖组合（据 Lavering and Pain，1991；Felton et al.，1992；Edwards et al.，2000；Bond et al.，2002；Iasky，2002；Cadman and Temple，2003；白国平和殷进垠，2007；张建球等，2008；冯杨伟等，2010，编绘）

（1）第一套烃源岩为三叠系湖相泥页岩，以生气为主，生油次之，发育于北卡那封盆地到布劳斯盆地的广大区域，在北卡那封盆地为 Lock 页岩——Mungaroo 组烃源岩系，在布劳斯盆地三叠系页岩为次要烃源岩。

（2）第二套烃源岩最重要，为侏罗系海相、海陆交互相泥岩、碳质泥岩和煤系地层，发育于整个西北大陆架。在北卡那封盆地主要为 Dingo 组，生油；其次为 Athol 组，生气。

在布劳斯盆地为 Plover 组，生气和生凝析油为主。在波拿巴盆地为 Plover 组，生油。同时，发育在布劳斯盆地和波拿巴盆地的裂谷期低能环境下的 Vulcan 组海相页岩也具有一定生烃潜力。

（3）第三套烃源岩为下白垩统海相泥页岩，在整个西北大陆架广泛发育。在北卡那封盆地为 Forstier 组泥岩，生油。在布劳斯盆地和波拿巴盆地均为裂谷晚期的 Echuca Shoals 海相泥岩，富含有机质，生油。

（4）另外，发育于古生界地层的波拿巴盆地的一些次级构造单元中主力烃源岩还有石炭系和二叠系泥页岩；布劳斯盆地还发育二叠系泥岩烃源岩。

表 18-3　澳大利亚西北陆架中生界主力烃源岩特征（Lavering and Pain，1991；Edwards et al.，2000；Bond et al.，2002；Iasky，2002；白国平和殷进垠，2007；张建球等，2008；冯杨伟等，2010）

盆地	发育时代	构造期次	岩石类型和地化指标	成熟度
北卡那封盆地	三叠纪	前裂谷期	海相页岩，TOC 为 7%	成熟
	早—中侏罗世	裂谷期	海相页岩	成熟
	晚侏罗世—早白垩世	裂谷期	海相页岩，次要烃源岩，R_o 为 0.31% ~ 0.77%	低成熟
布劳斯盆地	早三叠世	前裂谷期	页岩，TOC<1%	成熟—过成熟
	早—中侏罗世	裂谷期	海相泥岩，碳质泥岩，TOC 为 1.0% ~ 3.5%	过成熟
	晚侏罗世	裂谷期	海相泥岩，TOC 为 0.5%	低成熟
	早白垩世	被动陆缘期	海相页岩	成熟
	晚白垩世	被动陆缘期	海相泥岩，TOC 值 >2.5%	低成熟
波拿巴盆地	早侏罗世—晚侏罗世	裂谷期	海相页岩，TOC 为 2.2% ~ 13%，R_o 为 0.44% ~ 0.7%	未成熟—成熟
	晚侏罗世	裂谷期	海相页岩，TOC 为 2%	低成熟
	白垩纪	被动陆缘期	海相页岩，TOC 为 1% ~ 3%	成熟

（二）烃源岩的分布

澳大利亚西北陆架被动陆缘区域已证实的烃源岩分布地域和时代均具有强烈不均一性，基本上发育于裂谷期的若干的次级沉积中心内，受控于三角洲沉积体系，同时在被动陆缘期发育多套潜力不等的潜在烃源岩（图 18-21）。

西北陆架区域富烃凹陷主要有北卡那封盆地的巴罗次盆、丹皮尔次盆、埃克斯茅斯次盆和布劳斯盆地的卡斯威尔次盆以及波拿巴盆地的武尔坎次盆、皮特尔次盆、Malitta 地堑、Sahul/Flamingo/Nancar 地区和 Kelp-Sunrise 台地。这些富烃凹陷中的气源岩均位于其下部层位，为三角洲相的碳质泥岩、泥岩和煤系地层。北卡那封盆地气源岩主要发育于三叠系，受控于 Mungaroo 三角洲。布劳斯盆地和波拿巴盆地的气源岩主要发育于下侏罗统，分别受控于 Legendre 三角洲和 Plover 三角洲。区域上的油源岩主要为上侏罗统海相泥岩，北卡那封盆地 Dingo 组和布劳斯盆地与波拿巴盆地的 Plover 组–下

Vulcan 组是良好的生油源岩。

同时，在西北陆架区域还发育一系列生烃潜力有待证实的潜在烃源岩，它们基本上都是被动陆缘期发育的海相泥岩和泥灰岩，在波拿巴盆地有很好的前景（图 18-21）。

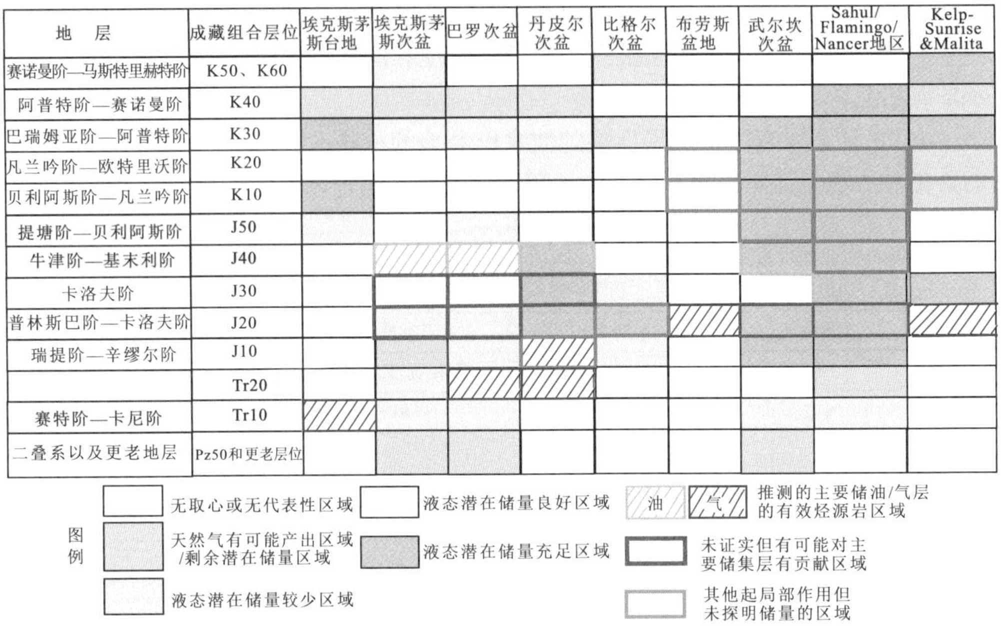

地　层	成藏组合层位	埃克斯茅斯台地	埃克斯茅斯次盆	巴罗次盆	丹皮尔次盆	比格尔次盆	布劳斯盆地	武尔坎次盆	Sahul/Flamingo/Nancer地区	Kelp-Sunrise &Malita
赛诺曼阶—马斯特里赫特阶	K50、K60									
阿普特阶—赛诺曼阶	K40									
巴瑞姆亚阶—阿普特阶	K30									
凡兰吟阶—欧特里沃阶	K20									
贝利阿斯阶—凡兰吟阶	K10									
提塘阶—贝利阿斯阶	J50									
牛津阶—基末利阶	J40									
卡洛夫阶	J30									
普林斯巴阶—卡洛夫阶	J20									
瑞提阶—辛缪尔阶	J10									
	Tr20									
赛特阶—卡尼阶	Tr10									
二叠系以及更老地层	Pz50和更老层位									

图例
□ 无取心或无代表性区域	▨ 液态潜在储量良好区域　油／▨ 推测的主要储油/气层的有效烃源岩区域
▨ 天然气有可能产出区域/剩余潜在储量区域	▨ 液态潜在储量充足区域　□ 未证实但有可能对主要储集层有贡献区域
□ 液态潜在储量较少区域	□ 其他起局部作用但未探明储量的区域

图 18-21　澳大利亚西北陆架烃源岩分布（据 Longley et al.，2002）

（三）生烃条件

1. 生烃指标

Woodside 利用西北陆架的近 30000 个烃源岩样品（岩心、井壁取心和钻屑）资料，同时又补充进了澳洲地球科学 Orgchem 数据库和中生代源岩数据库，对西北陆架的烃源条件进行了全面分析，主要评价了总有机碳含量和氢指数。结果表明：多数沉积物中含有相当高的 TOC，能作为烃源岩。其中 60% 的样品 TOC 大于 0.5，具有一定的生烃能力。仅有 25% 的样品 TOC 大于 1.5 而显示出很好的生烃潜力（Longley et al.，2002）。

但是同时结合烃指数判别后发现，烃源岩样品中生油的比例占很小一部分，大多数样品具有生气的能力。全部样品中 6% ~ 7.5% 的烃指数大于 300 而显示出具有生油能力，煤系样品中有 40% 的烃指数大于 300，显示出生油潜力。这些生烃指标所显示的生烃能力跟目前西北陆架富气贫油的状况相吻合（Longley et al.，2002）。

2. 成熟度

澳大利亚西北陆架被动陆缘盆地的烃源岩演化整体上呈平面上"外气窗、内油窗"的特点（图 18-22）。在北卡那封盆地外侧的埃克斯茅斯台地和兰金台地区域位于生气窗范围内，靠近陆地近岸一侧的巴罗次盆、丹皮尔次盆和埃克斯茅斯次盆则位于生油窗内。同样，在布劳斯盆地内位于远岸地带的卡斯威尔次盆位于生气窗内，内侧的Yampi 陆架区域则位于生油窗内。波拿巴盆地也基本上符合这一规律，但是位于远岸地区的武尔坎次盆地和 Sahui-Flaming-Nancar 地区由于大地热流值低演化程度低而位于生油窗内，相反在近岸地区的皮特尔次盆一部分由于大地热流值高而位于生气窗内。

澳大利亚西北陆架被动陆缘盆地的烃源岩演化标定同样依据镜质体反射率（R_o），纵向上从众多单井中的源岩演化的资料分析可知下部层位过成熟生气，往上逐渐生油。

地壳厚度和地层岩石中的一些高富集特别是铀和钍元素对烃源岩的成熟演化有一些控制作用，但目前由于样品数量少和其涵盖的范围广度不够，其对烃源岩成熟的影响有待于进一步厘定（Goncharov et al.，2006；Goncharov et al.，2007）。

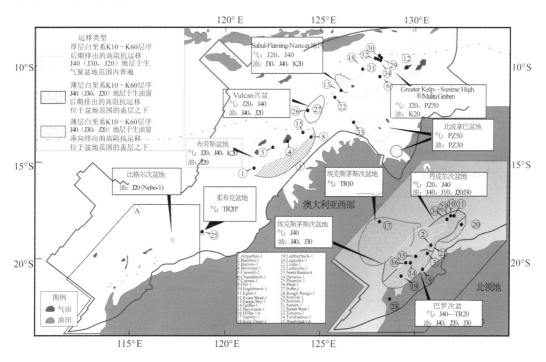

图 18-22 澳大利亚西北陆架烃源岩成熟度平面展布（据 Longley et al.，2002）

二、储集层

（一）主力储层

澳大利亚西北陆架含油气盆地区域发育四套主要的储集层（表 18-4）（Lavering and Pain，1991；Felton et al.，1992；Edwards et al.，2000；Iasky，2002；Bond et al.，2002；Cadman and Temple，2003；白国平和殷进垠，2007；张建球等，2008；冯杨伟等，2010；龚承林等，2010；朱伟林，2010）。

第一套储集层为下白垩统砂岩。布劳斯盆地发育下白垩统砂岩，为上 Vulcan 组—Echuca Shoals 组海进时期的临滨及大陆架砂体和 Jamieson 组低位斜坡扇、远端浊积砂，是目前深水勘探的目标。北卡那封盆地发育于局部地区，为下白垩统 Barrow 群海相砂岩。

第二套储集层为上侏罗统砂岩，局限于北卡那封盆地和波拿巴盆地的局部地区。在北卡那封盆地为 Dingo 组的 Briggada 段深水浊积扇砂岩和 Angel 组砂岩。在波拿巴盆地为下 Vulcan 组砂岩。

第三套储集层为下—中侏罗统砂岩，广布于西北大陆架。在北卡那封盆地包括 North Rankin 组和 Legendre 组砂岩，储层砂体展布受早—中侏罗世时期的沉积环境控制。在布劳斯盆地为 Plover 组近海的三角洲砂岩沉积，是盆地最主要的储层。在波拿巴盆地为 Plover 组砂岩，是盆地最主要的油气储集层，占总储量的 75% 以上。

第四套储集层为中—上三叠统三角洲－边缘海相砂岩，发育于北卡那封盆地和波拿巴盆地。北卡那封盆地为 Mungaroo 组粗砂岩，遍及全盆，是最主要的储集层；在波拿巴盆地为 Challis 组砂岩。

表 18-4 澳大利亚西北陆架中生界主力储集层特征（Lavering and Pain，1991；Felton et al.，1992；Edwards et al.，2000；Bond et al.，2002；Iasky，2002；Cadman and Temple，2003；白国平和殷进垠，2007；张建球等，2008；冯杨伟等，2010；龚承林等，2010）

盆地	沉积相	储层时代	构造期次	储层岩性	孔隙度/%	渗透率/mD
北卡那封盆地	深水重力流或水下扇沉积	早白垩世	裂谷期	砂岩	—	—
	深水重力流或水下扇沉积	晚侏罗世	裂谷期	砂岩	—	—
	三角洲相	早—中侏罗世	裂谷期	砂岩	5 ~ 28	2 ~ 740
	三角洲相	早侏罗世	裂谷期	砂岩	7 ~ 23	56 ~ 580
	三角洲－边缘海相	中—晚三叠世	克拉通发育期	粗砂岩	15 ~ 34	45 ~ 7000
布劳斯盆地	水下扇、斜坡扇和三角洲相	晚白垩世—古近纪	被动陆缘期	碎屑岩	15 ~ 32	—
	低位斜坡扇、远端浊积扇	早白垩世	裂谷期	砂岩		
	三角洲－滨岸相	晚侏罗世末期—早白垩世早期	裂谷期	砂岩	7 ~ 20	
	三角洲相	早侏罗世	裂谷期	砂岩	5 ~ 25	
	河流－三角洲相	晚三叠世、早侏罗世	裂谷期	砂岩	11 ~ 14	
波拿巴盆地	三角洲相	中—晚侏罗世	裂谷期	石英砂岩	8 ~ 22	25 ~ 2187
	三角洲相至边缘海相	早—中侏罗世	裂谷期	砂岩	11 ~ 22	10 ~ 202
	河流－三角洲相至边缘海相	中—晚三叠世	克拉通发育期	砂岩	11 ~ 34	110 ~ 7000

（二）次要储集层

第一套为上白垩统浊积砂岩储集层，布劳斯盆地和波拿巴盆地为 Puffin 组浊积砂岩，油气藏只局限于布劳斯盆地和波拿巴盆地的 Vulcan 次盆（图 18-23）。在北卡那封盆地跟 Puffin 组相当的储集层为 Withnell 组。

第二套为二叠系河流 - 三角洲相砂岩，在布劳斯盆地主要为上二叠统的 Hyland Bay 组和 Mt.Goodwin 组砂岩，在波拿巴盆地主要为上二叠统的 Hyland Bay 组砂岩、下二叠统的 Keyling 组砂岩和下石炭统的 Milligans 组砂岩以及上石炭统的 Kuriyippi 组砂岩。

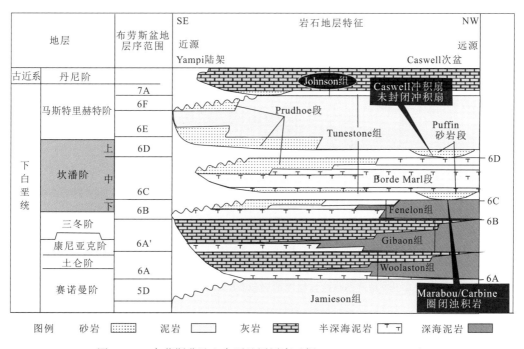

图 18-23 布劳斯盆地上白垩地层层序（据 Benson et al., 2004）

三、盖层

澳大利亚西北陆架含油气盆地区域中生界发育的主要区域性盖层为下白垩统海相泥页岩盖层（K40），在北卡那封盆地为 Muderong 组页岩，在布劳斯盆地为下白垩统的 Jamieson 组、上 Vulcan 组和 Echuca Shoals 组泥页岩，在波拿巴盆地为 Bathurst 群页岩（图 18-24）（Lavering and Pain, 1991；Felton et al., 1992；Cadman and Temple, 2003；白国平和殷进垠，2007；张建球等，2008；冯杨伟等，2010）。

区域性盖层在平面上呈现不均一性，平面上主要分布于北卡那封盆地的巴罗次盆、丹皮尔次盆及埃克斯茅斯台地等，以及布劳斯盆地的卡斯威尔次盆和波拿巴盆地的 Mallta 地堑、Sahul-Flamingo-Nancar 地区、武尔坎次盆和皮特尔次盆一部及 Kelp-Sunrise 高地一部等。

同时侏罗系盖层局限发育，在北卡那封盆地区域性的盖层还有侏罗系 Dingo 泥岩组，在布劳斯盆地侏罗系的 Plover 组层间泥岩也是有利的盖层，在波拿巴盆地 Frigate 组页岩是盆地中央区域 Plover 组储集层的盖层。

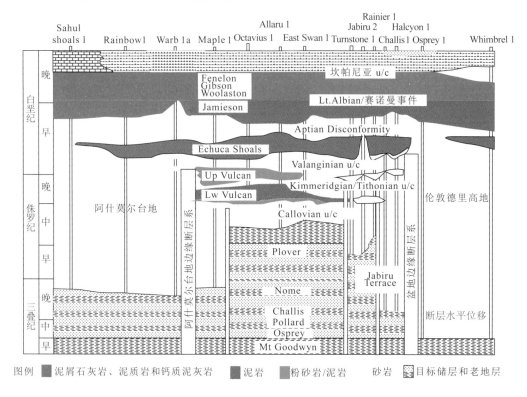

图 18-24　波拿巴盆地武尔坎次盆层序地层和盖层展布（据 Doré and Stewart，2002）

四、圈闭

圈闭是地下储集层中能够阻止油气继续向前运移，并且在其中聚集起来的一种场所，是油气藏成藏的必要条件。一个圈闭存在于构成一个含油气系统的地质要素和地质过程的背景中。

西北大陆架的大多数圈闭都与断块有关，主要圈闭是断背斜、断块、差异压实披覆背斜和倾斜断块构造圈闭，次要圈闭类型为砂岩尖灭岩性圈闭和不整合面地层圈闭等（图 18-25）（Lavering and Pain，1991；Felton et al.，1992；Cadman and Temple，2003；朱伟林，2010）。

1. 构造圈闭

构造圈闭是由于褶皱、断裂、盐岩和泥岩的构造作用及受基底或古地形影响形成的圈闭，广泛存在于各个盆地当中。构造圈闭又进一步划分为背斜圈闭、断层圈闭。

1）背斜圈闭

背斜圈闭的形成是因为上方为非渗透性盖层或压力盖层，下方为水体或非渗透层联合形成封闭，其闭合面积即为通过溢出点的构造等高线所圈定的闭合区，它的油柱高度主要由背斜圈闭的闭合度和上覆岩层的封盖能力决定。

在研究的过程中，对澳大利亚多个深水盆地圈闭类型进行了总结归纳，发现盆地中背斜圈闭比例较大，背斜圈闭多数在拉张背景下形成，常常与生长断层相关。同时在挤压背景下也可以形成背斜圈闭，盐岩的底辟拱升使上覆岩层发生褶皱弯曲，形成的圈闭是油气富集的有利区域。

2）断层圈闭

断层圈闭是指油气藏在靠近断层处被封闭，多发育于拉张背景下。断层圈闭存在于布劳斯盆地、波拿巴盆地和吉普斯兰盆地。

3）盐岩刺穿圈闭

由刺穿岩体接触遮挡而形成的圈闭称为岩体刺穿圈闭。由于盐岩的塑性流动作用，形成了形态极为复杂的盐体变形构造。近年来，国内外学者对全球各地（包括伸展盆地和挤压型盆地）盐构造进行过详细研究，发现了形式多样的盐体变形构造，主要可归纳为两类：即调谐变形构造和刺穿变形构造。

波拿巴盆地的武尔坎断陷是其主要油气聚集区之一，武尔坎断陷内发现的油气田的圈闭类型主要为盐岩刺穿遮挡圈闭和断层上盘的断背斜构造圈闭、披覆背斜圈闭。断层是主要的垂向运移通道，油气田的构造位置主要在地垒和凹陷两侧的断层上盘，紧靠烃源区（图 18-26）。

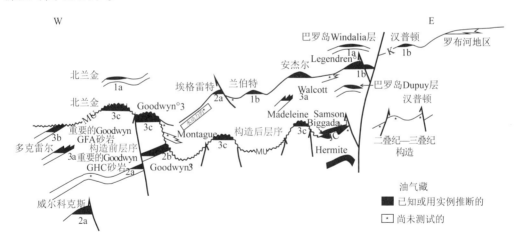

图 18-25　澳大利亚西北陆架卡那封盆地巴罗 – 丹皮尔次盆圈闭类型（Felton et al.，1992）

2. 地层圈闭

地层圈闭是地层间的沉积间断或曾遭受剥蚀而形成不整合或区域假整合，位于其上方或下方的储集层被一套不渗透层所覆盖，并与不整合面一起构成的圈闭，在此次研究盆地中为沉积尖灭形式。

对沉积尖灭圈闭概括而言，浊流体系中砂泥比在上部斜坡和下斜盆地最大。因此，储层向泥岩中尖灭在下部斜坡和盆地底部也就是砂泥比最小的地方最为常见。在上部和中部斜坡上，浊积砂岩更趋于连续，是油气连接补给水道体系的地方。上倾方向通常都会形成地层圈闭，除了砂岩尖灭到下部的古老地层中，如北卡那封盆地的巴罗次盆（图 18-25）。

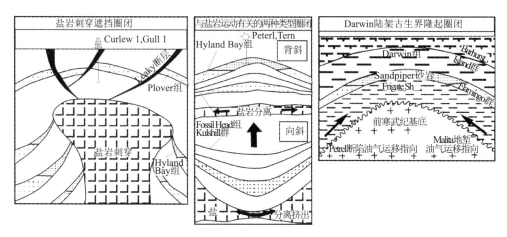

图 18-26　武尔坎次盆盐岩相关圈闭示意图（据 Cadman and Temple，2003；张建球等，2008）

3. 复合圈闭

储油气圈闭往往受到多种因素的控制，当某种单一因素起绝对主导作用时则为单一因素圈闭，但是当多种因素共同起作用时，如果多种因素起到大体相同的作用时就形成了复合圈闭。储集层的上方和上倾方向由任一种构造和地层因素联合封闭所形成的油气圈闭称为构造-地层复合圈闭，如北卡那封盆地的巴罗-丹皮尔次盆（图 18-25）。

五、油气运移

西北陆架主要发育三类油气运移方式：垂向运移、不整合面侧向运移和构造脊运移（Keall and Smith，2000；Kraishan and Lemon，2000；Fujii et al.，2004；张建球等，2008）。

西北陆架的构造演化过程中断裂系统发育，且断层往往具有继承性和穿时性，贯穿不同时代的地层。区域性为走向北东—南西的断裂，同时尤其是在裂谷期发育一些次级断裂；在区域性的抬升事件的影响下，该区发育两大不整合面（卡洛夫期不整合面和凡兰吟期不整合面），局部地区同样发育局限的不整合面。这些断层和不整合面都为油气运移提供了良好通道。

西北陆架最有利的烃源岩发育于侏罗纪裂谷期，平面上优质烃源岩局限于分割性的几个主要中新生界深凹陷的次盆中。深凹中快速充填且差异压实往往发育超压，生成的油气在过剩压力和自身浮力的驱使下向邻近的常压的隆起区运移聚集，然后在隆起区沿构造脊从低部位向高部位运移（Keall and Smith，2000；Kraishan and Lemon，2000；Fujii et al.，2004；张建球等，2008）。

图 18-27 为布劳斯盆地的油气运移模式，在凹陷东部边缘的隆起带，发育地层超

覆尖灭、剥蚀不整合面以及二叠系—三叠系深切谷圈闭等，油气由凹陷内部向东沿不整合面做长距离运移进入圈闭体系中；同时，断裂系统的活化使生成的油气向上输导，进入次生圈闭而成藏（Lavering and Pain，1991）。图 18-28 为波拿巴盆地武尔坎次盆的构造脊长距离运移模式，油气在 Swan 地堑和 Paqualin 地堑以及 Cartier 地槽中生成后，首先在过剩压力和浮力的驱动下运移至邻近的 Montara 构造脊和 Jabiru 构造脊，然后在构造脊中向高部位运移聚集（Fujii et al.，2004）。图 18-29 为布劳斯盆地 Yampi 陆架油气运移和渗漏模式图。晚古近纪时，澳洲克拉通跟欧亚板块碰撞造成该区构造的反转，导致圈闭破坏。该区已形成的油气藏发生调整，再次运移后部分再次成藏，部分发生油气渗漏。

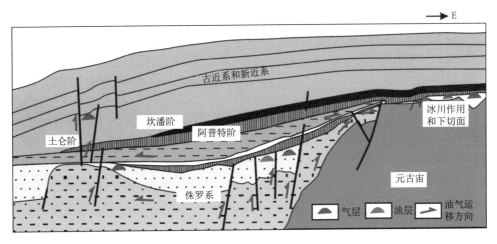

图 18-27　布劳斯盆地断层垂向运移和不整合面侧向运移模式图（据 Blevin et al.，1998 修改）

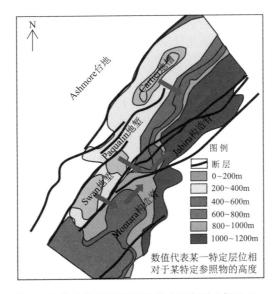

图 18-28　波拿巴盆地武尔坎次盆构造脊运移模式示意图（据 Fujii et al.，2004 修改）

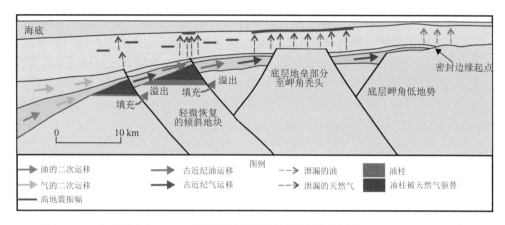

图 18-29　布劳斯盆地 Yampi 陆架油气运移和渗漏模式图（据 O'Brien et al.，2004）

六、成藏组合

澳大利亚西北陆架主要的油气成藏组合在中生界（图 18-30），在西北陆架东北段的布劳斯盆地和波拿巴盆地还发育处于很次要地位的上古生界成藏组合。卡那封盆地发育侏罗系成藏组合、侏罗系—白垩系成藏组合和三叠系成藏组合三大成藏组合；波拿巴盆地主要发育侏罗系成藏组合，此外还有二叠系成藏组合和石炭系成藏组合；布劳斯盆地发育下—中侏罗统成藏组合、上侏罗统成藏组合和下白垩统成藏组合三大成藏组合，二叠系—石炭系成藏组合处于很次要地位（Edwards et al.，2000；Bond et al.，2002；Cadman and Temple，2003；白国平和殷进垠，2007；张建球等，2008）。

澳大利亚西北陆架含油气盆地区域，中生界由于物源、海平面变化和构造沉降在不同构造单元的差异，不同盆地的生储盖组合也各有特色。根据形成生储盖组合的沉积环境，主要可划分为海生海储海盖型和陆生陆储陆盖型两大生储盖组合类型（图 18-30）。

（一）海生海储海盖型生储盖组合

该类生储盖组合广泛分布于西北大陆架，是西北陆架最重要的成藏组合。主要出现在裂谷层序中，部分在被动陆缘早期层序中。在北卡那封盆地主要发育两套该组合，第一套烃源岩为下—中侏罗统 Athol 组海相泥岩、碳质泥岩，储集层为 North Rankin 组、Legendre 组和 Dingo 组的 Briggada 段深水浊积扇砂岩，盖层为侏罗系 Dingo 海相泥岩，产气；第二套烃源岩为下白垩统 Forstier 组泥岩—Muderong 组页岩，储集层为上侏罗统 Angel 组和下白垩统 Barrow 群海相砂岩，盖层为下白垩统 Muderong 组海相页岩，产油。在布劳斯盆地主要发育两套该组合，第一套是烃源岩、储集层和盖层均为下—中侏罗统 Plover 组近海的河流–三角洲相沉积，产气和凝析油；第二套是烃源岩为下白垩统 Echuca Shoals 海相泥岩，储集层为下白垩统上 Vulcan 组—Echuca Shoals 组海进时期的临滨及大陆架砂体和 Jamieson 组低位斜坡扇、远端浊积砂，盖层为下白垩统的 Jamieson 组、上 Vulcan 组和 Echuca Shoals 组海相泥页岩，产油。在波拿巴盆地主要发育两套该

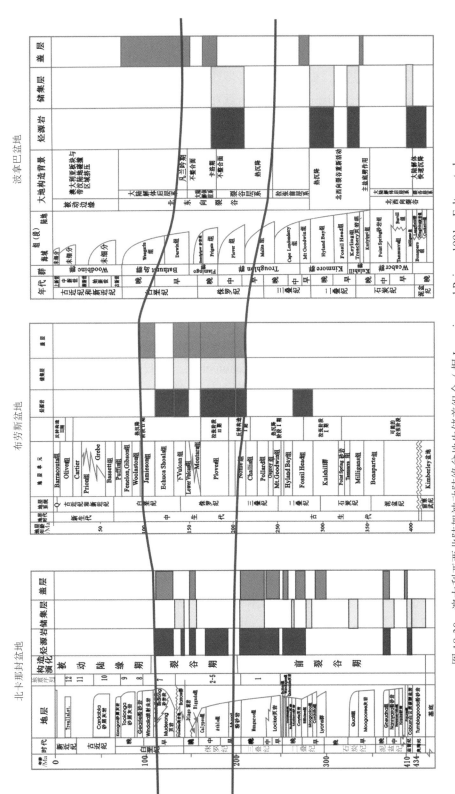

图 18-30 澳大利亚西北陆架被动陆缘盆地生储盖组合（据 Lavering and Pain., 1991; Felton et al., 1993; Edwards et al., 2000; Bond et al., 2002; Cadman and Temple, 2003; 张建球等, 2008; 冯杨伟等, 2010）

组合,第一套是烃源岩和储集层均为下—中侏罗统 Plover 组近海的河流–三角洲相沉积,储集层为上三叠统 Challis 组和下—中侏罗统 Plover 组近海的河流–三角洲相沉积,盖层为上侏罗统 Frigate 组海相页岩,产油;第二套是烃源岩为上侏罗统下 Vulcan 组和下白垩统 Echuca Shoals 海相泥岩,储集层为上侏罗统下 Vulcan 组海相砂岩,盖层为下白垩统 Echuca Shoals 海相泥岩和 Jamieson 组海相页岩,产油。

(二)陆生陆储陆盖型生储盖组合

该生储盖组合是北卡那封盆地重要的组合,主要发育于北卡那封盆地三叠系层系中,以生气为主。烃源岩为三叠纪 Lock 页岩——Mungaroo 组烃源岩系,储集层主要为三叠纪 Mungaroo 组粗砂岩,遍及全盆,是最主要的储集层,局部还有 Brigadier 组砂岩,盖层为三叠纪 Mungaroo 组层间泥页岩,在局部地区是良好有效的盖层。

七、油气富集主控因素分析

(一)源盖控区

1. 烃源条件

澳大利亚西北陆架被动陆缘盆地的主力烃源岩为中生界海相泥岩、海陆交互相碳质泥页岩和煤系(Lavering and Pain,1991;Felton et al.,1992;Edwards et al.,2000;Bond et al.,2002;Iasky,2002;Cadman and Temple,2003;白国平和殷进垠,2007;张建球等,2008;冯杨伟等,2010;朱伟林,2010)。

三叠系烃源岩是湖相泥页岩,以生气为主,生油次之,发育于北卡那封盆地到布劳斯盆地的广大区域,且从北卡那封盆地到布劳斯盆地该套烃源岩的生油气潜力减弱。在北卡那封盆地为 Locker 组页岩—Mungaroo 组泥页岩,主要分布在埃克斯茅斯台地、埃克斯茅斯次盆、巴罗次盆和皮特尔次盆等。布劳斯盆地三叠系页岩为次要烃源岩。

侏罗系烃源岩在整个西北大陆架均发育。下—中侏罗统为海相、海陆交互相碳质泥岩和煤系,北卡那封盆地为 Athol 组,生气;布劳斯盆地为 Plover 组,主要分布于卡斯威尔次盆,以生气和凝析油为主;在波拿巴盆地为 Plover 组,主要分布于武尔坎次盆和 Sahul-Flamingo-Nancar 地区等,生油。上侏罗统为海相泥页岩,北卡那封盆地为 Dingo 组泥岩,主要分布于巴罗次盆、丹皮尔次盆和埃克斯茅斯次盆等,生油;布劳斯盆地为裂谷期低能环境下的下 Vulcan 组海相页岩,主要分布于卡斯威尔次盆;波拿巴盆地为 Flamingo 群潟湖泥岩,主要分布于武尔坎次盆、Mallta 地堑、Sahul-Flamingo-Nancar 地区以及 Kelp-Sunrise 高地地区等。

下白垩统烃源岩为海相泥页岩,在整个西北大陆架广泛发育。在北卡那封盆地为 Forstier 组泥岩—Muderong 组页岩,主要分布于巴罗次盆、丹皮尔次盆以及埃克斯茅斯台地的部分地区等,生油。在布劳斯盆地和波拿巴盆地均为裂谷晚期的 Echuca Shoals 海相泥岩,主要分布于卡斯威尔次盆、Mallta 地堑、Sahul-Flamingo-Nancar 地区、武尔坎次盆和皮特尔次盆一部及 Kelp-Sunrise 高地一部等,富含有机质,生油。

　　另外，发育古生界地层的波拿巴盆地的一些次级构造单元中主力烃源岩还有石炭系和二叠系泥页岩；布劳斯盆地还发育二叠系泥岩烃源岩。

　　主力烃源岩的成熟度演化平面展布（图 18-31）分析表明，在上述富烃凹陷的边缘区域烃源岩基本上位于生油窗内，在富烃凹陷内部的大部分区域均已进入生气窗内，其中在凹陷的中心部分烃源岩由于埋深太大已经过成熟。但在波拿巴盆地的 Sahul-Flamingo-Nancar 地区和武尔坎次盆烃源岩基本上还均处于生油窗内。

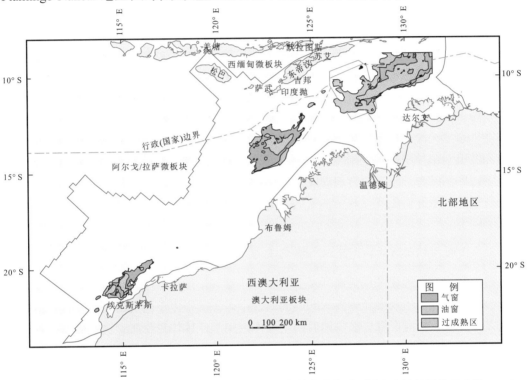

图 18-31　澳大利亚西北陆架被动陆缘盆地区域烃源岩成熟度演化平面展布和油气田分布（据 Longley et al.，2002；Walker，2007，汇绘）

　　2. 区域性盖层

　　澳大利亚西北陆架区域已证实的区域性有效盖层为下白垩统海相泥页岩和放射虫硅质岩，跟南大西洋典型被动大陆边缘深水盆地发育盐岩层作为优良区域性盖层显著不同，盐岩层可以塑性流动且对热有屏蔽作用。西北陆架 97.6% 的已发现油气位于该套盖层之下（Longley et al.，2002），在北卡那封盆地为 Muderong 组页岩，在布劳斯盆地和波拿巴盆地均为 Echuca Shoals 海相泥岩。平面上主要分布于北卡那封盆地的巴罗次盆、丹皮尔次盆和埃克斯茅斯台地等，以及布劳斯盆地的卡斯威尔次盆和波拿巴盆地的 Mallta 地堑、Sahul-Flamingo-Nancar 地区、武尔坎次盆和皮特尔次盆一部及 Kelp-Sunrise 高地一部等。

　　3. 源盖共控

　　"源控论"强调了有效源区是决定一个区域有无油气的根本前提，胡朝元（1982）同时认为有利烃源岩区及其紧邻带是油气的富集区带，要选凹定带（胡朝元，1982）。

澳大利亚西北陆架被动陆缘盆地区域已发现油气主要分布在若干个富烃凹陷边缘隆起带及凹陷内部隆起带，受烃源条件和区域性盖层的联合控制。西北陆架区域烃源岩分布、厚度、有机地化指标及成熟度决定了最初油气能否生成和是生油还是生气以及生成油气量的大小，是油气富集的前提因素。盖层是关系到烃源岩生成的油气最终能否被保存的关键性因素（童晓光和关增淼，2002）。

西北陆架下白垩统区域性盖层厚度大的巴罗次盆、丹皮尔次盆、埃克斯茅斯次盆、卡斯威尔次盆、武尔坎次盆、Sahu-Flamingo-Nancar 地区、Mallta 地堑和皮特尔次盆一部及 Kelp-Sunrise 高地一部等区域均为油气富集区域，同时上述区域也均为西北陆架的富烃凹陷。在下白垩统区域性盖层较薄甚至缺失的地区目前基本没有油气发现，即使该地区曾经为中生界沉积中心。比如北卡那封盆地的比格尔次盆在早侏罗世时为北卡那封盆地的沉积中心，发育厚层的 Legendre 三角洲沉积，但由于在该区域下白垩统区域性盖层很薄，目前没有油气突破。储集层、圈闭等也是西北陆架油气富集不可或缺的因素，由于在下白垩统区域性盖层之下发育多套优质中生界陆源海相三角洲砂岩储集层且受到河流和波浪双重控制分布范围较广，同时西北陆架盆地的发育受控于北西—南东向的断裂，盆地区域发育一系列断背斜圈闭、地垒圈闭以及不整合面 – 地层复合圈闭等圈闭类型。各成藏要素有机配置导致了油气的富集，烃源条件和盖层协调匹配共同控制了油气富集的区带。

（二）超压控制富烃凹陷中油气运聚方向

澳大利亚西北陆架区域最有利烃源岩发育于裂谷期的侏罗纪，平面上优质烃源岩局限于分割性的几个主要中新生界深凹陷的次盆中。深凹中由于构造活动导致快速沉降充填与差异压实，同时烃源岩在深埋后的生烃作用引起流体体积膨胀，这些因素往往导致富烃凹陷中发育超压，跟中国南海北部深水盆地富烃凹陷中发育超压的机制（张功成等，2007）基本相同。而凸起带上地层埋藏浅为常压，是油气运聚的主要方向。生成的油气在过剩压力和自身浮力的驱使下沿不整合面和储集砂体向邻近的常压隆起区运移聚集，然后在隆起区沿构造脊从低部位向高部位运移，最终聚集于凹边隆和凹中隆区域（Keall and Smith，2000；Kraishan and Lemon，2000；Fujii et al.，2004；张建球等，2008）。

例如在北卡那封盆地深水区的埃克斯茅斯台地地区（图 18-32），袋鼠向斜区域上侏罗统 Dingo 泥岩由于差异压实发育有超压，邻近的埃克斯茅斯台地隆起处于常压或过渡压力区。生成的油气沿不整合面向隆起区运移，同时埃克斯茅斯台地隆起的上覆层系发育良好区域性盖层下白垩统 Muderong 组页岩，是油气聚集成藏的有利部位（Bussell et al.，2001）。1979 年在埃克斯茅斯台地隆起区发现了 Scarborough 气田，水深约 900m，天然气地质储量约 8Tcf。同时，烃源岩生成的油气在其自身层内过剩压力作用下进入邻近的砂岩尖灭体成藏，形成"连续性"油藏。例如在北卡那封盆地的埃克斯茅斯次盆，Dingo 组泥岩烃源岩中发育超压，其生成的油气在自身过剩压力作用下进入常压的 Dingo 组 Briggada 段的深水浊积扇砂岩和相邻上覆巴罗群浊积砂岩，上覆厚层泥岩盖层，与地层圈闭构成良好的成藏组合（图 18-32）（Bussell et al.，2001）。

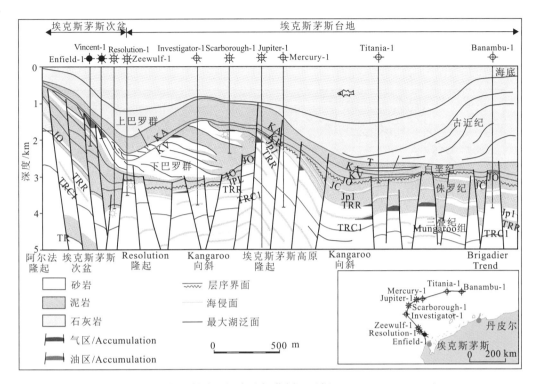

图 18-32　北卡那封盆地深水油气藏剖面（据 Bussell et al.，2001）

第五节　油气田各论

一、概况

澳大利亚西北陆架是现今全球油气勘探尤其是深水区勘探的热点地区之一，近二十年来油气重大发现接踵而至，使澳大利亚西北陆架的油气产量和储量超过陆上，成为澳大利亚最主要的油气产区。

澳大利亚一方面在西北陆架自营勘探，本土的油气勘探公司主要为 Woodside 公司等，另一方面积极寻求对外合作，世界上知名的跨国油气公司如壳牌、雪佛龙、BHP、BP Amoco 和日本澳大利亚液化天然气集团（由三菱和三井公司组建）和中国海洋石油集团公司等均在澳大利亚西北陆架参与一些区块的油气勘探与开发。

近二十年来，澳大利亚西北陆架有一百多个规模不等的油气田发现。北卡那封盆地的油气田发现约六十余个，大部分集中在巴罗－丹皮尔次盆、埃克斯茅斯次盆和埃克斯茅斯台地，其中埃克斯茅斯台地区域的 Jansz 气田以 20Tcf 的油气地质储量而闻名遐迩，巴罗－丹皮尔次盆和埃克斯茅斯台地临界的兰金台地地区的油气是整个澳大利亚西北陆架最为富集的地区，一些重大油气发现引人瞩目，诸如 Gorgon 气田、Scarborough 气田、Wheatstone 气田、Pluto 气田、Angel 气田、北兰金油气田、古德温油气田以及 Cossack

Pioneer 油田等。近岸带的巴罗岛油田是西北陆架最早的油气发现，曾经也是最大的油田（图 18-33）（Longley et al.，2002；Halbouty et al.，2007）。

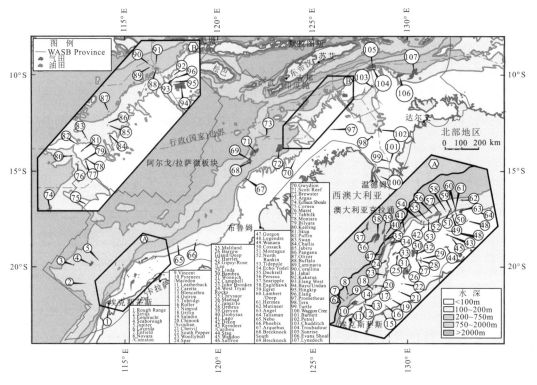

图 18-33 澳大利亚西北陆架主要油气田分布（据 Longley et al.，2002）

布劳斯盆地以天然气和凝析油为主，有超大型－大型的 Torosa 气田、Brecknock 气田和 Brewster-Gorgonichthys 油（凝析油）气田等。发现的最大油田为 Cornea 油田，其他一些小油田包括 Gwydion 油田、Montara 油田、Bilyara 油田和 Tahbik 油田等。

波拿巴盆地油气发现集中在武尔坎次盆、Malita 地堑和 Sahul 隆起区以及皮特尔次盆凹陷及其西南部斜坡带。武尔坎次盆的油气发现数量有十多个，油和气大约各占一半。但规模均较小，最大油田为 Laminaria 油田，可采储量约 1.7×10^8 bbl，发现的最大气田为 Crux 气田，储量 1.37Tcf。盆地内有超大型－大型气田诸如 Sunrise Troubadour 气田、Evans Shoal 气田、Lynedoch/Barossa 气田、Abadi 气田、Bayu-Undan 气田和 Petrel 气田等。

二、油气田

（一）Jansz 气田

Jansz 气田位于卡那封盆地埃克斯茅斯台地，坐落于卡那封盆地的滨海地段，在澳洲大陆西边最近的 Dampier 港口西北 250km 处。Jansz 气田位于 WA-268-P 可开采区，距卡那封盆地的 Gorgon 气田西北 78km，Scarborough 气田位于其西部 130km 处（图 18-34）（Hefti et al.，2006）。

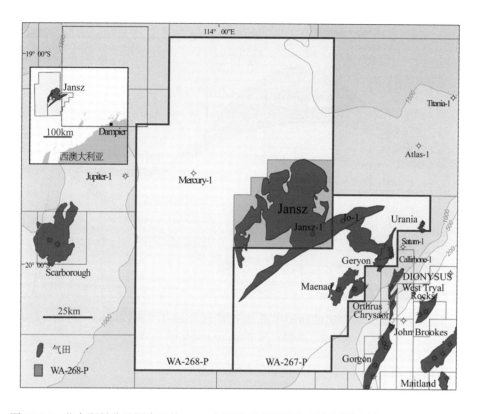

图 18-34　北卡那封盆地深水区的 Jansz 气田和毗邻的油气田位置图（据 Hefti et al.，2006）

Jansz 气田区域上面积大约 2000km²，天然气储集层厚约 400m，天然气储量达到 20Tcf，它占卡那封盆地已探明的深水天然气储量的 40%。

Jansz 气田在 2000 年由于 Jansz-1 钻井而被发现，Jansz-1 探井于 2000 年 4 月开钻，并且勘探到了牛津期浅海砂岩储集层中的 29m 厚的网状油气层。Io-1 井，于 2001 年 1 月在与 Jansz-1 毗邻的 WA-267-P 可开采区开钻（距 Jansz1 约 18km），并且同样在 Jansz-1 井钻入的牛津期浅海砂岩储集层中发现了 44m 厚的网状油气层。提塘阶和晚三叠的 Brigadier 砂岩天然气储集层在 WA-267-P 可开采区的 Geryon-1 和 Callirhoe-1 井中与牛津期天然气储集层的 Jansz-1 井和 Io-1 井有密切联系，这三个不同的天然气储集层构成了一个具有共同油水界面的天然气储集区域。Jansz 气田的边界是通过这四口井和二维地震测深圈定的。2004 年之前仅有二维地震，2004 年 4 月到 9 月共采集三维地震 2900km²（Williamson and Korth，2007）。

Jansz 气田成藏组合为：烃源岩为上三叠统—中侏罗统的海相泥岩、泥灰岩、粉砂岩，包括 Brigadier 组、Athol 组和 Lower Dingo 组泥岩。储层为上侏罗统牛津阶浅海相砂岩（Helby et al.，1987），储层上边界为白垩系不整合面，下边界为牛津阶不整合面。区域性盖层为 Barrow 群三角洲相泥岩和 Muderong 页岩夹滨海泥岩，Athol 组和 Dingo 泥岩是该气藏底部封闭层。圈闭以构造圈闭为主（据 Hefti et al.，2006）（图 18-35）。

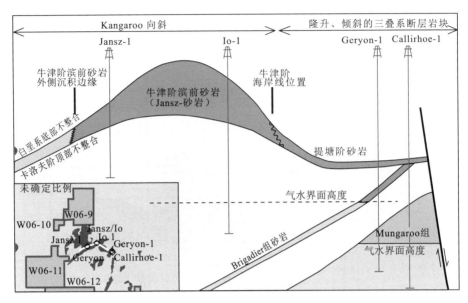

图 18-35　北卡那封盆地 Jansz 气田过 Jansz-1 井、Io-1 井、Geryon-1 井和 Callirhoe-1 井的气藏剖面（据 Korn et al.，2003；Williamson and Korh，2007）

（二）Brecknock 油气田

Brecknock 油气田位于布劳斯盆地 WA-33-P 区块，在 Torato 油气田南边，距离 Torato 油气田 40km，水深 500 ~ 750m（Lavering and Pain，1991）。Brecknock 气田地质储量为天然气 5.3Tcf、凝析油 1.03×10⁸bbl（Willis，1988）。是由作业者 Woodside 公司于 1980 年由 Brecknock-1 井而发现的。Brecknock-1 井位于南纬 14°26′13″，东经 121°40′21″，为天然气和凝析油发现井，总井深 4300.0m（Lavering and Pain，1991）。

Brecknock 油气田仅发育中侏罗统一套成藏组合，烃源岩为 Plover 组泥岩，为河流 - 三角洲相沉积。储层为 Troughton 群 Plover 组，为河流 - 三角洲相砂岩，孔隙度最高达 20%（Lavering and Pain，1991）。储集层深度为 3852.0 ~ 3890.0m，气层厚度最大 68m。圈闭为断背斜圈闭，圈闭面积 331km²（图 18-36）（Willis，1988）。

（三）Sunrise-Troubadour 油气田

Sunrise-Troubadour 油气田位于澳大利亚大陆架边缘，距达尔文西北 450km，距 2500m 深的帝汶海沟 50km（图 18-37），水深 75 ~ 700m。Sunrise-Troubadour 油气田长 75km，宽 50km。油气地质储量为天然气 12 ~ 24Tcf，凝析油为 500 ~ 1000MMbbl；其可采储量（P50）天然气为 9.2Tcf，凝析油为 321MMbbl（Halbouty，2007）。

1974 年钻探 Troubadour-1 井发现 Troubadour 油气田，该井的日试采气量为 11MMTcf，当年随后钻探了 Sunrise-1 井，发现 Sunrise 油气田。1995 年钻探的第三口井——Loxton Shoals-1 井，证实两个油气田为一巨型的复合气田，其延伸范围大大超过了过去的解释结果并具有较高的凝析油气比。

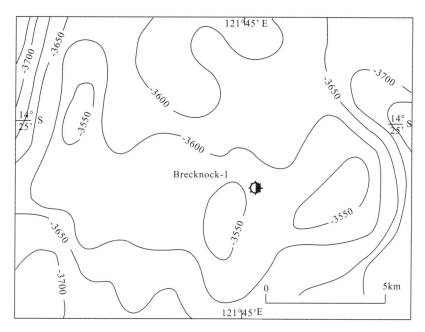

图 18-36　布劳斯盆地 Brecknock 油气田上白垩统顶面构造（据 Lavering and Pain，1991）

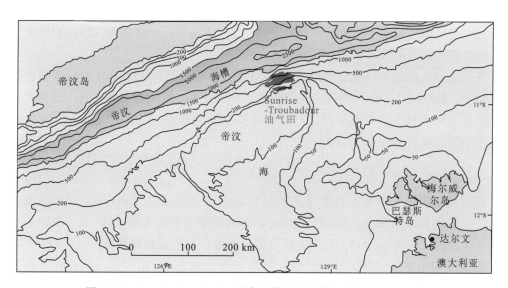

图 18-37　Sunrise-Troubadour 油气田位置图（据 Halbouty，2007）

　　Sunrise-Troubadour 油气田位于 Sunrise 高地——Sahu-1 台地东部的一个主要区域构造上，气田由一些东西向的大断块构成（总面积 75km×50km），构造起伏为 180m。一条大型断层（垂直断距为 1km）在 Sunrise 形成圈闭的西北边界（渗漏点），另一条偏东走向的断层（垂直断距为 150m）为 Sunrise 气田南部边界，并将 Sunrise 油气田和 Troubadour 油气田分开。在气田地区，垂直断距小于 80m 的北东向和东西向小断层十分常见。

Sunrise-Troubadour 油气田发育侏罗系成藏组合，烃源岩为上侏罗统下 Vulcan 组泥岩和下—中侏罗统 Plover 组泥页岩。储集层为中侏罗统巴通阶 Plover 组上段，为厚约 80m 的边缘海相石英砂岩。储集层平均孔隙度 14%，平均含气饱和度为 65%。盖层为侏罗系卡洛夫阶—牛津阶的 Flamingo 组海侵泥岩。圈闭类型为断背斜，圈闭面积 1000 ~ 1300km²，圈闭幅度 180m，油柱高度 180m（Halbouty，2007）。

Sunrise-Troubadour 油气田的天然气具有含硫量低和含石蜡的特征，其凝析油气比（CGR）变化在 30 ~ 50bbl/MMScf，凝析油 API 比重为 60° ~ 65°。根据碳同位素组分（-5‰，白垩系皮狄组美洲拟箭石）分析，二氧化碳含量低（4 ~ 5mol），属岩浆成因（Halbouty，2007）。

业已证实，森赖斯气田的大部分天然气与潜在烃源岩无明显的亲缘关系。凝析油中的石油生物标志物含量极低（甾烷总含量小于 5ppm[①]）。气相色谱 - 质谱（GCMS）分析得出的指纹色谱图与含的海相（及少量）有机物的中—高成熟度碎屑岩源岩或石灰质 / 碎屑岩源岩的指纹色谱图相同。综合同位素分析（CSIA）表明 Sunrise-Troubadour 油气田具有相同源岩（Halbouty，2007）。

根据碳同位素分析结果，天然气生成和排出时源岩的成熟度 R_o 为 1.3% ~ 1.5%。天然气比来自西北大陆架中的大部分石油伴生气和凝析油更成熟，但没有靠近或位于 Malita 地堑的那些井产出的石油伴生气和凝析油成熟度高。这说明 Sunrise 气田的大部分天然气是早期从 Malita 地堑的气灶排出的，是从靠近圈闭的埋藏较浅的沉积物中发生短距离垂直或横向运移的结果（Halbouty，2007）。

各井之间细微的地球化学性质差异是由源岩类型或源岩成熟度发生轻微变化引起的，例如，Sunrise 2 井的天然气成熟度略低于 Sunset 1 井的天然气成熟度。这些变化说明气田在一定程度上存在封隔性，造成了流体组分不平衡，因为油气进入巨大 Sunrise 构造中的时间仅仅 1Ma 或不到 1Ma。

（四）巴罗岛油田

巴罗岛油田位于巴罗次盆地（图 18-33）内的巴罗岛，于 1964 年发现。油田构造上位于一个穹窿状背斜上，面积为 82km²，石油可采储量为 4.18 × 10⁸bbl（李国玉等，2005）。原油密度为 36°API，深部天然气凝析度低，同时 H_2S 含量低。

巴罗岛油田油气成藏组合为：烃源岩为上侏罗统 Dingo 组泥岩，从晚侏罗世开始成熟直到古近纪。储集层主要为下白垩统文达尼亚（Windalia）组海相砂岩，储集巴罗岛油田 95% 的油气储量（Burdette，1970）。油层深度在 595m 左右，油层厚度为 30 ~ 35m。储集岩孔隙度高，达 20% ~ 32%，渗透率最高达 70mD。盖层为下白垩统 Muderong 组页岩。圈闭主要为著名的巴罗岛背斜圈闭，同时还有断层圈闭，如巴罗断层为良好封盖（图 18-38）（Felton et al.，1992）。

---

① 1ppm=10⁻⁶。

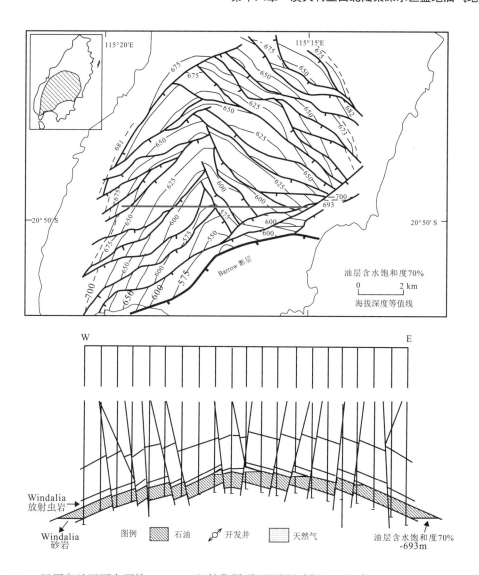

图 18-38　巴罗岛油田下白垩统 Windalia 组储集层顶面埋深和剖面显示（据 McClure et al.，1988）

第 十 九 章　孟加拉湾深水区盆地油气地质

第一节　概　　况

孟加拉湾位于印度洋北部，是地球上第一大海湾，孟加拉湾已进行的地质－地球物理和地球化学研究工作表明，盆地内存在巨大石油和天然气聚集的特征，而厚的沉积盖层中浊流层的产出和其中烃类含量的评估 (超过 $12 \times 10^8 t$) 证明了这个地区的巨大潜力。

孟加拉湾周边主要的含油气盆地为孟加拉（Bengal）盆地、克里希纳－戈达瓦里（Krishna-Godavari）盆地和高韦里（Cauvery）盆地。孟加拉湾地区国家勘探史主要涉及印度、孟加拉国及缅甸三个国家。

（一）印度

印度是孟加拉湾石油天然气勘探的主要国家之一。

印度在 1999 年对外推出了 48 个区块，其中有 12 个位于深水区，国有的石油天然气公司（ONGC）不久前还在孟加拉湾获得该国第一个深水发现：G-1AA 井位于克里希纳－戈达瓦里盆地，日产油 3600bbl，日产气 $1.4 \times 10^6 ft^3$。表 19-1 中列出 2000 ~ 2008 年孟加拉湾地区发现的五个大气田。2006 年，在孟加拉湾深水区获得重要发现，钻探了日产原油约 500t、天然气 $4.0 \times 10^4 m^3$ 的探井（潘继平等，2006）。

表 19-1　2000 ~ 2008 年孟加拉湾地区发现的五个大气田（据邹才能等，2010）

油田	发现时间	盆地	油气田	可采储量		岩性	层位	圈闭
				油 /10^8t	气 /$10^8 m^3$			
Deen Dayal	2005 年	K-G	气	—	5663	砂岩	白垩系	背斜
Dhirubhai	2002 年	K-G	气	—	6062	浊积砂岩	渐新统	构造－地层
Mya 1	2006 年	若开	气		850	砂岩	上新统	构造－地层
Shwe	2004 年	若开	气		1278	砂岩	上新统	构造－地层
Shwe Phyu	2005 年	若开	气		340	砂岩	上新统	构造－地层

印度克里希纳－戈达瓦里盆地海域陆架边缘发育高位体系域三角洲体系、低位扇楔状体及斜坡 / 盆底扇等，发育优质生储盖组合和大型岩性－地层圈闭，具备形成大油气田的优越条件。该盆地早期以陆上勘探为主，2000 年以来海域大发现连续不断，2002年在海域古近纪地层中发现了印度最大的迪卢拜（Dhirubhai）气田，探明天然气可采储量 $6062 \times 10^8 m^3$；2005 年发现迪达亚（Deen Dayal）白垩系大气田，其发现井 KG8 井钻探深度 5061m，是盆地最深的探井，该气田的发现进一步揭示海域纵向上存在多套有利成藏组合，深层勘探潜力很大（邹才能等，2010）。

（二）孟加拉国

孟加拉国是孟加拉湾石油天然气勘探的主要国家之一，主要勘探区为孟加拉盆地。

其油气勘探始于 20 世纪初，勘探历史可划分成三个阶段（Curiale，2002）。

第一阶段（1908 ~ 1950 年）：在油气渗漏区附近钻了 6 口预探井，但无油气发现。

第二阶段（1951 ~ 1971 年）：利用地面地质制图、重力和单次覆盖模拟地震进行了钻探。共钻了 18 口预探井，其中有 8 口井见油气，包括 Bakhrabad、Chhatak、Habiganj、Rashidpur、Sylhet、Semutang 和 Titas 油气田。

第三阶段（始于 1972 年）：采用多次覆盖数字地震和现代技术，共钻 36 口预探井，其中 14 口井见油气显示，且多分布于东吉大港 – 特里普拉邦褶皱带。孟加拉盆地西部和滨海勘探程度非常低。

截至 2002 年，探井不足 70 口，这些井大多数在孟加拉盆地东部。Shamsuddin 和 Abdullah 等（1997，2001），讨论了孟加拉国勘探程度较低的西部地区和海上地区一些有远景的成藏组合。在孟加拉国发现了 22 个气田和 1 个油田，勘探成功率为 37%。在 22 个气田中，有 21 个气田估计天然气原始地质储量为 16Tcf 以上，还有一个是储量未知的凝析气田（Khan and Imaduddin，1999）。最近，Unocal 估算应用新技术可以新增储量 12.8Tcf。近几年来，新发现的油气田有在森古（Sangu）地区的海上油田（1996 年）、Bibiyana 地区（1998 年）和 Moulavi Bazax 地区的陆上油田（1999 年）。这些储量大多数存在于包括缅甸盆地在内的东吉大港 – 特里普拉邦褶皱带。孟加拉国钻井集团公司在其《孟加拉国的烃类赋存》一文中估计，孟加拉国勘探区及远景区天然气总地质储量为 $42.8 \times 10^{12} \text{ft}^3$。

（三）缅甸

缅甸是孟加拉湾石油天然气勘探的主要国家之一。

缅甸的天然气储量位居世界第十，主要集中在该国西南部的孟加拉湾，缅甸近海的天然气田日产原油约 8500bbl 和天然气约 $9.5 \times 10^8 \text{ft}^3$。

目前缅甸的两块主要天然气带分别是靠近缅甸西北部近海的 A-1 区块和 A-3 区块。A-1 区块的天然气田储量比 A-3 区块储量大很多，为 4 ~ 6Tcf。

位于距原首都仰光 34km 安达曼海的莫塔马湾（Mottama）的 M-7 和 M-9 地段也储藏着大量天然气。据估计，这两个地区的天然气储量达 7.5Tcf（合 $2122.5 \times 10^8 \text{m}^3$），早在 2003 年缅甸与泰国就已经签署了天然气开发合同，目前，缅甸和泰国双方在莫塔马湾地区的天然气项目上各占 50% 的股份。2006 年，许多公司在开采过程中又在缅甸陆续发现了新的几个天然气带：

（1）在缅甸石油天然气行业有投资的韩国大宇公司 2006 年 1 月在 A-3 区块发现一个新的天然气带。

（2）2006 年 6 月，印度 ONGC 和 GAIL 公司在 A-3 区块称为"翡翠"的天然气田内再次发现一新的天然气带，该天然气带日产天然气量约为 $5760 \times 10^4 \text{ft}^3$，储量约为 $2 \times 10^{12} \text{ft}^3$。

（3）2006 年 8 月以大宇国际公司为首的集团在 A-1 区块又发现两块大的天然气田，分别命名为 2004 Shwe 和 2005 Shwe Phyu，以及在 A-3 区块上发现命名的 2006 Mya 天然气田，这三个天然气田的估计可开采储量为 $4.8 \times 10^{12} \text{ft}^3$。

第二节 区域地质概况

一、区域构造特征

（一）区域构造背景

孟加拉湾地处印度板块东缘，其东为印度板块向欧亚板块俯冲的碰撞消减带。孟加拉湾深水区处于被动大陆边缘，经历了多期构造运动（Bastia et al.，2010）。

印度板块东部边缘为巽他弧，弧前为爪哇、苏门答腊海沟和已被充填的安达曼-尼科巴海沟，板块边缘向北通过印-缅山系进入东喜马拉雅山脉束，向西转折为沿喜马拉雅山缝合线延伸。板块边缘以地震带为标志，但在安达曼-尼科巴脊、南亚，地震带变得散漫，可能是安达曼海扩张和大陆碰撞及俯冲进入南亚的结果（Curray and Moore，1974）。

（二）构造单元划分

孟加拉湾盆地从被动大陆边缘演化为残留洋盆地，残留的孟加拉湾盆地有三个地质构造区（图19-1）。这些构造区与板块构造相关联，每个区有其明显不同的构造、地层格架及沉积充填史（Mahmood et al.，2003）。

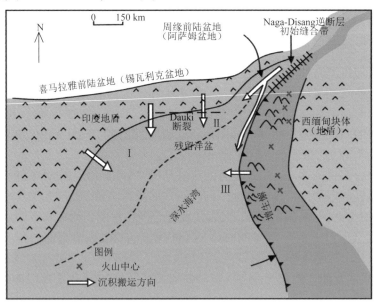

图 19-1 孟加拉及邻区早中新世构造分区略图（据 Mahmood et al.，2003）

Ⅰ.西部被动-伸展克拉通边缘-稳定陆架区；

Ⅱ.中央深盆区或残留洋区；Ⅲ.东部与俯冲相关的吉大港-特里普拉邦褶皱带区

二、构造演化史

据 Mahmood 等（2003）最新研究，孟加拉湾盆地构造演化包含四个阶段（图19-2）：

（1）侏罗纪—早白垩世——同裂谷阶段。

（2）早白垩世—中始新世——漂移阶段。

（3）中始新世—早中新世——早期碰撞阶段。

（4）早中新世—第四纪——晚期碰撞阶段。

早白垩世，在印度从澳大利亚和南极洲分离之前，藏南、缅甸和缅马地块已经向北离开并拼贴在亚洲大陆边缘，构造格局如图19-2（a）所示，随后板块进入分离阶段。

中古新世（约59Ma），印度板块与欧亚板块在印度地盾的西北角和藏南之间发生软碰撞（图19-2（b）），60～55Ma印度板块经历了一定程度的逆时针旋转，至此缝合带完全闭合。在此以后，印度斜向俯冲到亚洲大陆之下，印度的楔入导致印支、东南亚和华南板块的挤出。

中古新世—早始新世软碰撞期间（59～44Ma）（图19-2（b）），印度继续向北或北北东方向运动，可能通过以前亚洲南部的其他增生体之间相对欠挤压缝合带的进一步挤压使得碰撞速度减慢（Chen，1993）。

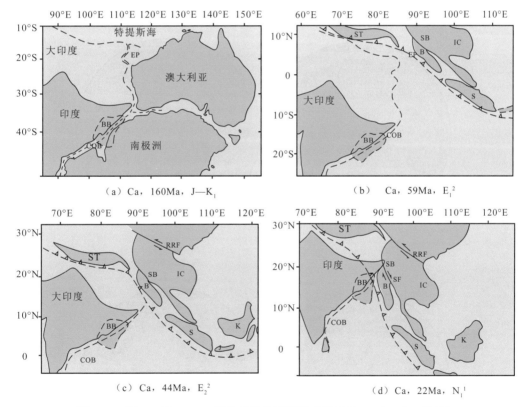

（a）Ca，160Ma，J—K₁

（b）Ca，59Ma，E₁²

（c）Ca，44Ma，E₂²

（d）Ca，22Ma，N₁¹

图 19-2　据 Lee 和 Lawver 修改的板块重建图（据 Mahmood et al.，2003）

EP.埃克斯茅斯斯高原；COB.陆洋边界；ST.藏南；B.缅甸块体或印缅安达曼块体；SB.中缅马苏；IC.印支；S.苏门达腊；BB.孟加拉盆地；K.加里曼丹；J.爪哇；RRF.红河断裂；SF.实皆断裂

大约44Ma的早始新世，与喜马拉雅造山有关的硬碰撞开始发生（图19-2（c）），这时较老的缝合带被充分挤压，这也是东印度洋中主要板块重组时期，印度和澳大利亚板块连接在一起，成为一个统一的板块，澳大利亚–南极洲的分离开始加速。大致在缅甸和缅马地块与印支的构造挤出开始时，扩张方向也发生一些改变。由于印度在向东南挤出的缅甸之下发生持续的斜向俯冲，孟加拉湾地区在中新世成为一个残留盆地（Ingersoll，1995）（图19-2（c））。

在22Ma的早中新世，印度与西藏南部及印度与东部缅甸发生碰撞（图19-2（d）），喜马拉雅和西藏出现了快速的隆升。

三、沉积充填史

孟加拉湾沉积充填史变化较大，主要受控于孟加拉湾的构造演化（Mahmood et al.，2003），且每个沉积阶段均受构造旋回的控制。

前寒武纪变质沉积和石炭纪—二叠纪岩石仅在稳定陆架区钻遇。印度地盾前寒武纪准平原化之后，孟加拉湾盆地的沉积作用开始在孤立的基底之上地堑盆地内发育。随着冈瓦纳大陆在侏罗纪—白垩纪破裂，印度板块向北运动，盆地在白垩纪开始向下挠曲，沉积作用在稳定陆架和深盆内发育，并在大部分盆地内连续进行（图19-3）。盆地的沉降是由于地壳的差异调整、与南亚不同块体的碰撞、东喜马拉雅和印缅山脉的隆升而引起的。

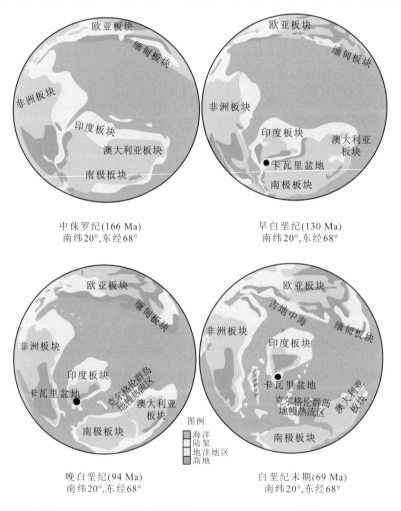

中侏罗纪(166 Ma)
南纬20°,东经68°

早白垩纪(130 Ma)
南纬20°,东经68°

晚白垩纪(94 Ma)
南纬20°,东经68°

白垩纪末期(69 Ma)
南纬20°,东经68°

图19-3　印度孟加拉湾 J_2—K_2 古地理演化图（据 Scotese et al.，1998，转引自 Nagendra et al.，2010）

始新世，由于重要的海侵，稳定陆架区处于碳酸盐岩环境，而深盆区受深水沉积作用控制。

中始新世到早中新世期间，孟加拉湾盆地沉积作用类型发生重要转变，是印度、缅甸与西藏块体碰撞的结果。碎屑流从北部的喜马拉雅和东部的印缅山脉迅速增加，盆地沉降速率加大。在此阶段，深海沉积作用控制了深盆区，而盆地东部广泛出现深－浅海沉积环境。

中中新世，随着板块之间持续的碰撞和喜马拉雅山和印缅山脉的隆升，大量的碎屑物流从东北部和东部进入盆地。整个中新世，沉积环境继续变化，从盆地内的深海棚到盆地边缘的浅海相和海岸相。

上新世以来，大量的沉积物从西部和西北部充填在孟加拉湾盆地，主要为三角洲建造继续发育成为现在的三角洲地貌。

现今的盆地具有的北部恒河－布拉马普特拉河三角洲体系和南部孟加拉深海扇结构，形成于上新世—更新世后半期，在那以后的三角洲进积受到东喜马拉雅造山作用的强烈影响（Mahmood et al.，2003）。

第三节　孟加拉湾周边盆地构造概况

一、克里希纳－戈达瓦里盆地

（一）构造单元划分

区域上的基底式地垒被克里希纳－戈达瓦里盆地划分为几个小次盆，例如，Pennar、Krishna、戈达瓦里和东戈达瓦里（图 19-4）（Bastia et al.，2006）。

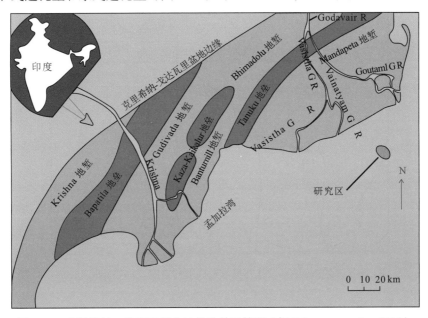

图 19-4　克里希纳－戈达瓦里盆地构造单元简图（据 Srivastava et al.，2006）

地堑、地垒被垂直或陡峭的断层分离，盆地构造单元主要由三垒五堑构成，地垒主要有：Bapatla、Tanuku、Kaza-Kaikalur，地堑主要有 Krishna、Godavari、Banturnill、Bhimadolu、Mandapeta。

（二）断裂系统

克里希纳－戈达瓦里盆地西侧边缘具有该区最广泛的断裂系统，多发育北东—南西向走滑断层及正断层（图 19-5）。除了盆地边缘的断裂外，三条主要的区域性断裂：陆上的 Matsyapuri-Palakollu 断裂、近岸浅水区的中新统构造断裂、深水区的上新统构造断裂。断裂均呈弧形，且与弧形的地垒走向大致平行（Gupta，2006）。

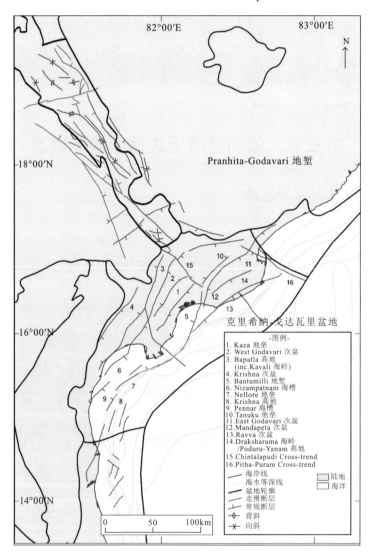

图 19-5　克里希纳－戈达瓦里盆地断裂构造图（据 Gupta，2006）

二、孟加拉盆地

（一）构造单元划分

孟加拉盆地有两个构造区：①印度地台：该地区沉积地层上覆于印度西北部克拉通岩石之上；②盆地南部和东部，较厚的沉积充填上覆于深部沉降海岸盆地之上（Khandoker，1989）。这两个构造区被北东—南西向的枢纽带分离（Zahid and Uddin，2005）。

两个主要的构造区域：①西孟加拉陆架，它以显著的拉伸构造作用为特征；②盆地区域，它以对（盆地）东缘逐渐增强的挤压构造作用为特征。西孟加拉陆架的特征是有两个主要的拉伸时期：晚石炭世—早侏罗世地壳陷落，被动裂谷作用导致了北西—南东向至东—西向的断裂系统以及前寒武纪结晶基底单元之上的半地堑带的发展；早白垩世晚期—中白垩世，活动裂谷造成了北东—南西向至北北东—南南西向的断裂系统，其叠加在古生代体系之上。

（二）断裂系统

孟加拉盆地的西部边缘具有一个复杂的北西—南东向的断裂体系，且被 Rangapur 背斜的基底隆起截断。盆地北部边缘靠着西隆地块的结晶基底被西—东向 Dauki 断裂切断。在东部，特里普拉邦–Cachar 与若开盆地之间为吉大港–库克巴萨断裂。盆地南部，孟加拉盆地延向了孟加拉深海扇区域。孟加拉盆地的板块构造形态由西北地区被动边缘断块及白垩纪出现的盆地中东部压扭性造山带组成（图 19-6）（Frielingsdorf et al.，2008）。

三、高韦里盆地

（一）构造单元划分

高韦里盆地划分为一系列北东—南西向的地垒地堑结构。根据前人有关该盆地的重力资料，高韦里盆地被分为三个拗陷：Ariyalur-Pondicherry 拗陷、Tanjore-Tranquebar 拗陷和 Ramnad-Palk Bay 拗陷，分别被位于其间的隆起分开。

该盆地被分为若干个拗陷和被断裂控制的次级盆地。Ariyalur-Pondicherry 拗陷是最北部的次级盆地，包含 Ariyalur、Vridhachalam 和 Pondicherry 三个重要露头。

（二）断裂系统

高韦里盆地位于印度半岛西北部和斯里兰卡断层东南部的对称滑动断层之间，其构造方向平行于相邻的前寒武纪东部山脉构造方向（Chari et al.，1995）。该盆地西侧边缘断裂走向北西—南东向，与盆地轴线方向平行（图 19-7）

Ariyalur–Pondicherry 次盆有约厚达 6000m 的早白垩世至今的沉积物，该地堑有几个主要的构造单元：①北东—南西走向的狭窄海槽，Vridhachalam 和 Chidambaram 低点，如图 19-7 所示，分别沿西侧和东侧的基底平面展布；② Andimadam 地垒和 Neyveli 高地，它们被一个交叉的平行于西部边缘的 Vridhachalam 低地分隔；③主地堑带的中心部分的 Bhuvanagiri 鼻状构造；④北东—南西向伸展的断层；⑤北西—南东向的交叉断层。

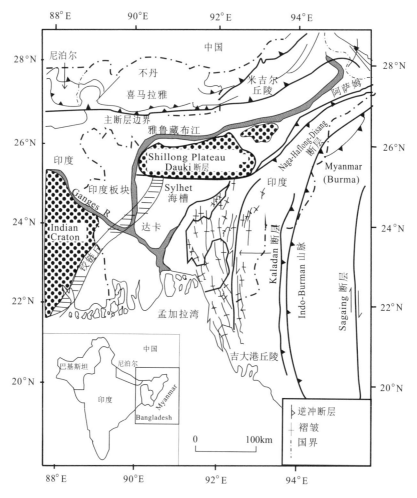

图 19-6　孟加拉盆地构造单元图（据 Uddin and Lundberg，2004）

盆地北部：Dauki 断裂 (Uddin and Lundberg，1998)，盆地东部：南北向断裂带（如 Kaladan 断层）

第四节　孟加拉湾周边盆地地层与沉积

根据资料情况，主要分析上述的三个盆地：孟加拉盆地、克里希纳－戈达瓦里盆地和高韦里盆地。

一、孟加拉盆地

由于盆地的位置位于三个板块的接合处，即印度、缅甸和泰国（欧亚大陆）板块间，这些构造单元的构造充填史变化强烈。前寒武纪变质沉积岩和石炭纪—二叠纪的岩石仅在位于稳定大陆架的钻孔中被发现。在前寒武纪印度地盾准平原化后，孟加拉湾的沉积始于孤立的位于基底受地堑控制的盆地（Morley，2002）。

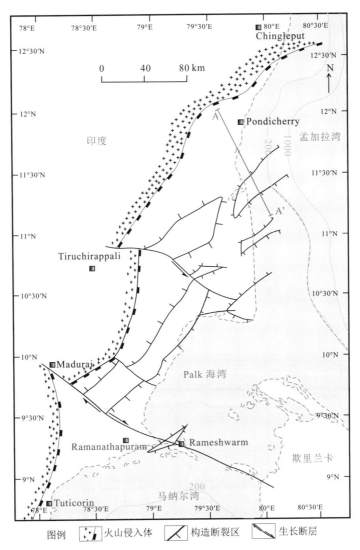

图 19-7　高韦里盆地断裂构造图（据 Prabhakar and Zatshi，1993，修改）

孟加拉（Bengal）盆地地层由于较厚的三角洲覆盖和化石的相对缺少，地层不完全可知，盆地地层的命名和分类基于阿萨姆（Assam）盆地（印度北东部）（Khan and Muminullah，1980；Uddin and Lundberg，2004）。

（一）地层

孟加拉国盆地北西 Bogra 陆架区的地层如图 19-8 所示，前寒武系基底发育在冈瓦纳盆地内。最初盆地面积较大，是由晚石炭世和二叠纪陆生有机物（煤系地层）组成的下冈瓦纳组内陆地堑，随后有大量三叠纪到早侏罗世碎屑沉积（Chakrabarti et al.，1997）。冈瓦纳沉积物在凉爽的气候条件下形成于河漫滩和沼泽平原的低弯度的辫状河

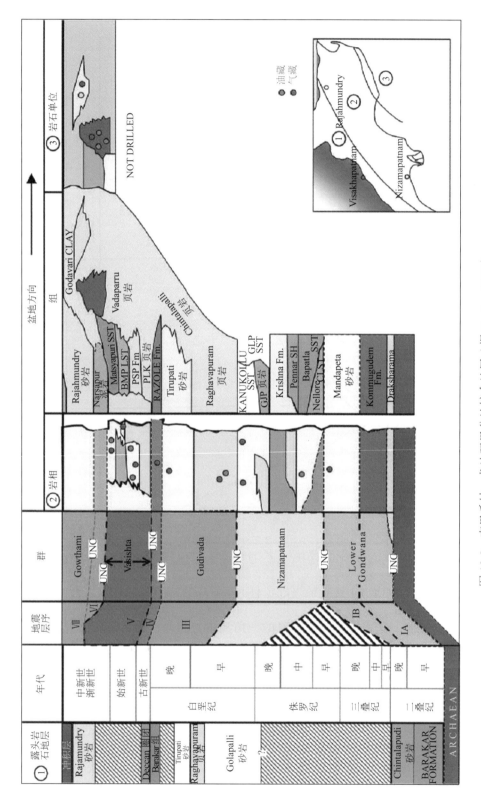

图 19-8 克里希纳-戈达瓦里盆地综合地层（据 Gupta, 2006）

Fm. 曲流河体系；LST. 低水位体系域；SST. 沙坝体系域；CLST. 碳酸盐潟湖体系域

流中。晚侏罗世和早白垩世沉积地层在大区域的缺失显示在冈瓦纳大陆的分离阶段地层受到剥蚀和间断。之上的 Rajmahal 灰质层，代表上白垩统的一次火山活动史。中生界沉积了河流 – 浅海斜坡和三角洲相沉积，主要由页岩 – 富泥的砂岩组成，是良好的储集层。中新世锡尔赫特灰岩在高水位体系中沉积，在古陆架边缘的灰岩层中可能存在有孔虫。在孟加拉国北部常见锡尔赫特灰岩露头，在地震剖面中可见良好的反射面。随后海相环境逐渐向南转变为三角洲沉积系统。古近纪页岩由陆生有机质组成，由于有机质含量较低，生烃潜力不大。Kopili 页岩和 Fenam 页岩在新近纪烃源岩中占主导 (Curiale et al.，2002)。另外，页岩层为油气运移和盆地油气聚集提供了较好的封闭条件（Frielingsdorf et al.，2008）。

（二）沉积

该区有厚达 20km 的沉积盖层，基底埋藏深度超过 10km 的面积达到 60%。盆地被中生代和新生代岩石组成的巨厚冲积物盖层充填，孟加拉湾海底以下整个沉积物剖面可划分为三个组合，而盆地则有条件的分为南、北两部分。基于岩石的地震速度特征，每个组合可更详细地细分岩层。

第一组合包括晚中新世—第四纪碳酸盐 – 陆源沉积层，第二组合为中始新世—中中新世陆源 – 碳酸盐沉积层，第三组合为早白垩世—晚古新世北部碳酸盐 – 陆源沉积层及南部陆源 – 碳酸盐岩沉积层。

在前缘拗陷，盆地被厚达 10km 的渐新世—新近纪磨拉石型组合充填，其下为古新世—始新世的陆源 – 碳酸盐岩沉积层和相对较薄的、主要是古生代—中生代陆相含煤冈瓦纳沉积物，后者主要赋存于基底的地堑式盆地中。在盆地的中部和西部地区，剖面的大部分是海洋和浅海的沉积物。盆地的北部位于由印度地台向新生代阿拉干山岭褶皱带的过渡地区。在构造上，盆地是印度地台前阿拉干前缘拗陷和与其共轭的西孟加拉超克拉通拗陷。在前缘拗陷的地台一侧，据区域性地质 – 地球物理资料可划分出两个巨大的基地突起——波利萨尔和莫杜普尔，它们将地台一侧的其他部分分割为三个盆地，其特征是基底沉降幅度相对较大。

孟加拉盆地具不对称性，沉积厚度向南东方向厚度超过 16km（Curray and Moore，1971；Murphy，1988)。

二、高韦里盆地

高韦里盆地的大部分被上侏罗统—更新统滨海相岩层充填，局部为沼泽、湖泊和河流相沉积充填。沉积盖层的厚度将近 4.5km（Забаибарк，2005）。

（一）地层

高韦里盆地露头不连续，已被发现的五个主要的不整合分别为晚阿尔布阶、土仑阶、坎潘阶、马斯特里赫特阶和中新世。除了坎潘阶不整合，其他不整合在地表都有记录（Bhowmick，2005）。

高韦里盆地中早白垩世—马斯特里赫特阶沉积层序可以进一步细分为两个巨层序——同生裂谷巨层序、后裂谷巨层序，这两个巨层序具有明显不同的特征。同生裂谷巨层序从巴雷姆阶—上部的土仑阶，与冈瓦纳群 Dalmiapuram 组、Karai 组泥岩一致。后裂谷巨层序是相对变薄的沉积序列，包括 Garudamangalam 组砂岩，晚土仑阶—马斯特里赫特阶包含主要沉积纪录的 Ariyalur 组。

在此仅介绍白垩纪地层。

高韦里盆地最北部的 Ariyalur-Pondicherry 拗陷中的 Ariyalur 地区出露了阿尔布阶—马斯特里赫特阶的沉积地层，共分为三个群：Uttatur、Trichinopoly 和 Ariyalur 群，由七个组组成，即 Dalmiapuram、Karai、Garudamangalam、Sillakkudi、Kallankurichchi、Ottakkovil、Kallamedu（Watkinson et al., 2007）。

（1）Uttatur 群：包含 Dalmiapuram 组和 Karai 组。Dalmiapuram 组包括珊瑚藻灰岩、层状灰岩、泥灰岩。Karai 组包括杂色页岩、灰岩，含丰富箭石印模。Dalmiapuram 组与下伏阿尔布阶、上覆土仑阶为不整合接触关系。

（2）Trichinopoly 群：包括 Garudamangalam 组，不整合于 Karai 组页岩之上，分为三段，Kulakkalnattam 砂岩段、Calcarenite 砂屑灰岩段和 Saturbhagam 段。含有丰富的生物化石及大规模的交错层理（3m 厚）代表河道充填沉积，上部为不整合界面。

（3）Ariyalur 群：包含 Sillakkudi 组砂岩、Kallankurichchi 海相碳酸盐岩、Ottakkovil 和 Kallamedu 组。Kallankurichchi 组不整合于 Sillakkudi 组之上，Gryphaea 灰岩覆于下部砂质灰岩之上，为红棕色中粒结构。上部含有丰富的陆源沉积，直接覆于 Gryphaea 灰岩之上。Kallamedu 组上部的交错层理代表滞留河道沉积，标志着 Ariyalur 地区白垩纪沉积结束（Nagendra et al., 2010）。

（二）沉积

盆地沉积序列包括同生裂谷与后裂谷沉积序列。晚侏罗世—早白垩世为早期同生裂谷浅海相沉积。在露头出露处，沉积序列包括河床滞留沉积，其上为含砂砾的河湖碎屑沉积和黏土植物化石丰富的河床沉积。在下部，显示以砂页岩及藻灰岩为主的晚白垩世的后生裂谷沉积；在上部，显示以赛诺曼阶—土仑阶的砂岩及康尼亚克阶—三冬阶的厚层页岩为主。

晚马斯特里赫特阶以陆相表生沉积物为主，古新世以浅海相绿泥石沉积为主，含鲕粒。始新世主要以砂岩和泥岩为代表，含浮游有孔虫集合体。中始新世序列以含砾砂岩为主，晚始新世沉积主要为砂岩和灰岩。渐新世以薄层海相钙质和含黏土质的砂岩为主，存在于滑坡和碎屑流之中，其上为正常海退沉积，部分地区底部含页岩。在露头处，中新世沉积主要为非海相砂岩，上部以砂泥岩与钙质砂岩互层为主。上新世海侵导致了盆地的加深，盆地主要为海相沉积（Bhowmick, 2005）。

三、克里希纳 - 戈达瓦里盆地

（一）地层

克里希纳 - 戈达瓦里盆地综合地层见图 19-8。

克里希纳－戈达瓦里盆地最老的地层为早二叠世 Kommugudem 组页岩、煤层和砂岩夹层，煤层通常 1 ～ 6m 厚，堆积在太古界基底之上。部分地区可见下部硅质黏土岩（Draksharama 组），主要沉积环境是河流－潟湖相（Gupta，2006）。

晚二叠世 Mandapeta 砂岩是沉积于河流环境中的厚层非海成的长石质和云母砂岩，中间相对较厚的页岩暗示循环的泛滥平原环境。

晚侏罗世 Bapatla 是非海成的砂岩、黏土岩和页岩，直接沉积在太古界基底之上，上覆岩层主要为砂岩夹薄层状页岩、黏土岩。

在 Gudivada 地堑、Gajulapadu 页岩和上覆的 Kanukollu 砂岩（阿普特阶—阿尔布阶）不整合覆盖在晚侏罗世 Bapatla 砂岩之上。Gajulapadu 页岩沉积于湖泊环境中，有机质含量较高，含砂岩夹层。上覆 Kanukollu 滨海相砂岩。Nandigama 组（阿普特阶—阿尔布阶）主要是海相页岩夹薄砂岩层，底部以粗碎屑岩为主。Golapalli 砂岩（阿普特阶—阿尔布阶）为红色的黏土岩，浅海相砂岩覆盖于其上，作为填充沉积物不整合于晚二叠世 Mandapeta 砂岩之上。Raghavapuram 页岩（赛诺曼阶—早马斯特里赫特阶）可以被再分成下层和上层单元。稳定性较高的下部单元含有丰富的有机质；上部单元含有浅海相透镜状砂岩和薄页岩夹层。Tirupati 砂岩（早—晚马斯特里赫特阶）不整合于 Raghavapuram 页岩之上，沉积于白垩纪海退时期。

早古新世 Razole 组由广阔的熔岩流组成，覆盖在 Tirupati 砂岩之上。中—晚古新世 Palakollu 页岩沉积于浅海－半深海环境，向盆方向岩石厚度增加。早始新世 Pasarlapudi 组覆盖在 Palakollu 页岩之上，由浅海－半深海砂质、页岩及灰岩交替组成。中始新世 Bhimanapalli 组以藻灰岩为主，常见砂岩夹层。沉积环境是外浅海－半深海。渐新世—中新世 Matsyapuri 浅海－半深海相砂岩，有黏土岩夹层。中新世 Ravva 组沉积于中新世生长断层南部，由大陆架厚层、粗碎屑组成。上新世—更新世，戈达瓦里组主要以大陆架泥质沉积为主（图 19-9）。

（二）沉积

盆地含有巨厚的沉积层序，包括从晚白垩世到全新世的沉积旋回。自从晚白垩世以来发育不断向海进积的面积广阔的巨厚泥质相三角洲，往海区方向逐渐增厚，沉积物由陆相和浅海相过渡为海相。该三角洲是油气勘探的靶区。盆地被断层控制的山岭分成了若干个亚盆地，亚盆地中堆积的沉积物厚度超过 5km。在基底山岭的上方发现了薄沉积物。侏罗纪之前，沉积物一直沉积在裂谷和地形低地中，该沉积层序完全被下白垩统海侵沉积楔所覆盖。后来，盆地呈现出三角洲持续进积的沉积特征（Забаибарк，2005）。

克里希纳－戈达瓦里盆地的前寒武系变质岩基底包括片麻岩、石英岩、紫苏花岗岩和榴英硅线变质岩。孤立的二叠系、白垩系、古新统、中新统—上新统岩石露头主要在盆地边缘可见（图 19-10）（Gupta，2006）。

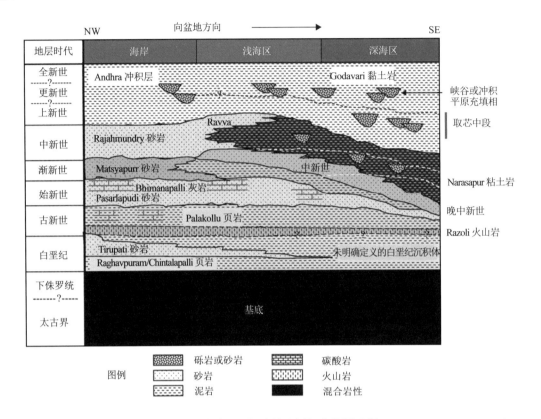

图 19-9　克里希纳–戈达瓦里盆地从陆上—深海的地层沉积简图（据 Shanmugam et al.，2009）

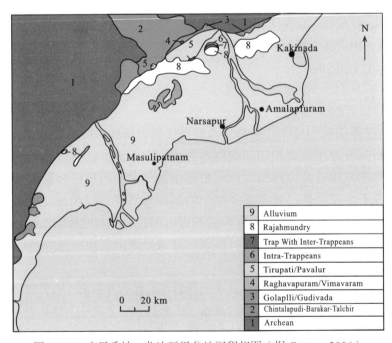

图 19-10　克里希纳–戈达瓦里盆地沉积相图（据 Gupta，2006）

冈瓦纳盆地在结晶基底之上沉积始于早二叠世。主要是 Draksharama/Kommugudem 组。三叠纪沉积地层明显缺失。早侏罗世 Golapalli 砂岩不整合于 Mandapeta 砂岩之上。Golapalli 砂岩之上为广泛分布的不整合面，上覆厚层晚侏罗世地层和薄层古近纪沉积物。Gudivada 地堑和克里希纳地堑组成了侏罗纪裂陷盆地，其主要的沉积充填物为侏罗纪和早白垩世的沉积地层。上覆新近纪地层和现代沉积物相对较薄，沉积大体一致。Bantumilli 地堑和 Nizampatnam 地堑在白垩纪形成，因此命名为白垩沉积盆地。冈瓦纳之上的白垩纪沉积物主要是在阿普特阶—阿尔布阶。这些沉积物在 Mandapeta 地堑和 Bhimadolu 地堑被称为 Golapalli 砂岩，在 Bantumilli 地堑称为 Nandigama 组，在 Gudivada 地堑和克里希纳地堑被称为 Gajulapadu 页岩/Kanukollu 砂岩。上覆晚白垩世 Raghavapuram 页岩和 Triupati 砂岩，随后沉积古近纪薄层沉积物，分布较广泛。

综上分析，克里希纳-戈达瓦里盆地是由冈瓦纳盆地、侏罗系盆地和白垩系盆地复合组成，直到晚白垩世仍处于联合盆地。戈达瓦里地堑及始新世生长断层南部区域是第三纪主要沉积中心。往盆地内部，新近纪主要受中新世和上新世生长断层影响，生长断层同时也控制了其沉积模式（Gupta，2006）。

第五节　石油地质特征及油气田

一、生储盖组合

整个孟加拉湾含油气盆地具有较好的油气生成、储集、封闭、圈闭及运移的条件，具有良好的油气前景。

1. 烃源岩

该区主要发育四套烃源岩（表 19-2）：

（1）晚石炭世—早中二叠世河湖相煤系地层，以Ⅲ型干酪根为主，少量Ⅱ型，以生气为主，主要在克里希纳-戈达瓦里盆地中发育。

（2）白垩世阿普特阶、阿尔布阶陆架相泥页岩，Ⅲ型干酪根，生油、气，主要在克里希纳-戈达瓦里盆地及高韦里盆地中发育。

（3）新近纪至始新世外陆架-半深海-深海相泥岩地层，以Ⅲ型干酪根为主，少量Ⅱ型，主要生油，主要在克里希纳-戈达瓦里盆地中发育。

（4）中新世浅海-深海相泥岩，主要生气，主要在孟加拉盆地中发育。

2. 储层

孟加拉湾含油气盆地主要发育五套储层：

（1）晚二叠世—三叠纪三角洲相砂岩储层，仅在克里希纳-戈达瓦里盆地中发育。

（2）中侏罗世—早白垩世河湖相砂岩储层。

（3）阿普特阶—晚白垩世三角洲相、河湖相、陆架海相砂岩、（珊瑚）灰岩储层。

（4）新近纪浅海-半深海相砂岩、钙质砂岩储层。

（5）中新世三角洲、浅海相砂岩储层。

表 19-2　孟加拉湾含油气盆地烃源岩特征（据 Gupta et al., 2000；Gupta, 2006；Frielingsdorf et al., 2008 汇编）

| 盆地 | 时代 | 地层 | 烃源岩 | | | | | | |
			沉积相带	岩性	构造演化阶段	干酪根类型	有机碳 /%	主要烃类产物	综合评价
克里希纳—戈达瓦里盆地	上新世	Rajahmundry 组	三角洲 - 深海相	泥岩	后裂谷—Ⅱ	Ⅲ型 / Ⅱ型	0.35～2.18	油、气	较差
	晚渐新世	Narasapui 组	大陆架	泥岩		Ⅲ型	1～1.5	生气	较差
	上古新世—早渐新世	Vadaparru 组	深海外陆架相	页岩		Ⅲ型、少量Ⅱ型	2～4	生油	较好
	阿普特阶	Raghavapuram 组	陆架	页岩	后裂谷—Ⅰ	Ⅲ型	平均 1.9～2.2（1.28～7.94）	产气、油	较好
	晚侏罗纪—早白垩纪	Golapalli 组	河湖相、三角洲相	泥岩	同生裂谷—Ⅱ	—	0.65～10	生油	好
	上石炭纪—下二叠纪	Barakar 群	河流相（沼泽、湖泊相）	煤层、含煤页岩	同生裂谷—Ⅰ	—	高达 26	生气	好
高韦里盆地	新近纪	Nagore 群	外陆架 - 半深海相	页岩、藻灰岩		Ⅱ型 / Ⅲ型	>1.0	—	—
	上白垩纪	Ariyalur 群	内陆架 - 中陆架海相	页岩	后裂谷阶段	Ⅲ型、少量Ⅱ型	0.6～1.0	—	—
		Trichinnopoly 群		钙质页岩		Ⅲ型	0.9～2.69	—	—
		Paravay 组		页岩			1.5～3.5	—	—
	阿尔布阶	Dalmiapuram 组	内陆架海相	页岩		Ⅲ型、少量Ⅱ型	个别高达 3%	—	较好
	上侏罗纪—安普特阶	Therani 组	陆相 - 湖湘相	页岩	同生裂谷阶段		0.53～3.05	生气为主、少量生油	—
孟加拉盆地	下—中中新世	Bhuban 组	浅海 - 深海相	页岩	前渊拗陷阶段		0.2～0.7	生气	差
	中渐新世	Jenam 组	浅海相	页岩			1～3	—	非常好
	上古新世—中始新世	Jalangi 组	浅海 - 深海相	页岩	后裂谷阶段	Ⅲ型 / Ⅱ型	0.4～3.11	—	较好
	晚二叠纪	Kuchma 组、Paharrpur 组	河流相 - 三角洲相	煤层	同生裂谷—Ⅰ	Ⅲ型	1.2～1.4	生气	—

3. 盖层

孟加拉盆地以区域型盖层及层内盖层为主，主要盖层有以下三套：

（1）阿普特阶—土仑阶三角洲相页岩、泥岩、盖层。

（2）新近纪三角洲相 – 浅海 – 深海相泥页岩、灰岩层内盖层。

（3）中新世—上新世浅海 – 深海相黏土层，构成良好的区域性盖层。

二、油气田及含油气构造

（一）Ravva 油田

Ravva 油田是克里希纳 – 戈达瓦里盆地最大的海上油田，位于 Amalapuram 沿岸 PKGM-1 区块，面积 331km^2。

于 1987 年由 ONGC 发现，1993 年开始投产。1993 年钻探第一口井 R-3，钻遇中中新世储集层，但未进行测试，1994 年发现的 R-25，日产油 2000bbl（Jain，2007）。

截止到 2002 年，拉瓦地区共钻探了 59 口井。在 1996 ~ 2002 年共钻探了 29 口井，包括两口斜井，其中 13 口油井和 5 口气井投产。在 2000 ~ 2001 年获得 219km^2 的三维地震数据（OBC），通过 12 个远景区预测得知，中中新世和拉瓦未勘探区块具有较好的油气远景。RX-7 在区块的北东部位（M30）钻探，钻遇更深的早中新世砂岩。

拉瓦太平洋委员会在 1997 年预计油产量可达 35000bbl/d，1999 年预计产量上升至 50000bbl/d。1999 ~ 2007 年，拉瓦合资经营获得油产量为 50000bbl/d（Jain，2007）。

拉瓦地区的地层序列是通过 50 口钻井的地震数据获取的，序列如下（图 19-11）。

最老的地层是厚层状稳定沉积的白垩纪地层，顶部为白垩纪和古近纪的构造不整合面，发育区域性的构造滑脱面以及铲状生长断层和同时代的叠状逆冲断层。之上推测为厚层的古新世和始新世地层，到目前为止未钻遇。早中新世主要为页岩、薄层砂岩及灰岩地层。中中新世不整合于早中新世之上，由厚度超过 100m 的粗粒砂岩组成，是最主要的产油气层段。晚中新世岩性下部主要为页岩、少量砂层，上部主要为砂页岩互层。在一些地区，中—晚中新世地层被上新世不整合。不整合之上，上新世—更新世为厚层深水页岩沉积，上覆更新世至现在的砂页岩互层。

生油层：中新世及之上海相地层，Ⅲ型干酪根，成熟度 0.7% ~ 0.8%。

储集层：中中新世粗粒砂岩；渐新世—更新世三角洲 – 河流相相砂岩储层，常与薄层状页岩互层。最好的储层位于河道砂体，滩脊、障壁岛和上沿岸环境。

盖层：晚中新世下部的高水位期厚层页岩和渐新世—更新世沉积层。

圈闭与运移：圈闭类型主要为构造圈闭、地层 – 构造圈闭，圈闭类型多与低角度铲状断层相关（图 19-11）（Jain，2007）。

中中新世储集层油气的运移主要在中新世晚期发生，圈闭多为上新统构造 – 地层圈闭；早上新世之后运移与滚动背斜、拉瓦断块相关，多为构造圈闭。

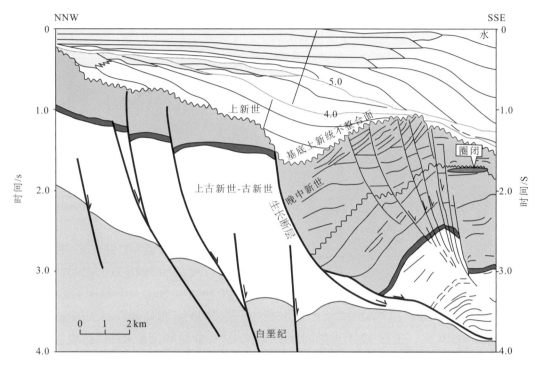

图 19-11 穿过拉瓦油气田的局部地质横断面（据 Jain，2007）

（二）D3、D9 区块

D3、D9 区块位于克里希纳 – 戈达瓦里盆地东岸深水区（图 19-12）。

D3 区块（KG-DWN-2003/1），位于该盆地东岸 45km 处，面积 3228km²，水深 400 ~ 2100m。2005 年 8 月获得勘探许可，在第一阶段主要获得了地震测量资料，共钻探了 6 口井，其中有两口发现气——Hhirunhai-39、Hhirunhai-41 井。2007 年获得三维地震资料 1930km²，主要油气显示在上新世—更新世地层中。D9 深水勘探区块，面积 11605km²，水深 2300 ~ 3100m，2002 年获得深水区块 D9 的油气勘探许可，获得了 4188km² 的三维地震资料。钻遇靶区主要在中新世、渐新世和上新世，白垩纪具有较高的生油潜力。

（三）PY-3 油田

PY-3 是高韦里盆地海域最大的油田，水深 40 ~ 400m，覆盖面积 81km²。油田主要利用浮式采油设施和水下井加热器技术，是印度海上油气田勘探的首例。

PY-3 油田位于印度东南东岸本地治里南部 80km 处，由 ONGC 于 1988 年发现。该油田位于 CY-OS-90/1 区块，印度在 1991 年获得勘探许可权，1996 年开始投产，Bryans 等（1998）评估该油田结构复杂，具有油气远景。2007 年日产原油 5592bbl（BOPD），2007 年、2006 年、2005 年油总产量分别为 204.0917 × 10⁴bbl、206.9822 × 10⁴bbl、228.8334 × 10⁴bbl（Bryans et al.，1998）。到目前为止，PY-3 油田一共有 4 口井，分别是 PY-3-2，PY-

3-3，PD-3 和 PD-4，其中有两口评价井再次投入使用（Bryans et al.，1998）。

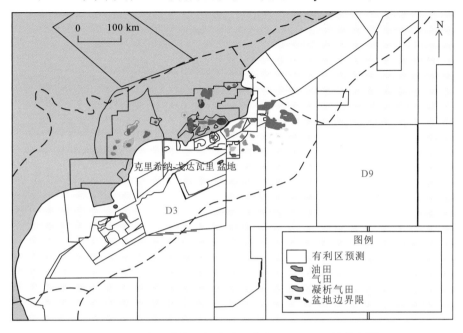

图 19-12 克里希纳－戈达瓦里盆地 D3、D9 区块分布图

储集层主要为上白垩统 Nannilam 组砂岩，为海底斜坡岩屑流沉积，主要形成于油田东西高部位，横向上储集岩变化较大（Bryans et al.，1998；Krishnan et al.，2005）。

第六篇

环北极深水盆地群油气地质

第二十章 巴伦支海深水区盆地油气地质

第一节 概 况

据美国地质调查局 2008 年的报告，巴伦支海大陆架的石油可采储量估计将超过 799.5×10^8bbl 油当量，约为 109×10^8bbl 的原油、376Tcf 天然气、22×10^8bbl 液化天然气（图 20-1 和表 20-1）。东巴伦支盆地：石油储量为 7453MMbbl、天然气 321323BCF 及液化天然气 1453MMbbl；巴伦支台地：石油 2033MMbbl、天然气 26064BCF 及液化天然气 277MMbbl；西巴伦支边缘：石油 1444MMbbl、天然气 32399BCF 及液化天然气 507MMbbl；新地岛盆地无油气发现（USGS，2008）。

图 20-1 巴伦支海位置图（Werner and Torsvik，2010）

表 20-1 巴伦支海陆架预测油气资源量

盆地名称	原油 /10^8bbl	天然气 /Tcf	液化天然气 /10^8bbl	总资源量 /10^8bbl
东巴伦支盆地	74.1	317.56	14.2	652.7
巴伦支台地	20.6	26.22	2.8	70.0
西巴伦支边缘	14.4	32.28	5.0	76.8
总量	109.1	376.06	22.0	799.5

巴伦支海油气资源又分属于挪威和俄罗斯两个国家。挪威占有西巴伦支边缘和巴伦支台地的部分地区，俄罗斯占有东巴伦支盆地和巴伦支台地部分区域，因此，

挪威在巴伦支海的预测总资源量为 111.8×10^8bbl 油当量，其中原油 24.7×10^8bbl、天然气 45.39Tcf、液化天然气 6.4×10^8bbl。俄罗斯在巴伦支海的预测资源量为，原油 80.4×10^8bbl、天然气 330.67Tcf、液化天然气 15.6×10^8bbl。

巴伦支海由挪威和俄罗斯共同拥有。据挪威石油理事会 2005 年统计，挪威在巴伦支海资源量为石油 1400×10^4t，天然气 $2340 \times 10^8 m^3$，液化天然气 1100×10^4t；俄罗斯在巴伦支海最终油气可采资源量为石油 4.2×10^8t、天然气 $17.55 \times 10^{12} m^3$。

为了评价未发现的石油，许多研究机构以构造样式为基础，把巴伦支海陆架从东向西分成四个大的区域：新地岛盆地和 Admiralty 弧、东巴伦支盆地（科尔古耶夫阶地、北巴伦支盆地、南巴伦支盆地、Ludlov 鞍状构造）、巴伦支台地（巴伦支台地北、巴伦支台地南）和西巴伦支边缘（图 20-2）。

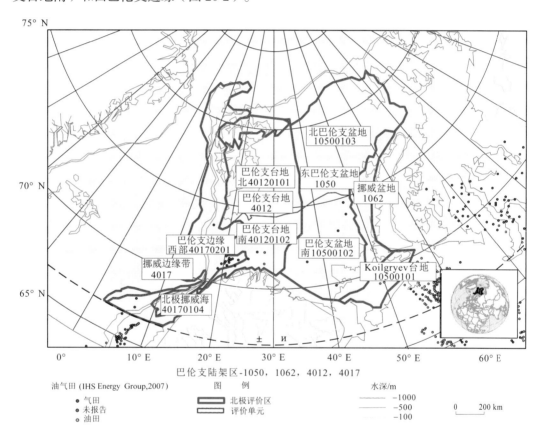

图 20-2　巴伦支海陆架地质分区及评价单元划分

第二节　构　　造

一、构造演化

巴伦支海块体与北极其他大多数地质块体相同，晚奥陶世的分布位置在 30°S ～

30°N（赤道附近）。随着泛古陆的解体，这些块体于中泥盆世—早石炭世间从赤道持续向北运动，同时逆时针旋转，直至位于目前高纬度的北极区。

古生代—早中生代期间，欧亚大陆北部边缘与位于其北部的地质体发生碰撞，形成欧亚大陆北部聚敛型边缘，与此同时巴伦支海边缘受到一次古太平洋斜碰撞的影响。东巴伦支海盆地的地壳减薄、玄武质岩浆作用和盆地沉积充填均为上述综合作用的结果。碰撞作用使大陆边缘由稳定状态演化为活动状态，其结果是古生代的碳酸盐岩沉积变为中—新生代的陆源碎屑沉积。

早古生代加里东造山运动使卫八海（旧大西洋）关闭，使劳伦古陆（格陵兰／北美）和波罗的海（欧俄）大陆板块结合。此次构造运动主要影响巴伦支海西部，但在北巴伦支盆地也可能出现北东向的构造。

晚古生代（泥盆纪或更晚）断裂及其随后的板块碰撞在沿着南巴伦支盆地南部边缘的碳酸盐岩－硅质碎屑岩地层中被记录下来。

劳伦－波罗的海板块和西西伯利亚板块（二叠纪—三叠纪的乌拉尔造山运动）碰撞明确了巴伦支盆地东部边缘和乌拉尔－新地岛褶皱带形成的 Timan-Pechora 盆地的界限。东巴伦支海和 Timan-Pechora 盆地的硅质碎屑沉积物的物源区来自乌拉尔－新地岛褶皱带（Ostisty and Cheredeev，1993）。

泛古陆北大西洋－北极分裂作用对巴伦支海后期的构造演化具有重要的影响。巴伦支海大陆边缘发育一系列晚中生代—新生代裂谷，反映了泛古陆北大西洋－北极分裂中主要的板块构造活动期，每一阶段的裂谷活动都与北大西洋向北延伸的海底扩张有关。

所以根据年代的早晚将巴伦支陆架构造演化分成三个阶段：三叠纪（240Ma）以前构造运动强烈阶段；三叠纪（240Ma）—新生代早期（68Ma）陆内裂谷阶段；新生代早期（68Ma）以后的被动陆缘阶段。

巴伦支海地壳剖面由以下四个主要单元组成：

（1）沉积盖层。

（2）形变和褶皱复合体，具区域规模的前石炭纪推覆体和冲断层构成本区沉积基底。

（3）推测的结晶上地壳层－太古代—元古代花岗片麻岩。

（4）下地壳层（麻粒岩－基性混杂岩）。

巴伦支海不同演化阶段对应不同的沉积充填序列，三叠纪（240Ma）以前构造运动强烈阶段沉积充填层序从下往上分别为上古生界的泥盆系、石炭系、二叠系砂砾岩、泥岩及碳酸盐岩沉积，少量地区出现盐岩沉积；三叠纪（240Ma）—新生代早期（68Ma）陆内裂谷阶段包括中生界的三叠系、侏罗系、白垩系的泥页岩、砂岩及少量碳酸盐岩沉积；新生代早期（68Ma）以后的被动陆缘阶段充填序列包括新生界至现今的沉积地层，主要为局部地区的砂层夹泥岩、前积扇－浊流沉积及其上新世—更新世冰期沉积物（图20-3）（Ohm et al.，2008）。

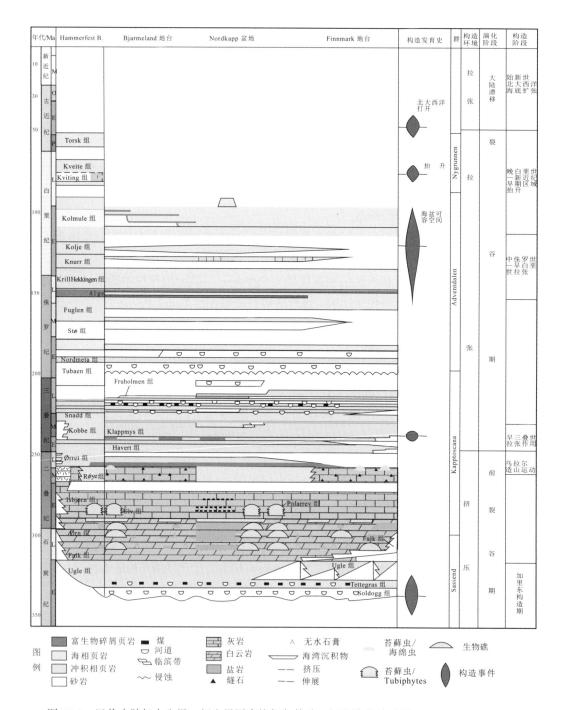

图 20-3　巴伦支陆架古生界—新生界层序格架与构造–沉积演化关系图（Ohm et al., 2008）

1. 三叠纪之前的沉积充填序列

上古生界的泥盆系、石炭系、二叠系地层属于三叠纪（240Ma）以前构造运动强烈阶段的沉积。泥盆系主要为砂砾岩沉积，粒度由下到上逐渐变细，最终过渡到泥岩。上石炭统—二叠系为碳酸岩沉积，少量地区出现盐岩沉积（图 20-3）（Ohm et al.，2008）。

2. 三叠纪—新生代早期的沉积充填序列

巴伦支海陆架中生界地层和下伏的二叠系地层为整合接触，主要为三叠系泥页岩及砂岩沉积。侏罗系为砂岩及泥页岩沉积，白垩系主要为泥页岩及少量碳酸盐岩沉积。

3. 新生代早期（68Ma）之后的沉积充填序列

古近系西南巴伦支海 Sorvestsnaget 盆地中始新世沉积层为砂层夹泥岩沉积、前积的扇/浊流沉积，其上覆一套厚层前积楔属于上新世—更新世冰期沉积物。

巴伦支海新生界以来发生过几次大的抬升剥蚀，古近系沉积物只在局部出现，始新统地层和白垩系地层为平行不整合接触（图 20-3）（Ohm et al.，2008）。

始新世主要为一套泥岩夹砂岩沉积，其上覆一套厚层前积楔属于上新世—更新世冰期沉积物，始新世沉积主要位于西南巴伦支海 Sorvestsnaget 盆地中，始新世以上地层基本缺失（图 20-3）（Ohm et al.，2008）。

二、构造样式

巴伦支海陆架构造样式多样，主要的构造样式有三种：①高角度断裂构造；②盐构造；③花状构造。

（一）高角度断裂构造

高角度断裂构造分布于巴伦支海大部分地区，巴伦支盆地西缘、新地岛盆地和 Admiralty 弧、东巴伦支盆地（科尔古耶夫阶地、北巴伦支盆地、南巴伦支盆地、Ludlov 鞍状构造）受构造运动影响比较强烈，高角度断层比较发育，特别是巴伦支海西缘受北大西洋裂开的影响，高角度断裂异常发育。巴伦支海西缘断裂平面上一般呈北东–南西向展布，垂向上呈高角度展布，这些断层主要形成于石炭纪—二叠纪（Gudlaugsson et al.，1988）。巴伦支海西缘主要断裂系统包括北极盆地断裂、塞哈断裂带（SFZ）、Vestbakken 火山岩区（VVP）断裂边缘、熊岛 Bjørnøya 北部大陆边缘断裂和斯匹次卑尔根褶皱冲断带。

1. 北极盆地断裂

晚白垩世—古新世裂陷及其随后大陆解体和挪威–格陵兰岛之间的海底扩张与欧亚大陆的北极盆地有关，该盆地是由 de Geer 区带巨型横断层系统形成的。西巴伦支海–斯瓦尔巴边缘沿这一断裂带展布，由两个大的剪切断裂带和与熊岛火山活动有关的中央断裂带组成（图 20-4）（Faleide et al.，2008）。每一个区块都有明显的地壳性质、结构和岩浆样式（Faleide et al.，1991）：①分离前结构；②大陆解体时的板块边缘；③板块相对运动方向。COT 为只局限在一个狭窄的区域（10～20km）沿剪切边缘的区段（Breivik et al.，1999），但更加模糊，部分被大陆边缘的火山岩断陷掩盖。

2. 塞哈断裂带

塞哈断裂带或塞哈剪切边缘，标志着西巴伦支海南段主要的断裂剪切边缘（图 20-4）（Faleide et al.，2008）。塞哈断裂带向陆延伸，厚达 18 ~ 20km 的沉积物覆盖在高度结晶的地壳之上（Faleide et al.，2008）。

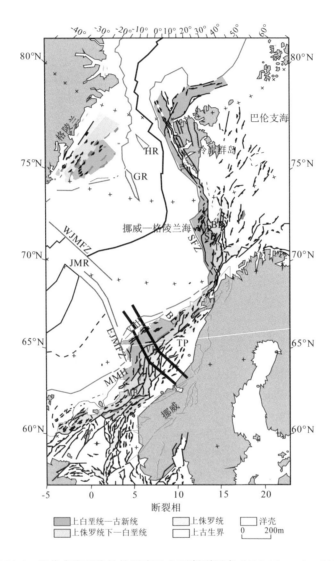

图 20-4 巴伦支海西缘结构要素及主要断裂展布（Faleide et al.，2008）

BB. Bjørnøya 盆地；BL. Bivrost 区域构造线；EJMFZ. 东扬马延断裂带；GR. 格陵兰洋脊；HFZ. Hornsund 断层带；HR. Hovgård 海岭；JMR. Jan Mayen 海岭；MB. Møre 盆地；MMH. Møre 边缘高地；SB. Sørvestsnaget 盆地；SFZ. 塞哈断裂带；TB. Tromsø 盆地；TP. Trøndelag 地台；VB. Vøring 盆地；VMH. Vøring 边缘高地；VVP. Vestbakken 火山区；WJMFZ. 西扬马延断裂带

3. Vestbakken 火山岩区断裂边缘

位于熊岛西南段断裂边缘，南北与剪切边缘相连（图 20-4）（Faleide et al.，

2008）。始新世右旋剪切边缘的向东延伸引起盆地内部地层的拉张。Vestbakken 火山岩区主要为伸展结构，但转换结构局部也很明显。巨大的火山喷出岩及侵入岩在大陆外缘被发现（Faleide et al.，1988）。Vestbakken 火山岩区内部的拉张构造活动反映了新生代挪威—格陵兰海东北部演化的复杂性，多达 8 个构造活动和 3 次火山活动已经被确定（Jebsen and Faleide，1998）。

4. 熊岛北部大陆边缘断裂

熊岛北部大陆边缘可以进一步细分为三个部分（图 20-4）（Faleide et al.，2008）：①由熊岛—斯匹次卑尔根南端 Sørkapp（74°30′ ~ 76°N）的剪切边缘；②斯瓦尔巴群岛以西，Sørkapp 和 Kongsfjorden（76° ~ 79°N）之间的开始剪切，后来断陷的边缘；③沿着斯瓦尔巴群岛（Svalbard）西北和与火山作用有关的叶尔马克（Yermak）台地西南复杂的剪切和断陷边缘。大陆地壳厚度变化很快，斯瓦尔巴台地及群岛厚度超过 30km，格陵兰海大洋地壳厚度仅为 2 ~ 6km（Faleide et al.，2008）。

熊岛和 Sørkapp 之间的大陆边缘显示了一个狭窄的地壳减薄带，该带被两个旋转达 2 ~ 3km 的断层块限定（Faleide et al.，2008），形成于转换断层发育期（Breivik et al.，2003），边缘的下落断层阶地显示出周期性压缩扭曲构造的迹象（Grogan et al.，1999；Bergh and Grogan，2003）。

5. 斯匹次卑尔根褶皱冲断带

晚古新世—始新世格陵兰和斯瓦尔巴群岛分离时，在压缩（Sørkapp 西南部）和拉张（Kongsfjorden 西北部）共同的作用力下形成了斯匹次卑尔根褶皱冲断带（Braathen et al.，1999；Faleide et al.，2008）（图 20-4）。绕过斯瓦尔巴群岛褶皱冲断带，地壳快速减薄（Ritzmann et al.，2002，2004；Faleide et al.，2008）。Hovgård 山脊可能代表一个微大陆块体从巴伦支海 – 斯瓦尔巴群岛边缘分离（Ritzmann et al.，2004；Faleide et al.，2008）。沿着斯匹尔卑尔根西北和 Yermak 台地西南分布的南北向地堑，宽达 30km（图 20-4）（Faleide et al.，2008）。

（二）盐构造

巴伦支海盐岩主要分布在北角（Nordkapp）盆地中，是晚石炭世—二叠纪形成的（图 20-5）（Ohm et al.，2008）。巴伦支海北角盆地巨厚的盐岩层的盐体受到外力触发，在上覆地层负荷的不均衡作用下，盐体就会从高载荷的地方向低载荷的地方运动。差异抬升伴随着下陷，上升部分被剥蚀，则在临近地区再沉积。巴伦支海北角盆地发育大量的盐构造，包括盐核褶皱构造、盐墙构造、盐底辟构造、滑脱断层构造等。

（三）花状构造

巴伦支海受剪切应力的作用发育许多花状构造，花状构造主要发育在巴伦支海的西缘和巴伦支海东部。巴伦支海的西缘花状构造主要是在加里东构造运动及其与北大西洋裂开有关运动作用力下形成（Gudlaugsson et al.，1998）；巴伦支海东部地区的花状构造主要是由于乌拉尔构造运动形成的（Shipilov and Vernilkovsky，2010）。

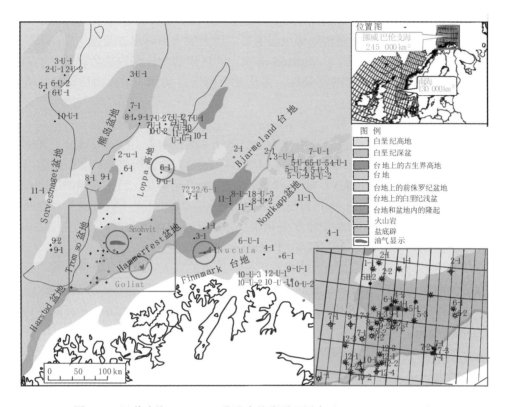

图 20-5　巴伦支海 Nordkapp 盆地中盐岩平面展布（Ohm et al.，2008）

三、构造单元划分

巴伦支海陆架从东向西分成四个大的区域：新地岛盆地和 Admiralty 弧、东巴伦支盆地（科尔古耶夫阶地、北巴伦支盆地、南巴伦支盆地、Ludlov 鞍状构造）、巴伦支台地（巴伦支台地北、巴伦支台地南）和西巴伦支边缘（图 20-6）（Barrère，2009）。

巴伦支海整体呈现两高两低的大格局，"两高"指新地岛盆地和 Admiralty 弧及巴伦支台地，"两低"指东巴伦支盆地和西巴伦支边缘（图 20-6）（Barrère，2009）。

巴伦支海比较重要的盆地从东往西分别为北新地岛盆地、北部巴伦支海盆地和南部巴伦支海盆地、北角盆地、哈默弗斯特（Hammerfest）盆地（Doré，1995）。

按照厚度和区域范围，最重要的沉积盆地位于靠近俄罗斯的新地岛西部。从北到南分别为北新地岛盆地，北部巴伦支海盆地和南部巴伦支海盆地。它们形成于乌拉尔构造带陆外缘，主要沉积物充填区形成于晚古生代－中生代（Gramberg，1988）。二叠纪沉积物厚度达 12km，三叠纪沉积厚度为 6～8km。盆地带终止于巴伦支海的东南部，在那里前二叠纪沉积抬升约 2～3km。陆上的 Timan-Pechora 盆地，呈 NW—SE 向展布，形成于晚前寒武纪构造事件，北部巴伦支海盆地和南部巴伦支海盆地被 Ludlov 鞍隔开。

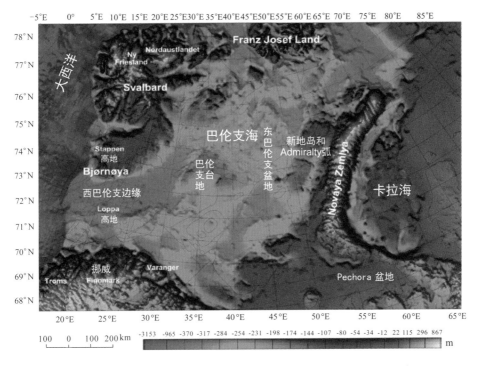

图 20-6　巴伦支海水深、地形及构造单元位置图（Barrère，2009）

南巴伦支盆地西部为北角盆地，主要位于挪威北部陆架（Bugge et al.，2002），是一个半地堑（一个拉伸盆地，被一边界断层限定），呈 NE–SW 向展布。这可能是晚古生代拉张的产物，三叠纪时开始大量的沉积充填（Jensen and Sørensen，1992）。它包含晚石炭世 – 早二叠世蒸发岩沉积，盆地轴部盐构造占主体（盐丘和盐墙），盆地被北部的 Bjarmeland 高地和南部的 Finnmark 高地限定。

北角盆地东部为哈默弗斯特盆地，是北角盆地雁行趋势的延伸（Bugge et al.，2002）。盆地的构造特征形成于晚侏罗世 – 早白垩世断陷。在盆地轴部，大约 2.5km 的深度的侏罗系岩石中有油气发现。哈默弗斯特盆地北部被 Loppa 高地限定，该高地在石炭纪、二叠纪及随后时代活动频繁（Riis et al.，1986）。Ringvassøy-Loppa 断层系统（Gabrielsen et al.，1990）形成的南北向的深盆 -Tromsø 和 Bjørnøya 盆地在白垩纪经历了快速下沉。Tromsø 盆地中的盐构造可能与北角盆地盐岩形成时间相同（Sund et al.，1986）。

第三节　地层及沉积相

一、地层

巴伦支海陆架基底为早元古代造山运动和晚元古代造山运动形成的变质岩（Alsgaard，1993；Doré，1995）。早古生代加里东造山运动影响了巴伦支海西部，之后巴伦支海开始接受沉积（Dengo and Røssland，1992；Faleide et al.，1984，1993a，1993b；Gudlaugsson et al.，1998；Breivik et al.，2002；Ritzmann and Faleide，2007）。

上古生界只有中泥盆统地层，上泥盆统地层缺失。石炭系和泥盆系为平行不整合接触，上石炭统部分地层缺失，和其上的二叠系地层整合接触。上石炭统—二叠系为碳酸盐沉积，少量地区出现盐岩沉积。二叠系和三叠系地层整合接触，三叠系主要为泥页岩及砂岩沉积。侏罗系为砂岩及泥页岩沉积，白垩系主要为泥页岩及少量碳酸盐岩沉积，上白垩统—古近系地层大部分缺失，只有少量地区出现泥页岩及砂岩沉积（图 20-7）（Glørstad-Clark et al.，2010）。

（一）上古生界

1. 泥盆系

泥盆系地层沉积在元古代及早古生代造山运动形成的变质岩之上，底部为砾岩沉积，向上粒度逐渐变细，从砂岩过渡到泥岩，泥盆系上部地层缺失（图 20-7）（Glørstad-Clark et al.，2010）。

2. 石炭系

石炭系和下伏泥盆系地层为平行不整合接触。下石炭统密西西比亚系（Billefjorden 群）为砂岩和冲积页岩沉积，其中由下而上分别为 Soldogg 组、Fettegras 组及 Blaererot 组。Soldogg 组主要为一套砾岩沉积，Fettegras 组主要为含煤泥岩沉积，向上变成灰岩，上部 Blaererot 组主要为泥岩沉积（Rafaelsen et al.，2008）。

上石炭统宾夕法尼亚亚系（Gipsdalen 群）为含盐白云岩和灰岩，Nordkapp 盆地沉积厚的盐岩（图 20-7）（Glørstad-Clark et al.，2010）。Gipsdalen 群由下而上分别为 Ugle 组、Falk 组及 Orn 组。Ugle 组主要为一套砾岩沉积，Falk 组主要为灰岩及碳酸盐岩沉积，上部 Orn 组主要为灰岩沉积（Rafaelsen et al.，2008）。

3. 二叠系

二叠系为含盐白云岩和灰岩沉积，二叠系和下伏的石炭系地层为整合接触（图 20-8）（Glørstad-Clark et al.，2010）。

下二叠统主要为一套灰岩、泥灰岩沉积。下二叠统（Bjarmeland 群）自下而上分别为 Polarrev 组、Ulv 组及 Isbjorn 组。Polarrev 组主要为一套灰岩沉积，Ulv 组主要为泥岩沉积，上部 Isbjorn 组主要为灰岩沉积（Rafaelsen et al.，2008）。

中—上二叠统主要为一套硅质岩、灰岩及泥灰岩沉积。中—上二叠统（Fempelfjorden 群）自下而上分别为 Røye 组及 Orret 组。Røye 组主要为一套硅质岩、灰岩沉积，Orret 组主要为泥岩沉积（Rafaelsen et al.，2008）。

（二）中生界

巴伦支海陆架中生界地层和下伏的二叠系地层为整合接触，主要为三叠系泥页岩及砂岩沉积。侏罗系为砂岩及泥页岩沉积，白垩系主要为泥页岩及少量碳酸盐沉积（Nøttvedt et al.，2008）。

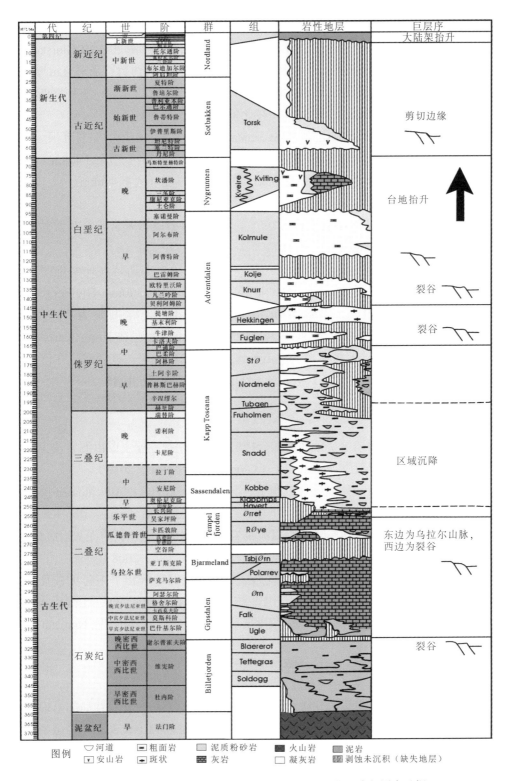

图 20-7　巴伦支海地层沉积序列（据 Glørstad-Clark et al.，2010）、岩相层序（据 Larssen et al.，2002）和时代（据 Mørk et al.，1999）

1. 三叠系

三叠系地层沉积在二叠系碳酸盐岩之上，二者为整合接触（图 20-7）（Glørstad-Clark et al., 2010）。下—中三叠统 Sassendalen 群主要为砂泥岩沉积，大约数百米至 1km 厚（Mørk et al., 1999），期间有少量砂岩沿着盆地边缘沉积，从巴伦支海东部一直到斯匹次卑尔根岛都有分布（Mørk, 1982），盐岩沉积在北角盆地。

中三叠统巴伦支海和斯瓦尔巴群岛 Sassendalen 群为富含有机质的泥岩沉积。

上三叠统砂岩和泥岩组成 Kapp Toscana 群，斯瓦尔巴群岛沉积厚约 400m，巴伦支海厚达 2km。靠近俄罗斯的巴伦支海大陆架三叠纪沉积厚度可达 7 ~ 8km。

2. 侏罗系

侏罗系和下伏三叠系地层呈整合接触，主要以薄层砂质石灰岩或石灰质砂岩为主（图 20-7）（Glørstad-Clark et al., 2010）。

下侏罗世 Realgerunnunden 亚群主要为砂岩沉积，哈默弗斯特盆地西部席状砂沉积在河流相砂泥岩组成的 Realgrunnen 亚群之上，厚度达 500m（Gjelberg et al., 1987；Mørk et al., 1999）。中侏罗统 Realgerunnunden 亚群主要为砂岩沉积，粒度变细，出现砂泥交互层。在东部，早中侏罗世沉积保存在 Kong Karls 岛，在 Spitsbergen 地区早中上侏罗统主要为 Adventdalen 群泥岩沉积，该套泥岩在巴伦支海大面积分布，厚度几十米到数百米不等（Dypvik 和汤道清，1985；Johannessen and Nøttvedt, 2006）。

3. 白垩系

白垩系和下伏侏罗系地层呈角度不整合接触，上白垩统地层主要由泥岩及少量浊积砂岩构成，下白垩统地层缺失（图 20-7）（Glørstad-Clark et al., 2010）。

下白垩统哈默弗斯特和熊岛盆地沉积了一套厚 1 ~ 2km 的上 Adventdalen 群海相钙质泥岩（Brekke and Petersen, 2001）。下白垩统从下往上包括 Kippfisk 组、Kfiuff 组、Kolje 组和 Kolmule 组，其中 Kippfisk 组以泥页岩为主，Kfiuff 组以钙质泥灰岩沉积为主，Kolje 组以泥灰岩为主，Kolmule 组以灰岩为主（Nøttvedt et al., 2008）。

上白垩统大部分地区地层缺失，哈默弗斯特和熊岛盆地沉积了一套灰岩及浊积砂岩沉积（Gjelberg and Steel, 1995）。上白垩统从下往上包括 Kviting 组和 Kveite 组。Kviting 组主要为一套灰岩沉积，Kveite 组主要为一套泥岩、砂岩沉积（Nøttvedt et al., 2008）。

（三）新生界

巴伦支海新生界以来发生过几次大的抬升剥蚀，古近系沉积物只在局部出现，始新统地层和白垩系地层为平行不整合接触（图 20-7）（Glørstad-Clark et al., 2010）。

始新世 Torsk 组主要为一套泥岩夹砂岩沉积，其上覆一套厚层前积楔属于上新世—更新世冰期沉积物，始新世沉积主要位于西南巴伦支海 Sorvestsnaget 盆地中。始新世以上地层基本缺失（图 20-7）（Glørstad-Clark et al., 2010）。

二、沉积相

(一)晚古生代

泥盆系地层沉积在元古代及早古生代造山运动形成的变质岩之上,底部为砾岩沉积,向上粒度逐渐变细,从砂岩过渡到泥岩,泥盆系上部地层缺失(Gudlaugsson et al.,1988)。

石炭系和下伏泥盆系地层为平行不整合接触。下石炭统密西西比系为砂岩和冲积页岩沉积;上石炭统宾夕法尼亚亚系为含盐白云岩和灰岩,Nordkapp盆地沉积厚的盐岩(图20-7)(Glørstad-Clark et al.,2010)。

二叠系主要发育于巴伦支海东部,由广泛的浅水碳酸盐岩 – 黏土沉积以及非补偿拗陷带发育的生物礁所组成(Stemmerik,2000)。

(二)三叠纪

三叠系主要为海相和海陆过渡相三角洲与近海黑色页岩沉积,局部发育盐丘构造。由于主动和被动性的底辟作用造成盐丘上拱,使早三叠世地层有所变形。

三叠纪早期,二叠纪沉积的盐岩开始移动,和北海南部的盐岩运动类似。它刺穿三叠纪地层形成盐枕和盐底辟,强烈影响盆地中沉积分布。早三叠世晚期(奥伦尼克阶)以来,巴伦支海大陆架西部沉积物为富含有机物的含磷页岩。

中—晚三叠世全区普遍为浅海陆架和近海砂岩沉积物,成分为长石石英砂岩。

(三)侏罗纪

侏罗系主要为薄层砂质石灰岩或石灰质砂岩。

哈默弗斯特盆地的冲积平原在早侏罗世被淹没,但随着时间的推移,三角洲海岸线到达哈默弗斯特盆地西部,致使在哈默弗斯特盆地西部海相席状砂沉积在河流相砂泥岩组成的Realgrunnen亚群之上,厚度达500m(Gjelberg et al.,1987;Mørk et al.,1999;Nøttvedt et al.,2008)(图20-8)(Surlyk and Ineson,2003)。晚巴通阶—卡洛夫阶期间,巴伦支海西部沉积了大面积的海相泥岩,在巴伦支海凹陷东部和俄罗斯南部为区域性连续沉积。

中—晚侏罗世的构造活动却使巴伦支海西部、巴伦支海西南部和斯瓦尔巴群岛海岸带缺失中侏罗统(巴柔阶—巴通阶),并在这些地区形成大规模角度不整合/沉积间断。

中侏罗世海平面上升导致巴伦支海东部陆地和北角盆地被淹没。在东部,早中侏罗世沉积保存在Kong Karls岛,沉积了潮汐引起的砂泥岩交互层,反之,在Spitsbergen地区早中侏罗世沉积很少发现(Johannessen and Nøttvedt,2006)。

在巴伦支海和斯瓦尔巴群岛,晚侏罗世沉积了一套数百米的富有机质Adventdalen群泥岩(Dypvik和汤道清,1985;Johannessen and Nøttvedt,2006)。

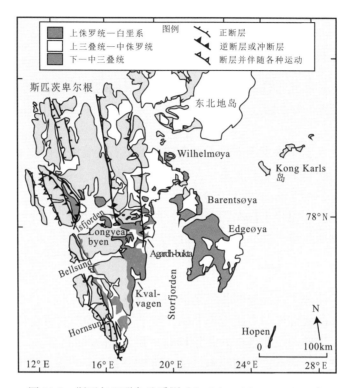

图 20-8　斯瓦尔巴群岛地质图（Surlyk and Ineson，2003）

下—中三叠统 =Sassendalen 群；上三叠统—中侏罗统 =Kapp Toscana 群；上侏罗统—白垩系 =Adventdalen 群

（四）白垩纪

早白垩世裂陷盆地导致哈默弗斯特和熊岛盆地沉积了一套厚 1 ~ 2km 的上 Adventdalen 群海相钙质泥岩（Brekke and Petersen，2001；Surlyk and Ineson，2003）（图 20-8）。Loppa 高地南部边缘沿着断裂带沉积了一套扇形砂体。几百米厚的白垩纪沉积分布在浅的碟状台地内部区域，如 Olga 盆地和 Sørkapp 盆地。伴随着抬升剥蚀，巴伦支海台地晚白垩世剥蚀产物被搬运到更远的区域。

在斯匹次卑尔根岛，晚白垩世厚约 1.5km 的地层遭受剥蚀。在白垩纪开始时，斯瓦尔巴地区主要为白垩纪的海相泥岩沉积。沿着巴伦支海西北部盆地的抬升和略微的倾斜导致剥蚀和从北到南的沿岸进积，伴随着海平面的上升和被浅海砂泥岩覆盖的海侵的河流三角洲相的砂岩沉积（Gjelberg and Steel，1995）。与 Amerasian 盆地开启时相关的火山活动从法兰士约瑟夫地岛到斯瓦尔巴群岛的区域大规模岩浆喷发。

（五）古近纪—新近纪

西南巴伦支海 Sorvestsnaget 盆地中始新世沉积层为砂层夹泥岩沉积、前积扇 / 浊流沉积，其上覆一套厚层前积楔属于上新世—更新世冰期沉积物。地震剖面显示，晚白垩世—新生代沉积层中发育有五个区域性不整合面。这些不整合面分别是以下大型地震层序的分界面：①渐新世—早中新世的同裂陷沉积；②早—中中新世；③中中新世—早上新世；④中上新世—早更新世；⑤晚更新世—全新世的后裂谷沉积。每个地震层序内部还可分出亚层序和沉积旋回、海进、海退、高能沉积等地震相单元。

第四节　石油地质特征

一、烃源岩

巴伦支海面积广大，巴伦支海东西部受来自不同方向的海水入侵，因此烃源岩也不尽相同。新地岛盆地 Admiralty 弧、东巴伦支盆地和中巴伦支台地的主要烃源岩都是三叠系和侏罗系泥岩以及二叠系泥岩；西巴伦支边缘的主要烃源岩是上侏罗统海相页岩。

综合来说，巴伦支海包含多套烃源岩，时代分布较广，从石炭纪一直持续到第三纪，但各套烃源岩分布范围不一，上侏罗统海相页岩分布最广，几乎在整个巴伦支海都有分布，其次为下—中三叠统海陆过渡相中-黑色页岩。

巴伦支海陆架烃源岩主要有两套：第一套为上侏罗统暗灰色至黑色、富有机质海相页岩；第二套为下—中三叠统海陆过渡相中-黑色页岩。其他重要的烃源岩还包括石炭系—二叠系泥质碳酸岩。

（一）上侏罗统暗灰色至黑色、富有机质海相页岩

上侏罗统暗灰色至黑色、富有机质海相页岩是分布最广泛和质量最好的烃源岩（图20-9）（Ohm et al.，2008），干酪根类型为 II - III，TOC 为 1.2% ~ 27.9%，HI 为 303mgHC/gTOC，为研究区分布最广，有机碳含量最高的一套烃源岩。

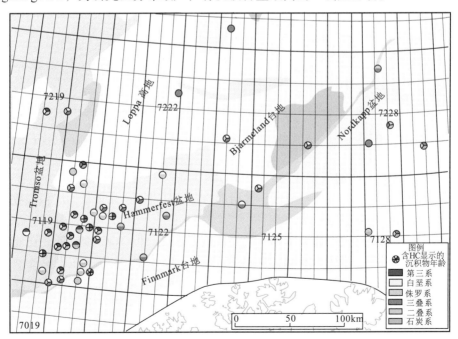

图 20-9　巴伦支海西缘各套烃源岩平面分布（Ohm et al.，2008）

　　该烃源岩在北海、中挪威南部及西西伯利亚盆地东部被证实为最好的烃源岩。在挪威巴伦支海该套烃源岩被命名为 Hekkingen 组（Dalland et al., 1988）。尽管该烃源岩在南巴伦支海分布较广，由于还没完全成熟，所以还没有全部生烃。该套烃源岩被认为在哈默弗斯特盆地西缘和 Loppa 高地西缘已经达到成熟（R_o>0.6）（图 20-10）（Ohm et al., 2008），再往西埋藏太深，向东则埋藏太浅。哈默弗斯特盆地部分油气可能来源于上侏罗统，但一些学者认为，已发现的天然气大部分来自下侏罗统底部页岩。东部上侏罗统烃源岩达到最佳的生烃温度的区域可能位于南和北巴伦支盆地（Ostisty and Cheredeev, 1993）。

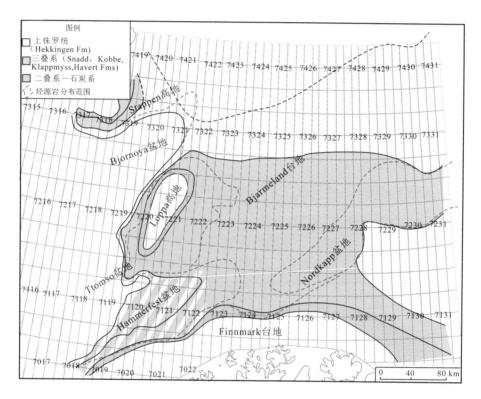

图 20-10　巴伦支海西缘成熟（R_o>0.6）烃源岩平面展布特征（Ohm et al., 2008）

　　晚侏罗世温暖湿润的气候正好与北极海地区最大海泛期及局部水流不畅期一致（Leith et al., 1993）。暗灰色至黑色、含沥青的海相页岩厚达几十米，沉积在数百米深的水下（Oknova, 1993）。

　　远离巴伦支东部盆地的北极上侏罗统烃源岩厚度大，但 TOC/% 较低。在北美北极地区，厚度范围从几百米到 1000m，TOC 为 1% ～ 9%。相比之下，东巴伦支盆地中部和南部的 TOC 为 15% ～ 25%，但厚度仅为 20 ～ 30m（Leith et al., 1993），挪威巴伦支海的厚度达到 100m。

（二）下—中三叠统海陆过渡相中 – 黑色页岩

　　三叠纪海相含磷页岩 TOC 为 1.1% ～ 5.8%，氢指数（HI）为 635mgHC/gTOC，成熟度高，

局部含煤，干酪根为Ⅱ型（趋向于生油）—Ⅳ型（趋向于生气）。此套烃源岩以生气为主，因为母质岩更趋向于生气、埋藏迅速且进入成熟晚期。烃源岩厚度范围从几百米到几千米。TOC为2%～8%，HI为200～500mg/gTOC（Leith et al.，1993）。

三叠纪时期，巴伦支海地区从北纬40°～60°漂移出来（Leith et al.，1993）。古地理环境是一个浅的陆缘海，局部流通不畅，气候为半干旱–湿润。巴伦支盆地快速沉降，沉降速率达到150mm/1000a（Ostisty and Cheredeev，1993）。

巴伦支海盆地的主要碎屑物源来自南部和东部地区，东北及西北方向仅贡献少量的沉积物。东南方向的海侵，由于东巴伦支海盆地有机质是腐殖型的，其程度远高于北极其他地区（如阿拉斯加北部和加拿大斯弗德鲁普盆地），类似的沉积和构造条件从晚二叠世—早侏罗世一直存在，但巴伦支海盆地较好的烃源岩可能形成于早—中三叠世（图20-11）。

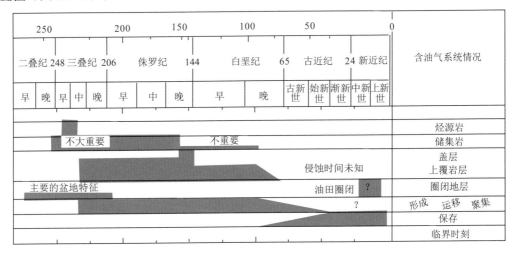

图20-11　东巴伦支盆地油气系统（Lindquist and Sagers，1999）

该套烃源岩在斯匹次卑尔根发现，一直被认为是一个潜在烃源岩。挪威巴伦支海南部钻探发现同一层烃源岩，该烃源岩分布较广，但质量参差不齐。该烃源岩可能在台地区域达到生油门限，在哈默弗斯特和北角盆地达到生气门限。在挪威区块，上三叠统页岩也可能是一套潜在烃源岩（Johansen et al.，1993）。有证据表明，三叠系烃源岩在挪威区块产生少量的油气，而重大的贡献没有得到证实。

俄罗斯区域，三叠系烃源岩出现在新地岛西部的深部盆地中，由于靠近新地岛大陆，有机质主要为陆源的。埋藏深度巨大，使该套烃源岩成为一个气源岩。三叠纪沉积厚度巨大，可能为南巴伦支盆地最重要的烃源岩。

二、储层

巴伦支陆架主要储层有两套：侏罗系滨浅海相及海陆过渡相砂岩，三叠系大型斜坡三角洲沉积体。次要储层有三套：白垩系纽康姆阶浊积砂岩储层，中始新统砂岩沉积体，石炭系砂岩和二叠系碳酸盐岩，也可能为潜在储层（图20-12）（Doré，1995）。

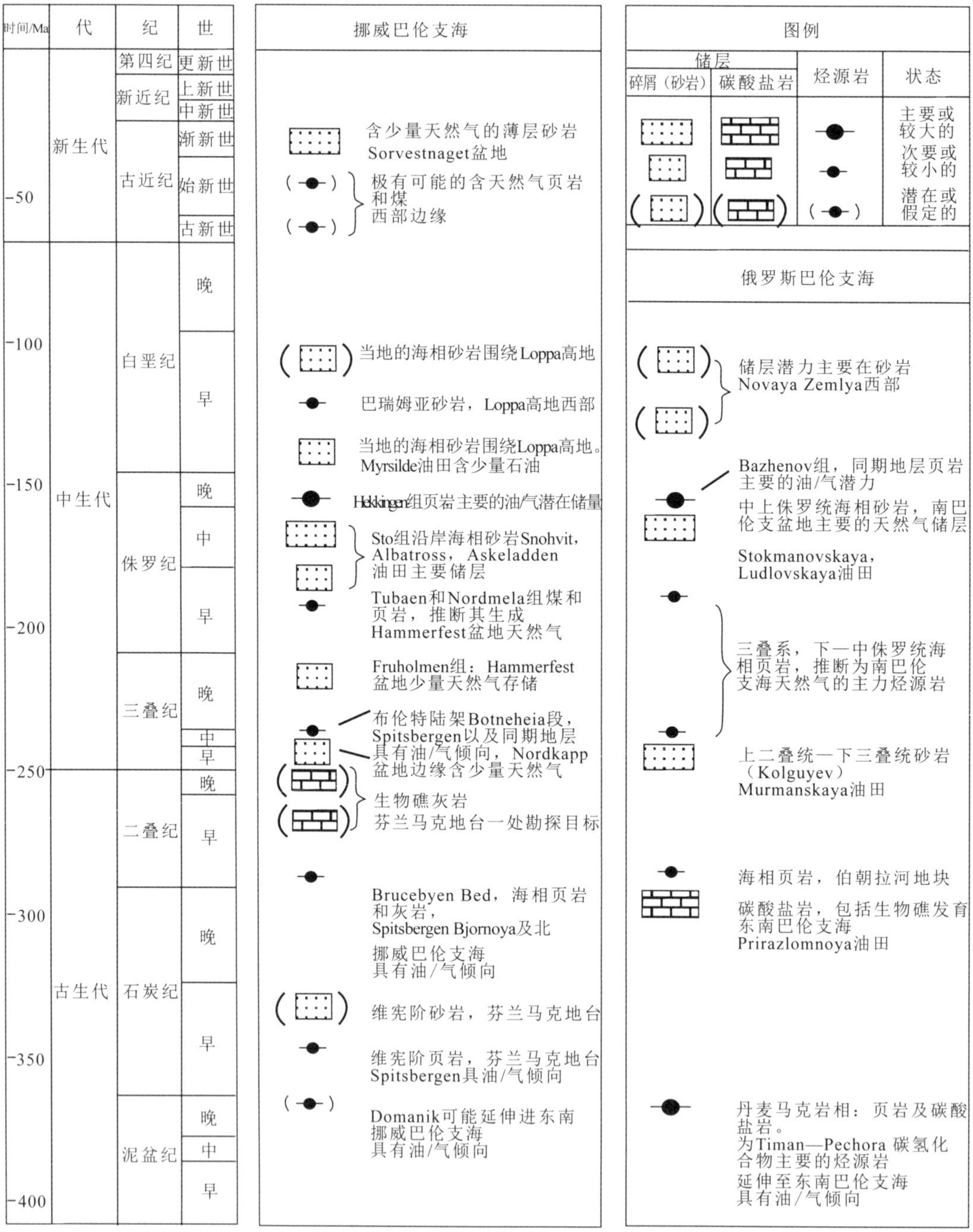

时间/Ma	代	纪	世	挪威巴伦支海

新生代 — 第四纪：更新世；新近纪：上新世、中新世；古近纪：渐新世、始新世、古新世

-50

含少量天然气的薄层砂岩 Sorvestnaget 盆地

（●）极有可能的含天然气页岩和煤 西部边缘

中生代

-100 白垩纪

当地的海相砂岩围绕 Loppa 高地

巴瑞姆亚砂岩，Loppa 高地西部

当地的海相砂岩围绕 Loppa 高地。Myrsilde 油田含少量石油

-150 侏罗纪（晚、中、早）

Hekkingen 组页岩主要的油气潜在储量

Sto 组沿岸海相砂岩 Snohvit，Albatross，Askeladden 油田主要储量

Tubaen 和 Nordmela 组煤和页岩，推断其生成 Hammerfest 盆地天然气

-200 三叠纪（晚、中、早）

Fruholmen 组：Hammerfest 盆地少量天然气存储

布伦特陆架 Botneheia 段，Spitsbergen 以及同期地层具有油/气倾向，Nordkapp 盆地边缘含少量天然气

-250 二叠纪（晚、早）

生物礁灰岩 芬兰马克地台一处勘探目标

古生代

Brucebyen Bed，海相页岩和灰岩，Spitsbergen Bjornoya 及北挪威巴伦支海具有油/气倾向

-300 石炭纪（晚、早）

维宪阶砂岩，芬兰马克地台

维宪阶页岩，芬兰马克地台 Spitsbergen 具油/气倾向

-350

Domanik 可能延伸进东南挪威巴伦支海具有油/气倾向

泥盆纪（晚、中、早）

-400

图例

储层		烃源岩	状态
碎屑（砂岩）	碳酸盐岩		

主要或较大的
次要或较小的
潜在或假定的

俄罗斯巴伦支海

储层潜力主要在砂岩 Novaya Zemlya 西部

Bazhenov 组，同期地层页岩主要的油/气潜力

中上侏罗统海相砂岩，南巴伦支盆地主要的天然气储层 Stokmanovskaya，Ludlovskaya 油田

三叠系，下—中侏罗统海相页岩，推断为南巴伦支海天然气的主力烃源岩

上二叠统—下三叠统砂岩（Kolguyev）Murmanskaya 油田

海相页岩，伯朝拉河地块 碳酸盐岩，包括生物礁发育东南巴伦支海 Prirazlomnoya 油田

丹麦马克岩相：页岩及碳酸盐岩。为 Timan—Pechora 碳氢化合物主要的烃源岩 延伸至东南巴伦支海具有油/气倾向

图 20-12　巴伦支海已证明的和潜在的储层及烃源岩（Doré，1995）

（一）侏罗系滨浅海相及海陆过渡相砂岩

俄罗斯和挪威在巴伦支海油气资源最丰富的储层为侏罗系。挪威侏罗系砂岩中的重

大发现为 Snøhvit、Albatross 和 Askeladden，它们的储层都为下—中侏罗统砂岩。众所周知，侏罗系砂岩储层是最厚、最优质的，正在生产的侏罗系储层的几个油田油层厚度达 8 ~ 76m，孔隙率为 15% ~ 25%，渗透率从几百毫达西至 1D（Zakharov and Yunov，1994；Petroconsultants，1996）。Shtokmanovskoye 气田的储层砂体多达四层。

侏罗系砂岩储层 Stø 组为滨海沉积环境（Dalland et al.，1988），贯穿于哈默弗斯特盆地，有较好的储层物性（高孔隙度和渗透率）。Larsen 等（1987）估计挪威巴伦支海约有 85% 的资源位于 Stø 组。几乎所有的资源都是天然气，Snøhvit 油田的轻质油为一个例外。在俄罗斯的巨型气田中，Stokmanovskaya 和 Ludlovskaya 储层相对年轻。油气大部分位于上侏罗统海相砂岩中，中侏罗统砂岩也有少量储量（Ostisty and Fedorovsky，1993）。Stokmanovskaya 天然气和大量的凝析油相联系（轻质油在气产出之后浓缩形成）。

与三叠纪沉积速率相比（Ostisty and Cheredeev，1993），侏罗系沉积速率大幅度下降，最大厚度的沉积盆地中心厚度约为 2km，下—中侏罗统地层为海相和三角洲相砂岩，上侏罗统地层为更深的海相页岩。下—中侏罗统地层海相和三角洲相砂岩成为区域性的良好储层。

（二）三叠系大型斜坡三角洲沉积体

三叠系砂岩在俄罗斯巴伦支海含有相当可观的资源，发现包括 Murmanskaya（气）、North Kildinskaya（气）和科尔古耶夫阶地 Pestchanoosjorsk（油和气）。砂岩中通常含大量岩屑砂，但孔隙度较好（Oknova，1993）。从已经投产的油田中得知下三叠统砂岩孔隙度为 13% ~ 24%，渗透率为十几毫达西至近 200MD，油层厚度达 3 ~ 12m（Petroconsultants，1996）。最好的开发前景为海陆过渡相砂岩，但油气回收率普遍较低（20% ~ 30%）且储量较小（20 ~ 35MMbbl 油当量），为地层圈闭（Zakharov and Yunov，1994）。三叠系储层资料从极少数钻井中得知。

东巴伦支海三叠纪岩石记录了许多海侵/海退循环和可能的剥蚀（Johansen et al.，1993）。三叠纪沉积物为从新地岛向西的三角洲进积作用形成，并作为沉积环境，储层分布是复杂的。薄砂岩页岩交替是典型的，砂体不连续展布，一般都为超压。储层物性一般不如侏罗系，三叠系砂岩分布不规则，主要由于物源较远、快速沉降期、沉积物延伸方向主要朝向西和北。三叠纪盆地中心最大厚度达 9km。沉积相从河流相 – 三角洲冲积相 – 深海相，地震剖面显示，斜坡地带沉积水深达 1200m（Semenovich and Nazaruk，1992）。到目前为止，在哈默弗斯特盆地和北角的边缘盆地有少量三叠纪油气发现。这两个盆地三叠系圈闭包括断层和穿隆结构，三叠系内部页岩为有效盖层。

三叠纪海侵期间，北巴伦支海次盆地的迅速沉降，为黑色页岩及其后的三角洲沉积充填提供了可容空间，导致该区大型斜坡三角洲沉积体系的形成（图 20-13）（Glørstad-Clark et al.，2010）。从近海到三角洲顶部的斜坡沉积厚度显示，三角洲沉积时的水深不超过 300 ~ 400m。三角洲由彼此分离的若干朵叶体组成，朵叶体从东南向巴伦支海西部和西北方向前积推进。地震资料显示该三角洲中止于 Kvitoya 北部，最远也许能到达罗蒙洛索夫海岭。

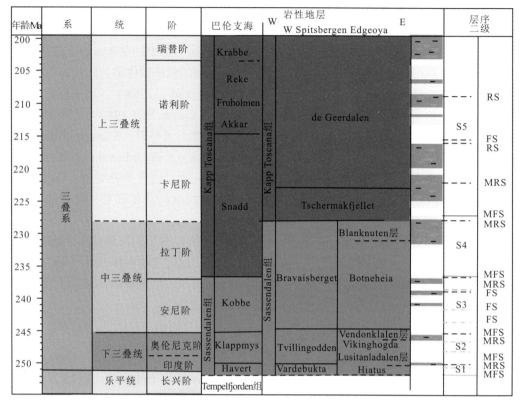

图 20-13　巴伦支海三叠纪地层序列及其形成的砂岩沉积体

（据 Glørstad-Clark et al., 2010）、岩相层序（据 Larssen et al., 2002）、时代（据 Mørk et al., 1999）

三、圈闭

巴伦支盆地已知 97% 的储层都为侏罗系砂岩储层（Petroconsultants，1996），侏罗系油气藏主要以构造圈闭和断层圈闭为主。因此，巴伦支海油藏圈闭主要类型为构造圈闭和断层限定的圈闭。

三叠系和白垩系砂岩储层已知的圈闭为构造圈闭、断层圈闭、地层超覆、地层尖灭、地层圈闭、构造剥蚀圈闭和岩性圈闭。

巴伦支海油藏圈闭在挪威巴伦支海区域和俄罗斯巴伦支海区域略有不同，挪威侏罗系油田的圈闭大多为断层限定圈闭，俄罗斯油气圈闭更像是圆顶状结构，这些构造在图20-14（Johansen et al., 1993；Ostisty and Fedorovsky, 1993）中通过 Snøhvit 和 Stokmanovskaya 气田来阐明。在这两种情况下，油气被上覆侏罗系页岩封闭。

四、生储盖组合

巴伦支海陆架烃源岩主要有两套：上侏罗统暗灰色至黑色、富有机质海相页岩；下—中三叠统海陆过渡相中–黑色页岩。其他重要的烃源岩还包括石炭系/二叠系泥质碳酸盐岩。

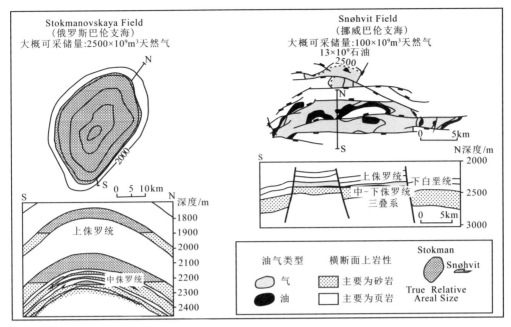

图 20-14　Stokmanovskaya 及 Snøhvit 油气田地质剖面及油藏示意图（Johansen et al.，1993；Ostisty and Fedorovsky，1993）

显示主要储层的深部轮廓

巴伦支陆架主要储层有两套：侏罗系滨浅海相及海陆过渡相砂岩；三叠系大型斜坡三角洲沉积体。次要储层有三套：白垩系纽康姆阶浊积砂岩储层；中始新世砂岩沉积体；石炭系砂岩和二叠系碳酸盐岩也可能为潜在储层（图 20-12）（Doré，1995）。

巴伦支海陆架地区长时间处于海相环境，盖层分布较好。巴伦支盆地厚的分布广泛的中生界海相－陆相的页岩是该地区局部或区域性的良好盖层。三叠系—侏罗系油藏的主要盖层是广泛的 400 ~ 600m 厚的上侏罗统—纽康姆阶海相页岩夹黏土混层（Oknova，1993；Zakharov and Yunov，1994；Doré，1995）（图 20-12）。

巴伦支海陆架主要烃源岩和储层多分布在裂谷期，所以组合类型为裂谷期生储盖组合。

巴伦支海陆架主要生储盖组合有两套（图 20-15）（Steel and Worsley，1984；Sund et al.，1986；Dalland et al.，1988）：第一套生油岩为下—中三叠统海陆过渡相中－黑色页岩，储层为三叠系大型斜坡三角洲沉积体，盖层为三叠系页岩，此套组合为正常式（下生上储组合）；第二套生油岩为上侏罗统暗灰色至黑色、富有机质海相页岩，储层为侏罗系滨浅海相及海陆过渡相砂岩，盖层为 400 ~ 600m 厚的上侏罗统—纽康姆阶海相页岩夹黏土混层，此套组合为上生下储组合。

巴伦支海陆架其他生储盖组合为：生油岩为石炭系—二叠系泥质碳酸岩，储层为石炭系砂岩和二叠系碳酸盐岩，盖层为三叠系页岩，此套组合为正常式（下生上储）组合；生油岩为上侏罗统暗灰色至黑色、富有机质海相页岩，储层为白垩系纽康姆阶浊积砂岩储层或中始新世砂岩沉积体，盖层为期间沉积的海相泥、页岩及黏土，此套组合为正常式（下生上储）组合（图 20-15）（Steel and Worsley，1984；Sund et al.，1986；Dalland et al.，1988）。

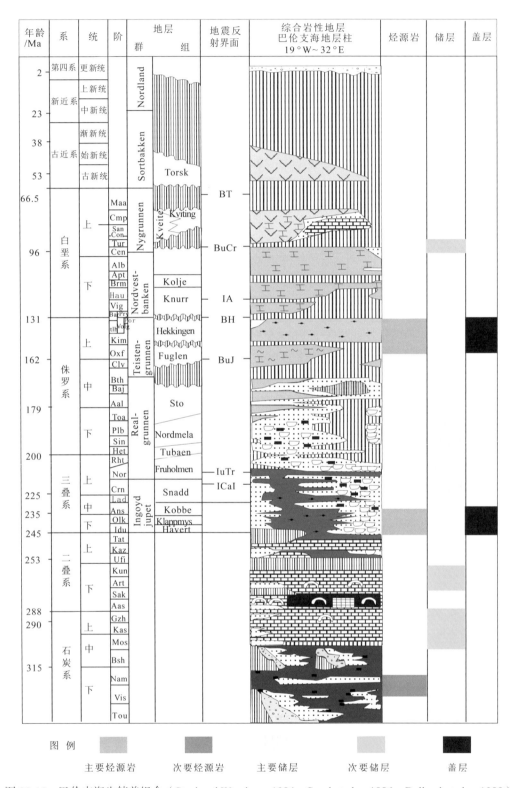

图 20-15　巴伦支海生储盖组合（Steel and Worsley，1984；Sund et al.，1986；Dalland et al.，1988）

五、油气主控因素

巴伦支陆架烃源岩及储层都比较丰富，油气分布的主控因素为新生代以来巴伦支海出现的几次大的构造运动，是巴伦支海陆架遭受抬升剥蚀，发生了油气藏的破坏及油气再运移。

巴伦支海盆地发育多套烃源岩和生储盖组合，有利于油气的聚集。古新世—更新世的多幕上隆及随后的侵蚀对油气成藏有三个作用：

（1）导致储层压力下降，压力释放使聚集区的烃变为油气两相，气相进一步膨胀，使其下的石油高出圈闭的溢出点，造成本区烃聚集损耗。

（2）隆起和侵蚀伴随着温度降低，导致生烃作用在隆起之后消失。

（3）隆升事件虽然造成潜在破坏性，却使巴伦支海的油气在横向上长距离重新分配，使石油从各种生烃凹陷向远端运移，充注到初始运移无法到达的圈闭中。

第五节　油气田各论

一、概况

巴伦支盆地油气资源丰富，据美国地质调查局 2008 年的数据：巴伦支海大陆架的石油可采储量估计将超过 760×10^8 bbl 油当量，约 110×10^8 bbl 的原油，380Tcf 天然气，20×10^8 bbl 液化天然气，但巴伦支盆地勘探程度较低。

目前，巴伦支盆地油气丰富的地区主要集中在哈默弗斯特盆地和东巴伦支盆地。哈默弗斯特盆地目前主要有 Snohvit 油气田和 Goliat 油田（图 20-16）。东巴伦支盆地的油气田主要有 Peschanoozer、North Kildinskoye、Murmansk、Tarkskoye、Shtokmanovskoye、Ludlovskoye 和 Ledovoye 等天然气田（图 20-17）（Bambulyak，2007）。

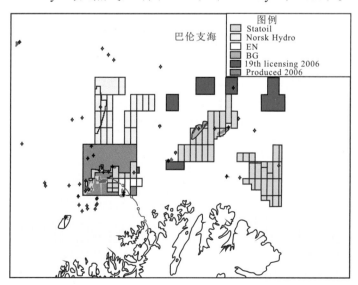

图 20-16　挪威巴伦支海的油田及钻探井的位置（主要位于哈默弗斯特盆地）

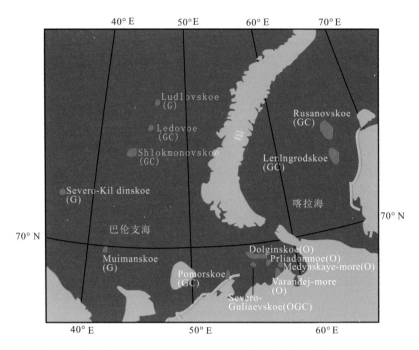

图 20-17　俄罗斯北部陆架油气田分布（Bambulyak，2007）

O. 石油，G. 天然气，GC. 天然气和凝析油

二、挪威的油气田

挪威在巴伦支海现已勘探开发的油气田主要有两个，分别为 Snohvit 油气田和 Goliat 油田，它们都位于挪威北部大陆架的哈默弗斯特盆地内，1984 年发现 Snohvit 油气田，2007 年开采，储量为 5.7Tcf；Goliat 油田 2009 年生产，储量约 2×10^8bbl。

（一）Snohvit 气田

Snohvit 气田位于挪威北部大陆架的哈默弗斯特盆地内，1984 年发现 Snohvit 油气田，2007 年开采，储量为 5.7Tcf，Snohvit 气田的天然气产自 310 ~ 340m 的深水区，通过 143km 长的多级管道输送到挪威北部哈默弗斯特附近 Melkya 的一家岸上液化天然气工厂进行处理，该家工厂每年处理 420×10^4t 天然气。

该气田项目由挪威国家石油公司（Statoil）运营，道达尔在项目中持有 18.4% 股份。其他合作伙伴有持股 30% 的 Petoro 石油公司，持股 12% 的法国燃气公司（Gazde France，EDF），持股 3.26% 的美国 Hess 公司（Hess）及持股 2.81% 的德国 RWE Dea 公司（RWE-DEA）。

据挪威石油管理机构统计，Snohvit 气田拥有 $1600 \times 10^8 m^3$ 天然气储量。许可证持有者还企图从这个气田生产石油。

Snohvit 气田项目是在巴伦支海开发的第一个天然气项目，在北极的气候条件下完成了首个液化天然气工厂的建造。

Snohvit 气田储层为早—中侏罗世在较高能量沉积环境下形成的砂岩，为滨海沉积环境（Dalland et al.，1988），贯穿于哈默弗斯特盆地，有较好的储层物性（高孔隙度和渗透率），Larsen 等（1993）估计挪威巴伦支海约有 85% 的资源位于该组中；烃源岩为晚侏罗世 Hekkingen 组海相页岩（Dalland et al.，1988），干酪根类型为 II - III，TOC 为 1.2% ~ 27.9%，HI 为 303mgHC/gTOC，为该区分布最广、有机碳含量最高的一套烃源岩。

（二）Goliat 油田

Goliat 油田于 2000 年发现，2009 年开始投入生产，由 Eni Norway AS（65%）和 StatoilHydro 石油公司（35%）共同开发，储量约 2×10^8bbl。

Goliat 油田位于 Statoil ASA 所属的 Snohvit 油田东南约 50km 的地方，离挪威哈默弗斯特市约 85km，位于巴伦支海的哈默弗斯特盆地内部，水深 300m 左右。

2009 年 5 月，挪威政府允许 Eni Norway AS（65%）和 StatoilHydro（35%）共同开发戈里亚特（Goliat）油田。戈里亚特油田是巴伦支海第一个被开发油田，也是挪威北部最大的工业项目之一。

据挪威《上游在线》2008 年 4 月 23 日报道，意大利石油巨头埃尼公司估计开发位于巴伦支海挪威海域的戈里亚特油田，将需要投资 250 亿挪威克朗（50.4 亿美元）。埃尼公司麾下埃尼挪威分公司技术总经理 Arild Glaeserud 对路透社记者说："我们已选择一个浮式海上平台来开发戈里亚特油田，这将意味着需要大约 250 亿挪威克朗的投资。"这位技术总经理说，"如果要铺设一条连接陆上的管道的话，那么，费用还将增加 50 亿挪威克朗。另外一种选择就是建造一个海上处理设施，其所需费用也在 50 亿挪威克朗"他还说，"一旦戈里亚特油田正式投产，其目标日产量为 10×10^4bbl。"

戈里亚特油田储层为早—中侏罗世在较高能量沉积环境形成的砂岩，为滨海沉积环境(Dalland et al.，1988)，贯穿于哈默弗斯特盆地，有较好的储层物性(高孔隙度和渗透率)，Larsen 等（1993）估计挪威巴伦支海约有 85% 的资源位于该组中；烃源岩为晚侏罗世 Hekkingen 组海相页岩（Dalland et al.，1988），干酪根类型 II - III，TOC 为 1.2% ~ 27.9%，HI 为 303mgHC/gTOC，为该区分布最广、有机碳含量最高的一套烃源岩，地震剖面显示侏罗系和白垩系盖层比周缘断陷盆地更薄，可能与天然气的散逸有关（图 20-18）（Ohm et al.，2008）。

三、俄罗斯的油气田

目前俄罗斯在巴伦支海的油气勘探活动主要集中在东巴伦支盆地。已探明的东巴伦支盆地的油气田主要有 Peschanoozer、North Kildinskoye、Murmansk、Tarkskoye、Shtokmanovskoe、Ludlovskoye 和 Ledovoye 等天然气田（图 20-19 和表 20-2）（Lindquist and Sagers，1999）。

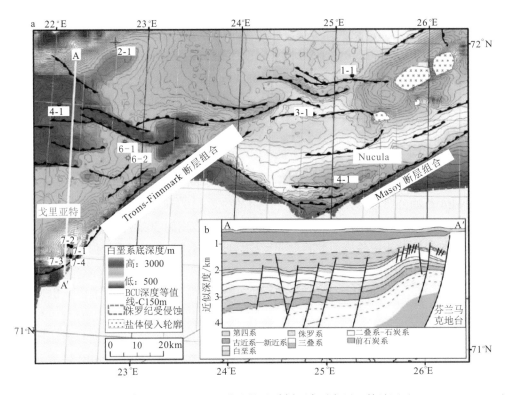

图 20-18　Troms-Finnmark 台地—Hammerfest 盆地的地质剖面穿过戈里亚特油田（Ohm et al., 2008）

显示 Goliat 油田侏罗系和白垩系盖层比周缘断陷盆地更薄，可能是气体散逸的结果

（一）Shtokmanovskoe 气田

Shtokmanovskoe 气田位于巴伦支海的东巴伦支盆地，发现于 1988 年。该气田位于南巴伦支盆地西北部，据陆地大约 340mile，水深 1000m，使得开发具有挑战性。国际石油公司（IOCs）曾希望参与该油田的开发，但在 2006 年秋季，俄罗斯宣布将独自开发该油田。

本来，俄罗斯天然气工业公司计划通过液化天然气管道出口该气田的所有天然气，但俄罗斯天然气工业公司目前暂定通过 Nord Stream 管道出口部分天然气。2008 年 5 月，俄罗斯天然气工业公司副董事长亚历山大梅德韦杰夫宣布，50% 的液化天然气将通过加拿大的 Rabaska 液化天然气设施出口。根据俄罗斯天然气工业公司，该气田初始阶段生产天然气 795Bcf 和 5500bbl/d 的凝析油。俄罗斯天然气工业公司在 2008 年对该气田投资 2.6 亿美元。

Shtokmanovskoe 气田主要产天然气和凝析油，储量巨大，虽各个专家认识不一，141Tcf、88Tcf（Doré，1995）、117Tcf（Malovitsky and Matirossyan，1995）。但它仍是一个最大的油气发现，为了正确地理解这个数字，它大小和荷兰格罗宁根气田类似，是挪威最大气田 Troll 的两倍，是挪威在巴伦支海已探明储量的 8 倍。

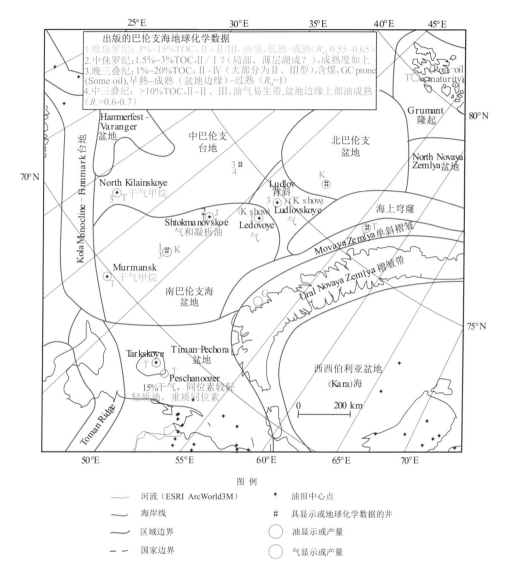

图 20-19 东巴伦支盆地油气田的地球化学显示储层或烃源岩（Lindquist and Sagers，1999）

K. 白垩纪；J. 侏罗纪；T. 三叠纪；C. 上古生代碳酸盐岩

表 20-2 东巴伦支盆地已发现油气田概况（Lindquist and Sagers，1999）

油田	地点	发现年份	储集层
Ledovoye	巴伦支南	1991	侏罗系
Ludlovskoye	卢德洛背斜	1990	侏罗系
Murmansk	巴伦支南	1984	三叠系
N. Kildinskoye	巴伦支中心	1983	三叠系
Peschanoozer	提曼－佩朝拉河	1982	三叠系
Shtokmanovskoe	巴伦支南	1988	侏罗系
Tarkskoye	提曼－佩朝拉河	1988	三叠系

Shtokmanovskoe 气田储层为中—上侏罗统海相砂岩，主要烃源岩为三叠系海相含磷页岩，TOC 为 1.1% ~ 5.8%，HI 为 635mgHC/gTOC，成熟度高，盖层为 400 ~ 600m 厚的上侏罗统—纽康姆阶海相页岩夹黏土混层（Oknova，1993；Zakharov and Yunov，1994）。

（二）Peschanoozer 气田

Peschanoozer 气田位于 Timan-Pechora 盆地北部海中的科尔古耶夫阶地中，发现于 1982 年，主要产气、油及凝析油。

Peschanoozer 气田储层为下—中三叠统砂岩，主要烃源岩为三叠系海相含磷页岩，TOC 为 1.1% ~ 5.8%，HI 为 635mgHC/gTOC，成熟度高，盖层为 400 ~ 600m 厚的上侏罗统—纽康姆阶海相页岩夹黏土混层（Oknova，1993；Zakharov and Yunov，1994）。

（三）North Kildinskoye 气田

North Kildinskoye 气田发现于 1983 年，位于南巴伦支盆地西部，储层为下—中三叠统砂岩，主要烃源岩为三叠纪海相含磷页岩，盖层为 400 ~ 600m 厚的上侏罗统—纽康姆阶海相页岩夹黏土混层（Oknova，1993；Zakharov and Yunov，1994）。

第二十一章　东部格陵兰陆架深水区盆地油气地质

第一节　概　　况

格陵兰岛，地处北美洲，面积 $217.56 \times 10^4 km^2$，为全球第一大岛。岛屿位于北美洲东北部，北冰洋和大西洋之间，从北部的皮里地到南端的法韦尔角相距 2574km，最宽处约有 1290km。海岸线全长达到 $3.5 \times 10^4 km$（图 21-1）（李国玉等，2005）。

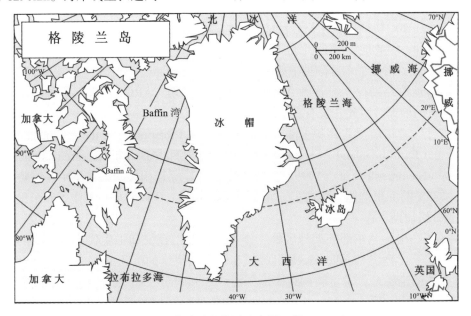

图 21-1　格陵兰岛位置（李国玉等，2005）

格陵兰岛是全球最大的未开采油气区之一。据美国地质调查局 2008 年的数据，东格陵兰陆架盆地油气储量约为 357.7×10^8 桶油当量，其中原油 $102.5 \times 10^8 bbl$，天然气 96.39Tcf，液化天然气 $83.9 \times 10^8 bbl$。东格陵兰陆架盆地包括格陵兰东部裂谷和格陵兰北部剪切边缘两部分，其中格陵兰东部裂谷油气储量约为 $323.4 \times 10^8 bbl$ 油当量，其中原油 $89.0 \times 10^8 bbl$，天然气 86.18Tcf，液化天然气 $81.2 \times 10^8 bbl$，格陵兰北部剪切边缘油气储量约为 $34.3 \times 10^8 bbl$ 油当量，其中原油 $13.5 \times 10^8 bbl$，天然气 10.21Tcf，液化天然气 $2.7 \times 10^8 bbl$（表 21-1）。

表 21-1　格陵兰东部陆架预测油气资源量

盆地名称	原油 /10^8bbl	天然气 /Tcf	液化天然气 /10^8bbl	总资源量 /10^8bbl 油当量
格陵兰东部裂谷	89.0	86.18	81.2	323.4
格陵兰北部剪切边缘	13.5	10.21	2.7	34.3
总量	102.5	96.39	83.9	357.7

尽管格陵兰岛的天然资源丰富，但包括石油、天然气、黄金和钻石在内的资源都埋藏在北极圈厚厚的冰层下面，不易开采。但美国专家认为，全球气候变暖令巨大的冰层开始融化，开发格陵兰陆架将会变得越来越容易。

20 世纪 80 年代，航空重力 – 磁力和一些稀疏的二维地震测线控制网提供了一些东格陵兰陆架有限的地质资料。通过解释这些地质资料，东格陵兰陆架可以划分为一系列的次级构造，其中一些次级构造可以与北大西洋边缘的板块构造特征相联系，由此可从已知的挪威陆架的特征确认东格陵兰陆架的构造样式。然而，在东格陵兰陆架至今仍然没有实施钻井，因此地震剖面和地层之间还没有建立直接的联系。

1990 年底，格陵兰东部陆架詹姆森岛盆地约 $1 \times 10^4 \text{km}^2$ 的地区经过了 5 年的石油勘探后，最后被放弃勘探。经营者 Atlantic Richfield 公司（ARCO）决定不再对这一地区进行第二轮的勘探，因此并没有在詹姆森岛地区钻井。

1995 年，"格陵兰北部和东部沉积盆地的资源（Resources of the sedimentary basins of North and East Greenland）"项目开始启动，该项目由 Danish Research Councils 提供资金支持（Stemmerik et al., 1996）。1996 年，与烃源岩相关的研究集中在格陵兰东部 71°N ~ 74°N 的沉积盆地，在这里，九支地质队伍在 7 月和 8 月共工作了 6 个星期，由500 架直升机协助工作。

1996 年在格陵兰东部陆架地区的工作集中在上二叠统和中生代连续沉积的地层，集中研究了下三叠统 Wordie Creek 组沉积和中上侏罗统的沉积成岩作用。1996 年获得的最重要的结论就是：①重新阐述了上二叠统 Schuchert Dal 段为 Ravnefjeld 组中的浊流沉积；②重新认识了 Hold with Hope 地区中侏罗统沉积和厚层的下白垩统砂岩沉积；③解释了 Traill Ø 地区东部白垩系页岩中夹层的粗碎屑沉积；④解释了 Traill Ø 地区东部白垩系中富砂的浊流层序；⑤重新解释了 Traill Ø 地区和 Geographical Society Ø 地区中生代和新生代的断裂系统。

美国地质调查局、丹麦及格陵兰地质调查局也对格陵兰东部陆架进行了详细的研究（USGS，2000）。其中，美国地质调查局在 2000 年对格陵兰岛进行了地质调查，后因丹麦及格陵兰地质调查局及其他单位对格陵兰岛的调查，又有新的资料补充，因此美国地质调查局于 2008 年再次对格陵兰岛进行调查。

格陵兰西部沉积区是北海的三倍，到 2009 年止，只钻探了 6 口探井。Cairn Energy 注意到格陵兰西岸近海有石油渗漏，有机页岩较厚，石油在钻井中有显示。目前，该公司计划于 2011 年开始在格陵兰西部开始钻探。

第二节　构　　造

一、构造演化与沉积充填序列

格陵兰东部结晶基底为太古代的花岗岩和花岗闪长岩结晶基底（Bridgwater et al.，1978），格陵兰南部倾斜地带由元古代上地壳岩石和巨大的花岗岩体组成结晶基底及加里东结晶基底（Bridgwater et al.，1978；Higgins and Phillips，1979）。

晚志留世，波罗的板块与劳伦板块发生碰撞，古大西洋闭合，形成了加里东山脉。该时期劳伦板块固定在赤道附近，而波罗的板块迅速向西北方向运动，向劳伦板块下大规模地俯冲，这导致了加里东褶皱带碎屑沉积迅速加厚（Torsvik and derVoo，2002）。

晚泥盆世，格陵兰与斯堪的纳维亚半岛大部分集中在赤道与亚热带之间。格陵兰与挪威之间的断裂构造及北部的巴伦支陆架的南西向断裂与北极断裂系统相连。这一时期格陵兰东部和挪威西部的泥盆纪老红砂岩盆地发生强烈的褶皱（Torsvik and derVoo，2002）。

晚石炭世—早二叠世，格陵兰、北欧及英伦三岛基本漂移至30°N。从早石炭世开始，该地区变成泛古陆的一部分，主要受到周围的 Inuitian、华力西和乌拉尔造山运动的影响。晚石炭世，华力西期造山带变得相对活跃，导致在东格陵兰中部南北向半地堑中堆积陆相砾岩及砂岩。晚二叠世，格陵兰北部海水的侵入使格陵兰东部陆架没于水下，发育碳酸盐岩及蒸发岩。

二叠纪—三叠纪，格陵兰与挪威之间发生了断裂。格陵兰东部的正断层在中二叠世发育达到顶峰，三叠纪早期，更大的断裂开始出现（Surlyk，1990）。格陵兰和挪威之间在二叠纪—三叠纪断裂急速发育，但是在中三叠世时期，格陵兰和挪威之间的断裂活动有所缓和，该地区开始接受沉积，成为沉积中心。

早侏罗世，格陵兰东部被淹没，开始发育海相沉积。晚侏罗世，Pangea 古陆继续分裂，分裂轴从大西洋中部向北蔓延。中侏罗世晚期—白垩纪早期裂谷和断块旋转非常强烈，主要的断裂方向呈东西向（Torsvik and derVoo，2002）。

晚白垩世，大西洋裂谷继续向北传播，海底扩张至拉布拉多海。断裂在格陵兰和罗科尔高地之间也开始出现。裂陷开始时，格陵兰和欧洲西北部之间是一个陆缘海覆盖在地壳很薄的区域。这一地区的地壳减薄主要是先前裂陷作用的结果。

古近纪，挪威海的特点是从大陆边缘裂谷背景转变为被动陆缘背景。区域隆起、断裂和海底扩张，在挪威海和格陵兰岛周围整个区域发生，主要的作用力来自冰岛热点的上涌，从此格陵兰东部陆架进入了大陆漂移期。

格陵兰岛东部陆架的构造演化主要受控于北大西洋的裂开。构造演化划分为前裂谷期、裂谷期和漂移期三个阶段。前裂谷期为早三叠世印度期（250Ma）以前，裂谷期始于早三叠世印度期直到古近纪古新世，从始新世伊普里斯期（53.4Ma）至今为漂移期。

不同演化阶段对应不同的沉积充填序列，前裂谷期沉积充填是在加里东变质岩基底上沉积的泥盆系、石炭系及二叠系的蒸发岩、老红砂岩、陆缘砂砾岩及少量碳酸盐岩沉积；裂谷期沉积充填层序包括三叠系、侏罗系、白垩系及古近系古新统的砂岩、泥页岩、少量碳酸盐岩和部分浊积砂岩；大陆漂移期沉积充填序列包括始新统至现今的沉积地层，主要为陆缘碎屑沉积的砂泥岩、页岩及其部分地区的浊积砂岩（图21-2）（Stemmerik，2000；Nøttvedt et al.，2008）。

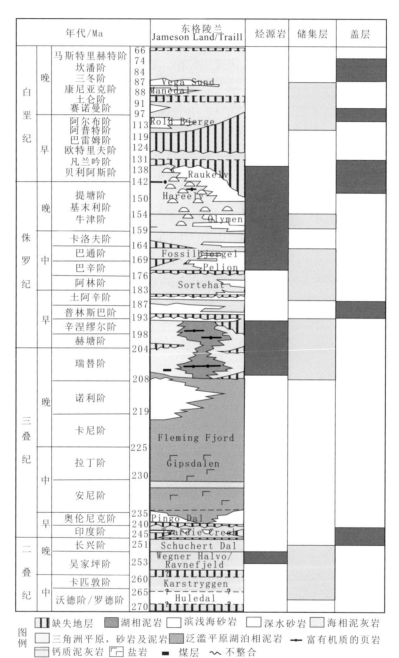

图 21-2　格陵兰东部陆架构造层序和生储盖组合综合图（据 Stemmerik，2000；Nøttvedt et al.，2008）

（一）前裂谷期沉积充填序列

格陵兰东部陆架前裂谷期沉积充填是在太古代结晶基底、元古代结晶基底及加里东变质基底之上沉积的泥盆系、石炭系和二叠系。

泥盆纪时期，格陵兰岛处于赤道和亚热带之间，气候炎热干旱，沉积了蒸发岩和河流、湖泊相及风成的老红砂岩沉积。

晚石炭世—早二叠世，劳伦板块向北漂移进入亚热带，格陵兰、北欧、英伦三岛基本延伸至30°N。下石炭统主要为一套厚的砂岩沉积，晚期地层缺失。上石炭统晚期才出现沉积，主要为一套陆源的砂砾岩沉积（Bukovics and Ziegler，1985）。

格陵兰东部地区下二叠统普遍缺失。上二叠统 Foldvik Creek 群地层与下伏地层不整合接触。

晚二叠世发生海侵，海水主要来自于北部的广海地区。格陵兰东部由陆相转为海相。在格陵兰东部地区沉积河海相的砂岩、碳酸盐岩和蒸发盐岩（图 21-2）（Stemmerik，2000；Nøttvedt et al.，2008）。上二叠统为河海堆积的砂岩沉积及浅海碳酸盐岩及蒸发岩（Surlyk et al.，1986；Stemmerik et al.，2001）。随后海平面上升沉积了一套页岩沉积和盆地边缘的碳酸盐岩沉积（Bukovics and Ziegler，1985）。

（二）裂谷期沉积充填序列

格陵兰东部陆架裂谷期沉积充填序列包括三叠系、侏罗系、白垩系和古新统地层。

三叠系与下伏地层的接触关系比较复杂，在格陵兰东部的部分地区三叠系与下伏地层为整合接触，但是在其他大部分地区上二叠统地层在三叠系开始沉积之前被剥蚀，导致三叠系与下伏地层不整合接触（图 21-2）（Stemmerik，2000；Nøttvedt et al.，2008）。

下三叠统主要为海相泥页岩沉积，局部地区地层被河道沉积冲刷剥蚀沉积了砂岩和砾岩（Surlyk et al.，1986）。

格陵兰东部中上三叠统主要沉积湖泊、河流沉积物和陆缘粗碎屑岩。

下侏罗统与上三叠统为整合接触，为陆相三角洲沉积，中上侏罗统为海相沉积。

下侏罗统包括 Kap Stewart 组和 Neill Klinter 组地层。Kap Stewart 组地层在格陵兰东部地区的沉积厚度为 180 ～ 350m。Neill Klinter 组地层在盆地的 Neill Klinter 地区沉积厚度为 200m，在 Gule Horn 地区厚度为 260m。

中侏罗统为 Vardekløft 组海相泥页岩及砂岩沉积，沉积厚度从南向北逐渐增厚，在 Vardekløft 地区为 225m，到中北部的 Pelion 地区就达到了 500m（Surlyk，1973；Nøttvedt et al.，2008）。

上侏罗统为海相泥页岩及砂岩沉积，包括 Olympen 组、Hareelv 组和 Raukelv 组地层。Raukelv 组地层在盆地中厚度可以达到 300m，Hareelv 组地层厚度约为 200m，但是在边界未被剥蚀的地区还不明确其确切的厚度。

在格陵兰东部地区，下白垩统在格陵兰东部的大部分地区被剥蚀（Larsen，

1980），与侏罗系地层不整合接触，该套地层主要为海相灰黑色泥页岩沉积，夹粗粒的碎屑岩沉积（Stemmerik and Larssen，1993；Stemmerik et al.，1996；Swiecicki et al.，1998）（图 21-2）。

上白垩统为海相黑色泥页岩沉积，厚度可以达到 1300m，中间夹 Rold Bjerge 段、Manedal 段和 Vega Sund 段深水浊积砂岩沉积（Stemmerik and Larssen，1993；Swiecicki et al.，1998；Nøttvedt et al.，2008）。

古新世早期，也就是北大西洋分裂的时期，发育火山活动，导致了盆地中堆积了厚层的火山沉积，至今仍有 2km 厚的火山岩保存在詹姆森岛盆地的南部，随后整个地区发生抬升和剥蚀。

（三）漂移期沉积充填序列

漂移期沉积充填序列包括始新统至现今的沉积地层。

早始新世时期，挪威—格陵兰的地壳分离，产生洋壳，格陵兰东部地区在早始新世到渐新世时期主要沉积厚层陆缘碎屑沉积物。

格陵兰东部地区第三系主要为冰川沉积。上中新统为粉砂质黏土岩沉积及粉砂质黏土岩夹砂岩和砾岩沉积。上新世时期，格陵兰岛发生抬升，格陵兰被冰川覆盖（Hansen and Kristensen，1997）。上新统底部为粉砂质黏土岩夹层间的砂岩沉积，上新统中部为粉砂质黏土岩，上部为粉砂质黏土岩和砂岩、砾岩沉积；更新统为粉砂质黏土岩沉积（Hansen and Kristensen，1997；Wilken and Mienert，2006）。

二、构造单元划分

美国地质调查局 2007 年对格陵兰东部陆架裂谷盆地的油气资源进行了评估。格陵兰东部陆架被分为 7 个构造单元（图 21-3），对其中的 5 个已经定量地评估了其油气资源（USGS，2007）。

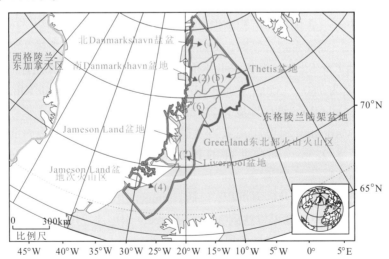

图 21-3　格陵兰东部陆架构造单元的划分（冯杨伟等，2013）

格陵兰东部被动大陆边缘盆地：南北向内外侧共 7 个构造单元，分别为北丹马沙盐盆、南丹马沙盆地、詹姆森岛盆地、詹姆森岛盆地次火山区、西蒂斯盆地、Greenland 东北部火山区及利物浦岛盆地。

第三节 地层与沉积相

一、地层

在东格陵兰地区，以詹姆森岛为代表的盆地中保存着完好的上古生界至中生界的地层序列（表 21-2）（Mathiesen et al.，2000）。与油气相关的研究集中于东格陵兰地区的沉积盆地，范围是 71°N ~ 74°N（图 21-4）（Stemmerik et al.，1997）。

表 21-2 格陵兰东部詹姆森岛盆地构造阶段及沉积阶段简表（Mathiesen et al.，2000）

纪代	世代	模式年龄 /Ma	模式地层单位
第四纪	更新世	0 ~ 2	抬升
新近纪	上新世	2 ~ 4	抬升
		4 ~ 5	抬升
	中新世	5 ~ 7.5	抬升
		7.5 ~ 10	抬升
		10 ~ 15	抬升
		15 ~ 20	抬升
		20 ~ 25	抬升
古近纪	渐新世	25 ~ 30	抬升
		30 ~ 35	抬升
	始新世	35 ~ 40	抬升
		40 ~ 52	抬升
		52 ~ 55	火山活动
	古新世	55 ~ 65	火山活动前抬升
白垩纪	晚	65 ~ 97	上白垩统
	早	97 ~ 125	Aptian 组—Albian 组
		125 ~ 138	Hauter 组 +Barrem 组
侏罗纪	晚	138 ~ 151	Raukeelv 组 +Hesteelv 组
		151 ~ 156	Hareelv 组
		156 ~ 158	Olympen 组
	中	158 ~ 168	Vardekloft 组
	早	168 ~ 180	Sortehat 组
		180 ~ 195	Nekll Klinter 组
		195 ~ 210	Kap Stewart 组

续表

纪代	世代	模式年龄/Ma	模式地层单位
三叠纪	晚	210 ~ 220	Fleming Fjord 组
		220 ~ 231	Gipsdalen 组
	中	231 ~ 241	Pingo Dal 组
	早	241 ~ 245	Wordie Creek 组
二叠纪	晚	245 ~ 251	Schuchert Dal 组
		251 ~ 256	Hule+Kars+W.H.+Ravn
	早	256 ~ 260	缺失 / 风化
		260 ~ 290	下二叠统

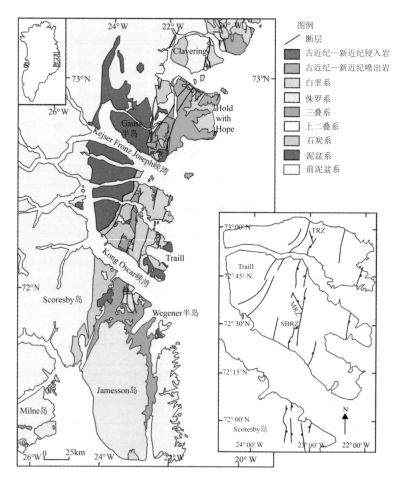

图 21-4　格陵兰东部詹姆森岛地区与 Clavering Ø 地区之间的地质简图（Stemmerik et al.，1997）

TRZ：Trærdal 断层转换带；MRZ. Månedal 断层转换带；SBRZ. Svinhufvud Bjerge 断层转换带

　　詹姆森岛盆地位于格陵兰东部南端，盆地中沉积了厚约 17km 的沉积物（Larsen and Marcussen，1992）。中泥盆世—早二叠世时期，盆地中沉积了 13km 的陆源碎屑沉积，在其后的古生代和中生代区域沉降时期，盆地中沉积了约 4km 的沉积物。古新世早期，也就是北大西洋分裂的时期，盆地中堆积了厚层的火山岩沉积，随后整个地区发生抬升和剥蚀。盆地填充以晚泥盆世—早二叠世连续的非海相的裂谷沉积开始，晚二叠世—晚白垩世主要为海相沉积，但其间的三叠系除外，三叠系为陆相红层沉积。古新世初期，北大西洋裂开，发育火山活动，导致了盆地中厚层的火山岩沉积，至今仍有 2km 厚的火山岩保存在詹姆森岛盆地的南部（Stemmerik et al.，1998）。

（一）泥盆系和石炭系

格陵兰东部加里东造山带形成以后，随后在山间盆地中沉积了中上泥盆统和上石炭统陆相碎屑沉积，沉积厚度超过 12km（Haller，1970）。由于加里东期的火山作用、褶皱作用和俯冲作用，褶皱抬升的加里东山脉被剥蚀，使这一时期的磨拉石堆积上覆于泥盆系。泥盆系火山岩沉积主要是酸性的侵入岩和喷出岩，其次是喷出的玄武岩（Secher et al.，1976）。

（二）二叠系

上二叠统 Foldvik Creek 群由下而上依次为 Huledal 组、Karstryggen 组、Ravnefjeld 组、Wegener Halvø 组和 Schuchert 组地层。

Huledal 组为河海堆积的砂岩沉积，Karstryggen 组为浅海碳酸盐岩及蒸发岩（Surlyk and Birkelund，1977；Stemmerik，2000），随后海平面上升，沉积了盆地内的 Ravnefjeld 组页岩和盆地边缘 Wegener Halvø 组碳酸盐岩及其上部的 Schuchert 组。

二叠系沉积地层在 Traill Ø 地区比在其南部的詹姆森岛地区薄，并且发育不完整（Stemmerik and Larssen，1993）。它包括了广泛分布的硅质为主的上二叠统至下三叠统的海相单元，向上过渡为非海相的三叠系沉积。在 Traill Ø 盆地中，上二叠统有缺失，与下三叠统不整合接触。在詹姆森岛盆地中，上二叠统和下三叠统之间为连续的沉积（Stemmerik et al.，2001）。

（三）三叠系

下三叠统为 Wordie Creek 组沉积，该组为海相泥页岩沉积（图 21-2）。二叠系和三叠系之间的界限比较复杂，在格陵兰岛东部的大部分地区，二叠系与三叠系之间有明显的地层缺失。南部的 Lille Cirkusbjerg 地区，在二叠系 Wegener Halvø 之上，地层被河道沉积冲刷剥蚀，沉积了砂岩和砾岩，上覆地层为赛特阶海侵沉积的页岩（Surlyk et al.，1986），保存下来的 Wordie Creek 组通常有海相页岩夹有低密度浊流沉积的薄层砂。

在詹姆森岛盆地的 Oksedal 地区，Wordie Creek 组由 200m 的海相绿色泥页岩夹薄层的长石砂岩组成。该组地层的底部由砾岩及高密度的浊积岩组成 60m 厚的复杂地层（图 21-2），上覆地层为黑色页岩（Stemmerik et al.，1997）。

下三叠统 Wordie Creek 组上覆地层为 Pingo Dal 组，该组为浅海砂岩沉积（图 21-2）（Nøttvedt et al.，2008）。

中三叠统为 Gipsdalen 组，该组地层为一套泥岩沉积，与下伏的 Pingo Dal 组不整合接触，中部夹薄层的灰岩地层（图 21-2）（Nøttvedt et al.，2008）。

上三叠统为 Fleming Fjord 组，该组与中三叠统 Gipsdalen 组为连续沉积，中部夹厚层的滨浅海砂岩沉积（图 21-2）（Nøttvedt et al.，2008）。

（四）侏罗系

格陵兰东部陆架詹姆森岛盆地侏罗系为詹姆森岛群沉积，该群地层底部为瑞替阶—里阿斯阶沉积而成的 Kap Stewart 组长石砂岩、页岩和煤层，随后沉积了厚层的 Neill Klinter 组、Vardekløft 组、Olympen 组、Hareelv 组和 Raukelv 组海相砂岩和页岩（表 21-3）（Surlyk，1973）。

表 21-3　詹姆森岛盆地侏罗系及下白垩统岩石地层单位（Surlyk，1973）

群	组	段
—	Hesteelv 组	Muslingeelv 段
		CrinoidBjerg 段
Jomeson Land 群	Raukelv 组	Fyhselv 段
		Salix Dal 段
		Sjallandselv 段
	Hareelv 组	—
	Olympen 组	—
	Vardekloft 组	Fossilbjerget 段
		Pelion 段
		Sortehat 段
	Neill Klinter 组	Ostreaelv 段
		Gule Horn 段
		Rævekløf 段
	Kap Stewart 组	—

下侏罗统为 Kap Stewart 组和 Neill Klinter 组地层。

Kap Stewart 组地层在詹姆森岛盆地的 Hurry 地区厚度为 180m，在 Gule Horn 地区为 200m，在 Antarctics Havn 地区为 350m。该层为灰绿色粗粒长石砂岩夹砾岩层，具交错层理。砂岩层中夹暗色页岩，尤其是在该组的中部沉积了富有机质的粉砂岩及其底部的煤层沉积。在盆地的东南部，植物以植物茎杆、叶片和果实的形式很好地保存在长石砂岩和页岩中，在盆地的北部地区，Kap Stewart 组顶部沉积了相对较厚的黑色贫有机质的页岩（Dam and Surlyk，1993）。

Neill Klinter 组地层包括三段，分别为 Rævekløf 段、Gule Horn 段和 Ostreaelv 段（表 21-3）。Neill Klinter 组地层在盆地的 Neill Klinter 地区沉积厚度为 200m，在 Gule Horn 地区厚度为 260m。

　　Neill Klinter 组地层岩性为纯净的石英砂岩，其次为含云母页岩，底部为含化石的长石砂岩（Surlyk，1973；Stemmerik et al.，1998）。

　　中侏罗统为 Vardekløft 组沉积，该组分为 Sortehat 段、Pelion 段和 Fossilbjerget 段（Koppelhus and Hansen，2003）。Sortehat 段和 Fossilbjerget 段地层为页岩沉积，Sortehat 段在詹姆森岛盆地中向北逐渐增厚（Koppelhus and Hansen，2003）。中部的 Pelion 段为砂岩沉积（Surlyk，1973；Koppelhus and Hansen，2003）。在格陵兰东部陆架的 Traill Ø 地区，在该组下部发现了 Bristol Elv 段沉积（图 21-5）。该段地层为粗粒、分选差的微黄色到白色砂岩沉积，含结核及砾岩（Therkelsen and Surlyk，2004）。

系	阶		群	组
侏罗系	上统	基末利阶	Hall Bredning	Bernbjerg
		牛津阶 上		
		牛津阶 中	Olympen	
		牛津阶 下		
	中统	卡洛夫阶 上	Vardekloft	Parnas Mb / Fossilbjerget
		卡洛夫阶 中		
		卡洛夫阶 下		
		巴通阶 上		Pelion
		巴通阶 中		
		巴通阶 下		
		巴柔阶 上		
		巴柔阶 下		Bristol Elv
			Hiatus	
三叠系			Scoresby岛	Fleming Fjord

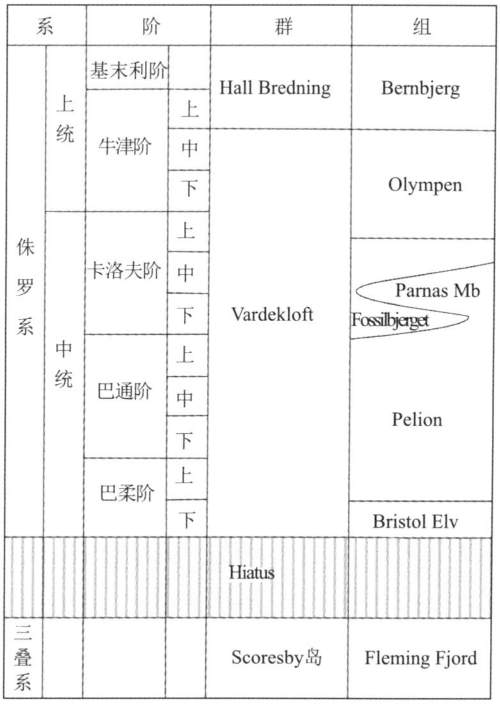

图 21-5　Traill Ø 地区侏罗系岩石地层单位（Therkelsen and Surlyk，2004）

　　Vardekløft 组在盆地中从南向北迅速增厚，在 Vardekløft 地区为 225m，到中北部的 Pelion 地区就达到了 500m。该组地层岩性为快速沉积的灰黑色含云母页岩，泥质含量少，灰岩层或多或少的含铁，偶尔含铁质结核。中部夹薄层砂岩沉积，逐渐向北部增厚（Surlyk，1973；Nøttvedt et al.，2008）。

　　上侏罗统包括 Olympen 组、Hareelv 组和 Raukelv 组地层，其中 Raukelv 组又包括 Sjællandselv 段、Salix Dal 段和 Fynselv 段（Surlyk，1973）。

　　Olympen 组可以分为三个岩性单元，自下而上分别为：

　　（1）浅色中粒分选好的砂岩沉积或块状砂岩夹薄板状暗色泥质页岩，块状砂岩有时具有交错层理，以产生滑塌构造。暗色的泥质页岩和薄层的砂岩中含有植物碎片，除此之外没有其他的遗迹化石或实体化石。

（2）暗色泥质页岩向上逐渐变为砂质页岩，很多泥质页岩中含有黄铁矿。顶部的暗色页岩中往往也含有砂，主要是因为含有煤的成分。该单元的地层中可见遗迹化石。

（3）中到粗粒块状、分选好的砂岩沉积，其次是夹层的泥页岩沉积。砂岩中具大型的交错层理构造，偶尔可见遗迹化石（Surlyk，1973）。

Hareelv组地层厚度约为200m，但是在边界未被剥蚀的地区还不明确其确切的厚度。

该组地层由灰黑色页岩组成，夹黄色薄层砂岩和较大的透镜体。页岩中除了含云母也常常包含松散岩层、浅色砂岩层，偶尔含有灰岩层或铁质结核。页岩通常粒度较细，但是在一些岩层顶部变成浅灰色砂质页岩（Surlyk，1973；Nøttvedt et al.，2008）。

Raukelv组地层在盆地中厚度可以达到300m。该组地层有交互的厚层或具交错层理的砂岩单元和泥质粉砂岩组成。砂岩层厚度变化范围从10～50m，并且可以作为区域的标志层。砂岩的颜色为白色或黄色，风化后变成棕色或暗红色，砂岩主要由石英颗粒组成，但是在交错层中海绿石也起着重要的作用。砂岩粒度通常为粗粒，大的石英砾岩非常常见。细粒的岩层通常包含了大量的灰黑色页岩（Surlyk，1973；Nøttvedt et al.，2008）。

（五）白垩系

在格陵兰东部地区，下白垩统与侏罗系地层不整合接触，该套地层主要为灰黑色泥页岩沉积，夹粗粒的碎屑岩沉积（Stemmerik and Larssen，1993；Stemmerik et al.，1997；Swiecicki et al.，1998）。下白垩统在格陵兰东部的大部分地区被剥蚀（图21-2）（Larsen，1980）

上白垩统为Traill Ø群海相黑色泥页岩沉积，厚度可以达到1300m，中间夹Rold Bjerge段、Manedal段和Vega Sund段深水浊积砂岩沉积（图21-2）（Stemmerik and Larssen，1993；Swiecicki et al.，1998；Nøttvedt et al.，2008）。

（六）古近系—新近系

格陵兰东部地区古近系—新近系主要为冰流沉积。上中新统为粉砂质黏土岩沉积以及粉砂质黏土岩夹砂岩和砾岩沉积。上新统底部为粉砂质黏土岩夹层间的砂岩沉积，上新统中部为粉砂质黏土岩，上部为粉砂质黏土岩和砂砾岩沉积；更新统为粉砂质黏土岩沉积（图21-6）（Hansen and Kristensen，1997；Wilken and Mienert，2006）。

二、沉积相

志留纪至泥盆纪，加里东运动使劳伦板块与斯堪的纳维亚板块发生碰撞，卫八海关闭。这导致了斯堪的纳维亚地区大洋地壳俯冲剪切，大陆碰撞使岩石圈增厚，最终发展成大的剪切破裂带。加里东造山带的伸展垮塌（Coward，1993）和这一地区几千千米长的左旋走滑一致（图21-7（a））（Swiecicki et al.，1998）。也有其他学者认为，地质证据只能证明该地区有几百千米的走滑距离。

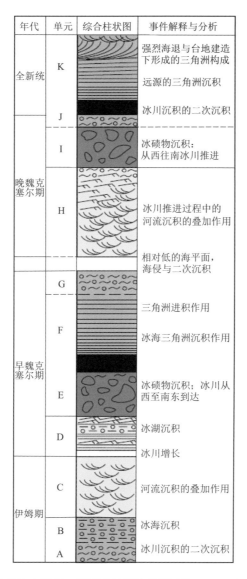

年代	单元	综合柱状图	事件解释与分析
全新统	K		强烈海退与台地建造下形成的三角洲构成 远源的三角洲沉积
	J		冰川沉积的二次沉积
晚魏克塞尔期	I		冰碛物沉积: 从西往南冰川推进
	H		冰川推进过程中的河流沉积的叠加作用
			相对低的海平面,海侵与二次沉积
早魏克塞尔期	G		
	F		三角洲进积作用 冰海三角洲沉积作用
	E		冰碛物沉积;冰川从西至南东到达
	D		冰湖沉积 冰川增长
伊姆期	C		河流沉积的叠加作用
	B		冰海沉积
	A		冰川沉积的二次沉积

图 21-6　詹姆森岛盆地古近系—新近系地层柱状图(Hansen and Kristensen,1997)

　　晚泥盆世格陵兰与斯堪的纳维亚板块之间在赤道和亚热带之间(30°N ~ 20°N)主要为汇聚作用(图 21-7(b)),因此在这一地区沉积了蒸发岩(Færseth and Lien,2002)。这一时期在挪威西部的斯瓦尔巴群岛及格陵兰东部地区发生了强烈的褶皱作用,在设得兰群岛、苏格兰、英格兰中部及格陵兰东部和挪威地区沉积了大量的泥盆纪陆相沉积物,主要是磨拉石堆积(Bluck,1980;Coward,1990)。

　　晚石炭世,东格陵兰中部地区处于板块汇聚背景,在南北向展布的半地堑盆地中沉积了厚层的砂岩沉积。

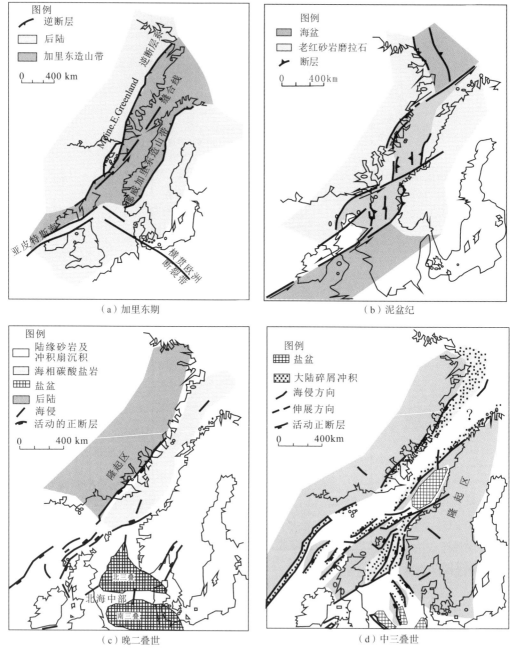

图 21-7 挪威—格陵兰地区前侏罗纪古地理图（Swiecicki et al.，1998）

二叠纪，格陵兰与斯堪的纳维亚半岛之间发生海侵，海水主要来自于挪威格陵兰以北的广海地区（图 21-7（c））。因此在这一时期，格陵兰东北部发育了大型的蒸发岩盆地，在格陵兰东部也沉积了大量的碳酸盐岩（Færseth and Lien，2002）。

早三叠世，格陵兰东部的断裂沿着前泥盆纪主要断层开始重新活动，该时期格陵兰东部地区为短期的海相沉积（Surlyk，1990；Swiecicki et al.，1995）。随后，在挪威和格陵兰之间形成一个狭长的海盆，一直延伸到北海的北部。一些断块抬升，形成一系列岛链。中三叠世断裂停止导致盆地发生充填，在挪威和格陵兰之间形成以砂泥为主的红层沉积，主要为陆相碎屑沉积（图 21-7（d））（Swiecicki et al.，1998；Færseth and Lien，2002）。

侏罗纪，泛古陆继续发生解体，北大西洋中部发生海底扩张，格陵兰岛和挪威之间，中侏罗统裂谷结构分成挪威的 Halten-Dønna Terrace 和西部的格陵兰东部盆地（Blystad et al.，1995；Surlyk，2003）。

早侏罗世，格陵兰东部陆架以近海沉积物占主导，沉积了 Kap Stewart 组和 Neill Klinter 组海相地层。

中侏罗世，格陵兰东部和挪威海中侏罗统沉积由于海岸平原的进积和大的三角洲系统的存在非常富砂，首先出现在中挪威陆架，其次为格陵兰东部。和北海穹窿类似，轻微的抬升发生在格陵兰东部，浅海地区沉积了数量庞大的石英砂岩（Surlyk，2003）。

晚侏罗世，格陵兰东部陆架主要为深海相沉积。上侏罗统包括 Olympen 组和 Raukelv 组海相砂岩沉积以及 Hareelv 组海相页岩沉积地层（Surlyk et al.，1993；Nøttvedt et al.，2008），夹深海砾岩和砂岩沉积。

白垩纪，挪威与格陵兰之间的裂谷作用继续，格陵兰东部发育大量的断裂及断块，在这些地区沉积了重力流沉积，主要是来自挪威地区的 Vøring 盆地的深水砂岩块体，除此之外，格陵兰东部在白垩纪沉积了厚层的海相泥页岩，局部为砂岩沉积（Swiecicki et al.，1998；Nøttvedt et al.，2008）。

第四节　石油勘探潜力

格陵兰与斯堪的纳维亚半岛于始新世分离，北大西洋裂开，格陵兰及挪威分别进入漂移期。在此之前，格陵兰与挪威地区具有相同的沉积背景，而挪威地区烃源岩及储层均属于裂谷期地层，因此判断格陵兰东部被动陆缘也发育相同的烃源岩及储层。

美国地质调查局、丹麦及格陵兰地质调查局以及其他的很多地质单位对格陵兰油气资源潜力进行了研究和调查。

一、烃源岩

据格陵兰地质调查局及其他单位的调查研究，认为在格陵兰东部陆架至少有 4 套地层为潜在的烃源岩，分别为上侏罗统 Hareelv 组和 Fossilbjerg 组页岩、下侏罗统 Kap Stewart 组三角洲相泥页岩、上二叠统 Ravenfjeld 组和上石炭统 Lacustrine 页岩。主要烃源岩为上侏罗统 Hareelv 组页岩和下侏罗统 Kap Stewart 组三角洲相泥页岩（Christiansen et al.，1992；USGS，2000）。

上侏罗统海相页岩沉积是北大西洋地区的主力烃源岩，格陵兰东部的上侏罗统 Hareelv 组相当于北海盆地的 Draupne 组和挪威地区的 Speek 组（图 21-8）。Fossilbjerg 组地层相当于北海盆地的 Heather 组和挪威的 Melke 组地层。Hareelv 组和 Fossilbjerg 组地层为一套海相页岩沉积，Hareelv 组夹深水浊积砂岩沉积，Fossilbjerg 组夹浅海砂岩沉积。

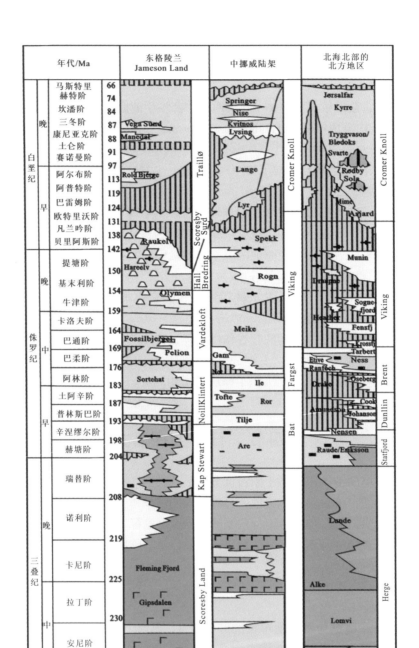

图 21-8　格陵兰东部陆架和挪威陆架中生代地层序列（Nøttvedt et al.，2008）

下侏罗统三角洲平原相泥页岩及煤层沉积也是北大西洋区域比较重要的烃源岩，格陵兰东部陆架地区沉积的 Kap Stewart 组地层相当于挪威地区的 Åre 组地层。

二、储层

格陵兰东部陆架地区预计主要的储层为中侏罗统浅海相砂岩和白垩系深海浊积砂岩，次要储层为下上二叠统碳酸盐岩储层及中侏罗统 Kap Stewart 组和 Neill Klintner 组三角洲平原相砂岩（USGS，2000，2007）。

中侏罗统浅海相砂岩主要为 Vardekløft 组的 Pelion 段和 Olympen 段砂岩地层，其中 Pelion 段地层相当于北海地区的布伦特群和挪威的 Gam 组地层。下侏罗统 Kap Stewart 组三角洲平原相砂岩相当于北海盆地的斯塔福约德组砂岩和挪威 Båt 组砂岩地层。

三、圈闭

晚二叠世到三叠世，格陵兰岛与斯堪的纳维亚半岛开始发生裂谷作用，在这样的拉伸背景下，形成格陵兰东部陆架存在大量的伸展构造，有利于形成伸展构造圈闭和地垒断块构造圈闭。北丹马沙盐盆可能发育与盐构造相关的构造圈闭。在深海浊积扇发育的地区发育地层圈闭（USGS，2000）。

四、生储盖组合

格陵兰东部陆架地区长时间处于海相环境，海相泥页岩沉积作为盖层分布较好。烃源岩主要为上侏罗统 Hareelv 组和 Fossilbjerg 组页岩和下侏罗统 Kap Stewart 组三角洲相泥页岩，次要烃源岩为上二叠统 Ravenfjeld 组和上石炭统 Lacustrine 页岩。

储层为中侏罗统 Vardekløft 组的 Pelion 段和 Olympen 段浅海相砂岩，次要储层为上二叠统碳酸盐岩及下侏罗统 Kap Stewart 组和 Neill Klintner 组三角洲平原相砂岩。因此，格陵兰东部陆架生储盖组合为前裂谷期生储盖组合类型和裂谷期生储盖组合类型。

1. 前裂谷期生储盖组合

格陵兰东部陆架前裂谷期生储盖组合中，生油岩为上石炭统 Lacustrine 页岩和上二叠统 Ravenfjeld 组页岩，储层为上二叠统碳酸盐岩储层，上覆的页岩地层为盖层。

2. 裂谷期生储盖组合

包括三套裂谷期生储盖组合。第一套为上生下储类型，生油岩为上侏罗统 Hareely 组和 Fossilbjerg 组海相泥页岩，储层为中侏罗统浅海砂岩，盖层为上侏罗统海相泥页岩。

第二套为下生上储类型，生油岩为上侏罗统 Hareely 组和 Fossilbjerg 海相泥页岩，储层为白垩系海相浊积砂岩，盖层是其间的泥页岩沉积（图 21-2）。

第三套生储盖组合，生油岩为下侏罗统 Kap Stewart 组三角洲相泥页岩，储层为下侏罗统 Kap Stewart 组和 Neill Klintner 组三角洲平原相砂岩及中侏罗统 Vardekløft 组的 Pelion 段和 Olympen 段浅海相砂岩，盖层为上侏罗统海相泥页岩（图 21-2）。

结　语

从全球油气资源分布来看，深水盆地蕴藏巨大的油气资源和勘探价值。被动陆缘深水区是 21 世纪以来全球油气勘探重大发现的领域之一，已成为全球大油气田发现的最主要领域。

西非陆缘、巴西东部陆架、墨西哥湾、澳大利亚西北陆架、挪威中部陆架以及孟加拉湾等地区勘探历史较长，成就显著。其中西非陆缘、巴西东部陆架、墨西哥湾三个地区勘探程度较高，油气储量和产量较大，构成了深水勘探的"金三角"，是现今深水勘探的主要区域。这些地区对深水油气的勘探开发，不仅在很大程度上满足了本国经济对石油的需求，还在实践中创立并逐步完善了深水油气理论，为全球深水油气勘探的进一步深入贡献巨大。

与陆地和浅水油气资源相比，深水盆地对于未来油气勘探开发更具战略意义。在未来的全球深水盆地勘探工作中，有六大领域（两老四新）值得关注。两大老领域指大西洋深水盆地群和新特提斯深水盆地群，勘探程度相对较高，油气潜力仍然很大。其中南北走向的大西洋深水富油盆地群，是目前深水石油的主要产区，也是近年来储量和产量增长最快的亮点区域；近东西走向的新特提斯构造域深水富气盆地群，近年来由于天然气的大量发现而备受关注。四大新领域指两大老领域各自的深层新领域和环北极深水盆地群以及西太平洋深水盆地群，其中深层新领域包括深层"盐下"以及"超深水区"两大目标。

深层"盐下"勘探在巴西东部深水区的桑托斯盆地和墨西哥湾地区取得巨大成功，发现多个深水巨型油气田。其中，巴西东部深水区盐下勘探活动始于 2004 年，截至 2009 年年底，该地区盐下共钻井 16 口，保持了 100% 的成功率；墨西哥湾地区对盐下区带的钻探活动始于 20 世纪 80 年代早期，截至 1997 年超过 30 口井以盐下为目标，有 8 个发现，其中至少有 3 个具有商业价值，3 个具有超过 1×10^8bbl 油当量。

"超深水区"指水深超过 1500m 的海域，是目前海域油气勘探的又一焦点，主要集中分布于西非海域、墨西哥湾、巴西近海、澳大利亚西北陆架、挪威西部陆缘、巴伦支海海域、喀拉海海域、孟加拉湾海域、缅甸湾海域、南海海域以及日本海海域等。超深水区油气勘探始于 20 世纪 80 年代后期，90 年代后期以来超深水油气勘探持续活跃，近两三年全球共钻探超深水勘探井约 200 口，绝大多数集中于巴西近海和非洲海域。全球陆续有超深水重大油气发现，其中以巴西 2006 年在桑托斯盆地发现 Tupi 巨型油田（水深 1500 ~ 3000m，石油储量 65.96×10^8bbl）和 Iara 巨型油田（水深 2200m，石油储量 25.03×10^8bbl）而格外引人瞩目。

环北极深水盆地群由于自然条件及归属等原因研究起步很晚且研究程度非常低，是未来深水油气的巨大增长点。整个环北极深水区油气资源量达 2200×10^8bbl 油当量。资源量丰富的地区主要有巴伦支海、波弗特海和格陵兰东部陆架，其资源量分别为 799.7×10^8bbl、727.7×10^8bbl 和 357.7×10^8bbl，约占整个环北极深水区油气资源量的86%。

　　西太平洋低勘探程度深水盆地群区域，主要包括日本海盆地、澳大利亚东南部的吉普斯兰盆地等。日本于2001年进行深海区域油气勘探，有望突破浅水勘探的局面。吉普斯兰盆地位于澳大利亚南部的维多利亚州和巴斯海峡，是澳大利亚最大的含油气盆地。盆地北部主要产气，西部主要产油，深水勘探潜力巨大。

　　深水盆地是现在和未来海洋油气勘探最重要的领域，也是全球常规油气的重大领域。

参 考 文 献

Забанбарк А. 2002. 巴西大陆边缘含油气盆地特征. 朱佛宏译. 海洋石油, (4): 74-79

Забаибарк А. 2005. 孟加拉湾含油气盆地——南亚潜在的烃类储藏区. 朱佛宏译. 海洋石油, 26(1): 7-10

白国平, 秦养珍. 2009. 南美洲油气分布特征. 第四届油气成藏机理与资源评价国际研讨会论文集

白国平, 殷进垠. 2007. 澳大利亚北卡那封盆地油气地质特征及勘探潜力分析. 石油实验地质, 29(3): 251-258

伯野义夫. 1986. 日本海地区的地质学诸问题. 王云蕾译. 日本海石油地质译文集: 133-144

蔡峰, 刘明, 杨金玉. 2010. 墨西哥湾地区油气投资环境与法律法规. 海洋地质动态, 26 (3): 47-52

蔡乾忠. 2005. 中国海域油气地质学. 北京: 海洋出版社

陈国威, 董刚, 龚建明. 2010. 从地质演化特征探讨墨西哥湾地区油气富集的基本规律. 海洋地质动态, 26(3): 6-13

陈洁, 温宁, 李学杰. 2007. 南海油气资源潜力及勘探现状. 地球物理学进展, 22(4): 1285-1284

陈玲. 2002. 南沙海域曾母盆地西部地质构造特征. 石油地球物理勘探, 37(4): 354-362

成海燕, 龚建明, 张莉. 2010. 墨西哥湾盆地石油的来源和分类. 海洋地质动态, 26(3): 40-46

Curiale J A, 李志明, 张长江. 2002. 孟加拉国烃类成因. 国外油气地质信念, (4)

迟愚, 梦祥龙, 王福合. 2008. 东南亚油气勘探开发形势及对外合作前景. 国际石油经济: 50-56

邓荣敬, 邓运华, 于水, 等. 2008. 尼日尔三角洲盆地油气地质与成藏特征. 石油勘探与开发, 36(6): 755-762

邓运华. 2009. 试论中国近海两个拗陷带油气地质差异性. 石油学报, 30(1): 1-8

邓运华. 2010. 论河流与油气的共生关系. 石油学报, 31(1): 12-17

Dypvik H, 汤道清. 1985. 英国约克郡上侏罗统和下白垩统黏土的地球化学组成和沉积条件. 地质地球化学, (9): 021

地球在线. 2010. 卫星地图—Google Earth 中文地标分享—Earth online[DB/OL]. http://www.earthol.com/

冯杨伟, 屈红军, 张功成, 等. 2010. 澳大利亚西北陆架中生界生储盖组合特征. 海洋地质动态, 26(6): 16-23

冯杨伟, 屈红军, 张功成, 等. 2011. 澳大利亚西北陆架深水盆地油气地质特征. 海洋地质与第四纪地质, 31(4): 131-140

冯杨伟, 屈红军, 杨晨艺. 2012. 澳大利亚西北陆架油气成藏主控因素与勘探方向. 中南大学学报 (自然科学版), 43(6): 2259-2268

冯杨伟, 杨晨艺, 屈红军, 等. 2013. 东格陵兰陆架油气地质特征及勘探潜力. 海洋地质前沿, 04: 27-32.

傅恒, 房晓璐, 姜绍珍. 2010. 日本海陨击事件与新生代东亚大地构造演化. 沉积与特提斯地质, 30(1): 93-97

甘克文, 李国玉. 1982. 世界含油气盆地图集. 北京: 石油工业出版社

高红芳, 王衍棠, 郭丽华. 2007. 南海西部中建南盆地油气地质条件和前景分析. 中国地质, 34(4), 592-597

葛肖虹, 马文璞. 2007. 东北亚南区中—新生代大地构造轮廓. 中国地质, (2): 212-228

龚承林, 王英民, 崔刚, 等. 2010. 北波拿巴盆地构造演化与层序地层学. 海洋地质与第四纪地质, 30(2): 103-109

龚建明, 文丽, 李慧君, 等. 2010. 墨西哥湾南部晚侏罗世主力烃源岩的形成条件. 海洋地质动态, 26(3): 1-5

关增森, 李剑. 2007. 非洲油气资源与勘探. 北京: 石油工业出版社

郭建宇, 郝洪文, 李晓萍. 2009. 南美洲被动大陆边缘盆地的油气地质特征. 现代地质, 23(5): 916-922

郭念发, 马惠杰, 邱桂芳. 2000. 苏浙皖海相盆地的建造与改造及油气勘探目标选择. 勘探家, 5(4): 61-65

Halbouty M T. 2007. 世界巨型油气田. 夏义平, 黄忠范, 袁秉衡, 等译. 北京: 石油工业出版社.

何仕斌, 张功成, 米立军, 等. 2007. 南海北部大陆边缘盆地深水区储层类型及沉积演化. 石油学报, 28(5): 51-56

侯高文, 刘和甫, 左胜杰. 2005. 尼日尔三角洲盆地油气分布特征及控制因素. 石油与天然气地质, 26(3): 374-378

胡朝元. 1982. 生油区控制油气田分布——中国东部陆相盆地进行区域勘探的有效理论. 石油学报, (2): 9-13

霍红, 熊利平, 张克鑫. 2008. 宽扎盆地油气地质特征及成藏主控因素. 内蒙古石油化工, 24: 175-179.

江文荣, 刘全稳, 蔡东升. 2005. 非洲油气勘探战略选区建议. 天然气地球科学, 16(3): 397-402

金宠, 陈安清, 楼章华, 等. 2012. 东非构造演化与油气成藏规律初探. 吉林大学学报 (地球科学版), 42(增刊 2): 121-130

金庆焕, 刘振湖, 陈强. 2004. 万安盆地中部拗陷——一个巨大的富生烃拗陷. 地球科学 - 中国地质大学学报, 29(5): 525-530

金性春. 1995. 大洋钻探与西太平洋构造. 地球科学进展, 10(3): 234-239

孔祥宇. 2013. 东非鲁武马盆地油气地质特征与勘探前景. 岩性油气藏, 25(3): 21-27

李大伟, 李德生, 陈长民, 等. 2007. 深海扇油气勘探综述. 中国海上油气, 19(1): 18-24

李国玉, 金之钧, 等. 2005. 世界含油气盆地图集. 北京: 石油工业出版社: 249-334, 599-654

李浩武, 童晓光. 2010. 北极地区油气资源及勘探潜力分析. 海外勘探, 73-82

李瑞磊, 赵雪平, 杨宝俊. 2004. 日本海域地壳结构基本特征及其地质意义. 地球物理学进展, 19(1): 56-60

李双林, 张生银. 2010. 墨西哥及墨西哥湾盆地构造单元及其演化. 海洋地质动态, 26(3): 14-21

梁杰, 龚建明, 成海燕. 2010a. 墨西哥湾盐岩分布对油气成藏的控制作用. 海洋地质动态, 26(1): 25-30

梁杰, 龚建明, 李双林, 等. 2010b. 墨西哥湾盆地新生代沉积特征分析. 海洋地质动态, 26(3): 28-34

林卫东, 陈文学, 熊利平, 等. 2008. 西非海岸盆地油气成藏主控因素及勘探潜力. 石油实验地质, 30(5): 450-455

林珍. 2004. 南沙海域中建南盆地的磁性基底及地壳结构. 海洋地质动态, 20(3): 17-24

刘宝明. 1996. 南沙海域万安盆地油气资源预测和远景评价. 世界地质, 15(4): 35-41

刘宝明, 金庆焕. 1997. 南海曾母盆地油气地质条件及其分布特征. 热带海洋, 16(4): 45-54

刘伯土, 陈长胜. 2002. 南沙海域万安盆地新生界含油气系统分析. 石油实验地质, 24(2): 110-114

刘福寿. 1995. 日本海地质构造特征. 海岸工程, 14(1): 37-42

刘剑平, 潘校华, 马君, 等. 2008. 西部非洲地区油气地质特征及资源概况. 石油勘探与开发, 35(3): 378-384

刘延莉, 邱春光, 熊利平. 2008. 西非加蓬盆地沉积特征及油气成藏规律研究. 石油实验地质, 30(4): 352-362

刘振湖, 吴进民. 1997. 南海万安盆地油气地质特征. 中国海上油气 (地质), 11(3): 153-160

刘祚冬, 李江海. 2009. 西非被动大陆边缘含油气盐盆地构造背景及油气地质特征分析. 海相油气地质, 14(3): 46-52

卢景美, 邵滋军, 房殿勇, 等. 2010. 北极圈油气资源潜力分析. 资源与产业, 12(4): 29-33

马君, 刘剑平, 潘校花, 等. 2009. 东、西非大陆边缘比较及其油气意义. 成都理工大学学报 (自然科学版), 36(5): 538-545

马君, 刘剑平, 潘校华, 等. 2008. 东非大陆边缘地质特征及油气勘探前景. 世界地质, 27(4): 400-405

马玉波, 吴时国, 袁圣强, 等. 2008. 南海北部陆缘盆地与坎坡斯盆地深水油气地质条件的对比. 海洋地质与第四纪地质, 28(4): 101-110

南明. 1986. 山阴 – 对马近海沉积盆地的分布与特征. 日本海石油地质译文集. 王云蕾译, 44: 321-327

潘继平, 张大伟, 岳来群. 2006. 全球海洋油气勘探开发状况与发展趋势. 国土资源情报, 07: 1-4

庞雄, 申俊, 袁立忠, 等. 2006. 南海珠江深水扇系统及其油气勘探前景. 石油学报, 27(3): 11-15

裴宗诚, 郝服光. 1993. 美国墨西哥湾沿岸盆地大中型天然气田形成条件调研. 北京: 中国海洋石油勘探开发研究中心

彭大钧, 陈长民, 庞雄, 等. 2004. 南海珠江口盆地深水扇系统的发现. 石油学报, 25(5): 17-22

彭学超, 陈玲. 1995. 南沙海域万安盆地地质构造特征. 海洋地质与第四纪地质, 15(2): 37-48

谯汉生, 于兴河. 2004. 裂谷盆地石油地质. 北京: 石油工业出版社

邱楠生, 李慧莉, 金之钧. 2005. 沉积盆地下古生界碳酸盐岩地区热历史恢复方法探索. 地学前缘, 12(4): 561-567

邱燕, 王英民, 温宁, 等. 2005. 珠江口盆地白云凹陷陆坡区有利成藏组合带. 海洋地质与第四纪地质, 25(1): 93-98

瞿辉, 郑民, 李建忠, 等. 2010. 国外被动陆缘深水油气勘探进展及启示. 天然气地球科学, 21(2): 193-200

孙海涛, 钟大康, 张思梦. 2010. 非洲东西部被动大陆边缘盆地油气分布差异. 石油勘探与开发, 37(5): 561-567

孙红军, 刘立群, 吴世祥, 等. 2009. 深水油气勘探到页岩油气开发——2009 年 AAPG 年会技术热点透视. 石油与天然气地质, 30(5): 673-677

孙萍, 王文娟. 2010. 持续沉降是墨西哥湾油气区优质烃源岩形成的重要条件. 海洋地质动态, 26(3): 22-27

Teisserenc P, Villemin J. 2000. 加蓬沉积盆地地质和石油系统 //Edwards J D, Santogrossi P A. 离散或被动大陆边缘盆地, AAPG Memoir48 译文集. 梁绍全, 梁红译. 北京: 石油工业出版社: 115-192

藤田至则. 1984. 日本列岛的地质构造及其演化. 大地构造与成矿学, 04: 305-318

童晓光, 关增淼. 2001. 世界石油勘探开发图集 (亚洲太平洋地区分册). 北京: 石油工业出版社: 1-288

童晓光, 关增淼. 2002. 世界石油勘探开发图册 (非洲地区分册). 北京: 石油工业出版社

王春修. 2002. 国外深水油气勘探动态及经验. 中国海上油气 (地质), 16(2): 141-144

王宏斌, 姚伯初, 梁金强, 等. 2001. 北康盆地构造特征及其构造区划. 海洋地质与第四纪地质, 21(2): 49-54

王建桥, 姚伯初, 万玲, 等. 2005. 南海海域新生代沉积盆地的油气资源. 海洋地质与第四纪地质, 25(2): 91-100

王立飞. 2002. 南沙海域曾母盆地西部油气地质条件初步分析. 南海地质研究, (13): 72-79

王嘹亮, 吴能友, 周祖翼, 等. 2002. 南海西南部北康盆地新生代沉积演化史. 中国地质, 29(1): 96-102

王谦身, 郝天珧, 江为为. 1999. 日本海重力场与深部构造研究. 地球物理学进展, 14: 9-16

王振峰, 裴健翔. 2011. 莺歌海盆地中深层黄流组高压气藏形成新模式——DF14 井钻获强超压优质高产天然气层的意义. 中国海上油气, 23(4): 213-217

王振峰. 2012. 深水重要油气储层——琼东南盆地中央峡谷体系. 沉积学报, 30(4): 646-653

王震，陈船英，赵林．2010．全球深水油气资源勘探开发现状及面临的挑战．中外能源，15(1)：46-49

吴景富，张功成，王璞珺，等．2012．珠江口盆地深水区 23.8Ma 构造事件地质响应及其形成机制．地球科学 – 中国地质大学学报，37(4)：654-666

吴时国，袁圣强．2005．世界深水油气勘探进展与我国南海深水油气前景．天然气地球科学，16(6)：693-714

吴时国，喻普之．2006．海底构造学导论．北京：科学出版社：228-233

夏义平，黄忠范，袁秉衡，等．2007．世界巨型油气田．北京：石油工业出版社：15-58

谢寅符，赵明章，杨福忠，等．2009．拉丁美洲主要沉积盆地类型及典型含油气盆地石油地质特征．中国石油勘探，(1)：65-72

徐行，姚永坚，王立非．2003．南海南部海域南薇西盆地新生代沉积特征．中国海上油气（地质），17(3)：170-175

徐连生，郭金荣．2009．Roncador 油田油藏发育特征和开发策略．国外油田工程，25(10)：48-49

杨木壮，王明君，梁金强，等．2003．南海万安盆地构造沉降及其油气成藏控制作用．海洋地质与第四纪地质，23(2)：85-88

《沿海大陆架及北邻海域油气区》编写组．1990．中国石油地质态 (卷 16)：沿海大陆架及北邻海域油气区 (上册)．北京：石油工业出版社．

姚伯初，刘振湖．2006．南沙海域沉积盆地及油气资源分布．中国海上油气，18(3)：150-160

姚伯初，万玲，刘振湖，等．2004．南海南部海域新生代万安运动的构造意义及其油气资源效应．海洋地质与第四纪地质，24(1)：69-77

姚永坚，吴能友，夏斌，等．2008．南海南部海域曾母盆地油气地质特征．中国地质，35(3)：503-513

张功成．2010．南海北部深水区构造演化及其特征．石油学报，31(4)：528-533

张功成．2012．源热共控论．石油学报，33(5)：723-738

张功成，米立军，吴时国，等．2007．深水区 - 南海北部大陆边缘盆地油气勘探新领域．石油学报，28(2)：15-21

张功成，刘震，米立军，等．2009．珠江口盆地—琼东南盆地深水区古近系沉积演化．沉积学报，27(4)：632-641

张功成，朱伟林，米立军，等．2010．"源热共控论"：来自南海海域油气田"外油内气"环带有序分布的新认识．沉积学报，28(5)：987-1004

张功成，米立军，屈红军，等．2011．全球深水盆地群分布格局与油气特征．石油学报，32(3)：1-10

张功成，米立军，屈红军，等．2013a．中国海域深水区油气地质．石油学报，34(增刊 2)：1-4

张功成，谢晓军，王万银，等．2013b．中国南海含油气盆地构造类型及勘探潜力．石油学报，34(4)：1-17

张建球，钱桂华，郭念发．2008．澳大利亚大型沉积盆地与油气成藏．北京：石油工业出版社

张抗，周芳．2010．世界天然气格局的变化和中国的机遇．中外能源，15(11)：1-14

张可宝，史卜庆，徐志强，等．2007．东非地区沉积盆地油气潜力浅析．天然气地球科学，18(6)：869-874

张莉，李文成，李国英，等．2004．礼乐盆地生烃系统特征．天然气工业，24(6)：22-24

周蒂，孙珍，陈汉宗．2007．世界著名深水油气盆地的构造特征及对我国南海北部深水油气勘探的启示．地球科学进展，22(6)：561-572

周总瑛，陶冶，李淑筠，等．2011．非洲东海岸重点盆地油气资源潜力与投资机会研究．北京：中国石化石油勘探开发研究院

周总瑛，陶冶，李淑筠，等．2013．非洲东海岸重点盆地油气资源潜力．石油勘探与开发，40(5)：543-551

朱介寿．2007．欧亚大陆及边缘海岩石圈的结构特性．地学前缘，14(3)：1-20

朱伟林．2009．南海北部深水区油气勘探关键地质问题．地质学报，83(8)：1059-1064

朱伟林．2010．南海北部深水区油气地质特征．石油学报，31(4)：521-527

朱伟林，张功成，杨少坤，等. 2007. 南海北部大陆边缘盆地天然气地质. 北京：石油工业出版社：3-70

庄彬俊. 2008. 大利亚天然气资源助推中国经济发展. 国际石油经济，(6)：66-68

邹才能，张光亚，陶士振，等. 2010. 全球油气勘探领域地质特征、重大发现及非常规石油地质. 石油勘探与开发，37(2)：129-145

Acevedo J S. 1980. Giant fields of the southern zone-Mexico//Halbouty M T. Giant Oil and Gas Fields of the Decade 1968-1978. AAPG Memoir, 30: 339-385

Akande S O, Erdtmann B D. 1998. Burial metamorphism (thermal maturation) in Cretaceous sediments of the southern Benue trough and Anambra Basin Nigeria. AAPG, 82(6): 1191-1200

Akanni F. 1998. Structural styles in deep offshore West Africa: Deepwater geology in extension of inshore basins. Offshore, (3): 80-84

Alsgaard P C. 1993. Eastern Barents Sea Late Palaeozoic setting and potential source rocks. Arctic Geology and Petroleum Potential, (2): 405-418

Ambrose G J. 2004. Jurassic sedimentation in the Bonaparte and northern Browse Basins: New models for reservoir-source rock development, hydrocarbon charge and entrapment//Timor Sea Petroleum Geosciences: Proceedings of the Timor Sea Symposium. Northern Territory Geological Survey

Ambrose W A, Wawrzyniec T F, Fouad K, et al. 2005. Neogene tectonic, stratigraphic, and play framework of the southern Laguna Madre-Tuxpan continental shelf, Gulf of Mexico. AAPG Bulletin, 89(6): 725-751. doi: 10. 1306/01140504081

Ameed K, Ghori R, Mory A J, et al. 2005. Modeling petroleum generation in the Paleozoic of the Carnarvon Basin, Western Australia: Implications for prospectivity. AAPG Bulletin, 89(1): 27-40

Anjos S M C, de Ros L F, Carlos M A. 2003. Chlorite authigenesis and porosity preservation in the Upper Cretaceous marine sandstones of the Santos Basin, offshore eastern Brazil. Int. Assoc. Sedimental. Spec. Publ, 34: 291-316

Anka Z, Séranne M, Lope M, et al. 2009. The long-term evolution of the Congo deep-sea fan: A basin-wide view of the interaction between a giant submarine fan and a mature passive margin(ZaiAngo project). Tectonophysics, 470: 42-56

ANP. 2010. Agência Nacional do Petróleo, Gás Natural e Biocombustíveis . http: //www.anp.gov.br/2010.

Apthorpe M C, Heath R S. 1981. Late Triassic and Early to Middle Jurassic foraminifera from the North West Shelf, Australia. Fifth Aust. Geol. Conv. Geol. Soc. Aust. Abstracts, 1981, 3: 66

Apthorpe M C. 1979. Depositional history of the Upper Cretaceous of the Northwest Shelf, based upon foraminifera. Australian Petroleum Exploration Association Journal, 19(1): 74-89

Aquino J A L, Ruiz J M, Flores M A F, et al. 2003. The Sihil Field: Another giant below Cantarell, offshore Campeche, Mexico//Halbonry M T (ed). Giant oil and gas fields of the decade 1990-1999. AAPG Moemoir, 78: 141-150

Avbovbo A A. 1978. Geothermal gradients in the southern Nigeria Basin. Bulletin of Canadian Petroleum Geology, 26(2): 268-274

Bambulyak A. 2007. The northern route of Russian Oil. Oil of Russia, (3): 35-37

Barber P M. 1994. Sequence stratigraphy and petroleum potential of Upper Jurassic-Lower Cretaceous depositional systems in the Dampier Sub-basin, North West Shelf, Australia //Purcell P G, Purcell R R. The Sedimentary Basins of Western Australia, Proceedings of Petroleum Exploration Society of Australia Symposium, WA, Perth: 525-582

Barrère C. 2009. Offshore prolongation of Caledonian structures and basement characterisation in the western

Barents Sea from geophysical modeling. Tectonophysics, 470(1-2): 71-88

Baskin D K, Hwang R J, Purdy R K. 1995. Predicting gas, oil, and water intervals in Niger Delta reservoirs using gas chromatography. AAPG Bulletin, 79(3): 337-350

Bastia R, Nayak P K. 2006. Tectonostratigraphy and depositional patterns in Krishna Offshore Basin, Bay of Bengal. The Leading Edge, 25(7): 839-845

Bastia R, Radhakrishnab M, Srinivasa T, et al. 2010. Structural and tectonic interpretation of geophysical data along the Eastern Continental margin of India with special reference to the Deep Water Petroliferous basins. Journal of Asian Earth Sciences: 1-40

Beardsmorel G R, Altmann M J. 2002. A heat flow map of the Dampier Sub-Basin //Keep M, Moss S J. The Sedimentary Basins of Western Australia: Proceedings of Petroleum Exploration Society of Australia Symposium, Perth, WA, (3): 641-659

Becker L, Poreda R J, Basu A R, et al. 2004. Bedout: a possible end-Permian impact crater offshore of northwestern Australia. Science, 304(5676): 1469-1476

Belmonte Y, Hirtz P, Wenger R. 1965. The salt basins of the Gabon and the Congo(Brazzaville), in salt basins around Africa. London: Institute of Petroleum

Beloussov V I. 1967. Geological structure of the hydrothermal systems of Kamchatka. Bulletin of Volcanology, 30(1): 63-73

Benson R F, Webb P A, Green J L, et al. 2004. Magnetospheric electron densities inferred from upper-hybrid band emissions. Geophysical Research Letters, 31(20)

Bergh S G, Grogan P. 2003. Tertiary structure of the Sorkapp-Hornsund region, south Spitsbergen, and implications for the offshore southern extension of the fold-thrust belt. Norsk Geologisk Tidsskrift, 83(1): 43-60

Beston N B. 1986. Reservoir geological modeling of the North Rankin field, Northwest Australia. Australian Petroleum Exploration Association Journal, 26(1): 426-480

Bhowmick P K. 2005. Phanerozoic petroli ferous basins of India. Glimpses of Geoscience Research in India: 253-268

Bird D E, Burke K, Hall S A. 2005. Gulf of Mexico tectonic history: Hot spot tracks, crustal boundaries, and early salt distribution. AAPG Bulletin, 89(3): 311-328

Blevin J E, Boreham C J, Summons R E, et al. 1998. An effective Lower Cretaceous petroleum system on the North West Shelf, evidence from the Browse Basin//Sedimentary Basins of Western Australia: Proceedings of Petroleum Exploration Society of Australia Symposium, (2): 397-420

Bluck B J. 1980. Structure, generation and preservation of upward fining, braided stream cycles in the Old Red Sandstone of Scotland. Transactions of the Royal Society of Edinburgh: Earth Sciences, 71(01): 29-46

Blystad P, Brekke H, Færseth R B, et al. 1995. Structural elements of the Norwegian continental shelf. Part Ⅱ: The Norwegian sea region. Norwegian Petroleum Directorate Bulletin, 8: 1-45

Boeuf M A G, Cliff W J, Hombroek J A R. 1992. Discovery and development of the Rabi-Kounga Field: a giant oil field in a rift basin, onshore Gabon. Exploration and Production, Anonymous, 13(2): 33-46

Bond A J, Mader N, Burns F E, et al. 2002. Tidally influenced deposition on the delta plain: Lower Cretaceous Barrow Group sandstones, Barrow Sub-basin, Northern Carnarvon Basin.//Keep M, Moss S J. The Sedimentary Basins of Western Australia: Proceedings of Petroleum Exploration Society of Australia Symposium, Perth, WA: (3): 945-966

Boreham C J, Hope J M, Hartung K B. 2001. Understanding source, distribution and preservation of

Australian natural gas: a geochemical perspective. The APPEA Journal, (1): 523-547

Bosellini A. 1986. East Africa continental margins. Geology, 14: 76-78

Braathen A, Maher H D, Haabet T E, et al. 1999. Caledonian thrusting on Bjrnya: Implications for Palaeozoic and Mesozoic tectonism of the western Barents Shelf. Norsk Geologisk Tidsskrift, 79(1): 57-68

Bradshaw J, Symonds P, Winn S, et al. 1994. Browse Basin petroleum system and regional structure. The APEA Journal, 34(1): 909-910

Bradshaw M J. 2008. Review of the 2008 offshore petroleum exploration release areas. The APPEA Journal, 48(1): 359-370

Bradshaw M T, Bradshaw J, Murray A P, et al. 1994. Petroleum systems in West Australian Basins//Purcell P G, Purcell R R. The sedimentary basins of Western Australia: Proceedings of Petroleum Exploration Society of Australia Symposium, Perth, WA: 93-118

Bradshaw M T, Yeates A N, Beynon R M, et al. 1988. Palaeogeographic evolution of the North West Shelf region//Purcell P G, Purcell R R. The North West Shelf, Australia: Proceedings Petroleum Exploration Society Australia Symposium, Perth, WA: 29-54

Braecini E, Denison C N, Seheevel J R, et al. 1997. A revised chronolithostratigraphic framework for the pre-salt(Lower Cretaceous)in Cabinda, Angola. Bulletin Centre de Reeherches Exploration-Production Elf Aquitaine, 21(1): 125-151

Bray R, Lawrence S, Swart R. 1998. Source rock, maturity data indicate potential off Namibia. Oiland Gas Journal, 1: 1-10

Breivik A J, Mjelde R, Grogan P, et al. 2002. A possible Caledonide arm through the Barents Sea imaged by OBS data. Tectonophysics, 355(1): 67-97

Breivik A J, Mjelde R, Grogan P, et al. 2003. Crustal structure and transform margin development south of Svalbard based on ocean bottom seismometer data. Tectonophysics, 369(1): 37-70

Breivik A J, Verhoef J, Faleide J I. 1999. Effect of thermal contrasts on gravity modeling at passive margins: Results from the western Barents Sea. Journal of Geophysical Research: Solid Earth (1978–2012), 104(B7): 15293-15311

Brekke H, Dahlgren S, Nyland B, et al. 1999. The prospectivity of the Vøring and Møre basins on the Norwegian Sea continental margin//Geological Society, London, Petroleum Geology Conference Series. Geological Society of London, (5): 261-268

Brekke H, Dahlgren S, Nyland B, et al.1999. The prospectivity of the Vøring and Møre basins on the Norwegian Sea continental margin//Geological Society, London, Petroleum Geology Conference series. Geological Society of London, (5): 269-274.

Brekke H, et al. 2000. The tectonic evolution of the Norwegian Sea continental margin with emphasis on the Vøring and Møre Basins. Geological Society of London Special Publication, 167(1): 327-378

Brekke T, Petersen H I. 2001. Source rock analysis and petroleum geochemistry of the Trym discovery, Norwegian North Sea: A Middle Jurassic coal-sourced petroleum system. Marine and Petroleum Geology, 18(8): 889-908

Brice S E, Cochran M D, Pardo G, et al. 1982. Tectonics and sedimentation of the South Atlantic rift sequence: Cabinda, Angola. Studies in Continental Margin Geology: AAPG Memoir, 34: 5-18

Bridgwater D, Davies B, Gill R C O, et al. 1978. Precambrianand Tertiary geology between Kangerdlu-Gssuaq and Angmagssalik, East Greenland. Grønlands Geol Unders, (83): 17

Brink A H. 1974. Petroleum geology of Gabon basin. AAPG Bulletin, 58(2): 216-235

Broucke F, Temple. 2004. The role of deformation processes on the geometry of mud-dominated turbiditic systems, Oligocene and Lower-Middle Miocene of the Lower Congo Basin(West African Margin). Marine and Petroleum Geology, (21): 327-348

Brownfield M E, Charpentier R R. 2003. Assessment of the undiscovered oil and gas of the Senegal Province, Mauritania, Senegal, The Gambia, and Guinea-Bissau, northwest Africa. USGS

Bruhn C H L, Lucchese C D, Gomes J A T, et al. 2003. Campos basin: Reservoir characterization and management-Historical overview and future challenges. Offshore Technology Conference, OTC 15220, Expanded Abstracts, (5-8): 1-14

Bryans R A,Feller M D,Harries P G, et al. 1998. The PY-3 field: India's first permanent floating production system withmulti-well subsea tiebacks. SPE India Oil and Gas Conference

Buffler R T. 1989. Distribution of crust, distribution of salt and the early evolution of the Gulf of Mexico Basin, program and extended and illustrated abstracts, Tenth Annual Research Conference, Gulf Coast Section, SEPM Foundation, Houston: 25-27

Buffler R T. 1991. Seismic stratigraphy of the dep Gulf of Mexico Basin and adjacent margins//Salvador A. The Gulf of Mexico Basin, Geological Society of America. The Geology of North America: 353-387

Bugge T, Belderson R H, Kenyon N H. 1988. The Storegga slide//Philosophical Transactions of the Royal society of London. Series A, Mathematical and Physical Sciences. London: Royal Society of London: 357-388

Bugge T, Elvebakk G, Fanavoll S, et al. 2002. Shallow stratigraphic drilling applied in hydrocarbon exploration of the Nordkapp Basin, Barents Sea. Marine and Petroleum Geology, 19(1): 13-37

Bukovics C, Ziegler P A. 1985. Tectonic development of the Mid-Norway continental margin. Marine and Petroleum Geology, 2(1): 2-22

Burdette F E. 1970-2-10. Thrust bearing oil seal system: U. S. Patent 3, 494, 679

Burke K, MacGregor D S, Cameron N R. 2003. Africa's petroleum systems: Four tectonic 'Aces' in the past 600 million years//Arthar T J, Macgregor D S, Cameron N R. Petroleum Geology of Africa: New Themes and Developing Technologies. London: Geological Society of London: 21-60

Burwood R. 1999. Angola: Source rock control for Lower Congo Coastal and Kwanza Basin petroleum systems//Cameron N R, Bate R H, Clure V S. The Oil and Gas Habitats of the South Atlantic. London: Geological Society of London: 181-194

Burwood R. 2000. Angola: Source rock control for Lower Congo coastal and Kwanza Basin petroleum systems.//Mohriak W U, Talwani M. Atlantic Rifts and Continental Margins, American Geophysical Union: 181-194

Busch D A. 1992. Chicontepec field-Mexico, Tampico-Misantla Basin//Foster N H, Beaumont E A. Stratigraphic Traps Ⅲ. AAPG, Treatise of Petroleum Geology, Atlas of Oil and Gas Fields: 113-128

Bussell M R, Jablonski D, Enman T, et al. 2001. Deepwater exploration: North Western Australia compared with Gulf of Mexico and Mauritania. The APPEA Journal, 41(1): 289-320

Caddah L F, Kowsmann R O. 1998. Slope sedimentary facies associated with Pleistocene and Holocene sea-level changes, Campos Basin, Southeast Brazilian Margin. Sedimentary Geology, 115: 159-174

Cadman S J, Temple P R. 2003. Bonaparte Basin, NT, WA, AC and JPDA, Australian Petroleum Accumula -tions Report 5. 2nd Edition. Geoscience Australia, Canberra

Cafarelli B, Randazzo S, Campbell S, et al. 2006. Ultra-deepwater 4-C offshore Brazil. The Leading Edge, 25(4): 474-477

Cainelli C, Mohriak W U. 1999. General evolution of the eastern Brazilian continental margin. The Leading Edge, 18(7): 800-805

Cameron N R, Bate R H, Clure V S. 1999. The oil and gas habitats of the South Atlantic. Geological Society Special Publication, (153): 133-151

Carlos H L, Bruhhn, Roger G Walker. 1995. High-resolution stratigraphy and sedimentary evolution of coarse-grained canyon-filling turbidites from the Upper Cretaceous transgressive megasequence, Campos basin, offshore Brazil. Journal of Sedimentary Research, 4(5): 426-442

Carminatti M, Dias J L, Wolff B. 2009. From turbidites to carbonates: Breaking Paradigms in Deep Waters. Offshore Technology Conference Houston:1-7

Carroll A R, Bohacs K M. 2001. Lake-type controls on petroleum source rock potential in nonmarine basins. AAPG Bulletin, 85(6): 1033-1053

Cartwright J A. 1994. Episodic basin-wide hydrofracturing of overpressured Early Cenozoic mudrock sequences in the North Sea Basin. Marine and Petroleum Geology, 11(5)：587-607

Cathro D L, Karner G D. 2006. Cretaceous-Tertiary inversion history of the Dampier Sub-basin, Northwest Australia: Insights from quantitative basin modeling. Marine and Petroleum Geology, (23): 503-526

Catuneanu O, Wopfner H, Eriksson P G, et al. 2005. The Karoo Basins of South-Central Africa. Journal of African Earth Science, 43: 211-253

Cha H-J, Choi M S, Lee C B, et al. 2007. Geochemistry of surface sediments in the southwestern East/Japan Sea. Journal of Asian Earth Sciences, 29: 685-697

Chakrabarti S K, Kriebel D, Berek E P. 1997. Forces on a single pile caisson in breaking waves and current. Applied Ocean Research, 19(2): 113-140

Chand S, Rise L, Ottesen D, et al. 2009. Pockmark-like depressions near the Goliat hydrocarbon field, Barents Sea: morphology and genesis. Marine and Petroleum Geology, 26(7): 1035-1042

Chari N, Sahu J N, Banerjee B, et al. 1995. Evolution of the Cauvery basin, India from subsidence modelling. Marine and Petroleum Geology, 12(6): 667-675

Chen C Y. 1993. High-magnesium primary magmas from Haleakala Volcano, east Maui, Hawaii: Petrography, nickel, and major-element constraints. Journal of Volcanology and Geothermal Research, 55(1): 143-153

Chough S K, Hesse R, Müller J. 1987. The Northwest Atlantic Mid-Ocean channel of the Labrador Sea, IV, Petrography and provenance of the sediments. Canadian Journal of Earth Sciences, 24(4): 731-740

Christiansen F G, Larsen H C, Marcussen C, et al. 1992. Uplift study of the Jameson Land basin, east Greenland. Norsk Geologisk Tidsskrift, 72(3): 291-294

Cobbold P R, Meisling K E. 2001. Reactivation of an obliquely-rifted margin, Campos and Santos basins, southeastern Brazil. AAPG Bulletin, 11(85): 1925-1944

Coffin S M F, Reston T J, Stock J M, et al. 2007. COBBOOM: The continental breakup and birth of oceans mission. Workshop Reports, 5: 13-25. doi: 10. 2204/iodp. sd. 5. 02

Cohen M J, Dunn M E. 1987. The hydrocarbon habitat of the Haltenbanken-Traenabank area, offshore Norway//Glennie K W. Petroleum Geology of North West Europe, Graham and Trotman, London: 1091-1104

Cole G A, Ormerod D, Smith J. 1998. Predicting oil charge types and quality in the deepwater offshore lower Congo Basin, Angola. AAPG Bulletin, (82): 190-200

Cole G A, Requejo A G, Yu Z, et al. 2000. Petroleum geological assessment of the Lower Congo Basin//Mello M R, Katz B J. Petroleum Systems of South Atlantic Margins. AAPG Memoir, 73: 325-339

Colling E L Jr, Alexander R J, Phair R L. 2001. Regional mapping and maturity modeling for the northern deep water Gulf of Mexico//Fillon R H, Rosen N C, Weimer P, et al. Petroleum Systems of Deep-Water Basins: Global and Gulf of Mexico Experience, GSCCEPM Foundation 21st Annual Bob F. Perkins Research Conference, Houston: 87-110

Combellas-Bigott R. I, Galloway W E. 2002. Origin and evolution of the middle Miocene submarine fan system, east central Gulf of Mexico. Gulf Coast Association of Geological Societies Transactions 52: 151–163

Condie S A, Andrewartha J R. 2008. Circulation and connectivity on the Australian North West Shelf. Continental Shelf Research, 28: 1724-1739

Condon M A. 1954. Progress report on the stratigraphy and structure of the Camarvon basin, Western Australia: Australian Bureau of Mineral Resources Report 15

Cook A C, Kantsler A J. 1980. The maturation history of epicontinental basins of Western Australia: United Nations Economic and Social Commission of Asia and the Pacific, Committee for Coordination of Joint Prospecting for Mineral Resources in South Pacific Offshore Areas, (3): 171-195

Cook H E. 1983a. Sedimentology of some allochthonous deep-water carbonate reservoirs, Lower Permian, West Texas: Carbonate debris sheets, aprons, or submarine fans. AAPG Bulletin, 67: 442

Cook H E. 1983b. Ancient carbonate platform margins, slopes, and basins//Cook H E, Hine A C, Mullins H T. Platform Margin and Deep Water Carbonates. Society for Sedimentary Geology(SEPM) Short Course, 12: 5-189

Corredor F, Shaw J H, Bilotti F. 2005. Structural styles in the deep-water fold and thrust belts of the Niger Delta. AAPG Bulletin, 89(6): 753-780

Coward M P. 1990. The Precambrian, Caledonian and Variscan framework to NW Europe. Geological Society of London, Special Publications, 55(1): 1-34

Coward M P. 1993. The effect of Late Caledonian and Variscan continental escape tectonics on basement structure, Paleozoic Basin kinematics and subsequent Mesozoic Basin development in NW Europe// Geological Society, London, Petroleum Geology Conference series. Geological Society of London, (4): 1095-1108

Crawford T G, Bascle B J, Kinler C J, et al. 2000. Outer continental shelf estimated oil and gas reserves, Gulf of Mexico, December 31, 1998. Minerals Management Service, U. S. Department of the Interior, OCS Report MMS 2000-069: 26

Crooks E. 2009-9-3. BP finds 'giant' US oil field, Published. http://www.ft.com/cms/b1db4e3e-9822-11de-8d3d-00144feabdc0. html

Crostella A, Barter T. 1980. Triassic/Jurassic depositional history of the Dampier and Beagle sub-basins, Northwest Shelf of Australia. Australian Petroleum Exploration Association Journal, 20(1): 25-33

Crostella A. 1976. Browse basin//Leslie R B, Evans H J, Knight C L. Economic Geology of Australia and Papua New Guinea: Petroleum Australasian Institute of Mining and Metallurgy Monograph, (7): 194-199

Crostella A. 2000. Geology and petroleum potential of the Abrolhos Sub-basin, Western Australia. GSWA, Report 75

Cull J P, Conley D. 1983. Geothermal gradients and heat flow in Australian sedimentary basins, BMR. Journal of Australian Geology and Geophysics, (8): 329-337

Curray J R, Moore D G. 1971. Growth of the Bengal deep-sea fan and denudation in the Himalayas. Geological Society of America Bulletin, 82(3): 563-572

Curray J R, Moore D G. 1974. Sedimentary and tectonic processes in the Bengal deep-sea fan and geosyncline//Burk C A, Drake C L. The Geology of Continental Margins. Berlin: Springer Verlag: 617-627

Currie C A, Hyndman R D. 2006. The thermal structure of subduction zone back arcs. Journal of Geophysical Research: Solid Earth (1978–2012): 111(B8)

Dailly P, Lowry P, Goh K, et al. 2002. Exploration and development of Ceiba Field, Rio Muni Basin, Southern Equatorial Guinea. The Leading Edge, November: 1140-1146

Dale C T, Lopes J R, Abilio S. 1992. Takula oil field and the greater Takula area, Cabinda, Angola//Halbouty M T. Giant Oil and Gas Fields of the Decade 1978 ~ 1988. AAPG Memoir, 54: 197-215

Dalland A, Augedahl H O, Bomstad K, et al. 1988. The post-Triassic succession of the Mid-Norwegian shelf// Dalland A, Worsley D, Ofstad K. A Lithostratigraphic Scheme for the Mesozoic and Cenozoic Succession Offshore Mid-and Northern Norway. Norwegian Petroleum Directorate Bulletin, (4): 5-42

Dam G, Surlyk F. 1993. Cyclic sedimentation in a large wave and storm-dominated anoxic lake, Kap Stewart Formation (Rhaetian-Sinemurian), Jameson Land, East Greenland

Darnell R M, Defenbaugh R E. 1990. Gulf of Mexico: Environmental overview and history of environmental research. American Zoologist, (30): 3-6

Davies R. K, An L, Jones P, et al. 2003. Fault-seal analysis South Marsh Island 36 field, Gulf of Mexico, AAPG Bulletin 87 (3): 479-491

Davison I. 2005. Central Atlantic margin basins of North West Africa: Geology and hydrocarbon potential (Morocco to Guinea). Journal of African Earth Sciences, 43: 254-274

Dawson D, Grice K, Alexander R, et al. 2007. The effect of source and maturity on the stable isotopic compositions of individual hydrocarbons in sediments and crude oils from the Vulcan Sub-basin, Timor Sea, Northern Australia. Organic Geochemistry, (38): 1015-1038

Dengo C A, Røssland K G. 1992. Extensional tectonic history of the western Barents Sea. Structural and Tectonic Modelling and its Applications to Petroleum Geology, (1): 91-107

Dias-Brito D, Azevedo R L M. 1986. The marine depositional sequences of the Campos Basin from a paleo-ecological view//The ⅩⅩⅩⅣ Congresso Brasileiro de Geologia, Goiânia: 38-49

Dolby J H, Balme B E. 1976. Triassic palynology of the Carnarvon basin, Western Australia. Review of Palaeobotany and Palynology, (22): 195-198

Doré A G, Stewart I C. 2002. Similarities and differences in the tectonics of two passive margins: the Northeast Atlantic Margin and the Australian North West Shelf//Sedimentary Basins of Western Australia: Proceedings of Petroleum Exploration Society of Australia Symposium, Perth, (3): 89-117

Doré A G. 1995. Barents Sea geology, petroleum resources and commercial potential. Artic, 48(3): 207-221

Doust H, Omatsola E. 1990. Niger delta//Edwards J D, Santogrossi P A. Divergent/Passive Margin Basins. AAPG Memoir, 48: 201-238

Dow W G, Yuker M A, Senftle J T, et al. 1990. Miocene oil source beds in the East Breaks Basin, flex-trend, offshore Texas: their characteristics, origin, distribution, exploration and production significance//Society of Economic Paleontologists and Mineralogists Foundation, Gulf Coast Section. 9th Annual Research Conference Proceedings, Austin: 139-150

Dumestre M A. 1985. Petroleum geology of Senegal. Oil Gas Journal, 83(43): 146-152

Edwards D S, Kennard J M, Preston J C, et al. 2000. Bonaparte Basin Geochemical characteristics of hydrocarbon families and petroleum systems. AGSO research newsletter, 33: 14-19

Ehrenberg S N, Gjerstad H M, Hadler J F. 1992. Smorbukk Field: A gas condensate fault trap in the

Haltenbanken Province, offshore mid-Norway. Giant oil and gas fields of the decade 1978-1988//Halbouty M T. American Association of Petroleum Geologists, 323-348

Ehrenberg S N, Nadeau P H, Steen O. 2008. A megascale view of reservoir quality in producing sandstones from the offshore Gulf of Mexico. AAPG Bulletin, 2(92): 145-164

Ehrenberg S N. 1990. Relationship between diagenesis and reservoir quality in sandstones of the garn formation, Haltenbanken, Mid-Norwegian Continental Shelf (1). AAPG Bulletin, 74(10): 1538-1558

Eiken O, Hinz K. 1993. Contourites in the Fram Strait. Sedimentary Geology, 82(1): 15-32

Eldholm O, Thiede J, Taylor E. 1989. The Norwegian continental margin: Tectonic, volcanic, and paleoenvironmental framework//Proceedings of the Ocean Drilling Program, Scientific Results, (104): 5-26

Ellenor D W, Mozetic A. 1986. The Draugen oil discovery. Habitat of Hydrocarbons on the Norwegian Continental Shelf: Norwegian Petroleum Society, Graham and Trotman: 313-316

Ellis L, Berkman T, Uchytil S, et al. 2007. Integration of mud gas isotope logging(MGIL) with field appraisal at Horn Mountain Field, deepwater Gulf of Mexico. Journal of Petroleum Science and Engineering, 58: 443-463. doi: 10. 1016/j. petrol. 2007. 03. 001

Enos P. 1977. Tamara limestone of the Poza Rica trend, Cretaceous, Mexico//Cook H E, Paul E. Deep-Water Carbonate Environments. Society for Sedimentary Geology(SEPM), Special Publication, 25: 273-314

Enos P. 1985. Cretaceous debris reservoirs, Poza Rica field, Veracruz, Mexico//Roehl P O, Choquette P W. Carbonate Petroleum Reservoirs. New York: Springer-Verlag: 459-469

Evamy B D, Haremboure J, Kamerling P, et al. 1978. Hydrocarbon habitat of Tertiary Niger delta. AAPG Bulletin, 62(1): 1-39

Eyles N, Mory A J, Backhouse J. 2002. Rboniferous Permian palynostratigraphy of west Australian marine rift basins: Resolving tectonic and eustatic controls during Gondwanan glaciations. Palaeogeography Palaeoclimatology Palaeoecology, 184: 305-19

Færseth R B, Lien T. 2002. Cretaceous evolution in the Norwegian Sea-a period characterized by tectonic quiescence. Marine and Petroleum Geology, 8(19): 1005–1027

Fagerland N. 1990. Mid-Norway shelf-hydrocarbon habitat in relation to tectonic elements. Norsk Geologisk Tidsskr, 70(2): 65-79

Faleide J I, Gudlaugsson S T, Eldholm O, et al. 1991. Deep seismic transects across the sheared western Barents Sea-Svalbard continental margin. Tectonophysics, 189(1): 73-89

Faleide J I, Gudlaugsson S T, Jacquart G. 1984. Evolution of the western Barents Sea. Marine and Petroleum Geology, 1(2): 123-150

Faleide J I, Myhre A M, Eldholm O. 1988. Early Tertiary volcanism at the western Barents Sea margin. Geological Society, London, Special Publications, 39(1): 135-146

Faleide J I, Tsikalas F, Breivik A J, et al. 2008. Structure and evolution of the continental margin off Norway and the Barents Sea. Episodes, 31(1): 82-91

Faleide J I, Vågnes E, Gudlaugsson S T. 1993. Late Mesozoic-Cenozoic evolution of the south-western Barents Sea in a regional rift-shear tectonic setting. Marine and Petroleum Geology, 10(3): 186-214

Falvey D A. 1974. The development of continental margins in plate tectonic theory. Australian Petroleum Exploration Association Journal, 14(1): 95-106

Felton E A, Miyazaki S, Dowling L, et al. 1992. Carnarvon Basin, WA, Bureau of Resource Sciences, Australian Petroleum Accumulations Report 8. Canberra: Geoscience Australia

Fetter M. 2009. The role of basement tectonic reactivation on the structural evolution of Campos Basin, offshore Brazil: Evidence from 3D seismic analysis and section restoration. Marine and Petroleum Geology, (26): 873-886

Figueiredo A M F, Pereira M J, Mohriak W U, et al. 1985. Salt tectonics and oil accumulation in Campos Basin, offshore Brazil. AAPG Bulletin-American Association of Petroleum Geologists, 69(2): 255

Fillon R H, Lawless P N. 2000. Lower Miocene-early Pliocene deposystems in the Gulf of Mexico: Regional sequence relationships. Gulf Coast Association of Geological Societies Transactions, (50): 411-428

Fort X. 2004. Salt tectonics on the Angolan margin, syn-sedimentary deformation processes. AAPG, 88(11): 1423-1544

Frielingsdorf J, Islam S A, Block M, et al. 2008. Tectonic subsidence modelling and Gondwana source rock hydrocarbon potential, Northwest Bangladesh modelling of Kuchma, Singra and Hazipur wells. Marine and Petroleum Geology: 553-564

Fugitt D S, Florstedt J E, Herricks G J, et al. 2000. Schweller, Production characteristics of sheet and channelized turbidite reservoirs, Garden Banks 191, Gulf of Mexico. The Leading Edge, 19(4): 356-369

Fujii T, O'Brien G W, Tingate P, et al. 2004. Using 2D and 3D modeling to investigate controls on hydrocarbon migration in the Vulcan Sub-basin, Timor sea, Northwestern Australia. The APPEA Journal, 44(1): 93-122

Gabrielsen R H, Færseth R B, Steel R J, et al. 1990. Architectural styles of basin fill in the northern Viking Graben. Tectonic Evolution of the North Sea Rifts, (181): 158-179

Galloway W E, Bebout D G, Fisher W L, et al. 1991. Cenozoic// Salvador A. The Gulf of Mexico Basin, Geologyical Society of America, The Geology of North America

Galloway W E, Ganey-Curry P E, Li X, et al. 2000. Cenozoic depositional history of the Gulf of Mexico Basin. AAPG Bulletin, 84 (11): 1743–1774

Garcia J A M. 1996. Oils and source rocks of the southern portion of the Tampico-Misantla Basin, Mexico: Evidence for the great petroleum potential of the western Gulf of Mexico//Luna E G, Cortes A M. Memorias del V Congreso Latino-Americano de Geoquimica Organica, Proceedings of the 5th Latin American Congress on Organic Geochemistry, Cancun: 94

Gartrell A P. 2000. Rheological controls on extensional styles and the structural evolution of the Northern Carnarvon Basin, North West Shelf, Australia. Australian Journal of Earth Sciences, 47: 231-244

George S C, Lisk M, Eadington P J. 2004. Fluid inclusion evidence for an early, marine-sourced oil charge prior to gas-condensate migration, Bayu 21, Timor Sea, Australia. Marine and Petroleum Geology, (21): 1107-1128

Geoscience Australia. 2006. Carnarvon Basin. http: //www.gov.au/oceans/rpgCarnarvon.jsp./

Geoscience Australia. 2010. Australian bureau of agricultural and resource economics. Sydney: Australian Energy Resource Assessment: 41-130

Gernigon L, Olesen O, Ebbing J, et al. 2009. Geophysical insights and early spreading history in the vicinity of the Jan Mayen Fracture Zone, Norwegian-Greenland Sea. Tectonophysics, 468: 185-205

Gibbons M J, Williams A K, Piggott N, et al. 1983. Petroleum geochemistry of the Southern Santos Basin, Offshore Brazil. Journal of Geological. Society of London, (140): 423-430

Gjelberg J G, Vale P J, William H. 2001. Tectonostratigraphic development in the eastern Lower Congo Basin, offshore Angola, West Africa. Marine and Petroleum Geology, 18(8): 909-927

Gjelberg J, Dreyer T, Høie A, et al. 1987. Late Triassic to Mid-Jurassic sandbody development on the Barents and Mid-Norwegian shelf. London, Graham and Trotman: Petroleum Geology of North West Europe: 1105-

1129

Gjelberg J, Steel R J. 1995. Helvetiafjellet Formation (Barremian-Aptian), Spitsbergen: Characteristics of a transgressive succession. Norwegian Petroleum Society Special Publications, 5: 571-593

Glørstad-Clark E, Faleide J I, Lundschien B A, et al. 2010. Triassic seismic sequence stratigraphy and paleogeography of the western Barents Sea area. Marine and Petroleum Geology, 27(7): 1448-1475

Goldhammer R K, Johnson C A. 2001. Middle Jurassic-Upper Cretaceous paleogeographic evolution and sequence-stratigraphic framework of the northwest Gulf of Mexico//Bartolini C, Buffler R T, Chapa A C. The western Gulf of Mexico Basin: Tectonics, Sedimentary Basins, and Petroleum Systems. AAPG Bulletin, (75): 45-81

Goncharov A, Deighton I, Duffy L, et al. 2006. Basement and crustal controls on hydrocarbons maturation on the Exmouth Plateau, North West Australian Margin. Poster Presented at AAPG International Conference, Perth, November

Goncharov A, Deighton I, McLaren S, et al. 2007. Relative significance of various basement and crustal controls on hydrocarbons maturation: Towards quantitative assessment. Poster Displayed at APPEA 2007, Adelaide

Gonzalez-Garcia R, Holguin-Quinones N. 1992. Geology of the source rocks of Mexico. 13th World Petroleum Congress Proceedings, (2): 95-104

Gore R H. 1992. The Gulf of Mexico. Sarasota: Pineapple Press, Inc. : 384

Gorter J D, Deighton I. 2002. Effects of igneous activity in the offshore northern Perth basin—Evidence from petroleum exploration wells, 2D seismic and magnetic surveys//Western Australian Basins Symposium Ⅲ. Perth: Petroleum Exploration Society of Australia: 875-899

Gorter J D, Jones P J, Nicoll R S, et al. 2005. A reappraisal of the carboniferous stratigraphy and the petroleum potential of the Southeastern Bonaparte basin (Petrel sub-basin), Northwestern Australia. The APPEA Journal, 45(1): 275-296

Goutorbe B, Lucazeau F, Perry C, et al. 2006. The thermal regime of continental margins

Grajales-Nishimura J M, Cedillo-Pardo E, Rosales-Dominguez C, et al. 2000. Chicxulub impact: The origin of reservoir and seal facies in the southeastern Mexico fields. Geology, 28: 307-310

Gramberg I S. 1988. Barents shelf plate. Nedra, Leningrad

Grand S P, Hilst R D, Widiyantoro S. 1997. Global seismic tomography: A snapshot of convection in the earth. GSA Today, (74): 1-7

Graue K. 1992. Extensional tectonics in the northernmost North Sea: Rifting, uplift, and footwall collapse in Late Jurassic to Early Cretaceous times//Spencer A M. European Association of Petroleum Geologists, Special Publications, (2): 23-34

Grevemeyer I, Weigel W, Dehghani G A, et al. 1997. The Aegir Rift: crustal structure of an extinct spreading axis. Marine Geophysical Researches, 19(1): 1-23

Grogan P, Østvedt-Ghazi A M, Larssen G B, et al. 1999. Structural elements and petroleum geology of the Norwegian sector of the northern Barents Sea. Geological Society of London, Petroleum Geology Conference Series, (5): 247-259

Guardado L R, Gamboa L A P, Lucchesi C F. 1989. Petroleum geology of the Campos Basin, Brazil: A model for producing Atlantic type basins//Edwards J D, Santogrossi P A. Divergent/Passive Margin Basins. AAPG Memoir, 48: 3-80

Guardado L R, Spadini A R, Brandão J S L. 2000. Petroleum system of the Campos Basin//Mello M R, Katz

B J. Petroleum Systems of South Atlantic Margins. AAPG Memoir, 73: 317-324

Gudlaugsson S T, Faleide J I, Johansen S E, et al. 1998. Late Paleozoic structural development of the southwestern Barents Sea. Marine and Petroleum Geology, (15): 73-102

Gudlaugsson S T, Gunnarsson K, Sand M. 1988. Tectonic and volcanic events at the Jan Mayen Ridge microcontinent. Geological Society of London, Special Publications, 39(1): 85-93

Gunn P J. 1988. Bonaparte rift basin: Effects of axial doming and crustal spreading. Exploration Geophysics, 19(1/2): 83-87

Gupta S K, Kmazumdar S, Basu B. 2000. Genesis of petroleum systems in Krishna-Godavari Basin, India. AAPG Bulletin, 9(84): 14-32

Gupta S K. 2006. Basin architecture and petroleum system of Krishna Godavari Basin, east coast of India. Oil and Natural Gas Corporation, Dehradun, India, 07: 830-837

Guzman-Vega M A, Castro O L, Roman-Ramos J R, et al. 2001. Classification and origin of petroleum in the Mexican Gulf Coast Basin: An overview//Bartolini C, Buffler R T, Cantu-Chapa A. The Western Gulf of Mexico Basin: Tectonics, Sedimentary Basins and Petroleum Systems. AAPG Memoir, 75: 127-142

Haeberle F R. 2005. Gulf of Mexico reservoir properties are helpful parameters for explorers. Oiland Gas Journal, 103(24): 34-37

Hall S H. 2002. The role of autochthonous salt inflation and deflation in the northern Gulf of Mexico. Marine and Petroleum Geology, (19): 649-682

Haller J. 1970. Tectonic map of East Greenland(1 : 500000), an account of tectonism, plutonism, and volcanism in East Greenland. Meddr Grønland, 171(5): 286

Halse J W, Hayes J D. 1971. The geological and structural framework of the offshore Kimberley Block(Browse basin) area, Western Australia. Australian Petroleum Exploration Association Journal, 12(1): 64-70

Hansen K, Kristensen E. 1997. Impact of macrofaunal recolonization on benthic metabolism and nutrient fluxes in a shallow marine sediment previously overgrown with macroalgal mats. Estuarine, Coastal and Shelf Science, 45(5): 613-628

Harris N B, Freeman K H, Pancost R D, et al. 2004. The character and origin of latchstring source racks in the Lower Cretaceous synrift section, Congo Basin, West Africa. AAPG, 88(8): 1163-1184

Harris N B. 1991. Geology and geochemistry of the New Boston-Blue Ribbon prospect, Mineral County, Nevada—A skarn associated with a calc-alkaline porphyry molybdenum system. Geology and Ore Deposits of the Great Basin, (1): 433-460

Hefti J, Dewing S, Jenkins C, et al. 2006. Maximizing value from petroleum assets—Innovative approaches and technologies-Improvements in seismic imaging, Io Jansz gas field North West Shelf, Australia. APPEA Journal-Australian Petroleum Production and Exploration Association, 46(1): 135-160

Heine C, Müller R D, Norvick M. 2002. Revised Tectonic Evolution of the Northwest Shelf of Australia and adjacent abyssal plains//Keep M, Moss S J. The Sedimentary Basins of Western Australia: Proceedings of Petroleum Exploration Society of Australia Symposium. Perth, 2(3): 956-967

Helby R J, Morgan R, Partridge A D. 1987. A palynological zonation of the Australian Mesozoic. Association of Australasian Paleontologists Memoir 4: 1-94

Hentz T F, Zeng H. 2003. High-frequency Miocene sequence stratigraphy, offshore Louisiana: Cycle framework and influence on production distribution in a mature shelf province. AAPG Bulletin, 87(2): 197-230. DOI: 10. 1306/09240201054

Hernandez J G. , Castillo M G, Ruiz J Z, et al. 2005. Structrual style of the Gulf of Mexico's Cantarell complex. The Leading Edge: 136-138

Hernandez-Mendoza J J, de Angelo M V, Wawrzyniec T F, et al. 2008. Major structural elements of the Miocene section, Burgos Basin, northeastern Mexico. AAPG Bulletin, 92(11): 1479-1499. doi: 10. 1306/07020808020

Heum O R, Dalland A, Meisingset K K. 1986. Habitat of hydrocarbons at Haltenbanken (PVT-modelling as a predictive tool in hydrocarbon exploration)//Spencer A M. Habitat of Hydrocarbons on the Norwegian Continental Shelf, Proceedings of an International Conference. London: Graham and Trotman: 259-274

Heyman M A. 1989. Tectonic and depositional history of the Moroccan Continental Margin//Tankard A, Balkwill H. Extensional Tectonics and Stratigraphy of the North Atlantic Margin. AAPG Memoir, 46: 323-340

Higgins A K, Phillips W E A. 1979. East Greenland Caledonides—An extension of the British Caledonides// Holland C H, Leake B E. The Caledonides of the British Isles-reviewed. Geological. Society of London, (8): 19-32

Hilde T W C, Isezaki N, Wageman J M. 1973. Mesozoic Sea-Floor Spreading in the North Pacific. American Geophysical Union

Hill K C, Nick H. 2002. Restoration of a deepwater profile from the Browse Basin: Implications for structural-stratigraphic evolution and hydrocarbon prospectivity//Sedimentary Basins of Western Australia: Proceedings of Petroleum Exploration Society of Australia Symposium, (3): 936-959

Hill K C, Raza A. 1999. Arc-continent collision in Papua Guinea: Constraints from fission track thermochronology. Tectonics, 18(6): 950-966

Hocking R M. 1988. Regional geology of the northern Carnarvon Basin//The North West Shelf, Australia: Proc. Petrol Explor. Soc. Aust. Symposium : 97-114

Hood K C, Wenger L M, Gross O P, et al. 2002. Hydrocarbon systems analysis of the northern Gulf of Mexico: Delineation of hydrocarbon migration pathways using seeps and seismic imaging//Schumacher D, LeSchack L A. Surface Exploration Case Histories: Applications of Geochemistry, Magnetics, and sensing. AAPG Studies in Geology No. 48 and SEG Geophysical References, (11): 25-40

Horozal S, Lee G H, Yi B Y, et al. 2009. Seismic indicators of gas hydrate and associated gas in the Ulleung Basin, East Sea (Japan Sea) and implications of heat flows derived from depths of the bottom-simulating reflector. Marine Geology, 258(1): 126-138

Hovland M, Judd A. 1988. Seabed pockmarks and seepages: impact on geology, biology, and the marine Environment. Berlin: Springer-Verlag

Hudec M R, et al. 2002. Stmctural segmentation, inversion and salt tectonics on a passive margin: Evolution of the Inner Kwanza Basin, Angola . Geological Society of America, 114(10): 1222-1244

Hudec M R, Jackson M P A. 2004. Regional restoration across the Kwanza Basin, Angola: Salt tectonics triggered by repeated uplift of a metastable passive margin. AAPG Bulletin, 88(7): 971-990

Hull J N F, Griffiths C M. 2002. Sequence stratigraphic evolution of the Albian to recent section of the Dampier Sub-basin, North West Shelf Australia//Sedimentary Basins of Western Australia: Proceedings of Petroleum Exploration Society of Australia Symposium, Perth, (3): 617-639

Hustoft S, Mienert J, Bünz S, et al. 2007. High-resolution 3D-seismic data indicate focused fluid migration pathways above polygonal fault systems of the mid-Norwegian margin. Marine Geology, 245(1): 89-106

Hvoslef S, Larter S R, Leythaeuser D. 1987. Aspects of generation and migration of hydrocarbons from coal-bearing strata of the Hitra Formation, Haltenbanken area, offshore Norway//Advances in Organic Geochemistry 1987, Part Ⅰ, Organic Geochemistry in Petroleum Exploration, Proceedings of the 13th International Meeting on Organic Geochemistry. Organic Geochemistry, 13(1-3): 525-536

Hydro Media 2007. 2/28 Taylor Street, Blockhouse Bay, Auckland 0600, New Zealand

Iasky R P. 2002. Prospectivity of the Peedamullah Shelf and Onslow Terrace revisited//Keep M, Moss S J. The Sedimentary Basins of Western Australia: Proceedings of Petroleum Exploration Society of Australia Symposium, Perth: 741-759

IHS Energy Group. 2007. International oil & gas activity database: Geneva, Switzerland

IHS. 2010. Energy and its affiliated and subsidiary companies. Basin Monitor: Brazil, South Atlantic Ocean Region Santos Basin

Ingersoll R V. 1995. Tectonics of sedimentary basins. Geological Society of America Bulletin, 100(11): 1704-1719

Isezaki N. 1975. Possible spreading centers in the Japan Sea. Marine Geophysical Researches, 2(3): 265-277

Islam M A. 2009. Diagenesis and reservoir quality of Bhuban sandstones (Neogene), Titas Gas Field, Bengal Basin, Bangladesh. Journal of Asian Earth Sciences, (35): 89-100

Iturralde-Vinent M. 2003. A brief account of the evolution of the Caribbean seaway: Jurassic to present. From Greenhouse to Icehouse: The Marine Eocene-Oligocene Transition. New York: Columbia University Press: 386-396

Jablonski D, Saltta A J. 2004. Permian to lower cretaceous plate tectonics and its impact on the tectono-stratigraphic development of the western Australian margin. APPEA Journal, (1): 287-328

Jablonski D. 1997. Recent advances in the sequence stratigraphy of the Triassic to Lower Cretaceous succession in the northern Carnarvon Basin, Australia. APPEA Journal, 37(1): 429-454

Jackson M P A, Carlos C, Fonck J M. 2000. Role of subaerial volcanic rocks and mantle plumes in creation of Sout h Atlantic margins: implications for salt tectonics and source rocks . Marine and Petroleum Geology, 17: 477-498

Jackson M P A, Carlos C, Fonck J M. 2000. Role of subaerial volcanic rocks and mantle plumes in creation of South Atlantic margins: Implications for salt tectonics and source rocks. Marine and Petroleum Geology, 17(4): 477-498

Jacquin T. 1999. Cyclic fluctuations of anoxia during Cretaceous time in the South Atlantic Ocean. Marine and Petroleum Geology, 5: 59-69

Jain A. 2007. Ravva field-discovery to production and future prospectivity. Quarterly Journal of the Directorate General of Hydrocarbons, (7): 22-28

Jebsen C, Faleide J I. 1998. Tertiary rifting and magmatism at the western Barents Sea margin (Vestbakken volcanic province). The International Conference on Arctic Margins, ICAM Ⅲ

Jennette D, Fouad K, Grimaldo F, et al. 2003. Traps and turbidite reservoir characteristics from a complex and evolving tectonic setting, Veracruz Basin, southeastern Mexico. AAPG Bulletin, 87(10): 1599-1622

Jensen L N, Sørensen K. 1992. Tectonic framework and halokinesis of the Nordkapp Basin, Barents Sea. Structural and Tectonic Modelling and its Application to Petroleum Geology. Norwegian Petroleum Society (NPF) Special Publication, 1: 109-120

Johannessen E P, Nøttvedt A. 2006. Landet omkranses avdeltaer// Ramberg I B, Bryhni I, Nøttvedt A. Norwegian Geological Society, Trondheim: 354-382

Johansen S E, Ostisty B K, Birkeland O, et al. 1993. Hydrocarbon potential in the Barents Sea region: Play distribution and potential//Vorren T O, Bergsager E, Lurid T B. Arctic Geology and Petroleum Potential. Norwegian Petrol Society Special Public, (2): 273-320

Jolivet L, Tamaki K. 1992. Neogene kinematics in the Japan Sea region and volcanic activity of the northeast Japan Arc//Proceedings of the Ocean Drilling Program: Scientific Results, 127(128): 1311-1331

Jordan C L, Wilson J L. 2003. Geologic controls on the organic richness of Tithonian (Upper Jurassic) source rocks in the Burgos, Tampico-Misantla, and Sureste basins of Mexico//Rosen N C. Structure and Stratigraphy of South Texas and Northeast Mexico: Applications to Exploration, Gulf Coast Section SEPM Foundation: 22-24

Joyes R, Leu W. 1995. Deep water exploration opportunities in South Atlantic African Basins. Petroconsultants. Global Energy Information Services: 5-172

Joyes R. 1995. Lower Congo and Kwanza Basins. Africa Exploration Opportunities, Petroconsultants Non-Exclusive Report : 1-263

Kagya M. 2000. Hydrocarbon potential of the deep sea off Tanzania coastal basins as indicated by geochemistry of source rocks and oils from Songo Songo gas field. AAPG-2000: 109.

Karig D E. 1971. Origin and development of marginal basins in the western Pacific. Journal of Geophysical Research, 76(11): 2542-2561

Karlsen D A, Nyland B, Flood B, et al. 1995. Petroleum geochemistry of the Haltenbanken, Norwegian continental shelf//England W A. The Geochemistry of Reservoirs. Geological Society Special Publications of London, 86: 203-256

Karlsson A. 1984. Scattering of Rayleigh lamb waves from a 2d-cavity in an elastic plate. Wave Motion, 6(2): 205-222

Katz B J, Dawson W C, Lira L M, et al. 2000. Petroleum systems of the Goose Delta, offshore Gabon//Mello M R, Katz B J. Petroleum Systems of South Atlantic Margins. AAPG Memoir, 73: 247-256

Keall J M, Smith P M. 2000. The impact of late tilting on hydrocarbon migration, eastern Browse Basin, Western Australia. AAPG Bulletin, 84(9): 1445-1446

Keep M, Clough M, Langhi L, et al. 2002. Neogene tectonic and structural evolution of the Timor Sea region, NW Australia//The Sedimentary Basins of Western Australia 3, Proceedings of the Petroleum Exploration Society of Australia Symposium, Perth: 341-353

Kennard J M, Deighton I, Edwards D S. 2002. Subsidence and thermal history modelling: New insights into hydrocarbon expulsion from multiple petroleum systems in the Petrel Sub-basin, Bonaparte Basin. From Sedimentary Basins of Western Australia, (3): 409-437

Khain V E, Levin L E, Polyakova I D. 2005. Petroleum potential of deep oligocene-miocene basins in Southern Russia. Doklady Earth Sciences, 404(7): 979-981

Khan M A, Imaduddin M. 1999. Petroleum exploration and production in Bangladesh: Prospect and problems//Proceedings of the 43rd Convention of the Institute of Engineers: 27-32

Khan M R, Muminullah M. 1980. Stratigraphy of Bangladesh. In Petroleum and Mineral Resources of Bangladesh. Dhaka: Seminar and Exhibition: 35-40

Khandoker R A. 1989. Development of major tectonic elements of the Bengal Basin: A plate tectonic appraisal. Bangladesh Journal of Scientific Research, 7(2): 221-232

Khorasani G K. 1989. Factors controlling source rock potential of the Mesozoic coalbearing strata from offshore central Norway; application to petroleum exploration. Bulletin of Canadian Petroleum Geology, 37: 417-427

Kim C H, Park C H, Jeong E Y, et al. 2009. Flexural isostasy and loading sequence of the Dokdo seamounts on the Ulleung Basin in the East Sea (Sea of Japan). Journal of Asian Earth Sciences, 35: 459-468

Kirk R B. 1984. Seismic stratigraphic cycles in the eastern Barrow sub-basin, Northwest Shelf, Australia. Australian Society of Exploration Geophysicists and Australian Petroleum Geophysics Symposium: 437-479

Kittelsen J E, Hollingsworth R R, Marten R F, et al. 1999. The first deepwater well in Norway and its implications for the Cretaceous play Vøring Basin//Fleet A J, Boldy S A. Petroleum Geology of Northwest Europe, Proceedings of the Fifth Conference, (5): 275-280

Kivior T, Kaldi J G, Jones R M. 2000. Late Jurassic and Cretaceous seals of the Vulcan Sub-basin. AAPG Bulletin, 84(9): 1449

Knott D. 1997. Interest grows in African oil and gas opportunities. OGT: 41-60

Kolla V, Bourges P, Urruty J M, et al. 2001. Evolution of deep-water Tertiary sinuous channels offshore Angola (west Africa) and implications for reservoir architecture. AAPG Bulletin, 85(8): 1373-1405

Koppelhus E B, Hansen C F. 2003. Palynostratigraphy and palaeoenvironment of the middle Jurassic Sortehat formation (Neill Klinter Group), Jameson land, east Greenland. Geological Survey of Denmark and Greenland Bulletin, (1): 777-811

Kopsen E. 2002. Historical perspective of hydrocarbon volumes in the Westralian Superbasin: Where are the next billion barrels? The Sedimentary Basins of Western Australia 3. Proceedings of the Petroleum Exploration Society of Australia Symposium, Perth: 3-13

Korn B E, Teakle R P, Maughan D M, et al. 2003. The Geryon, Orthrus, Maenad and Urania gas fields, Carnarvon basin, Western Australia. APPEA Journal, 43(1): 285-301

Kraishan G M, Lemon N M. 2000. Fault-related calcite cementation: implications for timing of hydrocarbon generation and migration and secondary porosity development, Barrow sun-basin, North West shelf. APPEA Journal, 48(1): 215-229

Kreuser T, Schramedei R, Rullkotter J. 1988. Gas-prone source rocks from cratogene Karoo basins in Tanzania. Journal of Petroleum Geology, 11: 169-184

Kreuser T. 1995. Rift to drift in Permian-Jurassic basins of East Africa//Lambiase J J. Hydrocarbon Habit in Rift Bains. Geological Society Special Publication, 80: 297-315

Krishnan R, Ananthakrishna K, Hardy P, et al. 2005. Petrophysics infuses life to field//SPWLA 46th Annual Logging Symposium New Or Leans

Labutis V R. 1994. Sequence stratigraphy and the North West Shelf of Australia//Purcell P G, Purcell R R. The Sedimentary Basins of Western Australia: Proceedings of Petroleum Exploration Society of Australia Symposium. Perth: 159-180

Langrock U, Stein R, Lipinski M, et al. 2003. Late Jurassic to Early Cretaceous black shale formation and paleoenvironment in high northern latitudes: Examples from the Norwegian - Greenland Seaway. Paleoceanography, 18(3)

Larsen E, Gulliksen S, Lauritzen S, et al. 1987. Diagenesis and porosity evolution of Lower Permian Palaeoaplysina build-ups. Bjørnøya: An example of diagenetic response to high frequency sea level fluctuations in an arid climate. Diagenesis and Basin Development: AAPG Studies in Geology, (36): 199-211

Larsen H C, Marcussen C. 1992. Sill-intrusion, flood basalt emplacement and deep crustal structure of the Scoresby Sund region, East Greenland. Geological Society of London, Special Publications, 68(1): 365-

386

Larsen H C. 1980. Geological perspectives of the East Greenland continental margin. Bulletin Geological Society Den, (29): 77-101

Larssen G B, Elvebakk G, Henriksen L B, et al. 2002. Upper Palaeozoic lithostratigraphy of the Southern Norwegian Barents Sea. Norwegian Petroleum Directorate Bulletin, (9): 76

Lavering I H, Pain L. 1991. Browse Basin, Australian Petroleum Accumulations Report 7. Canberra: Geoscience Australia

Lawrence S R, Munday S, Bray R, et al. 2002. Regional geology and geophysics of the eastern Gulf of Guinea (Niger Delta to Rio Muni). The Leading Edge, November: 1112-1117

Leach W G. 1993. New exploration enhancements in S. Louisiana Tertiary sediments. Oil and Gas Journal, 91 (9): 83-87

Lee G H, Kim B. 2002. Infill history of the Ulleung Basin, East Sea (Sea of Japan) and implications on source rocks and hydrocarbons. Marine and Petroleum Geology, (19): 829-845

Lee G H, Lee K, Watkins J S. 2001. Geologic evolution of the Cuu Long and Nam Con Son basins, offshore southern Vietnam, South China Sea. AAPG Bulletin, 85(6): 1055-1082

Lee G H, Suk B-C. 1998. Latest Neogene-Quaternary seismic stratigraphy of the Ulleung Basin, East Sea (Sea of Japan). Marine Geology, 146: 205-224

Leith T L, Kaarstad I, Connan J, et al. 1993. Recognition of caprock leakage in the Snorre Field, Norwegian North Sea. Marine and Petroleum Geology, 10(1): 29-41

Leslie B M, Travis L H, Harry E C. 2001. Pimienta-Tamabra(!)—A giant supercharged petroleum system in the Southern Gulf of Mexico, onshore and off-shore Mexico, the Western Gulf of Mexico Basin. AAPG Memoir, 75: 83-127

Lien T. 2005. From rifting to drifting: effects on the development of deep-water hydrocarbon reservoirs in a passive margin setting, Norwegian Sea. Norsk Geologisk Tidsskrift, 85(4): 319

Light M P R, Maslanyj M P, Banks N L. 1992. New geophysical evidence for extensional tectonics on the divergent margin offshore Namibia//Storey B C, Alabaster T, Pankhurst R J. Magmatism and the Causes of Continental Break-up: Geological Society Special Publication, (68): 257-262

Light M P R. , Maslanyj M P, Banks N L. 1992. New geophysical evidence for extensional tectonics on the divergent margin offshore Namibia//Storey B C, Alabaster T, Pankhurst R J. Magmatism and the Causes of Continental Break-up: Geological Society Special Publication, (68): 263-270

Lilleng T, Gundesø R. 1997. The Njord field: A dynamic hydrocarbon trap. Norwegian Petroleum Society Special Publications, (7): 217-229

Lindquist S J, Sagers M J. 1999. Arctic petroleum systems of European Russia. Polar Geography, 23(4): 251-302

Liro L M. 2002. Comparison of allochthonous salt deformation and sub-salt structural styles, Perdido and Mississippi Fan fold belts, deepwater Gulf of Mexico. Gulf Coast Association of Geological Societies Transactions, (52): 621-629

Longley I M, Buessenschuett C, Clydsdale L, et al. 2002. The North West Shelf of Australia-A Woodside perspective//Keep M, Moss S J. The Sedimentary Basins of Western Australia: Proceedings of Petroleum Exploration Society of Australia Symposium, Perth, (3): 27-88

Lundin E R, Doré A G. 1997. A tectonic model for the Norwegian passive margin with implications for the NE Atlantic: Early Cretaceous to break-up. Journal of the Geological Society of London, 154: 545-550

Lundin E R, Doré A G. 2002. Mid-Cenozoic post-breakup deformation in the passive margins bordering the Norwegian-Greenland Sea. Marine and Petroleum Geology, 19: 79-93

Magoon L B, Hudson T L, Cook H E. 2001. Pimienta-Tamabra-A giant supercharged petroleum system in the southern Gulf of Mexico, onshore and offshore Mexico//Bartolini C, Buffler R T, Cantu-Chapa A The Western Gulf of Mexico Basin: Tectonics, Sedimentary Basins, and Petroleum Systems. AAPG Memoir, 75: 83-125

Mahmood A, Mustafa A M, Joseph R C, et al. 2003. An overview of the sedimentary geology of the Bengal Basin in relation to the regional tectonic framework and basin-fill IH Story. Sedimentary Geology, 155: 179-208

Malovitsky Y P, Matirossyan V N. 1995. The Barents shelf investigations: Main results. Norwegian Petroleum Society Special Publications, (4): 321-331

Marton L G, Tari G B C, Lehmann C T. 2000. Evolution of the Angolan passive margin, West Africa, with emphasis on post-salt structural styles. Geophysical Monograph-American Geophysical Union, 115: 129-150

Massonnat G J, Alabert F G, Giudicelli C B. 1992. Anguille marine, a deep-sea-fan reservoir offshore Gabon: From geology to stochastic modeling. SPE Annual Technical Conference and Exhibition, Washington, SPE 24709: 477-492

Mathiesen A, Bidstrup T, Christiansen F G. 2000. Denudation and uplift history of the Jameson Land basin, East Greenland-Constrained from maturity and apatite fission track data. Global and Planetary Change, 24(3): 275-301

Maung T U, Cadman S, West B. 1994. A review of the petroleum potential of the Browse Basin//The Sedimentary Basins of Western Australia: Proceedings of the West Australian Basins Symposium, Perth: 333-346

Maycock I D. 1989. Oil Exploration and development in Marib/Al Jawf Basin, Yemen Arab Republic. SEG Expanded Abstracts, 7(1): 391

McBride B C, Weimer P, Rowan M G. 1998. The effect of allochthonous salt on the petroleum systems of northern Green Canyon and Ewing Bank (offshore Louisiana), northern Gulf of Mexico. AAPG Bulletin, 82 (5B): 1083-1112

McBride B C. 1998. The evolution of allochthonous salt along a mega-regional profile across the northern Gulf of Mexico Basin. AAPG Bulletin, 82: 1037-1054

McCaffrey L P, Harris C. 1996. Hydrological impact of the Pretoria Saltpan crater, South Africa. Journal of African Earth Sciences, 23(2): 205-212

McClure V M, Smith D N, Williams A F, et al. 1988. Oil and gas fields in the Barrow Sub-basin//Purcell P G, R R. The Northwest Shelf, Australia. Proceedings of the Petroleum Exploration Society of Australia Symposium, Perth: 371-390

McFarlan E Jr, Menes L S. 1991. Lower Cretaceous//de Salvador A. The Gulf of Mexico Basin. Geological Society of America, The Geology of North America, J: 181-204

McGilvery T A, Polomka S M, Galloway W E. 1997. Tectonically controlled paleogeographic evolution of the Barrow Group (Early Cretaceous), Barrow Sub-basin, North West Shelf, Australia. American Association of Petroleum Geologists: 6-80

Mctcalfe I. 2005. Asia: South-East//Selly R C, Cocks I R M, Plimer I R. Encyclopedia of Geology. Oxford: Elsevier: 169-198

Megson J, Hardman R. 2001. Exploration for and development of hydrocarbons in the Chalk of the North Sea: a low permeability system. Petroleum Geoscience, 7(1): 3-12

Meisling K E, Cobbold P R , Mount V S. 2001. Segmentation of an obliquely rifted margin, Campos and Santos basins, southeastern Brazil. AAPG Bulletin, 85(11): 1903-1909

Meisling K E, Cobbold P R, Mount V S. 2001. Segmentation of an obliquely rifted margin, Campos and Santos basins, southeastern Brazil. AAPG Bulletin, 85(11): 1910-1924

Mello M R, Kotsoukos E A M, Mohriak W U. 1994. Selected petroleum systems in Brazil//Magoon L B, Dow W G. The Petroleum System-From Source to Trap. AAPG Bulletin, 60(2): 499-512

Mello M R, Nepomuceno F. 1992. The hydrocarhon source potential of Brazil and West Africa Salt Basins. A multidisciplinary approach//Eynon G. 88

Mello M R, Telnaes N, Gaglianone P C, et al. 1988. Organic geochemical characterization of depositional palaeoenvironments of source rocks and oils in Brazilian marginal basins Organic Geochemistry, 13: 31-45

Metcalfe I. 1999. Late Palaeozoic-Early Mesozoic evolution and palaeogeography of eastern Tethys// Proceedings of the International Conference on Pangea and the Paleozoic-Mesozoic Transition (in Chinese). Wuhan: China University of Geosciences Press: 131-133

Milkov A V, Goebel E, Dzou L, et al. 2007. Compartmentalization and time-lapse geochemical reservoir surveillance of the Horn Mountain oil field, deep-water Gulf of Mexico. AAPG Bulletin, 91(6): 847-876

Mitra S, Figueroa G C, Garcia J H, et al. 2005. Three-dimensional structural model of the Cantarell and Sihil structures, Campeche Bay, Mexico. AAPG Bulletin, 1(89): 1-26

Mitra S, Gonzalez J A D, Hernandez J G, et al. 2006. Structrual geometry and evolution of the Ku, Zaap and Maloob structures, Campeche Bay Mexico. AAPG Bulletin, 90(10): 1565-1584

Mixon R B, Murray G E, Diaz G T. 1959. Age and correlation of Huizachal Group (Mesozoic), state of Tamaulipas, Mexico. AAPG Bulletin 43: 757-771

MMS. 2008. Deepwater Gulf of Mexico 2008: America's Offshore Energy Future, OCS Report MMS 2008-2013. Orleans: Minerals Management Service. HYPERLINK http: //www.gomr.mms.gov/PDFs/2008/2008-013. pdf

MMS. 2009. Gulf of Mexico Oil and Gas Production Forecast: 2009-2018, OCS Report MMS. Orleans: Minerals Management Service

Modica C J, Brush E R. 2004. Postrift sequence stratigraphy, paleogeog-raphy, and fill history of the deep-water Santos Basin, offshore southeast Brazil. AAPG Bulletin: 88(7): 923-930

Modica C J, Brush E R. 2004. Postrift sequence stratigraphy, paleogeography and fill history of the deep-water Santos basin, offshore southeast Brazil. AAPG Bulletin, 88(7): 931-945

Mohan S G K, de Santanu, Das A K, et al. 2004. Miocene sequence stratigraphy the coastal tract of east Godavari Sub basin, Krishna-Godavari basin, India . Petroleum Geophysics: 463-467

Mohriak W U, Mello M R, Dewey J F, et al. 1990. Petroleum geology of the Campos Basin, offshore Brazil. Geological Society of London, Special Publications, 50(1): 119-141

Mohriak W U. 1995. Deep seismic reflection profiling of sedimentary basins offshore Brazil: Geological objectives and preliminary results in the Sergipe basin. Geodynamics Journal, 20(4): 515-539

Montgomery S T, Petty A J, Post P J. 2002. James Limestone, northeastern Gulf of Mexico: Refound opportunity in a Lower Cretaceous trend. AAPG Bulletin, 86(3): 381-397

Moran-Zenteno D. 1994. The geology of the Mexican republic. AAPG Studies in Geology, 39: 160

Mørk A, Dallmann W K, Dypvik H, et al. 1999. Mesozoic lithostratigraphy. Lithostratigraphic lexicon of

Svalbard. Upper Palaeozoic to Quaternary bedrock. Review and Recommendations for Nomenclature Use: 127-214

Mørk M B E. 1982. Tectonic setting, age and petrology of eclogites within the uppermost tectonic unit of the Scandinavian Caledonides, Tromso area, northern Norway. Terra Cognita, 2(3): 316

Morley C K. 2002. A tectonic model for the Tertiary evolution of strike–slip faults and rift basins in SE Asia. Tectonophysics, 347(4): 189-215

Morton G. 2010. BP's Thunder Horse to underperform in the wake of the deepwater horizon blowout? Apr. 30 http: //www. energybulletin. net/node/52659[2010-8-3]

Mosar J, Eide E A, Osmundsen P T, et al. 2002. Greenland-Norway separation: A geodynamic model for the North Atlantic. Norwegian Journal of Geology, 82(4): 282-299

Mosar J, Lewis G, Torsvik T H. 2002: North Atlantic sea-floor spreading rates: Implications for the Tertiary development of inversion structures of the Norwegian-Greenland Sea. Journal of the Geological Society of London, 159: 503-515

Mosar J. 2000. Depth of extensional faulting on the Mid-Norway Atlantic passive margin. Norges Geologiske Undersølkelse Bulletin, (437): 33-41

Moulin M, Aslanian D, Unternehr P. 2010. A new starting point for the South and Equatorial Atlantic Ocean. Earth Science Reviews,98(1-2): 1-37

Mukherjee A, Fryar A E, Thomas W A. 2009. Geologic, geomorphic and hydrologic framework and evolution of the Bengal basin, India and Bangladesh. Journal of Asian Earth Sciences, 34(3): 227-244

Müller R D, Goncharov A, Kritski A. 2005. Geophysical evaluation of the enigmatic Bedout basement high, offshore northwestern Australia. Earth and Planetary Science Letters, 237(1-2): 264-284

Murphy J B. 1988. Late Precambrian to Late Devonian mafic magmatism in the Antigonish Highlands of Nova Scotia: multistage melting of a hydrated mantle. Canadian Journal of Earth Sciences, 25(4): 473-485

Mutter J C, Talwani M, Stoffa P L. 1984. Evidence for a thick oceanic crust adjacent to the Norwegian margin. Journal of Geophysical Research: Solid Earth (1978–2012), 89(B1): 483-502

Mutterlose J, Brumsack H, Flögel S, et al. 2003. The Greenland - Norwegian Seaway: A key area for understanding Late Jurassic to Early Cretaceous paleoenvironments. Paleoceanography, 18(1)

Nagendra R, Kamalak Kannan B V, et al. 2010. Sequence surfaces and paleobathymetric trends in Albian tomaastrichtian sediments of Ariyalur area, Cauvery Basin, India. Marine and Petroleum Geology: 1-11

Nakano C M F, Callors A, Pinto C, et al. 2009. Pre-salt Santos basin-extended well test and production pilot in the Tupi Area-The planning phase. Offshore Technology Conference, pHouston

Nakano C M F, Pinto A C C, et al. 2009. Pre-Salt Santos Basin-Extended Well Test and Production Pilot in the Tupi Area-The Planning Phase//Offshore Technology Conference, Houston

Nehring R. 1991. Oil and gas resources. Salvador A. The Gulf of Mexico Basin, The Geology of North America, Volume J. The Geological Society of America, 15: 445-493

Nicole C. 2005. Campos Basin, offshore Brazil: Petroleum system model. Provo: Geology Department, Brigham Young University

Nicoll R S, Foster C B. 1994. Late Triassic conodont and palynomorph biostratigraphy and conodont termal maturation, North West Shelf, Australia. Journal of Australian Geology and Geophysics, 15: 101-118

Nøttvedt A, Gabrielsen R H, Steel R J. 1995. Tectonostratigraphy and sedimentary architecture of rift basins, with reference to the northern North Sea. Marine and Petroleum Geology, 12(8): 881-901

Nøttvedt A, Johannessen E P, Surlyk F. 2008. The mesozoic of western scandinavia and east greenland.

Episodes, 31(1): 59-65

O'Brien G W, Lisk M, Duddy I R, et al. 2004. The fluviatile Bristol Elv Formation, a new middle Jurassic lithostratigraphic unit from Traill Ø, North-East Greenland. The Jurassic of North-East Greenland. Geological Survey of Denmark and Greenland Bulletin, 5: 19-29

O'Brien J J, Lerche I. 1987. Modeling of the deformation and faulting of formations overlying an uprising of salt dome. Dynamical Geology of Salt and Related Structures: 419-455

Odden W, Patience R L, van Graas G W. 1998. Application of light hydrocarbons [C(sub 4) -C (sub 13)] to oil/ source rock correlations. A Study of the Light Hydrocarbon Compositions of Source Rocks and Test Fluids from Offshore Mid-Norway. Organic Geochemistry, 28(12): 823-847

Ohm S E, Karlsen D A, Austin T J F. 2008. Geochemically driven exploration models in uplifted areas: Examples from the Norwegian Barents Sea. AAPG Bulletin, 92(9): 1191-1223

Oknova N S. 1993. Oil-gas prospects of the upper Permian-Mesozoic sediments of the Pechora-Barents sea basin. Petroleum Geology, 27(5-6): 164-167

Oreiro S G, Cupertino J A, Szatmari P, et al. 2008. Influence of pre-salt alignments in post-Aptian magmatism in the Cabo Frio High and its surroundings, Santos and Campos basins, SE Brazil: An example of non-plume-related magmatism. Journal of South American Earth Sciences, 25: 116-131

Ortuno A S, Flores F M, Romero M C, et al. 2009a. Basin modeling of the Upper Jurassic petroleum systems (Tithonian and Oxfordian) in the Akalan-Chilam area of the Campeche Sound in the Southern Gulf of Mexico//Bartolini C, Roman-Ramos J R. Petroleum Systems in the Southern Gulf of Mexico. AAPG Memoir, 90: 285-313

Ortuno A S, Soriano M E, RomeroM C, et al. 2009b. Two-dimensional and three-dimensional numerical simulation of petroleum systems approaching the deep-water gulf of Mexico (Kayab Area, Campeche Sound, Mexico): Definition of thermally mature and prospective areas//Bartolini C, Roman-Ramos J R. Petroleum Systems in the Southern Gulf of Mexico. AAPG Memoir, 90: 117-136

Orvik K A, Skagseth O, Mork M. 2001. Atlantic inflow to the Nordic Seas: current structure and volume fluxes from moored current meters, VM-ADCP and SeaSoar-CTD observations, 1995-1999. Deep Sea Research. Part I : Oceanographic Research Papers, 48(4): 937-957

Osmundsen P T, Sommaruga A, Skilbrei J R. 2002. Deep structure of the Mid Norway rifted margin. Norwegian Journal of Geology, (82): 205-224

Ostisty B K, Cheredeev S I. 1993. Main factors controlling regional oil and gas potential in the west Arctic, former USSR. Amsterdam: Elsevier Science, Norwegian Petroleum Society (NPF) Special Publication, 3: 591-597

Ostisty B K, Fedorovsky Y F. 1993. Main results of oil and gas prospecting in the Barents and Kara Seas inspire optimism//Vorren T O, Bergsager E, Dahl-Stamnes Ø A. Arctic Geology and Petroleum Potential. Norwegian Petroleum Society(NPF) Special Publication, (2): 243-252

Otofuji Y, Matsuda T, Nohda S. 1985. Paleomagnetic evidence for the Miocene counter-clockwise rotation of Northeast Japan—rifting process of the Japan Arc. Earth and Planetary Science Letters, 75(2): 265-277

Otofuji Y, Matsuda T. 1983. Paleomagnetic evidence for the clockwise rotation of Southwest Japan. Earth and Planetary Science Letters, 62(3): 349-359

Patton J W, Choquette P W, Guennel G K, et al. 1984. Organic geochemistry and sedimentology of Lower to mid-Cretaceous deep-sea carbonates, Sites 535 and 540, Leg 77// Buffler R T, et al. Initial Reports of the Deep-Sea Drilling Projects. U S Government Printing Office, 77: 417-443

Pereira M J, Feijó F J. 1994. Bacia de Santos. Boletim de Geociências da Petrobrás, 8(1): 219-234

Pereira M J, Macedo J M. 1990. A Bacia de Santos: perspectivas de uma nova provincia petrolifera na plataforma continental sudeste. Revista Brasileira de Geociencias, Sociedade Brasileira de Geologia, Brazil, 4 (1): 3-11

Petkovic P, Fitzgerald D, Brett J, et al. 2001. Potential field and bathymetry grids of Australia's margins. ASEG Extended Abstracts, 2001(1): 1-4

Petrobras. 2006. Internal news of Petrobras Company. http: //www.Petrobras.com

Petrobras. 2007. Internal news of Petrobras Company. http: //www.Petrobras.com

Petrobras. 2008-12-05. Petrobras' Exploration and production perspectives in Brasil. http://www.oil and gas international. com

Petrobras. 2010. Internal news of Petrobras Company. http://www.Petrobras.com

Petroconsultants. 1994. Internal news of Petroconsultants Company. http://www.petroconsultants.com

Petroconsultants. 1995. Internal news of Petroconsultants Company. http://www.petroconsultants.com

Petroconsultants. 1996. Internal news of Petroconsultants Company. http://www.petroconsultants.com

Petter B, Kjell B, Carl F F, et al. 2005. Explaining the storegga slide. Marine and Petroleum Geology, 1-2(22): 11-19

Pittion J L, Gouadain J. 1985. Maturity studies of the Jurassic "coal unit" in three wells from the Haltenbanken area. Petroleum Geochemistry in Exploration of the Norwegian Shelf: 205-211

Pockalny R A. 1997. Evidence of transpression along the Clipperton Transform: Implications for processes of plate boundary reorganization. Earth and Planetary Science Letters, 146(3): 449-464

Ponte F C, Asmus H E. 1978. Geological framework of the Brazilian continental margin. International Journal of Earth Sciences, 67(1): 201-235

Powell D E. 1976. Dampier Sub-basin, Carnarvon Basin. Australasian Institute of Mining and Metallurgy, (7): 155-168

Prabhakar K N, Zutshi P L. 1993. Evolution of southern part of Indian east-coast basins. Journal of the Geological Society of India, 41(3): 215-230

Prost G, Aranda M. 2001. Tectonics and hydrocarbon systems of the Veracruz Basin, Mexico//Bartolini C, Buffler T, Cantu-Chapa A. The Western Gulf of Mexico Basin: Tectonics, Sedimentary Basins and Petroleum Systems. AAPG Memoir, 75: 271-291

Pryer L L, Romine K K, Loutit T S, et al. 2002. Carnarvon basin architecture and structure defined by the integration of mineral and petroleum exploration tools and technigues . The APPEA Journal, 42(1): 287-309

Rafaelsen B, Elvebakk G, Andreassen K, et al. 2008. From detached to attached carbonate buildup complexes—3D seismic data from the upper Palaeozoic, Finnmark Platform, southwestern Barents Sea. Sedimentary Geology, 206(1): 17-32

Rangel H D, Carminatti M. 1998. Rift lake stratigraphy of the Lagoa Feia Formation, Campos Basin, Brazil// Gierlowski-Kordesch E H, Kelts K R. Lake Basins through Space and Time. AAPG Studies in Geology, (46): 225-244

Rangel H D, Martins F A L, Esteves F R, et al. 1994. Bacia de campos. Boletim de Geociências da PETROBRAS, 8(1): 203-217

Ranke U, von Rad U, Wissmann G. 1982. Stratigraphy, facies and tectonic development of the on-and off-shore Aaiun-Tarfaya basin-A review//von Rad U, et al. Geology of the Northwestern African Continental

Margin. New York: SpringerVerlag: 86-105

Rao G N. 2001. Sedimentation, stratigraphy, and petroleum potential of Krishna-Godavari Basin, East Coast of India. AAPG Bulletin, 9(85), 1623-1643

Rasmussen E S. 1996. Structural evolution and sequence formation offshore South Gabon during the Tertiary. Tectonophysics, 266(1-4): 509-523

Ravnas R, Steel R J. 1998. Contrasting styles of late Jurassic syn-rift turbidite sedimentation: A comparative study of the Magnus and Oseberg areas, northern North Sea. Oceanographic Literature Review, 45(2): 267-268

Ray A, Pfau G, Chen R. 2004. Importance of ray-trace modeling in the discovery of Thunder Horse North Field, Gulf of Mexico. The Leading Edge: 68-70

Reeckmann S A, Wilkin D K S, Flannery J W. 2003. Kizomba, a deep-water giant field, Block 15 Angola

Ries A, Coward M, Benton J. 1995. Southwest African Coastal Basin. Petroconsultants. Global Energy Information Services

Riis F, Fjeldskaar W. 1992. On the magnitude of the Late Tertiary and Quaternary erosion and its significance for the uplift of Scandinavia and the Barents Sea. Structural and Tectonic Modelling and its Application to Petroleum Geology, (1): 163-185

Riis F, Vollset J, Sand M. 1986. Tectonic development of the western margin of the Barents Sea and adjacent areas. Future Petroleum Provinces of the World: 661-675

Ritzmann O, Faleide J I. 2007. Caledonian basement of the western Barents Sea. Tectonics, 26(5). doi: 10. 1029/2006TC002059

Ritzmann O, Jokat W, Czuba W, et al. 2004. A deep seismic transect from Hovgard Ridge to northwestern Svalbard across the continental-ocean transition: A sheared margin study. Geophysical Journal International, 157(2)：683-702

Ritzmann O, Jokat W, Mjelde R, et al. 2002. Crustal structure between the Knipovich Ridge and the Van Mijenfjorden (Svalbard). Marine Geophysical Researches, 23(5-6): 379-401

Robertson A H F. 1986. Geochemical evidence for the origin of Late Triassic melange units in the Oman Mountains as a small ocean basin formed by continental rifting. Earth and Planetary Science Letters, 77(3): 318-332

Robertson A H F. 2000. Mesozoic-Tertiary tectonic-sedimentary evolution of a south Tethyan oceanic basin and its margins in southern Turkey. Geological Society of London, Special Publications, 173(1): 97-138

Rojas R. 2000. Impacto de Ja aplicacion de tecnologias sismicas modernas en la exploracion petrolera del sur del Golfo de Mexico: Un caso historico en Mexico, Third Latin American Conference, Nith Geophysics Symposium and Exposition, Villahermosa, Tabasco, Mexico, October 17-20, CD-ROM

Rønnevik H C. 2000. The exploration experience from Midgard to Kristin-Norwegian Sea. Improving the Exploration Process by Learning from the Past-Norwegian Petroleum Society Conference, 3(9): 113-129

Rosenfeld J, Pindell J. 2003. Early paleogene isolation of the Gulf of Mexico from the world's oceans? Implications for hydrocarbon exploration and eustasy//Bartolini C, Buffler R T, Blickwede J. The Circum-Gulf of Mexico and the Caribbean, Hydrocarbon Habitats, Basin Formation, and Plate Tectonics. AAPG Memoir, 79: 89-103

Salman G, Abdula I. 1995. Development of the Mozambique and Ruvuma sedimentary basins, offshore Mozambique. Sedimentary Geology, 96(1/2): 7-41

Salomon-Mora L E, Aranda-Garcia M, Roman-Ramos J R. 2009. Contractional growth faulting in the

Mexican Ridges, Gulf of Mexico//Bartolini C, Roman R J R. Petroleum Systems in the Southern Gulf of Mexico. AAPG Memoir, 90, 93-115

Salvador A. 1987. Late Triassic–Jurassic paleogeography and origin of Gulf of Mexico Basin. AAPG Bulletin, 71 (4): 419-451

Salvador A. 1991a. Origin and develpment of the Gulf of Mexico Basin//Salvador A. The Gulf of Mexico Basin, Geological Society of America, Decade of North American Geology: 389-444

Salvador A. 1991b. Triassic-Jurassic//Salvador A. The Gulf of Mexico Basin. Geological Society of America, The Geology of North America, J: 131-180

Sandwell D T, Smith W H F. 1995. Marine gravity anomaly from satellite altimetry: La Jolla, California, Geological Data Center, Scripps Institute of Oceanography, Oversized Plate

Santiago J, Baro A. 1992. Mexico's giant fields, 1978-1988 decade// Halbouty M T. Giant Oil and Gas Fields of the Decade 1978-1988. AAPG Memoir, 54: 73-99

Schönharting G, Abrahamsen N. 1989. Paleomagnetism of the volcanic sequence in Hole 642E, ODP Leg 104, Vøring Plateau, and correlation with early Tertiary basalts in the North Atlantic//Eldholm O, Thiede J, Taylor E, et al. Proceedings of. ODP, Sci. Results, (104): 911-920

Schumacher D, Parker R M. 1990. Possible pre-Jurassic origin for some Jurassic-reservoired oil, CassCo., Texas//Schumacher D, Perkins B F. Gulf Coast Oils and Gases—Their Characteristics, Origin, Distribution, and Exploration and Production Significance, Gulf Coast Section SEPM Foundation Ninth Research Conference: 59-68

Schuster D C. 1995. Deformation of allochthonous salt and evolution of related salt structural systems, Eastern Louisiana Gulf Coast//Jackson M P A, Roberts D G, Snelson S. Salt Tectonics, A Global Perspective, Oklahoma. AAPG: 177-198

Scotese C R, Boucot A J, Mckerrow W S. 1998. Gondwanan palaeogeography and palaeoclimatology. Journal of African Earth Sciences, 28(01): 99-114

Secher K, Leth N B, Steenfeldt A. 1976. Uraniferous hydrocarbons (carburan) associated with Devonian acid volcanic rocks, Randboeldal, northern East Greenland.

Semenovich V V, Nazaruk V V 1992. Oil-gas potential of southeast shelf of Barents Sea. Petroleum Geology, 26(11-12): 404-409

SENER (Ministry of Energy, Mexico). 2007. Crude Oil Market Outlook 2007-2016. http://www.sener.gob. mx/webSener/res/PE_y_DT/pub/Propect%20petrol%20crudo%20ingles.pdf

SENER (Ministry of Energy, Mexico). 2008. Crude Oil Market Outlook 2008-2017. http: //www. sener. gob. mx/webSener/res/PE_y_DT/pub/Crude%20Outlook%202008-2017. pdf

Shafik S, Glenn K C, Bernecker T, et al. 1998. Gippsland Basin biozonation and stratigraphy. AGSO, unpublished

Shamsuddin A H M, Abdullah S K M. 1997. Geologic evolution of the Bengal Basin and its implication in hydrocarbon exploration in Bangladesh. Indian Journal of Geology, 69: 93-121

Shanmugam G, Shrivastava S K, Das B. 2009. Sandy debrites and tidalites of Pliocene reservoir sands in upper-slope canyon environments, offshore Krishna–Godavari Basin (India): Implications. Journal of Sedimentary Research, 79(9): 736-756

Shipilov E V, Vernikovsky V A. 2010. The Svalbard–Kara plates junction: Structure and geodynamic history. Russian Geology and Geophysics, (51): 58-71

Sikkema W, Wojcik K M. 2000. 3D visualization of turbidite systems, Lower Congo Basin, offshore Angola.

In Deep-Water Reservoirs of the World, SEPM, Gulf Coast Section, 20th Annual Research Conference: 928-939

Skogseid J, Planke S, Faleide J I, et al. 2000. NE Atlantic continental rifting and volcanic margin formation. Geological Society, London, Special Publications, 167(1): 295-361

Smelror M, Jacobsen T, Rise L, et al. 1994. Jurassic to Cretaceous stratigraphy of shallow cores on the Møre Basin Margin, Mid-Norway. Norsk Geologisk Tidsskrift, 74: 89-107

Smelror M, Mørk A, Monteil E, et al. 1998. The Klippfisk Formation—A new lithostratigraphic unit of Lower Cretaceous platform carbonates on the Western Barents Shelf. Polar Research, 17(2): 181-202

Smelror M, Mørk A, Mørk M B E, et al. 2001. Middle Jurassic-Lower Cretaceous transgressive-regressive sequences and facies distribution off Northern Nordland and Troms, Norway//Martinsen O J, Dreyer T. Sedimentary Environments Offshore Norway-Palaeozoic to Recent, 211-232. NPF Special Publication 10. Amsterdam: Elsevier

Smith R, Møller N. 2003. Sedimentology and reservoir modelling of the Ormen Lange field, mid Norway. Marine and Petroleum Geology, 20(6): 601-613

Smith S A, Tingate P R, Griffiths C M, et al. 1999. The structural development and petroleum potential of the Roebuck Basin. The APPEA Journal, 39(1): 364-375

Smith S A, Tingate P R, Griffiths C M, et al. 1999. The structural development and petroleum potential of the Roebuck Basin. The APPEA Journal, 39(1): 376-385

Soldan A L, Cerqueira J R, Ferreira J C, et al. 1990. Aspectos relativos ao habitat do oleo dos campos de Marlim e Albacora-bacia de Campos: Internal Report, Petrobras. CENPES/DIVEX/SEGEQ, Rio de Janeiro.

Sona M, In-Soo K, Sohn Y K. 2005. Evolution of the Miocene Waup Basin, SE Korea, in response to dextral shear along the southwestern margin of the East Sea (Sea of Japan). Journal of Asian Earth Sciences, (25): 529-544

Stank T P, Traichal P A. 1998. Logistics strategy, organizational design, and performance in a cross-border environment. Transportation Research Part E: Logistics and Transportation Review, 34(1): 75-86

Stanton T, Snowball I, Zillén L, et al. 2010. Validating a Swedish varve chronology using radiocarbon, palaeomagnetic secular variation, lead pollution history and statistical correlation. Quaternary Geochronology, 5(6): 611-624

Steel R J, Worsley D. 1984. Svalbard's post-Caledonian strata—An atlas of sedimentational patterns and palaeogeographic evolution. In Petroleum Geology of the North European Margin: 109-135

Stemmerik L, Bendix-Almgreen S E, Hartz E H, et al. 1998. Carboniferous age for the East Greenland "Devonian" basin: Paleomagnetic and Isotopic constraints on age, stratigraphy, and plate reconstructions: Comment and Reply. Geology, 26(3): 284-286

Stemmerik L, Bendix-Almgreen S E, Piasecki S. 2001. The Permian—Triassic boundary in central East Greenland: past and present views. Bulletin of the Geological Society of Denmark, 48(2): 159-167

Stemmerik L, Clausen O R, Korstgård J, et al. 1997. Petroleum geological investigations in East Greenland: project "Resources of the sedimentary basins of North and East Greenland". Geology of Greenland Survey Bulletin, (176): 29-38

Stemmerik L, Larssen G B. 1993. Diagenesis and porosity evolution of Lower Permian Palaeoaplysina build-ups, Bjørnøya: an example of diagenetic response to high frequency sea level fluctuations in an arid climate. Diagenesis and Basin Development: AAPG Studies in Geology, (36): 199-211

Stemmerik L, Piasecki S, Rasmussen J A, et al. 1996. Stratigraphy and depositional evolution of the Upper

Palaeozoic sedimentary succession in eastern Peary Land, North Greenland. Groenlands Geologiske Undersoegelse Bulletin, (171): 45-71

Stemmerik L, Rouse J E, Spiro B. 1988. S-isotope studies of shallow water, laminated gypsum and associated evaporites, Upper Permian, East Greenland. Sedimentary Geology, 58(1): 37-46

Stemmerik L. 2000. Late Palaeozoic evolution of the North Atlantic margin of Pangea. Palaeogeography Palaeoclimatology Palaeoecology, 161(1-2): 95-126

Stoker M S, Shannon P M. 2005. Neogene evolution of the NW European Atlantic margin: Results from the STRATAGEM project. Marine and Petroleum Geology, 22(9): 965-968

Storvoll V, Bjørlykke K, Karlsen D, et al. 2002. Porosity preservation in reservoir sandstones due to grain-coating illite: A study of the Jurassic Garn Formation from the Kristin and Lavrans fields, offshore Mid-Norway. Marine and Petroleum Geology, 19(6): 767-781

Stover S C, Weimer P, Ge S. 2001. The effect of allochthonous salt evolution and overpressure development on source rock thermal maturation: A two-dimensional transient study in the northern Gulf of Mexico Basin. Petroleum Geoscience, (7): 281-290

Struckmeyer H I, Blevin J E, Sayers J, et al. 1998. Structural evolution of the Browse Basin, North West Shelf: new concepts from deep-seismic data//The Sedimentary Basins of Western Australia 2. Proceedings of the Petroleum Exploration Society of Australia Symposium, Perth: 345-367

Sund T, Skarpnes O, Jensen L N, et al. 1986. Tectonic development and hydrocarbon potential offshore Troms, northern Norway. Future Petroleum Provinces of the World: 615-627

Surlyk F, Birkelund T. 1977. An integrated stratigraphical study of fossil assemblages from the Maastrichtian White Chalk of northwestern Europe. Concepts and Methods of Biostratigraphy: 257-281

Surlyk F, Hurst J M, Piasecki S, et al. 1986. The Permian of the western margin of the Greenland Sea—A future exploration target

Surlyk F, Ineson J R. 2003. The Jurassic of Denmark and Greenland: Key elements in the reconstruction of the North Atlantic Jurassic rift system. Geological Survey of Denmark and Greenland Bulletin, 1: 9-20

Surlyk F, Noe-Nygaard N, Dam G. 1993. High and low resolution sequence stratigraphy in lithological prediction——examples from the Mesozoic around the northern North Atlantic. Geological Society of London, Petroleum Geology Conference Series, (4): 199-214

Surlyk F, Noe-Nygaard N. 2001. Sand remobilisation and intrusion in the Upper Jurassic Hareelv Formation of East Greenland. Bulletin of the Geological Society of Denmark, (48): 169-188

Surlyk F. 1973. The Jurassic-Cretaceous boundary in Jameson Land, East Greenland. The Boreal Lower Cretaceous: Geol. Jour. Special, (5): 81-100

Surlyk F. 1990. Timing, style and sedimentary evolution of Late Palaeozoic-Mesozoic extensional basins of East Greenland. Geological Society of London, Special Publications, 55(1): 107-125

Surlyk F. 2003. The Jurassic of Denmark and Greenland. The Jurassic of East Greenland: A sedimentary record of thermal subsidence, onset and culmination of rifting. Geological Survey of Denmark and Greenland Bulletin, (1): 657-722

Sweet M L, Sumpter L T. 2007. Genesis field, Gulf of Mexico: Recognizing reservoir compartments on geologic and production time scales in deep-water reservoirs. AAPG Bulletin, 12(91): 1701-1729

Swiecicki T, Gibbs P B, Farrow G E. 1998. A tectonostratigraphic framework for the Mid-Norway region. Marine and Petroleum Geology, 15(3): 245-276

Swiecicki T, Wilcockson P, Canham A, et al. 1995. Dating, correlation and stratigraphy of the Triassic sediments in the West Shetlands area. Geological Society of London, Special Publications, 91(1): 57-85

Sykes M A, Garfield T R. 1998. Lithofacies associations within complex slope channel reservoirs: Debrites and turbidites (abs). AAPG Bulletin, (82): 1973

Symonds P A, Collins C D N, Bradshaw J. 1994. Deep structure of the Browse Basin: Implications for basin development and petroleum exploration//Purcell P G, Purcell R R. The Sedimentary Basins of Western Australia, Proceedings of Petroleum Exploration Society of Australia Symposium, Perth: 315-331

Talwani M, Eldholm O. 1977. Evolution of the Norwegian-Greenland sea. Geological Society of America Bulletin, 88(7): 969-999

Talwani M, Udintsev G. 1976. Tectonic synthesis. Initial Reports of the Deep Sea Drilling Project, (38): 1213-1242

Tamaki K, Honza E. 1985. Incipient subduction and deduction along the eastern margin of the Japan Sea. Tectonophysics, 119(1): 381-406

Tamaki K, Nakanishi M, Kobayashi K. 1992. Magnetic anomaly lineations from Late Jurassic to Early Cretaceous in the west-central Pacific Ocean. Geophysical Journal International, 109(3): 701-719

Tamaki K. 1988. Geological structure of the Japan Sea and its tectonic implications. Geological Survey of Japan

Taylor B, Hayes D E. 1983. Origin and history of the South China Sea Basin//Hayes D E. The Tectonic and Geologic Evalution of Southeast Asia Seas and Islands. Part. Washington DC: AGU Georyhs. Monogr Ser27: 23-56

Teisserenc P, Villemin J. 1990. Sedimentary basin of Gabon: geology and oil systems . AAPG, Memoir 48: 117-199

Therkelsen J, Surlyk F. 2004. The fluviatile Bristol Elv Formation, a new Middle Jurassic lithostratigraphic unit from Traill Ø, North-East Greenland. The Jurassic of North-East Greenland. Geological Survey of Denmark and Greenland Bulletin, 5: 19-29

Thiede J, Clark D L, Herman Y. 1990. Late Mesozoic and Cenozoic paleoceanography of the northern polar oceans. The Geology of North America, (50)：427-458

Thomas B M, Smith D N. 1974. A summary of the petroleum geology of the Carnarvon Basin. Australian Petroleum Exploration Association Journal, 14(1): 66-76

Thomas B. 2010. New opportunities for offshore petroleum exploration-2010 Acreage Release offers blocks in producing regions and in frontier areas. AUSGEO news, 98: 1-9(https://www.ret.gov.au/ Documents/par/index. html)

Tindale K, Newell N, Keall J, et al. 1998. Structural evolution and charge history of the Exmouth Sub-basin, northern Carnarvon Basin, Western Australia//The Sedimentary Basins of Western Australia 2: Proceedings of the Petroleum Exploration Society of Australia Symposium, Perth: 447-472

Tingate P R, Khaksar A, van Ruth P, et al. 2001. Geological controls on overpressure in the Northern Carnarvon basin. APPEA Journal, (41): 573-594

Torsvik T H, der Voo R V. 2002. Refining Gondwana and Pangea palaeogeography: Estimates of Phanerozoic non-dipole (octupole) fields. Geophysical Journal International, 151(3): 771-794

Turner J P, Rosendahl B R, Wilson P G. 2003. Structure and evolution of an obliquely sheared continental margin: Rio Muni, West Africa. Tectonophysics, (37): 41-55

Turner J P. 1999. Detachment faulting and petroleum prospectivity in the Rio Muni Basin, Equatorial Guinea, West Africa//Cameron N R, Bate R H, Clure V S. The Oil and Gas Habitats of the South Atlantic.

Geological Society of London, Special Publication, 153: 303-320

Turner S, Hawkesworth C, Gallagher K, et al. 1996. Mantle plumes, flood basalts, and thermal models for melt generation beneath continents: Assessment of a conductive heating model and application to the Paraná. Journal of Geophysical Research: Solid Earth (1978-2012), 101(B5): 11503-11518

Tyson R. 2005. Still a mystery. http: //www.petroleumnews.com/pntruncate/882142741. shtml

Uddin A, Lundberg N. 1998. Cenozoic history of the Himalayan-Bengal system: Sand composition in the Bengal basin, Bangladesh. Geological Society of America Bulletin, 110(4): 497-511

Uddin A, Lundberg N. 2004. Miocene sedimentation and subsidence during continent-continent collision, Bengal basin, Bangladesh. Sedimentary Geology, (164): 131-146

Unrug R. 1997. Rodinia to Gondwana: the geodynamic map of Gondwana supercontinent assembly. GSA Today, 7(1): 1-6

USGS. 2000. Northeast Greenland Shelf Rift Systems Assessment Unit 52000101. U S Geological Survey World Petroleum Assessment

USGS. 2010a. U S Geological Survey World Petroleum Assessment

USGS. 2010b. Assessment of Undiscovered Oil and Gas Resources of the Nile Delta Basin Province, Eastern Mediterranean

Vernik L, Fisher D, Bahret S. 2002. Estimation of net-togross from P and S impedance in deepwater turbidites. The Leading Edge, 21: 380-387

Viana A R, Faugeres J C, Kowsmann R O, et al. 1998. Morphology and sedimentology of the Campos continental margin, offshore Brazil. Sedimentary Geology, (115): 133-157

Viniegra O F, Castillo-Tejer C. 1970. Golden Lane fields, Veracruz, Mexico//Halbouty T. Geology of the giant petroleum fields. AAPG Memoir, 14: 309-325

Walker T R. 2007. Deepwater and frontier exploration in Australia-Historical perspectives, present environment and likely future trends. APPEA Journal, 47(1): 15-38

Warren J K, Tingate P, Tarabbia P. 1993. Geological controls on porosity and permeability in reservoir sands, Goodwyn Field, Rankin Trend, northern Barrow-Dampier Sub-basin, Northwest Shelf, Australia. AAPG Bulletin, 77(9): 1675-1676

Watkinson M P, Malcolm B H, Joshi A. 2007. Cretaceous tectonostratigraphy and the development of the Cauvery Basin, southeast India. Petroleum Geoscience, 13: 181-191

Watts A B, Stewart J. 1998. Gravity anomalies and segmentation of the continental margin offshore West Africa. Earth and Planetary Science Letters, 156: 239-252

Weber K J, Daukoru E. 1979. Petroleum geology of the Niger Delta//Proceedings of the 9th World petroleum Congress. London: Elsevier: 209-221

Wedepohl K H. 1991. The composition of the upper earth's crust and the natural cycles of selected metals. Metals in natural raw materials. Natural Resources//Merian E. Metals and Their Compounds in the Environment, Weinheim: VCH: 3-17

Weimer P, Roger M. Slatt R M, et al. 2000. Developing and managing turbidite reservoirs: Case histories and experiences: Results of the 1998 EAGE/AAPG research conference. AAPG Bulletin, 85(4): 453-465

Werner S C, Torsvik T H. 2010. Downsizing the Mjølnir impact structure, Barents Sea, Norway. Tectonophysics, 483(3): 191-202

Whitley P K. 1992. The geology of Heidrun; a giant oil and gas field on the mid-Norwegian shelf//Halbouty M T. Giant oil and gas fields of the decade 1978-1988. American Association of Petroleum Geologists

Memoir, (54): 383-406

Wilken M, Mienert J. 2006. Submarine glacigenic debris flows, deep-sea channels and past ice-stream behaviour of the East Greenland continental margin. Quaternary Science Reviews, 25(7): 784-810

Williamson P E, Kroh F. 2007. The role of amplitude versus offset technology in promoting offshore petroleum exploration in Australia. APPEA journal, 47(1): 163-176

Willis I. 1988. Results of exploration, Browse Basin, North West Shelf, Western Australia//Purcell P G, Purcell R R. The North West Shelf, Australia Proceedings of Petroleum Exploration Society Australia Symposium. WA: Perth: 259-272

Wilson J L, Ward W. 1993. Cretaceous carbonate platforms of northeastern and east-central Mexico//Simo J A T, Scott R W, Masse J P. Cretaceous carbonate platforms. AAPG Memoir, 56: 35-49

Wilson J L. 1990. Basement structural controls on Mesozoic carbonate facies in northeastern Mexico: A review//Tucker M, et al. Carbonate Platforms, Facies, Sequences and Evolution. International Assocaition of Sedimentologists Special Publication, 9：235-255

Withjack M O, Schlische R W, Olsen P E. 1998. Diachronous rifting, drifting, and inversion on the passive margin of central eastern North America: an analog for other passive margins. AAPG Bulletin, 82(5): 817-835

Worsley D, Johansen R, Kristensen S E. 1988: The Mesozoic and Cenozoic succession of Tromsøflaket// Dalland A, Worsley D, Ofstad K. A Lithostratigraphic Scheme for the Mesozoic and Cenozoic Succession Offshore Mid-and-Northern Norway, 42-65. Norwegian Petroleum Directorate Bulletin, 4

Yamano M, Shevaldin Y V, Zimin P S, et al. 1996. Heat flow of the Japan Sea. Geology and Geophysics of the Japan Sea, (1): 61-74

Zahid K M, Uddin A. 2005. Influence of overpressure on formation velocity evaluation of Neogene strata from the eastern Bengal Basin, Bangladesh. Journal of Asian Earth Sciences, 25(3): 419-429

Zakharov Y V, Yunov A Y. 1994. Direction of exploration for hydrocarbons in Jurassic sediments on the Russian shelf of the Barents Sea. Geologiya Nefti i Gaza, (2): 13-15